BEITRÄGE

ZUR

ENTWICKELUNGS-GESCHICHTE

DER MALTECHNIK

MIT UNTERSTÜTZUNG DES KÖNIGLICH PREUSSISCHEN MINISTERIUMS DER GEISTLICHEN,
UNTERRICHTS- UND MEDICINAL-ANGELEGENHEITEN

HERAUSGEGEBEN VON

ERNST BERGER
MALER.

MÜNCHEN, 1897.
VERLAG VON GEORG D. W. CALLWEY.

QUELLEN UND TECHNIK

DER

FRESKO-, OEL- UND TEMPERA-MALEREI

DES

MITTELALTERS

VON DER BYZANTINISCHEN ZEIT BIS EINSCHLIESSLICH DER
„ERFINDUNG DER OELMALEREI"

DURCH DIE

BRÜDER VAN EYCK.

NACH DEN QUELLENSCHRIFTEN UND VERSUCHEN

BEARBEITET VON

ERNST BERGER
MALER.

MÜNCHEN, 1897.
VERLAG VON GEORG D. W. CALLWEY.

Inhalt.

	Seite
Vorwort: Allgemeine Uebersicht über die Quellenschriften und deren Wert für unsere moderne Maltechnik	VII—XII

I. Teil.
Quellen für Technik der Malerei
vom IX.—XIII. Jh.

Geschichtliche Einleitung	3
I. Das Lucca-Manuscript	9
II. Mappae Clavicula	22
III. Das III. Buch des Heraclius	30
IV. Theophilus Presbyter, Schedula diversarum Artium	41
(Technik des Theophilus 44; Miniaturmalerei 47; Tafelmalerei des Theophilus 48; Vergoldung 53.)	
V. Quellen arabischen Ursprunges. Liber sacerdotum	57

II. Teil.
Quellen und Technik des Südens.
XIV. und XV. Jh.

I. Handbuch der Malerei vom Berge Athos. (Hermeneia des Dionysios)	65
II. Cennino Cennini's Tractat von der Malerei	93
(Inhalt des Trattato 99; Malerei auf Mauern 101; Tafelmalerei des Cennini 106; Vergoldungstechnik im allgemeinen 109; Malerei mit Tempera 113.)	
III. Bologneser Ms.	118
IV. Der Neapeler Codex für Miniaturmalerei	122

III. Teil.
Mittelalterliche Quellen des Nordens
aus dem XIV. und XV. Jh.

I. Le Begue's Schriften	137
II. Das Strassburger Manuskript, die älteste deutsche Quelle für Maltechnik	143
(Inhalt des Strassburger Ms. 144; Vergleich mit anderen Quellen 148; Farben und Technik des Strassb. Ms. 151.)	
Text des Strassburger Ms.	154
(Capitel Index zum Strassb. Ms. 176.)	
III. Note zu einigen deutschen Mss. aus dem XV. Jh. über Maltechnik	177
Anhang. Die sechs Temperaturwasser des Boltz von Rufach	187

IV. Teil.
Ueberblick über die Maltechniken
der romanisch-gotischen Periode bis zur Neuerung der Van Eyck.

Ueberblick über die nordischen Techniken 191
    I. Miniaturmalerei 192
    II. Wandmalerei 202
    III. Tafelmalerei 208
Ueberblick über die Entwicklung der Maltechnik im Süden . . 215

V. Teil.
Die Oeltempera.
Ein Versuch zur Lösung der Frage von der „Erfindung der Oelmalerei" durch die Brüder Van Eyck.

    I. Vorbemerkung 221
    II. Ansichten über die Technik der Van Eyck 224
    III. Die Oeltempera und Vasari's Bericht über die „Erfindung" der Van Eyck 229
    IV. Weitere Nachrichten über die Van Eyck-Technik 240
    V. Die „Disciplina di Fiandra" und die Technik des Malens mit Oeltempera 247
    VI. Moderne Rezepte für Oeltempera 257

Anhänge.
    I. Kollektion von Versuchen zur Geschichte der Maltechnik. II. Serie . . 263
    II. Kapitelreihe des Lucca Ms. mit den korrespondierenden der Mapp. clav. 266
    III. Kapitelreihe des Handbuches der Malerei vom Berge Athos . . . 270
    IV. Zusätze und Berichtigungen 272
Druckfehlerverzeichnis 274
Register 275

Vorwort.

Allgemeine Uebersicht über die Quellenschriften und deren Wert für unsere Maltechnik.

Der zweite Teil einer Arbeit, welche die Entwicklungsgeschichte der Maltechniken von den ersten kulturellen Anfängen bis zur höchsten Stufe der Vollendung durch Versuche und Erläuterungen zu zeigen sich zur Aufgabe gestellt hat, liegt hier vor. Der zu diesem Zwecke eingeschlagene Weg bestand ebenso wie bei dem ersten Teil darin, die Reihenfolge der Maltechniken und deren naturgemässe Stadien der geschichtlichen Entwicklung auf Grundlage des vorhandenen quellenschriftlichen Materiales durch praktisch ausgeführte Proben festzustellen. Dabei wurde stets auf das Handwerksmässige einer Technik Rücksicht genommen, und der Grundsatz festgehalten, dass neue Techniken zumeist Verbesserungen oder Vereinfachungen einer früheren sein dürften. Dieses Prinzip, dass die künstlerischen Techniken sich wie jede Kultur überhaupt stufenweise entwickelt haben werden, ist vor allem massgebend gewesen, um die geschichtliche Entwicklung der Maltechnik durch eine Reihe von Thatsachen von technischer Bedeutung zu erklären, die wie die Ringe einer Kette ineinandergreifen.

Verhältnismässig einfach gestaltete sich die Rekonstruktion der altaegyptischen Malerei, bei welcher es sich ausser um die Art der Grundierung hauptsächlich um die zur Anwendung gekommenen organischen Bindemittel (Leim, Gummi oder Ei) handelte. Grössere Schwierigkeiten waren zu überwinden, um die Frage der Wandmalerei bei den Griechen und Römern zu lösen, insbesondere da die zumeist verbreitete Ansicht durch einfache Freskomalerei den Effekt antiker Wandverkleidungen, die nach Vitruv und Plinius „so glänzend waren, dass man sich darin spiegeln konnte" zu erzielen, sich infolge vielfach angestellter Proben als irrig herausstellte. Es wurden zunächst Versuche gemacht, um die von Vitruv und Plinius vorgeschriebenen 6 Lagen von Mauermörtel und Marmorstuck kennen und auftragen zu lernen. Dabei hat sich durch Vergleichung mit Originalstücken ergeben, dass die in Pompeji zumeist geübte Technik der Tektoriumbereitung darin bestanden hat, die letzte Stucklage mit den Farben gemischt aufzutragen und gleichzeitig zu glätten (coloribus cum politionibus inductis), wie es bei der späteren Stuccolustro-Technik üblich ist. Auch andere Momente führten zu dem Ergebnis, dass die antike Technik der Wandbereitung mit dem auch heute von den Italienern gebräuchlichen Stuccolustro Aehnlichkeit haben müsste.

Nicht minderes Interesse ist der Rekonstruktion des sogenannten punischen Wachses und der Enkaustik (Cestrumenkaustik) gewidmet worden, welch letztere sich auf Grundlage des Gräberfundes von St. Médard mit seinen enkaustischen Malgeräten ermöglichen liess. Die verschiedenen Variationen der Technik, wie sie die

Mumienporträts aus dem Fayûm und der Hawâra zeigen, konnten mit Hilfe der erwähnten Rekonstruktionsweise leicht nachgebildet werden, wobei überdies zu bemerken ist, dass sich eine Tempera von punischem Wachse noch in den späteren byzantinischen Quellen und selbst bis ins XIV. Jh. erhalten hat.

Wie aus der Cestrumenkaustik dann die Pinselenkaustik (III. Art des Plinius) entstand, und diese sich weiter zu einer Art Harzölmalerei bei den Byzantinern ausbilden musste, ist ein deutlicher Beweis dafür, dass eine jede Technik naturgemäss weiterschreitet und die Maler mit der Vereinfachung ihrer Arbeit gleichzeitig eine Vervollkommnung ihrer Mittel anstrebten. Man kann so zu dem Schlusse gelangen, dass der Ursprung der Oelmalerei in der antiken Enkaustik zu suchen ist, denn die Maler mochten durch das Beschwerliche der stets warm zu haltenden Wachsfarbe darauf gekommen sein, diesen Uebelstand durch grössere Beigaben von fettem Oel zu verringern, indem sie gleichzeitig die Menge des beizugebenden Harzes vermehrten (s. Beiträge I p. 41). Schliesslich wurde im Zusammenhalt mit diesen Ergebnissen festzustellen versucht, welche verschiedenen Maltechniken zur spätrömischen Zeit im Gebrauch gewesen sind und als Erbschaft des Altertums auf die weiter zu untersuchenden Zeitperioden übergegangen sein dürften.

Was die Quellen für die Maltechnik des Mittelalters betrifft, von welchen in diesem Hefte die Rede ist, so wird es angebracht sein, dieselben vorerst in Kürze Revue passieren zu lassen, um zu zeigen, wie die technischen Traditionen sich eng an diejenigen des Altertumes anschliessen und dabei die Schwierigkeiten zu kennzeichnen, die sich uns bei deren Beurteilung entgegenstellen. Es sei nur daran erinnert, dass wir über die Malerei der Griechen und Römer durch die wenigen Stellen der Werke des Vitruv, Plinius, Dioskorides u. a. nur sehr unvollkommen unterrichtet sind. Man wird dies jedoch begreiflich finden; denn, ausser einigen Rezepten für Farbenbereitung, sind die alten Angaben nur für den Praktiker von damals verständlich. Ein spezielles Werk über Maltechnik ist uns aus dem Altertume nicht überliefert. Umso bemerkenswerter muss uns ein in Leyden aufbewahrter Papyrus erscheinen, der in einer Mumienumhüllung verborgen, zu Theben anfangs dieses Jahrhunderts aufgefunden wurde. Es ist der Rezeptenschatz eines Goldschmiedes, der mit edlen Metallen und Legierungen umzugehen wusste und sich auch mit der geschätzten Purpurfärberei und Miniaturmalerei (Goldschrift) beschäftigt zu haben scheint. Aus dem III. Jh. unserer Zeitrechnung stammend, in griechischer Sprache verfasst, ist diese Rezeptensammlung nicht nur charakteristisch für die Zeit, sondern auch für die alten Handwerker überhaupt. Schon der Umstand ist bemerkenswert, dass der Tote sich von seinen Rezepten nicht trennen wollte und dieselben sich mit ins Grab geben liess. Zweifellos sind manche dieser Rezepte römischen Ursprungs, denn wie Berthelot in seinem Werke (Chimie au moyen âge, Paris 1893) nachweist, finden sich einige derselben inhaltlich, einzelne sogar wörtlich in späteren Manuscripten wieder. Es zeigt dies zweifellos, dass die technische Tradition auch durch die dunklen Zeiten der Völkerwanderung erhalten blieb.

Erst aus dem IX. Jh. (nach Gregorovius, Gesch. d. Stadt Rom, II 378, vom Ende des VIII. Jhs.) stammt eine auf uns gekommene Rezeptensammlung, das Lucca Manuscript. Dasselbe gibt ausführliche Anweisungen über Glasmosaik, Färben von Fellen, Goldschrift, Bereitung von Farben und allerlei Materien für Metallarbeit, aber es ist nicht leicht, die Rezepte, welche für Malerei speziell bestimmt sind, herauszulösen; es scheint, dass darin gar manches als selbstverständlich angenommen und daher nicht besonders bemerkt wird. Ganz ähnlich ist das Sammelwerk Mappae clavicula (kleiner Schlüssel der Malerei) aus dem XIII. Jh., in welches ein grosser Teil der im Lucca Ms. enthaltenen Rezepte aufgenommen erscheint. Mit diesem zeigen wieder die ersten zwei in Versen geschriebenen Bücher des Heraclius „Von den Farben und Künsten der Römer" grosse Verwandtschaft; auch hier die verschiedenartigsten Angaben für Glas- und Metallverarbeitung, für Gemmen und gebrannte Thonarbeit. Ein dritter, späterer Teil ist der Malerei gewidmet. Bei Durchsicht dieser alten Quellen handelt es sich für uns darum, alle jene Rezepte abzusondern, die sich speziell auf Malerei beziehen, eine mitunter schwierige Arbeit, denn es sind oft Anweisungen gegeben, deren Zweck man von vorneherein nicht erkennen kann, wieder andere lassen es zweifelhaft erscheinen, ob dieselben überhaupt technischen oder alchemistischen Inhalts sind und schliesslich sind die Rezepte nicht selten, bei welchen technische Ausdrücke und Kryptogramme angewendet sind, deren Uebersetzung und Sinn dem gewiegtesten Philologen unüberwindliche Hindernisse entgegenzusetzen imstande ist.

So kommen im Lucca Ms, im Liber sacerdotum des XIII. Jh., das aus arabischen Quellen geschöpft ist, und selbst in dem viel späteren „Handbuch der Malerei von Berge Athos" Bezeichnungen von Droguen etc. vor, welche bisher nicht erklärt werden konnten; für die frühmittelalterliche Technik sind aber die genannten Manuskripte von grösster Bedeutung.

Das Handbuch der Malerei vom Berge Athos, dessen uns von Didron zuerst mitgeteilte Niederschrift wohl jüngeren Datums ist, enthält die Technik des im XII. Jh. vielbewunderten griechischen Malers Panselinos, beruht aber jedenfalls auf älterer Tradition; schon die eigentümliche Bezeichnung der einzelnen Farbenmischungen z. B. für Carnation, wie Proplasmus, Glykasmus etc. sprechen für höheres Alter, eine Eigenart, die auch in dem berühmten Werke des deutschen Mönches Theophilus, Schedula diversarum artium, dem XI—XII. Jh. angehörig, wiederkehrt.

Im Gegensatze zu den früheren Quellen sind in der Schedula, ebenso wie im Handbuch ganze Abschnitte ausschliesslich der Malerei und den dazugehörigen Praktiken gewidmet, aber es ist noch nicht jene bestimmte Ordnung zu bemerken, derzufolge immer genau ersichtlich ist, ob die einzelnen Angaben für Wand-, Tafel- oder Miniaturmalerei zu gelten haben. Den diversen Vergoldungsarten, die bei der byzantinischen und der ganzen mittelalterlichen Technik eine grosse Rolle spielen, ist ein breiter Raum gewidmet. Man muss sich aber einigermassen mit dieser wichtigen Technik vertraut gemacht haben, um alle einschlägigen Anweisungen richtig zu verstehen.

Durch ein weniger bekanntes Ms. des XIV. Jhs., den Neapeler Codex über Miniaturmalerei ist es nunmehr auch möglich geworden, alles speziell auf Miniaturmalerei Bezügliche abzusondern, sodass mit Hilfe dieses Ms. eine Art Schlüssel für die anderen vorhanden ist, der die Arbeit erheblich erleichtert, wenn es sich darum handelt, die technischen Rezepte auf ihre Anwendungsarten richtig zu beurteilen.

Für die nordischen Techniken der Zeit sind ausser dem bereits genannten Ms. des Theophilus noch die von dem französischen Münzmeister Le Begue gesammelten Schriften des Alcherius, P. de St. Audemar von grossem Interesse, welche die gelehrte Mrs. Merrifield in ihrem umfassenden Werke (Original Treatises, dating from the XIIth to XVIIIth centuries on the Arts of Painting, London 1848 II Bde.) veröffentlicht hat.

Wegen der Ausführlichkeit und der überaus klaren Diktion ist das allbekannte Buch des Cennino Cennini, Trattato della Pittura von grösstem Interesse für uns; die Technik Giotto's und seiner Schüler ist in diesem Buche bis ins kleinste Detail und mit minutiöser Genauigkeit wiedergegeben, so dass nicht der geringste Zweifel über die damalige Technik herrschen kann. Es gibt keine noch so unbedeutende technische Handhabung, welche hier nicht beschrieben ist, von der Zubereitung der Holzkohle, des Malbrettes, der Farben, Pinsel und der Vergoldungsarbeit bis zum letzten Firnis.

Dieser italienischen Quelle für Maltechnik der Frührenaissance kann keine gleichartige aus dem Norden entgegengestellt werden, wohl aber eine, welche ihr an Wichtigkeit nicht nachsteht, nämlich das Strassburger Ms. vom Ende des XIV. oder Anfang des XV. Jhs. Die Veröffentlichung dieses durch den Brand der Bibliothek im Jahre 1870 verlorenen Ms., des ältesten in deutscher Sprache verfassten Werkes dieser Art, welches hier allgemein zugänglich gemacht wird, wurde ermöglicht, durch die Auffindung einer für Eastlake in den 40ger Jahren angefertigten Copie. Eine der interessantesten Quellen für mittelalterliche Maltechnik ist dadurch der Vergessenheit entrissen.

Lassen sich die Techniken der Malerei bis zum Ausgang des XIV. Jhs. an der Hand des reichen quellenschriftlichen Materiales mit ziemlicher Gewissheit rekonstruieren, so treten ganz besondere Schwierigkeiten zu Tage, wenn es sich darum handelt, die in der Mitte des XV. Jh. durch die Brüder Van Eyck eingeführte technische Neuerung in den Schriftquellen zu verfolgen. Ein allgemeines Schweigen deckt das berühmte „Geheimnis" ihrer Erfindung. Nur die vielumstrittene Erzählung des Vasari im Leben des Antonello da Messina gibt einzelne Anhaltspunkte, aus welchen zu schliessen möglich ist, dass es nicht die Oelmalerei an sich, denn diese war längst bekannt, sondern eine neue Art der Oelmalerei war, welche die Brüder Van Eyck zu Urhebern gehabt hat. Es sprechen ganz deutliche Anzeichen dafür, dass die sog. Oeltempera, eine innige Mischung von Eigelb oder Gummi mit Oelen oder Oelfirnissen, wodurch diese letzteren mit Wasser mischbar werden, das Bindemittel der altniederländischen und kölnischen Schule bis zu Dürer und Holbein gewesen ist. Es wird in diesem Hefte ausführlicher davon gehandelt werden und auch erörtert werden, wie sich folgerichtig aus dieser Technik erst durch die Einführung der ätherischen Lösungsmittel für Oele und Harze unsere neuere Oelmalererei entwickelt haben muss.

Für das ganze XVI. Jh. ist aus Vasari's Introduzione zu seinem Werke „Das Leben der berühmtesten Architekten, Maler, Bildhauer" mancher wertvolle Hinweis auf die Technik zu entnehmen; auch Lomazzo und Armenino unterstützen ihren berühmten Kollegen in ihren Büchern über die Malerei (Idea del Tempio della Pittura, 1590, desselben Trattato dell' arte della Pittura 1585; und De veri Precetti 1587). Eigentümlicherweise behandeln die Malerbücher dieser und der folgenden Zeit immer mehr die ästhetische und didaktische Seite der Kunst und berühren das rein Technische nur nebenher; Lomazzo z. B. gibt bei Oelmalerei nur an, dass die Farben mit Leinöl, Nussöl- und anderen „Dingen" angerieben werden; wie Malbretter oder Leinwand präpariert werden, davon schweigt er vollends. Selbst Lionardo da Vinci, der in bezug auf Technik ein Experimentator, wenn auch kein Verbesserer gewesen, versäumt es in seinem gross angelegten Trattato über Farben und Technik speziell zu schreiben, obschon er es selbst für wichtig hält und, wie er sagt, „dies nur aus Mangel an Papier vorläufig unterlassen habe" (Quellenschr. f. Kunstgesch. Bd. XVIII p. 100). Für einen grossen Geist, wie es Lionardo war, mag es sehr nebensächlich erschienen sein, Dinge zu beschreiben, die ohnehin jedem Lehrling bekannt sein mussten, er mochte vielleicht eingesehen haben, dass sich die Hauptsachen der Technik nur durch fortgesetzte Uebung erlernen lassen, weshalb er auf eine schriftliche Darlegung derselben vorerst verzichtete.

In den spärlichen Druckschriften der nordischen Autoren erhält sich aber lange Zeit noch das Rezeptenwesen. Boltz von Rufach rechtfertigt sich in der Vorrede zu seinem „Illuminierbuch" (1562) vor seinen Fachgenossen, dass er überhaupt Dinge veröffentlicht, die eigentlich geheim zu halten wären, und thatsächlich war seit der Erfindung der Buchdruckerkunst in Deutschland kein Werk darüber erschienen. Nach Boltzens erstem Wagnis werden aber die Bücher mit ausführlichen Rezepten immer häufiger, bis in dem Nürnberger „Kunst- und Werkschul" (erste Ausg. 1707) ein dickleibiges Sammelwerk erschien, das in seiner Ausführlichkeit und Vielseitigkeit kaum mehr überboten worden ist.

Der Holländer Karel van Mander in seinem „Schilderboeck" (1604), ebenso wie Wilh. Beurs in „De groote Waereld int Kleen geschildert" schliessen sich der Art der Italiener an und betonen mehr die ästhetisch-optische als die rein technische Seite der Kunst. Für die Kenntnis der spanischen Malart des XVI. Jh. wären noch Pacheco's und Palomino's einschlägige Malbücher zu erwähnen. Ich möchte diese nur in grossen Zügen gegebene Aufzählung der Quellenschriften für die Technik der Blütezeit der Malerei nicht schliessen, ohne noch auf das Manuskript des De Mayerne aufmerksam gemacht zu haben, der durch den persönlichen Verkehr mit Rubens, Van Dyck und anderen in die Lage kam, über deren Technik in hohem Grade wichtige Details zu hinterlassen; aber es ist das Ms. nur zum geringsten Teil veröffentlicht, so dass wir uns bis jetzt kein genügend klares Bild über deren Malweise zu machen im stande sind.

Schon aus der Fülle des hier aufgeführten Materiales[1]) wird es begreiflich, wie wichtig es ist, die Technik bestimmter Zeitperioden in allen Details kennen zu

---

[1]) Von wichtigeren Mss. und Quellen wären noch zu erwähnen: Das Paduaner Ms. (Ende des XVI. Jh.), das Ms. des Giov. Batt. Volpato betitelt „Modo da tener nel dipinger (XVII. Jh.), das Brüsseler Ms. des Pierre Lebrun (1635), dann noch Wandmalerei, betreffend: der Commentar zu Vitruv des Spaniers Guevara (Anfang des XVI. Jh.), das Werk „De Re Aedificatoria des Leon Battista Alberti, Raffaello Borghini's Riposo (1584), Andrea Pozzo (geb. 1642), Johannes Martinus (1699), Raph. Mengs u. A.

lernen und die Systeme zu beachten, nach welchen die alten Maler bei ihren Werken vorgingen, denn das eine wird jedem Einsichtigen klar sein, dass so planlos wie heute zu keiner Zeit verfahren wurde. Es entsteht nun aber die Frage, auf welche Weise und zu welchem Zwecke man sich der Mühe unterziehen sollte, eine fast unabsehbare und zeitraubende Arbeit durchzuführen, um ein so kostbares Material wie es die Quellenschriften sind, für uns und unsere Nachfolger fruchtbringend zu verwerten, denn es ist noch lange nicht erwiesen, dass eine Technik rationell ist, weil sie alt ist.

Um sich über die alten Techniken vollkommen zu unterrichten, müssen deshalb zuerst die Quellen gesichtet und alles was sich auf das Technische der Arbeitsführung, insbesondere auf die Grundierung und die Art der Bindemittel bezieht, geprüft und praktisch erprobt werden. Bei derartigem Vorgehen müssen sich nicht nur die verschiedenen älteren Malsysteme feststellen lassen, es werden sich auch von selbst aus den gefundenen Resultaten Gesichtspunkte für rationelles Malverfahren ergeben, die durch die gute oder schlechte Erhaltung gleichzeitiger Denkmäler der Kunst sich selbst kontrollieren. Zunächst wird der Wert einer solchen Arbeit in der kunstwissenschaftlichen Seite gelegen sein, denn mit Hilfe einer derart im Detail durchgeführten Quellenforschung und entsprechenden ausgeführten Malproben, müssen sich genau bezeichnete Merkmale einer bestimmten Kunstperiode auch in technischer Beziehung feststellen lassen, welche die kunsthistorische Forschung unterstützen und für sie von Wichtigkeit sein dürften.

Der praktische Wert dieser Arbeit für unsere moderne Maltechnik muss darin erblickt werden, dass durch die Erkenntnis der alten Techniken auch die Systeme bekannt werden, nach welchen die alten Meister ihre gepriesenen Schöpfungen angefertigt haben. So haben, um nur ein eklatantes Beispiel anzuführen, die Künstler der Frührenaissance das Prinzip gehabt, die Bindemittel zu wechseln, und zwar nahmen sie zu unterst die schneller trocknenden, wie Leim zur Grundierung, dann kam Eitempera zur Untermalung; darauf folgte die Uebermalung mit Oellasuren und endlich liessen sie das Gemälde vor dem Firnissen über ein Jahr lang trocknen. Wir hingegen untermalen mit Oelfarben auf ölgrundierte Leinwand oder Brett, übermalen und lasieren mit Oelen und Firnissen, sogar mit Essenz- oder Spiritusfirnissen, die schneller trocknen als die Unterlagen und infolge dessen das Reissen und Brüchigwerden beschleunigen. Diesem einen Beispiel werden sich eine grosse Reihe ähnlicher anschliessen lassen, sowohl was Wandmalerei, als auch was Tafel- und Miniaturmalerei betrifft. Auch muss es für den modernen Techniker von eminenter Wichtigkeit sein, zu erfahren, mit welchen Bindemitteln und nach welchen Grundsätzen gewisse Bildwerke gemalt sein konnten, die durch ihre tadellose Erhaltung Jahrhunderte lang die Bewunderung aller hervorgerufen haben; ebenso wird sich ganz genau feststellen lassen, warum andere viel später gemalte Werke zu Grunde gingen und zu Grunde gehen mussten. Ein Beispiel dieser Art will ich hier erwähnen: Für manche Kunstforscher dürfte es neu sein zu erfahren, dass die bekannten Loggien des Raffael nicht, wie man allgemein annimmt, a fresco ausgeführt sind; es hat sich nämlich das genaue Rezept des Giovanni da Udine erhalten, aus welchem hervorgeht, dass diese „notorischen Fresken" mit Oelfarbe auf den mit Bleiweiss gefärbten Stuck gemalt worden sind; daraus erklärt sich aber auch zur Genüge ihre schlechte Erhaltung!

Nur auf dem historischen Wege werden sich derartig wichtige Erfahrungen sammeln lassen; hier Klarheit zu schaffen, ist eine der Hauptaufgaben dieser ganzen Arbeit! Nicht weniger wichtig wird die Arbeit für die Erhaltung und Restaurierung alter Gemälde sein, denn durch die genaue Kenntnis der Technik wird auch die Wiederherstellung schadhaft gewordener Stellen modifiziert werden müssen, während man heutzutage alle alten Bilder nach ein und derselben Methode behandelt, gleichgültig ob ein Gemälde aus dem XIV. oder aus dem XVIII. Jahrhundert stammt. Wie will man aber ein Bildwerk, sei es Wandmalerei oder Tafelbild richtig restaurieren, wenn die einzelnen Techniken der verschiedenen Kunstepochen nicht einmal genügend erkannt sind?

Für Copisten alter Bilder wird es von grösster Wichtigkeit sein, sich mit den Resultaten dieser Arbeit vertraut zu machen, um getreue Copien der Originale fertigen zu können.

Ausser diesen Momenten, welche die Durchführung der hier begonnenen Arbeit für wünschenswert erscheinen lassen, wird aber ein noch viel wichtigerer Faktor für den denkenden und ausübenden Künstler die nächste Folge davon sein: er wird sich vornehcrein über seine Technik klar werden können und durch das Vertrautsein mit den verschiedensten Techniken aller Kunstepochen nicht blindlings jedem Angebot von neuen Erfindungen der Farbenfabrikanten und Händler entgegenkommen, um schon nach kürzester Zeit Enttäuschungen zu erleben, wie es in den letzten Jahren zu wiederholten Malen geschehen ist. Dann wird der Künstler sich auch vor Augen halten können, was er von einer bestimmten Art von Technik zu erwarten hat, und was er derselben zumuten kann, ohne Schaden für die Solidität seines Werkes. Solches Wissen aber muss der Kunst selbst nur zu gute kommen!

Aus dem Vorstehenden ist sowohl der Umfang der Arbeit als auch die Intention des Verfassers ersichtlich. In dem Bestreben, die Resultate seiner Studien und Versuche auf dem Gebiete alter Maltechnik durch deren Zusammenfassung in einer Druckschrift der Oeffentlichkeit zugänglich zu machen, wurde derselbe in **wesentlicher Weise durch das Entgegenkommen des hohen Senates der königlichen Akademie der Künste zu Berlin, sowie ganz besonders durch die Subventionierung von seiten des Königlich Preussischen Ministeriums der geistlichen, Unterrichts- und Medizinal-Angelegenheiten gefördert. Der Verfasser folgt demnach nur seinem Gefühl der Dankbarkeit, wenn er den genannten hohen Behörden auch an dieser Stelle seinen ehrerbietigsten Dank ausspricht**, in erster Linie dafür, dass er bei den hervorragendsten Vertretern seines Kunstfaches neuen Ansporn und Aufmunterung zur Fortführung der begonnenen mühsamen Arbeit gefunden, und zweitens dafür, dass er in der materiellen Beihilfe eine Anerkennung des faktischen Wertes seiner Bestrebungen erblicken zu dürfen glaubt.

Zu nicht minderem Danke verpflichtet ist der Verfasser noch einer Reihe von Männern, die durch ihre Stellung als Leiter von Sammlungen und Bibliotheken, oder durch ihr reiches Wissen ihn in freundlichster Weise unterstützten, insbesondere den Herren Prof. Christomanos in Athen, Prof. Karabacek in Wien, Prof. Mayhoff in Dresden, Mr. Edw. J. Poynter, Präsident der Royal Academy in London, sowie den Dozenten der Universität Dr. Panzer und Dr. Traube in München.

MÜNCHEN, im Juni 1897.

Der Verfasser.

I. Teil.

Quellen für Technik der Malerei

vom IX.—XIII. Jahrhundert.

Geschichtliche Einleitung.

Mannigfach waren die Ursachen, welche zum Zusammenbruch des grossen römischen Reiches führten. Die wiederholten Einfälle nordischer Völkerschaften, welche über die Hauptstadt Kriegsnot, Plünderung und Verwüstung brachten, vermochten die Römer nicht einzudämmen; die durch Theodosius erfolgte Teilung des Reiches unter seine beiden Söhne (i. J. 395 unserer Zeitrechnung) wurde demselben zum Schaden, da deren Nachfolger, statt vereint die Einbrüche der Barbaren abzuhalten, mit Schadenfreude auf die Unfälle des anderen blickten, ja sogar Barbarenstämme zu Einfällen in deren Gebiete aufforderten. Die andauernde Gefahr für Rom ward schliesslich Veranlassung, die Residenz des alten Reiches in das durch Natur und Kunst befestigte Ravenna zu verlegen (403), denn Rom war Ziel und Preis des heissen Kampfes. Schon wenige Jahre später drangen Alarichs Westgothen siegreich bis zur Hauptstadt vor; Rom kaufte sich zwar (408) durch Geld los, wurde aber später (410) doch erobert und geplündert, wiederholt in Angst und Schrecken versetzt, als die Hunnen unter Attila bis an die Thore des Reiches vorgedrungen. 455 wurde Rom abermals geplündert und durch Brand verheert, als Eudoxia, die Witwe Valentinians gegen Petronius Maximus die Vandalen aus Afrika zu Hilfe gerufen.

Vasaris[1]) schmerzvolle Klage über den Untergang von Roms alter Kunst durch die Plünderungen und die vollständige Feuersbrunst, mit welcher Totilas Wut Rom vernichtete, „wobei zugleich alle trefflichen Künstler, Maler und Architekten zu Grunde gingen, indem sie selbst und mit ihnen die Kunst beim Sturz jener hochberühmten Stadt unter ihren Trümmern begraben wurden", und der darauf folgenden schweren Zeiten für Kultur und Kunst sei hier eingefügt: „Keine Spur, kein Zeichen blieb von „irgend einem vorzüglichen Gegenstand, und die darauf folgenden Menschen arbeiteten „roh und ungeschickt in Malerei und Skulptur und nur von der Natur getrieben, die „sie umgab, verfeinert, nicht nach den Regeln der Künste von einstmals, denn diese „kannten sie nicht, sondern arbeiteten wie es eben ihr eigenes Talent vermochte. „Auf diesem Punkt waren die zeichnenden Künste vor und während der Herrschaft „der Longobarden, und sie verschlechterten sich von da immer mehr, so dass man „nicht plumper und nach schlechterer Zeichnung hätte arbeiten können, als damals „geschah". Vasari beschuldigt aber noch ausser den Völkerschaften, „die von ver- „schiedenen Weltgegenden gegen die Römer aufstanden und nach kurzer Zeit den Verfall „jenes grossen Reiches verursachten", und der allgemeinen Sittenlosigkeit und Entartung, „die jeden grossen und schönen Geist zur Niedrigkeit und Roheit herabgewürdigt", auch „noch den ungestümen Eifer der neuen christlichen Lehre, welche nach langem blutigen „Kampfe durch die Menge ihrer Wunder und die Lauterkeit ihres Wirkens das alte

---

[1]) Vasari, Einleitung zum I. B. seiner Vite, übers. von Schorn (Stuttg. u. Tüb. 1832).

„Heidentum vernichtet hatte und nun mit heftigem Eifer alles zu zerstören trachtete, „was Irrtümer hätte herbeiführen können; dadurch gingen nicht nur alle die bewunderungs- „würdigen Statuen, Bildhauer-, Maler- und Mosaikwerke der falschen heidnischen „Götter zu Grunde, sondern auch die Gedächtnis- und Ehrenmäler einer unendlichen „Menge von ruhmwürdigen Männern wurden verwüstet. Um überdem nach christlichem „Brauch zu bauen, riss man die berühmtesten Tempel der Abgötter nieder, und um „die von St. Peter reicher und schöner zu schmücken, wurden bei deren Bau ausser „anderen Zierraten, auch die Marmorsäulen vom Grabmal Hadrians, heutigen Tages „Castell St. Angelo, verwendet und viele andere nunmehr verfallene Gebäude beraubt. „Die christliche Religion that dies zwar nicht aus Hass gegen die Werke des Talents, „sondern nur um die heidnischen Götter zu verderben und zu verbannen; dennoch aber „ward durch diesen ungestümen Eifer über jene ehrenvollen Künste solche Verheerung „gebracht, dass ihr Wesen ganz verloren ging."

Langsam begann wieder erneute Kunstpflege durch die Bauten Theodorichs in Ravenna, mit Hilfe von griechischen Künstlern. „Diese Künstler, die besten ihres „Berufes, weil sie die einzigen waren, brachten Mosaik, Bildhauerkunst und Malerei „nach Italien und lehrten die plumpe und rohe Manier, in der sie sie übten, den „Italienern, welche sich ihrer in der Folgezeit (bis 1250) bedienten."

Ungleich günstiger gestalteten sich die Verhältnisse im oströmischen Reiche, wo durch Constantins Gründung eine neue Hauptstadt entstand, die durch den Bau von neuen Palästen, Kirchen, Rennbahnen und Thermen, den von allen Seiten herbeigerufenen Künstlern Beschäftigung und reichen Ertrag sicherte. Hier strömte denn auch während der Zeit des Friedens unter Justinians glänzender, obwohl grenzenlos tyrannischer Regierung (527—565) alles zusammen, was an Intelligenz und Kunst hervorragend war. Die durch starke Festungen erreichte Sicherung der Grenzen war zwar nicht von langer Dauer, denn unter seinen Nachfolgern begannen die Einfälle nordischer Völker von neuem; immerhin konnten Kunst und Kunstgewerbe, durch prachtliebende, an orientalischen Luxus gemahnende Herrscher gefördert, stetigen glänzenden Aufschwung nehmen. Der Reichtum der Kirchen und Kirchengeräte, sowie deren Ausschmückung durch Mosaiken und kostbare Steine stellte alles bis dahin Dagewesene in den Schatten. Die Malerei und auch die Bildhauerkunst, den Traditionen der alten Kunst folgend, hatten sich der neuen Weltanschauung angeschlossen und durch hervorragende Werke den christlichen, kirchlichen Bedürfnissen ihre Dienste geweiht; ja vielen dieser Heiligenbilder wurde in heidnischer Art eine Verehrung entgegengebracht, welche für die Kunst selbst in der Folgezeit höchst verhängnisvoll werden sollte.

„Die gebildete Laienwelt der Rhomäer und ein erheblicher Teil des höheren Klerus betrachtete damals mit Besorgnis und Missbehagen die Richtung, in welcher sich mehr und mehr das religiöse Leben der Massen bewegte; es wurde immer deutlicher eine Art der Frömmigkeit bemerkbar, die sehr stark an antikes, um nicht zu sagen derb heidnisches Colorit gemahnte. Unter christlicher Hülle lebten zahlreiche Bräuche und Gewohnheiten fort, die in hohem Grade den Charakter der Superstition, auch der materiellen Mirakelsucht trugen. Die Verehrung der Heiligen war bereits bis zu dem Grade ausgebildet, dass beispielsweise die Bürger von Thessalonike ihre Siege über Avaren und Slaven lediglich der Hilfe ihres heiligen Demetrius zuschrieben. Charakteristisch für diese Periode war die allgemein beliebte Verehrung der kirchlichen Bilder geworden; die fromme Verehrung ging allmählich in ganz rohen Aberglauben über; enthusiastische Gläubige kratzten wohl einen Teil der Farbe ab und schütteten es in den Abendmahlswein; Mütter legten neugeborene Kinder heiligen Bildsäulen in die Arme, um sie des Segens der Heiligen teilhaftig werden zu lassen, Kranke rieben ihre Binden und Decken an ihnen, um gesund zu werden."[2])

Kaiser Leo III. war persönlich bei eifriger christlicher Frömmigkeit diesem abergläubischen Wesen tief abgeneigt; er richtete seine Reformen zunächst gegen den „Bilderdienst". Ein durch den Senat sanktioniertes Dekret (726) verdammte die Anbetung der Bilder als eine Art Götzendienst; materiell wurde verfügt, dass in den Kirchen die Bilder höher gehängt werden sollten, um sie der unmittelbaren Berührung zu entziehen. Ein weiteres neues Dekret (728) verfügte im Sinne der entschlos-

---

[2]) Hertzberg, Geschichte der Byzantiner und des Osmanischen Reiches, Berlin 1883, p. 103 ff.

sensten Gegner des Bilderkultus, dass nunmehr alle Bildnisse Christi, der Panagia (Maria), der Heiligen und Märtyrer aus den Kirchen und heiligen Orten entfernt, eventuell an den Wänden mit Farben überstrichen werden sollten.

Sympathie auf einer Seite, bitterer Groll auf Seite der Bilderfreunde war zunächst die Folge und ein durch drei Generationen mit furchtbarer Leidenschaftlichkeit geführter kirchlicher Kampf entwickelte nun erst in ganzer Schroffheit den grimmigen Gegensatz zwischen den Ikonoklasten (Bilderstürmern) und Ikonodulen (Bilderfreunden). Allerdings standen dem Kaiser starke Mächte zur Seite. Die Führer der Armee hielten mit wenigen Ausnahmen treu zu ihm; ebenso stand die Mehrheit der gebildeten Laienwelt in Asien, die Beamten und ein Teil des höheren Klerus auf seiner Seite. Dagegen waren aber die Massen des Volkes zähe Bilderfreunde, mit ihm die Frauen aller Stände u. z. unter Umständen bis hinauf zu den Schwestern und Frauen der Kaiser selbst. Die Klostergeistlichkeit, an ihrer Spitze die gelehrten Docenten der Centralschule von Constantinopel, die vielen Mönche, welche sich materiell in ihrer Thätigkeit als Künstler, namentlich als Maler bedroht sahen, waren natürlich die eifrigsten Gegner der kaiserlichen Reformen. In einigen Teilen des byzantinischen Italiens hatten die letzten Dekrete des Kaisers gegen die Bilder einen wahren Sturm der Entrüstung erregt, und da Papst Gregor III. (731—741) unter lebhafter Zustimmung der Bevölkerung Mittelitaliens an der Spitze einer lokalen Synode das Anathema gegen die Ikonoklasten schleuderte, kam es zum offenen Bruch mit Rom. Unter Leos III. Nachfolger, Constantin V. wurde der Kampf gegen den Bilderkultus noch rücksichtsloser und derber fortgesetzt; bei den Zusammenstössen zwischen ikonodulen Fanatikern, welche an dem Mönchswesen den stärksten Rückhalt hatten, und rohen und übereifrigen Beamten wurde viel Unheil angerichtet. „Viele Klöster sind darüber eingegangen, geschlossen, manche zerstört worden; die Mönche wichen in einsame Gegenden zurück, viele Bücherschätze gingen dabei verloren." Ein neues Konzil wurde nach Constantinopel in den Palast Hieron berufen (754) und durch eine Reihe von Beschlüssen schroffster Art der Kampf zwischen beiden Parteien noch einmal in höchst bedauerlicher Weise angefacht. „Nicht nur dass der Bilderdienst als götzendienerisch verworfen und der Gebrauch der Bilder und Statuen, selbst der Kruzifixe in den Kirchen untersagt wurde, die Energie der versammelten Väter richtete sich auch gegen die Kunst selbst, die man der Reinheit der Religion opfern zu müssen für geboten erachtete. Es wurde nun auch streng untersagt, fortan kirchliche Bilder oder Skulpturwerke herzustellen, solche in Kirchen oder auch Privathäusern zu halten und dagegen Handelnde sollten dem Anathema verfallen sein."

Die Durchführung dieser harten Beschlüsse des Konzils stiess auf die grössten Schwierigkeiten; der Widerstand der schwer betroffenen kunstübenden Mönche, der Frauen und der Massen zeigte sich überaus zähe und nahm wiederholt einen schroff aggressiven Charakter gegen den Kaiser an. Den Höhepunkt erreichte der innere Kampf, als i. J. 766 verschärfte Verfügungen gegen den Kultus der Bilder, die Reliquien und die Klosterwelt in Kraft traten, die zur vollständigen Vernichtung vieler Klöster und zur Vertreibung der Mönche führten, während viele andere in das bürgerliche Leben zurückkehrten.

Nach Constantins Tode und mit der Regentschaft der schönen, aber ehrgeizigen und herrschsüchtigen Irene, welche als Frau und als Tochter von Hellas eifrig dem Bilderdienste ergeben war, trat die Reaktion in dem kirchlichen Kampfe bald zu Tage. Ein neues ökumenisches Konzil wurde in Nikäa (787) einberufen, um die alten, im Hieron gefassten Beschlüsse wieder aufzuheben; gegen die Ikonoklasten wurde das Anathema ausgesprochen; dann aber entschied das Konzil, dass nicht allein das Kreuz ein Gegenstand der Verehrung sein sollte, sondern auch die Bilder Christi, der Panagia, der Engel und Heiligen-Gemälde, Mosaikdarstellungen, Darstellungen auf heiligen Gefässen, gestickte Decken u. a. berechtigte Gegenstände der „Verehrung" (durch Kuss und Kniebeugung) seien, die jedoch nicht mit der Gott allein zu weihenden „Anbetung" verwechselt werden dürfe. (Die anatolische Orthodoxie hat nachmals die Erinnerung an Irenens Verdienst um die Bilderverehrung bewahrt und die Kaiserin in die Reihe ihrer Heiligen aufgenommen.) Das kirchliche Restaurationswerk der Kaiserin Irene hatte aber keineswegs die Kämpfe für immer abgeschlossen. Nach ihrem Sturze (802) lebte der Bilderstreit mit neuer Leidenschaft wieder auf und dauerte die nächsten

Jahrzehnte unter Michael II. und seinem Sohne Theophilos noch fort, bis unter der Regentschaft von des letzteren Witwe, nach einem neuerlichen Konzil (am 18. Feb. 842) die lang begehrten Bilder und Kruzifixe in feierlicher Weise wieder in der Sophienkirche aufgestellt wurden und der vollständige Sieg der Ikonodulen errungen war. Die Aufstellung von Statuen ist aber in der griechischen Kirche niemals wieder gestattet worden.

Die Wogen des Bildersturmes hatten auch im Norden sich fühlbar gezeigt und durch das Verbot jeder figürlichen Darstellung auf die Ausgestaltung der rein ornamentalen Kunst grossen Einfluss genommen. Als durch die Beschlüsse des Konzils von Nikäa die Bilderverehrung wieder in vollem Umfange hergestellt worden, nahm auch Karl der Grosse gegen diese Beschlüsse und deren unmittelbare Urheberin energische Stellung. Seine Anklage- und Verdammungsschrift ist uns erhalten in den vier Büchern über die abgöttische Bilderverehrung (De impio imaginum cultu), einem Werke, das unter unmittelbarer Teilnahme Karls wahrscheinlich von Alcuin abgefasst und niedergeschrieben wurde. Nicht bloss die Anbetung (adoratio) der Bilder wird als Abgötterei verworfen, auch die Verehrung (cultus) wird wesentlich eingeschränkt, aber es wird gestattet, Bilder zu haben, wegen des Gedächtnisses vollführter Thaten (lib. II c. 22) und diese aus Liebe zum Schmuck der Wände (amore ornamenti) anzubringen. „Sollen denn wirklich" — ruft er aus (lib. IV c. 9) „alle Bücher, in welchen sich Darstellungen in Gold, Silber oder Farben ausgeführt finden, deshalb, weil sie Bilder enthalten, entweder verbrannt oder verehrt und angebetet werden?"

„Wir gestatten Bilder zum Schmuck der Wände und zum Gedächtnis der Heiligen, aber nicht als Mittel religiöser Unterweisung oder gar als Gegenstand der Verehrung", das ist das letzte Wort der karolingischen Bücher. Der Gebrauch von Allegorien, die dem heidnischen Kunstvorrat entnommen sind, insbesondere wenn Erde, Flüsse oder Himmelszeichen personifiziert und mythologische Gestalten, Sirenen, Centauren u. s. w. dargestellt werden, scheint dem karolingischen Schreiber verwerflich. Durch solche Stellungnahme ist es begreiflich, dass die Bilderproduktion sich in einem sehr engen Kreis bewegen konnte.

Viele griechische Mönche, welche wegen des unseligen Bilderkrieges ihre Heimat verlassen mussten, fanden Beschäftigung im Schreiben und Verzieren der Evangelien und Missalen für den Bedarf des Hofes und der Bischöfe und so sehen wir schon in der nachfolgenden Generation eine wohlgebildete Schule von Mönchen in allen Teilen des fränkischen Reiches thätig. Ihre Vielseitigkeit als Baumeister, Maler, Goldschmiede und Mosaicisten spricht sich in alten Quellen deutlich genug aus; es kam auch oft genug vor, dass ein und derselbe Mönch in vielen Künsten Meister war. So heisst es von Dagaeus, der 586 gestorben sein soll (im Kalender von Cashel, Acta SS. Aug. III 656): „Dieser Dagaeus war ein Mann, der Erz und Eisen zu bearbeiten verstand „und ein ausgezeichneter Schreiber. Dreihundert Glocken hat er gegossen, dreihundert „Bischofsstäbe gearbeitet und dreihundert Evangelien geschrieben." Durch solche Universalität ist es auch erklärbar, dass sich Darstellungsart und Motive in gleicher Weise auf Geräten und Miniaturen wiederfinden. Die Spirale, Durchflechtungen und Durchwindungen der Bänder ebenso wie die verschiedenen Systeme von Gitterwerk und auch von Tafelwerk mit dreieckigen und anderen geometrischen Figuren vereinigen sich mit Tiergestalten in der griechisch-byzantinischen und frühen nordischen Kunst. Waren doch die griechischen Mönche und Künstler mit ihren reichen technischen Erfahrungen überallhin gerufen worden. Wir sehen sie als Architekten in Ravenna thätig, um die Hauptstadt Theodorichs mit Kirchen und Palästen zu zieren, als Maler entfalteten sie ihr Können in Italien ebenso wie am Hofe Karls des Grossen, und ihre Thätigkeit lässt sich auch in Asien verfolgen, wo das neugegründete osmanische Reich ihre Dienste zu schätzen wusste.[3]) Wie auf anderen Gebieten war Karl auch hier

---

[3]) Vergl. v. Schack, Poesie und Kunst der Araber. Bd. II. p. 179 über den Bau der Moschee zu Damaskus: „Werkleute aus Constantinopel, die der Chalife (Walid I. reg. 705—715 n. Chr.) sich durch eine eigene Gesandtschaft vom byzantinischen Kaiser erbitten liess, waren bei der Ausführung des Baues thätig;" p. 199: „Was die Verzierungen betrifft, so lässt sich deren byzantinischer Ursprung nicht verkennen. In der That ist die Fesifissa, d. h. die aus Glasstücken und kleinen Steinen zusammengefügte Mosaik des Mihrab ganz das opus graecum, wie es sich in den Kirchen von Ravenna findet; auch wird ausdrücklich berichtet, dieselbe sei ein Geschenk des Kaisers von Constantinopel gewesen."

bestrebt, durch Berufung von Künstlern und Lehrern die Entwicklung der Kunstthätigkeit in den nordischen Ländern zu fördern; zur Ausführung seiner Königsschlösser in Aachen und Ingelheim brachte er tüchtige Kräfte aus Byzanz und Italien, die ihr Wissen dann weiterverbreiteten. Im Münster zu Aachen wurde die Kuppel in Mosaik, zweifelsohne von byzantinischen Arbeitern, ausgeführt.

Quellenschriften, die uns über den Stand der technischen Kenntnisse Kunde geben könnten, fehlen in den dunklen Zeiten der Völkerwanderung und den späteren für die Kunstentfaltung nicht weniger unglückseligen des Bildersturmes fast ganz. Ohne Zweifel hatten die griechischen, d. i. oströmischen Künstler traditionell alle Fertigkeiten weitergepflegt, die im alten Rom zur Zeit des Glanzes geübt wurden. Das wenige, was uns an Malerei des V—VII. Jahrhunderts unserer Zeitrechnung erhalten ist, zeigt auch noch in Auffassung und Ausführung den grossen Zug der Antike; so erinnern die prächtigen Miniaturen, welche als Widmungsblätter der Dioskorides-Handschrift (Wiener Hofbibliothek) vorgebunden sind, unverkennbar an den Stil mancher pompejanischer und römischer Gemälde; das Titelblatt mit der Darstellung der Kaiserin Eudoxia Anicia, welcher die Handschrift zugeeignet ist, zwischen zwei allegorischen Figuren, umgeben von einer Reihe kleiner durch Ornamentik verbundener kameenartiger Kindergruppen; das vortreffliche, auf welchem Dioskorides abgebildet ist, wie ihm Heuresis (die Forschung) die Pflanze Mandragora (Alraunwurzel) zeigt, mit dem verendenden Hunde (Fig. I.): ein weiteres Blatt, Dioskorides die ihm von einer

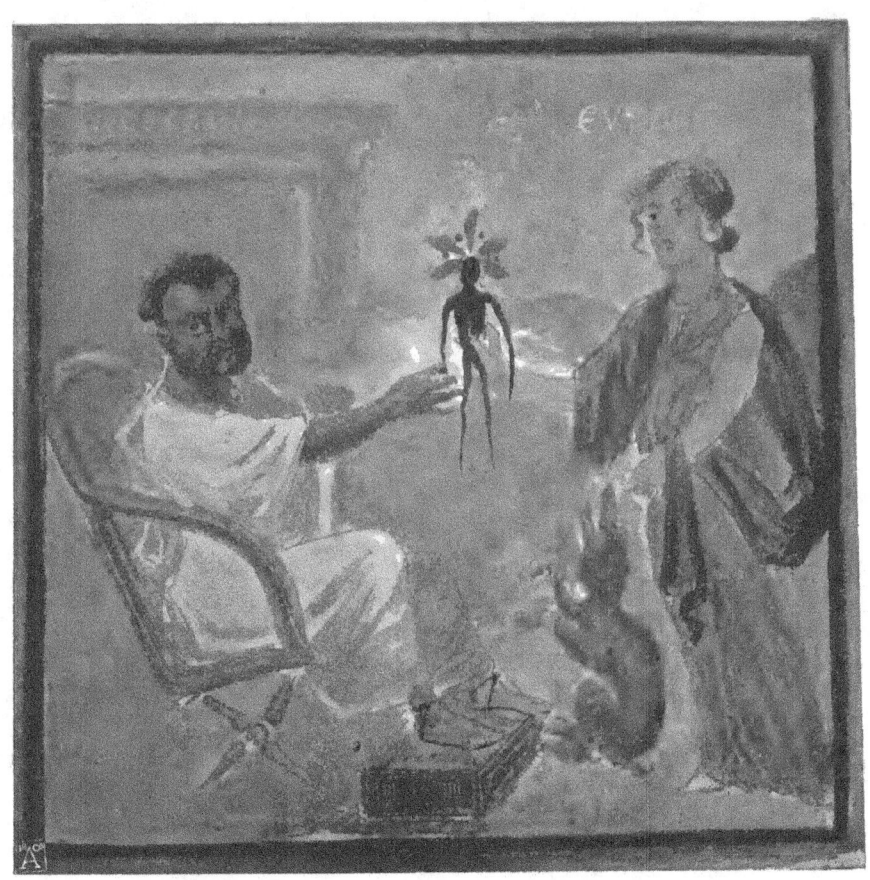

Fig. I. Heuresis zeigt Dioskorides die Mandragorapflanze.
Aus dem Wiener Dioskorides Ms. (Nr. 51 der Versuchskollektion.)

weiblichen Gestalt dargereichte Pflanze beschreibend, während ein Maler diese abmalt, lassen den bestimmten Schluss zu, dass ähnliche Auffassung und ähnliches Beherrschen des Figürlichen allgemein gewesen sei, bevor die schweren Einschränkungen durch die Bilderedikte jegliche figürliche Darstellung unterdrückte. Ein Jahrhundert des Kampfes hatte genügt, die Tradition im Komponieren der menschlichen Gestalten vollkommen zu vernichten. Dabei muss aber die Technik des Malens an sich nicht verloren gegangen sein; die Eindämmung der figürlichen Darstellung hat vielmehr zur vollen Ausbildung des Ornamentes führen müssen, wie wir dies auch an der raschen Entwicklung der arabischen Ornamentik sehen, welche auf ähnlicher Grundlage, d. h. mit Ausschluss jeglicher Verwendung der menschlichen Figur die allerreichsten Blüten zeitigte.

Als dann nach Beendigung des Bildersturmes wieder schüchterne Versuche gemacht wurden, Wände und Bücher mit Darstellungen aus der Heiligenlegende zu schmücken, tritt die Härte der Form, das Unbeholfene und Steife im Komponieren zu Tage, welches man als kindlichen Ausdruck eines ursprünglichen, neuen Stiles zu bezeichnen pflegt, in Wahrheit aber doch auf das Unvermögen der damaligen Künstler, welchen es an der richtigen Schulung und Tradition fehlte, zurückgeführt werden muss. Oder sollten nur die ungeschickten Miniaturen uns erhalten und die vorzüglicheren Leistungen alle zu Grunde gegangen sein?

Die „plumpe und rohe Manier", von welcher Vasari berichtet, dass sie von „griechischen" Künstlern nach Italien verpflanzt worden sei, kann lediglich auf die figürliche Produktion bezogen werden, denn in der Technik selbst war kein Stillstand, am wenigsten ein Rückschritt eingetreten, im Gegenteil: Die „Greci" brachten die Baukunst durch Ausbildung des Kuppelsystems zur Blüte, hoben die von den Römern bereits gekannte Ausschmückung der Wände und Bogenwölbungen mit Mosaik durch Verbesserung des Materiales, indem sie statt der früher üblichen Steine künstliche Glaswürfel in grosser Vollkommenheit erzeugten; sie verbreiteten die Kunst des Emaillierens auf Gold und Kupfer und übten die Goldschmiedekunst ohne Unterbrechung weiter; die reichsten Aufgaben boten ihnen Gelegenheit in Menge. Die Sophienkirche in Constantinopel, die Kirchen in Ravenna, in Jerusalem sowie an anderen Orten Kleinasiens erforderten die tüchtigsten Kräfte. Wer ist nicht von der Grossartigkeit und Schönheit der Markuskirche in Venedig, die im X. Jahrhundert von griechischen Künstlern erbaut wurde, entzückt und begeistert?

I. Das Lucca-Manuscript.

„Griechische" Künstler und Kunsthandwerker waren es, die sich in allen Teilen des alten Reiches ansässig machten und so verdanken wir auch griechischen Mönchen die im folgenden näher zu besprechende Rezeptensammlung, das Lucca-Ms.[4]) Es bedarf wohl keiner besonderen Erwähnung, dass die Klöster die Pflegestätten für Religion, Wissen und Künste durch das ganze Mittelalter gewesen sind, die Mönchsschriften demnach die hauptsächlichsten Anhaltspunkte für quellenschriftliche Nachweise bilden werden; damit ist jedoch nicht gesagt, dass nur die Mönche technische Kenntnisse hatten und weiterverbreiteten; aber sie waren durch ihre höhere Bildung in der Lage, und das zurückgezogene klösterliche Leben bot ihnen dazu Gelegenheit, ihre Erfahrungen niederzuschreiben, während der gewöhnliche Arbeiter das Erlernte im besten Falle auf seine Gesellen übertragen konnte, des Schreibens jedoch in den seltensten Fällen kundig gewesen ist. Aus diesem Grunde wird es oft möglich sein, bestimmte in den Klöstern mehr gepflegte technische Traditionen zu verfolgen, während die Spuren anderer Techniken im Dunkel der Ungewissheit verschwinden. So lässt sich z. B. die Goldschrift der Miniaturisten durch alle Jahrhunderte durch Rezepte und Anweisungen kontrollieren,[5]) während es unmöglich ist, die Tradition des antiken Stucco (Tectorium des Vitruv und Plinius) in späteren Quellen zu verfolgen; Stuckarbeiter hat es aber gewiss zu allen Zeiten gegeben. Noch eines ist bemerkenswert: Je kostbarer oder schwieriger ein Verfahren ist, desto genauer und ausführlicher sind die Vorschriften, während das alltägliche als selbstverständlich gar nicht erwähnt wird. In dieser Beziehung ähneln die alten Rezeptensammlungen auffallend (man verzeihe den trivialen Vergleich) den Kochbüchern unserer Küchenfeen; seltenere Brühen, Kuchen, eingemachte Früchte zu machen, feines Gebäck und besondere Braten zu bereiten, das steht säuberlich, wenn auch unorthographisch, darin verzeichnet, aber niemals wie Rindfleisch zu sieden, Kartoffeln zu schälen und Gemüse zu bereiten oder wieviel Eier zum Eierkuchen zu nehmen sind.

In gleicher Art sind auch bei den alten Rezeptensammlungen die Anweisungen ohne bestimmte Ordnung aneinandergefügt, wie sie der betreffende Schreiber nach und nach erhalten oder wie sie ihm in den als Vorlage dienenden Manuskripten zur Verfügung standen. Nicht allein das Lucca-Ms. aus dem IX. Jahrhundert, auch spätere

---

[4]) Muratori, Antiquitates Italicae med. aevi T. II, p. 364—387, Dissertatio XXIV. Das Ms. befindet sich in der Kapitelsbibliothek der Canoniker zu Lucca (Arm. I. C. L.). Muratoris Ausgabe ist betitelt: Compositiones ad tingenda Musiva, Pelles et alia, ad deaurandum ferrum, ad Mineralia, ad Chrysographiam, et glutina quaedam conficienda, aliquae artium documenta, ante annos nongentos scripta (Rezepte zum Färben von Mosaik, Fellen und anderen Dingen, zur Vergoldung von Eisen, zum Gebrauch von Mineralien, zur Goldschrift, zur Erzeugung jedweden Bindemittels und anderer Künste Nachweis, vor neunhundert Jahren geschrieben).

[5]) Ueber die ununterbrochenen, quellenmässig zu verfolgenden technischen Traditionen, von den Aegyptern angefangen bis in die Zeit des christlichen Mittelalters vergleiche man die bezügl. Ausführungen, die Berthelot in seinen vortrefflichen Werken gibt: Introduction à la Chimie des Anciens, zur Collection des anciens Alchimistes Grecs (Paris 1888) p. 200 ff.; la Chimie au moyen-âge (Paris 1893) T. I.; vergl. auch Kopp, Beiträge zur Geschichte der Chemie, Braunschweig 1869.

Handschriften, wie die Mappae clavicula, das Liber sacerdotum, die Bücher des Heraclus, Archerius, Le Begue bilden solche Konglomerate aneinander gefügter Anweisungen, deren Verständnis dadurch erschwert ist. Erst in der Schedula des Theophilus Presbyter erscheint die Form der Einteilung in die einzelnen Kunstfächer aufgenommen.

Treten wir diesen Quellen etwas näher, so erkennen wir auf den ersten Blick zumeist, mit welchen speziellen Kunstzweigen der ursprüngliche Schreiber sich am meisten beschäftigt hat; es ist auch nur natürlich, dass er die für ihn wichtigeren Rezepte in erster Linie niedergeschrieben haben wird. Im Lucca-Ms. ist es ein Mosaicist, welcher die Rezepte für die Bereitung verschiedenfarbiger Glaspasten zuerst bringt, in der Mappae clavicula ein Miniaturmaler, der Farbenrezepte und anderes ihm für seine Kunst wichtig Scheinendes an die Spitze setzt; in dem Leydener Papyrus aus dem III. Jahrhundert war es ein Goldschmied, der sich auch mit Goldschrift und Purpurfärberei beschäftigte; Theophilus war Maler, in Glas- und Metallarbeiten erfahren u. s. w.

Inhaltlich umfasst die Rezeptensammlung des Lucca-Ms. folgende Dinge:[6]

Färbung von künstlichen Steinen zur Mosaikdekoration, deren Vergoldung und Versilberung und ihre Polierung; Fabrikation von farbigem Glas, in Grün, Milchweiss, verschiedene Nuancen Rot, Purpur und Gelb; Färbung von Häuten, Holz, Bein und Horn.

Liste von Mineralien und diverser Metalle, Erden, welche für Goldschmiedekunst gebräuchlich sind.

Anweisungen zu gewissen Präparationen, wie die Extraktion von Quecksilber, von Blei, Schmelzen von Schwefel, Bereitung von Bleiweiss, Grünspan, Galmei, Zinnober, von Bleiglätte, Auripigment etc.

Metalllegierungen, wie Bronce, weisses und goldfarbiges Kupfer.

Die Erzeugung von Pergament und von Firnissen ist Gegenstand besonderer Rezepte, ebenso die Herstellung von Pflanzenfarben zum Gebrauch von Malern und Färbern.

Eine ganze Reihe von Anweisungen ist der Vergoldung, der Erzeugung von Goldblättern, welche sich ebenso schon in den Schriften der griechischen Alchemisten, wie in den späteren des Theophilus u. A. finden, gewidmet; Vergoldung auf Glas, auf Holz, auf Leder, Blei, Zinn und Eisen; Erzeugung von Goldfäden für Stickerei; Verfahren, um mit Goldschrift zu schreiben; Rezepte, um Gold oder Silber durch Amalgamierung in Pulverform zu bringen (chrysorantista oder aurisparsio; argyrosantista oder argentisparsio). Daran schliessen sich noch Methoden zum Schmelzen und Legieren von Metallen, unter dem allgemeinen Namen Gluten, worunter auch Kitte und Leime für Holz, Stein, Bein etc. verstanden werden.

Dass der Verfasser der Compositiones des Lucca-Ms. ein Grieche war, der der lateinischen Sprache sehr unvollkommen mächtig gewesen, ist wahrscheinlich; viele Ausdrücke sind griechisch oder mit griechischer Endung, doch laufen bereits frühitalienische Sprachwendungen mitunter, und die Konstruktion ist fast durchgängig mit dem klassischen Latein in Widerspruch.[7] Dadurch wird ein vollkommenes Verständnis fast zur Unmöglichkeit, umsomehr als vielfache Worte und Bezeichnungen in den grossen Dictionarien des Forcellini und Du Cange vergeblich gesucht werden. Diese textlichen Schwierigkeiten steigern sich, je genauer man auf den Inhalt eingehen möchte und machen oft ein vollständiges Verstehen illusorisch. Offenbare Schreibfehler liessen sich noch korrigieren, aber manchesmal sind die Stellen so verstümmelt oder durch ein Defekt im Originalmanuskript verloren gegangen, so dass Sinn und Anwendung gleich fraglich bleiben, ein Umstand, der um so bedauerlicher ist, weil

---

[6] Berthelot, Chimie au moyen-âge I. p. 8.

[7] Wie der Schreiber einfach nach dem griechischen Diktat in lateinischen Lettern niedergeschrieben, zeigt der Artikel Chrysorantista (126); man findet im Ms.: Crisorcatarios sana, megminos, metaydos argiros et chetes, cinion chetis, chete, yspureorum, ipsincion, ydrosargyros, chetmati, aut abaletis scugmasias, dauffira hecnamixon . . . pulea si buli. Mit Zuhilfenahme des nachfolgenden Rezeptes (127) liest Berthelot (loc. cit. p. 9): Χρυσὸς καθαρὸς ἀναμεμιγμέτος μετὰ ὑδράργυρος καὶ τῆς . . . . εἰς πῦρ . . . ψιμύθιον, ὑδράργυρος καὶ αἱματίτης, αὐτὰ βάλε τῆς σκευγμασίας dauffira ἐξαναμίξον . . ὅτι βούλει. „Reines Gold mische mit Mercur und . . . ., erhitze . . . „das Bleiweiss, den Mercur und Blutstein; gebe diese in eine Mischung mit dauffira bereitet . . . und mache damit, was dir beliebt." Die Erzeugung der dauffira ist in einer besonderen Anweisung enthalten.

gerade dieses Manuskript der byzantinischen Zeit für die Entwicklungsgeschichte der Maltechnik den Zusammenhang mit der altrömischen einerseits und der mittelalterlichen Kunsttechnik andererseits herzustellen geeignet erscheint. Glücklicherweise ist uns durch eben diesen Zusammenhang mit späteren Mönchsschriften die Möglichkeit geboten, in das Labyrinth des Lucca-Ms. einzudringen, denn in die später noch zu besprechende Rezeptensammlung, Mappae clavicula, sind mehr als 100 Rezepte aus den Compositiones des Lucca-Ms. vollinhaltlich, und in besserem Latein geschrieben, übergegangen; auf diese Weise ist auch für uns diese Handschrift ein „Schlüssel" geworden!

Wenn man sich die Mühe nimmt, die Rezeptenserien zu vergleichen und die Texte der beiden Handschriften nebeneinanderzustellen, so wird mit einemmale manches Ungewisse rektificiert, das Fehlende ergänzt und das Ganze erst zur richtigen Bedeutung gelangen. Gleichzeitig korrigieren sich auch Ungenauigkeiten des zweiten Manuskriptes durch das erste. Durch Gegenüberstellung der Rezeptreihen des Lucca-Ms. mit den korrespondierenden der Mapp. clavicula wird gleichzeitig eine Uebersicht des reichen Inhaltes ersichtlich. (Vergl. den Index der Kapitelreihen, Anhang II.)

Da die hier gestellte Aufgabe sich nur um die für Malerei gehörigen Anweisungen zu kümmern hat, ist es angezeigt, zunächst nur diese herauszusuchen, um mit deren Hilfe die Technik des byzantinischen Mittelalters kennen zu lernen.[8]) Dieselben zerfallen in folgende Gruppen:

1. Rezepte für Farbenbereitung und Färberei.
2. Rezepte für Goldschrift und Vergoldung von Gegenständen, die nicht im Feuer zu vergolden sind.
3. Allgemeine Angaben für Malerei, sowie der hiezu gebräuchlichen Bindemittel.

Zum Verständnis der ersten Gruppe ist es nötig, sich die schon von Vitruv und Plinius gegebene Einteilung der Farben in natürliche und künstliche zu vergegenwärtigen. Zu den ersteren gehören die in der Natur vorkommenden Erden und Steine (Ocker, Röthel, Lazurstein); unter den künstlichen figurieren erstlich die aus Metallen und Mineralien durch Calcination oder andere Methoden erzeugten Farben, wie Bleiweiss, Minium, Kupfergrün, künstlicher Zinnober etc., und dann die durch Extraktion aus Pflanzen oder Tieren erzeugten Farblacke (Indigo, Waid, Kermes, Lackmusflechte, Purpurschnecke). Die natürlichen Farben, deren Präparation, mit Ausnahme des Reinigens und Reibens, keiner besonderen Auseinandersetzung bedurfte, sind als ohnehin bekannt in dem in Rede stehenden Lucca-Ms. nicht erwähnt; dafür sind aber die künstlichen genau beschrieben und von den besonders kostbaren Farblacken, den geschätzten roten und purpurfarbigen, eine ganze Reihe von Varianten verzeichnet. Es sind dieselben oder ähnliche Verfahren, wie sie die älteren Schriftsteller erwähnen und wie sie durch Tradition weitergeübt wurden. Die Bereitungsart war verschieden, je nachdem der Farbstoff zum Färben oder zur Herstellung von Malerfarben Verwendung finden sollte. Im ersteren Falle dienten verschiedene Beizen, um die Gewebe zur Aufnahme des Farbstoffes geeignet zu machen, im zweiten wurde der Farbstoff entweder durch alkalische Laugen gelöst, durch Abkochung, Verreibung der farbengebenden Pflanzenteile (Safran) oder durch andere geeignete Zersetzungsmethoden (z. B. Fäulnis beim Indigo, Waid) erzeugt.[9])

---

[8]) Es würde zu weit führen, auch noch die höchst interessanten Anweisungen über Mosaik und Glasfärben, sowie andere Färberezepte, und die metallurgischen Anweisungen nur in extenso zu bringen und sei diesbezüglich auf die citierten Werke von Berthelot hingewiesen. Es gehören hierher die Rezeptserien: 1—10 über Glasmosaik, 11—22 über Färben von Fellen, Bein, Horn etc., 24—30 Glasfarben, 36—52 allgemeine Angaben von Mineralien, 53—56, 63, 73—74, 80—82, 90—96, 101—110, 114—118, 126—135 über Metalle, deren Legierungen (Bronce) und Lothe, sowie die dazu nötigen Materien.

[9]) Vergl. Blümner, Technik und Terminol. I. p. 214 ff. und IV. p. 498 ff. Die Farben, welche die Griechen und Römer in der Färberei und Malerei verwandten.

1. Zur Purpur- resp. Conchilienfarbe dienten:
Trompetenschnecke = κήρυξ, buccinum, murex.
Purpurschnecke = πορφύρα, purpura, pelagia.
Zur künstlichen Purpurfarbe wurde auch noch φῦκος θαλάσσιον, fucus marinus (Orseille) oder Anchusa (Ochsenzunge) beigemischt.
Kombinierte Purpurfarben wurden aus den verschiedenen Hauptfarben bereitet.

I. Gruppe.

Von den im Lucca-Ms. enthaltenen Farbenrezepten wären hervorzuheben:

1. (30. De colore simili cinnabarin; Mapp. clav. CCLIII.)

   Eine dem Zinnober ähnliche Farbe, aus zwei Teilen geglühten Sinopisrot und einem Teil Syrischrot (Syricum) bestehend.

2. (32. De compositio Psimithin; Mapp. CVII.)

   Bleiweiss aus Bleistücken durch Uebergiessen mit starkem Essig bereitet.

3. (70. Operatio Cinnabarin; Mapp. CV, CVI.)

   Mischfarbe aus 1 Teil künstlichem Zinnober (Schwefel und Quecksilber), $1/2$ Teil Grünspan (jarin) und $1/2$ Teil Bleiweiss, welche zusammen gerieben und mit Fischleim angemacht werden.

4. (71. Pigmentum Pandium; Mapp. CLXXXV.)

   Aehnliche Mischfarbe mit Beigabe von Muschelpurpur, Zinnober und Syrischrot.

5. (72. Quianus nascitur sic; Mapp. CXCII.)

   Blaue Pflanzenfarbe aus einer nicht näher bezeichneten Meerpflanze (vielleicht fucus?).

6. (75. De Lazuri; Mapp. CVIII, CX.)

   Blaue Pflanzenfarbe aus den Blüten von Veilchen, Schwertlilien und schwarzem Mohn, die durch Lauge extrahiert und mittels Alaun und Urin niedergeschlagen wurde.

7. (76. Compositio Lulacin; Mapp. CLXVI, CLXVII.)

   Aehnliche Farbe aus der Pflanze Caucalis (levantinische Haftdolde), den Blüten von Neulacis (griech. Thapsia, Th. asclepium L.), welche zu einer komplicierten Mischung mit Waid (guatto, uvatum) und Purpurschnecken vereinigt werden, bereitet.

8. (77. De Russeo.)

   Farbe aus Lacca i. e. Coccus (Kermes, Schildlaus) und dem obigen Lulacin gemischt.

9. (78. Alia compositio vermiculi; Mapp. CLXXV.)

   Mischung von Coccus mit Zinnober (hier wie auch in Mapp. cl. vermiculum, das spätere vermillion, genannt) und dem obigen Lazurin.

10. (79. Alia compositio vermiculi; Mapp. CLXXVI.)

    Mischfarbe unter dem allgemeinen Namen Pandius, eine Art von Purpurfarbe aus den 4 Species Lulax, Quianus, Cinnabarin und Lacca zu gleichen Teilen bereitet.

Zur Malerei und Färberei mit anderen organ. Stoffen dienten:

2. für Rot: Kermeswurm oder Scharlachbeere, Coccus ilicis L.

   Färberröte oder Krapp, Rubia tinctorium L., von den Alten ἐρυθρόδανον, rubia genannt.

   Lackmusflechte (Orseille) Lichen Roccella L., fucus marinus oder auch algae maris genannt, war sehr verbreitet.

   Ochsenzunge, Anchusa tinctoria L.

   Hysgin, hyacinthus, ebenfalls rot, scheint identisch mit

   Vaccinum (Heidelbeere, Vaccina Myrtillus L.).

   Rot wurde auch mit Sandyx, der gleichnamigen Pflanze gefärbt.

3. für Blau: Indigo (Indigofera tinctoria L.),

   Waid, Isatis tinctoria L., ἰσάτις, vitrum.

4. für Gelb: Saffran, Crocus sativa L., κρόκος, crocus.

   Wau, Reseda luteola L.

   Ginster, Genista tinctoria (Färber-Pfriemkraut).

   Nussschalen (nuces juglandes).

   Blüte von Granatapfelbaum (Punica Granatum L.).

   Galläpfel, κηκίδες, gallae, zum Färben der Wolle oder auch zur Färberbeize, ebenso Eichenrinde.

Zum Gelbfärben der Wolle und Haare diente die Pflanze Thapsos, Thapsia Asclepinum L., auch die Wurzel des Lotosbaumes (Diospyros Lotos L.); Färber-Wegedorn (Rhamnus infectorius L.) und Sumach (Rhus coriaria L.).

Vergl. über Purpurfarben noch Pseudo-Demokrit in Berthelot, Origines de l'Alchimie, Paris 1885, Appendice F., p. 257; einzelne Kapitel des Papyrus Leyden (Introduct. à la Chimie des anciens et du moyen-âge, p. 47—50) und andere Stellen der Collection des Alchimistes Grecs.

Ueber die Farben für Malerei nach Plinius und Vitruv s. meine Beiträge, II. Folge, p. 68 ff.

11. (83. De conquilium; Mapp. CXXVII.)
Purpurfarbe aus der Purpurschnecke.
12. (84. De tinctio porfiro; Mapp. CXXVIII.)
Purpurfarbe, welche zu Färbezwecken eigens präpariert wird. Im Texte fehlt der grösste Teil des Rezeptes, welcher durch das correspondierende CXXVIII. der Mapp. clavicula zu ergänzen ist.

Die Mehrzahl obiger Rezepte dient jedenfalls auch Färbezwecken. Es folgen noch Wiederholungen, von der Bereitung des Zinnobers (119), des Grünspan (120), des Lulax (121), welches dem Indigo gleichgestellt ist; die Darstellung scheint aber ein Surrogat aus Waid, Grünspan mit Zuhilfenahme von Alaun etc. zu sein. Ebenso kommen wieder Varianten von Färberezepten (122. De confectio Ficarin, aus Kermes und Krebsschalen) für rot und violett (123. De porfiro citrino), bei welchen ausser der Purpurmuschel noch Schweinsblut zur Anwendung gelangt.

II. Gruppe.

Zu den Rezepten für Goldschrift und Vergoldung gehört vor allem der Artikel von der Bereitung des Blattgoldes (53) und Blattsilbers (58), deren Herstellung aufs genaueste beschrieben ist. Das Verfahren, mit Goldbuchstaben zu schreiben, war schon bei den Aegyptern der hellenistischen Periode sehr geschätzt; der Papyrus Leyden enthält nicht weniger als 16 Anweisungen zu diesem Zwecke; auch die Schriften griechischer Alchemisten bringen eine ganze Zahl davon. Da der Leydener Papyrus in Theben gefunden wurde, so ist hier der sichere Beweis gegeben, dass zur Zeit der römischen Herrschaft die gleichen Verfahren verbreitet waren und sich in den Werkstätten Aegyptens ebenso weiter vererbten wie in Italien. Ein Teil dieser Goldschriftrezepte der Compositiones hat von dorther seinen Ursprung.

Von den Rezepten seien nur die hauptsächlichsten hier notiert.

1. (64. Chrysographia; Mapp. CCLXVIII) Goldschrift.
   Reines Gold wird gefeilt, mit scharfem Essig in einem Mörser verrieben, bis es schwarz zu werden beginnt, dann mit griech. Salz oder Nitrum verrieben und die Schrift nach dem Trocknen poliert. [10]
2. (65. Alia Chrysographia; Mapp. XL.)
   Geschmolzenes Gold wird in Wasser, in dem Blei wiederholt abgelöscht worden, geschüttet, gefeilt und mit Quecksilber zu einem Amalgam verrieben, gereinigt und die Feder (calamus) vor dem Gebrauch in Alaun getaucht. [11]
3. (66. Alia auri scriptio; Mapp. CCLXIX.)
   Eine andere Art besteht aus einer gleichen Komposition wie sub 64, der noch Ochsengalle, Schöllkraut und Auripigment beigegeben werden.
4. (67. Scriptio similis auri; Mapp. XLIII.)
   „Goldähnliche Schrift: Schöllkraut 3 Drachmen, gerielfenes Gummiharz 3 Dr., goldfarbiger Gummi 3 Dr., helles Auripigment 3 Dr., Schildkrötengalle 3 Dr., Eiklar 5 Dr., so dass im ganzen 20 Drachmen sind. Füge noch cilicischen Safran 7 Unzen hinzu. Schreibe damit nicht nur auf Pergament oder Papier (carta), sondern ebenso auf Glas und Marmorgefässen."

Dieses Rezept findet sich fast wörtlich im Leydener Papyrus. Es lautet dort (p. 10. l. 5, Edit. Leemans) wie folgt:

Anweisung für Goldschrift ohne Gold: „Schöllkraut 1 Teil, reines Harz 1 Tl., gelb Auripigment 1 Tl., flüssiges Eierklar 5 Tl., so dass das Gewicht aller Flüssigkeiten 20 Stateren beträgt, hernach füge 4 Stateren cilicischen Crocus hinzu. Dies taugt nicht nur für Papier und Pergament, sondern auch für farbigen Marmor und was immer schön und goldähnlich gefärbt sein soll." [12]

Wie dieses, so sind auch andere Rezepte durch Tradition in alle Weltrichtungen verbreitet worden. Solche Anweisungen wie 111: mit Eiklar gemischten Safran als Unterlage für Vergoldung, oder 112: alle Metalle durch Amalgamierung mittelst

---

[10] Aehnlich bei Theophilus I. XXXVII, letzter Abschnitt.
[11] Theophilus, loc. cit.
[12] Vergl. Uebersetzung des Leydener Papyrus von Berthelot: Collect. des anc. Alchimistes Grecs, Introd. p. 43, Nr. 47.

Quecksilber für Schrift zu verwenden, finden sich in allen späteren Quellen immer wieder, vom Leydener Papyrus angefangen bis herauf zu den gedruckten „Kunstbüchlein" des Boltz von Rufach, in „Kunst- und Werkschul" ebenso wie im „Curiösen Schreiber und Maler" aus dem XVIII. Jahrhundert u. s. w. Wir werden noch mehrfach Gelegenheit haben, diese Uebereinstimmung konstatieren zu können.

Neben der Goldschrift nehmen diejenigen Rezepte unser Interesse in Anspruch, welche die **Vergoldungsarten für Bilder und Schnitzwerk** behandeln, weil die Bildermalerei der byzantinischen und der ganzen mittelalterlichen Zeit hauptsächlich mit der Vergoldungstechnik zusammenhängt, und von den Malern deshalb stets mit grösster Aufmerksamkeit gepflegt wurde. Aus den bezüglichen Rezepten unseres Ms. geht hervor, dass die Unterschiede zwischen der Mattvergoldung und Glanzvergoldung damals längst bekannt waren und die Oelvergoldung (mittelst Beizen, mordants) stets im Gegensatz zur Eivergoldung gehalten wurde, wie es bereits zur spätrömischen Zeit üblich gewesen.[13] Zum Teile ist dieser Umstand ersichtlich in einer Notiz am Schlusse von 53 (De Petalo auri), welche von der Benützung der Goldblätter handelt, wobei es heisst: „Zu welcher „Arbeit immer du Goldblätter verwenden willst, nimm das Bindemittel von Hühnerei, „auch für die Vergoldung des Glases dient das nämliche; Vergoldungen auf Holz mache „auf einer Lage von Gyps und Leim, der Leim dazu wird aus rohen Häuten durch „Sieden bereitet; Felle werden vorerst aufgespannt, mit gleichem Gyps überstrichen, „mit dem Messer geschabt und hierauf wie das Holz vergoldet." (Muratori, p. 373, D.)

Von dieser Verschiedenheit der Vergoldung handeln noch genauer einige Rezepte, die mit Zuhilfenahme der entsprechenden des Mapp. clav.-Ms. verständlich sind.

85. De Diferentia exaurationes (Mapp. CXII). **Von der Verschiedenheit der Vergoldung.**

„Wenn du auf Holz vergolden willst, weiche Mandelbaumgummi einen Tag in Wasser, rühre denselben gut mit dem Wasser zusammen, füge Safran bei, soviel genügt, bestreiche mit diesem erwärmten Gummiwasser alles, was auf Holz zu vergolden ist".

„Für Tücher oder auf Wänden schlage Eierklar aufs feinste, füge genügend Crocus (Safran) hinzu und arbeite damit. Die Mischung bewahre in einem glasierten Gefässe."

„Desgleichen (dient zur Vergoldung): Leinöl 1 Drachme, gelöster Gummi ·/. 1, Safran soviel als nötig ist. Mische alles zusammen mit Wasser und lasse es kochen."

„Diese drei Arten sind anzuwenden, wenn mit Blattgold zu vergolden ist."[14]

Zu bemerken ist bei der dritten Art, dass diese Mischung von Gummi, Leinöl und Wasser der sogen. Emulsion entspricht, durch welche es möglich ist, Oele wassermischbar zu machen. Die ähnliche Anweisung findet sich noch einmal, um Zinnfolie goldfärbig zu machen (113).

Gleich darauf folgen dann zwei Anweisungen, wie Leinöl für Zwecke der Vergoldung zu präparieren ist, mithin um Oelbeizen (Mordants) zu bereiten.

86. De Compositio linei (Mapp. CXIII). **Von der Zubereitung des Leinöls.**

Leinöl wird mit Gummi und Tannenharz zusammengekocht.

87. Lincleon exauratione (Mapp. wie oben). **Leinölvergoldung.**

Leinöl, Gummi, Harz und Safran werden miteinander wie oben gekocht.[15]

Die Gewichtsangaben in den beiden Ms. variieren, in Mapp. ist das Verhältnis der Harze zum Oele grösser angegeben.

---

[13]) Beiträge II. p. 59; genaueres über die Vergoldungsarten wird das Kapitel über Cennini bringen.

[14]) Nach Lucca-Ms. ist die erste Art ebenso auf Holz, wie auf Tüchern und Wänden gebräuchlich (... operarit in ligno, in pannis, vel in parietibus). Die Mapp.-Rez. machen einen genaueren Unterschied und bezeichnen die erste Vergoldungsart für Holz gebräuchlich (... operare in ligno quando opus est. In pannis vero, vel parietibus, tolles albuginem ovi ...). Auch im letzten Teil sind kleine Unterschiede, doch ist Mapp. textlich jedenfalls richtiger; Lucca-Ms.: lineleo ·/. 1, gummam infusam ·/. 1, grogum, quod sufficit. Commiscet cum aqua. Decoque ista tria capitula; ubi necesse est in exauratione petalorum operare. Mapp.: Item, lineleon ·/. 1, gummae infusae ·/. 1, crocum, quod sufficiat, commisce: cum aqua decoques. Rubrica. Ista tria capitula sequenta ubi necesse fuerit in exauratione petalorum operare.

[15]) Aus dem Texte ist nicht genau ersichtlich, was für Gummi und welche Harze gemeint seien.

Das nächste Rezept (88. De operatio externiture; Mapp. CXIV). von Vergoldung an Aussenwänden lehrt auf rohen Fellen zu vergolden, indem als Unterlage zunächst ein Ueberstrich von Bleiweiss oder anderer Farbe gegeben wird; dieser ist nach dem Trocknen mit dem Leinölmordant, dem Crocus beigemischt ist, einzureiben, um dem Blattgolde als Unterlage zu dienen.

Diese Anweisung führt uns zu den farbigen Oelbeizen, die geeignet sind, nicht nur Metallen wie Silber oder Zinn einen leuchtenden, meist goldigen Ueberzug zu verleihen, sondern auch um auf mit Farben bemalter Fläche verwendet zu werden. Im Zusammenhang mit diesen Rezepten steht eine eigene Art von Malerei, welche wir auch in Theophilus (Schedula I. XXIX.) wiederfinden werden und dort die „durchscheinende oder goldige" (translucida sive aureola) genannt wird. Das Verfahren besteht darin, auf mit Zinnfolie belegtem Holz, oder auf Metall selbst, Farben dünn aufzutragen, so dass das darunter befindliche Metall durchleuchtet. Man pflegte auch den Zinnfolien vorher eine goldige Färbung zu geben, um dieselben für reichere Wandverzierungen vorrätig zu haben. Ein solches Rezept ist:

89. De inductio exaurationes (Mapp. CXV). Von Vergoldung der Zinnfolie.

Der Zinnfolie wird hier mittelst einer Mischung von Crocus, Auripigment und Schöllkraut, welche mit Gummi und Leinöl angerieben werden, ein goldfarbiger Ueberzug gegeben.[16])

Ein ähnliches Rezept (113. De tinctio petalorum; Mapp. CXVI und CCVIII), von der Färbung der Metallblätter, ist genauer, und zeigt wie oben (85) die Verwendung der Gummi-Oel-Emulsion zu Zwecken der Vergoldung;

„Nimm reinen Safran 1 Unz., gut geriebenes Auripigment 2 Unz., mische diese mit $\frac{1}{2}$ Unz. Gummi und $\frac{1}{2}$ Unz. Leinöl nebst Regenwasser und lasse zusammen sieden, sodass es sich vermischt. Verreibe es tüchtig und färbe mit einem Schwamme die Zinnblätter; wenn diese trocken sind, färbe ein zweites Mal, nachher reibe sie mit dem Onixstein, damit es glänzt."

Die Hauptanwendung besteht aber darin, die farbigen Oelbeizen zu malerischen Zwecken zu verwenden und da zu diesem Oele allerlei Harze genommen werden, ist diese Malart als Oelharzmalerei zu bezeichnen, über deren Ursprung aus der altrömischen Enkaustik im I. Hefte meiner Beiträge (p. 41) einige Andeutungen gemacht wurden.

Auffallend kompliziert sind die bezüglichen Rezepte des Lucca-Ms:

57. De confectio Lucidae (Mapp. CCXLVI). Von der Herstellung der durchscheinenden Malerei.

„Wie auf Goldblättern durchscheinend gearbeitet wird. Leinöl 5 Unz., Galbanharz 2 ·/., Terpentin (terebentina) 2 ·/., Pinienharz 1 ·/.; diese drei Spezies löse zusammen mit etwas Leinöl auf, hernach füge noch hinzu: 1 Unz. oriental. Crocus, 4 ·/. Weihrauch, 2 ·/. Myhrrenharz, 2 ·/. Mastix, 2 ·/. Pinienharz, 2 ·/. ungereifte Pappelblüten, 2 ·/. Vernix (veronice.) Das Leinöl und die Goldleime (auricolla) vermische und wenn die Masse zergangen, seihe sie durch. Lasse das Ganze am Feuer erwallen und mische noch Kirschgummi 2 Unz. hinzu. Ist alles (Crocus, Weihrauch, Myrrhe, Kirschgummi, Fichtenharz, Pappelblüten, Vernix) vereinigt, so lasse es mit 4 Unz. Leinöl zusammensieden. Nachher seihe es durch ein Tuch. Du magst auch diese Spezies mit einander mischen, d. h. Galbanharz, Terpentin und Pinienharz, und wenn irgend ein Fehl daran sei oder es nicht trocknen sollte, füge Mastix, soviel du magst, etwa eine oder eine halbe Unze hinzu, es wird dann fehlerfrei."[17])

---

[16]) Der goldfarbige Ueberzug auf Zinnfolie, mittelst Schöllkraut, Safran und Auripigment sind ebenso im Papyrus Leyden und im Pseudo-Demokrit zu gleichem Zwecke genannt. Berthelot, Introduct. à la chimie des Anciens p. 59. Färbung von Zinnfolie zu gleichem Zwecke bei Theophilus I. XXIV, XXV, XXVI; Heraclius III, B. C. XIII.

[17]) Galbanharz, Gummi einer doldentragenden Pflanze in Syrien (Bubon galbanum L.); unter Vernix ist das Harz der Cypresse (Juniperus) zu verstehen; Mastix ist das Harz der Mastixstaude (Pistacia lentiscus); Myrrhenharz von Balsamodendron Myrrha; Terpentin, der aus Pistacia Terebinthus ausfliessende Harzbalsam; Weihrauch (Olibanum), Gummiharz, welches aus dem Stamme einiger Boswellia-Arten (Afrika und Arabien) gewonnen wird. Unter Mandelbaumgummi des folgenden Rezepts ist vielleicht „gemandelte Benzoë", Gummi Benzoë amygdaloides zu verstehen. Vergl. Königs Warenlexikon.

Das Zeichen ·/. bedeutet ana, gleich, dsgl., dtto.

Das Rezept dient, wie schon erwähnt, dazu, als transparentes Medium von goldgelber Farbe (durch den Crocus bedingt), die Goldblätter noch goldiger erscheinen zu lassen. Ein zweites Rezept (62. De lucide ad lucidas; Mapp. CCXLVII) lehrt die gleiche transparente Wirkung auch auf gewöhnlichen Farben, mithin als Lasur anzuwenden; es ist wieder ein farbiger Firnis, der über die Malerei gestrichen wird und welchen Giotto's Zeitgenossen noch vielfach verwendet haben.

Ebenso wie bei dem vorigen Rezepte wird Leinöl 4 Unz., Terpentin 3 ·/., Galbanharz 2 ·/., Lärchenharz (larice) 2 ·/., Weihrauch 3 ·/., Myrrhe 3 ·/., Mastix 3 ·/., Vernix 1 ·/., Kirschgummi 2 ·/., Pappelblüten 2 ·/., Mandelbaumgummi 3 ·/., Pinienharz 2 ·/. zusammengeschmolzen, nachdem die Species gestossen worden und die Masse durch ein Leinentuch geseiht. „Jedes gemalte oder geschnitzte Bildwerk (opera picta vel sculpta) kannst du damit so erleuchten. An der Sonne lasse es trocknen."

Hier wäre noch auf den Unterschied hinzuweisen zwischen den obigen Rezepten der Compositiones (des Lucca-Ms.), der Mapp. clav. und den ähnlichen des Theophilus (I. XXIX. De pictura translucida). Bei den ersteren besteht das färbende Prinzip in den den Harzen beigegebenen Farbstoffen, wie Crocus und den farbigen Harzen selbst (Myrrhe, Galban), wodurch ein leuchtender Goldton entsteht; bei Theophilus dienen auch Farbenpigmente mit Leinöl verrieben zum gleichen Zwecke.

Nota: Das älteste derartige Gemälde, nämlich auf Zinnfolie mit Farben gemalt,

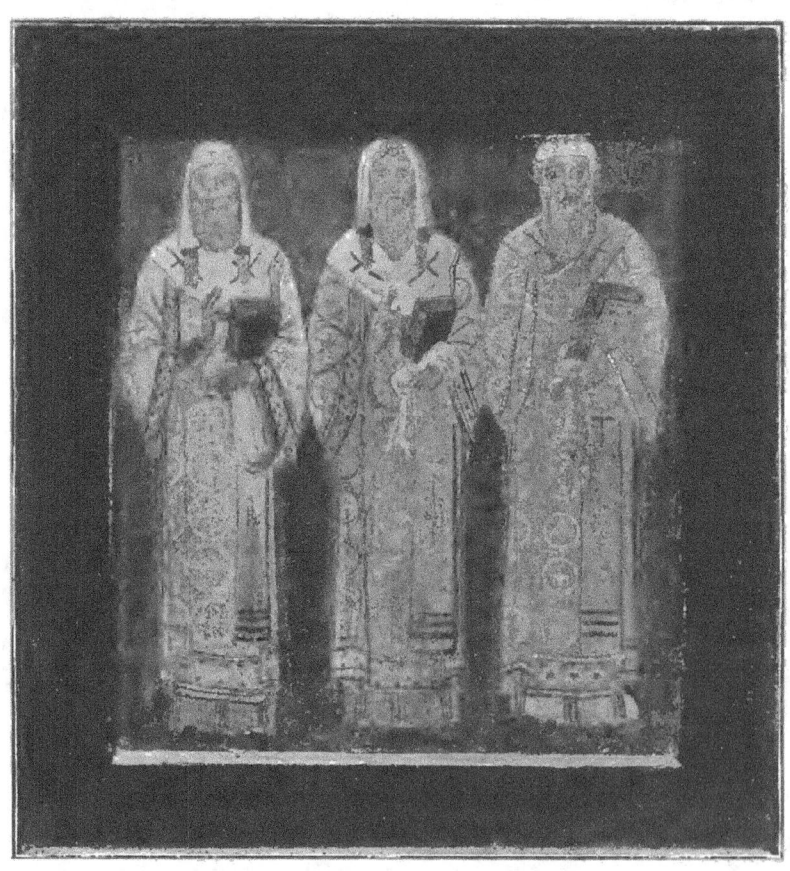

Fig. 2. Byzantin. Malerei (Pictura translucida) auf gefärbter Zinnfolie. (Versuchs-Kollektion Nr. 42.)

das ich gesehen, befindet sich im Museo Kircheriano zu Rom; es stellt drei Bischöfe dar. (Fig. 2.) Die Firnisschichten sind auf dem Originalbilde ganz schwarz und vollständig mit Sprüngen überdeckt. Aehnlich gemalte Bilder sieht man in anderen Sammlungen, z. B. im Wiener kaiserl. Hofmuseum unter den byzant. Reliquien, darunter das in Nr. 44 meiner Versuche nachgebildete. Ein sehr schönes, verhältnismässig gut erhaltenes Bild in pictura translucida befand sich in der Sammlung Walter (Neapel), Nr. 15 des Auctionskataloges; es zeigt die charakteristischen Eigenschaften ungemein deutlich: den durch

Safran scharf goldig gelb gefärbten Grund, alle stark nachgedunkelten Lasurfarben und die fast schwarz gewordene Fleischfarbe. Ist wie in dem Wiener Exemplar der Grund Blattmetall, so ist die Erhaltung etwas besser, weil ein Teil des Oeles sich durch das dünne Metall hindurch in den Untergrund einsaugen konnte; bei Zinnfolie als Unterlage trifft dies aber nicht zu.

III. Gruppe. Allgemeine Angaben für Malerei.

Besonders wichtig für die alten Techniken des Malens ist die Kenntnis der jeweils benutzten Bindemittel, welche meist verschieden, je nach den Unterlagen, auf denen gemalt wird, sei es Wand, Holztafel, Pergament, Stein, Eisen etc., angewendet werden.

Die „Compositiones" des Lucca-Ms. bieten in dieser Beziehung sehr wenig, fast ist die Nachsuche enttäuschend gering. Wenn wir aber bedenken, dass diese Rezeptensammlung kein Lehrbuch im späteren Sinne, wie etwa die Hermeneia vom Berge Athos oder Cenninis Trattato ist, sondern ein Merkbuch für besondere und schwierigere Manipulationen, um das Gedächtnis des ausübenden Künstlers nur zu unterstützen, oder ihm von Collegen anvertraute Erfahrungen zu notieren, so wird der Mangel direkter Angaben nicht verwundern. In dem Lucca-Ms. sucht man, von den oben (p. 14) erwähnten Details für Vergoldung abgesehen, vergebens nach den Grundierungen von Holz für Tafelgemälde, für Wände, oder nach den Unterschieden der Bindemittel, welche für Malerei in Gebrauch waren, denn dergleichen war jedem ohnehin geläufig. Nur ein einziger Passus, eine zwischendurch gestreute Bemerkung, setzt uns in die Lage, bestimmte Schlüsse zu ziehen, welche Arten von Maltechnik ausgeübt und welche Bindemittel im IX. Jh. zur Anwendung gekommen sein mögen.

Besehen wir uns zunächst die unter dem allgemeinen Namen gluten (Leim) im Ms. vorkommenden Bindemittel. Darunter verstehen einige Rezepte (93—96) auch die zum Löten von Metallen geeigneten Amalgame und Mischungen; ausserdem sind die drei folgenden Angaben hier zu verzeichnen, welche jedoch im Mapp. Ms. nicht aufgenommen erscheinen; auch das vierte Rezept handelt von demselben Thema, u. zw.:

97. De petre gluten. **Steinkitt.**
   Fischleim (ictiocollon) wird mit gleicher Menge Knochenleim (taurocollon) in Wasser zum Sieden gebracht, mit weissem Marmorpulver vermischt und dient zum Kitten von Marmor.

98. Desgleichen. **Leim für Steine.**
   Fischleim und Käseleim in gleichem Verhältnis mit einander gemengt, werden mit dem nämlichen Marmorpulver gemischt.

99. De ligni gluten. **Leim für Holz.**
   Knochenleim, Fischleim sowie die bei Vergoldung von Gold und Silber genannten Leime dienen hiezu. (Vergl. oben unter 85.)

100. De Glutinatio. (Mapp. CXXIII.) **Vom Leimen.**
   „Hölzer (werden geleimt) mit Fischleim Unz. 1, Ochsenleim ·/. 1, Feigenmilch ·/. 1, Wolfsmilch (tithimalus, Euphorbia), alles in Wasser gelöst und gekocht. Dieser Leim dient für Holzschnitzerei. Um Holz auf Holz zu leimen ist einer der drei oben genannten (d. h. in 97—99) geeignet. Um Bein auf Holz zu leimen (eingelegte Arbeit) nimm Käseleim 1 ·/. und Fischleim 2 ·/.. Den Leim verwende heiss und wärme auch das Bein ein wenig."

Hiemit ist das Verzeichnis der als Bindemittel genannten Substanzen erschöpft; dass diese Dinge auch zum Anreiben von Farbpigmenten dienten, wäre gewiss denkbar, aber es scheint übereilt, aus der Möglichkeit allein Schlüsse zu ziehen, obschon sich aus den späteren Quellen des Theophilus und Heraclius gleichartige Angaben nachweisen liessen.

Am allersichersten werden wir aber darüber aus der oben angedeuteten Stelle unterrichtet, welche (im II. Teil von 72) eine Übersicht über die für die Malerei gebräuchlichen Operationen gibt, und sich an etliche Farbenrezepte (Zinnober, Jarin, Psimithin und Pandius) anschliesst; es heisst dort:

„Hier haben wir alle Dinge erläutert, welche der Erde und dem Wasser entnommen sind, von Blumen und Kräutern; wir haben auch ihren Wert gezeigt und die Art ihrer Anwendung auf der Mauer, auf Holz, Leinen und Fellen, sowie jeder zu bemalenden Sache. Ebenso erinnern wir an alle technischen Operationen, die auf **Mauern, einfachem Holze mit Hilfe von mit Wachs gemischten Farben, auf Fellen aber mit Fischleim zu machen sind.**" [18])

Da Mapp. clav. eine kleine Variation im Schlusspassus hat, seien hier beide Texte nebeneinander gestellt.

Lucca-Ms.: (Muratori, p. 377, D)	Mapp. clav. Ms.: (CXCII, II. Absatz)
Hec omnia exposuimus. Qu(ae fiunt) ex terrenis maritimus floribus vel herbis, exposuimus virtutes vel operationes earum in parietibus, et lignis linteolis, pellibus, et omnium Pictorum. Ita memoramus omnium operationes, quae in parietibus simplice ligno, cere commixtis colloribus in pellibus ictiocollon commixtum.	Hec omnia exposuimus ex terrenis maritimus floribus vel etiam herbis: ita exposuimus virtutes vel operationes earum in parietibus, et lignis lintheolis, vel etiam pellibus, et omnibus pictorum instrumentis. Ita memoriamus omnium operationes qui in parietibus simplicem, in ligno, cere commixtum, suscepit lignum simplicem cum unctione collon commixtum. In pannum vero cere commixtis coloribus in pellibus unctiocollon commixtum.

Daraus geht hervor, dass nach dem Lucca-Ms. **auf Wänden und Holz mit Wachsfarben, auf Häuten (Pergament) mit Fischleim gemalt wurde**; dass nach Mapp. clav. **für Holzmalerei ebenso auch Fischleim, auf Leinen aber Wachsfarben und auf Häuten (Pergament) der Fischleim zu gebrauchen üblich war.**

Übersehen wir vorläufig die Variation des Mapp.-Ms., so muss vor allem konstatiert werden, dass das **Malen auf Wandfläche mit Wachsfarben** noch im IX. Jahrh. allgemein verbreitet war, und dass noch im XII. Jahrh., der Entstehungszeit der Mapp., dieselbe Technik im Gebrauch gewesen ist. Welche Art von Wachsfarbe, ob die mit punischem oder mit in Ölharzen heiss gelöste Wachsfarbe, (III. Art des Plinius), es war, geht aus den wenigen nur angedeuteten Worten nicht hervor. Der Schreiber „erinnert" nur in dem bezeichneten Artikel an diese Operationen, ohne näher darauf einzugehen, die Sache selbst als bekannt keiner besonderen Erklärung für nötig erachtend. Für uns ist aber die **eine Thatsache genügend, dass in spätgriechischer Zeit noch dieselbe Technik lebendig war, die wir an den pompejanischen Wandmalereien zu bewundern Gelegenheit hatten**, deren Technik wir in den früheren Heften dieser „Beiträge" zur Genüge erläutert haben.

Nach den dort gefundenen Resultaten brauchen wir keinen Moment im Zweifel zu sein, dass die hier gemeinte Wachsmalerei dieselbe ist, welche das in Lauge gelöste, verseifte (punische) Wachs, dessen Bereitungsart bei Plinius und Dioskorides übereinstimmend beschrieben ist, zur Grundlage hatte, denn gerade diese Art des Wachses lässt sich quellenschriftlich bis ins XV. Jahrh. verfolgen. Die Glanzfarbe der Hermeneia (§ 37) besteht aus **verlaugtem Wachs** nebst Leim, und Le Begue's „Yaue conosite" enthält nebst **verlaugtem Wachs** und Harz noch Fischleim. Der Hinweis im Lucca-Ms., ebenso in Mapp. clav., dass Wachsmalerei auf Wänden angewendet worden, bekräftigt diese Erwägungen, weil, wie zu wiederholten Malen darauf hingewiesen wurde, Wachs im natürlichen Zustande, heiss mit Ölen oder Harzen zerlassen, im Altertum niemals auf Wandflächen zur Anwendung kam, und Plinius ausdrücklich diese (III.) Art der Enkaustik von der Wandfläche ausschliesst.

Die in Fayûm gefundenen enkaustischen Mumienporträts auf Holz sind jedoch mit der heissen Wachsfarbe (zumeist mit Zuhilfenahme des Metallcestrums) gefertigt,

---

[18]) Berthelot (Chimie au moyen-âge, I. p. 18) übersetzt diese Stelle: Nous rappelons aussi toutes les opérations qui se font sur les murs et le bois, avec des couleurs simplement mêlées avec de la cire (encaustique), et sur des peaux, à l'aide de la colle de poisson.

und zwar haben die defekten Stellen stets das blanke, ungrundierte Holz als Unterlage gezeigt.[19]) Die im Lucca-Ms. enthaltene Notiz, dass auf einfachem Holze (simplice ligno) die Wachsmalerei im Gebrauche war, scheint mir darauf hinzuweisen, dass darunter dieselbe älteste Wachsenkaustik zu verstehen sein müsste, welche jene Mumienporträts so eindringlich uns vor Augen führen. Wir werden bei diesen Erwägungen ausserdem durch die vielfachen Textstellen unterstüzt, aus welchen wir folgern, dass eben dieselbe Art der Enkaustik, wie sie die hellenistischen Porträts aus dem Fayûm zeigen, sich neben den anderen Malweisen noch mehrere Jahrhunderte erhalten haben mag, denn es sind genügende Schriftstellen vorhanden, welche die Fortdauer der Wachsmalerei in der byzantinischen Kaiserzeit bezeugen.

Diese Stellen erscheinen mir so wichtig, dass ich dieselben hier folgen lasse:[20])

Prokop (de aedif. IX.) betont, dass beim Neubau des kaiserlichen Palastes Justinian die Decke „nicht mit geschmolzenem und aufgelöstem Wachs (τῷ κηρῷ ἐντακέντι τε καὶ διαχυθέντι), sondern mit kleinen Steinchen (Mosaik) und mit Farben ausschmücken liess (ψηφῖσι λεπταῖς τε καὶ χρώμασι ὡραισμέναις)."

Patriarch Nikephoros (Hist. 86, 2) berichtet, Nicetas (ca. 759) habe die im Secreton in „Goldmosaik und mit Wachs gemalten Tafel-Bilder (διὰ ψηφίδων χρυσῶν καὶ κηροχύτου ὕλης) des Erlösers und der Heiligen" zerstören lassen.

Für die Tafelmalerei beweisen zahlreiche Stellen, dass sie ausschliesslich in Wachs geübt wurde. So führt Boethius in einem Briefe an Symmachus (de institutione arithmetica) die Materialien, aus denen sich ein Gemälde zusammensetze, an: die Tafel von Schreiner, das Wachs vom Landmann, die Farben, die der Kaufmann liefere, endlich die Leinwand, welche vom Weber herstamme.

Chrysostomus sagt in einem Vergleiche, man verehre, wenn die kaiserliche Bildnisse in die Stadt getragen werden, Archonten und das Volk ihnen huldigend entgegengingen, nicht die Holztafel (σανίδα) oder das Wachsgemälde (τήν κηρόχυτον) sondern die dargestellte Person des Kaisers (um d. J. 500).

Auf dem Konzil zu Nikaea (787) wurde eine Stelle einer Predigt des Anastasius Sinaita zitiert, worin es heisst, „das Bild sei nichts anderes als Holz und mit Wachs gemischten Farben geschmückt (ξύλον καί χρώματα κηρῶν μεμιγμένα καί κεκραμμένα)." Ebenso ein Anonymus, der berichtet, der hl. Lukas habe Maria „mit Wachs und Farben (κηρῷ καὶ χρώμασι)" gemalt.

In älteren Zeiten hiess die Wachsmalerei bei den Byzantinern κηρόχυτος γραφή. Eusebius wendet den Ausdruck einmal an, indem er von den Arten spricht, in welchen man Erinnerungen an Verstorbene aufbewahre, in: σκιαγραφίαις (Schattenrissen), κηροχύτου γραφῆς (Wachsgemälden), in Skulpturen und Inschriften (Vita Constatini I. 3). Ein zweites Mal (ibid. III. 3), indem er das Gemälde schildert, das Konstantin über dem Thore seines Palastes habe anbringen lassen: sich selbst mit dem Kreuze, einen Drachen unter den Füssen, in Wachsfarben gemalt (διὰ τῆς κηροχύτου γραφῆς).

Bei den Verhandlungen des Konzils von Nikaea (787) heisst dagegen die Wachsmalerei öfters auch Tafelmalerei (ὑλογραφία), wie aus einer Stelle des Theodosius Episcopus (Amory in Sinodo VII. Act. 4) hervorgeht, wo „von den heiligen und verehrten Bildnissen, den Gemälden, Tafelbildern und Mosaiken (αἱ ἅγιαι καὶ σεβάσμιαι εἰκόνες καὶ ζωγραφίαι καὶ ὑλογραφίαι καὶ διὰ μουσείων)" die Rede ist.

Charakteristisch ist hiebei die Art, wie von zwei verschiedenen Schriftstellern die vom Patriarchen Nicetas zerstörten Malereien des Secreton bezeichnet werden: Nikephoros nennt sie Wachsgemälde auf Holz (κηρόχυτος ὕλη), Theophanes kurzweg Tafelgemälde (ὑλογραφία). Diese Bezeichnung erhält sich auch noch in mittelbyzantinischer Zeit. So berichtet z. B. Porphirogenitus (de adm. imp. C. 29) in der Kirche der hl. Anastasia sei Alles mit alten Tafelgemälden (ἐξ ὑλογραφίας ἀρχαίας) geschmückt.

---

[19]) Bezügliche Versuche, mit heisser Wachsfarbe auf mit Gyps überzogene Holzfläche zu malen, hatten ergeben, dass sich die Gypsschicht vom Holz leicht abschäle, demnach ungeeignet ist.

[20]) s. Ducange, Glossarium med. et inf. graecitatis unter dem Worte κηρόχυτος.

Das Fehlen von Wachsgemälden byzant. Ursprungs aus dem ersten Jahrtausend erklärt sich zur Genüge aus den Bilderstürmen, bei welchen das Meiste zu Grunde gegangen sein mag; nur zwei Bilder sind bis jetzt bekannt geworden. Dieselben befinden sich im Besitze der geistlichen Akademie in Kiew. Das eine soll den Kaiser Konstantin und Helena oder die Auffindung des hl. Kreuzes, welches zwischen den beiden Halbfiguren im Hintergrund angebracht ist, darstellen (Abbildung 3)[21]; das zweite ebenfalls aus dem Kloster Sinai stammende kleine Gemälde stellt die beiden Heiligen Sergius und Bacchos dar. Beide zeigen genau die Technik der oberägyptischen Mumienporträts aus dem II. und III. Jahrhundert, dieselbe mit dem Pinsel dick aufgetragene und mit dem Cestrum verarbeitete Wachsfarbe. Nach Strygowski sind diese Gemälde dem VIII. Jahrh. zuzuschreiben.

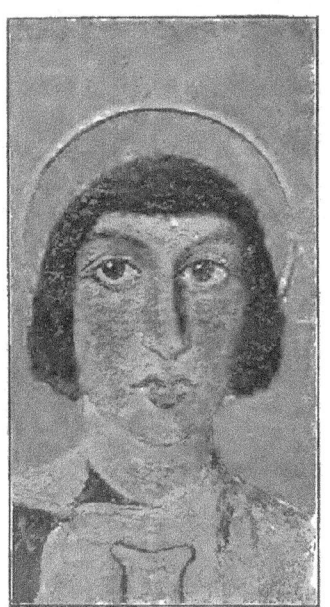

Fig. 3. Enkaustische Malerei aus spätgriechischer Zeit.
(Versuchs-Koll. I. Serie Nr. 20.)

Ob sich vielleicht in der vatikanischen Sammlung (Museo christiano) hierher gehörige Gemälde befinden, kann ich nicht angeben, da die ältesten byzant. Bilder über und über mit Gold und cisciliertem Zierrat bedeckt sind, so dass eine genaue Betrachtung derselben unmöglich ist; möglicherweise wären unter den zahlreichen Weihgeschenken der jerusalemitischen Grabeskirchen ein oder das andere noch herauszufinden.

Überblicken wir zum Schluss, was die Compositiones an Material für die Geschichte der Maltechnik bieten, so muss zunächst konstatiert werden, dass Fischleim und Wachs die Bindemittel waren, welche mit Farben angerieben wurden. Öle und Ölfirnisse, die gefärbt oder an sich farbig waren, wurden zur Bemalung von Vergoldungen oder bei der Pictura translucida verwendet; wir erfahren auch von einem gefärbten Firnis, der auf Malerei aufgetragen wurde.

Genaue Anweisungen sind gegeben für Glanzvergoldung, bei welcher Eiklar oder eine Emulsion von Gummi und Öl genommen wurde; für Matt- oder Ölvergoldung, welche sich immer mehr zu verbreiten beginnt, sowie zur Vergoldung für Aussen, d. h. für Dinge, die längere Zeit im Freien sich befinden sollten und Leder, dienten die Ölbeizen. Es fehlen aber viele wichtige Angaben, z. B. wie die Art der Grundierung für Holztafel beschaffen sein musste, wie die Wände zu Malzwecken vorzubereiten waren u. s. w.; am auffallendsten erscheint das Fehlen jeder Tempera von Eigelb, die in späterer Zeit in Italien allgemein verbreitet war. Dass Eiklar oder Gummi für Miniaturmalerei genommen wurde, lassen die Goldschriftrezepte des Lucca.-Ms. erkennen.

Dieses sind die Resultate, welche wir bei der Durchsicht der für Malerei bestimmten Anweisungen des Lucca-Ms. festzustellen in der Lage waren.

Der Vollständigkeit wegen können wir noch an einer Stelle Umschau halten, welche die Aufzählung einer langen Reihe von Droguen und Mineralien, die zu verschiedenen Zwecken Verwendung fanden, enthält. Am Schlusse der Serie, welche mit (35.) De memoriam beginnt und mit (52.) De Lazuri endigt,[22] heisst es:

„Wir haben alle jene Dinge bezeichnet, welche für Färbungen und Schmelzwerk dienen; wir haben gesprochen von den Materien, die dabei zur Anwendung kommen; von Steinen, Metallen, Laugen, von Pflanzen, wo sie gefunden werden, welche Harze man gewinnt, von Ölharzen und Erden; was Schwefel ist, Öle, schwarze Wasser (Tinte?), die Salben, was Leim ist und alle Produkte wildwachsender Pflanzen auf dem Felde und

---

[21] Die Nachbildung, linke Hälfte des Bildes (m. Versuchs-Kollekt. Nr. 20) ist nach der photogr. Abbildung in Strygowski, das Etschmiadzin-Evangeliar, Wien 1891, II. Anhang gefertigt.

[22] Dass diese Kapitelserie zusammengehört, beweist die entsprechende Stelle von Mapp., welche diese Aufzählung in einem resp. zwei Kapiteln vereinigt, den Schluss aber nicht enthält (Mapp. CXCII und CXCIII). S. den Index, Anhang II.

im Meere; das Bienenwachs und die Fette, allerlei süsse (und bittere) Wasser. Von Hölzern sind noch zu nennen: die Pinie, Tanne, Wachholder, Cypresse, auch deren Asche; die Eichel und Feige. Aus allen diesen Dingen macht man Extrakte mittelst eines Wassers aus gegohrenem Urin und Essig, gemischt mit Regenwasser. Von diesem Wasser haben wir oben gesprochen."

(NB. Diese Bezugnahme auf eine frühere Stelle, die sich aber in dem Ms. nicht findet, zeigt, dass dem Schreiber nur Teile einer Urschrift vorgelegen sind. In Mapp. fehlt dieser ganze Passus.)

Nach Angabe der Maasse findet sich noch eine unvollständige Notiz: Temperatio autem aceti cum aqua pro iluminatione ad hoc . . . , wonach den Mischungen für Illuminieren d. i. Buchmalerei, noch Essigwasser beizugeben wäre (nämlich Essigwasser zu Fischleim oder Ei, wovon in späteren Abschnitten Weiteres zu finden). Auch über Harze, die zu Firnissen benützt wurden, erfahren wir einiges aus diesem Kapitel (52):

„Alle Harze werden aus Fichten (Kiefer) und Tannen gewonnen (durch Kochen) . . . Cedernharz aus Cedernholz. Ein Harz gewinnt man aus der Pinie, ein anderes aus Abies (Tanne); Mastix aus der Mastixstaude (Lentiscus); Gummi aus der Haagbuche (Zygia), der Melde, ein anderer Gummi aus dem Mandelbaum. Öl liefert der Ölbaum, Leinöl macht man aus Leinsamen."

Aus dieser Liste erfahren wir zwar nichts neues, wohl aber werden die früheren Angaben bestätigt, und der Kreis der für Malzwecke gebrauchten Materialien enger begrenzt.

Was das Lucca-Ms. für die Geschichte der Maltechnik bietet, ist in dem vorstehenden gegeben. Räumlich steht diese Quelle dem Süden von Europa, Griechenland und Italien näher als dem Norden. Zeitlich ist anzunehmen, dass in den drei letzten Jahrhunderten vor dem Jahre 1000 die Maler in den erwähnten Malweisen arbeiteten und nach anderen Kulturzentren ihre Kenntnisse weiterverbreiteten.

Bei der Besprechung der weiteren Quellen, Mappae clavicula, der Schriften des Heraclius, Theophilus und anderer wird sich der Zusammenhang dieser mehr dem Norden angehörigen Quellen mit der obigen, auf byzantinischer Tradition fussenden Quelle, mithin der Technik der Malerei während der karolingischen Periode, konstatieren lassen.

Die nach Norden und Nordwesten ungemein schnell sich ausbreitende byzantinische Malweise erleidet naturgemäss im Laufe der Zeit gewisse Veränderungen und Verbesserungen, die in den Quellen verfolgt werden können. Wir werden auch sehen, dass die im Norden sich vollziehenden Phasen aber mit dem Lucca-Ms. mehr Verwandtes zeigen, als mit der Hermeneia vom Berge Athos, welche die eigenartige byzantinische Technik doch in reinerer Form zu zeigen instande wäre.

Zeitlich genommen müssten wir allerdings die byzantinischen Techniken zuerst behandeln, um uns in Allem klar zu werden, was unter der „griechischen" Manier, die sich überall bahnbrechend behauptete, zu verstehen ist. Da aber mit Ausnahme des Lucca-Ms. keine Rezeptensammlung vorhanden ist, die direkt auf byzantinischen Ursprung zurückgeführt werden könnte, das einzige litterarische Denkmal, welches noch in Frage käme, nämlich die Hermeneia des Mönches Dionysios, aber aus späterer Zeit, wenigstens was die uns bekannten Niederschriften betrifft, stammt, so erscheint es zweckentsprechend, zunächst diejenigen Quellen eingehender zu behandeln, welche, vom Lucca-Ms. beginnend, die Perioden der karolingischen Kultur und deren Folgezeiten umfassen.

2. Mappae clavicula.

Mappae clavicula,[1]) oder kleiner Schlüssel für Malerei, die Rezeptensammlung des XII. Jahrh., welche wir im vorigen Kapitel vielfach genannt haben, zerfällt in zwei Teile; der erste jedenfalls spätere Teil enthält nach einer in Versen geschriebenen kurzen Einleitung 11 Kapitel, die nur für (Miniatur-)Malerei bestimmt sind. Nach diesen Kapiteln folgt die Einleitung des eigentlichen, hier schon „Mappae clavicula" genannten Opus (Incipit Prologus sequentis Operis) „denn, so fügt der Autor erläuternd hinzu, „wie es nämlich für diejenigen, die im Hause sind, unmöglich ist, ohne Schlüssel das verschlossene Haus leicht zu öffnen, so wird ohne diesen Commentar jede Schreibart dunkel und verschlossen bleiben, welche in heiligen Büchern geschrieben wird."

Nach einem Index von 209 Kapiteln, mit welchen im grossen Ganzen 261 Kapitel des Ms. übereinstimmen, mithin 52 eingeschaltet sind, folgen noch eine Reihe von Zusätzen und späteren Nachträgen, so dass das Ms. im Ganzen 293 Kapitel zählt.

Inhaltlich zerfällt der ältere Teil von Mapp. clav. in zwei grössere Gruppen von Rezepten; die erstere handelt von Edelmetallen und scheint ursprünglich noch ausgedehnter gewesen zu sein, denn wie aus dem Index eines aus dem X. Jahrh. stammenden Ms. der Bibliothek zu Schlettstatt hervorgeht, ist dort fast die doppelte Reihe von Anweisungen aufgezählt; eine Hälfte dürfte demnach verloren gegangen sein. Dieser die Metalle behandelnde Teil bietet durch seine vielfachen Analogien mit früheren Schriften, dem Papyrus Leyden und jenen der älteren griechischen Alchemisten,[2]) besonderes Interesse. Viele Rezepte sind nicht nur ähnlich, sondern oft auch wörtlich wiedergegeben, eine Gleichheit, welche die fortgesetzte traditionelle Übung der Verfahrungsarten von den Aegyptern bis zu den Künstlern des lateinischen Westens bekundet. Da aber die eigentlichen alchemistischen Theorien erst gegen das Ende des XII. Jahrh. im Westen wieder aufgetaucht sind, nachdem dieselben von den Syriern und Arabern überliefert worden, zeigt dies, dass die Kenntnis der technischen Prozesse niemals verloren gegangen war. Dieses Hauptergebnis ist die Folge einer eingehenden Vergleichung vielfacher Stellen des Mapp. Ms.[3])

Die zweite Gruppe bezieht sich auf Färberei aller Art, mit Dazwischenschiebung von den verschiedensten Anweisungen, wie sie im Laufe der Zeit dem Compilator bekannt wurden. Zunächst finden wir hier, fast vollständig wiederholt, mitunter in anderer Reihenfolge die Serien von Rezepten der Compositiones (Lucca-Ms.), welche uns schon im vorigen Abschnitt so gute Dienste beim Erklären derselben ge-

---

[1]) Abgedruckt in Archaeologia: or Miscellaneous Tracts relating to Antiquity, published by the Society of Antiquaries of London. T. XXXII. 1847. p. 183—224: Letter from Sir Thomas Philipps, Bart. F. R. S., F. S. A. adressed to Albert Way, Esq. Director, communicating a transcript of a. Ms. Treatise on the preparation of Pigments, and on various processes of the Decorative Arts practised during the Middle Ages, written in the twelfth century, and entitled Mappae Clavicula,

[2]) Berthelot, Collection des Alchemistes grecs. p. 287.

[3]) Derselbe, Chimie au moyen-âge p. 29.

leistet haben. Diese Rezepte umfassen CV—CXCIII der Archaeologia. CXCIV handelt von der hydrostatischen Waage, welche die Goldschmiede zur Bestimmung des Feingehaltes der Metalle benützten. Es folgt dann eine neue Serie von Rezepten für Goldschmiede, welche arabische Worte (Niellotechnik) enthalten. Aber diese kleine Gruppe von Rezepten (CXCV—CCXII) fehlt sowohl in dem alten Ms. von Schlettstadt, als auch im Lucca-Ms. Dieselbe scheint demnach in einer späteren Epoche eingeschaltet worden zu sein [4]), ohne Zweifel im XII. Jahrh.; vollständig frei von arabischen Einflüssen sind die folgenden Artikel, welche über Höhenmaasse und Verschiedenes auf Architektur Bezügliches handeln, und zum Teil von Vitruv oder dessen Nachfolgern kopiert sind.

Einige Rezepte, denselben des Lucca-Ms. analog, nur redaktionell geändert, über Fabrikation von gefärbtem Glas und Metallarbeit folgen (bis CCLXIII). Bis hieher decken sich Mapp. und das Ms. von Schlettstadt in grossen Zügen inhaltlich, aber das erstere bringt noch etwa 30 Artikel, welche ohne inneren Zusammenhang, weder untereinander, noch mit den vorigen sind, und aus verschiedenen Quellen geschöpft zu sein scheinen. Sie handeln von militärischen Dingen, besonderen Wurfgeschossen (darunter auch die Confectio Pis des Lucca-Ms., welche dem bekannten Liber Ignium, „Buch der Feuer, um Feinde zu verderben" des Marcus Graecus entnommen ist, also mit Malerei nichts zu schaffen hat), über Seife, Stärke und Zucker, Glas zu schneiden und zu reiben, über Elfenbein, verschiedene Chiffren-Alphabete (für Geheimschrift), Worte und magische Zeichen u. a. m., alles wie zufällig an das Ende des Heftes angereiht.

Der Ort der Entstehung des Ms. ist unbestimmt; einige Worte deuten darauf hin, dass einer der Schreiber, welcher das Rezeptenbuch durch neue Eintragungen bereicherte, normannischen oder englischen Ursprungs war. So findet sich (CXC) eine Bereitung von grüner Tinte, zu welcher die reifen Früchte von Gaisblatt, „welches auf englisch gatetriu (goattree) heisst", und (CXCI) eine Anweisung, um Grün zu temperieren, zu welcher die Pflanze „greningpert" (grening wert),[5]) Waid genommen wird.

Für uns von Interesse sind wiederum nur die Anweisungen für Malerei, die Vergoldungsarten inbegriffen, sowie für Farben und deren Bereitung. Die Rezepte für Goldschrift, die, wie in dem früheren Lucca-Ms., auch hier einen besonderen Raum einnehmen, sind äusserst zahlreich; viele von diesen stimmen mit den ähnlichen des Papyrus Leyden überein; es sind dieselben, welche sich durch Tradition fortgepflanzt und auch in späteren Schriften des Theophilus, Heraclius und anderen Sammlungen (bes. im Ms. Nr. 6514 Fol. 52 der Pariser Bibliothek) wiederfinden, von denen etliche bis ins X. Jahrh. zurückreichen.

Einige seien hier kurz notiert:

Rezepte, in welchen Goldmetall Verwendung findet:

XXXIII. Goldblätter werden in einem Mörser von Phorphir zerrieben, mit Essig, Salz und Gummi angerührt und die Schrift mit dem Eberzahn geglättet.[6])

XXXIV. Gold, Quecksilber, Auripigment nebst Essig und Gummi etc.

---

[4]) Eine solche Einschiebung ebenfalls arabischen Ursprungs ist in Nr. 212 (Alkohol) enthalten; daraus geht auch hervor, welche Schwierigkeiten mitunter die cryptographischen Aufzeichnungen bieten: so ist in dem Ms. zu lesen:

De commixtione puri et fortissimi xkmk cum III. qbsuf tbmkt cocta in ejus negocii vasis fit aqua quae accensa flammam incumbustam servat materiam.

Die Auflösung der fraglichen Worte besteht im Ersetzen der Buchstaben durch die im Alphabet vorangehenden: also

xkmk = vini
qbsuf = parte
tbmkt = salis.

Die Uebersetzung ist demnach die folgende: In der Mischung von sehr reinem und starkem Wein mit 3 Teilen Salz und Erhitzen in dazu bestimmten Gefässen, erhält man eine brennbare Flüssigkeit, welche sich verzehrt, ohne den Gegenstand zu verbrennen (auf welchem sie ausgeschüttet ist).

[5]) Vergl. Tabul. de vocabil. synom. bei Merrifield, I p. 27. sub Grenuspect u. Note.

[6]) Dasselbe Rec. Theoph. I. XXXVII; vergl. Berthelot, Introduct. à la chimie des Anciens p. 41; Pap. Leyden Nr. 58 und Plinius XIII, 25.

XXXVIII. Den geriebenen Gold- (oder Silber-)blättern fügt man Ochsengalle und Gummi bei. Präparation zum Schreiben und Malen auf Glas, Marmor und Figuren.

XXXIX. Gold und Merkur, dann Misy (Legierung von Gold und Silber) und Kupfer werden zerrieben, mit flüssigem Leim vermischt mit dem Pinsel verwendet.

XL. Gold wird zerreiblich gemacht, indem man dasselbe geschmolzen in Wasser schüttet, in welchem mehreremal geschmolzenes Blei erkaltet worden. Gummi dient als Bindemittel.[7]

XLI. Gold in Pulverform wird mit Drachenblut warm vereinigt und damit geschrieben.[8]

Rezepte für Goldschrift ohne Gold:

XXXVII. Zinn mit Merkur zusammengeschmolzen und zu Amalgam verrieben, wird mit Alaun und Harn vermischt; über der ersten Anlage schreibt man abermals mit (cilicischem) Safran nebst Leim und glättet das Geschriebene mit dem Zahn.

XLIII. Schöllkraut, Harz, Eierklar, Gummi, gelbes Arsenik, Schildkrötengalle und Kupferblätter miteinander innig vermischt, dient zur Goldschrift (ebenso Leydener Papyrus Nr. 74)[9]; dann

XLIV. Schwefel, Granatenschale, Feigensaft, ein wenig Alaun mit Gummi und Safran vermischt;

XLV. Eierdotter und Eiklar, Gummi, Safran, gestossenes Glas und gelb. Arsenik (Leyd. Pap. Nr. 58), und

XLVI. Variante, welche XLIII und XLIV vereinigt.

Auch Nr. XLVIII deckt sich mit dem Rezept 49 des Pap. Leyden, ebenso das eigentümliche für Silberschrift (XCV), nach welchem Bleiglätte mit Taubenmist und Essig zu reiben und mit heiss gemachten Stäbchen zu schreiben ist (Pap. Leyden Nr. 79).

Die Erzeugung von Farbenpigmenten nimmt in Mappae clavicula naturgemäss einen grossen Raum ein; die schon im Lucca-Ms. erwähnten Verfahren finden sich hier wiederholt und durch viele Varianten vermehrt. Ganz besonders sind es wieder die künstlichen und die Lackfarben aus diversen Pflanzen: Mohn, Waid, Krapp, Lackmus sowie die tierischen aus Kermes (welcher übrigens für ein Pflanzenprodukt galt) und Purpur-Muschel bereitet, die in allen erdenklichen Mischungen untereinander, sowohl für Färberei als auch für Malerei angegeben sind. Nr. CLXVI—CLXXXIX beschäftigen sich ausschliesslich mit derartigen blauen und violetten Farben und deren Anwendung mit Bleiweiss oder Zinnoberrot. Von der Pandius genannten Farbe (Lucca-Ms. 78, 79), sind ausser diesen noch 24 ähnliche Rezepte gegeben.

Ebenso sind die Angaben für Glasfärben, für Mosaik, die Färberezepte für Felle etc. durch neue vermehrt.

Über das Technische der Malerei erfahren wir im allgemeinen wenig Neues; die Bindemittel für Miniaturmalerei, durch die Rezepte für Goldschrift gegeben, bestehen zumeist aus Gummi, Eiklar mit oder ohne Hinzufügung von Galle.

Die Vergoldungsarten (Glanz- und Mattvergoldung) sind die nämlichen, wie im vorigen Ms., und zwar:

Mapp. CXII. Deauratio in ligno vel in panno. (Vergoldung auf Holz oder auf Leinwand), Lucca-Ms. 85.
„ CXIII. Compositio lineleon. (Bereitung von Leinöl), Lucca-Ms. 86, 87.
„ CXIV. De lineleon in exauratione. (Leinöl für Vergoldung), Lucca-Ms. 88.
„ CXV. De inductione exaurationes Petalorum. (Von der Goldfärbung der [Zinn]-Folien). Lucca-Ms. 89.
„ CXVI. Tinctio stagnae petalae. (Färbung von Zinnfolie). Lucca-Ms. 113.

---

[7] Lucca Ms. 65; Theoph. I. XXXVII.
[8] Theoph. loc. cit.
[9] Lucca Ms. 67; die Nummern des Leydener Pap. beziehen sich auf die Uebersetzung des Ms. v. Berthelot, Introd. à la chimie des Anciens.

Die Leimarten finden sich hier ebenso wie dort (Mapp. CXXIII und CCVIII; Lucca-Ms. 100). Die Pictura translucida ist in beiden Ms. fast gleichlautend gegeben (Mapp. CCXLVI. De petalo aureo, CCXVVII. Lucida quomodo fiant super colores; Lucca-Ms. 57 und 62). Es fehlen auch nicht die allgemeinen Angaben über die Maltechnik (Mapp. CXCII, II. Abs.; Lucca-Ms., Schluss von 72), aus welchen wir den Gebrauch von Wachs für Wandmalerei und Holztafel, von Fischleim für Pergament ersehen haben. Es wurde oben (p. 18) bereits auf die beiden Angaben aufmerksam gemacht; der Unterschied beruht darauf, dass nach Mapp. clav. Wachsfarbe für Wände und Leinwand, auf Holz und Fellen (Pergament) aber Fischleim das gebräuchliche Bindemittel gewesen ist. Gegenüber dem Lucca-Ms. ist eine Ausbreitung der Wachsfarbe auf die Leinwand einerseits und des Fischleimes auf die Tafelmalerei andererseits zu konstatieren. Im philologischen Sinne könnte unter unctione collon auch die einfache Leimtränkung, welche in späterer Zeit stets unter jeder Malerei auf Holz anzubringen war, gemeint sein, wenn nicht die nochmalige ebenso fehlerhafte Schreibweise unctiocollon für ictiocollon (Fischleim) diese Erklärung ausschliessen würde.

Von Interesse sind noch zwei Rezepte, die neu hinzugetreten sind.

Das erste lehrt einen „griechischen Leim" zu bereiten:

Mapp. XCVIII. Collam graecam facere.

„Firniskörner (die nicht näher bezeichnet sind), werden gestossen, in einem Gefäss mit enger Öffnung, in welcher ein Eisenstab sich bewegen kann, auf gelindem Feuer flüssig gemacht, und durch Herausziehen des Eisenstabes von Zeit zu Zeit untersucht, ob die Auflösung sich vollzogen hat; darauf werden zu einem Teil des Firnis 2 Teile Leinöl gegossen und eine kleine Stunde verkocht. Mit Mastixkörnern bereitet, trocknet der „Leim" langsamer."

Der Gebrauch für Malerei ist zweifellos; durch die Einschiebung des Rezeptes zwischen Farbenrezepte (Kupfergrün, Indigoblau) und dem darauffolgenden für Vergoldung (von Stein, Holz oder Glas) ergibt sich, dass es entweder ein Firnis oder eine Vergolderbeize sein muss, die dem Namen nach griechischer Provenienz ist. Die nicht näher benannten Firniskörner, die den „Leim" schneller trocknend machen als Mastix, lenken uns auf ein ganz gleiches Verfahren des Theophilus (C. XXI. II. Abs.); Theophilus nennt dort einen Firnis „gummi fornis", der von den Romanen glassa genannt wird. Glassa (glessum) ist aber nichts anderes als Bernstein (lat. succinum, electrum), welcher genau wie hier im selben Verhältnis mit Leinöl zusammengekocht, zum Überstreichen der Malerei dient, die „leuchtend, prächtig und durchaus dauerhaft" wird. (Theoph. ibid. de glutine vernition. I. Abs. Hoc glutine omnis pictura superlinata lucida fit et decora, ac omnia durabilis). Beide bei Theoph. angegebenen Firnisrezepte (der fornis und der zweite, glassa genannte) dienen demselben Zwecke als Firniss über Malerei.[10]

Im innigsten Zusammenhang damit steht das folgende Rezept von Mapp.:

CIX. Ut pictura aqua deleri non possit. (Damit Gemälde durch Wasser keinen Schaden leiden). „Öl, welches cicinum genannt wird, streiche in der Sonne über das Gemalte, und ist es dann trocken geworden, wird es niemals Schaden leiden.[11]

Mit „cicinum" Öl ist wahrscheinlich ricinum, Ricinusöl, welches trocknende Eigenschaft hat, gemeint; das Überstreichen der Leim- oder Temperafarbe mit fettem Öle, um die Malerei zu festigen, ist nicht nur hier, sondern ebenso in Heraclius erwähnt, und für das Verständnis der weiteren Entwicklung sehr wichtig. Diese Technik hat aber, wie wir später noch sehen werden, sehr viel Gemeinsames mit den Angaben des Strassburger Ms. (XV. Jahrh.) und des Liber illuministarius der Münchener Bibliothek (Cod. germ. 821).

Was die Malerei auf Mauern betrifft, so fehlt auch in diesem Ms. (der

---

[10]) Vergl. Heraclius, III. B. C. XXI, vom Ueberstreichen der Malerei mit reinem Firniss oder fettem Oel (puro vernicio, vel de crasso oleo).

[11]) Mapp. CIX: Oleo, quod appelatur cicinum, super picturam ad solem perunge, et ita constringitur, ut nunquam deleri possit.

Mapp. cl.) ausser der schon berührten Stelle jeder bestimmte Hinweis, wie die Mauern für Malerei vorzurichten sind. Allerdings behandeln einige Kapitel architektonische Dinge, so z. B. (CCXIII) das geometrische Verfahren, die Höhe eines Objektes zu messen, dessen Basis bekannt ist, oder ein Artikel (CCLIV) über Kalk und Sand, (CCLV) über Ziegelmauerwerk, das gegen Feuchtigkeit und Regen geschützt werden soll; dieselben sind aber zumeist aus Vitruv (II. 4) oder Palladius kopiert, denn es ist von saxum Tibertinum (Travertin), dem in der Umgebung von Tivoli vorkommenden Stein u. dergl. die Rede. Ein Artikel (CI) handelt vom Brückenbau, dem Verhältnis der Fundamente zur Spannung des Bogens, und der Art bei Wasserbauten mit versenkbaren verpichten Triangeln zu arbeiten nebst der Angabe eines dazu gehörigen Mörtels (CIII), zu welchem 1 T. Kalk, 3 bis 4 T. Sand, $1/3$ T. zerkleinertes Werg, $1/6$ T. gestossenes Stroh, ein Maass (congium = 6 Sextarien = $3^3/_5$ Kannen älteres Maass) Wasser, 2 Sextarien Schweinsfett genommen werden, und welcher mindestens 8 Tage unter Zugiessen feuchtgehalten werde. Aus einem anderen Artikel lernen wir einen eigentümlichen Mörtelkitt kennen, dessen Zusammensetzung hier gegeben sei:

CCLI. Confectio maltae.

„Öl 8 Pf., Käse 8 Pf., das Weisse von 30 Eiern, $1/2$ Maass (Scheffel) reinen Kalkes, fein geschnittener Lein (Werg) 1 Pf."

Die Angabe des Zweckes dieses Mörtels fehlt; aus der Aehnlichkeit mit dem von Flavius Vopiscus „marmoratum" genannten Kitte (m. Beiträge II, p. 61) ergibt sich, dass es eine Masse war, die als Unterlage für die Mosaikwürfel gedient haben kann.

Ueber die Art der Malerei auf Mauer, ob al fresco oder mit Kalkfarben gemalt wurde, ist aus dem Ms. nichts zu erfahren; nur aus einer Angabe (CCLIII, Wie man mit Lacka auf Holz oder Wandfläche arbeitet) ergibt sich, dass mit Krapp, dessen Bereitung die Anweisung enthält, auf Wandfläche, also jedenfalls auf der trockenen Mauer gearbeitet wird; dass Wachs als Bindemittel für Wandmalerei in Gebrauch war, ist oben bereits erörtert worden.

Der jüngere Teil von Mapp. cl. beginnt mit einigen Versen; es sind ganz dieselben, welche auch zwei Abschriften des Theophilus, nämlich die Pariser Nr. 6741, und die von Cambridge, welche Raspe veröffentlichte, vorangesetzt sind, in allen übrigen aber fehlen; sie dienen gleichsam als Vorwort:

„Schritt für Schritt wird eine jegliche Kunst erlernet,
Die des Malers ist, zuerst die Farben bereiten,
Dann wird dein Sinn auf die Mischungen bedacht sein.
Betreibe dieses Werk, doch gehe allen Dingen auf den Grund,
Auf dass, was du malst, zierdevoll und gleichsam natürlich sei,
Dann wird die Kunst mit den Erfahrungen vieler Begabter
Dein Werk unterstützen, wie dieses Buch lehren will".[12]

(Sensim per partes discuntur quaelibet artes,
Artis pictorum prior est factura colorum;
Post ad mixturas convertat mens tua curas;
Tunc opus exerce, sed ad unguem cuncta coerce,
Ut sit ad ornatum quod pinxeris, et quasi natum
Postea multorum documentis ingeniorum
Ars opus augebit, sicut liber iste docebit.)

Nach dieser poetischen Einleitung folgen 11 Kapitel, von welchen 7 Farbenrezepte, die übrigen Angaben von Farbenmischungen, Vergoldung auf Pergament für Miniaturmalerei, enthalten. Eine Andeutung führt auf Frankreich als Ort der Entstehung dieses ersten Teiles des Ms. hin, indem ein Grün von Rouen (viride Rotomagense) genannt wird.

Die ersten 7 Artikel behandeln Farbenrezepte:

I. De Vermiculo (Zinnober),
   aus 1 T. Quecksilber und 2 T. Schwefel, welche auf gelinden Feuer gekocht werden, bereitet.

II. De Lazorio (Lazurblau).
   Bereitung einer blauen Farbe, aus Silberplatten, die in verschlossenem Gefäss

---

[12] Uebersetzung von Ilg, Theoph. p. 3

unter der Weinpresse 14 Tage lang stehen gelassen werden. (Die blaue Farbe bildet sich hier in Folge der Kupferlegierung des nicht puren Silbers.)

III. Item (Lazurblau).

In einem Gefäss von reinstem Kupfer wird Kalk in Essig gelöscht und an einem warmen Ort (im Pferdemist) einen Monat lang vergraben. (Die blaue Farbe ist Kupfercarbonat.)[13]

IV. Item (Blau).

Eine Farbe aus blauen Blüten (flores blavos, Kornblume?), deren Saft ausgepresst und auf einem Grunde von Bleiweiss sowohl für Holztafel als auch auf Pergament mehrmals übereinander aufgetragen wird (ebenso b. S. Audemar, Nr. 171, Merrif. 1 p. 137).

V. De Viride (Grünspan, Viride Graecum),

aus Kupferblech mit starkem Essig in bekannter Art bereitet.

VI. Item. Viride Rotomagense (Grün nach der Art von Rouen).

Die Kupferstücke werden mit der besten Lauge (sapone)[14] bestrichen und mit Essig übergossen, 14 Tage an einem warmen Ort stehen gelassen, bis sich die grüne Farbe (essigsaures Kupfer) gebildet hat.

(Vergl. S. Audemar Nr. 156 (Merrif. p. 125), bei welchem die Kupferstücke so angebracht sind, dass sie den Essig nicht berühren.)

VII. De Minio (Minium).

Bereitung von Bleiweiss aus Bleistücken und Essig; aus diesen wird dann durch Brennen Minium (Mennige, rotes Bleioxyd) gemacht.

Ein weiterer Artikel VIII. De diversis coloribus, enthält eine Aufzählung der Deck- und Lasurfarben für Pergamentmalerei. Diese sind: „Azurblau, Drachenblut, „Carmin (carum minium), Folium (Purpur der Miniaturisten, Tournesol), Auripigment, „Grünspan (Viride graecum), Gravetum (Farbe aus Weiss und Grün bereitet; vergl. Tab. „de vocab. synon. s. Granetus), Indigo, Braun (Brunum), Safran, rotes und weisses Minium „(Mennige und Bleiweiss), Schwarz aus Rebenasche. Alle diese Farben werden „mit Eiklar gemischt."

Es folgen zwei Kapitel (IX und X), welche von den verschiedenen Farbenmischungen untereinander handeln, und wie dieselben anzuwenden sind. Sie entsprechen im grossen Ganzen den Kap. LVI, LVII und LVIII des Heraclius in verschiedener Redaktion und teilweise anderer Ausdehnung, in welcher aufs Genaueste jede Farbenmischung, die für Malen und Illuminieren gebräuchlich war, angeführt und genau notiert ist, wie eine Farbe mit der anderen abschattiert und die Lichter dazu aufgesetzt werden. Auch ist angegeben, welches die Farben sind, die sich nicht miteinander vertragen (qui contrarii sibi sunt colores.):

„Auripigment verträgt sich nicht mit Folium, und nicht mit Grün (Grünspan), auch nicht mit rotem Blei (Minium) und Bleiweiss. Grün verträgt sich nicht mit Folium". (Heraclius LVII. endet hier, Mappae setzen fort:)

„Willst Du Gründe anlegen (Campos, d. h. Felder, Flächen), so mache

---

[13]) Wie durch nachlässiges Abschreiben eines Receptes, oder durch Hinweglassung eines Hauptpunktes Irrtümer sich weiter verbreiten, ist aus den späteren Wiederholungen dieses Receptes zu ersehen. Die Hauptsache ist hier natürlich das Gefäss aus Kupfer, durch dessen Oxydierung die blaue Farbe entsteht.

In Mapp. ist ausdrücklich reinstes Kupfer (ampulla purissimi cupri) genannt.

Liber sacerdotum hat Nr. 155 noch die ursprüngliche Angabe des Kupfergefässes (vas eraminis), wiederholt dasselbe Rezept in Nr. 192, hier ist aber nur mehr „ein neuer Topf" (olla nova) verlangt (Berthelot, Chimie au moyen-âge p. 216, 224); daraus wird im Bologneser Ms., in Nr. 44 ein Glasgefäss (ampulla vitrii) und in Nr. 57 (Merrif. p. 400) schon ein „glasiertes" Gefäss (pignatta vitriata nova).

In der Hermeneia (Handbuch der Malerei v. Berge Athos, Ed. Schäfer p. 79) finden wir den „neuen Krug", in welchem der Kalk und Essig niemals eine blaue Farbe bilden kann.

In Wortmann's „curiösen Mahler" (Dresden 1712, p. 83) taucht das Rezept als Venedisch-Himmelblau wieder auf, doch in der richtigen Erkenntnis, dass in einem „Geschirr von Glas" keine blaue Farbe entstehen kann, wird gleich Indigo hinzu gegeben.

[14]) Ueber die Bedeutung des Wortes sapo (Seife) im Mittelalter vergl. Du Cange Glossarium; auch wurde Lauge (nitrum) der Alten, mit lixivium benannt; aqua prima, ex quo fit sapo; Aqua Saponis vel lixivium; nitrum, salis species, quidam dicunt esse Savonem, qui mundat hominem. Nitrum des Mittelalters bedeutet Salpeter, Nitratus pulvis (poudre à canon).

ein schönes Rosa aus Zinnober und Weiss; desgleichen mache das Feld aus Folium mit Kalk gemischt (Folium mit Kalk gibt eine blaue Farbe); desgl. für ein grünes Feld mische Grün mit Essig; desgl. mache das Feld aus demselben Grün und wenn es trocken ist, überarbeite es mit Lauch (caule, eigentlich Kohl, Schwertelgrün)".

Zum Schluss findet sich noch die Angabe mit geriebenem Golde und warmem Pergamentleim auf Pergament zu arbeiten und die Buchstaben nach dem Trocknen mit dem Brunirstein oder einem Eberzahn zu glätten; auch kann ein goldfarbiges Gewand oder was immer damit gemalt werden, dabei sind die Schatten mit Indigo oder Tinte (encausto), die Lichter mit Auripigment zu geben.

Auf den ersten Anblick haben die genauen Angaben, wie jede einzelne Farbe zu behandeln, zu vertiefen und zu erhellen ist, etwas monotones; bei genauerem Vergleich muss jedoch erkannt werden, dass diese Anweisungen einen Canon darstellen, nach welchem alle Farbenmischungen zu handhaben sind, hauptsächlich, wo es sich um Miniaturmalereien handelte, die in klösterlicher Einsamkeit ausgeführt, stets in gleicher Art zu machen resp. zu copieren waren.

Betrachtet man die alten Miniaturen des XII.—XIII. Jh., so wird man die genaueste Einhaltung aller obigen Vorschriften und dadurch eine auffallende Aehnlichkeit der Farbengebung erkennen. Deshalb möchte ich der Bemerkung des gelehrten Herausgebers des Heraclius (pag. 146) nicht beipflichten, wenn er meint, „alle diese aus classischen und byzantinischen Quellen entnommenen Vorschriften haben wohl auch für die gleichzeitigen mittelalterlichen Künstler keinen Wert gehabt und sind mönchisch gelehrte Schreibbelustigungen." In ihrer Clausur, ganz abgeschlossen von der Aussenwelt, hatten die Mönche nicht Gelegenheit, ihre Farbenmischungen mit der Natur zu vergleichen und folgten lieber der Ueberlieferung von wirksamen Farbenzusammenstellungen für Ornamentik, oder bei Figuren den als glücklich erkannten Färbungen der Gewänder und Faltenzügen; daraus erklärt sich die grosse Uebereinstimmung der Miniaturen einer bestimmten Zeit.

Um dem Leser einen Begriff von der Genauigkeit dieser Anweisungen zu geben, lasse ich hier die betreffenden Kapitel in Uebersetzung folgen:

IX. De Mixtionibus. Von den Mischungen (Heracl. LVI).

„Wenn du genau wissen willst, welches die Eigenschaften der Farben „und ihrer Mischungen, welches die durchsichtigen und die deckenden sind, „so widme dem Folgenden deine Aufmerksamkeit:

„Azur mische mit Bleiweiss; schattiere mit Indigo, gib die Lichter (helle „auf) mit Bleiweiss.

„Reinen Zinnober schattiere mit Braun, oder Drachenblut, gib die Lichter „mit Auripigment.

„Zinnober mische mit Bleiweiss und mache die Farbe, die Rosa heisst, „schattiere mit Zinnober, helle auf mit Bleiweiss.

„Item mische eine Farbe aus Drachenblut und Auripigment; schattiere „mit Braun und helle auf mit Auripigment.

„Carmin schattiere mit Braun, helle auf mit rotem Minium (Mennig); „Item mache das Rosa aus Carmin und Bleiweis, schattiere mit Carmin, „helle auf mit Bleiweiss.

„Folium (Tournesol) schattiere mit Braun, gib die Höhen mit Bleiweiss; „Item, mische Folium mit Bleiweiss, schattiere mit Folium, helle auf mit „Bleiweiss.

„Auripigment schattiere mit Zinnober, jenem geziemt aber keine Auf„hellung, weil es alle anderen Farben verdirbt.

„Willst du Schwertelgrün machen, so mische Auripigment mit Schwarz „(Heracl. Indigo), schattiere mit Schwarz, helle auf mit Auripigment.

„Willst Du eine ähnliche Farbe machen, so nimm Azurblau, mische es „mit Bleiweiss; schattiere mit Blau, helle mit Bleiweiss auf, und wenn „trocken, übergehe es mit hellem Crocus (Safran).

X. Temperatura. Mischungen (Heracl. LVIII).

„Griechisch Grün (Grünspan) mische mit Essig; schattiere mit Schwarz, „helle auf mit Weiss, aus Hirschhorn bereitet. Item mische Grün mit Blei-

„weiss, schattiere mit Grün, helle auf mit Bleiweiss. Safran schattiere mit „Zinnober, helle auf mit Bleiweiss. Indigo schattiere mit Schwarz, helle „auf mit Azurblau. Braun schattiere mit Schwarz, helle auf mit rotem „Minium. Item mache aus Braun, Rot und Bleiweiss eine Rosafarbe, schattiere „mit Braun und helle auf mit Bleiweiss. Item, mische Safran mit Bleiweiss, „schattiere mit Braun, helle auf mit Bleiweiss; rotes Minium schattiere mit „Braun, helle mit Bleiweiss auf. Item, mische Minium mit Braun, schattiere „mit Schwarz, helle auf mit rotem Blei (Mennig). Item mache die **Fleisch-** „**farbe** (carnaturam) mit rotem Blei und Weiss, schattiere mit Zinnober „und helle auf mit Bleiweiss.

Vielfache Berührungsstellen des älteren Teiles des Ms. mit den Schriften des Theophilus haben sich aus den obigen Ausführungen feststellen lassen, ebenso konnten wir in dem jüngeren Teil desselben eine Reihe von Kapiteln nachweisen, welche mit den Schlussartikeln des Heraclius über Malerei grösste Uebereinstimmung zeigen. Einige derselben sind so gleichlautend, dass es schwer entschieden werden könnte, ob Heraclius von Mapp. oder umgekehrt entlehnt hat; vermutlich ist beiden Schreibern eine gemeinsame Quelle zur Verfügung gestanden. Soviel ist gewiss, dass die Mappae clavicula ein Bindeglied zwischen der byzantinischen des Lucca Ms. einerseits und den nordischen Quellen für Maltechnik anderseits bildet, und uns in deren Erkenntnis in hohem Masse unterstützt.

3. Das III. Buch des Heraclius.

Eine gewisse Aehnlichkeit mit den vorigen Mss., dem Lucca-Ms. und Mappae clavicula zeigen auch die drei Bücher des Heraclius: De coloribus et artibus Romanorum (Von den Farben und Künsten der Römer). Diese Aehnlichkeit besteht zunächst darin, dass alle drei Rezeptensammlungen repräsentieren, die ohne bestimmte Ordnung aneinandergereiht sind und ebenso verschiedenen handwerklichen Techniken zugehören; bei allen hat es auch den Anschein, als ob die Schreiber aus früheren Rezeptensammlungen geschöpft und eigene Erfahrungen hinzugefügt haben.

Da es sich für unsere Aufgabe nur um die Technik der Malerei handelt, so kann auf den Inhalt der ersten zwei Bücher des Heraclius, welche Glasarbeit, Potterie, Gemmenschneiden u. dergl. behandeln, nicht näher eingegangen werden; es genüge deshalb der Hinweis auf die Ausgaben von Raspe, Merrifield und Ilg.[1]) Auch würde es zu weit führen, die Altersfrage, welche schon unser gründlicher Lessing in seinem Essay (vom Alter der Oelmalerei, 1774) vorübergehend streift, von Neuem zu erörtern. Soviel steht fest, dass die beiden ersten in Versform geschriebenen Bücher (im Ganzen 21 Kapitel) einer früheren Periode und einem einzigen Autor zuzuschreiben sind, während der III. Teil späterer Zeit und mehreren Autoren angehört; darin stimmen die gelehrten Commentatoren alle überein. Merrifields Ansicht, dass das III. Buch des Heraclius „nach der im XII. Jh. entstandenen Clavicula und vor der Schedula des Theophilus geschrieben sei", weist Ilg (loc. cit. p. VI.) zurück, denn Theophilus lebte im 11. Jh.[2])

Während die ersten zwei Bücher auf Kunstweisen des X. Jh. und byzantinische Einflüsse hinweisen, finden wir im dritten französisch-normannische Bezeichnungen, so in VII.: quod nos Cerasin vocamus. (ibid) Galienum vitrum; grossinum (altfränkisches

---

[1]) Raspe's Ausgabe des Heraclius Ms. der Bibliothek des Trinity-College in Cambridge (jetzt im Britisch. Museum, Egerton Mss., 840 A) erschien in dessen Werk: A critical essay on oil-painting etc. London 1781.

Eine zweite Kopie des Ms., aus der Sammlung von Le Begue's Schriften (Paris, Biblioth. Nr. 6741) ist herausgegeben von Merrifield (Orig. Treatises on the arts of painting, London 1849. I. p. 166—257).

Die deutsche Ausgabe verdanken wir Ilg, Heraclius, Originaltext und Uebersetzung mit Einleitung, Noten und Excursen: B. IV. der Quellenschriften für Kunstgeschichte, herausg. von Eitelberger, Wien 1873.

[2]) „Und, bemerkt Ilg weiter, „der Umstand, dass angeblich jene Kapitel in Heraclius gefunden werden, welche in allen Mss. des Theophilus fehlen, die drei Kapitel seines II. Buches über Glasmalerfarben, bewiese nur, dass ebenso wie andere Kapitel, von denen es Merrifield zugibt, auch diese aus Theophilus entnommen sind und nicht umgekehrt". Dagegen vernehmen wir Merrifield p. 167: „Die Thatsache, dass ein Ms. Teile eines anderen enthält, ist für sich nicht genügend bezüglich des Alters eines Ms. Bei Theophilus ist es schwer festzustellen, ob diesem die in Versen geschriebenen Bücher des Heraclius als Vorlage gedient haben. Eine Stelle berechtigt jedoch zu dieser Annahme: in Theoph. III cap. CVI. wird auf eine Angabe verwiesen, welche im ersten Buche beschrieben wurde; dieses Kapitel findet sich aber nicht im I. Buch des Theophilus, sondern ist im I. Buch des Heraclius enthalten." Diese Stelle des C. CVI (in Ed. Ilg sind die Reihen anders nummeriert) „Ex vitro si quis dipingere vascula quaerit, et te verte ad hanc artem quae in primo libro scripta est. Haec enim ita se habet", könnte sich übrigens auf die allgemeinen Regeln zu malen des ersten Buches Theophilus beziehen.

Gewicht = 1 Drachme oder ⅛ Unze, VIII und XLIX), vergaut (LVI). Auf nordischen Ursprung überhaupt weist Warancia (XXXII, Garancia, Krapp) hin, Glassa (XLIV. glasse in frz. Ms., vernis glas bei Theoph., Bernstein) u. A.; einige Artikel zeigen dagegen arabischen Ursprung, so IX, XXXIII, XLVI und XLVII, welche von Niello, Borax und Corduanleder handeln. Inhaltlich zerfallen die 58 Kapitel des III. Buches in zwei grosse Gruppen; die erste behandelt Potterie (I—IV), Glas, Glasflüsse und Steine (V—XII), Metallvergoldungen (XIII—XXIII), wobei zu bemerken ist, dass einzelne dieser Rezepte Wiederholungen oder Umschreibungen von im I. Buch gegebenen Anweisungen sind. Die zweite Gruppe ist der Malerei gewidmet, und zwar den Vorbereitungsarbeiten zu Malerei auf Holz, Leder oder Leinen (XIV—XXVI), den Bindemitteln für Malerei überhaupt (XXVIII—XXXII), der Bereitung von einzelnen Farben (XXXIV—XL, LIV), den verschiedenen Vergoldungsarten der Goldschrift)XXI, XLI—XLV), und den allgemeinen Angaben über Farben und deren Mischungen (LII, LV—LVIII); zwischendurch sind einzelne Kapitel eingeschoben, die anderen Gewerben dienen.

Diese Einteilung der Kapitelreihen liegt den beiden Ausgaben von Merrifield und Ilg zu Grunde. Merrifield, welcher die in dem Ms. des Le Begue enthaltene Copie des Heraclius vorgelegen, hat, in der Meinung, das von Raspe in Cambridge entdeckte Exemplar sei authentischer resp. älter, die dort sich vorfindende Reihenfolge für ihre Ausgabe adoptiert (p. 173, loc. cit.) und die im Ms. von Cambridge fehlenden Kapitel nach Gutdünken eingereiht. Fügt man aber die Kapitel wieder in die ursprüngliche Folge des Le Begue aneinander, so ergibt sich, wie mir scheint, eine viel klarere Uebersicht. Zunächst fällt ins Auge, dass alle Kapitel für Malerei, welche im Zusammenhange am Schlusse (260—289) stehen, der späteren Zeit angehören müssen, die übrigen Kapitel aber, insbesondere die aus älteren Schriften des Vitruv (240—245) und des Isidorus (255—256) entnommenen, früher eingeschaltet sind; es wird dadurch klar, dass der letzte Besitzer des Ms. ein Maler gewesen sein muss. Während die ersten 4 Kapitel des III. Buches (232—236) sich inhaltlich den zwei metrischen Büchern anschliessen, sind die Anweisungen der folgenden Kapitel jenen Handwerken gewidmet, welche von den Mönchen des XII.—XIV. Jh. in den Klöstern mit Vorliebe ausgeübt wurden, u. z. den Arbeiten in edlen Metallen und der Glasmalerei.[3])

---

[3]) Zusammenstellung der Kapitelreihen des III. Buches nach den Nummern von Le Begue's Ms. Die römischen Zahlen entsprechen denjenigen der neuen Ausgabe von Ilg.

(232) I. De vasis testeis depingendis ex viridi vitro.
(233) II. Ad vasa testen albo vitro dealbanda.
(234) IV. Item.
(235) IX. Quomodo inciditur vitrum.
(236) X. Quomodo sculpuntur preciosi lapides, poliunturque et splendificantur.
(237) XVII. Quomodo ferrum deauratur.
(238) XVIII. Aliter.
(239) XIX. Quomodo dirigitur et ornatur ebur.
(240) L. De diversis colorum principalium et intermediorum speciebus etc. (aus Plinius entnommen).
(241) LI. De probatione azurii (aus Vitruv u. Plinius).
(242) LII. De colorum commixtione, et quales ipsi colores sunt etc. (Ebenso.)
(243) LIII. Quomodo fit atramentum diversarum specierum.
(244) LIV. Quomodo fit purpurinus color ex diversis diversimode (Röm. Quelle).
(245) LV. De coloribus infectivis (Vitr. VII, 14).
(246) XLVI. Quomodo distemperatur bures et servatur.
(247) XLVII. Item de eodem aliter.
(248) XXII. Quomodo poteris solidare aurum vel argentum vel cuprum vel auricalcum.
(248 bis) XLVIII. Quali modo nigellum facere.
(249) XVI. Quomodo deauratur auricalcum.
(250) XX. Quomodo recuperatur deauratura.
(251?) XXIII. De probatione auri et argenti (Nummer und Kapitel fehlen in Le Begue's Ms.; Merrif. p. 226).
(252) XV. Quomodo deauratur aes, vel auricalcum, vel argentum.
(253) XIV. Deauratura quomodo fit.
(254) XI. Quomodo inciditur cristallum.
(255) V. Quomodo et quando inventum fuerit vitrum. (Aus Isidorus.)
(256) VI. Quod quidam decapitatus fuit jussu Imperatores, quia modum faciendi vitrum flexibile inveneret. (Ebenso.)
(257) VII. Quomodo efficitur vitrum album et etiam de diversis coloribus
(258) XXXIII. Quomodo corduanum tingitur.

Ueberblicken wir die für Malerei bestimmten Kapitel im Vergleich zu den früheren Mss., so fällt zunächst der Umstand auf, dass hier Angaben über Grundierung von Holztafeln, Leder und Leinen (XXIV, XXVI), zur Bemalung von Säulen (XXV) u. dergl. gegeben sind, Dinge, die in früheren Mss., dem Lucca-Ms. und Mappae clavic. nicht berührt werden.

Für die Erkenntnis der maltechnischen Operationen sind diese Kapitel von um so grösserer Bedeutung, weil hier im III. Buch des Heraclius, noch keine planmässige Anordnung des Themas, wie solche Theophilus, das Handbuch vom Berge Athos, Cennini, Neapeler Codex zeigen, zu Grunde liegt, wir uns aber aus solchen präciseren Rezepten doch eine richtigere Vorstellung von der Technik zu machen im stande sind.

Gleichzeitig ergibt sich aus einigen gleichartigen Anweisungen, die sich sowohl hier als auch im I. Buch des Theophilus finden, dass die beiden Schriften auch zeitlich nicht weit auseinander liegen können. So gibt z. B. Heraclius in Kap. XXIV an, dass Holz, wenn es bemalt werden soll, mit Pferdehaut oder Pergament zu bespannen sei, eine Angabe, die sich bei Theophilus, Kap. XVII wieder findet; ebenso stimmt Kap. XXV des Heraclius mit Kap. XX. des Theophilus überein, insofern als in beiden Fällen die mit Oel angeriebenen Farben an der Sonne getrocknet und hernach ebenso gefirnisst werden. Auch stimmen die bei Theophilus genannten Bindemittel mit allen bei Heraclius überein; der letztere ist in dieser Richtung sogar noch ausführlicher und vielseitiger.

Am auffallendsten ist es, dass die Oeltechnik im XI.—XIII. Jh. schon vollkommen entwickelt ist, wie aus den Kap. XXIV, XXV, XXVIII und XXIX hervorgeht. Die letztere hat, wie es scheint, die Malerei mit Hausenblase (Fischleim) und Wachs, welche im Lucca-Ms. und Mapp. cl. noch vorherrschen, ganz verdrängt. Der farbige Firniss (pictura lucida der beiden Mss.) ist noch in Kap. XXI (Wie man Gold firnisst, damit es die Farbe nicht verliere) erhalten, desgleichen im XLIV (vom Auripetrum), welches als ein gefärbter Firniss zum gleichen Zweck diente (vergl. Theoph. XXIX, pictura translucida). Während nun in den älteren Mss. die farbigen Oelfirnisse nur zur Lasur auf Metallfolie oder auf (mit Leim gemischten) Farben Anwendung fanden, sehen wir jetzt eine grosse Ausbreitung der mit Oel gemischten Farben vor sich

---

(259) III. Quomodo vasa figuli plumbeantur.
Malrezepte:
(260) XXIX. De oleo quomodo aptatur ad distemperendum.
(261) XL. Quomodo auripigmentum praeparatur ad operandum.
(262) XXV. Quomodo praeparatur columna ad pingendum.
(263) XXX. Alumen quomodo debet distemperari.
(264) XLI. Quomodo ponitur aurum.
(265) XXXVII. Quomodo distemperatur viride terrenum.
(266) XII. Quomodo politur lapis et dens animalis.
(267) XXI. Quomodo vernicietur aurum ne perdat colorem.
(268) XXIV. Quomodo aptetur lignum antequam pingatur.
(269 fehlt bei Merrif.)
(270) XXXII. Quomodo vitellum ovi paratur.
(271) VIII. Quomodo efficitur vitrum de plumbo, et quomodo coloratur.
(272) XLIX. Quomodo pingitur in vitro.
(273) XXXVIII. Quomodo efficitur viridis color cum sale.
(274) XLIV. De auripetro.
(275) XLV. Qumodo ponitur aurum super stagnum.
(276) XIII. De deauratura petulae stagni.
(277) XXXIV. Quomodo poteris de bresilio operari.
(278) XLII. Quomodo aurum in pergamenis ponitur.
(279) XLIII. Quomodo scribitur de auro.
(280) XXVI. Si vis pingere lini pannum, et aurum in ipso ponere, sic praepara.
(281) XXVII. Quomodo aurum ponitur in panno.
(282) LVI. De miscendis inter se coloribus pingendo et illuminando etc.
(283) LVII. De coloribus sibi contrariis.
(284) XXXI. De modo parandi glaream ovorum, ad colores ex ea temperandos.
(285) XXVIII. De pratica generali in movendi omnes colores.
(286) LVIII. De diligentia quae haberi debet circa naturas colorum, et de modis miscendi etc.
(287) XXXIX. Modus faciendi viridem cupri vel acris.
(288) XXXVI. Quomodo fit cerusa, et de ipsa rubeum minium.
(289) XXXV. Quomodo rosa color fit de ligno braxilii.

gehen, die sich in der folgenden Zeit schon allgemein in den nördlichen Gegenden des zivilisierten Europa manifestiert. Oertlich begrenzt sind diese Kulturcentren von Nordfrankreich, der Normandie nebst England und der rheinisch-westphälischen Gegend von Deutschland.

Die Kapitel über allgemeine Mischung von Farben untereinander (LVI—LVIII) sind denen der jüngeren Mapp. fast übereinstimmend; eine ähnliche Reihe von Farbmischungen zeigt C. XIV des Theophilus, dieser letztere ist sogar noch viel ausführlicher, besonders was die Farbmischung für Fleischmalen betrifft. Es wird angenommen (Merrif. p. 179), dass diese allgemeinen Angaben für Farbmischungen einem verlorenen byzantinischen Ms. entnommen sind, denn die byzantinische Technik war zu dieser Zeit überall verbreitet, wo Kunst getrieben wurde. Thatsächlich lässt sich auch ein traditioneller Zusammenhang zwischen den Angaben für Fleischfarbe bei Theophilus und denjenigen der Hermeneia leicht nachweisen. Schwieriger ist dies aber bei den genannten Kapiteln des Heraclius, die sich in Mapp. clav. und auch ähnlich im Theophilus finden; diese scheinen eher nordischen Ursprungs zu sein, denn das System der Schattierung und Aufhellung stimmt mit den gleichzeitigen Miniaturen deutschen Ursprungs mehr überein, während in früheren byzantinischen Miniaturen häufiger eine der Aquarelltechnik ähnlichere Art, ohne Deckfarben zu malen, häufiger vorkommt.[4]

Ausser den vielfachen Miniaturen der Zeit, die zum Vergleich herangezogen werden könnten, sind Malereien des XII.—XIII. Jahrhunderts nicht mit Sicherheit nachgewiesen worden; für uns wäre naturgemäss vom grössten Interesse, auch Tafelgemälde auf die Technik hin prüfen zu können, denn so bleiben uns nur die wenigen litterarischen Notizen, die über die Ausbreitung der technischen Fertigkeiten im nördlichen Europa Aufschluss geben. Neben der Miniatur-, Tafelmalerei, und der Malerei auf Wandfläche, nimmt die Malerei auf Stein bereits einen besonderen Raum ein und scheint die reiche Innendekoration des frühgothischen Stiles mit den farbigen und reich vergoldeten architektonischen Gliederungen hiezu Gelegenheit geboten zu haben; ausserdem waren auch skulpturale Darstellungen aus Stein und Holz überreich mit Farben geschmückt und vergoldet; durch diese Vielseitigkeit der Anwendung ist es auch erklärlich, dass in dem III. Buch des Heraclius eine so stattliche Reihe von Bindemitteln und Verfahrungsarten verzeichnet ist, über deren Zweck wir uns im ersten Moment kaum orientieren können. Es soll aber im Folgenden der Versuch gemacht werden, hierin einige Klärung zu bringen.

Scheiden wir, wie bei den vorigen Mss. wieder die Rezepte in die einzelnen Gruppen; 1. in die Rezepte für Farbenbereitung, 2. für Vergoldung und Goldschrift, und 3. in die allgemeinen Angaben der Bindemittel für Malerei und deren Anwendung, so ergibt sich, dass die zur ersten Gruppe gehörigen Rezepte im Vergleich zu den ähnlichen des Theophilus wenig Neues bieten, die Färberezepte der Mapp. clav. sind alle hier fortgelassen. Da über die Farben und deren Bereitung in einem späteren Hefte ausführlicher gehandelt werden soll, möge hier nur eine ganz kurze Aufzählung derselben gestattet sein, wobei auf die vortrefflichen Noten von Ilg (Heraclius und Cennini) hingewiesen sei.

Rezepte für Farbenbereitung: Wie in früheren Mss. sind es wieder die künstlichen Farben und Farblacke, die vornehmlich beschrieben sind.

XXXIV. Wie man mit Brasilium arbeiten kann, und XXXV. Wie aus Brasilholz eine Rosafarbe gemacht wird, lehren den Farbstoff des orient. Santal- oder Rotholz (Caesalpina Sappan) bereiten; „Du kannst mit dieser Farbe auf der Tafel und auf der Wand arbeiten, noch viel wundersamer jedoch auf Pergament".[5]

XXXVI. Wie Bleiweiss und aus diesem Minium (Mennige) bereitet wird, indem zuerst Bleiweiss aus Essig und Blei, aus diesem durch Calcinierung Mennige gemacht wird (Theoph. XLIV).

XXXVII. Wie eine grüne Farbe aus Malven bereitet wird, die mit Essig oder Wein gemischt eine gute Farbe für Wandmalerei sei. (?)

---

[4] Vergl. Janitschek, Geschichte der deutschen Malerei p. 24.
[5] Bersch, die Fabrikation der Mineral- und Lackfarben. Leipzig 1893 p. 508; Ilg, Noten zu Cennini. C. 161.

XXXVIII. Wie man eine grüne Farbe mit Salz bereitet; die Bereitung geschieht durch Uebergiessen von Kupferstreifen, die mit Honig bestrichen und mit Salz bestreut werden, mit warmem Essig oder Urin; das ganze wird in einem ausgehöhlten Holzstück verschlossen. Der Schluss des Kap. „Des weiteren verfahre, wie oben von dieser Farbe geschrieben steht", bezieht sich nicht auf ein früheres Kapitel des Heraclius, denn dort findet sich gar keine Angabe darüber, sondern auf Nr. 150 des S. Audemar in Le Begue's Compilation (Merrif. p. 117); darnach wird das Gefäss oder hier das ausgehöhlte Holzstück 8—18 Tage in warmen Pferdemist gestellt und die Farbe von den Kupferstücken abgekratzt. (Theoph. XLII.)

XXXIX. Die Art, Grün aus Kupfer oder Erz zu bereiten, durch Uebergiessen mit Weinessig in der bekannten Weise. (Theoph. XLIII.)

XL. Wie Auripigment zum Gebrauche hergerichtet wird; dasselbe wird mit etwas Knochenmehl vermischt, verrieben, erhält auf Holz und Wänden eine Eitempera, für Papier dieselbe wie Bleiweiss (Gummi oder Eikläre).

L. Aufzählung der Farben, welche zum Teil wörtlich aus antiken Schriftstellen entnommen ist, insbesonders aus Vitruv und Plinius (vergl. Ilg. Heraclius, Noten zu diesem Kapitel). Es werden erwähnt: die weissen Farben (Bleiweiss, Kalk, Alaun), von Schwarz das Rebenschwarz, dann die Mittelfarben, Rot, Grün, Safrangelb, Purpur, Prasinus (dunkelgrün) und Indigo (incieus, offenbar Schreibfehler). Der zweite Teil des Kapitels ist aus Plinius XXXV 6, 18 und 19 entnommen.

LI. Von der Prüfung des Lazur: aus der Angabe ist ersichtlich, dass hier Lazur von Lapis lazuli (echt Ultramarin) gemeint ist; dieselbe Art, durch Glühendmachen des Steines die Güte zu erproben, ist in späteren Schriften oft erwähnt. Die Erzeugung der Farbe ist genau beschrieben in Experiment. de coloribus bei Le Begue, Nr. 111—118, bei Cennini C. 62 etc. (Der zweite Teil des C. LI, vom Quecksilber, gehört nicht für Farbenbereitung, sondern für Goldschmiedekunst.)

LII. Von Folium (Tournesol, aus Krebskraut bereitet), Drachenblut und Krapprot, welche mit anderen Farben gemischt werden können. Kupfergrün und Indigo sind weiter genannt.

Zu diesen Farbenrezepten müssen noch die folgenden aus den zwei ersten metrischen Büchern des Heraclius hierhergesetzt werden:

Aus Buch I:

C. II. Wie aus den Blumen des Feldes verschiedene Farben, welche in der Schreibkunst brauchbar sind, gewonnen werden, ein Verfahren, aus den Blüten den Farbstoff durch Zusammenreiben mit Kreide oder Kalk (gypsum) zu gewinnen.*)

C. XI. Von grüner Farbe zum Schreiben, die aus Essig und Honig, in einem Gefässe (vas) 12 Tage lang mit warmem Mist bedeckt, gewonnen wird: selbstverständlich muss dies ein Kupfergefäss sein (vergl. p. 27, Note 13).

Aus dem II. Buch wäre zu bemerken:

C. XV. Von einer dem Auripigment ähnlichen Farbe, welche aus Fischgalle, Essig und Kreide bereitet wird. (Leyd. Papyrus fügt noch Safran bei, Beiträge II p. 58; vergl. Tab. de vocab. syn. unter Fel. Merrif. p. 26.)

C. XVII. Von einer grünen Farbe, wie sie gemacht werden kann, auf dass du damit jegliches malest, und zwar aus Blättern der Morella (Nachtschatten, Solanum nigrum), die mit Kreide gerieben werden. (Tab. de vocab. syn. Merrif. p. 31 Note.)

Verzeichnen wir die Rezepte der II. Gruppe, für Goldschrift und Vergoldung. Neben der Goldschrift für Miniaturmalerei, die in B. I C. VII durch

---

*) Vergl. den Excurs zu diesem Kapitel bei Ilg, Heraclius p. 99; d. curiöse Schreiber samt dem curiösen Maler, Dresden 1712 p. 36 ff.

ein Rezept vertreten ist, das gleichlautend schon in früheren Mss. erwähnt ist (nämlich geriebenes Gold mit Ochsengalle oder Gummi flüssig zu machen, mit dem Schreibrohre (Calamo) zu schreiben und zu glätten) sind die zwei Arten, die Glanz- und Mattvergoldung auch hier genau zu unterscheiden.

Die Glanzvergoldung sehen wir hauptsächlich für Pergamentmalerei im Gebrauch, während die Vergoldung mittelst der Beizen für Tafel- und Wandmalerei Verwendung findet.

Die erstere Gattung ist beschrieben in

C. XLI. Wie man Gold aufsetzt. Ocker wird mit Leim und Eikläre gerieben und als Untergrund für die Goldblätter auf Pergament gesetzt, und allsogleich das Blattmetall darauf gelegt. „Und lasse es ohne mit dem Glättstein zu drücken trocken werden. Ist es dann trocken, so mache es mit dem Zahne glänzend". Ebenso für Miniaturmalerei bestimmt ist das Rezept C. XLIII, mit Eikläre und Goldpulver zu schreiben und C. XLII, Wie man Gold auf Pergament anbringt. Hier besteht die Grundlage aus Gyps, Apulisch Weiss[7]) und Zinnober (od. Sinopis i. e. Bolus) nebst Leim, „der sehr dünn sein muss"; mit diesem Leim (von Kalbs-Pergament, Schnitzelleim) sind auch die Goldblätter aufzulegen.

Es erhellt aus diesen Rezepten die Uebereinstimmung mit dem in italienischen Mss. genannten Assiso (Cennini C. 127, 188), von welchen später am geeigneten Orte die Rede sein wird.

Der Grund (assiso) hat auch hier den Zweck, die aufgelegten Goldblätter mit dem Brunierstein oder Zahn polieren zu können; er muss deshalb sehr fein gerieben und von dicklicher Konsistenz sein, auch ist auf eine gewisse Fettigkeit der Kreidenart Rücksicht zu nehmen, damit eine Nachgiebigkeit der Masse erreicht wird und Sprünge beim Umblättern möglichst vermieden werden. Sieht man z. B. alte Miniaturen gegen das Licht, so wird man stets bemerken, dass Stellen mit Glanzvergoldung eine undurchsichtige Schichte haben, die von dem Grund (assiso) herrühren, während die gemalten Stellen zumeist durchscheinend sind.

C. XXVII bringt noch im Zusammenhange mit dem Vorhergehenden die Vergoldungsart auf Leinwand, zu welcher die Tempera vom Pergamentleim dient, eine Art, die sich in späteren deutschen Anweisungen wiederholt vorfindet.

Die Rezepte für Matt- oder Beizenvergoldung sind teilweise den uns schon aus dem Lucca-Ms. und Mapp. clav. bekannten identisch. Wie dort ist die Vergoldung der Zinnblätter durch passend gefärbte Ueberzüge hier wieder erwähnt. Wir ersehen aus

C. XIII. Von der Vergoldung der Zinnblätter, dass diese mit Firnis überstrichen und dann in eine Beize von Russ und Bier gelegt werden, und dadurch wie Goldblätter aussehen sollen; die Anweisung scheint aber unvollständig, denn aus dem sonst gleichlautenden Rezept des Theoph. XXVI. folgt, dass noch Safran als Farbstoff beizumischen ist. Auch die Rezepte des Lucca Ms. (89) und Mapp. (CXV) sind von dem obigen abweichend. An die Confectio lucidae des Lucca-Ms. erinnert

C. XXI. Wie man Gold firnisst, damit es die Farbe nicht verliere:
„Willst du Gold auf Gypsgrund firnissen, so muss das nicht mit blossem Firnis, sondern mit jener Farbe geschehen, welche zur Herstellung von Auripetrum gemacht wird. Indem nämlich etwas Firnis mit Öl gemengt wird, soviel, dass dieses nicht allzu dick ist, firnisst man das Gold. So kann, falls die Farbe des Gypses durchblickt, dieselbe mit dieser Farbe überdeckt werden. Bilder aber und anderes Gemaltes kannst mit reinem Firniss oder mit fettem Öle (puro vernicio, vel de crasso oleo) firnissen."[8])

Das Auripetrum, von dem C. XLIV besonders handelt, ist die farbige Goldbeize, die wie im Lucca Ms. und Mapp. cl. auch hier aus gekochtem Oel nebst Aloe, Mirrhe und Firniskörnern bereitet wird; auch kann glassa (Bernstein) an Stelle des Firnis (vernix) genommen werden. Durch die Aloe und Rinde von Schwarzdorn

---

[7]) Ueber Apulisch Weiss und die sich daranschliessende Vermutung über die Urheberschaft des Ms. vergl. Merrif. p. 179.
[8]) Mapp. XCVIII und CIX: von dem Ueberstreichen von Firniss über die Malerei, siehe oben p. 25.

(Vesprum) wird dem Firnis eine Färbung gegeben. Statt Vesprum kann auch getrocknete Tinte genommen werden und hat ein bezüglicher Versuch ergeben, dass durch diesen Zusatz auf die goldige Farbe kein nachteiliger Einfluss sich manifestierte. Die Tintenmasse (Kupfervitriol) dient hier vielleicht als Trockenmittel. (Vgl. Cennini Kap. 152.)

Das folgende Rezept XLV, Wie Gold auf Zinn aufgelegt wird, ist nur verständlich, wenn unter silicia nicht Fönnkraut, wie Ilg p. 142 und Merrif. p. 240 meinen, sondern Safran zu verstehen ist, da durch einfaches Glätten die Zinnblätter nicht goldig werden; hier ist die besondere Art des silicischen Safran gemeint, welchen Pap. Leyden öfters so (erocus cilicia) erwähnen. Man vergleiche auch Theoph. XXIV, welcher das Verfahren und den Zweck dieser goldscheinenden Zinnfolie genau beschreibt und ebenso verwendet wie Heraclius, und sagt: „Du kannst mit diesem Gold auch auf „dem Holz oder auf der Mauer arbeiten und es aufsetzen, wo dir beliebt".

Sind bezüglich der Farben und der Vergoldungsweisen im Heraclius Ms. die Rezepte wenig zahlreich und auch nicht sehr detailliert gegeben, so ist dies in Betreff der Angaben für Malerei und der Bindemittel nicht der Fall. Hier sehen wir eine grosse Mannigfaltigkeit, die auf verschiedene Anwendungsarten schliessen lässt; ganz besonders in

C. XXVIII. Von der allgemeinen Praxis, alle Farben zu reiben, ist eine ganze Reihe von Bindemittel namhaft gemacht: „Zu wissen ist aber, dass alle Farben mit klarem Wasser gemalen werden können und wenn man sie nachher austrocknen liess, sie dann mit Eikläre oder Öl oder Gummiwasser, oder Essig, Wein, Bier gemischt und temperiert werden."

Die Angaben sind sehr allgemein gehalten; die Farben sollen zuerst möglichst fein gerieben und geschlämmt, hernach trocknen gelassen werden, um dieselben sowohl für Oele als auch für andere Bindemittel vorrätig zu haben.

Eikläre zur Tempera zu bereiten ist in C. XXXI genau erwähnt.

„Auf welche Weise Eikläre zur Tempera der Farben zu bereiten ist. Willst du Eitempera machen, so nimm ein Leinen-Filter und tauche es ins Wasser. Es soll feucht sein, worauf du die mit Wasser gemischte Kläre in dem aufgebogenen (doppelten) Filter nehmen musst, das unten spitz, oben aber weit sei; drücke die Kläre durch, lasse sie sieben- bis achtmal durchpassieren, oder öfter, oder nach Notwendigkeit, so lange bis die Kläre wie Wasser ist und dünn, ohne Faden abtropft. Fange sie auf und wenn du willst, schreibe damit. Es sind aber zwei Gefässe zu ihrer Bereitung nötig."

Der hier beschriebenen Art stehen andere zum gleichen Zwecke gegenüber; Anonymus Bernensis verwirft dieselbe, weil das „Bindemittel von der Hand desjenigen, der es durchdrückt, Schmutz annimmt" und gebraucht das zu Schaum geschlagene und abgetropfte Eierklar (Ilg, Theophilus, Anhang p. 382). Allerdings muss bei dieser Manier der Schaum über Nacht stehen gelassen werden. Das durch Filterpressen gewonnene Eiklar hat den Vorteil, sofort benützbar zu sein. Aehnlich ist die im Neapeler Codex (siehe das betreffende Kapitel) beschriebene Weise, durch mehrfaches Aufsaugen und Ausdrücken des Eiklar mittelst eines neuen, feuchten Schwammes das Bindemittel flüssig wie Wasser zu bekommen; auch die grünen abgeschnittenen Triebe des Feigenbaumes lösen Eiklar ungemein rasch (Cennini, Vasari).

Von Gummi waren Kirschgummi, Pflaumenbaum- und Gummi arabicum damals bekannt; sie lösen sich in kaltem oder lauwarmen Wasser und dienten zur Tempera entweder allein oder mit Eikläre, Alaun nebst Honig zur Miniaturmalerei.

Essig, Wein und Bier sind als Bindemittel zum Farbenpigment genannt; es ergibt sich aus dieser kurzen Angabe jedoch nicht, in welcher Weise die Mischung und mit welcher Farbe sie zu geschehen habe. Ein Rezept Nr. 152 des S. Audemar (Merrif. p. 116) gibt hierüber einigen Aufschluss. Darnach dient starker Essig oder Wein zunächst zur Herstellung des Bleiweiss und Kupfergrün in der mehrfach erwähnten Weise.

„Nimm das Weiss, trockne und reibe es, mische es mit Wein für Perga„mentmalerei, mit Oel mische es für Malerei auf Holz und Wänden. In gleicher Art „reibe und temperiere das Grün mit Oel und benütze es für Tafelmalerei; aber auf „Wänden mit Wein oder wenn du willst mit Oel. Auf Pergament sollst du es nicht

„mit Oel mischen, sondern mit sehr reinem Wein oder mit Essig". (Theophilus gibt als Mischung für Bleiweiss nur Eikläre an.)

Zu Malvengrün für Wandmalerei dient bei Heraclius (C. XXXVII.) Essig oder bester Wein.

Wein oder Bier als Mischung für Farbe (Safran) ist in Theophilus C. XXVI erwähnt und zwar um die Zinnfolie zu färben: diese wird zuerst mit Oelfirnis (Vernition) überstrichen und an der Sonne getrocknet; die innere Rinde von faulen und getrockneten Holzrütchen wird mit etwas Safran und altem Wein oder Bier erwärmt und die Staniolblättchen mehrmals in diese Flüssigkeit getaucht. Das gleiche Verfahren haben wir auch in dem unvollständigen Rezept des Heraclius C. XIII bereits kennen gelernt p. 35.

Bemerkenswert ist übrigens, dass die Verwendung von Essig oder Bierfarbe auf Oelgrund auch heute noch in der Maseriertechnik unserer Anstreicher vielfach Verwendung findet.[9])

Neben der Eikläre ist Eidotter als Bindemittel nur für einen einzelnen Fall beschrieben:

C. XXXII. Auf welche Weise Eidotter hergerichtet wird, bezieht sich auf die Mischung von Auripigment zur Malerei, welches niemals mit Oel zu mischen ist, da es sonst schwer trocknet. Die Angabe, wie das Eigelb zu Schaum geschlagen werden soll, ist mir nicht ganz verständlich, ich gebe hier die Uebersetzung nach Ilg:

„Nimm es (das Eigelb) in die Mitte der Hand, rühre es mit einem Stachel oder Stäbchen, dass es schäumt, dann lege den Finger darauf und drücke es aus. Fange es in Gefässe auf, gib einen Tropfen Wasser hinzu und mische es mit dem Auripigment."

C. XXX. lehrt, „Wie Alaun zur Tempera bereitet werden muss":

„Mahle Alaun mit Gummi und Wasser auf dem Marmor, lasse es trocknen und mische, wenn du damit arbeiten willst, Eikläre hinzu."

Dieses Rezept ist eines der interessantesten des Ms., weil es eine neue Tempera beschreibt, die in keinem anderen nordischen Ms. enthalten ist. Nach meinen Versuchen zu schliessen, kann Alaun hier verschiedenen Zwecken dienen; erstlich hat es die Eigenschaft, mit Lackfarbstoffen (Pflanzenfarben) einen Niederschlag zu bilden, welcher den in Wasser gelösten Farbstoff verdickt, und dabei aus der durchsichtigen (Lasur) Farbe eine deckende macht: zu diesem Zwecke wurde von altersher und wird Alaun auch heute noch verwendet. In Kapitel L. ist Alaun in diesem Sinne als weisse Farbe genannt („das Weiss hat etliche Gattungen: Bleiweiss, Kalk, Alaun"). An unserer Stelle ist jedenfalls die Manier gemeint, die Lackfarben (Lackmus, Tournesol), also die in Pezetten (Tüchlein) aufbewahrten Pflanzenfarben zu verdicken. Zu diesem Zwecke wurden die Pezetten über Nacht in Wasser gelegt, bis der Farbstoff aufgelöst ist und die Alaunlösung darüber geschüttet der sich bildende Niederschlag wird setzen gelassen und das darüberstehende Wasser vorsichtig abgegossen.[10])

Eine zweite im Mittelalter verbreitete Verwendung des Alauns besteht in der Eigenschaft als Beize sowohl auf Stoffen als auch auf Pergament zu dienen; die allgemeine Praxis das Schreibpergament mit Alaun gar zu gärben und zu färben ist im Lucca Ms. (11—20) ausführlich beschrieben. Ueberdies verdickt Alaun das Eiklar und dient in gleicher Eigenschaft heute noch zur Zeugdruckerei.

(NB. Mit Alauntempera sind mehrere Versuche ausgeführt, die sich auf die spätrömische Malart auf Leinen beziehen (m. Beiträge II p. 53), ebenso mehrere Miniaturen meiner Versuchskollektion Nr. 50, 52, 53.)

Ausser dieser Anwendung des Alauns zur Malerei auf Leinen oder Pergament dient die Alauntempera noch dazu, auf geglättetem Glanzgold zu malen, ein Verfahren, dessen Kenntnis ich einem Vergolder verdanke, der seine Lehrzeit in Belgien verbrachte, und dies als Werkstättengeheimnis forttübt. Die mit ganz wenig Alaun angerührte Miniaturmalerfarbe (Eiklar oder Gummi) greift nämlich sofort auf der geglätteten Metallfolie an und erzeugt dabei einen weisslichen Grund, während ohne diesen

---

[9]) Andés, Praktisches Handbuch für Anstreicher und Lackierer. 1892, p. 144.
[10]) Vergl. Merrif. CXCIII; Cennini C. 10 und 161; Strassburg, Ms.; Neapeler Codex.

Zusatz die Farbe sich nicht ausbreitet, sondern perlt. Dies stimmt mit meinen bezüglichen Versuchen überein. (Versuchskollektion Nr. 49, ital. Technik auf Glanzgold, nach einem Original des Philippo Memmi; Nr. 53. Miniatur auf Assisa Vergoldung.)

Neben den genannten Bindemitteln ist dem Oele in Heraclius schon ein besonderer Raum gewidmet. Wie in den früheren Mss., dem Lucca Ms. und Mapp. clav. (und Theophilus) ist auch hier hauptsächlich Leinöl zu verstehen. Wir finden die Bestätigung in C. XXIV, worin die Zurichtung des Holzes, ehe es bemalt wird, beschrieben ist, dort wird Leinöl (oleum lini) genannt, obwohl dieser Beisatz im Ms. von Cambridge, das Raspe veröffentlichte, fehlt, aber da auch Theophilus mehrmals Leinöl nennt, ist darüber kein Zweifel. Um die Trockenkraft zu erhöhen, und um dasselbe zu bleichen, wurde das Oel einer Prozedur unterworfen, die in C. XXIX beschrieben ist:

„Von dem Oele, wie es zur Tempera der Farben dient. — Gib etwas Kalk in das Oel und koche es, wobei du den Schaum abnimmst. Gib dem Quantum des Oeles entsprechend Bleiweiss hinein und stelle es, häufig umrührend, einen Monat oder länger, an die Sonne. Wisse, dass es umso besser wird, je länger es an der Sonne stand. Seihe es dann, hebe es auf und mische damit die Farben".

Diese Methode, das Oel durch Kochen mit (ungelöschtem) Kalk trocknender zu machen, beruht auf der Entziehung der wässerigen Teile des Oeles (Merrif. p. CCXXXVI. Note), ebenso wird die Trockenkraft des Bleioxydes (Bleiweiss) von diesem auf das Oel übergehen, ein Verfahren, das in der Folgezeit vielfach Anwendung fand.[11])

Im Vergleich mit den früheren Arten, die Oele durch Beigabe verschiedener Harze trocknender zu machen, ist die hier von Heraclius gegebene Anweisung als eine bedeutende Neuerung zu notifizieren, eine Verbesserung, welche aber Theophilus noch nicht bekannt gewesen zu sein scheint.

Was die Technik der Malerei betrifft, so seien die folgenden Angaben des Heraclius hier noch beigefügt; man wird daraus ersehen, dass sich die Oelmalerei bereits in bestimmten Anwendungsweisen einbürgert, um bald zur Haupttechnik sich zu entwickeln.

Wir erfahren aus dem Ms. (C. XXIV. Wie Holz zugerichtet wird, ehe es bemalt wird), dass Oelfarbe schon als feste Unterlage zur weiteren Malerei diente, insbesondere wenn Bleiweiss, als bekannter guter Trockner, dazu genommen wird. Die Unebenheiten des Holzes werden mit heissgelöstem Wachs, Ziegelmehl und Bleiweiss ausgefüllt und mit dem Messer die Oberfläche geglättet (nebenbei bemerkt, die einzige Anwendung von Wachs in dem Ms.).

„Und wenn du es (das Holz) nun, wie ich gesagt, geglättet hast, so richte es her, indem du reichlich Bleiweiss, welches überaus fein mit Leinöl vermahlen wurde, überall, wo du malen willst, sehr dünn mit einem Pinsel von Eselshaar aufträgst; sodann lasse es an der Sonne gut trocknen. Dann aber, wenn die Farbe trocken wurde, trage sie wieder auf, wie du gethan, und noch dicker; doch nicht so sehr, dass du die Farbe allzu reichlich aufsetzest, vielmehr nur, indem weniger Oel dazu kommt, denn man muss hiebei auch sehr vermeiden, dass zu fette Farbe angebracht werde; thätest du also und nähmest allzuviel davon, so werden Runzeln darauf sein, sobald es zu trocknen anfängt."

Ein gleiches Verfahren wird auch angewendet, um auf Stein zu malen:

XXV. Wie man eine Säule zum Bemalen herrichtet. — „Wenn du eine Säule oder einen Streifen (Pilaster) von Stein bemalen willst, so lasse sie vor allem an der Sonne oder am Feuer trocknen. Dann nimm Weiss (Bleiweiss) und reibe es mit Oel recht auf dem Marmor. Sodann überstreiche die bereits von allen Lücken befreite und geglättete Säule zwei-, dreimal mit jenem Weiss mittelst eines breiten Pinsels. Dann reibe

---

[11]) Die späteren Arten zum Trocknendmachen des Oeles bestanden im Einkochen desselben; Strassb. Ms. nimmt zum gleichen Zweck gebrannte Knochen, Bimstein und schon Galitzenstein (Zinkvitriol); in Bologn. Ms. (Nr. 262) wird gelehrt, Oel mit Zwiebeln zu kochen, als Mittel dasselbe zu reinigen und dicker zu machen, welches auch die späteren Spanier Pacheco und Palomino noch kennen (Merrif. loc. cit.).

ganz dickes Weiss mit der Hand oder mit einer Bürste darauf ein und lasse es ein wenig ruhen. Sobald es ein wenig trocken ist, streiche das Weiss kräftig mit der Hand, wodurch du es ebnest. Damit verfahre so lange, bis es glatt wie Glas ist; dann aber kannst du mit allen ölgemengten Farben darauf malen. Falls du es aber marmorieren wolltest, auf einem Farbengrunde, braun oder schwarz, oder sonst einer Farbe, so kannst du es nach dem Trocknen marmorieren. Hierauf firnisse es an der Sonne."

Es scheint, dass bei diesem Rezepte eine Verschiedenheit der Technik anzunehmen ist; einesteils kann die so mit Oelweiss grundierte und getrocknete Säule mit Oelfarben bemalt werden, andererseits ist von Marmorieren als von einer besonderen Technik die Rede, so dass es nicht unmöglich ist, dass diese Marmoriertechnik in der heute noch üblichen Manier mit Essig oder Bierfarbe bestanden hat. Jedenfalls war es nicht unbekannt, wie wir das bei Theophilus deutlich sehen werden, mit Wasserfarbe auf einem Oelgrund zu arbeiten.

Wir erfahren aus C. XXIV noch ein Detail, das wichtig ist, weil die Beziehungen zu Theophilus damit sehr innige werden; es heisst dort am Schluss:

„Nun aber, damit ich mit einem Alles, was noch erübrigt, sage, so bitte ich dich, zurückzukehren zu dem, wo ich von dem noch nackten Holze sprach (wenn du es mit Leder oder Leinwand bedecken wolltest). Sollte das Holz, welches du bemalen willst, nicht eben sein, so bespanne es mit Pferdehaut oder Pergament".

Die Stelle deckt sich mit Theophilus C. XIX. Wie hier bei Heraclius ist dort vom Ueberspannen der Holztafel mit Leder die Rede, und wenn solches mangeln sollte, ist zu gleichem Zwecke Leinenstoff angeordnet.

Das Kapitel XXVI. des Heraclius: **Wenn du Leinwand bemalen und Gold darauf anbringen willst, so richte sie also her**, führt auch diese Manier an:

„Nimm Pergament oder Abschnitzel davon, gib sie in einen Topf mit Wasser, stelle ihn ans Feuer, lasse es sieden, wie oben beschrieben steht, tauche die Leinwand hinein, ziehe sie allsogleich heraus, breite sie auf der Tafel voll von dem Wasser aus, lasse sie trocknen und glätte sie dann mit einem Stück Glas und poliere sie durchweg. Sodann spanne sie auf, befestige sie mit Fäden an dem Holze (Holzrahmen), worauf du sie mit Farben, die mit Leim oder Ei oder Gummi bereitet wurden, bemalen kannst."

Hier dient die geleimte Leinwand gleich als Untergrund für die Malerei, während bei Theophilus C. XIX ein Ueberzug von weissem Gyps darüber gelegt wird. Der Gypsgrund war auch Heraclius bekannt; in der Anweisung zum Auflegen von vergoldeten Zinnblättern (XLV) wird die „zu diesem Zwecke sehr sorgfältig mit Weiss (Gyps) bedeckte Tafel, die auch ausgetrocknet ist", genannt. Wir ersehen überdies aus dem vorigen Kapitel den Gebrauch von **Leim (cola) zum Anmischen der Farben**, welcher in dem C. XXVIII unter den allgemeinen Angaben für Bindemittel nicht erwähnt ist, wohl aber in C. XLI (Leim von Kalbs-Pergament) als Goldleim für Assiso (siehe oben) genannt erscheint.

Ueberblicken wir die Technik des Heraclius Ms., so wird uns zunächst die Reichhaltigkeit der als Farbenbindemittel genannten Substanzen in Erstaunen setzen. Gegenüber dem Lucca-Ms. und Mapp. clav. fehlt aber hier ganz und gar das Wachs. Der Fischleim ist als solcher nicht erwähnt. Die Hauptbindemittel sind jetzt Gummi und Eiklar oder Leim für Miniatur (Alauntempera) und Malerei auf Leinwand. **Die Anwendung des Oeles für die Farben tritt in den Vordergrund**. Eine besondere Malart auf Wänden (fresco) ist nirgends verzeichnet; nur XXXVII bringt die Anweisung, dass Malvengrün mit Essig oder Wein vermischt „eine gute Farbe für Wandmalerei" sei.

Die Vergoldungsarten sind die gleichen geblieben wie in den vorigen Mss.; auch hier finden wir dieselben Unterschiede zwischen Matt- und Glanzvergoldung, die letztere hauptsächlich in der Miniaturmalerei verwendet (XLI, XLII, XLIII). Die Beizen- (Matt- oder Oel-) Vergoldung (XLIV, XXI) ist mit den gleichartigen Anweisungen von Mapp. clav. (CXIV—CXVI) identisch, ebenso das Firnissen des Gemalten mit Firniss (vernition) oder dem fetten Oel (Lineleon in Mapp. Nr. CXIII, der „griechische" Leim in Mapp. Nr. XCVIII und Theoph. C. XX. XXI).

Die Angaben über die Mischungen der Farben untereinander (LVI—LVIII) haben wir bereits in fast wörtlicher Uebereinstimmung mit den gleichen Kapiteln des jüngeren Teiles von Mapp. befunden, sie stehen auch den gleichen Anweisungen des Theophilus nahe, ohne dass es mit Sicherheit nachweisbar ist, dass ein Autor den anderen benützte. Es mag auch die räumliche Entfernung daran Schuld tragen. Jedenfalls sehen wir in Heraclius eine planmässige Ausdehnung und Verbesserung der Oelmalerei; während Theophilus noch klagt über das langwierige Trocknen, sind bei Heraclius in der Bereitung des Oeles zur Farbenmischung bereits **Mittel versucht, dasselbe schneller trocknend zu machen und gleichzeitig zu reinigen**, ein Umstand, welcher der Ausbreitung des Oeles zu Malzwecken ungemein förderlich sein musste. **Neben der Oelmalerei geht aber, genau wie bei Theophilus, noch die Malerei mit Leim, Ei oder Gummifarbe einher.** In der räumlichen Entfernung mag auch der Grund zu suchen sein, dass Bezeichnungen, die Theophilus bringt, wie die so charakteristischen Menesch, Posch. in Heraclius nicht vorkommen, während diese Worte in Le Begues Schriften zu wiederholten Malen genannt sind. Das deutet wieder für Heraclius auf einen nordwestlicheren Ursprung hin, die Normandie und England; die Vermutung Eastlakes, dass in England die Oelmalerei frühzeitig festen Fuss fasste, findet hierdurch grosse Unterstützung.[12]

---

[12] Vergl. Eastlake, Materials p. 49—61.

4. Theophilus Presbyter,
Schedula diversarum Artium.

Schon äusserlich unterscheidet sich diese wichtige Quelle für mittelalterliche Kunsttechnik von den bereits besprochenen; während die früheren nichts anderes sind, als Reihen von Rezepten und Anweisungen ohne bestimmte Uebersicht, ist hier eine planmässige Anlage des Ganzen zu konstatieren. Das erste Buch behandelt Malerei, das zweite Glasmacherkunst und Glasmalerei, das dritte ist der Arbeit in edlen und unedlen Metallen (Goldschmiedekunst und Bronceguss) gewidmet. Für uns ist natürlich das erste Buch von besonderer Wichtigkeit.

Bezüglich der Person des Verfassers und der Zeit der Entstehung des Werkes sei auf die gelehrten Ausführungen in der Einleitung zur deutschen Ausgabe hingewiesen, welche im VII. Bande der Quellenschriften für Kunstgeschichte und Kunsttechnik des Mittelalters und der Renaissance (Wien 1874) Albert Ilg veröffentlichte. Nach der Vermutung dieses Gelehrten ist Theophilus, der Verfasser der Schedula, identisch mit dem Mönche Rogkerus — in einzelnen Abschriften Rugerus genannt —, welcher zu Ende des XI. und in den ersten Decennien des XII. Jhs. im Benediktiner-Kloster Helmershausen an der Diemel, ehedem im Paderbornischen, jetzt in Nieder-Hessen als Goldschmied thätig war (l. c. Einleitung p. XLIII).

Dieses Kloster war unter dem energischen und segensreich wirkenden Meinwerk von Paderborn diesem Bistume zugefallen; unter Meinwerks Regimente erfolgte der Neubau der Klosterkirche; nach seinem Plane sollte Paderborn ganz umgebaut werden, doch schied er aus dem Leben, ohne seinen Plan, demzufolge die Stadt in Kreuzesform mit Gotteshäusern umstellt werden sollte, ganz verwirklicht zu haben: Die Domschule Meinwerks beschäftigte ausser Messkünstlern, Mechanikern und Physikern auch Schreiber und Maler. Er wusste Künstler aus der Fremde an seinen Hof zu ziehen und verkehrte mit ihnen auf den Bauplätzen und in den Werkstätten. Zwei Reisen führten ihn nach dem Süden und gaben ihm Gelegenheit, byzantinische Künstler, operarii graeci, mit nach dem Norden zu nehmen, um den schönen Bau der Bartholomäus-Kapelle, nördlich vom Dome, ausführen zu lassen. Sein Interesse für heilige Bauten war so gross, dass er den Abt Wino des obgenannten Klosters zu Helmershausen i. J. 1033 gar in das heilige Land ziehen liess, um den Plan der Grabeskirche zu verschaffen. Unter des letzteren Nachfolgern lebte unser Mönch Theophilus, als Künstler und Schriftsteller.[1]

Ueber den grossen Wert der Handschrift ist kaum nötig zu diskutieren; Lessing machte schon in seiner Schrift „Vom Alter der Oelmalerei aus dem Theophilus Presbyter, 1774" eindringlich auf den Codex aufmerksam, den er in der Wolfenbütteler Bibliothek fand. Einige Jahre später veröffentlichte Raspe (Critical essay on Oil

---

[1] Obwohl in Ilg's Ausgabe mehrfach auf den II. Band mit weiteren Beweisen und Erläuterungen hingewiesen wird, ist dieser seit bald 25 Jahren noch nicht erschienen. Es wäre gewiss wünschenswert und von grösstem Interesse, wenn der genannte Kunstforscher sein bisher gesammeltes Material veröffentlichen würde.

Painting, London 1781) die in der Bibliothek des Trinity College zu Cambridge aufbewahrte Copie des I. Buches, (welche auch den Heraclius enthielt). Spätere Ausgaben, denen verschiedene in anderen Bibliotheken befindliche Mss. zu Grunde lagen, sind veranstaltet von Escalopier,[2]) von Hendrie (Harleian Ms. des British Museum)[3]) und zuletzt i. J. 1872 die obenerwähnte, welche alle bekannten Abschriften berücksichtigt.

Was den älteren Herausgebern zunächst in die Augen fiel, war die ausgesprochene und deutliche Verwendung des Oeles, und zwar des Leinöles, zur Malerei in so früher mittelalterlicher Zeit, während man bis dahin Vasaris Erzählung, dass die Van Eycks dieses Vehikel in die Malerei einführten, allgemein für richtig hielt. Deshalb sind die ersten Ausgaben zumeist zu Angriffen auf Vasari verwendet worden (Raspe).

Nach den anderen Quellen, dem Lucca Ms., Mapp. clav. und Heraclius, welche teils gleichzeitig, teils älter sind, kann der Gebrauch von Oelen zu Malzwecken nicht als etwas so besonderes angesehen werden. Es wird in einem späteren Abschnitte noch Gelegenheit sein, auf diesen Umstand näher einzugehen und weitere Beweise für die früheste Verwendung von Oelen in der Malerei anzuführen. Für uns handelt es sich vorerst darum, festzustellen, in welchem technischen Zusammenhang die Schedula des Theophilus mit früheren oder späteren Quellenschriften gestanden haben kann, ob derselbe schon aus Quellen geschöpft, die er nur in ein System brachte, oder ob eine selbständige Arbeit in seinem Werke vorliegt. Dabei wird es sich herausstellen, welchen technischen Traditionen der Autor gefolgt ist.

In letzterer Beziehung gibt Theophilus in seiner Einleitung selbst den Fingerzeig, da er die von ihm verzeichneten Anweisungen für Malerei „griechischen" Ursprungs nennt. In der Einleitung (l. c. p. 9) sagt er von seinem Werke: „Du wirst darin finden, was nur Griechenland von verschiedenen Gattungen der Farben und deren Mischungen besitzt (illic invenies quicquid in diversorum colorum generibus et mixturis habet Graecia)"; die griechische Manier preist er in Bezug auf Malerei, wie er Toscana für Arbeiten in Niello, Arabier für Schmiedearbeit und Intarsiakunst, Italien für Skulptur von Bein und Holz, Frankreich für Glasmalerei, und Deutschland für Metallguss, Holz- und Steinarbeit als mustergiltig bezeichnet.

Die „griechische" Manier für Malerei muss demnach in den ersten Jahrhunderten nach dem Jahre 1000 überhaupt für Malerei die tonangebende gewesen sein und hat sich unter gleichen Namen lange erhalten; selbst das Strassburger Ms. vom XIV.—XV. Jh. nennt die griechische Manier neben der lombardischen und es ist deshalb von Bedeutung, zu untersuchen, was damals unter griechischer Manier verstanden wurde.

Zum Vergleich steht uns ausser dem bereits kennengelernten Ms. byzantinischen Ursprungs, dem Lucca-Ms., noch das allerdings viel später entstandene Athosbuch zur Verfügung. Bei der bedeutenden räumlichen und zeitlichen Differenz der beiden Quellen werden sich naturgemäss allerlei Schwierigkeiten ergeben, die nicht vollkommen überwunden werden könnten. Soviel steht fest, dass sich vielfache Uebereinstimmung in den beiden Ms., nämlich der Hermeneia des Athos und der Schedula des Theophilus konstatieren lässt, vor allem in der Art und Weise, wie die Fleischfarben zu mischen sind, dass diesen Fleischfarben ein hervorragender Platz in den Anweisungen eingeräumt ist, dass bei diesen Mischungen die Töne mit besonderen Namen benannt werden u. s. f. Bei Theophilus sind diese Angaben sogar an die Spitze seines Buches gesetzt, ein Beweis, wie wichtig ihm die Notiznahme erschien (C. I—XIII); das Athosbuch mit seiner viel systematischeren Einteilung bringt diese Anweisungen erst nach den Rezepten für die Bereitung des Grundes und der Vergoldung (§ 16 bis 24). Beide lassen gleich darauf die Mischungen für die Gewänder folgen und zwar ist Theoph. hiebei sehr ausführlich; seine C. XIV, XV und XVI entsprechen zwar vielfach den letzten drei Kapiteln des Heraclius (III. B. LVI—LVIII), aber unser Autor

---

[2]) Theophili Presbyteri et monachi Libri III etc. Publié par le Conte Charles de l'Escalopier, Paris, 1843.
[3]) Theophili, qui et Rugerus, presbyteri et monachi Libri III, seu diversarum artium Schedula. Opera e Studio R. Hendrie. (Translated with notes) Londini, 1847.

ist hier viel gründlicher und ausführlicher, macht auch die nötigen Unterschiede zwischen Malerei auf Pergament (XIV) und der auf Mauern (XV); ein Beweis, dass ihm die verschiedenen Techniken vollkommen geläufig waren. Die Angaben des byzantinischen Mönches Dionysios sind bezüglich der Mauermalerei, besonders was den Grund betrifft, äusserst verschieden (§ 54—70) von denen des nordischen Collegen. Theophilus kennt weder die Anwendung von Strohkalk, noch von Werkkalk, legt auch kein Gewicht auf die Wirkung der frischen Kalkschichten, sondern begnügt sich damit, die Wand anzufeuchten und die mit Kalk gemischten Farben darauf zu setzen.

Das nächste Kap. des Theophilus (XVII. vom Käseleim, XVIII. vom Leim aus dem Leder und Geweih des Hirsches) haben keine Beziehung zum byzantinischen Ms. des Athosbuches, wohl aber mit einigen Kap. des Lucca-Ms. Auch das folgende (XIX. vom weissen Gypsgrund auf Holz und Leder) hat nur insoferne Aehnlichkeit mit der byzantinischen Art, die Gründe für Tafelmalerei zu bereiten (§ 6 u. folg.), als Gyps und Leim die Hauptbestandteile sind; der byzantinische Grund ist aber durch die Beigabe von Peseri (gekochtes Leinöl) und etwas Seife viel fester und schmiegsamer als der nordische, was naturgemäss auf die ganze weitere Ausgestaltung der Technik von Bedeutung sein musste. Der sprödere nordische Grund hat auch die Unterlegung von Leinenstoff (resp. Leder) zur Folge, wodurch die durch das Schwinden des Holzes bedingten Fährlichkeiten verringert werden.

Eine grössere Verwandtschaft der beiden Mss. spricht sich in der ausgedehnten Verwendung des Oeles und zwar des Leinöles zur Bereitung von Firnissen, Vergolderbeizen und zur Malerei selbst aus. Im Athosbuch wird gelehrt, wie man aus Leinöl Trockenfirnis (Peseri) kocht (§ 29), wie Firnisse unter Beigabe von Harzen daraus bereitet werden (§ 31), und wird hier die Oelmalerei mit dem Namen Naturale (§ 53) bezeichnet; die Parallelstellen bei Theophilus wären in C. XX, XXI und XXVII zu erblicken, wo vom Leinöl, Vernition und der Oelmalerei gesprochen wird.

Die Vergoldungsarten, vom Blättergold, das Glätten der Glanzvergoldung mit dem Brunirstein finden sich in beiden Mss. in völliger Uebereinstimmung; die Glanzvergoldung ist, bei der Vorliebe der Byzantiner für dieselbe, jedoch im Athosbuch viel ausführlicher als bei Theophilus beschrieben.

Die bei Theophilus beschriebene Technik mit ölgemischten Farben und gefärbten Firnissen auf Staniol-Blättern zu malen (Pictura translucida, C. XXV, XXVI u. XXIX) hängt viel mehr mit dem schon genannten Lucca-Ms. zusammen. Im Athosbuch, oder vielmehr in den uns bekannt gewordenen Abschriften desselben, ist von dieser Art wenig mehr zu finden; nur in dem einen § 34 vom gelben Firnis, der aus Sandarac, Aloë und Trockenöl bereitet und über Silberfolie gestrichen wird, ist noch ein Ueberrest der Pictura translucida erhalten.

Einzelne im Athosbuche beschriebene Techniken sind aber dem nordischen Künstler des XII. Jhs. unbekannt geblieben, woraus man schliessen könnte, dass sich die nordische Technik auf selbständigen Pfaden bewegte. Ganz fremd ist derselben nämlich die byzantinische Wachstechnik (§ 37, wie man Glanzfarbe machen muss) mit verseiftem Wachs und Leim, die Knoblauchvergoldung (§ 28), die Vergoldung mittelst des Schneckenspeichels (§ 40) und die Art Pausen von Bildern zu nehmen, die das Athosbuch ausführlich beschreibt (§ 1).

Die Miniaturmalerei und die hiebei in Verwendung kommenden Vergoldungsarten ist beiden Mss. gemeinsam, da in dieser Malweise die Tradition in allen Ländern ziemlich die gleiche geblieben ist. Das Bindemittel ist der allgemein gebräuchliche Gummi (§ 38 u. 41), welchen auch Theophilus bei der Art für Bücher, Farben und deren Mischungen zu bereiten, vorschreibt (C. XXXIX).

Gold und andere Metalle als Amalgam oder in Pulverform für Goldschrift zu verwenden, wie es schon der Leydener Papyrus mehrfach vorschreibt, kennt Theophilus ebenso (C. XXXIV—XXXVII) wie das byzantinische Ms. In § 72 (genaue Anweisung über Goldschrift) ist z. B. das gleiche Verfahren der Amalgamierung von Gold mittelst Quecksilber und Schwefel beschrieben, wie im 3. Abs. des C. XXXVII bei Theophilus.

Haben wir im Obigen versucht, den Zusammenhang des nordischen Theophilus Ms. mit der von ihm selbst als „griechisch" bezeichneten Technik an der Hand des Athosbuches zu verfolgen, so wollen wir nun auch die Beziehungen desselben mit den uns bereits bekannten Quellen des Nordens, der Mapp. clav. und dem III. Buch des Heraclius, soweit es sich um das Technische handelt, feststellen. Da diese Quellen untereinander viel Gleichartiges aufweisen und sich sogar in wesentlichen Punkten von den uns bekannten byzantinischen Quellen unterscheiden, so würden wir zu dem Schlusse kommen, dass die im Theophilus beschriebene Technik eigentlich als etwas ganz Selbstständiges anzusehen sein dürfte. Seine Bemerkung „Griechenlands Farbenmischungen" zu zeigen, scheint sich vielmehr darauf zu beziehen, dass im XI. und XII. Jh. die griechische Kunst überhaupt noch in grösstem Ansehen stand und als mustergiltiges Vorbild zu dienen hatte. In C. XXIII nennt Theophilus Baumwollenpapier „griechisches" Pergament.

Im vorigen Abschnitt war mehrfach schon Gelegenheit auf die Gleichartigkeit einzelner Anweisungen der Mapp. und des Heraclius mit dem I. Buche des Theophilus hinzuweisen. Diese Gleichartigkeit bestand sowohl in der Bereitung der Bindemittel, als auch in der Zurichtung der Tafeln für Malzwecke. So haben wir in C. XX (die Thürflügel rot zu machen und vom Leinöl) das gleiche Verfahren erkannt, wie in C. XXV des Heraclius, in welchem die mit Oel geriebenen Farben mit dem Pinsel aufzutragen und an der Sonne zu trocknen gelehrt wird. Die Gleichheit des Ueberziehens der Holztafel mit Leder oder Leinen wurde bereits erwähnt (p. 39); die Farben mit Firnis zu überziehen (Heraclius C. XXI.), das zur Herstellung des gefärbten Firnisses (Auripetrum) dienende Verfahren, sehen wir auch bei Theophilus wieder, hauptsächlich bei jener Art der Malerei, die Pictura translucida (C. XXIX) genannt wird. Auch liessen sich noch eine ganze Reihe von Parallelstellen in Bezug auf Miniaturmalerei, Bereitung von Farben und Vergoldung, aufzählen. Die Reihe der Bindemittel war bei Heraclius eine besonders grosse; sie ist im Vergleich zu unserer Quelle, dem Theophilus, bedeutend geringer: aber dieselben sind ohne die dort nötig gewordenen Kombinationen besser zu verstehen.

Der Käseleim (C. XVII), den frühere Ms., Lucca-Ms. und Mapp. erwähnen, ist bei Theophilus nur zum Leimen von Altartafeln und Thüren, sowie zum Aufspannen von Leder darüber genannt; er ist dem Heraclius unbekannt.

Leim aus Leder oder Horn (Hirschgeweih), verschiedene Gummiarten (Kirsch- oder Pflaumenbaumharz), Eierklar und Eidotter, Leinöl kennt auch Theophilus; Wein oder Bier (Heraclius C. XXVIII) dient bei ihm gleichfalls zur Färbung der mit Oelfirnis bestrichenen Zinnfolie (C. XXVI).

Alaun (Heracl. XXX) ist in der Schedula mehrfach für Goldschrift (XXXVII) verwendet, auch die Ochsengalle erscheint wieder (XXXVI).

Der Fischleim, das altbewährte Bindemittel des Lucca-Ms. und von Mapp. clav. ist am Schlusse des C. XXX (huso, Hausen) genannt und geht dessen Anwendung in der Goldmalerei (C. XXXVIII) deutlich hervor. Dieses Kapitel ist in dem Wolfenbütteler Codex zum C. XXX gehörig und im Zusammenhang mit diesem deutlicher zu verstehen.

Technik des Theophilus.

Nachdem wir die zeitlich vorhergegangenen, ebenso wie die gleichzeitigen und darauffolgenden Quellen mit unserem Autor einer genaueren Prüfung unterzogen haben, erübrigt uns jetzt die Technik des Theophilus, wie sie in der Schedula beschrieben ist, eingehender zu erläutern.

Beginnen wir mit der Malerei auf Mauern, welche C. XV lehrt, nachdem im vorhergehenden Kapitel über Farbenmischungen der Gewänder für Pergamentmalerei gehandelt worden:

(C. XV.) Von der Farbenmischung für Gewänder auf der Mauer.

„Auf der Mauer aber decke das Gewand mit Ocker, nachdem du ihm des Glanzes wegen etwas Kalk beigemischt, und mache die Schatten entweder mit blossem Rot, oder Prasinus oder Posch, welches selbst aus Ocker und Grün entsteht. Die Hautfarbe wird auf der Mauer aus Ocker, Zinnober und Kalk gemischt, das Posch und Rosa derselben und die Lichter werden wie beschrieben (C. I—XIII) gemacht. Wenn Bildnisse oder Abbilder anderer Dinge auf der trockenen Wand entworfen werden, soll sie sogleich mit Wasser besprengt werden, so lange bis sie durchaus feucht ist. Und auf dieser Feuchte werden alle Farben aufgetragen, welche angebracht werden sollen; nämlich mit Kalk gemischt, sie sollen mit der Mauer selber trocknen, auf dass sie haften. Unter Azur und Grün soll als Grund die Farbe gelegt werden, welche Veneda heisst, aus Schwarz und Kalk gemischt, worauf, sobald es trocken ist, das zarte Azur an seiner Stelle mit Eidotter und Wasser reichlich vermengt gesetzt wird und auf dieser wieder, der Zier wegen, eine dichtere (Farbe). Auch möge das Grün mit Succus[1]) und Schwarz vermischt werden."

Das ist alles, was Theophilus uns über die Mauermalerei sagt; die Art des Mörtels ist nicht verzeichnet, zweifellos war die Mauer vorher fertig zu stellen und Fresko in dem eigentlichen Sinne, d. h. auf täglich frisch zu bewerfender Unterlage, kann diese Manier nicht genannt werden, sondern vielmehr eine **Malerei mit Kalkfarbe auf angefeuchteter Mauer**. Im Vergleich mit den Angaben des Athosbuches ist hier ein grosser Unterschied zu verzeichnen, wie es schon oben angedeutet wurde: der byzantinische Mönch arbeitet auf der frischen (mit Werg angerührten) Kalkschichte, solange diese noch nass ist, al fresko (§ 59), und wenn „die Haut gezogen" ist, weiter mit Kalkfarbe; deshalb sagt er: „trachte in einer Stunde fertig zu werden, denn wenn sich die Haut bildet, taugt es dir nichts". Dem Theophilus ist diese Manier ganz fremd, sie scheint demnach auch den byzantinischen Malern erst später bekannt geworden zu sein; auch die Unterlegung der Fleischfarbe mit dem dunkeln Grünschwarz (Hermeneia § 16, Proplasma des Panselinos) war damals nicht eingebürgert und sei hier gleich bemerkt, dass in diesem Proplasma ein Hauptpunkt der späteren byzantinischen Malweise zu erblicken sein mag, durch welchen der dem Panselinos zugeschriebene Aufschwung der Athoskunst sich manifestierte. Es wird später darüber ausführlich zu handeln sein, wie die Grundlage für die Farbenharmonie der Carnation mit dem Proplasmagrund zusammenhängt.

Bei Theophilus sehen wir nur unter Azur (lazur) und Grün eine andere Farbe unterlegt, nämlich Veneda, ein Grau (aus Kalk und Schwarz gemischt). Diese Unterlage ist deshalb zweckentsprechend, weil das Lazurblau und auch Grün nicht deckende Farben sind, in der Mischung mit Kalk ihre Brillanz verlieren. Nehmen wir als blaues Pigment den aus Lapis lazuli bereiteten Azur, so kommt noch die Kostbarkeit desselben in Betracht, welche zur grössten Sparsamkeit verpflichtet; der zarte Lazur (lazur tenuis) ist auch deshalb mit Eidotter vermengt auf's Trockene an seine Stelle zu setzen, d. h. er wirkt dann als lasierendes Blau auch leuchtender; dasselbe ist der Fall, wenn unter Lazur Kupferlasur (Bergblau), welches damals bekannt war (Azzurro della Magna des Cennini C. 60), verstanden wird. Der Azur wurde mit Kleienabsud vermischt von den byzantinischen Malern auch stets auf die trockene Mauer gesetzt (Hermeneia § 68), ebenso in der Frührenaissance. So schreibt Benozzo Gozzoli an Pietro de Medici (Florenz, 10. Juli 1459): „Ich wäre selbst gekommen, „um mit Euch zu sprechen, indess hatte ich heute Morgen gerade angefangen, den „Azur aufzutragen und das darf man nicht liegen lassen; es ist sehr warm und der „Leim verdirbt in einem Augenblick". (Guhl, Künstlerbriefe, Berlin 1880 p. 42.)

Theophilus ist es wohl bekannt, dass gewisse Farben den Kalk nicht vertragen; es handelt sich bei ihm aber nicht um Freskogrund, sondern um die Beimischung des Kalkes zur Farbe. So erwähnt er im vorhergehenden C. XIV von einem Gewand, das „auf der Mauer nicht üblich ist" und aus Mischungen von Auripigment besteht; ebensowenig taugen seine Pflanzenfarbstoffe (Indigo, Succus sambuci, Hollundersaftgrün, Lackrot) zur Mischung mit Kalk.

In C. XVI (am Schluss) wiederholt Theophilus teilweise seine Angaben für Mauermalerei, was die Unterlage betrifft: „Alle Farben, welche anderen auf der „Mauer als Unterlage dienen, sollen der Festigkeit halber mit Kalk gemischt sein. „Unter Azur, unter Menesch und unter Grün soll Veneda gesetzt werden; unter Zin-

---

[1]) Succus (Saft) nennt die Tab. de vocab. syn. (Merrif. p. 18) einen dunkelgrünen Saft, der Menesch heisst, mit welchem grüne Farben gemischt werden; an derselben Stelle wird Succus eine dem Indigo ähnliche Farbe, (nach einigen wieder ein Rot zwischen Minium und Sinopis) genannt; hier ist wahrscheinlich Succus sambuci (Hollundergrün, Saftgrün) gemeint. Die Secreti di Don Alessio geben ein Rezept zur Bereitung dieses Saftes. (Merrif. p. 35 Note.)

„nober Rot, unter Ocker und Folium dieselben Farben mit Kalk gemischt." Wir entnehmen daraus, dass vielfach das Prinzip der Uebermalung mit Bindemittel (also wie bei Azur, Eidotter) für Mauermalerei Anwendung fand, ein Parallelismus, den wir bei Cennini's Technik noch deutlicher wiederfinden werden.

Nach Janitschek's Ansicht (Geschichte der deutschen Malerei p. 58) sind die ältesten deutschen Mauermalereien in der von Theophilus beschriebenen Art ausgeführt, und zwar die einzig erhaltenen Wandbilder des XI. Jhs., der St. Georgskirche zu Oberzell in der Reichenau. Immerhin muss die Technik eine sorgfältige genannt werden, denn in Bezug auf Farbenmischung war ziemlich grosse Variation gebräuchlich.

Wir ersehen dies insbesondere in den detaillierten Angaben, welche Theophilus bezüglich der Carnation zu geben für gut befand, und die er wegen der zu allen Zeiten empfundenen Schwierigkeiten in den ersten Kapiteln ausführlich behandelt, ein Beweis, welchen Wert der Autor darauf legen wollte.

Es sei auch auf die Bezeichnung der verschiedenen Fleischfarbentöne aufmerksam gemacht, die wie im Handbuch der Malerei vom Berge Athos und zum Teil in Cennini's Trattato bestimmte Namen führen.

Die Schedula nennt die folgenden:

C. I. Membrana, die allgemeine Hautfarbe, aus Bleiweiss und Zinnober (oder Sinopisrot) und etwas Massicot (Bleigelb) gemischt; für bleiche Hautfarbe wird etwas Prasinus (Grün) beigemengt.

C. II. Prasinus, eine grünschwarze Farbe für Mauer- und andere Malerei, unter welcher etwa grüne Erde zu verstehen ist.[5])

C. III. Posch, Mischfarbe aus Prasinus, gebranntem (rotem) Ocker und etwas Zinnober, dient als Schattenton für Fleischfarbe. Nach C. XV ist Posch eine Mischung von Ocker und Grün (ebenso Tab. de vocab. syn.).

C. IV. Rosa prima, aus Zinnober und etwas Minium gemischt, für die rosigen Partien der Carnation, die mit

C. V. Lumina prima, dem ersten Lichtton, aus Bleiweiss und der allgemeinen Lokalfarbe des Fleisches (C. I) bestehend, aufgelichtet wird.

C. VI. Veneda ist ein Grau, aus Schwarz und Weiss gemischt, um damit die Augäpfel zu malen. Auf Mauern wird statt Bleiweiss Kalk genommen.

C. VII. Posch secunda, das zweite Posch ist die obige Poschfarbe, mit mehr Rot und Grün (Prasinus) tiefer gemacht, um die kräftigen Contouren im Fleisch zu markieren.

C. VIII. bringt noch ein Rosa secunda, ein mit Zinnober gemischtes Rosa und

C. IX. Lumina secunda, eine stärkere Lichtfarbe, durch Hinzufügung von Weiss, wenn die erste Lichtfarbe (lumina prima) nicht ausreichen sollte.

Nach den Anweisungen Haare und Bärte zu malen (X—XII) folgt noch

C. XIII. Die Exedra und die übrigen Farben für die Gesichtszüge, aus Rot und etwas Schwarz bestehend, um die schärferen Linien der Augenwimpern, die Zeichnung des Mundes, Nasenrücken, Gelenke usw. ausdrücken zu können.

Alle obenerwähnten Mischungen für Fleisch, mit ihren besonderen Bezeichnungen, dienen sowohl für Wand-, Tafel- oder Miniaturmalerei, soferne nicht in besonderen Fällen etwas anderes bestimmt ist. In der Miniaturmalerei z. B. begnügte man sich mit weniger zahlreichen Mischungen, aber für Tafel- und Wandmalerei, wenn solche eine gewisse Grösse hatten, mussten in oben beschriebener Weise gemischte Töne grosse Vorteile bieten.

Es erübrigt uns noch, gleich hier das Farbenmaterial des Theophilus Revue passieren zu lassen, obwohl die Anweisungen und Rezepte in der Schedula im Verhältnis zu seiner ziemlich umfangreichen Farbenskala auffallend wenige sind; es sind im Ganzen die folgenden fünf:

---

[5]) Tab. de vocab. syn., Merrif. p. 33: Prasis est creta viridis ut dicit Catholicon. Prasinus est color rubeus: alii dicunt quod habet similitudinem viridis coloris et nigri, sed Catholicon dicit quod prasin Grece, latine dicitur viridis.

C. XL. Von den Gattungen des Folium.

Theophilus bereitet sich den Farbstoff aber nicht selbst aus den Früchten des Krebskrauts, Croton tinctorium, sondern verändert nur dessen Farbton, der ursprünglich rosarot ist, durch Aetzmittel (Lauge oder Kalk) in blau und violett.

C. XLI. Vom Zinnober.

C. XLII. Vom salzhaltigen Grün.
(ebenso wie in Heracl. XXXVIII.)

C. XLIII. Vom Spanischgrün.
(Heracl. XXXIX.)

C. XLIV. Vom Bleiweiss und Minium.

Aus den Kapiteln über Farbenmischungen ergibt sich aber eine viel grössere Reihe von Farbenpigmenten und sei deshalb hier eine kurze Zusammenstellung aus C. XIII—XVI gegeben.

Für Weiss: Bleiweiss (cerosa, cerusa) und Kalk für Mauermalerei.

Gelb: Ocker (ogra), Auripigment.

Rot: Rubeum, worunter rote Kreiden, Sinopisrot oder gebrannte Ocker gemeint sein können (Vergl. Tab. de vocab. syn. unter Rubeus.);
Minium (Mennig), Zinnober (cenobrium), Carminrot (carmin C. XXXIX).
Lackrot, Folium, Lackmus, Tournesol, Heidelbeerblau.

Blau: Indigo, Lazur (vermutlich Kupferlasur, Bergblau).

Grün: Menesch.
Succus (succus sambuci), Hollundersaftgrün;
Viride, Spangrün, von welchen zwei Sorten, das salzhaltige und das spanisch Grün genannt sind.
Kohl- und Lauchgrün (z. Miniaturmalerei).

Schwarz: (Russschwarz oder Erdschwarz?)

Wie oben p. 45 Note 4 angegeben, ist unter Menesch eine grüne Farbe verstanden; nach Tab. de vocab. syn. (sub Menesch) würde damit auch noch eine rote Farbe bezeichnet worden sein, deren Farbton zwischen Minium und Synopis liegt. Merrif. (p. 31, Note) hält die Farbe identisch mit Krapprot; es scheint, dass diese Annahme in anderen Angaben des Theophilus (C. XIV und XVI) Bestätigung findet, besonders wo von Mischungen des Menesch mit Folium die Rede ist, denn Folium (Tournesol, Purpur der Miniaturisten), von welchem Theophilus drei Arten nennt, rot, purpurfarben, saphirblau (C. XL), würde sich mit Grün zu einem schmutzigen Grau mischen; Theoph. ist es aber hier offenbar um ein sehr farbenfrisches Gewand zu thun, da er dieses zu allererst nennt.

An einer anderen Stelle (C. XIV p. 31 Edit. Ilg) erscheint Menesch wieder als grüne Farbe, die mit Auripigment gemischt, mit Menesch abschattiert werden soll. Wegen des Auripigments ist diese Mischung jedoch auf der Mauer nicht gebräuchlich (ibid.).

Miniaturmalerei.

In den Anweisungen der Schedula nimmt die Miniaturmalerei naturgemäss einen breiten Raum ein. Mit besonderer Sorgfalt ist die Zusammenstellung der für die Buchmalerei üblichen Farbenmischungen der Gewänder (C. XIV) beschrieben; die Bereitung der Arten von Gold- und Silberverzierung (XXX und XXXI), auch mit Zuhilfenahme des die kostbaren Metalle ersetzenden Zinnes (XXXII), des Goldes, in Form von Amalgam zu Pulver zu reiben (XXXIII) und damit zu schreiben (XXXIV), wird das grösste Interesse und die grösste Aufmerksamkeit zugewandt. 10 besondere Rezepte notiert die Schedula, um Gold und Silber durch Feilen, Schmelzen, Purgieren und Amalgamieren in Pulverform zu bringen, Anweisungen, die zum Teil bis auf den Papyrus Leyden und ähnliche Rezeptensammlungen zurückverfolgt werden können. Schliesslich sieht Theophilus selbst das Ueberflüssige, noch mehr dieser Rezepte zu bringen, ein und sagt (C. XXXVII): „Ueber die Lösung von Gold und Silber oder anderen Metallen „kommen, obgleich viele andere Vorschriften und Angaben vorhanden sind, doch alle "auf einen Sinn hinaus". Wir wollen deshalb auch darauf verzichten, diese besonders anzuführen.[6])

Bindemittel für Goldschrift ist entweder Fischleim (C. XXX) oder im Falle dieser nicht zu haben ist, die in C. XXXVIII angegebenen Leime:

„Wenn du keine Fischblase hast, so schneide auf dieselbe Weise dickes Kalbs-Pergament, wasche und koche es. Ebenso koche fleissig geschabte, geschnittene und gewaschene Aalhaut. Die Schädelknochen des getrockneten Wolffisches (lupi piscis) wasche dreimal gut in warmem Wasser und koche sie. Jeglichem, das du so gekocht hast, füge ein Drittteil klaren Gummi bei, koche es mässig, und du kannst es, solange dir beliebt, aufbewahren".

Die Farben für Miniaturmalerei werden teils mit Gummi, teils mit Eiklära gemischt:

C. XXXIX. Wie die Farben für Bücher gemischt werden.

„Ist dies so besorgt (i. e. die Vergoldungen), so mache aus klarem Gummi und Wasser, wie oben gemeldet,[7]) eine Mischung und temperiere damit alle Farben mit Ausnahme des Grün, Bleiweiss, Minium und Carmin. Das salzhaltige Grün taugt nichts für Malerei in Büchern. Spanisch Grün bereite mit reinem Wein und, wenn du die Schatten machen willst, so füge ein wenig Schwertel-Saft oder vom Kohl oder Lauch hinzu. Minium, Bleiweiss und Carmin mische mit Kläre. Alle Farben mische, wenn du sie zum Malen von Figuren brauchst, in den Büchern auf obige Weise zusammen. Alle Farben müssen (in Büchern) zweimal aufgetragen werden, vorerst dünner, dann dichter; für Buchstaben (schreiben) jedoch nur einmal".

Was das Technische der Miniaturmalerei betrifft, so sind die Anweisungen des Theophilus mit den anderen gleichzeitigen und späteren Autoren in grosser Uebereinstimmung; es sei deshalb auf das bezügliche Kapitel über Miniaturmalerei verwiesen, in welchem das Hauptsächlichste darüber gebracht werden wird.

Tafelmalerei des Theophilus.

Ganz andere Bahnen als die Miniatur- und die Mauermalerei scheint die Tafelmalerei im Laufe der Zeit eingeschlagen zu haben; die erstgenannte hatte Gelegenheit, sich durch Jahrhunderte zur vollkommenen Blüte zu entwickeln, die zweite hing ihrer Natur nach zu sehr vom Materiale ab. Auch in der Tafelmalerei hatte sich bereits eine gewisse Tradition längst gebildet, die mit der Holzschnitzerei und Vergoldertechnik innig verknüpft und verbrüdert gewesen sein muss; der Tafelmalerei lag in ältesten Zeiten, wie aus den Quellen hervorgeht, die Vergoldung direkt zu Grunde und hat sich in dieser Verbindung in dem geschnitzten Holzwerk der gothischen Altäre, mit ihrem zahlreichen Figurenschmuck durch lange Zeit im ganzen mittelalterlichen Norden erhalten. Es scheint sogar, dass dem plastischen Holzschnitzwerk eine viel grössere Ausbreitung zugemessen werden muss, als der Tafelmalerei. Wir sehen sie aber vielfach in Verbindung auftreten, um die Aussenseiten der Altarwerke zu schmücken; Malerei auf Leinwand, welche wir hier auch noch miteinreihen müssen, diente zu Kirchenfahnen und Gelegenheitsdekorationen.

---

[6]) Ueber Goldschrift vergl.: Wattenbach, das Schriftwesen im Mittelalter, Leipzig, 1875; Rockinger, z. bayer. Schriftwesen des Mittelalters, München, 1872.

[7]) Die Stelle, auf welche Theoph. hier bezug nimmt, ist vermutlich C. XXXIV (Wie mittelst Gold geschrieben wird), und lautet: „Mische arabischen Gummi mit Wasser in einem Glasgefäss, stelle es an die Sonne, damit er flüssig werde. Zerschmolzen nun mische mit ihm Essig, in nicht grösserer Menge, als Wasser ist. Hättest du keinen Essig, so mische vom besten Weine bei; stelle es von neuem an die Sonne, des Trocknens halber, und siede es am Feuer mit Wasser in einer Schale; nimm Ammoniak (moniaculum), gib es ins Wasser und löst sich alsogleich und schwimmt obenauf. Sammle es und mische es zum Gummi, rühre es zusammen und schaffe es in ein gutes Gefäss, um es so lange, als du willst, aufzubewahren." Der Zusatz von Essig oder Ammoniak zum Gummiwasser hat nur den Zweck, das Eiklar zu conservieren. Wir werden im Strassb. Ms. dieselbe Mischung wieder constatieren können.

Es wurde schon beim Vergleich des Theophilus Ms. mit den byzantinischen Quellen kurz erwähnt, dass die Technik der Tafelmalerei im Norden einen eigenen Weg geht; in Bezug auf die Zurichtung der Holztafeln und Altarstücke hat sich mehrfache Anlehnung an Heraclius' gleichartige Angaben konstatieren lassen. Auch wurde bereits der Umstand erörtert, dass sowohl Heraclius als auch Theophilus es für geeignet erachten, die unebenen Holzflächen durch Ueberspannen mit Leder oder Pergament, und in Ermangelung dessen mit Leinenstoff auszugleichen trachteten, indem sie diese Dinge mit Käseleim oder anderem tierischen Leim an die Unterlage befestigten.

Darauf folgt dann die Bereitung eines weissen Grundes aus Gyps oder Kreide. Die Anweisung bringt:

C. XIX. Vom weissen Gypsgrund auf Leder und Holz.

"Nach diesem (d. i. der Bereitung des Leimes C. XVIII) nimm wie Kalk gebrannten Gyps oder Kreide, mit der die Häute weiss gefärbt werden[8]) und vermahle sie sorgsam mit Wasser auf dem Steine, dann gib es in einen Scherben, giesse Leim von jenem Leder darauf und stelle es auf Kohlen, dass der Leim flüssig werde und streiche es so sehr dünn auf das Leder. Dann, wenn das trocken wurde, trage etwas dichter auf, und wenn nötig, ein drittes Mal. Sobald es vollkommen trocken ist, nimm das Kraut Schachtelhalm, welches den Binsen ähnlich wächst und Knoten hat; nachdem du es im Sommer gesammelt hast, dörre es an der Sonne und reibe mit diesem den weissen Grund, bis er gänzlich glatt und hell ist. Wenn dir aber Leder zum Ueberziehen der Tafeln mangeln sollte, so können sie auch in derselben Weise und mit demselben Leime mittelst ziemlich neuem Linnenstoff oder Canavas bedeckt werden."

Diese Vorbereitungsarbeiten, welche mit den noch heute bei den Vergoldern gebräuchlichen grösste Aehnlichkeit haben, dienen zur Grundierung der Tafeln für die Malerei mit Gummitempera (C. XXVII). Bei Theophilus gehen, wie gleich erwähnt werden möge, zwei Techniken für Tafelmalerei parallel neben einander, nämlich die mit Gummi und die mit Oel. Für die letztere ist die oben beschriebene vorsichtige Bespannung des Holzes nicht Grundbedingung, in manchen Fällen sogar überflüssig; dies ist aus dem folgenden Kapitel deutlich ersichtlich, welches Theophilus angibt:

C. XX. Die Thürflügel rot zu machen und vom Leinöl:

"Wenn du die Thürflügel aber rot machen willst, so gebrauche Leinöl, welches du auf diese Weise zusammensetzt. (Folgt die Bereitungsart aus Leinsamen, der getrocknet und dann mit etwas Wasser vermischt, warm gepresst wird.) Mit diesem Oele male Minium oder Zinnober ohne Wasser auf dem Steine, streiche es mit dem Pinsel auf die Thüren oder Tafeln, welche du rot machen willst, und trockne es an der Sonne. Darauf bestreiche abermals und trockne von Neuem. Schliesslich aber überstreiche den Leim, welcher Vernition genannt wird".

Diese Anweisung entspricht dem gleichen Verfahren des Heraclius (C. XXV), welches in Grundierung mit in Leinöl geriebenem Bleiweiss auf Stein oder auf Holz (C. XXIV) besteht. Das Trocknenlassen an der Sonne ist beiden gemeinsam. Bezüglich der Bereitung des Oeles selbst, ist Theophilus' Verfahren sehr primitiv, er wendet die sogenannte nasse Pressung an, während Heraclius (C. XXIX) ein zum Trocknen besser vorbereitetes Oel kennt, das unserem Malöl näher steht.[9])

Das Oel durch Kochen zu verdicken, scheint Theophilus bekannt zu sein; er kennt kein anderes Trockenmittel. Durch den Zusatz von Harzen zum Leinöl gewinnt er einen Firnis, der gleichzeitig als Ueberzug den gewünschten Glanz erzielt. Zu diesem Zwecke nimmt er hellen Gummi fornis (vermutlich Sandarac,

---

[8]) „Kreide, mit der die Häute weiss gefärbt werden", ist der in deutschen Gegenden, bes. am Rhein sehr häufig vorkommende weisse Thon, Pfeifenerde, auch Kollerkreide, nach dieser Verwendungsart benannt, also weisser Bolus.

[9]) Ueber die alten Methoden, Malöl zu bereiten, zu bleichen u. s. w. vergl. Merrif. I. p. CCXXXIII u. ff.; Eastake, Materials for a History of Oilpainting, London, 1847, p. 323 u. ff.; neuere Methoden in Ludwig, die Technik der Oelmalerei, II. Tl. p. 64.

Merrif. I p. CCLXI) oder Bernstein, glassa, und bedient sich dieses in Oel gelösten Harzes als Leimfirnis (glutine vernition), sowohl über Oelfarbe als auch über Gummitempera.

Die Bereitungsart wird, wie folgt, beschrieben:

C. XXI. Vom Leimfirnis (glutine Vernition).

„Bringe Leinöl in einen neuen kleinen Topf und gib Gummi, welcher fornis genannt wird, hinzu, auf's feinste gerieben, welcher das Ansehen von lichtestem Weihrauch hat, beim Brechen jedoch einen helleren Glanz zeigt. Wenn du das über Kohlen gestellt hast, koche es, so dass es siede, bis der dritte Teil verschwunden ist, und hüte es vor der Flamme, weil es allzu gefährlich ist und von derselben ergriffen, mit Mühe ausgelöscht wird. Jede mit diesem Firnis überstrichene Malerei wird leuchtend und prächtig und durchaus dauerhaft.

Item auf eine andere Weise: Stelle vier (oder drei) Steine zusammen, welche das Feuer aushalten können, ohne zu zerspringen (Ziegelsteine), setze darüber einen neuen Topf und fülle darein den genannten Gummi fornis, welcher römisch Glassa[10]) genannt wird, und auf die Mündung dieses Topfes stürze ein kleineres Töpfchen, welches im Boden ein mässig grosses Loch hat und bestreiche ringsum mit Teig, auf dass kein Lüftchen zwischen den Töpfen hinaus kann. Dann bringe sorgsam das Feuer darunter, bis der Gummi geschmolzen ist. Habe auch ein dünnes, mit einem Griff versehenes Eisen, womit du den Gummi rührest und merken könntest, dass er gänzlich flüssig ist. Habe auch einen dritten Topf in der Nähe auf die Kohlen gestellt, worin warmes Leinöl sich befinde; und wenn der Gummi gänzlich flüssig ist, so dass er wie ein Faden an dem herausgezogenen Eisen hängt, giesse das warme Oel darauf und rühre mit dem Eisen, koche desgleichen, dass es nicht siede, ziehe indessen das Eisen heraus und streiche ein wenig zur Erprobung der Dicke auf Holz oder Stein. Hinsichtlich der Menge siehe, dass es zwei Teile Oel und der dritte Gummi sei. Nachdem du es nach deinem Belieben fleissig gekocht hast, entferne es vom Feuer, und lasse, indem du den Deckel abhebst, auskühlen".

Die letztere Anweisung ist die gleiche, welche wir bereits in Mapp. clav. (p. 25) kennen gelernt haben.

Farben für Oelmalerei werden mit der nämlichen Art von Oelen, also Leinöl, von welchem am Schluss des C. XXVI die Rede ist, gemischt; es heisst dort:

„Nimm die Farben, welche du aufsetzen willst, reibe sie fleissig mit Leinöl ohne Wasser und mache die Mischungen der Gesichter und Gewänder, wie du oben mit Wasser es gethan (bei Miniaturmalerei), und gestalte die Tiere oder Vögel oder Blätter, nach ihren Färbungen verschieden, nach Gefallen".

Nach dem folgenden C. XXVIII sind alle mit Oel oder Gummi geriebenen Farben dreimal auf Holz aufzusetzen und, wenn vollkommen trocken, an der Sonne nochmals mit dem Vernition zu überstreichen.

Dieser Art ist die Pictura lucida gleich gestellt, und zwar:

C. XXIX. Von durchscheinender Malerei. (De pictura translucida.)

„Auf dem Holze macht man auch eine Malerei, welche durchscheinend genannt wird und bei einigen die goldige (aureola); setze sie so ins Werk: Nimm Zinn in Blätterform, weder mit Leim bestrichen, noch mit Safran gefärbt, sondern einfach und sorgsam geglättet und bedecke damit die Stelle, welche du bemalen willst. Reibe sodann die (auf der gefirnissten Zinnfläche) aufzusetzenden Farben auf's feinste mit Leinöl und streiche sie sehr dünn mit dem Pinsel auf und lasse es so trocknen".

Im Vergleich mit den gleichartigen Angaben des Lucca-Ms. (57, 62) und Mapp. clav. (CCXLVI, CCXLVII) sind bei diesen viel kompliziertere Mischungen von

---

[10]) „supra dictum gummi fornis, quod Romane glassa dicitur" zeigt an, dass beide Angaben den gleichen Firnis verstehen, nur die Darstellungsart ist also verschieden, nicht die zum Firnis benützten Harze: vergl. Colla graeca, Mapp. 98. (p. 25.)

allerlei Harzen zum Leinöl angewendet (vergl. p. 15), während Theophilus sich mit Leinöl allein begnügt. Die in Parenthese gesetzte Einschiebung aus der von Raspe edierten Kopie entnommen, lässt vermuten, dass Theophilus sich auf seinen Leimfirnis (Vernition) als trocknende Kraft verlässt, denn sonst bliebe das Leinöl auf der Staniolfläche überaus lange nass; bei unserem Autor finden wir aber gar keine Andeutung, wie er sonst die Trockenfähigkeit seines Leinöles vergrössert hätte. Was die Staniolblätter, deren Bereitung und Anwendung auf Tafeln und Wänden (an Stelle des Goldes C. XXIV) betrifft, so stimmen die Anweisungen mit denen des Heraclius, des Lucca-Ms. und von Mapp. überein.

Am interessantesten und besonders charakteristisch sind die beiden oben angedeuteten zwei Parallelstellen für Tafelmalerei, nämlich die mit Oelfarben und die mit Gummi gemischten Farben beschrieben, aus welchen genau die Art und deren Unterschied ersichtlich ist:

C. XXVII. Wie die Farben mit Oel und Gummi gerieben werden.

I. Art:

„Alle Gattungen Farben können mit demselben Oele gerieben und auf eine Holztafel gesetzt werden, jedoch bei jenen Dingen nur, die an der Sonne trocknen mögen, weil du, so oft du eine Farbe aufgetragen hast, eine zweite nicht auftragen kannst, bevor die erste nicht getrocknet ist, was bei Bildern (und anderen Malereien) gar langwierig und verdriesslich ist (diuturnum et taediosum nimis)".

II. Art:

„Wenn du aber deine Arbeit beschleunigen willst, nimm Gummi, welcher aus dem Kirschen- oder Pflaumenbaume hervorkommt, zerschneide ihn klein und gib ihn in ein Thongeschirr, giesse reichlich Wasser darauf, setze es an die Sonne oder über ein leichtes Kohlenfeuer im Winter, bis der Gummi flüssig wird, und rühre ihn mit einem runden Holze fleissig. Dann seihe ihn durch ein Linnen, reibe die Farben damit und setze sie auf. Alle Farben sammt ihren Mischungen können mit diesem Gummi gerieben und aufgesetzt werden, ausser Minium, Bleiweiss und Carmin, die mit Eikläre zu reiben und aufzusetzen sind. Spanisch Grün darf nicht mit Succus unter dem Leim (gluten, fornis?) gemischt sein, sondern soll allein mit Gummi angebracht werden.[11]) Ein anderes kannst du aber damit mischen, wenn du willst".

Dann für beide Arten gemeinsam:

C. XXVIII. Wie oft diese Farben aufzusetzen sind.

„Alle mit Oel oder Gummi gemahlenen Farben darfst du dreimal auf Holz setzen. Ist die Malerei fertig und trocken, so überstreiche das an die Sonne gebrachte Werk fleissig mit jenem Leimfirniss (glutine illud Vernition) und sobald er von der Wärme abzufliessen beginnt, reibe ihn leicht mit der Hand und thue es zum dritten Male, und lasse es dann gänzlich trocknen".

Es ergibt sich aus dem obigen, dass Theophilus zwei Techniken nebeneinander stellt; die langsam trocknende Oelmalerei, für Dinge, die leicht an die Sonne

---

[11]) Diese Stelle ist einer besonderen Erklärung bedürftig: Spanisch Grün, Spangrün, essigsaures Kupfer ist in allen alten Schriften als gefährliche Farbe berüchtigt. Cennini, C. 56 sagt: Hüte dich, es dem Bleiweiss nahezubringen, denn das sind Totfeinde. Es wurde deshalb stets isoliert zwischen den Farbschichten u. z. mit Firnis gemischt aufgetragen (Merrif. I, p. CCXX), so dass die Firnisschicht den Grünspan nach unten gegen die Untermalung und nach oben gegen die weiteren Farbschichten abschloss. Hier warnt Theoph. das Grün mit Succus, d. i. Saftgrün, welches als Pflanzenfarbstoff empfindlicher ist, zu mischen, und als Farbe unter dem Firnis, der als Ueberzug über allen Farben zu dienen hat, zu setzen, sondern nur mit Gummi allein u. z. wie aus dem Harleian Ms. folgerichtig hinzuzufügen ist, mit gummi glutine aufzusetzen ist. Gummi gluten ist aber der obengenannte Vernitionfirnis. Theoph. Anweisung stimmt demnach mit der späteren Anwendungsart, den Grünspan nur mit Firnis gemischt zu benützen überein. Zu Missverständnissen können die oft als Leim (gluten) bezeichneten Firnisse leicht Veranlassung geben.

gestellt, dort austrocknen können und nach dem Trocknen gefirnisst werden sollen; dann die II. Art, die Gummitempera-Malerei, welche als beschleunigendes Verfahren gegenüber der Oelmalerei geschildert wird; auch bei dieser werden die Operationen des Firnissens an der Sonne bewerkstelligt. Dreimal (höchstens) sollen die Farben übereinander zu stehen kommen, d. h. also, drei Schichten von Oelfarbe mit der darauffolgenden Firnisschichte, oder drei Lagen von Gummitempera mit den darauf, resp. dazwischen liegenden Firnislagen. **Anders können die beiden Kapitel kaum interpretiert werden.**

Die erste Art ist nichts anderes als einfache Oelmalerei; die zweite aber, die **Gummitempera, ist im grossen Ganzen vollständig mit der Miniaturtechnik gleich,** denn Bleiweiss, welches doch zu allen Farbenmischungen und zum Aufhöhen der Lichter zu nehmen ist (C. I—XIV), wird ausschliesslich mit Eikläre angemischt, das Bindemittel ist demnach de facto das Miniaturvehikel aus Gummi und Eiklar, entweder für sich oder miteinander gemischt. Es ist ja natürlich, dass auf mit Pergament bespannten Tafeln, auch mit dem gleichen Bindemittel gemalt wurde, wie bei der Buchmalerei, und darin liegt nichts Neues oder Erstaunliches; neu ist aber, dass derartige Malerei überfirnisst wurde und **sehr zu bemerken ist, dass auf so überfirnisste Miniaturmalerei noch zweimal mit der gleichen Gummitempera über dem völlig getrockneten Firnis gemalt werden sollte.** Diese Technik ist neuartig; sie steht in keiner Verbindung mit den anderen bekannten Methoden, während das einfache Firnissen von mit Ei (auf Tuch) gemalten Dingen sich im Athosbuch, § 27, findet. Es wurde aber auch schon angedeutet, dass der fette byzantinische Gypsgrund, welcher Seife und Peseriöl enthält, Theophilus völlig fremd ist, er nur den durchlässigeren, aufsaugenden Gyps- und Kreidegrund kennt, demnach auch ganz andere Grundlagen für die Technik entstehen müssen. Dies ist bei Theophilus der Fall.

Nach den vielfachen Proben, die ich nach dieser Art angefertigt habe,[12]) liegt in dem Uebereinandermalen von Gummitempera auf gefirnisste und getrocknete Unterlage, vorausgesetzt, dass der Grund ebenso nach Theophilus bereitet ist, gar keine Schwierigkeit, denn die Kirschgummi-Eiklarfarbe lässt sich sehr gut verarbeiten und trocknet sehr schnell. Je durchlässiger die Unterlage von Kreide und Leim ist, desto schneller trocknet auch der Oelfirnis, da die Kreiden bekanntlich die Eigenschaft haben, Oele gierig aufzusaugen. Der philologisch mögliche Einwand, dass in dem Text des C. XXVIII erst ein dreimal übereinander zu erfolgendes Malen mit Kirsch-Gummitempera und später wieder ein dreimal nacheinander zu fertigender Firnisüberzug gemeint sei, ist schon aus rein technischen Gründen hinfällig, da die wasserlösliche Gummifarbe durch Uebermalung mit gleicher Farbe aufgelöst und gefährdet würde,[13]) während durch das Ueberfirnissen eine festigende Zwischenschichte gebildet wird, die gleichzeitig den Zweck hat, den Farbenwert der naturgemäss matten Wasserfarbe in voller Kraft zu zeigen. Oelfirnis kann aber sofort nach dem Trocknen der Gummitempera ohne Gefahr für diese überstrichen werden, wovon sich jedermann leicht durch Bereitung einer gleichen oder ähnlichen Gummi-Eiklartempera und entsprechende Versuche überzeugen kann.

Ein dreimaliges Firnissen des mit Oelfarbe oder Gummitempera Gemalten nacheinander mit dem dicken Oelfirnis Vernition, halte ich technisch für ein Unding, weil der Zweck eines solchen Vorgehens nicht eingesehen werden könnte.

Eine charakteristische Eigentümlichkeit der Kirschgummi-Tempera ist es, dass diese, durch das starke Schwellen des Gummi bedingt, etwas Körperhaftes erhält; es ist auch der Beimengung des Eiklar zum Bleiweiss zuzuschreiben, dass dabei die Farben einen gewissen Glanz erhalten, den auch die ältesten Tafelbilder des Kölner Museums (westphälische Meister) und die frühesten Gemälde im Nationalmuseum zu

---

[12]) Versuchs-Kollektion Nr. 57 u. 58; 60, 62 und 79; 63, welches die Gefahren zeigt, diese Technik auf byzant. Grund auszuführen; s. Anhang I.

[13]) Anders bei der Miniaturmalerei, bei welcher schon durch den beim Gerben verwendeten Alaun eine festere Verbindung der Farbschichten untereinander ermöglicht wird; aber auch hier sind zwei Schichten das allgemeine, denn weitere Schichtung bedingt schon eine besondere Geschicklichkeit (C. XXXIX).

München (hier als Temperagemälde bezeichnet) zeigen. An diesem eigentümlich emailleartigen Charakter ist die Theophilus-Technik zu erkennen.

Das Befremdende der Technik ist das Uebermalen mit Tempera auf eine getrocknete Oelschichte und sogar die dreimalige Wiederholung dieses Vorganges; der Maler hat dadurch zweimal Gelegenheit, die volle Wirkung der mattgewordenen Wasserfarbe zu sehen und durch Hinzufügung und Verbessern des Mangelhaften die Malerei zu vollenden. Aber selbst dieses Befremdende haben wir bei Heraclius und selbst bei Theophilus Gelegenheit kennen zu lernen, und zwar bei der Färbung der mit Vernition bestrichenen Staniolblätter mittelst einer noch weniger Bindemittel enthaltenden Bier-, resp. Essigfarbe (Heracl. III. B. C. XIII, Theoph. C. XXVI). Die Anweisung lehrt, „die Staniolblätter mit Firnis zu bestreichen und an der Sonne trocknen zu lassen. Nimm, sagt Theophilus, hernach die Rinde von safrangelber Farbe, schabe sie in eine reine Schale, zum fünften (oder vierten) Teile Safran zugebend; dies begiesse reichlich mit altem Wein oder Bier und erwärme es, nachdem es eine Nacht so gestanden, morgens über dem Feuer, bis es lau wird. So lege die Staniolblätter einzeln hinein und hebe sie oftmals empor, bis du siehst, dass sie die Goldfarbe zur Genüge angezogen haben. Dann befestigst du sie wieder auf der Holztafel wie früher mit dem gleichen Leime (i. e. vernition) überstreichend, und wenn sie trocken werden, so sind dir Staniolblätter zur Hand, welche du deinem Werke nach Belieben mit Leim von Fellen (gluten corii) aufsetzest".

Wir sehen hier das gleiche Vorgehen, indem eine wasserlösliche Farbschichte zwischen zwei Firnisschichten gelagert ist (vergl. p. 37).

Ich möchte gleich hier darauf hinweisen, wie wichtig diese nordische Art des Theophilus auf die weitere Entwicklung der Maltechnik gewesen sein musste, denn dieselbe hält gleichen Schritt mit der Oelmalerei; es muss daran festgehalten werden, dass diese beiden Techniken, die Oelmalerei des XII.—XIV. Jhs. und die eigenartige Gummitempera des Theophilus Vorläufer der Van Eyck'schen Umwälzung gewesen sind. Diese nordischen Techniken waren es, die sowohl am Niederrhein, in Westphalen und besonders in Köln während des XIV. Jhs. vielfach geübt wurden und auch von diesen Kunstzentren aus sich nach allen Richtungen verbreitet haben dürften; wir begegnen derselben ebenso bei den böhmischen Meistern des XIV. Jhs., die gewiss direkt von Kölner Malern beeinflusst waren und dieselbe Malart ist es auch, die sich lange erhält, und die wir im Strassburger Ms. noch näher kennen lernen werden.

Vergoldung.

Es erübrigt uns noch über die Vergoldungstechnik bei Theophilus das Hauptsächlichste hier anzureihen. Beim Vergleich mit den früheren Quellen wurde schon darauf hingewiesen, dass sich die Verschiedenheit der Arten zu vergolden in diesen Mss. genau ausspricht. Auffallenderweise ist aber bei Theophilus die Vergoldung mittelst der Beizen nicht besonders erwähnt, obwohl dieselbe in Heraclius deutlich beschrieben ist. Aus den ausführlichen Anweisungen über die Herstellung der geschlagenen Gold- und Silberblätter (C. XXIII) und dem darauffolgenden, dem Codex Bigotianus der Pariser Bibliothek entnommenen Kapitel (XXIV) ist ersichtlich, dass die Goldblätter mittelst der geschlagenen Eikläre aufzusetzen, und sogar „auf dieselbe Art, wenn du willst, auf der Decke oder Wand, über einem gefirnissten Staniolblatt" anzubringen sind. Nur aus dem Zusatze „über dem gefirnissten Staniolblatt" die Goldfolie zu legen, kann geschlossen werden, dass es sich doch um die Mattvergoldung handelt, denn die Eiklarvergoldung auf Wandfläche ist in den anderen alten Quellen als nicht gebräuchlich nirgends geschildert (vergl. Lucca-Ms. 85, 87 u. die korrespondierenden Kapitel von Mapp. clav.).

Zur Glanzvergoldung bedient sich Theophilus, wie erwähnt, der Eikläre (C. XXIV):

„Zum Aufsetzen des Goldes (oder Silbers) nimm Eikläre, die aus Eiweiss ohne Wasser geschlagen wird, und bestreiche dann die Stelle, auf der das Gold (oder Silber) aufgelegt werden soll, leicht mit dem Pinsel und berühre mit der im Munde nassgemachten Pinselspitze ein Eckchen des zerschnittenen Stückes, lege es, mit grösster Schnelligkeit aufhebend, auf die bestrichene Stelle, und ebne es mit dem (nicht nassen, sondern trockenen) Pinsel . . . . . Ist es aufgesetzt und getrocknet, so kannst du, wenn du willst, ein anderes auf dieselbe Weise darauf setzen, und ein drittes desgleichen, wenn nötig, um es mit dem Zahne oder einem Steine desto heller glätten zu können".

Es handelt sich hier um ebene Flächen oder bei geschnitzten Bildwerken, um solche, die vorher richtig mittelst des Schachtelhalms geschliffen sind, wie es C. XXII beschreibt.

Bei Vergoldung in Büchern benützt Theophilus, für jene Stellen, die Glanz erhalten sollen, kein Blattmetall, sondern das Gold in Pulverform. Sein Assis unterscheidet sich von dem der späteren Autoren, durch die Abwesenheit der Kreide; er nimmt vielmehr eine Mischung von Minium und Zinnober, wie es zu den Kapitelbuchstaben üblich war (daher der Name Miniator, Miniatur). Theophilus mischt (C. XXXI) Minium und Zinnober, von diesem ein Drittel des vorigen mit Eikläre und etwas Wasser und trägt es auf die zu vergoldenden Stellen auf. Das Goldpulver wird dann mit warmen, dünnen Hausenleim (C. XXX) angerührt, mit dem Pinsel aufgetragen und „mit dem Zahne oder mit einem sorgfältig gefeilten und geebneten Blutsteine über einer ebenen und glatten Horntafel" geglättet.[14])

In gleicher Weise kann an Stelle des Goldpulvers fein geschabtes reines Zinn verwendet werden, welches dann, um Gold ähnlich zu scheinen, mit Safran überstrichen wird (C. XXXII[15].) Aus der grossen Aufmerksamkeit, die Theophilus diesem Zweige der Kunst widmet, indem er für die Herstellung der Metalle in Pulverform allein 10 Rezepte anführt und in allen Details beschreibt (C. XXX—XXXVIII), könnte geschlossen werden, dass die Buchmalerei das von ihm mit Vorliebe gepflegte Fach gewesen ist. Sein Wissen in technischer Beziehung ist aber so umfangreich und erstreckt sich über alle Zweige des damaligen klösterlichen Kunstbetriebes, der Glasbläserei und des Glasmalens, der metallurgischen Prozesse des Gusses von Erz und Edelmetall, Beinschnitzerei usw., dass ihm manche Lücken in seinen maltechnischen Anweisungen nicht zu hoch angerechnet werden dürfen. Er war auch der Erste, der in seinem Buche die Disziplinen gesondert, und hat dadurch allein schon zum Verständnis der gleichartigen Anweisungen anderer Quellen beigetragen; sein Werk ist deshalb für uns eine der wichtigsten Rezepten-Sammlungen des Mittelalters.

---

[14]) Vergl. Heraclius C. XXVII des III. B., Vergoldung auf Leinwand mit Goldpulver und Leim, C. XLI, auf Pergament mit Leim und Eikläre gemischt.

[15]) Der Safran bezweckt in alten Anweisungen oft, das nicht immer ganz reine, sondern legierte Gold gelber zu färben; vgl. die Rez. des Leydener Pap. und des Lucca-Ms. p. 13. Wie dort, ist auch in C. XXXIV (p. 74 Éd. Ilg) die Beigabe von Safran (crocus) gemeint, also Cothum offenbar irrig, dafür ist crocum zu lesen.

Anhang.

Zur besseren Uebersicht und zum Verständnis der Anweisungen lasse ich hier die Kapitelreihen des Theophilus (Lib. I.) folgen:

I. Von der Mischung der Farben zu nackten Körpern.
(De temperamento colorum in nudis corporibus.)

II. Von der Farbe Prasinus.
(De colore Prasino.)

III. Von dem ersten Posch.
(De posch primo.)

IV. Von der ersten Art Rosafarbe.
(De rosa prima.)

V. Von der ersten Art der Lichtfarbe.
(De lumina prima.)

VI. Von der Veneda, welche in den Augen anzubringen ist.
(De Veneda in oculis ponenda.)

VII. Von der zweiten Art des Posch.
(De posch secundo.)

VIII. Von der zweiten Art Rosa.
(De rosa secunda.)

IX. Von der zweiten Art der Lichtfarbe.
(De lumina secunda.)

X. Von dem Har der Knaben, der Heranwachsenden und der jungen Männer.
(De capillis puerorum, adolescentum et juvenum.)

XI. Von Bärten Heranwachsender.
(De barbis adolescentum.)

XII. Von Haren und Bart der Hinfälligen und Greise.
(De capillis et barba [decrepitorum] et senum.)

XIII. Ueber das Exedra und die übrigen Farben für die Gesichtszüge.
(De exedra et caeteris coloribus vultuum [et nudorum corporum.])

XIV. Von verschiedenen Farbenmischungen für Gewänder der Bilder, welche auf Pergament entworfen werden.
(De mixtura diversorum colorum in vestimentis imaginum quae fiunt in pergameno.)

XV. Von der Farbenmischung der Gewänder auf der Mauer.
(De mixtura vestimentorum in muro.)

XVI. Von dem Streifen, welcher den Regenbogen nachahmt.
(De tractu qui imitatur speciem pluvialis arcus.)

XVII. Von Altartafeln und -Thüren, und von dem Käseleim.
(De tabulis altarium et ostiorum, et de glutine casei.)

XVIII. Vom Leim aus dem Leder und Geweih des Hirsches.
(De glutine corii et cornuum cervi.)

XIX. Vom weissen Gypsgrund auf Leder und Holz.
(De albatura gypsi super corium et lignum.)

XX. Die Thürflügel rot zu machen, und vom Leinöl.
(De rubricandis ostiis et de oleo lini.)

XXI. Vom Leime Vernition.
(De glutine vernition.)

XXII. Von Pferdesätteln und Sänften.
(De sellis equestribus et octoforis.)

XXIII. Vom Blättergold.
(De petula auri.)

XXIV. Von der Weise, Gold und Silber aufzusetzen.
(De modo ponendo aurum et argentum.)

XXV. Von Staniol-Blättern.
(De petula stagni.)
XXVI. Von der Weise, dünne Staniol-Blätter zu bemalen, dass sie wie vergoldet aussehen und von ihnen anstatt des Goldes Gebrauch gemacht werden kann, in Ermangelung desselben.
(De modo colorandi tabulas stagneas tenuatas ut tanquam deauratae videantur, et ipsis possit uti loco auri quando aurum non habetur.)
XXVII. Wie die Farben mit Oel und Gummi gerieben werden.
(De coloribus oleo et gummi terendis.)
XXVIII. Wie oft diese Farben aufzusetzen sind.
(Quotiens iidem colores ponendi sunt.)
XXIX. Von durchscheinender Malerei.
(De pictura translucida.)
XXX. Vom Mahlen des Goldes und der Mühle dazu.
(De molendo auro et de molendino ejus.)
XXXI. Wie Gold und Silber in Büchern aufgesetzt werden.
(Quomodo aurum et argentum poneatur in libris.)
XXXII. Wie die Malerei in Büchern mit Zinn und Safran geschmückt wird.
(Quomodo decoretur pictura librorum stagno et croco.)
XXXIII. Das Gold auf flandrische Weise zu mahlen.
(De molendo auro secundum Flandrenses.)
XXXIV. Wie mittelst Gold geschrieben wird.
(Quomodo scribitur de auro.)
XXXV. Nochmals von demselben.
(Item de eodem.)
XXXVI. Von derselben Kunst wie oben.
(De eadem arte sicut supra.)
XXXVII. Von derselben Kunst.
(De eadem arte.)
XXXVIII. Von jeder Gattung Leim in der Goldmalerei.
(De omni genere glutinis in pictura auri.)
XXXIX. Wie die Farben für Bücher gemischt werden.
(Quomodo colores in libris temperentur.)
XL. Von den Gattungen und Bereitungen des Folium.
(De generibus et temperamentis folii.)
XLI. Vom Zinnober.
(De cenobrio.)
XLII. Vom salzhaltigen Grün.
(De viridi salso.)
XLIII. Vom Spanisch-Grün.
(De viridi Hispanico.)
XLIV. Vom Bleiweiss und Minium.
(De cerosa et minio.)
XLV. Von der Tinte.
(De incausto.)

5. Quellen arabischen Ursprunges.
Liber sacerdotum.

Die grosse Kulturströmung, welche von Südosten her durch Jahrhunderte auf die Entwicklung der nordischen Länder Einfluss nahm, hatte schon in der karolingischen Epoche Gelegenheit, sich zu eigener Selbständigkeit auszubilden. Anfänglich ganz im Dienste der Kirche innerhalb der mönchischen Pflegestätten, begann die künstlerische Thätigkeit sich alsbald durch die Erstarkung des Bürgertums und das Aufblühen der höfischen Mittelpunkte neue Geltung zu verschaffen. Nicht nur in Deutschland, auch in Frankreich gelangte die Malerei und Plastik in Verbindung mit dem Ausbau des gothischen Stiles zu glanzvoller Entfaltung. Die Buchmalerei blühte im XIII. Jh. und die Enlumineurs, wie die Künstler genannt wurden, bildeten ein eigenes, selbständiges, mit Privilegien ausgestattetes Gewerbe. Paris war der Mittelpunkt einer ganzen Schule geworden.

So hatte sich die ursprünglich von byzantinischen Künstlern eingeführte Technik immer mehr ausgebreitet, dass sie, eigene Wege gehend, von dieser unabhängig sich weiter entwickeln konnte. An der Hand der Quellenschriften für Technik ersehen wir Schritt für Schritt, welchen Weg die technische Tradition genommen; es war der nämliche, der von Alters her vom Süden nach Norden führte.

Eine zweite nicht minder grosse Kulturbewegung folgte, ebenso wie die erste, vom Südosten, Syrien und Alexandrien beginnend, dem Siegeszug des jungen osmanischen Reiches bis Arabien, Persien und Indien. Wie ein Fluss durch kleinere Flüsse wächst, so erweitern sich die Kenntnisse durch neue Kenntnisse. Die technischen Traditionen des Altertums erhalten im Orient fördernden Zuwachs durch die Alchemie. In Mystik und Zauberkünsten, allerlei Geheimlehre war der sagenreiche Orient dem Occident seit den ältesten Zeiten überlegen; sein Einfluss muss demnach nicht gering gewesen sein, sobald sich die östliche mit der westlichen Kultur berührten. Sei es durch die Kreuzzüge oder auf dem Wege über Spanien, wo die sarazenischen Chalifen festen Fuss fassten, oder durch die engere Berührung der Hohenstaufen in Sizilien mit orientalischer Prachtentfaltung, überall treten uns jetzt arabische Einflüsse entgegen. Arabische Kunst und Industrie mit ihrem grossen Reichtum des verwendeten Materiales und der ornamentalen Erfindung, die Farbenpracht der Teppiche und die Gediegenheit ihrer Metallarbeit waren im Occident gekannt und geschätzt, der Levantehandel über Venedig und Genua war im grössten Aufschwung begriffen. So kann es uns nicht Wunder nehmen, auch auf technischem Gebiete arabische Einflüsse sich ausdehnen zu sehen. Arabische Schriften, insbesonders alchemistischen Inhalts, werden ins Lateinische übersetzt und bereichern das Wissen des Occidents. Wir haben diesen Einfluss schon im Heraclius sich fühlbar machen gesehen, er ist auch im Liber sacerdotum und anderen Quellen deutlich zu erkennen, die zum Teil direkt aus arabischen Schriften in die Litteratur des Abendlandes übergegangen sind.

Diese Quellen arabischen Ursprungs, die auf dem Umwege über Spanien durch die Mauren, oder infolge der engeren Berührung des Abendlandes mit dem Orient durch die Kreuzzüge nach Europa gelangt sein können, datieren bis ins X. Jh. zurück.

Obwohl ihr Einfluss, insbesondere in der maltechnischen Litteratur des Mittelalters sich erst später manifestiert, mag es angebracht sein, hier schon in Kürze auf einzelne derselben hinzuweisen.

Das Liber sacerdotum (Buch der Priester), ebenso wie das Liber de septuaginta (Buch der Siebzig), sind direkt aus dem Arabischen übertragen, das letztere nach einem authentischen Werke des Djâber. Es sind Rezeptensammlungen, die für allerlei Künste Anweisungen enthalten und deren Tradition bis auf das Altertum zurückreichen. Man findet im Lib. sacerdot. Rezepte, die sowohl den Compositiones des Lucca-Ms., als auch den Mapp. clav. gemeinsam sind und von denen einige sich im Leydener Papyrus schon vorfinden.

Immerhin ist die Redaktion von einander erheblich verschieden, so dass es nicht Abschriften sind, aber sie hängen alle mit derselben Tradition zusammen.

Arabische Worte sind zahlreich geblieben. Nr. 158 und 159 gibt sogar ein Vokabularium. Auch orientalische Verfahrungsarten haben auf diese Weise Ausbreitung gefunden, wie z. B. die Erzeugung des Corduanleders, des Niello und Borax, die Kenntnis des Alkohols etc. Ist aber der Einfluss des Orients festgestellt, so wird die Erscheinung arabischer, selbst persischer Worte in dem Malbuche vom Berge Athos kaum mehr Wunder nehmen.

Liber sacerdotum,[*] das wichtigere der beiden Schriften, ist eine Rezeptensammlung, bezugnehmend auf Mineralien, Metalle, deren Verwendungsarten, auf Farbenerzeugung und die Herstellung künstlicher Edelsteine.

Nach Berthelot [Chimie au moyen-âge, I. p. 180] scheint das Liber sacerdot. etwas jünger als Mapp. clav. zu sein; es ist gewiss arabischen Ursprungs, während die ältere Mapp. ins X. Jh. verwiesen, direkt antike Abstammung zeigt; dafür ist es aber älter als der Theophilus und der in Prosa abgefasste III. Teil des Heraclius.

Speziell für Malerei interessant sind die Rezepte für Farbenbereitung, von Azur, Bleiglätte, Gold, Silber, Zinnober, Minium und Auripigment. Es finden sich Rezepte zum Rotfärben, zum Vergolden und für Tinten, um Glas zu vergolden und zum Färben von Glasflüssen für Mosaik, welche teilweise auch in den Compositiones und in Mapp. clav. eine Rolle spielen. Einzelne Rezepte behandeln, wie Berthelot meint, symbolisch-alchemistische Präparate, wie z. B. der Eierschalenkalk (ovorum calx), dessen Bereitung in Nr. 175 genau beschrieben ist. Wir erfahren auch an dieser Stelle, dass der Schreiber, der sich zum Schluss Johannes nennt, in Ferrara gelebt hat. Es wird angegeben, wie dieser Kalk aus Eierschalen, die gereinigt werden, im Glasbrennerofen vom Schreiber selbst mit Erfolg gebrannt wurde, aber aus dem Rezept, ebensowenig wie aus allen übrigen, ist nicht ersichtlich, zu welchem Zweck die Anweisung dienen sollte, da überall genauere Angaben darüber fehlen; dadurch wird die Erklärung vieler wichtig scheinender Anweisungen unmöglich gemacht; wir erfahren z. B. ebensowenig den Zweck von aqua de cauli (Nr. 180), oder oleum ovorum (183), oder über aqua que dicitur dulcis (184), aqua de ovis (199) etc., so dass ein Eingehen auf das Technische kaum möglich ist. Aber gerade bei solchen Angaben wäre es von der grössten Wichtigkeit, die Verwendungsarten kennen zu lernen, denn alle diese Materien waren seit dem Altertum speziell zu Zwecken der Malerei in Gebrauch.

Nehmen wir z. B.

180. Ad faciendam aquam de cauli, etiam de calce, (Wie man aqua de cauli oder Kalkwasser machen soll):

„Nimm gebrannten Alaun, 1 Pf., stosse ihn fein und lege ihn in ein gewöhnliches Geschirr mit 3 Pf. Wasser und lasse ihn bis zum Abend sich lösen; es wird klar und vortrefflich; man nennt es aqua de cauli, Kalkwasser macht man so".[1]

Fast hat es den Anschein, als ob die arabischen Quellen neue technische Kunstgriffe lehrten, die im Abendlande bis dahin unbekannt waren; wie hier der Alaun

---

[*] Der latein. Text, ohne Uebersetzung, ist abgedruckt bei Berthelot, Chimie au moyen-âge B. I, p. 179 ff.

[1] (180) Accipe aluminis facioli libram I; pista eum fortiter et mitte in rudi olla; adde ibi aquae libras III, et cola sicut stella diana, et est clara et optima, et hoc vocatur aqua de cauli, aquam calcis fac sic.

zur Härtung des Mauerwerks oder dergl. Verwendung fand, so ist Alaun zur Härtung der Gypsarbeit bis in die neueste Zeit in Gebrauch.

Man wird kaum fehl gehen, ein solches Rezept in Verbindung mit der aufs höchste ausgebildeten Gypsstuckarbeit zu bringen, mit welcher die Wände der Alhambra z. B. ausgeschmückt sind.

Ebenso ist 183. vom Eieröl (ad faciendum oleum ovorum) bemerkenswert, welches aus den Eidottern, durch gelindes Kochen der Eier in Wasser bereitet wird. Welchen Zweck hatte diese Anweisung, die zwischen Rezepte für Farbenbereitung sich im Ms. vorfindet?

Ein anderes Verfahren (199) wird beschrieben, um aqua de ovis zu machen, indem die Eier gesotten, ihre einzelnen Teile getrennt, 8 Tage lang der Gährung ausgesetzt werden, bis sich eine rötliche Masse gebildet hat, welche für Vergoldung oder Versilberung zu dienen scheint. Ein ähnliches Rezept ist in Experiment. de coloribus (Nr. 22, Merrif. p. 57) zu finden, um Buchstaben zu machen, welche wie Gold aussehen; auch im Bologn. Ms. Nr. 146 ist die Angabe mit einiger Variante wiederholt.[2]) Es ist demnach zweifellos, dass diese Rezepte praktischen Wert gehabt haben müssen.

Was den Eierschalenkalk betrifft, so ist keine Ursache zur Annahme Berthelots vorhanden, dieses Rezept für „philosophique" zu erklären. Eierschalenkalk wurde in früher und später Zeit vielfach in der Malerei verwendet und war auch in Freskomalerei eine sehr geschätzte weisse Farbe. Der Jesuitenpater Pozzo benützte Eierschalenweiss für Fresko und Secco, Boltz von Rufach erwähnt es (p. 39. Ed. v. J. 1562), Kunst und Werkschul kennt Eierschalenkalk zu verschiedenen Zwecken (p. 542 Nr. 2, p. 543 Nr. 5. Weisse Farbe; Nr 6 Eyerschalenkreide; p. 275 Nr. 108 Schöne Arbeit von Eyerschalen; p. 306 Nr. 33 zum Formen), dieselbe Kreide erwähnt auch der Neapeler Codex für Miniaturmalerei aus dem XIV. Jh. (Rubrica XI).

Farbenrezepte sind im Lib. sacerdot. zahlreich enthalten. Wir finden die blaue Farbe (155), welche mittelst Kalk und Essig in einem Kupfergefäss (vas eramirus) erzeugt wird, und welches Rezept, wie wir bereits gesehen haben, in verschiedenen Quellen dann in verdorbener Form Aufnahme fand; hier ist noch die richtige Angabe, aber im selben Ms. (192) ist auch die fehlerhafte Anweisung (olla nova, neues Gefäss) zu lesen (vgl. p. 27 Note 13).

In Nr. 156 wird die Bereitung von Bleiweiss in der alten Art beschrieben, 182 handelt von Minium (ad faciendum Qarcon i. e. minium).

Erwähnt sei auch noch, dass in den ältesten alchemistischen Schriften die Metalle meist nach den Gestirnen bezeichnet werden; so ist z. B. Gold = Sonne, Silber = Mond, Kupfer = Venus, Eisen = Mars.[3]) Wir sehen demnach Anweisungen, wie 190, welche lehren, eine gelbe Sonnenfarbe zu bereiten (si vis facere solem), aus Bleiweiss, Minium und Zinnober (Qanaparin), u. dergl.

Eine Reihe von Rezepten ist der Goldschrift gewidmet (201—207). Diese Anweisungen sind voll von arabischen Worten sowie Cryptogrammen, und deshalb schwer verständlich; die Erklärungen, die Michel Deprez (in Berthelots citiertem Werk) gibt, lassen darauf schliessen, dass die Rezepte in ähnlicher Art die Goldschrift behandeln, wie die übrigen Mss. der älteren Zeit.

---

[2]) Das Eiklar soll dabei entfernt und durch Quecksilber ersetzt werden; in einem deutschen Ms. der Heidelberger Bibliothek (Pal. germ. 676) aus dem XV. Jh. finde ich diese Anweisung wieder: p. 61 ist zu lesen: Item wiltu gold machen damit man vergulden mag, so nym einer schwarzen hennen aij vnd mach es durch an einen ort gar wenig vnd geuss das wasser daruss vnd lass den dottern darinne beleiben, vnd geuss gleich als vil queecksilbers hinwider ein als des weissen ist gewesen vnd vermach das loch mit wachs vnd leg es under ain pruthennen vnd lass gleich als lang vnder ir ligen als dise ayr, so prut sich der totter vnd das queecksilber under einander (!) vnd wirt gleich als gut als zerlassen gold, dann das es dick ist. Das nym dann vnd raib es mit vischgallen oder mit augstein (Bernstein) der gel ist vnd mit dem besten den man vinden kan, vnd mag untz das gleich dünn werd, dass man damit schreiben mag vnd wirt schön goldin geschrift, man mag auch damit vergülden vnd malen was man wil das es njemant erkennen mag von anderem gold.

Die gleiche Anweisung im „Kunstbüchlin, gerechten gründtlichen Gebrauchs aller kunstbaren Werekleut" Augspurg 1535 p. XIIIa.

[3]) Ebenso in Experimenta de coloribus (Merrif. p. 67 verso): Mercur = Quecksilber, Jupiter = Zinn, Saturn = Blei.

Bindemittel ist „Semacarbi" i. e. Gummi arabicum; das Geschriebene wird mit dem Blutstein (lapis emathite) geglättet. Die Amalgame, wie z. B. Gold mit „Çaibac" i. e. Quecksilber zu verbinden (203), kehren wieder, ebenso die Arten, mit Blattmetall zu vergolden. So lehrt (204) eine Art auf Glas, Eisen, Elfenbein, Holz oder Pergament mit einer Mischung von (Gummi) Amoniac nebst Essig und Safran zu schreiben und das Geschriebene mit Goldblättern zu belegen. Auch die Vergoldung auf Holz (Glanzvergoldung) wird genau beschrieben:

> „(111) Um auf Holz (Vergoldung) zu glätten. Nimm gebrannten und hierauf pulverisierten Gyps in Mischung mit Mandelbaumgummi oder Leim und arbeite damit, was du willst. Mit der gleichen, nur dünneren Farbe übergehe die vorige".

Man ersieht aus dieser Anweisung deutlich die Uebereinstimmung mit der späteren Vorgoldung.

Auf den arabischen Ursprung einzelner Rezepte in Mappae clav. (CXCV, und CXCVI d. Ms.) wurde bereits aufmerksam gemacht; sie beziehen sich auf die Fabrikation von Niello, auch die arabischen Worte unverändert übernommen, almenbuz für Silber, arrasgaz für Blei, alcazir für Zinn, elquibriz für Schwefel u. s. w. (vgl. p. 23).

Andere arabische Schriften des Geber (Djâber ben Hayyan), des Ibn Sina (Avicenna) wurden im XII. und XIII. Jh. in die lateinische Sprache übertragen und behandeln zumeist alchemistische Dinge; Clavis sapientiae, Turba philosophorum, Rosarium philosophicum etc., welche im Theatrum medicum und auch in Bibliotheca chemica oder anderen Sammelwerken des XVI. Jhs. abgedruckt sind, bieten für die Technik der Malerei zu geringe Ausbeute, als dass dieselben hier in Betracht gezogen werden sollten.

Es kann jedoch nicht unerwähnt bleiben, dass zwei Gruppen arabischer Tractate zu unterscheiden sind, die einen, welche der griechischen Tradition folgen, die anderen, welche arabischen Ursprung haben, und mit persischen und syrischen Elementen vermischt sind.

Zu der ersten Gruppe gehört das Buch des Crates, welches der griechischen Tradition am nächsten steht, dann El-Habîb, Ostanes, das letztere mit persischen Einflüssen. Die rein arabischen Quellen haben einen anderen Charakter, der mehr dem der Byzantiner des VII. Jhs. verwandt ist; sie stammen aus dem IX.—XII. Jh. (vergl. Berthelot, Chimie au moyen-âge, B. III p. 9).

Der ersten Hälfte des XI. Jhs. angehörig ist noch eine arabische Quelle für Miniaturmalerei, der Urtext des 'Umdet el-Kuttâb, „die Stütze der Schreiber und das Rüstzeug der mit Verstand Begabten", welcher in darauffolgender Zeit durch Zusätze bereichert wurde. Prof. Karabacek hat aus dieser Quelle mehrere interessante Stellen veröffentlicht, die sich auf die Herstellung gefärbter Papiere zur Schrift und zu Malzwecken beziehen, aber eigentliche Anweisungen für Maltechnik nicht enthalten.[4]) Ein ähnliches Werk ist, wie mir der genannte Forscher mitteilte, auch in

---

[4]) Mitteilungen aus der Sammlung des Papyrus Erzherzog Rainer, IV. Bd. 1888. Karabacek, neue Quellen zur Papiergeschichte. p. 75 ff.

Von Interesse dürfte der hier folgende kurze Auszug sein, weil sowohl in den Farbenpigmenten als auch in den Bindemitteln vielfache Uebereinstimmung mit gleichzeitigen und späteren Quellen des Occidents herrscht.

Als Bindemittel für die Papierfaser, um darauf schreiben zu können, ist das Reismehl und die daraus bereitete Stärke erwähnt; auch dient Weizenstärke mit Safran gemischt zum Gelbfärben des Papieres (Antikisieren). Die älteste Art, Papier beschreibfähig zu machen, durch Tränken mit Reismehl, ist wahrscheinlich eine chinesische Erfindung und hat sich im ganzen mohammedanischen Orient bis in die neuere Zeit traditionell erhalten, namentlich waren die Bagdâder Papiere wegen ihrer Festigkeit und Grösse berühmt.

Um das Papier ausserdem vor Wurmfrass zu schützen, wurde noch der Saft der Coloquinte oder Bittergurke (Citrullus Colcynthis Schrad.) beigemischt.

Ausser der Reis- und Weizenstärke dient zum Leimen noch der Traganthgummi (Ketira), das Gummiharz einiger im Orient und Griechenland vorkommender Astragalusarten und als Zusatz zur Weizenstärke noch Fischleim (Hausenblase).

Der Milchsaft der wilden Feige (Ficus Sycomorus L.) dient zu einer Art des Antikisierens und zu sympathetischer Tinte, die erst durch Erwärmen des Geschriebenen sichtbar gemacht wurde.

der Oxforder Bibliothek, in arabischer Sprache geschrieben, aufbewahrt; wiederum ein anderes Werk desselben Inhaltes, aber türkisch geschrieben, besitzt die Wiener Hofbibliothek. Auch sonst gibt es in den europäischen Bibliotheken ähnliche handschriftliche Werke, welche aber insgesamt nicht übersetzt sind.

Ganz auffallend zeigt sich der Einfluss der arabisch-alchemistischen Litteratur auf die gesamten Gebiete der Technik durch das ganze Mittelalter bis herauf zur neueren Zeit; man kann sich davon einen Begriff machen, wenn man das älteste in deutscher Sprache gedruckte „Kunstbüchlin, gerechten gründtlichen Gebrauchs aller kunstbaren Werckleut, Augspurg 1535, mit dem Inhalt des Liber sacerdotum vergleicht. Obwohl dasselbe Rezepte für rein handwerkliche Techniken beschreibt und sich besonders mit Metallarbeit befasst, ist den alchemistischen und abergläubischen Manipulationen ein breites Feld gelassen. Molche zu fangen, diese dann mit Messing zu füttern, wodurch sich dieses in Gold verwandelt oder aus Quecksilber durch Brennen von Molchen echtes Silber zu bereiten (p. 25), sei der Curiosität wegen erwähnt. Aber auch die oben genannten Rezepte wie Oleum ovorum, aqua de ovis (Aqua von ayrtottern p. 35a), Eierschalenkalk und viele andere Anweisungen haben ihren direkten Ursprung aus dem arabischen Liber sacerdotum; die allgemein angenommenen Bezeichnungen der Gestirne für die Metalle ist auch hier durchgeführt (Calx Solis, Calx Lune, Venerem calcionieren, calcinatio Saturni, Purgatio Veneris etc.).

Direkte Anlehnung an die arabisch-maurische Technik in Kunst und Gewerbe zeigt eine handschriftliche Rezeptensammlung, das Bologneser Ms. aus dem XV. Jh., das als hervorragende Quelle für mittelalterliche Maltechnik bezeichnet werden muss, und am geeigneten Orte besprochen werden soll (s. d. Abschnitt nach Cennini).

Zur Färbung des Papieres wurden sowohl Körperfarben, wie Saftfarben angewendet. Das Kapitel XII des 'Umdet el-kuttâb bringt darüber genauere Details.

Blaue Papiere färbt man in Indigo, gelb mit dem Saft der Aloë. Oelgrüne Papiere, indem man blaue Papiere mit Safran temperiert.

Violett erhält man durch Mischung von Blau und Rot, welch' letztere Farbe aus Kermes (grana) bereitet wird.

Aloëholzartige Färbung wird mit Brasilienholz (Caesalpinia Sappan), saatfarbige aus einer Mischung von Safran und Grünspan, gelbe Färbung auch mittelst Safran oder Citronenrinde hergestellt.

II. Teil.

Quellen und Technik des Südens.

XIV. und XV. Jahrhundert.

I. Das Handbuch der Malerei vom Berge Athos.
(Hermeneia des Dionysios.)[1]

I.

Es war in den 40er Jahren, als Didron d. Aelt. durch die Veröffentlichung eines griechischen Manuskriptes über die Ikonographie und Malerei in den Athosklöstern das Interesse der gebildeten Welt erregte. Auf einer Reise in Griechenland begriffen, welche er gemeinsam mit Paul Durand unternommen, wurde er, bei Besichtigung und eingehendem Studium der in den alten Kirchen und Kapellen angebrachten Malereien, durch die Gleichartigkeit der Anordnung und Ausführung so vieler und zeitlich weit auseinanderliegender Gemäldecyklen in grösstes Erstaunen versetzt. Sowohl in Athen, zu Salamis, in Livadia oder auf Morea fand er „jedes Gemälde, wenn es denselben Gegenstand darstellt, überall in derselben Weise behandelt und gruppiert. Die Heiligen tragen Bandstreifen, auf welchen die Sentenzen geschrieben stehen, die aus ihren Schriften oder aus ihrer Lebensbeschreibung entnommen sind; an den Gemälden sind Inschriften angebracht, welche aus dem Teil der heil. Schrift gezogen sind, dessen Geschichte sie darstellen" (p. 7).

Didron, welcher sich diese Gleichmässigkeit nicht erklären konnte, dass „man möchte sagen, ein Gedanke auf einmal hundert Pinsel begeistert und auf einen Schlag fast alle Malereien Griechenlands hervorgerufen habe", setzte seine Forschungen fort und bereiste die Mönchsprovinz am Berge Athos mit ihren Hunderten von Kirchen und Kapellen. Gleich im ersten Kloster Esphigmenu, das die beiden betraten, hatten sie die freudige Ueberraschung, einen Maler von Karyes an der Arbeit zu sehen, der mit Hilfe seines Bruders, zweier Zöglinge und zweier junger Lehrlinge, die ganze innere Vorhalle der neu erbauten grossen Kirche mit historischen Fresken bedeckte.

„Gross war meine Freude", sagt Didron, „über diesen glücklichen Zufall, der mir das Geheimnis über diese Maler und über diese Malereien in die Hand zu spielen schien, und der mir so die Antwort auf die Fragen gab, welche ich in Salamis und in der Stadt Athen vergebens gestellt hatte. Ich stieg selbst auf das Gerüst des Meisters und ich sah, wie der Künstler, von seinen Schülern umgeben, den Narthex dieser Kirche mit Fresken bemalte. Der jüngere Bruder breitete den Mörtel auf der Mauer aus, der Meister skizzierte das Gemälde; der erste Zögling füllte die Umrisse aus, welche der Meister in den Bildern, die er zu vollenden, nicht die Zeit fand, angedeutet hatte; ein junger Zögling vergoldete die Heiligenscheine, malte die Inschriften, arbeitete an den Verzierungen; die zwei anderen, die kleineren, rieben und rührten die Farben durcheinander. Unterdessen skizzierte der Meister seine Gemälde wie aus dem Gedächtnisse oder aus Inspiration. In einer Stunde zeichnete er ein Gemälde auf die Wand, welches Christus vorstellt, wie er seinen Aposteln den Auftrag gibt, die Völker

---

[1] Ἑρμηνεία τῆς ζωγραφικῆς, das Handbuch der Malerei vom Berge Athos, aus dem handschriftl. neugriech. Urtext übersetzt, mit Anmerkungen von Didron d. Aelt. und eigenen von God. Schäfer, Trier 1855.

zu lehren und sie zu taufen. Christus und die andern elf Figuren waren fast in natürlicher Grösse. Er machte seine Skizze aus dem Gedächtnisse ohne Carton, ohne Zeichnung, ohne Modell. Indem ich die anderen Gemälde, die er vollendet hatte, prüfte, fragte ich ihn, ob er dieselben in gleicher Weise ausgeführt habe: er antwortete bejahend und fügte hinzu, dass er sehr selten einen Zug auslösche, den er einmal gemacht habe" (p. 10).

Einen Monat verbrachten die Forscher noch damit, „die Klöster, Skiten (Dörfer), die Zellen und Eremitagen des Athosberges zu besuchen; die neunzehn Kirchen des Klosters von Dochiarion wurden studiert, die achtzehn von Chilindari, die dreissig von Iwirôn, die dreiunddreissig von Xeropotamon und besonders die vierunddreissig von St. Laura, welches das älteste und schönste Kloster des ganzen Gebirges ist. Durand mass und zeichnete; Didron machte Noten. Ueberall fanden sie Malereien, die einen alt, die andern neu, diese aus dem neunten, jene aus dem achtzehnten Jahrhundert. Fresken in Ueberfluss, aber kein Mosaik" (p. 12).

Alle diese Malereien glichen, einige unbedeutende Verschiedenheiten abgerechnet, auf ein Haar denen, welche sie anderwärts gesehen.

Nach Kl. Esphigmenu zurückgekehrt, trafen sie den Maler von Karyes wieder und Didron, voll Verlangen, von ihm Genaueres über die Maler, deren Namen er auf den Mauern der Kirchen und Refektorien gelesen, zu erfahren, stellte an ihn vergeblich einzelne Fragen.

„Ihr Dasein war aus der Erinnerung, aus der Ueberlieferung selbst der mündlichen ausgelöscht, und war in Büchern nie verzeichnet worden. Mit Ausnahme eines einzigen, des ältesten und berühmtesten, des Meisters, dessen Werke man im Protaton von Karyes und im Katholikon (der grossen Kirche) von Watopedi studierte, waren sie alle rein vergessen; man erinnerte sich kaum dunkel der Maler des 18. Jahrhunderts. Das Haupt der athonischen oder hagioritischen[2]) Schule nennt sich Panselinos und lebte im XI. Jh."

Während Joasaph, der Maler vom Kl. Esphigmenu, Didron diese Einzelnheiten mitteilte, setzte der erstere ruhig seine Skizzen und Malereien fort und Didron hörte nicht auf, seine ungemeine Leichtigkeit und sein Riesengedächtniss anzustaunen. „Sehet Herr", sagte er endlich, „das alles ist weniger ausserordentlich als ihr meint, und ich wundere mich über euer Erstaunen, das gar nicht enden will. Sehet, hier ist ein Manuskript, worin man alles lehrt, was wir zu thun haben. Hier lernen wir unsern Mörtel, unsere Pinsel, unsere Farben bereiten und unsere Gemälde zusammensetzen und ordnen, da sind die Inschriften und die Denksprüche, die wir malen müssen, und welche ich diesen jungen Leuten, meinen Schülern, diktiere, aufgezeichnet".

Mit Hast, ja mit Gier, erzählt Didron weiter, ergriff er das Manuskript, das ihm Joasaph zeigte, und überzeugte sich gleich aus der Inhaltsanzeige, dass das Werk aus vier Teilen bestehe. Im ersten rein technischen Teil wird das von den Griechen bei dem Malen zu beobachtende Verfahren auseinandergesetzt, dann die Art und Weise, Pinsel und Farben zu präparieren, die Unterlage für die Fresken und die Gemälde zu fertigen und wie man auf dieser malt. Im zweiten Teile sind die Gegenstände der Symbolik und besonders der Geschichte, welche durch die Malerei dargestellt werden sollen, im einzelnen und mit einer merkwürdigen Genauigkeit beschrieben. Der dritte Teil bestimmt genau den Ort, an welchem man, sei es in einer Kirche, einer Vorhalle, oder einem Speisesaale, die einen der Gegenstände und Figuren vor den andern anbringen soll. Zuletzt bestimmt ein Anhang den Charakter, in dem Christus und die hl. Jungfrau zu malen sind, und es werden einige der Inschriften angegeben, an denen die byzantinische Kunst so reich ist.

Dieses Buch hatte die Inschrift:

Ἑρμηνεία τῆς ζωγραφικῆς
Anleitung zur Malerei.

Didron wollte das Manuskript kaufen, erhielt aber von Joasaph zur Antwort, dass er nichts mehr arbeiten könnte, wenn er das Buch von sich gäbe; mit seiner

---

[2]) Ἅγιον ὄρος, heiliger Berg, Monte Santo wird heutzutage der Berg Athos in ganz Griechenland genannt.

Anleitung verliere er seine Kunst, seine Augen und Hände. Uebrigens, fügte er hinzu, finden sich andere Copien dieser Handschrift zu Kares, jede Werkstatt besitze davon ein Exemplar und es gäbe dort noch vier vollständige Werkstätten, ungeachtet des Verfalles, in welchen die Malerei auf dem heiligen Berge geraten sei.

Es wird weiter erzählt, wie die Reisenden, um eine solche Abschrift zu bekommen, zu Pater Agapios nach Karyes kamen, der ihnen sein Buch gleichfalls nicht abtreten wollte, endlich zu Pater Makarios, der nach Joasaph der beste Maler auf dem Athos war; er besass ein schönes Exemplar des griechischen Ms., das älteste und am sorgfältigsten geschriebene.

„Diese Bibel seiner Kunst war inmitten der Werkstätte aufgestellt und zwei der jüngsten Schüler lasen darin abwechselnd mit lauter Stimme, während die anderen zuhörten und malten" (p. 16). Aber auch Makarios war nicht zu bewegen, die Handschrift zu veräussern, gestattete aber, dass ein tüchtiger Copist, den er kannte, eine Abschrift davon mache, die dann auch nach längerer Zeit in die Hände des Didron, der inzwischen nach Paris zurückgekehrt war, gelangte. Diese liegt der Ausgabe zu Grunde, welche Didron im Manuel d'Iconographie chrétienne grecque et latine (1845) veröffentlichte. Seiner Ansicht zufolge ist das Manuskript aus einem alten Kern immer durch Zusätze im Laufe der Zeit vermehrt worden; wie die Copie selbst, die Didron bei Joasaph sah und keine 300 Jahre alt war, durch viele Bemerkungen von diesem und seinem Meister erweitert worden ist, die in das Werk selbst übergehen, wenn dasselbe copiert würde, so geschah es schon mit den Noten, welche die Meister aus dem XV. u. XVI. Jh. beigesetzt hatten. Das Alter des Handbuches ist deshalb schwer genau zu bestimmen.

Von dem Verfasser des Buches, dem Mönch Dionysios, der sich „den geringsten Maler" in der Vorrede nennt, und „den wie der Mond leuchtenden Meister Panselinos von Thessalonich" als Vorbild preist, ist es unbekannt, wann er gelebt hat. Gewiss ist aber, dass schon dem Dionysios eine Tradition vorgelegen hat; denn er erwähnt derselben in der Vorrede bezüglich der Malerei auf Mauern (p. 40); aber auch dem Meister Panselinos, den wir im XI.—XII. Jh. blühen sehen, müssen Maler vorausgegangen sein, die, wie die späteren, sich an ihren Vorbildern heranbildeten, denn in Griechenland und im griechischen Orient hielt die Kirche die Kunst in der strengsten Unterwürfigkeit, seit das zweite Konzil von Nikäa einen Kanon für die gesamten griechischen Künstler festzusetzen für notwendig fand.[3]

Noch etwas spricht dafür, dass dem Dionysios eine Urschrift vorgelegen haben muss, nämlich der Umstand, dass die Handschrift zwei Vorreden hat, eine von Dionysios verfasste (p. 39 der Ausgabe von Schäfer) und die eigentliche „Vorrede", deren erster Teil das Gebet enthält, das der lernende Schüler vor der Ausübung seiner Kunst zu sprechen hat (p. 43—48). Der mehrfache Hinweis auf besonders ehrwürdige „nicht mit Menschenhand gemachte Bilder, auf die unzähligen Wunder, welche die heiligen Bilder des Herrn, der Muttergottes und der anderen Heiligen gewirkt haben und noch wirken", sowie manche andere Andeutungen lassen erkennen, dass der Schreiber unter den Eindrücken der Zeit des Bildersturmes gestanden hat. Er will beweisen, dass die Ausübung der Kunst der Malerei schon gottgefällig ist und „darum alle, welche mit Frömmigkeit und Sorgfalt hierin arbeiten, Gnade und Segen vom Himmel empfangen" (p. 47). Und klingt es nicht wie eine Bekräftigung des endlichen Sieges der Bilderfreunde, wenn am Schlusse des § 445 (Woher es uns überliefert worden, die heiligen Bilder zu malen) gesagt wird:

---

[3] Im Text der Konzilsbeschlüsse von Nikäa heisst es (loc. cit. p. 4): „die Struktur (Vorwurf?) der Bilder ist nicht Erfindung der Maler, sondern bewährte gesetzliche Vorschrift und Ueberlieferung der katholischen Kirche. Denn was durch Altertum hervorragt, ist verehrungswürdig, sagt der hl. Basilius. Das bezeugt das Altertum der Sache selbst, und die Lehre unserer Väter, welche vom heiligen Geiste getragen ist. Denn, indem sie dieselben in den heiligen Tempeln schauten, bauten sie mit geneigtem Gemüte auch Tempel und bringen darin ihre dankbaren Gebete und ihre unblutigen Opfer Gott, dem Herrn aller Dinge dar. Diese Ansicht und diese Ueberlieferung ist aber nicht vom Maler (denn sein allein ist die Kunst), sondern Anordnung und Verfügung unserer Väter, welche gebaut haben" (hh. Konzilien von Ph. Labbeus T. VII. Syn. Nicaena VI. act. VI. col. 831, 832).

„Das Malen der heiligen Bilder ist uns nicht nur von den heil. Vätern überliefert worden, sondern auch von den hl. Aposteln . . . . keineswegs verehren wir die Farben und die Kunst, sondern das Urbild; „denn die Verehrung des Bildes geht auf das Vorbild über", sagt Basilius. Ebenso, wenn wir die Bilder der Heiligsten oder irgend eines Heiligen sehen, verehren wir es mit Beziehung auf das Vorbild. Und wir malen sie, damit wir uns wieder an ihre Tugenden und an ihre Kämpfe erinnern, und dass auch wir unser Gemüt zu ihnen erheben. Mit Recht also malen und verehren wir die heiligen Bilder. Verflucht seien die Verläumder und Gotteslästerer" (p. 415).

Es ist dasselbe Anathem, welches bei den Konzilien des VIII. u. IX. Jhs. bald von den Ikonodulen, bald von Ikonoklasten geschleudert worden und lässt deutlich noch den Druck erkennen, unter welchem die Maler durch ein ganzes Jahrhundert bis zum endlichen Siege der Ikonodulen zu leiden hatten.

Dem bis zur Wut gesteigerten Eifer der Bilderstürmer nachgebend, hatten sich viele Maler (s. oben p. 5) in einsame Gegenden oder klösterliche Ansiedelungen, deren es viele gab, zurückgezogen. Auch der hl. Berg Athos, auf dessen höchster Spitze schon in heidnischer Zeit ein kolossales Bild des thrakischen Jupiters gethront haben soll, mit seiner „weit ins Meer vorragenden, vom Lande durch eine quer über den schmalen Isthmus gelegte, steile, schwer ersteigliche, nadelholzbewachsene Felsschranke fast geschiedenen Chersones" mag der gewünschten Zufluchtstätten genug geboten haben. Didron besuchte einige solcher Eremitagen oder Separatklausen, die „aus Grotten bestehen, in deren Tiefe oder in deren Nähe ein kleines Betlokal angebracht ist" (p. 12). Hier auf den schon in vorchristlicher Zeit als Zufluchtsstätte für heilig gehaltenen Berggipfeln hat sich dann in der Folgezeit, besonders durch die reichen Vermächtnisse und Stiftungen der späteren Kaiser die grosse Mönchsrepublik[1]) entwickelt, deren Hauptthätigkeit in der Pflege der Künste, besonders der Malerei bestand.

Deshalb erscheint es nicht unwahrscheinlich, den Ursprung der hagioritischen Kunst in der Zeit zu suchen, in welcher die Mönche durch die äusseren Verhältnisse gezwungen waren, die Kunst, von der sie nicht lassen wollten, im geheimen „in den legendenreichen, zum Klausnerleben günstig gelegenen, ebenso unnahbaren wie poesievollen Waldöden und Waldbachschluchten des Athos" auszuüben und die als „gottgefällig" gepriesene Kunst der Malerei weiter zu pflegen.

Die Ikonographie und die technischen Traditionen der Hermeneia des Dionysios reichen demnach bis in jene Zeiten zurück, in denen es vielleicht keinen geschriebenen Kanon gab und alles Technische vom Klosterbruder auf den Novizen mündlich überliefert wurde. Aber schon frühzeitig mögen Aufzeichnungen gemacht worden sein, insbesondere, wo es sich um die Feststellung der Ikonographie handelte. Sabatier[5]) spricht davon, dass aus den ältesten Schriften, in welchen Ueberlieferungen über den Typus und das Charakteristische der heiligen Bilder zusammengestellt wurden, man „ein Ganzes gebildet habe, welches zugleich die Beschreibung des Aeusseren dieses oder jenes Heiligen gab, sowie Andeutungen über Mischung und Bereitung der Farben, mit deren Hilfe man die Malereien ausführen soll. Dies Werk wird direkt auf die von Justinian erbaute Kirche der Aja Sophia zurückgeführt, die dreihundertfünfundsechzig Altäre zu Ehren aller Heiligen des Jahres enthielt. Man machte damals eine Beschreibung von allen diesen Heiligen". Geschriebene Copien dieser Zusammenstellung, welche sich in Russland befinden und dort Podlinnik genannt werden, sollen mit viel Kunst ausgeführt und mit Abdrücken von Skizzen geschmückt sein, die aller Wahrscheinlichkeit nach den Pergamenten byzantinischer Künstler entlehnt sind; einem Brief des hl. Polykarp aus dem XII. Jh. zufolge, wurden solche Abschriften als Andenken im Hauptkloster von Kiew aufbewahrt. Der Podlinnik, Handbuch oder Urtypus der russischen Heiligenmalerei, ist ein Werk, das auf hagioritischen Ursprung verweist, doch ist dasselbe keine Uebersetzung des griechischen

---

[1]) Vergl. Heinr. Brockhaus, die Kunst in den Athosklöstern, Leipzig 1891.
[5]) Sabatier, Notions sur l'Iconographie sacrée en Russie, Pétersbourg 1849; übersetzt von Schäfer im Anhang des Handbuches p. 442.

Handbuches, welches Didron herausgegeben; es enthält eine Menge Materialien, welche sich in diesem gar nicht oder nur kurz gedrängt angegeben finden⁶) (p. 432).

Soviel scheint festzustehen, dass schon frühzeitig der Einfluss der byzantinischen Kunst nach Nordosten in die Provinzen Russlands sich verfolgen lässt und dass die russische Kunst direkt an die Kunst des Athosklosters anknüpft. Schon im XI. Jh. war zu Cherson in der Krim eine Malerschule thätig, welche „durch besondere Manier, das Dunkele der Figuren und durch das Colorit erkennbar war".

„Die ersten russischen Maler waren griechischen Ursprungs; sie bildeten bald russische Zöglinge, unter welchen der bekannteste der hl. Olympos ist, welcher im XI. Jh. gelebt hat". Offenbar fällt das Erscheinen der griechischen Ikonographie in Moskau mit der Begründung des Patriarchats (XIV. Jh.) zusammen, und wirklich war der erste Patriarch von Moskau auch dessen erster Maler; ihm verdankt man unter anderem ein heiliges Bild, welches er für die Kathedrale daselbst, die er erbaut hatte, gemalt (p. 448).

Ausser dem „Podlinnik, der russischen Hermeneia" erhebt ein zweites Buch, der Stoglaff noch den Anspruch, als direkt vom Athos beeinflusst zu sein; es erwähnt die Arbeiten eines Malers Rubleff, der im XIV. Jh. gelebt, als solche, die zum Muster dienen können und spricht auch von der „Schule von Athos, welche durch Manuel Panselinos, einen Maler des XI. Jhs. gegründet sei". Die Werke des Dionysius (des Malers) werden von den „alten Chroniken als wunderthätige oder göttliche, wie die Rhomäer (i. e. Griechen) sich ausgedrückt haben würden", bezeichnet.

Diese beiden Bücher, Podlinnik und Stoglaff, haben demnach zweifellos und sehr frühzeitig Beziehungen zu den Niederschriften der Hermeneia vom Berge Athos. Durch Vergleichung der Verschiedenheiten würde sich dies auch feststellen lassen, wenn einmal Genaueres über diese Bücher vorliegen wird. Dann würde sich auch die Vermutung, dass die Hermeneia aus einem alten Kern, der Jahrhundert auf Jahrhundert durch Zuthaten bereichert worden, leicht zur Genüge bekräftigen lassen.

---

⁶) Ueber das Eigentümliche des technischen Teils des russischen Podlinnik ist nach Sabatier das Folgende zu entnehmen: „Die Bilder wurden auf eine Unterlage von Leukas (vom griechischen λευκός, weiss, eine Grundfarbe, welche mit Kalk (?), der mit Leim zerrührt ist, auf das Holz gelegt wird) mit Farben gemalt, welche mit Eiergelb angemacht waren, und welche man nachher polierte (?). Man nahm Eiergelb statt Oel, welches man als ein Produkt aus Menschenhand ansah, und darum nicht würdig zur Darstellung der Gottheit erachtete. Deswegen haben die alten mit Eiergelb gemalten Bilder für die Altgläubigen einen so grossen Wert. Was die Ausführung angeht, kann jedes Bild in zwei Teile zerlegt werden: Das Gesicht und die Gewandung; für das erstere wandten die Maler Ocker, Bleiweiss und Umbra an, für die zweite Ocker, Zinnober und eine grüne ins bläuliche fallende Farbe. Diese Gemälde hatten wegen des vorherrschenden Ockers, den man mit Farbe, genannt von Jerusalem, mit Umbra, Bleiweiss und Zinnober mischte, je nachdem man Schatten, Licht oder lebhafte Farben geben wollte, einen dunklen Ton. Das Helle brachte man durch Sankyr (welches bei den alten Malern Carmoisin (?) bezeichnen soll), Grün und Goldblätter hervor. Auf Sankyrgrund malte man die Nimben, zur einen Seite grün, zur anderen mit gebranntem ockerroten Purpur. Die Inschriften waren mit Zinnoberrot auf Goldgrund aufgetragen; auf jedem andern Grund machte man dieselben mit feinem Blättergold, welches auf Ciast (eine Lage weiss oder gewöhnliches Gold, auf welche man nachher feines Gold legt) gelegt wurde. Zuweilen verzierte man die Bilderrahmen mit Linien und Arabesken von Zinnober. Waren die Bilder fertig, so überzog man sie mit einer Lage fetten Oels, welches ihnen bald einen schwärzlichen dunklen Ton gab. Diesem Verfahren muss man den dunklen Ton überhaupt zuschreiben, welcher diesen Heiligenbildern eigen ist, da man nicht annehmen kann, dass sie ursprünglich so gemalt worden seien. Wie es auch immer sein mag, die Farben waren so hart und dicht, dass sie nicht nur dem Einfluss von Jahrhunderten widerstanden, sondern dass sie auch unversehrt blieben, nachdem sie lange Zeit mit Lagen anderer Farben bedeckt gewesen waren" (p. 445, Anhang zu Schäfer, Hermeneia).

Zu dem obigen offenbar ungenauen Bericht von Sabatier, muss vom technischen Standpunkt bemerkt werden, dass die Leukasunterlage nicht aus Kalk, sondern eher aus Gyps bestanden haben muss; dass die Farben mit Eigelb gemalt, nicht poliert werden können, sondern vermutlich nach § 50 (Wie man moskowitisch arbeitet), mit der Glanzfarbe, welche Wachs enthielt, oder mit Eiklar angemacht waren; dass, wenn das Oel „als Produkt von Menschenhand" vermieden wurde, man es nicht hernach zum Ueberstrich verwendet hätte, dass Sankyr nicht Carmoisin, sondern Grünspan (Tsinkiari, § 43) bedeutet; dass auf solchem Grunde nicht mit Purpur etc., sondern mit Porporina, d. i. Goldstaub gemalt wurde. Die Ciast-Unterlage unter Gold dürfte dem Assiso entsprechen. Der dunkle Ton kommt allerdings vom Oele her, welches durch fortgesetztes Nachdunkeln so schwarz geworden ist.

Diese Annahme, dass der Hermeneia ein älterer Kern zu Grunde liegt, wird auch durch die folgenden drei Umstände veranlasst: durch die Ungleichmässigkeit der Sprache, durch die Uebergehung der Synoden, diesseit des VIII. Jhs. und durch die Nennung des alten Malers Panselinos. Die Altersfrage behandelnd, tritt Brockhaus in seinem zitierten vortrefflichen Werke (p. 158 ff.) dieser Anschauung entgegen, denn

„1. ist die Sprache des ersten technischen Teiles die neugriechische, während die übrigen Teile in einer der altgriechischen Kirchensprache verwandten Schriftsprache abgefasst sind. Sprachliche Verschiedenheiten sind zweifellos und in hohem Grade vorhanden. Doch ist es nicht nötig, deshalb verschiedene Abfassungszeiten anzunehmen. Noch heutigen Tages besteht in griechischen Gegenden ein Nebeneinander ebenso verschiedener Sprachweisen: die Sprache der Werkstatt ist das volkstümliche Neugriechisch, die hohe Schriftsprache nähert sich dem Altgriechischen und die Sprache der Kirche ist das Altgriechische des vorigen Jahrtausends. Namentlich in den vorausgeschickten Gebeten und bei gelegentlicher Anführung von Sprüchen trete diese Kirchensprache unverändert zu Tage (p. 159);

2. ist die Uebergehung der Synoden erklärlich, weil die griechische Kirche auch heute noch nur die ersten sieben Synoden mit Feiern bedenkt. Dagegen sind im Handbuch Wunder und Heilige aus jüngerer Zeit, bis mindestens zum XIV. Jh. berücksichtigt;

3. bieten auch die Beziehungen des Verfassers zu Panselinos, der im XI. oder XII. Jh. gelebt haben wird, keinen Altersbeweis dar, da der Verfasser ihn als „einst blühenden Maler" preist. Der treffliche Panselinos, dessen Werke zumeist untergegangen sind, und der Verfasser des Handbuches Dionysios sind nicht Zeitgenossen gewesen (p. 82)."

Man würde die Lösung der Altersfrage, so führt Brockhaus weiter aus, in der Angabe des Jahres 1458 auf dem Titel und im Vorwort der griechischen Ausgabe suchen können, wenn nicht hiegegen derselbe Verdacht wie gegen die anderen Eigenheiten dieser Ausgabe vorläge. Der Fälscher Simonides, welcher die griechische Ἑρμηνεία τῶν ζωγράφων, Athen 1853 (II. Ausgabe von Konstantinidis, daselbst 1885), besorgte, machte sich nämlich durch Handschriftenfälschung verdächtig. „Da die Angabe über das Handbuch im Werke des Konst. Ikonomos (Athen 1849) auch die gefälschten Paragraphen über Daguerrotypie (§ 64) gläubig erwähnt, so beruht auch sie auf Eingebung des Uebelthäters, besitzt also keine Beweiskraft" (p. 160).[7] Meiner Ansicht nach spricht der letztere Umstand, so eigentümlich es im ersten Moment erscheinen mag, noch nicht für die Falschheit des Ganzen; im Gegenteil, eine beabsichtigte Fälschung würde sich eines derartig in die Augen fallenden Anachronismus nicht zu Schulden haben kommen lassen. Wir haben ja oben deutlich gesehen, wie durch fortwährende Ergänzungen der Besitzer der älteren Handschriften, die Zusätze bei der Copierung in dasselbe aufgenommen wurden und bei der Vorliebe der jetzigen Mönche auf dem Athos für photographische Fertigkeiten ist es doch sehr wahrscheinlich, dass beim Auftauchen der Daguerrotypie (erfunden 1826) sich der Besitzer der Handschrift bezügliche Notizen in sein Malbuch gemacht hat. Die von Simonides gefertigte

---

[7]) Ohne für die Lauterkeit der Ausgabe des Simonides irgendwie einzutreten, möchte ich gleich hier bemerken, dass die 12 eingeschalteten Paragraphen seiner Ausgabe nichts enthalten was die im Handbuch beschriebenen Techniken im Geringsten anders erscheinen lassen könnte. Es sind die folgenden Anweisungen eingeschaltet:

§ 45. Anleitung zur Goldschrift.
§ 47. Bereitung von Carmoisinrot (aus Kermes).
§ 48. Andere Anleitung (für Carmoisin).
§ 49. Ein anderer Lack.
§ 50. Andere Anweisung (für Lackrot).
§ 56. Anweisung zur Bereitung des Lazurblau (aus Lapis lazuli).
§ 57. Eine angenehme schwarze Farbe für die Schattierung des Papieres (aus gebranntem Hirschhorn).
§ 58. Eine andere Art (aus gebrannten Nussschalen).
§ 60. Andere Anweisung (Tinte aus Gallusäpfeln).
§ 86. Ueber die Bereitung des „Goldsteines" (alchemistisch).
§ 87. Um zerbrochenes Porzellan zu kitten (mittels Glaspulver und Eiweiss).
§ 88. Um Zunder zu machen.

Copie nahm dann in gutem Glauben diese Notizen mit in das Werk selbst auf. Es sei hinzugefügt, dass Brockhaus selbst drei Handschriften sah: zwei aus den Jahren 1630 und 1787 in Karyes bei dem Maler und Photographen Benjamin, eine dritte aus dem Jahre 1838 in der Bibliothek zu Xenophontos.

Der Verfasser der „Kunst in den Athosklöstern" kommt dann zum Schluss, „die Uebereinstimmung mit den vorhandenen Malereien lasse die Entstehung des Handbuches nach dem Jahre 1300, die Uebereinstimmung mit einem anderen Schriftstücke des XVI. Jhs., wohl auch der Sprachcharakter, nach dem Jahre 1500, die erwähnte Handschrift zu Karyes aber vor dem Jahre 1630 suchen. Die Zwischenzeit des XVI. und das erste Drittel des XVII. Jhs. ist also als die Entstehungszeit des Handbuches zu betrachten", eine Ansicht, welcher beigestimmt werden kann, soweit es sich um die vorhandenen Niederschriften handelt. Die Tradition selbst, ob aufgeschrieben oder nicht, reicht aber gewiss bis in die Urzeiten der Gründung der Mönchsrepublik zurück, und wurde stets von kunstübenden Mönchen von Generation zu Generation weiter überliefert; die Technik als solche mag deshalb direkt auf die Kunstübung der byzantinischen Kaiserzeit zurückzuführen sein.

II.

Von dem Inhalt der Hermeneia wird uns zunächst der erste Teil zu beschäftigen haben.[8]) Zum Unterschiede von den früheren Rezeptensammlungen, dem Leydener Papyrus, dem Lucca-Ms., Mapp. clav. und dem Liber sacerdotum sind in dem ersten Teile des Athosbuches die Anweisungen ausschliesslich für Malerei bestimmt. Er ist deshalb für uns von besonderem Werte, obwohl Didron (p. 22 der Einleitung) meint, man müsste sich entschliessen, alle diese Rezepte fallen zu lassen, denn der Wert des Buches bestehe nicht in dem Technischen, den Rezepten, in diesen Lektionen und Anweisungen, sondern in den drei anderen Teilen, der eigentlichen Ikonographie. „Beim ersten Anblick", sagt Didron, „scheint der erste Teil der wichtigste zu sein, nachher aber findet man, dass er nur von geringem Werte ist. Die angegebenen Rezepte versteht man entweder schlecht oder gar nicht; die da genannten Substanzen scheinen kein Analogon zu haben, entweder weil sie wirklich andere sind, oder weil man den entsprechenden Namen dafür nicht gefunden hat. Man ist weder sicher über Mass und Verhältnis, noch über den Namen der Substanzen"[9])

Richtig ist es, dass hier Vieles unklar und schwer verständlich, auf den ersten Anblick sogar manche unlösbare Rätsel vorhanden sind, aber sobald einmal die einzelnen Angaben von einander richtig geschieden werden, dann lassen sich auch die Schwierigkeiten in der Hauptsache heben. Wir müssen nur zu allererst, wie oben beim Lucca-Ms. und den anderen Quellen, die Anweisungen einteilen, in solche

1. für Farbenerzeugung,
2. für Vergoldung und Goldschrift, und
3. für Malerei.

Die letzteren zerfallen naturgemäss in die Bereitung der Wandfläche, der Farben für Fresko und der Wandmalerei, in die Vorarbeiten für Tafelmalerei, Bereitung des Grundes zur Vergoldung und Malerei selbst, in die Bereitung der Bindemittel für dieselbe, und in die Farben und Hilfsmittel für Pergamentmalerei (Miniatur). Allgemeine Angaben, wie die Mischungen von Fleischfarbe, haben, wo es nicht besonders verzeichnet ist, für alle Arten der Malerei zu gelten.

---

[8]) Ueber die Bedeutung des Handbuches der Malerei vom Berge Athos für die Kenntnis der mittelalterlichen Ikonographie, vergl. Brockhaus p. 161 und die Einleitung Didrons zu dessen Ausgabe.

[9]) Miatle, Professor der Pharmazie an der medizinischen Fakultät zu Paris, an den sich Didron wandte, um den ersten Teil des Manuskriptes zu prüfen, sandte ihm folgenden Bescheid: „Ich übersende Ihnen einige Noten, die ich glaubte machen zu können; ich hätte deren Zahl vermehren können, wenn ich nicht gefürchtet hätte, der Wahrheit zu nahe zu treten. Diese Anleitung scheint mir übrigens sehr unvollständig und schwierig, um darin Rat zu suchen. Was die Anleitung Bol nennt, ist der Bol von Armenien; das rote Blei ist Minium; das starke Wasser ist nicht acidum nitricum, sondern das zweite Wasser von Pottasche. Raki ist Weingeist. Peseri ist wahrscheinlich oleum siccativum".

In zweiter Linie erscheint es auch wichtig, die Beziehungen in Betracht zu ziehen, die selbst die so abgeschlossenen Mönche des Athosberges Jahrhunderte hindurch unterhielten; es wird sogar eine gewisse Wechselwirkung bestanden haben, indem Mönche zur Ausführung von Arbeiten ebenso nach Athen, Konstantinopel, in das südliche Russland oder in die christlichen Teile der Türkei kamen, wie früher die byzantinischen nach Venedig, Ravenna, Gallien oder Damaskus. Von dort kehrten sie wieder auf den Athos zurück. Am stärksten lässt sich vielleicht der Einfluss des Orients in den zahlreichen arabischen und türkischen Ausdrücken für Farbmaterialien konstatieren; es ist sehr begreiflich, dass infolge des ausgedehnten Levantehandels Kaufleute aus der Türkei, welche die Maler mit Farben etc. versorgten, diese die fremden Ausdrücke angenommen haben dürften. Nicht zu unterschätzen ist auch der Wechselverkehr durch die Kreuzzüge, infolge deren sie in Berührung mit fränkischen Künstlern gekommen sein können, abgesehen davon, dass zur Zeit des Gottfried von Bouillon noch ein reger Austausch von Kunstwerken und Künstlern selbst, nach den nordwestlichen Teilen Europas stattgefunden hat; so ist auch der merkwürdige Ausdruck „Golipharmpe" für Goldfarbe, welcher an einer Stelle der Hermeneia gebraucht ist, zu erklären.

Zum Verständnis des technischen Teiles ist aber auch noch nötig, stets die Anweisungen mit denen das Lucca-Ms. und späterer Malbücher, wie z. B. des Cennini zu vergleichen, und wo es angebracht ist, sich durch Versuche sofort über die Möglichkeit und den Zweck der technischen Anweisungen Klarheit zu verschaffen.[10]) Von grossem Vorteil ist auch der Vergleich mit dem weniger bekannten Neapeler Codex über die Miniaturmalerei des XIV. Jhs., weil in ihm eine Art Schlüssel gegeben ist, um alles abzusondern, was speziell für Miniaturtechnik Geltung haben könnte. Auf diese Weise war es möglich, die oft unklaren Anweisungen des Athosbuches von ihrem praktischen Standpunkte zu verstehen und richtig zu ordnen.

In der Einteilung der Rezeptenreihen ist in unserem Manuskripte schon deutlich ein gewisses System zu bemerken; man sieht die Absicht, ein Lehrbuch zu schaffen, genau durchgeführt. Nur einigemale wird der Plan durchbrochen, durch Einfügungen und Bereicherung der Abschnitte, wie es scheint, aus späterer Zeit. Die Anordnung der Anweisungen ist aber in allen Punkten stets der Arbeitsfolge entsprechend gegeben und darin müssen wir eine Neuerung in der Litteratur der Malerbücher konstatieren, welche ausser Cennini kein früherer Schreiber zur Durchführung brachte. Was zuerst zu geschehen hat, wird auch zuerst beschrieben, das ist für ein technisches Lehrbuch gewiss ein sehr empfehlenswertes Verfahren.

Deshalb beginnt der Mönch Dionysios mit dem Pausen der Bilder, denn nichts ist charakteristischer für die byzantinische Malerei der ersten Zeit nach dem Jahre 1000, als das fortwährende Wiederholen der einmal festgestellten Typen und Formen. Dem Verfasser des Athosbuches ist dies so selbstverständlich, dass er sein Werk mit dem Kapitel „Wie man Bilder abdrückt" beginnt (§ 1), denn die Pause ist das wichtigste für den Anfang und ohne dieselbe kann der junge Künstler nichts beginnen. Schon aus der Einleitung (p. 46) konnte man ersehen, welchen Wert Dionysios auf die Beschaffung von Pausen nach guten Originalen legt, denn nur auf die genaueste Nachahmung des schon Vorhandenen scheint es dem hagioritischen Künstler anzukommen. Es heisst an der citierten Stelle: „suche einige Originale des berühmten Panselinos auf.... Gehe dann in die Kirchen, die er ausgemalt hat, um dir Abdrücke zu nehmen, wie wir dich unten lehren werden". Zu diesem Zwecke wird der „Urtypus" erst mit Vorsicht gewaschen,[11]) das ölgetränkte Papier daraufgelegt und mit

---

[10]) Vergl. m. Collection von Versuchen Nr. 41—49.

[11]) p. 46 der Einleitung: „Ehe du also eine Abzeichnung, sei es auf einer Mauer, sei es auf einem Gemälde, nimmst, so gib wohl acht, dass du den Urtypus mit einem sehr reinen Schwamme wohl waschest, um allen Schmutz wegzunehmen; denn wenn du ihn nicht gleich waschest, so bleibt der Schmutz darauf kleben und er wird später nicht weggehen, und so verfällst du der Anklage der Gottlosigkeit und wirst für einen Verächter der Bilder angesehen". Dass diese Warnung berechtigt ist, zeigt gleich die weitere Stelle: „an verschiedenen Orten habe

schwarzer und weisser Eitempera die Zeichnung durchgepaust. Auch solche Pausen dienen dann wieder als Vorbild. Bei gefirnissten Bildern oder Wandgemälden werden die Kontouren mit verschiedenen, in Knoblauchsaft angerührten Farben überstrichen und einfach auf befeuchtetes Papier abgeklatscht, ein Verfahren, das sich, wie ich versuchte, leicht ausführen lässt, das aber zeigt, wie wenig rücksichtsvoll mit den Originalen verfahren wurde, nur um die genauesten Kopien davon zu verfertigen.

Die weiteren Vorarbeiten werden in den nächsten Kapiteln beschrieben und zwar: Von der Bereitung der Kohle, womit man zeichnet (§ 2), der Pinsel (§ 3), des Leimes (§ 4), wie man Gyps brennt und flüssig macht (§ 5) und wie man für Bilder den Gypsgrund macht (§ 6).

Es ist wichtig, von dieser Grundierung genauer Notiz zu nehmen, weil mit dem Grund die weitere Technik im innigsten Zusammenhange steht. Zunächst wird angeordnet, mit frisch gekochtem, resp. aufgeweichtem Leim die Holzbretter, also heiss, zu überstreichen und eventuell an der Sonne trocknen zu lassen, damit die Feuchtigkeit einziehe. Später sollen aber die Bretter nicht der Sonne ausgesetzt werden, weil der Gyps sich höbe. Was diesen Gyps betrifft, so ist es derselbe, welchen Cennini mit gesso sottile bezeichnet, und der durch mehrfaches Einweichen von gewöhnlichem Gyps in genügender Menge Wasser bereitet wird, indem Sorge zu treffen ist, dass derselbe sich nicht fest zu Boden setzen und erhärten kann. Um ein besonders gutes Resultat zu erzielen, wird hier das Brennen des Gypses noch einmal wiederholt; er wird dann wieder gestossen, flüssig gemacht und zum Trocknen an die Sonne gelegt. Von diesem Gyps mische man mit gutem Leim eine hinreichende Menge, um fünf, sechs Deckungen zu geben. „Versuche zuerst auf einem kleinen Brett, und wenn der Gyps zu hart ist, so giesse warmes Wasser hinzu, damit er erweiche; ist im Gegenteil der Gyps zu weich, so thue noch Leim hinzu, bis es zum Verhältnis kommt, wie es dir passt. Lege dann so zwei oder drei Deckungen auf die Bilder an; bei der vierten setzest du Peseri (gekochtes Leinöl) und eine Quantität Seife hinzu, und so gib die anderen zwei oder drei Deckungen und die Sache ist fertig. Gib Acht, dass du dich nicht eilst, und dass du den Gyps nicht dick auflegst, um schneller fertig zu werden; denn wenn du ihn nachher schleifen willst, so löst sich die erste Lage von der zweiten ab, und das Gemälde wird ungleich". Bei heissem Wetter soll der Gyps immer mit frischem Leim angerührt werden, weil der Leim leicht verdirbt, wenn er zu lange mit dem Gyps zusammen ist und dann rissig wird.

Die nun folgenden Anweisungen entsprechen genau der Arbeitsfolge; ist der Gypsgrund fertig abgeschliffen und das „Bild skizziert", so wird zunächst mit den Arbeiten für Vergoldung, die stets voranzugehen hat (vgl. ebenso bei Cennini C. 122 ff.), begonnen. Die Heiligenscheine (§ 7) werden gemacht, indem Baumwollenfäden in den zum Grund benötigten Gyps getaucht und an die Stellen befestigt werden; auch das Ornament kann mit dem Pinsel und dem gleichen Gyps erhöht werden. Ueber die Baumwollenfäden werden noch ein oder zwei Lagen von Gyps aufgetragen, um Ausladung zu gewinnen und dann die Ornamente und plastischen Erhöhungen sorg-

---

ich gefunden, dass Maler, welche sich Abdrücke genommen haben, sei es aus Unwissenheit, oder aus Mangel an Frömmigkeit und Furcht vor der Sünde, die Gemälde nicht schnell abwuschen und den Schmutz auf denselben liessen, so dass, welche Mühe ich mir auch darum gab, dieselben zu waschen und zu reinigen, ich es nicht vermochte". Mit unserem heutigen Begriffe von Pietät für alte Bilder, dürfte auch die weitere Anweisung des Dionysios nicht recht vereinbar sein: er verfährt bei alten Bildern, wie folgt: „Aber wenn das Gemälde, von dem du den Abdruck nehmen willst, alt ist, wenn die Farbenstriche nicht mehr sichtbar sind, der Gyps mürbe geworden ist, und du fürchten musst, dass es durch das Waschen verdorben werde, so mache es also: Wasche es zuerst mit Vorsicht, flicke es dann aus, ziehe einen Firnis darüber, und nimm dann den Abdruck; wasche es dann wieder, wie wir schon gesagt haben". Es handelt sich hier, wie aus § 1 hervorgeht, um den Abdruck mittelst der Knoblauchfarbe, die sich doch nicht vollständig auf das Papier überträgt; das Ueberflüssige muss also abgewaschen werden; zu bemerken wäre noch, dass der Knoblauchsaft die Eigenschaft hat, als Wasserfarbe sich auf der mit Oelfirnis bedeckter Fläche auftragen zu lassen. Dieser bekannte Atelierwitz ist demnach so alt wie die Athoskunst!

fältig abgeschliffen und geglättet (Cennini C. 124).[12]) Den gleichen Vorarbeiten für Vergoldung dient der folgende § 8, „Wie du einen Chorschluss[13]) mit Gyps überziehen musst" und § 9, „Wie man einen angeschlagenen Chorschluss vergypst."

Sind diese Arbeiten vollendet, dann folgt die Arbeit des Vergoldens selbst und zwar die Anlage des Bolusgrundes, wie es auch heute noch geschieht. Drei Paragraphe bringen verschiedene Arten des „Boliment" (§ 10, 11 u. 12); der armenische Bol (Kil ermeni) ist der beste und wird zu diesem Zwecke in der ganzen mittelalterlichen Vergoldertechnik angewendet.

§ 13, „Wie man die Bilder vergolden muss", lehrt dann die weiteren Details für Vergoldung von Tafelbildern. Die Zeichnung muss mit der Nadel eingeritzt werden, bevor die üblichen drei Lagen von Ampoli (Bolus) gegeben werden (Cennini C. 123), dann wird die zu vergoldende Fläche mit Raki (Weingeist) überstrichen, bei kleineren Stücken überschüttet, die Goldblättchen aufgelegt und darauf poliert, wie es jetzt noch bei der sogen. Glanzvergoldung (französischen Vergoldung) geschieht.[14]) Zwei weitere Paragraphen (14 u. 15) schildern die Vergoldung der schon oben erwähnten Chorschlüsse, gleichfalls mit Glanzgold, denn die Maler hatten stets auch die Vergoldungsarbeiten mit zu versehen.

Damit wären die Vorbereitungsarbeiten vollendet; es folgt das Malen selbst und zwar beginnt Dionysios mit den Angaben für Fleischfarbe; während Cennini

---

[12]) vergl. m. Versuchskollektion Nr. 20, bei welcher der Heiligenschein mit dem Faden gelegt ist, und bei Nr. 41 den reichen plastischen Hintergrund und den Nimbus, welcher mit dem Pinsel auf einer Wergunterlage gefertigt ist. (Fig. 4.)

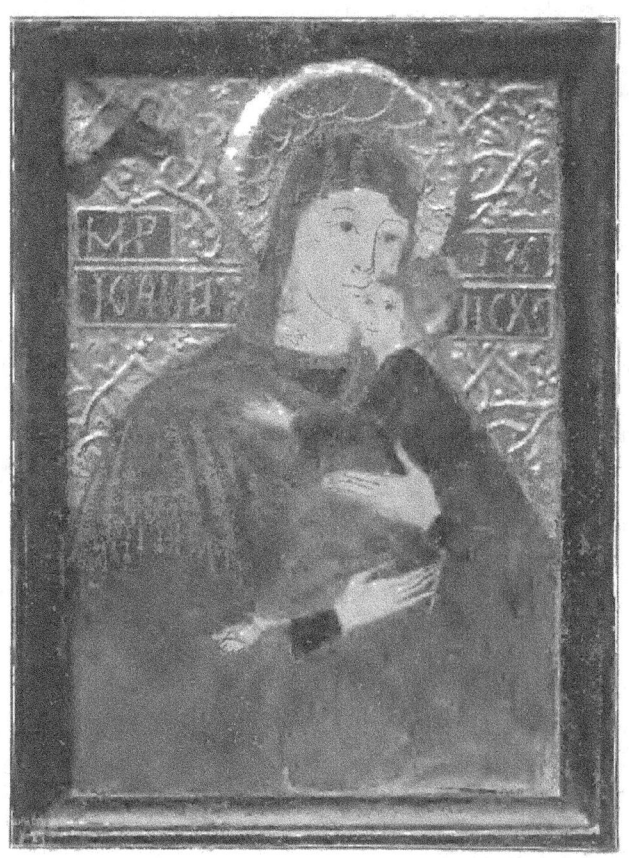

Fig. 4. Byzant. Malerei mit reich plastisch verziertem Hintergrund (Versuchs-Koll. Nr. 41).

[13]) Chorschlüsse heissen die Abteilungen des Chores vom übrigen Kirchenraum; dieselben sind meist von Holz und mit durchbrochenem Bildwerk auffallend reich verziert. Steinerne Chorschlüsse sind in älteren Kirchen, z. B. in der Markuskirche in Venedig zu sehen.

[14]) Vergl. Nr. 48, 61 und 62 der Versuche.

(C. 145) bei Tafelgemälden zuerst die Gewänder und Häuser (Hintergrund) zu machen empfiehlt, auf der Wandfläche aber zuerst die Fleischteile, macht Dionysios diesen Unterschied nicht.

Die Art Fleisch zu malen, wie sie Panselinos festgestellt hat, galt als mustergiltig; wir erfahren darüber, dass der Grund (§ 16, Von der Bereitung des Proplasma) grünlich-schwarz war und als Farbe demnach dem Prasinus des Theophilus (C. II) entsprochen haben dürfte. Auch Cennini (C. 147) legt Wert darauf, dass das Grüne (Verdaccio), welches den Fleischtönen zu Grunde liegt, stets ein wenig durchscheinend bleibe. Zum Skizzieren der Augen, der Augenbrauen und anderer Teile, welche man an den Bildern mit Fleischfarben darstellt (§ 17), nimmt Panselinos naturgemäss eine noch tiefere Farbe (Schwarz und Oxy i. e. Violettoxyd, caput mortuum), etwa wie Theophilus die II. Art des Posch (C. VII: vgl. Cennini loc. cit.). § 18 gibt eine Variante dieser dunkeln Schattenfarbe für kräftigere Partien, aus Umbra und Bol bestehend (Exedra d. Theoph. C. XIII).

Die Fleischfarbe selbst (Carnation) aus venetian. Bleiweiss, Gelbocker und Zinnober gemischt, entspricht der Membrana des Theophilus (C. I) und der gleichen Farbe des Cennini (C. 67), wobei an Stelle des Bleiweiss für Freskomalerei der Kalk (Bianco Sangiovanni) zu treten hat. Auf den dunkeln Grund, dem Proplasma, wird aber zuerst ein Mittelton gesetzt, nämlich der Glykasmus (§ 21), welcher aus zwei Teilen Fleischfarbe und einem Teil oder weniger Proplasma gemischt werden soll (Verdaccio und Fleischfarbe, als abgekürztes Verfahren bei Cennini, C. 67; I. Posch d. Theoph. C. III). Aus dem obigen und aus den noch folgenden Kapiteln, (§ 22, Ueber die Art und Weise, Fleisch zu malen, u. § 23, Vom Rot), ist ersichtlich, dass bei der Carnation sowohl bei dem Griechen, als bei dem Italiener und dem Deutschen auffallende Uebereinstimmung herrscht; die letztere Anweisung (Fleischfarbe mit Zinnober für jugendliches Fleisch) ist mit der zweiten Rosafarbe des Theoph. C. VIII identisch. Es folgen noch § 24, Von Haupthaaren und Bärten, in gleicher Weise wie Theophilus (C. X—XII) und Cennini (C. 69 für Fresko, C. 148 für Tafelmalerei) es angeben.

Im Gegensatz zu Cennini macht Dionysios den Grund für die Farben und Lichter der Gewänder (§ 25) aus einem Mittelton (mit Weiss gemischt), welchen er erst dann mit tieferer Farbe verstärkt und die Lichter mit helleren Mischungen aufsetzt. Cennini beginnt aber schon mit der dunkelsten Farbe, welche er nach den Schatten zu vermalt und zum Licht hin aufhellt und gibt die tiefsten Schatten mit reinem Lack (C. 145).

Die Angaben für Figurenmalerei wären hiemit beendet, nur ist aus diesen Kapiteln nicht ersichtlich, mit welcher Tempera oder welchem Bindemittel die Farben anzumischen sind; man könnte somit annehmen, dass diese Angaben allgemein, sowohl für Tafelbilder, als auch für Oelmalerei (Naturale), und für Miniaturmalerei zu gelten hätten. Aus dem Parallelismus der Athoskunst mit dem Podlinnik und Stoglaff wird man nicht fehl gehen, dass das Ei (Eigelb oder Eiweiss, oder beide zusammen) als Bindemittel für Tafelmalerei angewendet wurde. Die Neugriechen sollen, wie Cennini es auf Wänden that, das ganze Ei verwenden; doch nimmt Cennini zur Tempera auf Wänden entweder noch die Feigenmilch zur Lösung dazu, oder die allgemeine für Tafel, Mauer und Eisen, die aus Eigelb allein besteht (C. 72).

Da der deutsche Uebersetzer (Schäfer) in bezug auf das Eibindemittel willkürlich Ei und Eiweiss identificiert, es aber von grosser Wichtigkeit ist, hierin vollkommen sicher zu gehen, wird es angebracht sein, der Sache auch textlich etwas näher zu treten. Schäfer übersetzt z. B. in § 1, § 15 und § 27 das Wort αὐγόν stets mit Eiweiss, während eigentlich darunter kurzweg Ei zu verstehen ist. Vergleicht man jedoch diejenigen Stellen genauer, in welchen nur Eiweiss verwendet werden kann, also bei der Glanzvergoldung und der Bereitung der Lackfarben, dann wird man finden, dass im Ms. stets des Eiweiss besondere Erwähnung geschieht, so in § 11 und 12, bei Ampoli zur Glanzvergoldung (λευκόν αὐγοῦ, λεύκωμα αὐγοῦ), dann in § 46 bei Tsimarisma zum Eindicken der mit Alaun niedergeschlagenen Lackfarbe (ἀσπράδ: αὐγοῦ). Nun heisst im Neugriechischen Eiweiss τὸ ἄσπρο τοῦ αὐγοῦ. In der Ausgabe des Konstantinides, welche hier zum Vergleich herangezogen wurde, findet sich in zwei der eingeschobenen Kapitel gleichfalls Eiweiss besonders bezeichnet und zwar in § 45 (Anleitung zur Goldschrift) zweimal der Ausdruck τὸ λευκὸν τοῦ αὐγοῦ, und in § 87 (Porzellan zu kitten) die neugriechische Wendung τὸ ἀσπράδι τοῦ αὐγοῦ; in ersterer Anweisung wird wie in allen mittelalterlichen Schriften auch hier Eiweiss gebraucht, ebenso ist zum Kitten schon im Lucca-Ms. davon die Rede.

Es folgt daraus, dass an allen jenen Stellen, wo im Ms. einfach αὐγὸν geschrieben steht, wahrscheinlich das ganze Ei verstanden ist. Darnach ist in § 1 zum Pausenabnehmen, § 15, um zwischen vergoldeten Holzskulpturen mit Farben zu malen, § 27, um auf Tuch zu malen und § 50, zur Grundierung in moskowitischer Manier Eibindemittel, aber kaum Eiweiss allein zu verstehen, denn das letztere hätte sonst besonders genannt werden müssen.

In § 17 übersetzt Schäfer αὐγὸν μαῦρον bei der Angabe über das Skizzieren der Augen und anderer Gesichtsteile: „Auf die kräftigen Partien der Augenbrauen und Nasenlöcher lege Schwarz (mit) Eiweiss". Bei Konstantinides lautet die Stelle ἁγνὸν μαῦρον und dies hiesse dann „reines Schwarz"; es handelt sich demnach um eine verschriebene Stelle der Didron'schen Abschrift und ist die Fassung des Konstantinidis schon deshalb richtiger, weil bei der ganzen Serie der Rezepte für Fleischmalen (§ 16—24) nirgends ein Bindemittel genannt ist, diese Angaben vielmehr allgemein zu gelten haben.

Eigentümlich bleibt es immerhin, dass Eigelb (κορκός) als solches im ganzen Ms. nicht genannt ist. Selbst bei Anbringung von Azur auf der trockenen Mauer (§ 68), bei welcher Gelegenheit Theophilus (C. XV) Eigelb verwendet, ist dieses hier ängstlich vermieden und durch Kleienabsud ersetzt. Auf diesen bemerkenswerten Umstand sei deshalb hingewiesen, weil die als „griechisch" bezeichnete Manier des Theoph. Eigelb für Tafelmalerei nicht kennt, sondern Eiweiss (s. p. 52) und hinzu gefügt, dass im Strassburger Ms. gleichfalls unter „griechischen Sitten", Malerei mit Eiweiss, Gummi oder Oel verstanden wird. Die Uebereinstimmung der frühgothischen Art des Nordens mit der des Athos tritt dadurch noch mehr hervor.

Neben den Holztafeln werden noch Malgründe auf Tuch und Leinwand beschrieben; wir erfahren in § 27: Wie man mit Ei(weiss) auf Tuch malen muss, damit es keine Sprünge bekommt, indem „nach Gutdünken Leim, Seife, Honig und Gyps" in warmem Wasser gelöst, zwei oder dreimal aufgestrichen und mit dem Bein geglättet wird; es ist ein ähnlich fetter Grund wie der auf Tafel gebräuchliche, dem durch die Beigabe von Honig jede Gefahr des Springens genommen wird.[15]) Man malt darauf mit Ei, nicht mit Eiweiss, wie die Uebersetzung besagt, legt das Gold mit „scharfem Grunde" d. h. Beize an und kann schliesslich eine leichte Lage Firnis darüber geben, zum Schutze gegen Feuchtigkeit. Der nachfolgende Artikel (§ 28) lehrt den Knoblauchgrund für Arbeit auf Lein und zur Vergoldung zu bereiten, ohne die Grundierung, die der Leinwand vorher zu geben ist, besonders anzuführen: es mag demnach der Knoblauchgrund als solcher dem Zwecke entsprechen, um kleinere Goldverzierungen mit dem Pinsel aufzutragen. Cennini (C. 153, 165) kennt auch diese Vergoldungsart. Neben dieser Beize steht noch der „scharfe Grund", μουρδέντι, Mordant, die Beizen- oder Oelvergoldung dem Künstler zur Verfügung. Der „scharfe Grund" besteht aus gekochten Oelen und kann nicht poliert werden, sondern erhält unter Umständen einen Firnisüberzug; die Anweisungen des Malbuches setzen deshalb mit der Bereitung des gekochten Oeles und dessen Verwendung zu Firnissen fort (§ 29—35). Es sind zunächst die Oelfirnisse, deren Bereitungsart die alte schon von Plinius beschriebene ist, indem die rohen Harze in heissem Leinöl aufgelöst werden.

Unter Peseri ist Leinöl zu verstehen, welches durch Einkochen trocknender gemacht wird (§ 29). Mit solchem Peseri und Tannenharz (Pegoula), das durch Auskochen von Tannenholz gewonnen wird, macht man dann einen Firnis (§ 31), dem noch durch Hinzufügung von Mastix grössere Festigkeit und Glanz verliehen wird. Ist der Firnis zu dick, so kann derselbe durch Naphta (i. e. Terpentinöl) oder ungekochtem Leinöl verdünnt werden.

Ueber Naphta (νέφτιον) des Athosbuches sind die Ansichten nicht übereinstimmend; es wurde für identisch mit Steinöl, Petroleum, olio di sasso der Italiener gehalten[16]) und als Beweis der Verwendung von Petroleum bei der älteren Malerei

---

[15]) Nr. 46 der Versuche.
[16]) Vgl. Ludwig, Technik der Oelmalerei, Leipzig 1893. II. T. p. 103.

angeführt. Nach einer Mitteilung, welche ich dem Professor der Chemie an der Universität zu Athen, Dr. Christomanos [17]) verdanke, ist aber unter Naphta zweifellos Terpentinöl zu verstehen und damit haben die Angaben des Athosbuches auf einmal einen anderen Sinn. Was hätte es sonst auch für einen Zweck, wenn bei der Oelmalerei (Naturale, § 53), welche ohnehin wegen des langsamen Trocknens den Malern Sorge bereitete, durch Beimischung von Petroleum (Steinöl) die Trocknung verlangsamt wird, während sie mit Hilfe des Terpentinöles ihren Zweck, die Farben flüssiger zu bekommen, viel leichter erreichten und die Trockenkraft eher vermehrten als verminderten, wie letzteres durch den Zusatz von Petroleum stets geschieht?

Ein mit solchem Terpentinöl bereiteter Firnis (§ 33 Naphtafirnis) hat alle Eigenschaften unserer Essenzfirnisse; in unserem Ms. wird derselbe aus Sandarac (Harz von Thuia occidentalis Linn., Lebensbaum) und Pegula (Tannenharz) bereitet, indem das Terpentinöl warm mit den gestossenen Harzen verbunden wird. Dieser Firnis „trocknet im Schatten von morgens bis abends oder auch schneller und wird sehr glänzend", während bekanntlich sonst die Oelfirnisse bei den Alten stets an der Sonne getrocknet werden sollten.

Auch gefärbte Firnisse kennt das Ms. mit Santelholz (Rotholz, Brasil) und Aloe (§ 32 und 34) bereitet; sie sind die letzten Reste, die auf die Pictura lucida des Lucca-Ms. und des Theophilus hindeuten; der letztere gelbe Firnis (aus Aloe und Peseri oder Naphta) dient dazu, Silber zu firnissen, um es gelb zu machen, ebenso wie in den erwähnten Mss. zum Färben der Zinnfolie.

Neben diesen Oel- und Essenzfirnissen, welche ohne Zweifel teilweise auf späterer Ergänzung der Rezepte beruhen, ist noch in § 35 ein Firnis von Raki, der in der Sonne trocknet, erwähnt (Raki, türkische Bezeichnung für Weingeist). Er deutet auf arabischen Ursprung hin, wo schon frühzeitig (im X. Jh.) Alkohol zu bereiten bekannt war. Dieser Firnis besteht aus 10 Drachm. Raki, der in gut verschlossenem Gefäss in glühender Asche zum Kochen gebracht wird und welchem dann 10 Drachm. pulverisierter Sandarac und 5 Drachm. Tannenharz unter fortdauerndem Kochen beigefügt werden. Sowohl Firnis als auch das Gemälde sind vor dem Gebrauch entweder an der Sonne oder am Feuer zu erwärmen, wie auch bei allen übrigen Firnissen, und es werden zwei Deckungen, eine nach der anderen, „wenn du ein wenig gewartet hast", gegeben. Der Schreiber macht dann folgenden eigentümlichen Beisatz: „Wisse hierzu noch dies, dass die Venetianer keine Goldblätter auf die Bilder legen, sondern sie wenden anstatt derselben einen Firnis an, der in der deutschen Sprache Golipharmpe (γολιφάρμπε) heisst, was man in der unserigen nennen kann: Goldfarbe".

Dieses plötzliche Abschweifen von dem Rakifirnis auf die Vergoldung kann nur so erklärt werden, dass der Schreiber an die Weingeistvergoldung (mit Raki § 13 und 14; jetzt sog. französische oder Glanzvergoldung genannt) gedacht hat; dabei erinnert er sich daran, einmal gehört zu haben (und die Märe ist, nebenbei gesagt, unrichtig), dass die Venetianer anstatt der Glanzvergoldung die Oel- oder Mattvergoldung anwenden; oder er erwähnt diesen Umstand am Schlusse der Rezepte für Firnisse als eine besondere Notiz, die eigentlich mit dem Rakifirnis in keiner Ver-

---

[17]) Herr Prof. Christomanos schreibt: „Νάφϑα hiessen die Alten wohl alles flüssige Erdpech, Erdöl, ob dasselbe nun auf das heutige Petroleum zurückzuführen war, oder ob es aus bituminösen Schiefern flüssig oder harzartig ausfloss. Naphta hiess aber jedenfalls auch ein künstlich durch Pressen oder Filtrieren gewonnenes Produkt aus solchen Vorkommnissen. Der Ursprung dieses Namens ist persisch, wie denn auch die Griechen dieses zu Fackeln verwendete Leucht- und Brennmaterial ὅπερ οἱ Μῆδοι νάφϑα (auch νάφϑαν) καλοῦσι, mit dem Namen „ἔλαιον μηδικόν" belegten.

Wohl wegen der Aehnlichkeit des flüchtigen Destillats des Terpentinbalsams mit dem flüchtigen Anteil des Bergöls (Petroleum) wurden die Begriffe vielfach verwechselt und wenn auch heute νάφτιον oder νέφτι ausschliesslich das Terpentinöl (ἡ τερεβινϑίνη) genannt wird, so nennen auf Zante (Kap Keri, von κερί = κηρός = Wachs, Erdwachs, Ozokerit) die Einwohner jene in Brunnen auf der Oberfläche des Wassers schwimmenden Oeltropfen auch νέφτι.

Wenn es sich also um einen Naphtafirnis handelt, wird sicher ein solcher aus Terpentinöl gemeint sein. Ein Mineralnaphtafirnis würde viel zu schwer trocknen und ohne eine sozusagen wissenschaftlich betriebene Destillation, von der aber in der Litteratur gar nichts verlautet, würde die rohe Naphta auch kein Firnisharz aufzulösen im stande sein."

bindung steht. Dass aber die „Venezianer", worunter alle westlichen Reiche gemeint sind, die Beizenvergoldung in ausgedehnterem Masse anwendeten als die Byzantiner und zu diesem Zwecke sich der „Goldfarbe", d. i. der Vergolderbeize, bedienten, ist ganz richtig und insbesondere aus den ausführlichen Angaben darüber im Strassb. Ms. zu ersehen. Ungenau ist jedoch, dass die Venezianer keine Goldblätter anwendeten, denn diese kamen stets auf die „Goldfarbe", es sei denn, dass gefärbte Firnisse auf Zinnfolie oder Silber aufgestrichen wurden. Diese letztere Art, welche im Lucca-Ms., Mapp., Heraclius (Auripetrum) und Theophilus beschrieben ist, kann aber der Schreiber nicht gemeint haben, weil er selbst einen gleichen Firnis in § 34 (gelber Firnis) beschreibt.[18]

Soweit sind die Angaben der Hermeneia in der Reihenfolge der Technik ohne jede Schwierigkeit verständlich, von der Bereitung der Tafel, den Vorarbeiten zu Vergoldung, der Vergoldung, dem Malen des Fleisches und der Gewänder bis zum Firnissen des Gemalten. Es folgt dann gleich ein Kapitel (§ 36), „Wie man alte Bilder waschen muss", wenn sie schmutzig geworden, wozu starke Lauge (!) dienen soll, doch wird mit Recht zur Vorsicht gemahnt, dass „die Farben nicht mitgenommen werden, denn wenn die Lauge stark ist, so löst sie Schmutz und Firnis auf und gehen die Farben ebenso wie der Gyps weg".

Von § 37 bis 52 finden wir eine Reihe von Einschiebungen, die sich nicht in den allgemeinen Rahmen einfügen lassen. So viel ist gewiss, dass ausser § 37 und 38, von denen später die Rede sein wird, die meisten der Rezepte für Miniaturmalerei und zur Bereitung von Farben zu diesem Zwecke dienen. Die Goldschrift nimmt selbstverständlich hier auch wieder einen hervorragenden Platz ein. Wir erfahren in

§ 39. Wie man vergoldete Buchstaben macht (mittelst des Amalgams als Lösungsmittel des Metalles);

§ 40. Wie man die Vergoldungen mit Schneckenspeichel macht, indem man eine Waldschnecke durch Vorhalten einer angezündeten Kerze zur Absonderung der Speichelflüssigkeit zwingt, und diese dann mit Alaun und Gold nebst etwas Gummi zusammenreibt. „Schreibe so, was du willst und du wirst staunen", fügt der Verfasser hinzu. Man sieht, auf was für Einfälle die Mönche in ihren einsamen Klausen

---

[18] Die merkwürdige Bezeichnung Golipharmpe als deutsche Goldfarbe im § 35 der Hermeneia wird als Beweis angeführt, dass die Oelmalerei im Norden verbreiteter gewesen sei als im Orient. Ich möchte hier einen Irrtum rektifizieren, der bezüglich dieses Ausdruckes sich in die Litteratur eingeschlichen hat und deshalb allerdings verzeihlich ist, weil noch niemals ein Techniker diese Stellen zu erklären versucht hat. Mit der „Goldfarbe", welche die Venetianer und Deutschen anstatt der Goldblätter anwenden sollen, wie es an der Stelle des byzantinischen Ms. heisst, ist nicht etwa Goldpulver, aurum musivum, sondern die Oelbeize für Vergoldung gemeint, während man in Byzanz die Glanzvergoldung (mit Ei und Raki i. e. Weingeist) bevorzugte. „Goldfarbe", χολιφάρμπε ist nichts anderes als or couleur, der Mordant, welcher aus dem Dicköl, das sich auf dem Boden der Oeltöpfe zum Reinigen der Pinsel ansetzt, besteht. Didron, der Herausgeber des Manuel (deutsche Ausg. p. 84) belustigt sich natürlich darüber, dass die griechischen Maler noch die Reste aus den für die Pinselreinigung bestimmten Gefässen zum „Arbeiten" verwenden (§ 53). Mit diesem Arbeiten ist aber das Vergolden mittelst Beizen gemeint. Im Französischen erhält sich dieser Ausdruck noch bis ins vorige Jahrhundert (Dictionaire de peinture, Paris 1757 unter or à l'huile, or couleur). Die Goldblätter werden auf einer Unterlage (assiète = assisa des Cennini) von or couleur aufgetragen: „c'est de l'or en feuilles appliquées sur une assiète d'or couleur. Cette assiète se fait assez souvent du sédiment des couleurs, qui se précipitent au fond de l'huile dans laquelle les peintres nettoyent leurs pinceaux." Die Bezeichnung „goldvarwe" findet sich in demselben Sinne im Strassburger Ms. (87 m. Ed.). „Wilt du aber ein ander goldvarwe machen, domit man mag silber, zin, bli vergülden, wo man si darüber strichet so schinet si als schon fin gold etc. Es wird „vernisglas" (glassa des Theoph.) zu Pulver gestossen und langsam in heissem Leinöl aufgelöst; bei dieser Art hat der „goldvarwe"firnis den Zweck, die Silber-Unterlage wie Gold erscheinen zu lassen; oft wird noch Safran als Färbemittel hinzugefügt (Theoph. XXVI).

An einer anderen Stelle des Strassburger Ms. (76 und 77) wird diese Goldfarbe als Unterlage für Goldblätter verwendet. „Hie lere ich wie man uff dise goldvarwe vergülden sol" auf Holz, Tuch oder Stein, „so strich die goldvarw über den lym (mit dem alles vorher bestrichen worden) mit einem weichen bürstebensel und strich die varwe glich und dünne uff und las die goldvarwe trocken werden" und wenn dann die richtige Zeit ist zum Vergolden, „so schnide din gold oder din silber und lege das ordenlich uff nach enandern, wo di varwe si etc. Uebereinstimmend findet sich das Verfahren bei Cennini C. 151.

geraten. Uebrigens ist das Verfahren, wie Versuche gezeigt haben, sehr leicht auszuführen.

§ 41. Wie man Gold auf Papier anbringt, indem dasselbe erst mit Leim oder Gummi bestrichen, und das Gold (in Blättern) aufgelegt wird.

Zu diesen Angaben gehört noch das Schlusskapitel (§ 72 Genaue Anweisung über Goldschrift) in welchem die Prozedur der Verfertigung des Amalgams von Gold mit Quecksilber und Schwefel beschrieben ist.

Die nächsten Paragraphen (42—49) sind der Farbenbereitung gewidmet, doch bietet die Beschreibung der Erzeugungsarten durch die unerklärten Namen der dabei in Verwendung kommenden Materialien einige Schwierigkeiten.

§ 42 lehrt, wie man aus Kremezi ausgezeichneten Lack macht. Kremezi (χρημέξι) ist Kermes, Grana, das getrocknete Weibchen der Kermesschildlaus (Coccus ilicis), dessen Farbstoff extrahiert und mittelst Alaun niedergeschlagen wird.[19]

In § 43 erfahren wir, wie man Bardamon oder Tsinkiari i. e. Kupfergrün aus Kupferstücken und Essig macht, ein Verfahren, das in allen Quellen gleichlautend ist;[20]

§ 44 behandelt die Präparation des Zinnobers, in der bekannten Art aus Schwefel und Quecksilber (nebst Bleiglätte);

§ 45 die Bereitung des Bleiweisses, welches die Venetianer in Kugelform in den Handel brachten, daher die Aufschrift: Wie man Kügelchen oder Bleiweiss macht.

§ 47. Wie man den Azur von Tsimarisma macht, erfordert einige erklärende Bemerkungen. Aus der Darstellungsart geht hervor, dass es sich um einen Farblack handelt und zwar um einen Pflanzenfarbstoff, der durch Lauge extrahiert und dann mittelst Thonerde (Alaun) niedergeschlagen und mit Eiweiss eingedickt wird, also ein sogen. Thonerdelack (Heppe, Farbwarenkunde p. 72); es kann sich hier demnach nur um einen blauen Pflanzenlack handeln, und da uns Lexikon und Etymologie[21] wieder im Stiche lassen, wird entweder Lakmus (Lacca musica), Tournesol (Crozophora, Krebskraut) oder der Flechtenlack von Rocella tinctoria (franz. Orseille de mer, lat. fucus marinus, griech. φύκος θαλάσσιον) gemeint sein, aus welchen allen im Mittelalter blaue Pflanzenlacke bereitet wurden; keinesfalls ist der Farbstoff der Hermeneia mit Waid identisch, wie es Donner[22] fälschlich annimmt. Dieser wird durch Faulgährung aus der Pflanze (Isatis tinctoria) gewonnen. Ein bezüglicher Versuch mit Waid hatte auch negativen Erfolg.

In § 47 (Andere Bereitung des Azur) treffen wir einen alten Bekannten wieder, den wir im Liber sacerdotum, Mapp. clav. und anderen Quellen (s. oben p. 27) bereits kennen gelernt haben. Es wurde schon nachgewiesen, wie durch fehlerhaftes Copieren das Wesentliche des Rezeptes verändert worden, denn Kalk und Essig zusammengekocht und in Pferdemist aufbewahrt, geben niemals eine blaue Farbe, es sei denn, dass auch hier unter dem „neuen Krug" ein Kupfergefäss zu verstehen wäre.

Die schon oben kurz angeführten Rezepte für Farbenbereitung, welche in der griechischen Ausgabe der Hermeneia des Konstantinidis enthalten sind, fügen sich zum grossen Teile hier innerhalb der Farbenrezepte ein: es sind Varianten von roter Lackfarbe aus Kermeskörnern, Bereitung von Ultramarin aus Lapislazuli und von schwarzen Farben aus Hirschhorn und Nussschalen (s. oben p. 70).

---

[19] Zur Lösung des Farbstoffs nennt das Ms. in Wasser gelösten „Tzouga", eine Drogue, über welche nichs zu erfahren möglich war. Zur Abscheidung des Karmins aus den Kermeskörnern dienen nach anderen Angaben Kleesalz, Weinstein, Zinnsalz oder Alaun. Loter (λωτήρ) als weiterer Zusatz erwähnt, ist die zum Färben gebrauchte Rinde von Symphocos racemosa; vgl. über Kermes und die Färbearten im Orient: Karabazek, die persische Nadelmalerei Susândschird, Leipzig 1881 p. 40—51 und desselben „Neue Quellen zur Papiergeschichte" im IV. Bande der „Mitteilungen aus der Sammlung des Papyrus Reiner" Wien 1888. p. 115.

[20] τζίγκιαρι, persisch zengâr, arab. zendschâr ist krystallisierter Grünspan; Karabazek, Neue Quellen zur Papiergeschichte p. 117.

[21] Vgl. auch Ilg, Noten zu Cennini Cap. 62: Citramarin zum Unterschied von Ultramarin, das letztere aus lapis lazuli, von jenseits des Caspissee, aus den Bergen der Tartarei kommend.

[22] Donner, die erhaltenen antiken Wandmalereien in technischer Beziehung, Leipzig 1869, pag. 49, Note 131.

Die Farbenrezepte sind allgemein gehalten; es ist gestattet anzunehmen, dass dieselben nicht nur für Miniaturmalerei zu gelten haben, sondern für Malerei überhaupt. Für Schrift speziell sind die beiden Rezepte, § 48, Von der Bereitung der Tinte und § 49, Wie man den Zinnober bereiten muss, um auf Papier zu schreiben, bestimmt. Die letztere Anweisung, welche in der Handschrift des Didron, wie so viele andere ohne Angabe des Verhältnisses verzeichnet steht, ist in der Ausgabe des Konstantinides genauer gegeben. Zu dieser roten Farbe (Rubrikenrot des Strassb. Ms.) werden 10 Drachmen Zinnober mit Wasser dünn verrieben, dann 2 Drachmen Gummi und 2 Drachmen Kandiszucker hinzugefügt.

Es erübrigt noch, den vorhin übersprungenen § 37, Wie man Glanzfarbe macht, ausführlicher zu besprechen; mit dieser Anweisung steht in Verbindung § 38, Wie man Gold auflösen muss und der gleich nach den Farbenrezepten folgende § 50, Wie man moskowitisch malt.

§ 37 lautet:

"Nimm Leim, Lauge und Wachs, Alles im gleichen Verhältnis, setze das alle drei zusammen aufs Feuer, um es schmelzen zu lassen. Setze die Farbe hinzu, zerrühre alles gehörig und überfahre, was du willst, mit dem Pinsel. Lass es trocknen und dann poliere es. Wenn du willst, lege auch Gold auf und es wird glänzend und schön sein; willst du es nun wegnehmen (d. h. ehe du fertig bist), so firnisse es nicht."

Es wurde schon mehrfach auf dieses interessante Rezept hingewiesen, weil daraus der Gebrauch und die Fortdauer der Wachsmalerei bei den Byzantinern deutlich hervorgeht, denn das Rezept kommt der Bereitung des punischen Wachses, welches durch Kochen in Salzwasser mit Lauge (nitrum) hergestellt wurde, ungemein nahe. Wie dieses Rezept dann im Yeau conosite bei Le Bègue noch einmal erscheint, ist oben bereits bemerkt worden (p. 18).

Dieselbe Wachstempera ist es auch, welche Dr. Branchi in Malereien der vorgiottesken Zeit in Bildern des Giunta Pisano und Anderer (Morrona, Pisa illustrata, II p. 165 ff.) chemisch nachgewiesen hat, worüber später noch genauere Details gegeben werden sollen. Die Eigenschaft dieser Glanzfarbe besteht darin, dass sie durch Glätten glänzend wird (durch den Wachsgehalt bedingt), und dann später gefirnisst werden kann; so verstehe ich den sonst unklaren Schlusssatz. Die mit Farbenpigment versetzte Mischung wird in einfachen Lokalfarben aufgetragen, und da die Wirkung erst beim Polieren beurteilt werden kann, ist ein Durchmodellieren der Form schwerer ausführbar; die Lichter werden zumeist mit wässeriger Goldfarbe, die § 38 beschreibt, gegeben, wie man dies auf zahlreichen Bildern byzant.-italienischer Periode sieht. Die Fleischpartien werden aus dem eben genannten Grunde seltener mit dieser Farbe gemacht, weil die Farbe beim Polieren an Tiefe sehr gewinnt und die Vorausberechnung erschwert. Mehrfache Versuche wurden in dieser Art mit bestem Erfolge gemacht,[23]) und hat es sich herausgestellt, dass § 50, Wie man moskowitisch malt, mit dieser Technik zusammenhängt, denn aus dieser Anweisung geht hervor, dass bei der moskowitischen Art „mit Glanzfarben und aufgelöstem Golde" zu arbeiten ist. Die Vorschrift erscheint im ersten Augenblick unklar, wird aber bei genauem Befolgen derselben gleich verständlich. Es heisst dort:

§ 50. „Wenn du den Heiligen auf dem Gemälde gezeichnet hast, so vergolde nur dessen Nimbus. Mache dann das Feld in folgender Weise: Nimm Bleiweiss, reibe es mit Indigo,[24]) dass man es nicht für blosses Weiss hält; du kannst statt des Indigo persisches Blau oder Tsinkiari mit ein wenig Ei anwenden. Mache damit leicht den Grund, skizziere und gib die Glanzfarben mit aufgelöstem Golde. Zuerst gib den Glanz mit wässerigem Golde, dann verstärke ihn an den hervortretenden Partien, wie auch bei den Farben. Lasse es trocknen und poliere es gut mit dem (Polir-) Bein. Du machst ebenso die Buchstaben des Namens des Heiligen und ebenso

---

[23]) Versuche Nr. 41 und 43.
[24]) Didron und Schäfer übersetzen λουλάκι mit Indigo: vgl. über Lulacin und Lulax im Lucca-Ms., welche mehr Surrogate für Indigo zu sein scheinen; s. p. 12.

andere Ornamente in dem Felde des Gemäldes mit Gold und du gibst ihnen eine Politur wie oben. So arbeiten die Moskowiten".

Zu dieser Anweisung ist zu bemerken: Durch die für die Vergoldung des Nimbus nötige rote Unterlage (Ampoli) werden die angrenzenden Stellen auch unrein und fleckig, es handelt sich deshalb darum, neuerdings den übrigen Flächen die weisse Unterlage, auf welcher die Glanzfarben aufzutragen sind, zu geben; dazu dient das bläuliche Weiss. Der Grund für die Glanzfarben hat also weiss zu bleiben, während er bei der anderen Art, die im nächsten § 51 zum Unterschied „kretensisch" genannt wird, entweder durch die durchgehende Vergoldung goldig oder, wie wir gleich sehen werden, dunkelfarbig zu machen ist. Bei der moskowitischen Manier sind die Lichter der Gewänder, die hellen Faltenzüge mit flüssiger Goldfarbe (§ 38) zu machen, ebenso alle Ornamente und Schriften. Das Glänzendwerden entsteht durch die unter der Goldfarbe (Goldstaub und Gummi) liegende Glanzfarbe (aus Wachs, Lauge, Leim). Schon aus der zum Unterschied gebrauchten Bezeichnung „kretensisch" gegenüber „moskowitisch" wird es deutlich, dass ein ganz anderes technisches Prinzip zur Anwendung kommen soll, das im Farbenmaterial zu liegen scheint. Man wird auch bemerken, dass bei der kretensischen (griechischen) Manier zuerst die Gewänder und dann das Fleisch zu malen sind, ein Umstand, der im Hinblick auf Cenninis gleiche Angaben von Bedeutung ist; die Hauptsache bleibt jedoch, dass hier mit Dunkel angefangen und die Hellfarben zwei und dreimal zu machen sind. Auch die Fleischfarbe wird aus dem Dunkel heraus und zwar aus dem Proplasmus (§ 19) entwickelt, zum Unterschied von der moskowitischen Art, mit Weiss anzufangen und die Lichter mit Gold zu geben.

§ 51 gibt die folgende „kretensische" Manier:

„Mache also die Gewänder: grundiere sie dunkel, skizziere sie; mache die Hellfarben zwei oder dreimal. Wende dann Weiss an; die Gesichter mache wie folgt: Nimm dunklen Ocker, ein wenig Schwarz und sehr wenig Weiss,[25]) grundiere damit und mache mit Violett-Schwarz die Skizzen, für die stärker hervortretenden Teile der Augen und die Augensterne wende reines Schwarz an. Nimm Bleiweiss, ein wenig Ocker und Zinnober nach Verhältnis, damit das Fleisch nicht gelb, sondern vielmehr rotweiss werde. Mache dann Fleisch; gib aber acht, dass du das Gesicht bis zu den Umrissen nicht ganz malest, sondern nur die dunkleren Teile mit allmählicher Verschwächung. Lege dann ein wenig weissere Fleischfarbe auf die hervortretenden Teile und auf die höchsten Teile Weiss.[26]) Mache ebenso Fleisch für Hände und Füsse". (Es folgen dann noch Angaben zum Malen der Haare bei jungen und alten Leuten).

Was die kretensische Manier vor der moskowitischen auszeichnet, ist die Möglichkeit einer grösseren Durchführung der Details und vor allem, dass die Fleischpartien damit gemalt werden, während die moskowitische sich mehr bei Gewändern und Goldornamentik verwenden lässt.[27]) Dem Leser wird aber nicht entgangen sein, dass der Autor ganz und gar verschwiegen hat, mit welchem Bindemittel die „Kretenser" malen sollten. Wandmalerei kann es nicht sein, weil die Fleischfarbe mit Bleiweiss angemischt wird; es bleibt also nur das Eibindemittel oder Gummi übrig.

Halten wir zunächst an dem Ergebnis fest, dass die moskowitische Manier sich nicht für Fleischmalen eignet, im § 50 auch nichts darüber verlautet, so wird es ganz natürlich gefunden werden, dass unser Autor seiner Intention, die Arbeitsfolge nacheinander zu beschreiben, folgend, in den nächsten beiden Kapiteln genauere Angaben über die in solchen Fällen anzuwendende Malweise hinzugefügt; nach der Beschreibung der Verhältnisse des menschlichen Körpers (§ 52) kommt er

---

[25]) Die Uebereinstimmung mit Cenninis Angaben für Mauermalerei C. 67 ist auffallend; er nimmt gleicherweise als Untergrund dunklen Ocker, Schwarz und wenig Weiss (und etwas lichtes Cinabrese).

[26]) Die Schäfer'sche Uebersetzung „und auf das leichte Weiss" hat keinen rechten Sinn; ich folge den gleichlautenden Angaben Cenninis C. 67.

[27]) Im Museum zu Neapel befindet sich ein Gemälde byzantin. Ursprungs (Madonna mit Kind) in Naturgrösse, welche ganz mit Glanzfarbe gemalt ist; man erkennt das deutlich an den gleichmässigen sehr harten Strichlagen der Gesichtsfarben und der Schatten.

nämlich in § 53 zur Bereitung der Farben des Naturale und wie man auf Tuch in Oel malt. Die Naturale genannte Oelmalerei scheint demnach bei Figurenmalerei angewendet worden zu sein und hat daher den Namen τοῦ νατουράλε; auch in der Vorrede (p. 40) gibt Dionysios der Figurenmalerei dieselbe Bezeichnung.

Deshalb ist das Malen des Fleisches bei der moskowitischen Art mit der Oelmalerei identisch. In der That wird man nicht fehl gehen, die vielen sogenannten „schwarzen Madonnen", deren Gewandung noch frisch und feurig geblieben ist, auf das Nachdunkeln der mit Oel gemalten Teile zurückzuführen, ein Beweis, dass diese Bilder in gemischter Technik gemalt sind, sonst könnte der Unterschied nicht so gewaltig sein.

Die Malerei des Naturale stellt sich uns in vielen Punkten als identisch mit der Oelmalerei des deutschen Mönches Theophilus dar, welcher ja auch die „griechischen Farbenmischungen" beschrieben hat. Die Farben werden im griechischen Ms. mit ungekochtem Leinöl auf dem Marmor gerieben und in Näpfchen aufbewahrt. Nur Bleiweiss ist mit Nussöl zu reiben, „weil es damit am schönsten wird", ein Umstand, den die hagioritischen Mönche ebenso wie Vasari und Armenino zu schätzen wussten. Die Grundirung mit dicker Oelfarbe, welche auch Heraclius erwähnt, ist ausser auf Seide, auf Leinen und jedem anderen Grund anzulegen, mit dem Messer gleichmässig zu verteilen und zu trocknen. Diese Grundfarbe kann dunkel sein, weil gleich darauf der Rat erteilt wird, mit weisser Kreide (Gyps) zu zeichnen. Jede Farbe ist vorher zu mischen und wird zur Verdünnung etwas Terpentinöl (Naphta) beigefügt.

„Fange damit an, dass du die Schatten machst und so fortgehend die erste Lichtfarbe, dann die zweite, und zuletzt das Weiss. Lege keine Lichtdeckung über die andere, sondern lege dieselben geschicklich jede an ihren Platz; denn wenn du sie übereinander legst, trocknen sie nicht leicht. Mache es ebenso mit dem Fleisch, d. i. lege zuerst die Schatten an und dann die anderen Partien. Wenn du eine Farbe aufgetragen hast, so neige dein Bild etwas rückwärts, lasse sie trocknen, dann trage die anderen auf, und wenn du fertig bist, gib ihm eine Deckung Firnis und so ist es vollendet."

Interessant ist noch die Angabe über die Palette mit dem Loche für den Daumen der linken Hand, über das Waschen der Pinsel in messingenen Behältnissen mit ungebranntem Leinöl und der Vermerk, mit den beim Reinigen der Pinsel übrig gebliebenen Oelresten „zu arbeiten, was du willst". Es wurde schon erwähnt, dass sich diese Oekonomie der hagioritischen Künstler auf die Goldfarbe (or couleur) bezieht, mit welcher eine vorzügliche Beize für Goldunterlage zu legen möglich ist (s. oben p. 78 Note).

Dass in der eben geschilderten Art gemalte Bilder, die durch die Jahrhunderte oft in Kästen und Tryptichen eingeschlossen, ganz schwarz geworden sind und nachgedunkelt haben, ist nur natürlich. In verschiedenen Kirchen Roms, im Museo christiano des Vatikans, wo sich derartige alte Gemälde befinden, wird deren Studium sehr erschwert, durch die Ungewissheit, inwieweit die Oberfläche des Bildes, soweit es überhaupt sichtbar ist, durch spätere Auffrischung verändert wurde; auch ist es durch die Sitte, die am höchsten verehrten Bilder durch einen Ueberzug von Gold- und Silberblech, der nur Gesicht und Hände durch Ausschnitte hindurch sehen lässt, zu verdecken, ganz unmöglich, die Gewandung oder die Stellung der Figuren beurteilen zu können. Es wäre interessant, festzustellen, ob unter dem gleissenden Gold überhaupt die Figuren gemalt sind oder nicht und ob diese Sitte verhältnismässig jüngeren Datums ist.[28]

---

[28] Von diesen ältesten Bildern befinden sich mehrere in den Athosklöstern. Brockhaus berichtet darüber in seinem Werke p. 90 u. ff. „Den Anspruch höchsten Alters machen die Bilder, welche der Glaube dem Evangelisten Lukas oder der Zeit des Bilderstreites zuschreibt, oder die er „als vor vielen Jahrhunderten über das Meer geschwommene Flüchtlinge" ansieht. Einige dieser bemerkenswerten Panagien- (Marien-) Bilder des Athos beschreibt Brockhaus. Die „dreihändige Panagia (παναγία τριχεροῦσα) des Johannes Damascenus" in Chilandari gilt als das Werk des Evangelisten Lukas. Sie ist in Halbfigur dargestellt, trägt das Kind auf dem rechten Arm, die Linke zur Brusthöhe erhebend und blickt den Beschauer an. Aehnlich sind die Panagien im Kirchenschatze zu Watopedi und Ajiu Pawlu. „Die über das Meer geschwom-

Die Malerei auf Mauern, wie sie von den Malern des Athos bis in die jüngste Zeit mit Vorliebe gepflegt wurde, ist in den 17 Kapiteln, welche auf die Malerei des Naturale folgen, ausführlich geschildert. In dieser Technik konnte Panselinos seine grosse reformatorische Thätigkeit manifestieren, und es war dieselbe Malart, welche die „Greci" frühzeitig nach Italien verpflanzten, wo dieselbe sich durch weitere Vervollkommnung zur Buonfresko-Technik entwickelte. Die Mauermalerei des Athos ist aber von dem Fresko der Renaissancezeit und selbst dem Cennini's sehr verschieden, denn das tageweise Arbeiten, worin das Kriterium der Buonfreskotechnik gesehen werden muss, ist hier noch nicht in ein System gebracht; bei der Ausführlichkeit der Angaben müsste doch davon die Rede sein, ebenso wie von dem Wegschlagen der unbemalt gebliebenen Fläche und dem Abschneiden der Konturen. Nichts von alledem ist in der Hermeneia zu finden und auch Didrons Bericht, der den P. Joasaph bei der Arbeit belauschte, spricht nicht davon, ja er gibt dort (p. 94 Note) an, dass, nachdem auf der ersten Strohkalklage die feinere weisse Kalkschicht (Wergkalk) aufgetragen ist, „man drei Tage wartet, bis die Feuchtigkeit verdunstet ist", und dass der Meistermaler dann mit der Spachtel die Oberfläche erst glätten muss, um ein Eindringen der mit Kalk gemischten Farben zu ermöglichen. Auch die Unterlage ist hier erheblich anders als in dem italienischen Fresko des Cennini und der späteren Freskanten. Die erste Schichte aus Strohkalk (§ 56), mit Kalk und gehacktem Stroh angerührt, und die Opsis genannte zweite Malschichte (Wergkalk),[29]) welche aus Kalk und fein geschnittenem Werg besteht (§ 57), haben keine Aehnlichkeit mit den Bewürfen des Cennini; nur in dem einen Punkte besteht Uebereinstimmung, dass man die Wirkung der frischen Kalkschichte zur Festigung der Farben benützte, um die erste grosse Anlage herzustellen, so lange es anging, a fresco malte und schliesslich mit in Kalk gerührten Farben fertig malte, wie es Cennini dann mit der Eitempera macht.

Man ersieht dies aus dem Schlusspassus von § 59, (Wie man skizzieren muss, wenn man auf Mauern arbeitet), worin angegeben ist, wie man zu verfahren hat, wenn der Grund schon zu trocken geworden ist, um a fresco zu malen, es heisst dort: „Wenn du aber zögerst und es Haut zieht, so mache, wie wir es dir sagen" und zwar gibt die folgende Anweisung (§ 60) gleich die Erklärung, dass man das mit Mauerweiss macht: „Nimm Kalk von einer alten Kalkhütte, der ganz ausgewittert ist . . . . . und wenn er auf der Zunge nicht bitter schmeckt, sondern wie Erde, so kannst du ungehindert arbeiten". Diese Manier hat also mit der von Theophilus beschriebenen Art, mit einfachen Kalkfarben zu malen, am meisten Aehnlichkeit. Mit diesem altgelöschten Kalk (Mauerweiss) wird auch die erste Anlage, der dunkle Grund (§ 61 Proplasmus, aus Grün, dunklem Ocker, Schwarz und Weiss gemengt) gemacht, welcher dem Glykasmus (§ 63 zum Fleischmalen) beizumischen ist; derselbe weisse Kalk dient auch als Unterlage für Blau (§ 65), welches erst nach dem völligen Trocknen mit Kleienabsud aufzusetzen ist (§ 68 „Gib zugleich acht, dass die Mauer ganz trocken ist, wenn du den Azur anwendest").

Wie wäre es auch anders möglich, dass nach Didrons Bericht (p. 96) ein Bild von drei Metern Breite und vier Metern Länge, mit zwölf lebensgrossen Figuren und zwei grossen Pferden durch P. Joasaph und seine Gehilfen in fünf Tagen fertig gemalt werden konnte, wenn er nicht die mit Kalk gemischten Farben benützt hätte? Spezielle Versuche, um zu schätzen, wie lange die Fläche zum Glätten tauglich ist,

---

mene Panagia Partaïtissa" im Iwiron wird der Bilderstürmerzeit zugeschrieben. Zu den uralt geltenden Bildern gehören zwei Bilder des hl. Georg im Kloster Sographu, welche beide, wie die Legende erzählt, „von selbst", das eine „nicht von Menschenhand gemachte" aus Palästina, das andere aus Arabien hierher kamen. Den Ausdruck antiker Gestalten „wird man in diesen Georgsbildern ebensowenig wie in den genannten Panagienbildern finden."

[29]) Ueber die Verwendung des Werges in Italiens früherer Technik der Intonacobereitung und als Beweis, dass diese Manier von den Greci dorthin importiert worden ist, sei die Notiz des L. B. Alberti erwähnt, welche er in seinem Werke, de re aedificatoria, über den Stucco der Alten, der „wie ein Spiegel glänzt" gibt und anführt: wenn du irgendwo in den Hundstagen oder an heissen Plätzen den Intonaco zu legen hast, so zerkleinere aufs feinste alte Taue (Werg) und mische das dem Intonaco bei (Lib. VI c. IX).

haben ergeben, dass sich zwei bis drei Tage die mit Stroh- und Wergkalk bereitete Oberfläche glätten liess, am dritten Tage nur mit Zuhilfenahme von Wasser; doch kommt es hier jedenfalls auf die Feuchtigkeits-Verhältnisse des Steinmauerwerks und die herrschende Temperatur an. Mir will es übrigens scheinen, als ob sowohl der Stroh- als auch der Wergkalk, abgesehen davon, dass der reine Kalk dadurch sehr fest an der Mauer und untereinander haftet, noch **wegen seiner grossen Leichtigkeit für die Kuppelmalerei des byzantinischen Stiles besonders geeignet ist. Das Werg verhindert dabei das Rissigwerden der Kalkbewürfe** in vortrefflicher Weise.

Insofern die in der Hermeneia verwendeten Mörtelarten mit der in Mapp. clavic. beschriebenen Angaben (CIII. De multa und CCLI. Confectio maltae; s. p. 26) durch die gleichartige Beimengung von zerkleinertem Stroh nebst gestossenem Werg zum ersten, und von geschnittenem Werg (Lein) zum zweiten, grosse Verwandtschaft zeigen, ergibt sich ein weiterer Beweispunkt für die von mir (Heft II. p. 60) erläuterte Ansicht, dass die Freskotechnik ein Derivat der Mosaiktechnik sein müsste. Ich habe dort nachzuweisen versucht, dass die Mosaiktechnik aus wesentlichen Gründen auf die feuchte Unterlage angewiesen ist, dass sich die Mosaikwürfelchen nur in dem weichen Grund festmachen lassen und dass die notwendigen doppelten Aufzeichnungen auf der Unterschichte mit roter Farbe als allgemeine Anlage, auf der Marmoratumschichte zur Aufzeichnung der Details, sich beim Fresko der Frührenaissance wiederholen. Die Freskomalerei des Athos nimmt von der Mosaiktechnik auch noch den weichen Grund und macht die Aufzeichnung mit Farben wie bei dieser. Da aber keine Mosaikwürfel in diesen weichen Mörtelgrund einzufügen sind, können auch die stärker wirkenden Bindemittel von Eiklar, Käsekalk oder Leinöl weggelassen werden. Die Entwicklung der Freskotechnik nimmt in Italien sogar einen anderen Verlauf als auf dem Athos, wo das tageweise Anwerfen des Mörtels und das Abschneiden der Konturen an den unbemalt gebliebenen Stellen noch unbekannt ist. Im Vergleich zur Mauermalerei der Hermeneia sind Cennini's Angaben über Freskomalerei schon viel näher dem Buonfresko der Renaissance; dieser lehrt nur soviel Intonaco auftragen, **als an einem Tage zu bemalen möglich ist**, um auf diese Weise eine grosse allgemeine Unterlage a fresco zu haben, überlässt aber die feinere Durchführung erst dem Fertigmalen a secco (C. 4 und 77).

Das Auftragen der ganzen zu bemalenden Fläche und das Glätten derselben hat vielleicht noch Anklänge an die antike Manier bei Vitruv und Plinius, wo es auf glänzende Flächen angekommen ist. Auch Cennini „glättet" seinen Bewurf mit der Kelle (C. 67), während die späteren Freskanten direkt die Fläche **wieder aufrauhen**, damit die Farben besser und leichter anhaften. So Pozzo, auch der Spanier Palomino (geb. 1563) legt Wert darauf, eine rauhe Fläche zum Malen zu haben und lässt den geglätteten Intonaco mit Flachs überstreichen, „damit der feine Sand aufgerührt und die Poren geöffnet werden, so dass die Farbe besser sich mit der Unterlage verbindet und leichter darauf gearbeitet werden kann". Bis auf die neueste Zeit hat sich das Verfahren gleich erhalten; Claudius Schraudolph (gest. 1879) sagt in seinen Aufzeichnungen über Freskotechnik: „**Der Grund soll überhaupt nicht glatt sein**, weil er dann schlecht zieht, und die Farben nicht genügend eindringen. Am besten ist eine Antragscheibe von Holz mit Filz darauf genagelt".[30]

Man ersieht aus dem Wenigen, dass zwischen der Mauermalerei des Athos und dem späteren Buonfresko doch bedeutende Unterschiede vorherrschen.

Bei der Wichtigkeit des Gegenstandes und dem Interesse, welches den alten Techniken der Wandmalerei entgegengebracht werden muss, seien hier die hauptsächlichsten Details nach den Angaben des Athosbuches gegeben:

---

[30] Ueber die spätere Freskotechnik wird in einer der nächsten Folgen m. Beiträge ausführlicher zu handeln sein, wobei die Quellen genauer verfolgt werden sollen.

§ 54. **Wie man auf die Mauer malt, und wie man die Mauerpinsel bereitet.**

Zur Malerei auf Mauern dienen besondere Pinsel; zum Skizzieren sind solche aus den Haaren der Eselsmähne, des Ochsenknöchels, aus den gleichen der Ziege und von den Kinnbacken des Maultieres geeignet. Die grossen Grundierpinsel werden aus Schweinsborsten gemacht.

§ 55. **Wie man den Kalk reinigt.**

Den Kalk bereitet man sich, indem man guten fetten Kalk, der keine ungebrannten Steine enthält, in einem viereckigen Behälter von Holz mit Wasser übergiesst, sorgfältig mit einem Haken umrührt, bis der Kalk hinlänglich aufgelöst ist und nur die Steine übrig bleiben. Unterhalb des Behälters sei eine beliebig grosse Grube angelegt, in welche dann die aufgerührte Kalkmilch durch einen unter das Mundloch gehaltenen Korb abfliesst, während die Steine zurück bleiben. Dann lässt man die so in die Grube durchgeträufelte Kalkmilch gut gerinnen, bis man sie mit der Kelle wegnehmen kann.

§ 56. **Wie man Strohkalk bereitet.**

„Nimm reinen Kalk und wirf ihn in ein grosses Behälter. Wähle feines Stroh, nämlich mittelmässiges, nicht zu Staub gewordenes. Rühre es zum Kalk mit dem Haken. Wenn es zu dicht ist, setze Wasser hinzu bis zu dem Punkte, wo man ihn zum Arbeiten verwenden kann. Lass das Ganze zwei oder drei Tage stehen und du kannst den Anwurf machen."

§ 57. **Wie man den Wergkalk macht.**

„Nimm den besten aufgelösten Kalk, thue ihn in einen kleineren Behälter. Nimm geschlagenes Werg, das nicht viel Holzteile von dem Leine hat. Drehe es und falte es, wie um ein dickes Seil daraus zu machen, und hacke es auf einem Block mit einer Axt, so klein als du kannst; hebe es gut durcheinander, damit es aufgehe und die Holzteile herabfallen. Bringe dann das Werg in ein Sieb und rüttle es leicht in das Behälter (mit dem Kalke), wo du es mit einer Schippe oder einem Haken durcheinander rührest. Mache es wieder wie das erstemal, fünf- bis sechsmal, bis der Kalk so trocken ist, dass er auf der Mauer nicht mehr reisst. Lass ihn wie den andern stehen, und du hast so Wergkalk, nämlich die „Opsis" (ὄψις, Ansicht)."

§ 58. **Wie man eine Mauer anwirft.**

Die Wände sind stets von oben nach unten zu bemalen und vor dem Bewurf ist das Mauerwerk gut anzufeuchten. „Ist die Mauer von Erde gebaut, so kratze die Erde mit einer Kelle soviel ab, als du kannst, weil sonst, wenn es eine Wölbung ist, der Kalk sich später ablösen würde. Befeuchte dieselbe dann wieder mit Wasser und wirf an. Ist es eine Ziegelmauer, so feuchte dieselbe fünf- oder sechsmal an und mache einen Kalkanwurf zwei Finger dick und mehr, damit er die Feuchtigkeit halte, wenn du arbeitest. Ist (die Mauer) von Stein, so befeuchte sie nur ein- oder zweimal und wirf eine dünnere Lage Kalk an, denn der Stein hält die Feuchtigkeit gut und trocknet nicht (so schnell). Im Winter mache den (ersten) Anwurf Abends und den Wergkalk lege den andern Morgen an. In der guten Jahreszeit mache, was dir das Nützlichste scheint, und wenn du den Wergkalk angelegt hast, so vergleiche ihn gut mit der Kelle, lass ihn ein wenig trocknen und zeichne."

§ 59. **Wie man skizzieren muss, wenn man auf Mauern arbeitet.**

„Wenn du auf eine Mauer skizzieren willst, so mache zuerst die Oberfläche ganz gleich."[31] Binde an einen eisernen Zirkel zu einer und der anderen Seite Holzstäbe, um ihn zu verlängern. Binde einen Pinsel an das

---

[31] Bei meinen Versuchen hat sich ergeben, dass die Wergkalklage schon nach geringem Auftrocknen, infolge des Aufquellens des Wergs bedingt, ziemlich rauh und ungleich wird; ein gleichmässiges Ebnen der Oberfläche ist also sehr angezeigt; dabei wird durch gelinden Druck schon eine Volumenverringerung erzielt, und die unterhalb befindliche Feuchtigkeit nach oben geleitet. Ohne diese Zerstörung des schon nach wenigen Stunden sich bildenden Kalkhäutchens wäre ein Freskomalen nicht ausführbar. Vgl. m. Versuche Nr. 92 und 93.

eine Ende dieser Stäbe, womit du Farbe nimmst, um Masse anzudeuten und die Nimben zu ziehen. Nachdem du alle Masse angedeutet hast, nimm Ocker und zeichne mit dem Pinsel zuerst leicht, dann mache die Skizze mit reinem Ocker. Ist die Skizze nicht gut ausgefallen, so skizziere neu mit hellem Oxy (caput mortuum) und überfahre auch die Nimben. Poliere deren Oberfläche und wende das Schwarz (vermutlich ist der dunkle Grund § 61 zu verstehen) an; poliere die Gewandung und lege den Grund (Grundfarbe) an. Suche schneller als in einer Stunde fertig zu machen, was du poliert hast, denn wenn du lange wartest, so zieht es Haut und nimmt die Farbe nicht an, und so nützt es dir nichts. Poliere ebenso (die Stelle für) das Gesicht; du bezeichnest dessen Umrisse mit der Kelle, mit einem Steinchen oder mit einem Bein, welches du mit dem Messer zuspitzest, wenn du eines bei dir hast. Ebenso die Gewänder. Lege auch den Grund (die dunkle Grundfarbe) auf das Gesicht, skizziere es und lege die Fleischfarbe auf. Wenn du aber zögerst und es Haut zieht, so mache es, wie wir dir sagen."

§ 60. Wie man Mauerweiss macht.

Zum Mauerweiss dient guter, altgelöschter Kalk, der „auf der Zunge weder bitter noch zusammenziehend schmeckt, sondern wie Erde". Wenn solcher nicht zu haben ist, so nehme man alten Mörtel von alten Malereien, kratze die Farben ab und zerreibe ihn. „Wirf ihn in ein Gefäss, fülle es mit Wasser, lasse ihn sich setzen und filtriere ihn ein- oder zweimal, bis mit dem Wasser auch das Werg und das Stroh fortgeht. Reibe ihn dann gut und es wird gutes Weiss. Wenn du von jenem (Mörtel) keinen findest, so mache es also: Nimm von demselben Kalk, womit du arbeitest, und lege ihn zum Trocknen an die Sonne. Dann brenne ihn ziemlich viel im Ofen oder im Feuer; dann reibe ihn und arbeite damit. Versuche ihn ebenfalls an der Zunge; wenn er bitter oder scharf ist, wie der andere, womit du Anwurf machst, so lass ihn, weil er Kruste bildet und sich nicht behandeln lässt; wenn er nicht bitter ist, sondern wie Erde, so kannst du ungehindert arbeiten." (Vergl. Bianco-Sangiovanni des Cennini, C. 58, welches in ganz ähnlicher Weise bereitet wird.)

Diese Sorge des Malers, möglichst alten Kalk zu verwenden, dessen ätzende Eigenschaften durch die Umsetzung des Calciumhydrats in kohlensauren Kalk verringert sind, hat insoferne Berechtigung, weil er zur Grundfarbe schon grünen Lack, also einen Pflanzenfarbstoff nimmt, wie aus § 61 ersichtlich ist. Diese Grundfarbe, bestehend aus grünem Lack, dunklem Ocker, Schwarz und eben diesem Mauerweiss hat auch unter Fleischfarbe gelegt zu werden. Es ist die nämliche Farbe, mit Proplasmus bezeichnet, die in § 16 aus „Grün, was für die Mauern dient" und denselben Farben bereitet wird, wie hier. Was für ein grüner Lack (πλάκα πρασίνην) damit gemeint ist, ist aus der Anweisung nicht ersichtlich; Heraclius C. XXXVII erwähnt einen grünen Farblack aus Malven als eine gute Farbe für Wandmalerei (s. p. 33); auch Theophilus verwendet den grünen Saft (sucus sambuci), unser Saftgrün auf der Mauer (C. XV).

Die übrigen Kapitel (§ 62—64), welche das Fleischmalen auf der Mauer behandeln, schliessen sich den parallelen Angaben des Panselinos (§ 16—24) an, mit dem einzigen Unterschied, dass für Mauer das Kalkweiss, für die anderen Malarten Bleiweiss genommen wird.

Nach der Anweisung (§ 65, Wie man die Lichter auf der Mauer mit Azur gibt,[32]) mit welcher § 68, Wie man den Azur auf der Mauer verwendet (mit Kleienabsud) in Verbindung zu bringen ist, wird in einem Abschnitt § 66 gelehrt: „Welches

---

[32]) Diese Anweisung ist eine von denen, die manche Unklarheiten bietet. Welcher Farbstoff unter Azur zu verstehen ist, „der mit Indigo nebst Mauerweiss gemengt werden sollte, weil er allein auf der Mauer schimmelig wird", ist zweifelhaft; ist es der blaue Pflanzenlack (§ 46)? Derselbe ist aber unter den Farben des nächsten § 66 als besonders zu vermeiden genannt; auch Indigo ist ein Farbstoff, der auf nasser Mauer vermieden werden sollte. Wenn aber in diesem Kapitel unter Azur der blaue Kupferlasur verstanden wird, was wohl das Natürlichste ist, so deckt sich die Anweisung mit Theophilus C. XV, s. oben p. 45.

die Farben sind, die man auf Mauern anwenden kann, und welches die sind, die man nicht anwenden kann":

„Das Bilderweiss (Bleiweiss), der Tsinkiari (Grünspan), der Lachouri (blauer Lack?), der Laek (Kermeslack, Carmin), der Arsenik (Auripigment) können auf der Wand nicht gebraucht werden. Alle anderen Farben können dienen. Nur musst du wissen, dass du den Zinnober nicht anwendest, um an einem Orte, der ausserhalb der Kirche und dem Winde ausgesetzt ist, zu malen, weil er schwarz wird, sondern brauche helles Violett (caput mortuum). Wenn du im Innern der Kirche malest, so nimm Mauerweiss oder eine kleine Quantität konstantinopolitanischen Ocker hinzu und es wird nicht schwarz".

Zur reicheren Auszierung von Wandgemälden dienen noch die mittelst des Wergkalkes zu erhöhenden Heiligenscheine (§ 67 Wie man die Nimben auf der Mauer erhaben macht) und die Vergoldung derselben. Zwei Anweisungen hiezu schliessen die Angaben für Mauermalerei ab. Es wird gelehrt, wie auf Mauern u. s. w. ein Grund für Vergoldung und zwar für Oelvergoldung angebracht wird und woraus dieser besteht. Obwohl nicht ganz klar ist, was z. B. unter Soulougeni (Konstantinides, σουλιγένι) zu verstehen ist, so kann doch kein Zweifel darüber sein, dass damit eine Art Assiso für die Mauer hergestellt werden soll.

§ 69. Wie man den Grund zum Vergolden machen muss.

„Nimm Soulougeni 30 Drachmen, feinen Ocker 3 Dr., Muscheln (wohl gestossene Schalen) 5 Dr., Tsinkiari (Grünspan) 1 Dr., Weiss 1 Dr. Reibe alles dies sehr trocken auf einem Marmor, ohne irgend etwas anderes, sammle es von dem Marmor und lege es in ein Papier; und wenn du vergolden willst, so nimm davon, soviel du zu deiner Arbeit brauchst. Oder, wenn du willst, nimm nur trocken geriebenen Soulougeni; lasse Peseri bis zur Honig-Dichtigkeit kochen und so viel Farbe da ist, so viel gekochten Peseri nimm auch, und rühre es gut mit einem Holz oder mit dem Finger durcheinander. Bestreiche dann die Nimben der Heiligen auf der Mauer und vergolde. Du musst ebenfalls, was du sonst vergolden willst, sei es Leder, Glas oder Marmor, zuerst inwendig und auswendig mit Grund überziehen und dann vergolde es. Willst du einen Stein vergolden, so musst du ihn zuerst einmal in der Luft mit Leinöl sättigen, und lasse es während drei Tagen trocknen. Bestreiche es [!] dann mit Goldgrund und lasse es trocknen, und vergolde darauf. Ist es auswärts, so mache es also; ist es inwärts, so vergolde mit (Gold-) Leim (oder Knoblauch). Mache es ebenso auf Kupfer, Eisen und Blei. Was das Tuch angeht, so musst du es an der Stelle, auf welche das Gold kommt, vorerst mit Leim sättigen und dann den Goldgrund auftragen; denn den anderen Tag ist es hart und lässt sich nicht mehr behandeln".

Diese und die nächste Anweisung, (§ 70. Wie man auf die Mauern das Gold für Nimben und was man sonst will, legt) sind in jeder Beziehung mit den Angaben des Lucca-Ms., Mapp. clav., Heraclius etc., was die Oelvergoldung betrifft, in Uebereinstimmung, so dass es überflüssig ist, nochmals hier näher darauf einzugehen. Auf den Grund kommt die Oelbeize, Mordant, und wenn diese etwas angezogen hat, werden die Goldblätter in der üblichen Weise aufgelegt, und mit dem „Stupfpinsel" oder Wollenbällchen aufgedrückt. Sterne und Goldornamente für Gewänder werden mit dem Pinsel gemalt und ebenso vergoldet; sobald die Beize gut trocken ist, wird das Ueberflüssige mit der Hasenpfote entfernt. Mit Knoblauchgrund auf Mauern zu vergolden, hält unser Autor nicht für ratsam, weil er später leicht schimmelig wird; es ist das Gold besser mit Mordant aufzulegen. „Hier endet die Malerei auf Mauern" sagt Dionysios, und wir müssen, wie er in der Einleitung besonders hervorgehoben hat, in allen diesen Anweisungen die Tradition des Panselinos erblicken, dem in dem Buche ein Denkmal errichtet ist.

Worin bestand oder vielmehr, worin konnte das grosse Verdienst des Panselinos bestanden haben, dass seine Nachfolger ihn als allergrössten Künstler so hoch geschätzt haben? Diese Frage drängt sich uns hier ebenso auf, wie es im nächsten Abschnitt bei Giotto der Fall ist. Waren seine Reformen rein technischer

Art, oder hat er in der Bewältigung des künstlerischen Ausdruckes einen neuen Stil geschaffen? Darüber steht uns kein bestimmtes Urteil zu, denn die Werke des Panselinos sind weder beglaubigt, noch wahrscheinlich irgendwo in den Kirchen des Athos erhalten. Brockhaus (p. 57) hält die ältesten Gemäldecyklen, die er auf dem Athos gesehen: in der Klosterkirche zu Watopedi, dem Protaton zu Karyes und der Nikolauskapelle zu Lawra, sämtlich für nicht älter als das XIV. Jh.; am ältesten scheint ihm der Cyklus im Protaton zu sein.[33]) Von Panselinos, der im XII. Jh. gelebt und gewirkt haben soll, können diese also unmöglich sein. Von Panselinos, dem glänzenden Stern am Firmament der byzantinischen Kunst, ist uns somit nichts übrig geblieben als seine Rezepte, die heute noch auf dem Athos gelten und in hohen Ehren gehalten werden.[34])

Eines scheint gewiss, dass Panselinos' Verdienste sich auf die Art Fleisch zu malen bezogen haben müssen, denn hier sehen wir seinen Namen mehrfach genannt. Der „Proplasmus" des Panselinos (§ 16) und die weiteren Angaben „von demselben" (§ 17) „über Skizzieren der Augen, der Augenbrauen und anderer Teile, welche man an den Bildern mit Fleischfarben darstellt", die weiteren Angaben (§ 18 und 19) Wie man Fleischfarbe machen muss, die Bereitung des „Glykasmus" (γλυκασμός) und (§ 22) „über die Art und Weise Fleisch zu malen" sind direkt seine Rezepte, nach denen die Mönche sich richteten. Der Grundgedanke, resp. die koloristische Seite dieser Anweisungen ist die Benützung eines tiefen durchsichtigen Mitteltones grüner Färbung als Unterschichte, auf welchem dann alle deckfarbigen Töne der roten Carnation viel weicher und natürlicher zur Wirkung gelangen. Wir werden nicht fehl gehen, in diesem Prinzip eine bedeutende Neuerung zu ersehen, welche nicht nur von Giotto und seiner Schule, sondern von allen späteren koloristischen Schulen zur Anwendung gebracht worden ist.

Bei den betreffenden Angaben zur Malerei der Carnation bei Theophilus (C. III und XV) haben wir gefunden, dass das Fleisch zuerst mit der allgemeinen Hautfarbe (membrana) angelegt und dann erst zur Schattierung das Grünschwarz (Prasinus) hinzugefügt wird. Dionysios unterlegt aber alles zuerst mit dem dunklen Grünschwarz (Proplasmus). Das Fleisch auf der Mauer malt der griechische Maler genau so „wie an den ganz guten Gesichtern von Gemälden" (§ 63), also auf einer Unterlage von Proplasmus. Man kann dies aus den folgenden Paragraphen ersehen.

§ 16. Ueber die Bereitung des Proplasmus (προπλασμός) des Panselinos

„Nimm Weiss, Ocker, Grün, was für die Mauern dient und Schwarz. Zerreibe dies alles zusammen auf einer Marmorplatte und sammle die Mischung in einem Töpfchen und lege damit den Grund an, wenn du Fleisch malen willst."

(Cennini C. 67: „Nimm dunklen Ocker, soviel wie eine Bohne, und hättest du keinen dunklen, so nimm gut gemahlenen lichten; gib ihn in dein Gefäss, nimm eine Linse gross Schwarz, mische es mit dem Ocker; nimm etwas Bianco-Sangiovanni (Kalkweiss), wie das Drittel einer Bohne und eine Messerspitze lichtes Cinabrese, mische es mit den vorgenannten Farben zusammen" . . . .)

Die Fleischfarbe selbst (§ 19) besteht aus Weiss, Ocker und Zinnober (Theophilus C. I. Bleiweiss, gebranntes Bleiweiss und Zinnober; Cennini C. 67. Weiss

---

[33]) Eine einzelne Figur aus diesen ältesten Malereien des Protaton, das liegende Christuskind, innen über die Thür gemalt, ist unter dem Titel „ὁ Ἰησοῦς τοῦ Πανσελήνου" bei Sp. Lambros im 5. Band der Zeitschrift „Παρνασσός" (Athen 1881) farbig abgebildet.

[34]) Den Schluss des I. Buches der Hermeneia bildet noch ein Kapitel, § 71. Wie man ein altes und verdorbenes Gemälde wiederherstellt und § 72 eine genaue Anweisung über die Goldschrift, welche die Amalgamierung von Gold zu Pulver behandelt.

Nota: Für einige Worte der Hermeneia war es mir nicht möglich, eine Erklärung zu finden: linum, mit welchem die Zeichnung zu machen ist (§ 26), das bei Haaren von Greisen über dem Proplasmus angewendet wird (§ 51) und als Grund für Mauerblau dienen soll (§ 65); Tzouga, welches bei der Bereitung von Carminlack verwendet wird (§ 42); Souligeni, das den Grund zum Vergolden bildet (§ 69). Bei dem letzteren will es mir scheinen, als ob eine Etymologie aus sou (sopra) und legno, etwa Unterlage, Assiso am ehesten der Wahrheit nahe käme. Unter linum (λινὸν) könnte vielleicht ein gemischtes Grau zu verstehen sein.

und Cinabrese; auf der Tafel Weiss und Zinnober C. 147). Eine andere Fleischfarbe (§ 20) besteht aus Weiss und gelbrötlichem Ocker allein, gleicht also der Cennini's vollkommen.

Zwei Teile dieser Fleischfarbe und ein Teil oder weniger Proplasmus bilden dann den ersten dunklen Mittelton, den Glykasmus (§ 21), entspricht also etwa dem Prasinus nebst Membrana (C. I u. II) des Theophilus.

Ueber die Art und Weise Fleisch zu malen, klärt uns § 22 auf:

„Wenn du den Grund gemacht (also mit Proplasmus angelegt hast) und das Gesicht oder was du sonst willst, skizziert hast (nach § 17 geschieht dies mit Schwarz und Oxydviolett), so machst du zuerst das Fleisch mit dem Glykasmus, welchen wir dir vollkommen beschrieben haben, und verschwäche denselben gegen die Enden, so dass er sich von dem Proplasmus nicht unterscheidet. Du thust dann Fleischfarbe auf die vortretenden Partien, indem du dieselbe mit dem Glykasmus allmählich verschwächst. Bei Greisen deutest du mit der Fleischfarbe die Runzeln, und bei jungen Leuten nur die Augenwinkel an. Trage dann auf dieses Fleisch Weiss mit Vorsicht an, um mehr Licht zu geben, und lege dasselbe auf die dunkleren Teile, denen du Licht geben willst. Lege dieselbe (Fleischfarbe) leicht an und das Weiss ebenfalls. Anfangs leicht und später verstärke die ersten (Striche) an den stärker hervortretenden Teilen. So macht man das Fleisch nach Panselinos".

Es erhellt aus dem Obigen, dass durch diese Art des Fleischmalens auf dem dunklen Proplasmusgrund, die Gesamtanlage des gedämpften Mitteltones (Glykasmus) und das allmählige Verstärken der Lichtpartien, ohne dass dieselben bis an den Rand geführt werden dürfen, eine gewisse Weichheit und Rundung entstehen muss.

Cennini (loc. cit.), der schon in seinem dunklen Grundton etwas rotes Cinabrese mischt, verstärkt deshalb nach dem Skizzieren nochmals die zurücktretenden Teile mit einem tiefen Ton, der in Florenz Verdaccio, in Siena Bazzèo genannt wird. Zuerst trägt er Verdeterra, also grüne Erde auf. Da er mit Verdaccio alle Umrisse (Nase, Augen, Lippen und Ohren) verstärkt, so wird dieses Verdaccio einem dunklen Braunrot am meisten gleichkommen, mithin den Mischungen von Schwarz mit Oxydviolett (§ 17) oder Umbra mit Bolus (§ 18) des Panselinos entsprechen (Exedra des Theophilus C. XIII).

In der Mauermalerei folgt der griechische Mönch genau derselben Ordnung des Fleischmalens (§ 61—64), beginnt mit dem nämlichen grünlichschwarzen Proplasmus und führt die Arbeit in der gleichen Weise durch. Cennini beginnt auf der Tafel aber gleich mit grüner Erde und etwas Weiss gemischt, modelliert mit Verdaccio wie auf der Mauer, und übergeht dann diesen Grund mit den drei verschiedenen Fleischtönen bis zum hellsten Licht (C. 147). Da Cennini auf der Freskogrundierung noch einmal mit Tempera übermalt, so ist er überdies in der Lage, die ganze Skala der grünfarbigen Untertuschung und der rötlichen Carnation mit deren koloristischer Kontrastwirkung, auf welcher dieses System vorzüglich beruht, zur Geltung bringen zu können. Auf diesen Umstand sei schon hier aufmerksam gemacht, weil es als eine direkte Folge der griechischen Manier des Panselinos angesehen werden muss.

Ueberblicken wir zum Schluss die Resultate der obigen Zusammenstellung der Technik vom Berge Athos, so ergibt sich beim Vergleich mit dem Lucca-Ms., welches auf byzantinischen Ursprung zurückführt, dass der Gebrauch von Wachsfarben zur Malerei beiden gemeinsam ist. Der Fischleim, den auch Theophilus noch anwendet, ist im Athosbuche nicht mehr genannt. Oele und Oelfirnisse sind dieselben, wie bei allen späteren Quellen. Die Pictura translucida auf Zinnfolie fehlt in der Hermeneia, aber die gefärbten Firnisse sind erhalten. Die Miniaturtechnik ist unverändert die gleiche geblieben. Von den Vergoldungsarten dient die Glanzvergoldung ausschliesslich für Tafelmalerei, die Oelvergoldung für Mauer, Stein und Eisen etc. Die Knoblauchbeize findet sich auch bei Cennini wieder, ein Beweis, wie sich die Tradition der „Greci" in den ersten Jahrhunderten nach dem Jahre 1000 erhalten hat; andere Dinge und Materialien, wie Ei und Gummi zur Tempera, die Bereitung von Farben und Lacken, Vergoldungsarten, Grundierungen etc., sind wahrscheinlich vom Altertum bis in die spätere byzantinische Zeit übernommen worden.

In dem folgenden Abschnitte wird gezeigt werden, wie diese byzantinische Technik nach Italien verpflanzt, dort festen Fuss fasste, sich zur Vollkommenheit entwickelte, und dadurch die Kunst der Frührenaissance in ihren grossen Zielen unterstützte.[35]

III. Appendix.

Die Schilderung Didrons (p. 94 der Ausgabe von Schäfer) von der Technik der Wandmalerei, die er auf dem Athos zu beobachten Gelegenheit hatte, ist so interessant, dass dieselbe hier im Wortlaute gegeben sei:

„Es ist vielleicht nicht ohne Interesse, dass ich einen Teil dieser Rezepte und Verfahrungsweisen zusammenfasse, indem ich einige Bemerkungen angebe, die ich mir darüber gemacht, und die Unterredung erzähle, welche ich mit dem P. Joasaph, einem der besten Maler vom Berge Athos, gehabt habe.

Das Folgende ist nämlich die Manier, nach welcher ich in dem Kloster Esphigmenu durch den P. Joasaph, durch seinen Bruder, durch einen der ersten Zöglinge, welcher Diakon und der künftige Erbe des Ateliers war und durch zwei Knaben von 12 und 13 Jahren habe Fresken malen sehen.

Der Portikus der Kirche oder Narthex, den man bei unserer Durchreise malte, war eben gebaut: er war mit Gerüsten umgeben, um die Fresken in der Höhe des Gewölbes anbringen zu können. Arbeiter bereiteten im Hofe unter der Leitung der Maler den gemischten Kalk, der zum Ueberzuge dienen sollte. Da man zwei Ueberzüge macht, so gibt es auch zwei Sorten Kalk. Der erste, eine Art ziemlich feiner Mörtel, wird mit klein gehacktem Stroh gemischt, der ihm eine gelbliche Farbe gibt; in den zweiten, der von einer weniger groben Qualität ist, mischt man Baumwolle oder Flachs. Mit dem gelbfarbigen Kalk macht man den ersten Ueberzug; er klebt besser an der Mauer als der zweite; dieser ist weiss, fein und gibt vermittelst der Baumwolle eine ziemlich feste Masse; sie ist bestimmt, die Malerei aufzunehmen.

Die Arbeiter bringen also den gelben Kalk und legen auf der Mauer eine Lage von ungefähr einem halben Centimeter[36]) auf. Ueber diese Lage breitet man einige Stunden später ein Häutchen von feinem und weissen Kalke. Diese zweite Operation erfordert mehr Sorgfalt als die erste und ich sah den Bruder des P. Joasaph, der selbst Maler ist, diese zweite Kalklage selbst auflegen. Man wartet drei Tage bis die Feuchtigkeit verdunstet ist. Würde man vor dieser Zeit malen, so würde der Kalk die Malerei beschmutzen, später wäre die Malerei nicht fest und griffe nicht in den Mörtel ein, der zu hart und zu trocken wäre, um die Farben zu absorbieren. Es versteht sich von selbst, dass der thermometrische Zustand der Atmosphäre, die Zeit, die man zum Trocknen des Ueberzuges, ehe man malt, lassen muss, verkürzt oder verlängert.

Ehe der Meistermaler zeichnet, glättet er den Kalk mit einer Spatel. Dann bestimmt er mit Bindfaden die Dimensionen, welche sein Gemälde haben muss. In diesem Gemälde, in diesem Figurenfelde misst er mit einem Zirkel die Dimensionen, welche die verschiedenen Gegenstände haben müssen, die er darstellen will. Der Zirkel, dessen sich P. Joasaph bediente, war ganz einfach ein Rohr, welches in zwei gebogen war, in der Mitte gespalten und von einem Holzstück, welches die beiden Arme nach Willkür von einander entfernt oder nahe bringt, durchzogen. Der eine Arm war scharf zugespitzt, der andere trug einen Pinsel. Man kann sich keinen einfacheren, bequemeren und wohlfeileren Zirkel machen.

Dieser Pinsel, welcher den Schluss des einen Armes des Zirkels macht, ist in Rot getaucht: mit dieser Farbe zeichnet man leicht den Strich, und skizziert das Gemälde. Der Zirkel dient besonders, um die Nimben, die Köpfe und die zirkelförmigen Partien zu machen, der Rest wird mit der Hand gemalt, welche nichts führt als einen Pinsel. In weniger als einer

---

[35]) Ueber die reichhaltige Litteratur zur byzant. Kunstgeschichte vergl. Krumbacher, Geschichte der byzant. Litteratur, 2. Aufl., München 1897, speziell für Malerei und Technik p. 1117 ff. Ein wertvoller Aufsatz „Ein Blick in das Handbuch der Malerei vom Berge Athos" von Hans Macht, ist in den Mitteil. d. öst. Museums f. Kunst und Industrie in Wien, X. Jahrg. Heft XI (neue Folge), enthalten. Da ich hievon erst während der Drucklegung dieses Bogens Kenntnis erhielt, konnte leider darauf nicht Bezug genommen werden.

Das Werk von Buslaev (82 russ. Bilderapokalypsen, Moskau und Petersburg 1884) soll manchen Hinweis auf die Malerbücher Hermeneia, Stoglaff, Podlinnik und deren Technik enthalten (mir sprachlich nicht zugänglich).

[36]) Nach § 58 hat diese Lage „zwei Finger dick und mehr" zu betragen, eine dünnere Lage nur auf Steinmauer, welche die Feuchtigkeit länger hält.

Stunde hat der P. Joasaph vor uns ein ganzes Gemälde gezeichnet, worin Christus und seine Apostel in natürlicher Grösse figurierten. Er hat diese Skizze einzig aus dem Kopfe gemalt, ohne irgend ein Zögern, ohne Karton, ohne Modell und ohne selbst die Figuren anzusehen, die schon von ihm in anderen nahestehenden Gemälden gefertigt waren. Ich sah ihn nie einen Zug auslöschen oder berichtigen; so sicher war er seiner Hand. Er fing damit an, die Hauptperson, den Christus, zu skizzieren, der in der Mitte seiner Apostel war. Er machte zuerst den Kopf, dann den Rest des Körpers, indem er herunterfuhr. Dann zeichnete er den ersten Apostel rechts, dann den ersten Apostel links, dann den zweiten zur Rechten, dann den zweiten zur Linken, und so symmetrisch fort. Der Maler zeichnet seine Skizzen, sozusagen, mit gehobener Hand und ohne sich einer Handstütze zu bedienen; dieses Instrument, dessen sich unsere Maler bedienen, würde in den Ueberzug, der noch feucht ist, und in den Kalk, der noch zu weich ist, eindringen. Ist aber die Hand zitternd oder ermüdet, so stützt man sie an die Mauer selbst.

Ins Innere dieses roten Strichs, der den Umriss der Figuren bestimmt, breitet ein untergeordneter Maler einen schwarzen Grund aus, den er mit Blau hebt, aber in Flachmalerei, sowie der schwarze Grund selbst. In dieses Feld zeichnet dieser Maler, eine Art Praktiker, die Draperien und anderen Verzierungen. An das Nackte rührt er nicht; man lässt das dem Meister. Alle Draperien und der Kreiszug des Hauptes werden vor dem Kopfe, den Händen und den Füssen gemacht.

Der Meister nimmt nun diese angedeutete Figur wieder auf und macht den Kopf. Er verbreitet zweimal nacheinander eine Lage schwärzlicher Farbe über die Oberfläche und fixiert strichweise mit einer noch schwärzeren Farbe die Züge der Figur. Er malt zwei Figuren auf einmal, indem er ununterbrochen von einer zur anderen geht, um alle Farbe, welche der Pinsel hält, abzugeben; übrigens muss die Farbe des einen Kopfes Zeit haben, in die Mauer einzuziehen, während der zweite gemacht wird. Dann macht er mit Gelb die Stirne, die Wangen, den Hals, das eigentliche Fleisch. Eine erste Lage von Gelb deckt die schwarze Farbe aus; eine zweite macht die Figur hell. Hier ist der passende Grad der Stärke von Bedeutung, und der Ton muss der rechte sein. Der Maler versucht den Grad seiner Farbe an dem Nimbus, der gezogen, aber noch nicht gemalt ist, und der ihm in diesen Verhältnissen zur Palette dient. — Nach diesen beiden Lagen Gelb, wovon die eine das Schwarze deckt, die andere das Nackte erhellt, sieht man das Fleisch hervorkommen. Eine dritte Deckung dieses Hellgelb, dichter als die beiden ersten, gibt den allgemeinen Ton der Incarnation. Der Maler macht seine Figur nicht stückweise, sondern ganz auf einmal; er breitet dieselbe Deckung über die ganze Oberfläche, ehe er zu einer andern übergeht. Die Augen allein sind ausgenommen; man spart sie bis zuletzt. Dann mildert er mit Blassgrün das Schwarz, welches er in den schattigen Teilen gelassen, und was er schon mit Blau belebt hatte. Dann zieht er mit Gelb wieder die Uebergriffe des Grün zurück. Dieses Grün, welches das Schwarz mildert, gibt die Schatten. Ist das Fleisch so herausgekommen, so gibt er ihm Leben. Er zieht eine Rosenfarbe über die Wangen, die Lippen, die Augenlider, um sie zu erhellen und Blut in dieselben laufen zu lassen. Dann sieht man unter dunklem Braun die Augenbrauen, die Haare und den Bart hervortreten, und hier hört die Gesichtslinie auf.

Die Augen sind noch nicht da; sie sind unter den beiden ersten und allgemeinen Deckungen schwarz geblieben; mit dunklerem Schwarz macht er den Stern und mit Weiss die Hornhaut. Blasses und feines Rosa gibt zuletzt den kleinen leuchtenden Punkt des Auges: das Augenlicht entzündet sich und die Figur sieht klar.

Die Lippen waren nur angedeutet, der Zug des Mundes war zu schwarz, der Maler erhellt und vollendet Mund und Lippen. Dann umgibt er mit einer sehr schwarzen Linie die ganze Figur, um sie zu erheben. Auch bei uns grub man, besonders in der romanischen Epoche, um eine gemeisselte Figur herum eine tiefe Linie, um sie schärfer hervortreten zu lassen.

Dann werden da und dort einige Pinselstriche von Rosa gegeben, um das Lebhafte des Rot in gewissen Fleischadern zu mildern und zu verblassen. Dann noch einige Striche Braun, um den Greisen die Runzeln zu machen. Zuletzt einige Striche verschiedener Farben, um diesen Köpfen den letzten Ausdruck zu geben und sie zu vollenden.

Zwei Köpfe werden zu gleicher Zeit gemacht, wie ich es bei Joasaph praktizieren sah; er brauchte kaum eine Stunde für beide. In fünf Tagen hatte Joasaph eine Bekehrung des hl. Paulus a fresco gefertigt, ein Gemälde von drei Meter Breite und vier Meter Länge. Zwölf Figuren und zwei grosse Pferde nahmen dies ziemlich ausgedehnte Feld ein. Diese Malerei war gewiss kein Kunstwerk, aber sie war mehr wert als eine solche, welche einen unserer Maler zweiten Ranges sechs bis acht Monate kostet. Ich zweifle selbst, ob unsere grossen Meister, wenn sie mit einer religiösen Komposition beauftragt wären, gleichmässiger gut arbeiten würden; in ihren Werken würden wohl mehr Vorzüge, aber auch mehr Mängel sich finden, als in der Freske des Berges Athos.

Ist das Gemälde vollendet, so wartet man, bis der Kalk fast ganz trocken ist; dann vollendet man die Figuren. Man bringt das Gold und Silber an Nimben und Gewändern an; man bereichert die Malereien mit den feinsten Farben, besonders mit venezianischem Azur und man macht die Blumen und Verzierungen, welche innerlich die Nimben, die Gewandung und das Feld des Gemäldes ausschmücken sollen. Dazu ist notwendig, dass die gröberen Farben, deren man sich zum Malen der Figuren bedient hat, gut trocken seien, damit sie weder die kostbaren Farben, noch Gold und Silber verderben.

Ist die Figur fertig, so gibt man ihr einen Namen: ist die Darstellung einer Person hinreichend vollendet, so tauft man sie und lässt sie sprechen. Ein besonderer Künstler, ein Schreiber, der allein mit der Schrift beschäftigt ist, schreibt den Namen der also dargestellten Person in das Feld des Nimbus oder um denselben, er schreibt auf den Bandstreifen, den die Figur hält, sei sie Patriarch, Prophet, Richter, König, Apostel oder sonst ein Heiliger, die Legende, wie die Anleitung zur Malerei sie anempfiehlt. Ist dies geschehen, so rührt man nicht mehr daran, und Alles ist fertig.

Das ist es, was ich mit der grössten Sorgfalt in der Kirche von Esphigmenu auf dem Berge Athos beobachtet habe. Während der Maler arbeitete, fragte ich ihn, und ich schrieb auf der Stelle und wie nach seinem Diktate, was ich gesehen und gehört hatte. Es sind meine Noten von damals, die ich eben abgeschrieben. Man sieht, dass die Vorschriften der Anleitung auf dem Berge Athos immer beobachtet werden, und dass man wesentlich nichts daran ändert. Man malt dort fast nie in Oel, weil, um auf Oel zu malen, wie mir der P. Joasaph sagte, man warten musste, bis der Anwurf trocken wäre, und da die Farbe nicht in den Kalk einziehen würde, wäre dies weniger dauerhaft.

Das Prinzip der Arbeitsteilung ist in der Kunst auf dem Berge Athos gebräuchlich. Ein Meister im Rühren bereitet den Kalk und wirft ihn an; zwei junge Zöglinge reiben und verschlämmen die Farben. Diese Farben kauft man in Kayes, einer kleinen Hauptstadt des Berges Athos; man bezieht sie von Smyrna und Wien, oder sie kommen aus Frankreich und Italien. Ein Malermeister komponiert das Gemälde, gibt den Figuren ihre Stellung und zeichnet sie mit Strichen; ein Zögling, der erste oder zweite, macht die Draperien. Der Meister widmet sich nur den Köpfen, den Füssen, Händen und dem Fleisch. Ein Zögling, gewöhnlich der zweite, macht die Verzierungen und legt Gold und Silber an. Ein Schreiber macht die Schrift. Dieser Arbeitsteilung verdanken es die hagioritischen Künstler, dass sie in Ermangelung eines Modells, mit der Kenntnis des Handbuchs so rasch ganz interessante Gemälde liefern".

II. Cennino Cennini's Tractat von der Malerei.

Die grosse Umwälzung, welche wir gewöhnlich mit dem Namen Renaissance bezeichnen, geht mit den historischen Thatsachen und mit dem Wachsen des nationalen Wohles in Italien Hand in Hand. Das Bestreben der Fürsten und Päpste durch Prachtentfaltung zu glänzen, der Stolz der durch den Mittelmeerhandel immer stärker werdenden Städte, das Erwachen des Schönheitssinnes und die politischen Verhältnisse sind nur äussere Triebfedern des unaufhaltsam mächtigen Fortschreitens auf allen Gebieten der Kultur.

Durch Jahrhunderte in Abhängigkeit von byzantinischer Form und Manier, gelangte die Kunst durch kraftvolles Auftreten einiger künstlerischer Persönlichkeiten zur neuen Blüte. Die Morgenröte einer neuen Zeit bricht an; aus den von den „Griechen" gepflanzten Reisern entwickeln sich die prächtigsten Bäume auf dem klassischen Boden Italiens.

Die grundlegenden grossen Verdienste, die sich Giotto um die Erneuerung der Kunst, durch die geistige Ausgestaltung der Darstellungsweise in der Malerei erworben, werden von der Kunstgeschichte unumwunden anerkannt, wenn auch Mancher vor ihm den Boden dazu geebnet hatte. „Von Giotto selbst", sagt Burckhardt, „ging ein Strom der Erfindung und Neuschöpfung aus. Vielleicht hat kein anderer Maler seine Kunst so gänzlich umgestaltet und neu orientiert hinterlassen wie er". Die ehemals herrschende „griechische Manier" sah man erst durch Cimabue und dann durch Giotto's Hilfe ganz erlöschen und eine neue erstehen. „Die harten Linien, welche alle Gestalten umgaben, die verzückten Augen, die Füsse auf den Zehen aufgerichtet, die spitzen Hände, den Mangel an Schatten und andere Hässlichkeiten jener Griechen sah man verbannt; die Gesichter bekamen mehr Anmut und das Colorit Weichheit; vornehmlich gab Giotto seinen Gestalten schönere Stellungen, den Köpfen grössere Lebendigkeit und den Gewändern Falten, fand einigermassen, wie man Verkürzungen ausführen müsse und versuchte zuerst die Leidenschaften der Furcht, des Hasses, der Hoffnung und der Liebe darzustellen. Zugleich gab er seiner Farbenbehandlung eine gewisse Weichheit, statt dass sie wie früher unbehilflich und roh gewesen war".

So charakterisiert Vasari in der Einleitung zum II. Buche seiner Vite Giotto's Verdienste um die Kunst.[1]

Zu diesen Verdiensten der künstlerischen Auffassung treten noch die Reformen, welche Giotto in technischer Beziehung hinterlassen und welche Cennini in seinem Tractat von der Malerei ausführlich beschrieben hat.

Cennino Cennini, aus Colle di Valdelsa gebürtig, war ein Schüler des Agnolo Gaddi, dessen Vater Taddeo (gest. 1366, Agnolo starb 1396) vierundzwanzig Jahre in des grossen Giotto Werkstätte arbeitete. Wohl i. J. 1380 trat Cennini bei Agnolo Gaddi, dem zu seiner Zeit berühmtesten Florentiner Künstler, in die Lehre. Wie es damals üblich war, brachte er die zwölf Lehrjahre in emsigem Fleiss bei seinem Meister zu. Was von der äusserlichen Kunstweise, d. h. der Technik Giotto's (1267 (?)

---

[1] Schorn, Uebersetzung von Vasari, 2. Bd, I. Abt. p. 10.

—1337) auf dessen Schüler Taddeo und von diesem auf Agnolo übergegangen und in der überkommenen Art weitergeübt wurde, hat Cennini in allen Details niederzuschreiben sich bemüht. Man hat ihm den Vorwurf gemacht, dass er, den Pfaden des grossen Reformators folgend, nur dessen äusserliche Mache schilderte; man muss ihm jedoch zu Gute halten, dass die Innerlichkeit der Anschauung sich eben nur nachempfinden, aber nicht lehren und niederschreiben lässt. Zur Darstellung des „Himmlischen, Heiligen, Uebersinnlichen, der edlen und geistvollen Aeusserung der Seelenbewegung, in welcher Giotto und seine Schüler sich bisweilen des Möglichen erschöpfen", haben die Maler eben doch nichts anderes zu ihrer Verfügung als ihre Farben und Bindemittel, die Wand- und Holzflächen. Diese sind ihre Ausdrucksmittel, um, was ihr Inneres bewegt, darzustellen.

Durch die immer grösser gestellten Aufgaben musste sich aber auch auf diesem Gebiete das Verlangen nach Vervollkommnung geltend machen. Ursprünglich war Giotto, ebenso wie Giunta und Cimabue, auch technisch den Vorbildern gefolgt, welche byzantinische Künstler nach Italien brachten. Dass der erstere auf diesem Felde sich nicht mindere Verdienste erworben, zeigt die Ehrfurcht, mit der Cennini zu ihm aufblickt und die peinliche Gewissenhaftigkeit, mit welcher er alles notiert, so dass in seinem Trattato durch einseitiges Hervorheben der rein handwerklichen Mache scheinbar eine Verkennung des Hauptzweckes der Malerei zum Ausdruck gelangt. Nicht zum Nachteil für uns, die wir in Cennini's Werk ein Compendium des technischen Wissens und Könnens erblicken müssen, durch welches wir im stande sind, auch in den allerkleinsten Nebensachen der Arbeit des „grössten Genius des Jahrhunderts" zu folgen. Aus keiner einzigen späteren Kunstepoche ist uns ein ebenbürtiges Werk erhalten, das nur annähernd ein so umfassendes Bild der technischen Fertigkeiten zu geben im stande wäre, wie dieses, und sein Wert steigt noch mehr, weil der Name des „Reformators der Kunst", Giotto damit in Verbindung steht. Nicht Cennini's Technik und die seiner Zeit allein enthält das Werk, sondern diejenige der grossen Kunstheroen des XIV. u. XV. Jhs., von Giotto, Fra Angelico, Memmi bis zu Sandro Botticelli, Benozzo Gozzoli, Ghirlandajo usw.

Von Cennini und seinem Tractat der Malerei[2]) berichtet schon Vasari im Leben des Agnolo Gaddi, dessen Schüler er war, wie folgt:

„Dieser schrieb, als grosser Verehrer der Kunst, ein Buch über die Methode, nach welcher man in Fresko und Tempera, mit Leim, mit Gummi und endlich auch in Miniatur malen müsse, und wie man in verschiedener Weise Gold auflegt; dies Buch besitzt der Goldarbeiter Giuliano zu Siena, der ein vortrefflicher Meister und ein Verehrer jener Künste ist. Zu Anfang des Werkes handelt Cennini über die Natur der Farben, der mineralischen sowohl als der Erdfarben, wie er es von seinem Lehrer gehört hatte; vielleicht da ihm nicht recht gelang, die Kunst der Malerei vollkommen zu erlernen, wollte er mindestens wissen, wie man die Farben, das Anmachen, die verschiedenen Leime und das Uebergypsen behandelt, und noch andere Dinge, die zu nennen nicht Not thut, weil alles, was jener damals als Geheimnis und als etwas sehr Seltenes wusste, heutigen Tages ganz bekannt ist. Erwähnen will ich jedoch, dass er einiger Erdfarben nicht gedenkt, vielleicht, weil sie damals noch nicht gebraucht wurden, wie dunkelrote Erde, Cinabrese (terre rosse scure, il cinabrese) und einige grüne Glasfarben (verdi in vetro). Später wurden auch gefunden die Umbraerde, die

---

[2]) Cennini's Trattato wurde zuerst herausgegeben von Tambroni (Di Cennino Cennini trattato della pittura messo in luce la prima volta con annotazioni dal cavaliere Giuseppe Tambroni, Roma 1821), nach dem Codex der Ottoboniana (Vatican. Biblioth.). Eine Uebersetzung erschien in englischer Sprache von Mrs. M. Ph. Merrifield (a treatise of painting written by Cennino Cennini in the year 1437, London 1844); eine ebensolche, nach der Tambronischen Ausgabe, in französischer Sprache von Victor Mottez (Paris et Lille 1858) folgte. Eine neue Ausgabe, welcher ausser der erwähnten Handschrift noch diejenigen der Mediceo Laurenziana und der Riccardianischen Bibliothek in Florenz zu Grunde liegt, besorgten die Brüder Milanesi (Il libro dell' arte o trattato della pittura di Cennino Cennini, di nuova pubblicato, con molte correzioni e coll' aggiunta di più capitoli tratti dai codici fiorentini, per cura di Gaetano e Carlo Milanesi, Firenze 1859). Dieser Ausgabe entspricht die deutsche Uebersetzung nebst Noten von Albert Ilg (Das Buch von der Kunst oder Tractat der Malerei des Cennino Cennini da Colle di Valdelsa, Wien, 1871; Bd. I. der Quellenschriften für Kunstgeschichte und Kunsttechnik d. Mittelalters u. d. Renaissance herausgeg. von Eitelberger).

gegraben wird, das Saftgelb, die Smalten (giallo santo, gli smalti a fresco et in olio) zum Fresko und Oelmalen, und einige grüne und gelbe Glasfarben (alcuni verdi e gialli in vetro), welche den Malern jener Zeit fehlten. Cennini handelt auch über Musaikarbeit (musaici) und wie man die Farben mit Oel anreiben müsse,[3]) um rote, blaue, grüne und andere Gründe zu malen; und endlich noch von den Beizen (mordenti), um Gold darauf zu legen, jedoch nicht um sie bei Figuren anzuwenden (ma non già per figure). Dieser Cennini sagt im ersten Kapitel seines schon erwähnten Buches, indem er von sich selbst redet, genau folgendes:

„Ich Cennino de Drea Cennini aus Colle di Valdelsa, wurde zwölf Jahre von Agnolo des Taddeo Sohn aus Florenz, meinem Meister, in der Kunst unterwiesen, die er von seinem Vater Taddeo erlernt hatte, welchen Giotto über die Taufe hielt, dessen Schüler er vierundzwanzig Jahre gewesen ist. Dieser Giotto übertrug die Kunst der Malerei aus der griechischen Art in die lateinische, erneuerte sie gänzlich und vervollkommnete sie sicherlich mehr als irgend einer (rimotò l'arte del dipignere di Greco in Latino e ridusse al moderno)".

Dies sind die Worte Cennino's, der, wie es scheint, andeuten wollte, dass gleichwie solche, die eine Schrift aus dem Griechischen ins Latein übersetzen, denen, die nicht griechisch verstehen, eine grosse Wohlthat erweisen, Giotto ähnliches gethan habe, indem er die Kunst der Malerei aus einer jedermann unbekannten und unverständlichen (ja man kann sagen als sehr plump erwiesenen) Manier, in eine schöne, leichte und gefällige Methode übertrug, die von jedem, der Urteil und Einsicht hat, als gut erkannt wird".

Von manchen Kunstforschern wird die Ansicht vertreten, dass Cennini's Worte „Giotto übertrug die Kunst der Malerei aus der griechischen Art in die lateinische usw.", rein technisch zu verstehen seien. Vasari ist eigentlich anderer Meinung und schreibt, wie wir oben gesehen haben, die Giotto'sche Umwälzung mehr dem Abgehen von der hergebrachten Form der byzantinischen Archaismen und der Begründung eines neuen national italienischen Stiles zu. In technischer Beziehung hält Vasari daran fest, dass Giotto anfänglich die griechische Manier beibehalten hat. So schreibt er in C. XX der Introduzione von Temperamalerei, welche „von Cimabue und vorher bis auf den heutigen Tag sowohl auf Tafelgemälden, als auch auf Mauern von den Griechen (dà greci)" ausgeübt werde, ebenso im Leben des Antonello da Messina wie folgt:

„In dieser Zeit hatte man fortwährend auf Holztafeln und Leinwand, nicht anders als in Tempera gemalt, ein Verfahren, in welchem um das Jahr 1250 Cimabue den Anfang machte, als er in Gemeinschaft mit einigen Griechen arbeitete, und welches von Giotto wie von allen beibehalten wurde, derer bis jetzt Erwähnung geschehen ist; man beharrte bei dieser Methode, obwohl die Künstler erkannten, dass den Temperamalereien eine gewisse Weichheit und Frische fehle, welche geeignet wäre, den Zeichnungen mehr Anmut, dem Colorit mehr Reiz zu verleihen, wobei sie auch die Leichtigkeit vermissten, die Farben ineinander zu vertreiben, indem bis dahin gewöhnlich war, mit der Spitze des Pinsels kreuzweise zu schraffieren".

Wenn Giotto also den technischen Traditionen der Greci gefolgt ist, so wird sich auch in Cennini's Tractat nachweisen lassen, inwieferne er ihnen gefolgt ist, und wird es sich auch klarstellen lassen, welche von deren technischen Fertigkeiten dann fallen gelassen wurden. Deshalb soll hier vor Allem in kurzen Zügen versucht

---

[3]) Die späteren Einwürfe gegen Vasari's Erzählung von der Erfindung der Oelmalerei durch Van Eyck nehmen daran Anstoss, dass Vasari aus Cennini's Trattato die Verwendung von Oelen zur Malerei hätte ersehen müssen, er mithin nur sehr flüchtige Kenntnis von Cennini's Buch gehabt; hier sehen wir, dass ihm Unrecht geschieht, denn er erwähnt die Oelmalerei ganz besonders. Ausserdem berichtet Vasari von Angaben des Cenn. über musaici, die sich in der Ausgabe Tambronis gar nicht vorfanden, aber in der Milanesischen unter den angefügten Kapiteln (161—178) enthalten sind. Vasari ist demnach bezüglich des Inhaltes genau informiert gewesen. Cennini handelt (C. 172) von Musierung und nicht von Mosaik, welche im Italienischen gleiche Bezeichnung haben (Come si lavora in opera musaica per adornamento di reliquie; e del musaico di buccinoli di penna). Dass Vasari die einzelnen Teile des Trattato genauer studierte, zeigen seine Angaben über die Farben, die Cennini nicht gekannt.

werden, an der Hand der Quellen byzantinischen Ursprunges, zu zeigen, nach welcher Richtung eine technische Umwälzung, die ja jedenfalls nebst der künstlerischen eintrat, von statten ging.

Rumohr (II 43) und Ilg (Excurs über d. Oelmalerei p. 170) sind der Ansicht, dass „Giotto das zähere Bindemittel der griechischen Maler ganz aufgegeben und zu jenem flüssigeren und minder verdunkelnden zurückgekehrt ist, dessen die älteren italienischen Maler, ehe sie zur griechischen Manier übergingen, lange Zeit sich bedient hatten", und dass „Giotto an Stelle der byzantinischen Malweise mit ölgelösten Harzen das alte Fresko und die Tempera wieder einsetzte". Es müsste zunächst aber erst festgestellt werden, ob diese Oelharzmalerei wirklich, einzig und allein als das Charakteristische der byzantinischen Technik anzusehen ist? Das älteste Ms., welches byzantinische Technik kennt, das Lucca Ms. und darnach Mapp. clav., nennen als Bindemittel: für Mauern und für Holztafel, Wachsfarben, auf Fellen (Pergament) aber Fischleim (vgl. oben p. 18). Die Oelharzfarbe, d. i. der farbige Firnis wurde nur auf Zinnfolie zur Pictura lucida, als Schlussfirnis über Leimfarbe oder als Beize für Vergoldung verwendet. Nirgends ist es ersichtlich, dass die in Oel gelösten Harze zum Anmischen von Farben gebraucht werden sollten oder gebraucht wurden; es kann diese Oelharzfarbe auch nicht in Betracht kommen, wenn von technischer Neuerung gesprochen wird, weil dieselbe Manier der Pictura lucida von Cennini beschrieben wird und auf Nebensachen beschränkt zu verschiedenen Lasuren, Gewändern und Auszierungen auf Gold- und Silberfolie (C. 143) noch in Gebrauch war.

Untersuchen wir weiter, so zeigt sich, dass von den Leim-Bindemitteln der byzantinischen Rezepte der Fischleim im C. 108, der Käseleim im C. 112 sich wiederfindet. Die Oelmalerei (Naturale des Dionysios) ist in C. 89—94 bei Cennini beschrieben, und falls wir Ghiberti's Erzählung, dass „Giotto's Geschicklichkeit sowohl Wandmalerei, Oel- und Mosaiktechnik mit gleicher Kunst zu betreiben verstand" Glauben schenken, wurde dieselbe gleichfalls von ihm von den „Griechen" übernommen.

Bei der Frage, welche Technik dann aber Giotto verbannt hat, um seine grossen Reformen durchzuführen, kann es sich nach dem Obigen nur um die eine Technik handeln, welche Cennini's Trattato gänzlich unbekannt ist, nämlich um die Malerei mit der Wachs-Glanzfarbe (§ 37 d. Hermeneia), derselben Technik, welche von Giunta Pisano bis Cimabue hauptsächlich neben den übrigen Malweisen ausgeübt wurde.[4] Alle anderen byzantinischen Manieren sind aber

---

[4] Durch die chemischen Untersuchungen, welche Dr. Giuseppe Branchi, Prof. der Chemie der kgl. Akad. zu Pisa, an Malereien des Giunta Pisano und seiner Zeitgenossen ausgeführt hat, ist diese Thatsache zur Evidenz nachgewiesen. Dieselben sind abgedruckt in Morrona, Pisa illustrata II, p. 165 ff. Es heisst daselbst, die Untersuchung von Malereien des Giunta betreff.: „Der bemalte (abgekratzte) Grund wurde in zwei Teile gesondert, einer davon in Alkohol gekocht, der andere in destilliertem Wasser. Beide Flüssigkeiten behielten ihre Transparenz und nahmen nur eine gelbliche Farbe an. Beim Erkalten jedoch schied sich bei der ersteren eine weisse geronnene Substanz, und auf der Oberfläche der zweiten zeigte sich eine ganz feine Schichte einer dichten wachsähnlichen Masse. Sowohl die eine wie die andere dieser Substanzen waren nach der Entfernung aus der resp. Flüssigkeit und deren Trocknung nicht brennbar; sie wurden schon bei geringer Erwärmung flüssig und zeigten den wachsähnlichen Glanz auf dem überstrichenen Holz. Um derartige merkliche Resultate zu erzielen, ist es nötig, nicht allein das Abgeschabte, sondern den bemalten Grund in genügender Menge der Untersuchung zu unterziehen. Diese charakteristischen Eigenschaften in Verbindung damit, dass der kochende Alkohol seine Durchsichtigkeit behalten, beim Erkalten aber die gelöste Substanz sich als weisses Coagulum wieder abschied, zeigt zur Genüge die Anwesenheit von Wachs in dem genannten bemalten Grund.

Um zu erweisen, ob sich dieselben Resultate auch bei anderen alten Gemälden, die in Pisa oder Florenz sich befinden, erzielen lassen, wurde an einer grösseren Anzahl die obige Untersuchung angestellt, aus welcher sich schliessen lässt:

1. Dass alle vollkommen glanzlosen und im trockenen Colorit, ähnlich der Tempera gehaltenen Malereien, keine Anzeichen von Wachs ergaben.
2. Dass die bestimmtesten Zeichen dieser Substanz jene Gemälde ergaben, welche man der Zeit des Giunta zuschreiben könnte.
3. Dass von dieser Epoche bis zum J. 1360 scheinbar die Dosis des Wachses nach und nach abnimmt, weil im Verhältnis des geringeren Glanzes, welchen diese Bilder im Vergleich mit den vorigen haben, sich auch die genannte Substanz in geringerer Menge zeigte.
4. Dass endlich diejenigen Bilder, von welchen hier die Rede ist, nicht mit Oel gemalt sind, weil bei der üblichen Untersuchung eines alten Gemäldes, das nicht mit fetten Materien

in Cennini's Buch nicht nur erhalten, sondern auch erweitert und vervollkommnet. Die Glanz- und Mattvergoldung mit Punzierung und Ausziehrung (Herm. § 7 und 13; Cenn. C. 125, 134—138, 140. 142), die Beizenvergoldung für Wand und Stein (Herm. § 70; Cenn. C. 139, 151), die Knoblauchbeize (§ 28; C. 153) sind beiden gemeinsam. Die Angaben über Miniaturmalerei mit Eiklar und Assiso-Verwendung (§ 27, 49; C. 157) finden sich bei Cennini noch deutlicher und in allen Details wiederholt.

Die Bereitung des Leinöls (§ 29; C. 92), das Malen mit Oelfarben (§ 53; C. 89—94), die Angaben über Firnisse (§ 30, 31, 33; C. 155 ohne genaue Bereitungs-angabe) sind in beiden Ms. beschrieben, so dass man unter allen Umständen zur Erkenntnis der Uebereinstimmung gelangen muss. Ganz ausgeschlossen erscheint aber die Annahme, alle diese Kenntnisse wären erst nach Cennini's Zeit auf den Athos gelangt. Die Hermeneia steht eben der älteren byzantinischen Kunstweise doch viel näher als Cennini, schon die Wachsmalerei bezeugt dies ganz ohne Zweifel; dagegen mögen allerdings einzelne Dinge arabischen Ursprungs (Firnis von Raki) und der Firnis von Terpentin (Naphtafirnis) aus späterer Zeit stammen, da diese Rezepte Cennini noch unbekannt sind.

In technischer Beziehung ist aber Cennini's Malweise gegenüber der byzantinischen ein grosser Schritt nach vorwärts und bringt Verbesserungen, welche Giotto und seinen Schülern gewiss zu gute zu halten sind. Schon die Zubereitung des Malgrundes für Tafelmalerei zeigt gegenüber der byzantinischen einen grossen Unterschied; der letztere war viel fester, fetter; er enthielt ausser Leim und Gyps noch Seife und Oelfirnis (§ 6), der Cennini's bestand aber nur aus rohem und feinem Gyps (gesso grosso und gesso sottile C. 115, 116), nebst Leim, war also viel aufsaugender. Ausserdem war bei Cennini durch Leinwandunterlage gegen Reissen des Gypsgrundes vorgesehen, was bei dem byzantinischen, fetteren Grunde überflüssig war. Diese Neuerung schreibt Vasari, im Leben des Margaritone (geb. um 1236), diesem zu:

„Er war der erste, der darauf achtete, was man thun müsse, damit die Fugen der Holztafeln, auf welche gearbeitet wird, fest in ihren Fugen bleiben, und nicht, wenn die Malerei vollendet ist, Risse bekomme, indem er immer über die ganze Tafel eine Leinwand spannte, die er mit starkem von Pergamentstücken gekochtem Leim befestigte. Die Leinwand überzog er mit Gyps, wie man an vielen Bildern von ihm und von Anderen sieht. Auf den Gyps, der mit demselben Leim vermischt wurde, setzte er auch Diademe und Einfassungen in Relief und andere erhabene Verzierungen auf. Auch erfand er das Verfahren mit Bolus zu grundieren, darüber Blattgold aufzulegen und dasselbe zu polieren.[5]) Alle diese Dinge, die man vor ihm gar nicht kannte, sieht man an vielen seiner Bilder".

Nach der Hermeneia (§ 13) folgte auf die Aufzeichnung das Einritzen der Konturen mit der Nadel, dann der für die Vergoldung unentbehrliche Bolusüberzug, und die ganze Tafel wurde vergoldet. Cennini fordert diese Prozeduren nur für die Stellen, die Vergoldung haben sollen, dies sind der Grund und die Ornamente, sowie „bei gewissen, Goldbrokat darstellenden Gewändern, die anzubringenden Arabesken" (C. 123).

Das Malen „aus dem Dunkeln heraus" (§ 51 der Hermen. Wie man kretensisch malt) und den Proplasmus (§ 16) behält Cennini bei; auch er untermalt die Fleischpartien mit dem dunkeln Grünschwarz (Verdaccio, aus Schwarz, dunkel Ocker, wenig Rot (Cinabrese) und Weiss gemischt für die Mauer C. 67, Verdeterra, grüne Erde mit etwas Weiss gemischt für die Tafel, C. 147) und legt die rosigen Töne mit Deckfarbe

---

glänzend gemacht war, statt das weisse Gerinnsel (coagulum) zu zeigen und den Alkohol transparent zu lassen, dieser vielmehr sich färbte und trübte, ohne hernach die frühere Durchsichtigkeit wieder zu erlangen."

[5]) Margaritone lebte Ende des XIII. Jh. Die Neuerung bestand vermutlich in der Anwendung des Bolus an Stelle des Grundes von grüner Erde. Solange der Rahmen mit zum Gemälde gehörte und das Holz in der Verkeilung genügenden Widerstand fand, war der Leinwandüberzug nicht so nötig, aber jedenfalls schon früher bekannt; die alten Aegypter machten umfassend davon Gebrauch; immerhin ist anzunehmen, dass das Verfahren in Vergessenheit geraten war, denn in der Hermeneia wird davon nicht Erwähnung gethan.

auf, nach dem Schatten zu immer verlaufend. Gewänder werden mit dem tiefsten Mittelton (Lack) angelegt[6]) und die „Züge" durch Strichelung verstärkt (Cap. 145).

Was die Tempera betrifft, welche Giotto wieder eingeführt haben soll, nämlich die mit Ei und Feigenmilch (die letztere erwähnt übrigens das Lucca-Ms. Nr. 100 unter den Leimen), so kann mit aller Bestimmtheit versichert werden, dass die Feigenmilch nicht das Bindemittel, sondern Lösungs- und Konservierungsmittel für das Ei gewesen sein muss. Ueberdies ist nicht von dem dicken Saft der reifen Feigen die Rede, sondern von den abgeschnittenen jungen Trieben und nie allein, sondern stets in Verbindung mit dem Ei (Cennini C. 72: alcune tagliature di cime di fico; Vasari Introd. XX: un ramo tenero di fico). Schneidet man einen solchen Trieb ab, so kommt an der Schnittfläche sofort ein weisser Tropfen zum Vorschein, der zusammenziehend schmeckt und auch etwas klebrig ist, man müsste aber eine ganz bedeutende Menge abschneiden, um genügende Quantitäten zum Farbenanreiben zu haben. Um die Cennini'sche Temperamischung zu bereiten, werden die jungen Triebe mit dem Gelben und Klaren des Eies verrührt; dabei löst sich das letztere überraschend schnell, während sonst das „Schlagen des Schaumes" und das Abtropfenlassen längere Zeit erfordert, um das Eiklar für Malzwecke verwenden zu können; überdies wird durch diese Prozedur das sont in wenigen Tagen schlecht werdende Bindemittel längere Zeit konserviert. Schon Plinius (XXIII 117) erwähnt diese Eigenschaft der Feigenmilch; er sagt: „Der Milchsaft der Feigen hat die Natur des Essigs"[6*]). Der Feigenmilch fällt dabei auch ebenso die Aufgabe zu, das Ei zu konservieren, wie es der Essig thut. Bei Cennini sucht man vergebens nach einem solchen Mittel, wenn es nicht in der Feigenmilch zu erkennen wäre.

Am allergrössten sind die Fortschritte, welche die byzantinische Technik durch Giotto bezüglich der Wandmalerei erfahren hat. Ich möchte beinahe die Ansicht vertreten, dass, wenn „rimotò l'arte" auf das Technische allein bezogen werden soll, ausser dem Verwerfen der Wachsfarbe noch die Wandmalerei gemeint sein muss; er übertrug nämlich, wie wir sehen werden, die sonst für Tafelmalerei gebräuchliche Eitempera und damit die Möglichkeit der subtileren Detailausführung auch auf die Wandfläche. Mit den einfachen nur mit Kalk anzumischenden Farben für Mauermalerei der Hermeneia und des Theophilus konnte er seine bis ins Minutiöse durchgeführten Malereien nicht zu Ende führen, er bedurfte notwendigerweise eine Art, lange noch verbessern und ändern zu können, bis er den angestrebten Ausdruck von „Leidenschaft, Hass und Liebe" erzielte. Deshalb fängt er a fresco „dem stärksten Auftrag, den er kannte" an und vollendet a secco mit Temperafarbe (C. 4 u. 77). Auch bezüglich des Wandbewurfes sind durchgreifende Veränderungen vor sich gegangen; die Stroh- und Wergkalklagen sind dem gewöhnlichen Sandmörtel gewichen. Die Strohkalklage wohl deshalb, weil ihre grossen Unebenheiten eine vorbereitende Zeichnung nicht gestattet, die Wergkalkschichte (Opsis), weil ein genaues Abschneiden von Konturen durch die ungemein zähe Leinenfaser unmöglich wird; das ganze Augenmerk der neuen Technik richtet sich auf die Ausnützung der nassen Fläche und die Voraussicht, hernach das Werk a secco vollenden zu können.

Aus dem Obigen haben wir gesehen, in welchen Beziehungen die byzantinische und frühitalienische Technik miteinander standen und die Verbesserungen, über welche die Frührenaissance verfügte, kennen gelernt; in einem späteren Abschnitte (bei der Besprechung der Van Eyck'schen Technik) wird von den Unterschieden der nordischen des Theophilus, des Strassburger Ms. und der des Cennini ausführlicher zu handeln

---

[6]) Die coloristischen Zwecke einer derartigen Grundfarbe als Stimmgabel für die weitere Arbeit beschreibt sehr treffend H. Ludwig in seinem Buche: Ueber die Grundzüge der Oelmalerei etc. Leipzig 1876, p. 34.

[6*]) Feigenmilch diente im Altertum zu medizin. Zwecken und zur Käsebereitung. Die auflösende Wirkung wird übereinstimmend auch von Dioscorides (mater. medica I 183) erwähnt. Stets war es der Saft der unreifen Frucht oder der wilden Feige (caprificus, Geisfeige), welcher verwendet wurde (Plinius XXIII 117: sucus . . . . excipitur ante maturitatem pomi . .: der Saft . . . wird vor der Reife der Frucht aufgefangen etc.). Vergl. auch Columella, de re rustica VII 8, 1, von der Feigenmilch, welche der Baum von sich gibt, wenn man seine grüne (also frische und lebenskräftige) Rinde verwundet (. . . ficulneo lacte, quod emittit arbor, si eius virentem saucies corticem).

sein. Nur sei in Kürze darauf hingewiesen, dass schon Cennini von einer Technik mit Oelfarben spricht, die in Deutschland besonders geübt wurde (C. 89); selbstverständlich kann damit nur die Oeltechnik des Heraclius, Theophilus und des Strassb. Ms. gemeint sein, keinesfalls aber die Van Eyck'sche; schon zeitlich genommen ist dies ganz unmöglich, da Cennini sein Werk wohl im Anfang des XV. Jhs. geschrieben hat, und damals von Van Eyck's Technik kaum Kunde nach Italien gedrungen sein konnte.[7])

1. Inhalt des Trattato.

Bei dem grossen Interesse, welches unsere heutigen Maler wieder den alten Techniken, besonders der Frührenaissance entgegenbringen, wird es angebracht sein, näher auf die wichtigsten Partien von Cennini's Trattato einzugehen, wobei wiederholt auf die Ausgabe von Ilg und die vortrefflichen Noten derselben hingewiesen sei. Cennini's Buch sollte in keinem Atelier, wo noch auf das technische Können Wert gelegt wird, fehlen, denn wenn wir auch heutzutage in vielen Dingen weiter sind, als damals, so würde doch das Studium dieses Werkes gar manchem als Quelle der Anregung und technischen Belehrung dienen.

In der äusserlichen Einteilung folgt Cennini dem gleichen System, wie wir es bei Dionysios gesehen haben, d. h. er geht der Arbeitsfolge nach; er beginnt ebenso wie dieser mit den Vorbereitungsarbeiten und geht Schritt für Schritt bis zur Vollendung der Arbeit. Die ersten Kapitel nebst dem Proömion sind allgemein gehalten, zur Ermahnung dessen, der sich der Kunst widmet. C. 4 enthält eine Disposition, welcher Cennini im Laufe des Werkes zu folgen bestrebt ist. „Grundlage der Kunst und Anfang all dieser Handarbeit ist Zeichnen und Malen", damit ist sein Programm umschrieben und er führt es auch durch, denn sein Buch behandelt nur das Handwerkliche der Kunst und berührt kaum das Wesen der künstlerischen Darstellung oder der malerischen Auffassung.

In den weiteren Kapiteln (5—34) behandelt er ausführlich alle Arbeiten für Zeichnen mit Silberstift, Kohle, Kreide auf Papier, Pergament und Holztafel; er vergisst auch nicht das Geringste und zeigt auch, wie man auf gefärbten Papieren mit Wasserfarben tuschieren und Lichter aufsetzen kann. Unser Interesse nimmt hier die gar nicht mehr gekannte Manier mit Silberstift zu zeichnen in Anspruch, welche unser Autor (C. 8) als eigentliche Art, sich im Zeichnen zu üben, erwähnt. Ilg's Ansicht (p. 142), dass „mit dem Silberstift nur blinde Linien zu ziehen und nicht zu färben die Bestimmung des Werkzeugs" sei, wird durch die vielen herrlichen Silberstiftzeichnungen Raphaels, Kranachs und Holbeins zur Genüge widerlegt. Cennini's Angaben sind vielleicht nicht deutlich genug bezüglich des Materiales, auf welchem man mit Silberstift zeichnen kann, insbesondere was die Bereitung der „Täfelchen aus Buxbaum" betrifft. Das Ms. des Alcherius Nr. 296 (Merrif. 1 p. 275) kommt uns hier zu Hilfe und lehrt, dass die weiss gebrannten Knochen oder Hirschhorngeweih als Untergrund mit Leim von Pergamentschnitzel (Schnitzelleim) angemacht und mit einem breiten Pinsel auf das Pergament, Tuch, Baumwollenpapier oder Holztafel aufgestrichen und getrocknet werden. Die Lage ist zu wiederholen, wenn bei dem Versuch mit Messing, Bronze, Kupfer, oder am besten mit Silber keine schwarzen Striche (nigros tractus) zu sehen sind. Um die Oberfläche gleichmässig zu erhalten, wird eine Glättung mittelst eines glatten Steines so vorgenommen, dass ein Blatt Papier über die Fläche gelegt und darüber geglättet wird. Auf diese Weise erhält man eine Oberfläche, die nicht allzu glatt ist, denn auf einer solchen greift der Silberstift nicht an. Auch haben Versuche die Angabe bestätigt, dass sowohl Silber als auch Kupfer, Bronze oder Messing auf Pergament oder Holztafel die gleichen dunkelgrauen Striche hervorrufen. Cennini's Angaben in C. 5 haben kein günstiges Resultat ergeben, weil daselbst die Verwendung des Leimes nicht erwähnt ist.[8]) In C. 30 ist der Silberstift

---

[7]) Ueber die Zeit der Niederschrift des Cennini'schen Trattato vergl. Ilg, Einltg. p. XI.

[8]) Silberstiftzeichnungen wurden meist auf Pergament gemacht; ein hervorragendes Beispiel von Silberstiftzeichnung auf Holztafel ist das berühmte angefangene Bild des Van Eyck im Museum zu Antwerpen (St. Katharina, Nr. 410). Ueber Zeichnen mit Silberstift findet sich auch in Daw's Schilderer und Maler, Kopenhagen und Leipzig 1755, p. 263 und in Kroeker's Mahler, Jena 1739, p. 145 ausführliche Nachricht.

wieder genannt, um eine mit Kohle entworfene Zeichnug mit demselben wieder nachzuziehen, wobei die Kohlenstriche mit einem Federbart aus Gansfedern entfernt werden.

Bei so subtilen Vorbereitungen ist es dann auch erklärlich, dass die Aufzeichnung auf der Tafel so ausfallen kann, dass diese „Jedermann in dein Werk verliebt mache", wie es Cennini (C. 122) fordert. In den weiteren Kapiteln wird noch alles auf Zeichnen Bezügliche vermerkt und nicht das Geringste übergangen, selbst wie man das Fehlerhafte mit der Brotkrume wegwischen soll, wie mit der Feder gezeichnet wird, diese zu schneiden, wie das Zeichnen auf verschiedenfarbigen Papieren mit Kohle und Kreide, mit Tusche und wie die Aufhöhung der Lichter bewerkstelligt werden soll; auch alle Arten von durchscheinenden Papieren (C. 23—26) werden beschrieben.

Es folgen dann die Kapitel von den Farben (C. 35—62).

„Wisse, dass es sieben natürliche Farben gibt. Nämlich vier ihrer Natur nach eigentlich Erden, Schwarz, Rot, Gelb und Grün. Drei andere Naturfarben verlangen aber künstlich bereitet zu werden, Weiss, Azzuro oltramarino oder della Magna und Giallorino". (Die Siebenzahl ist nur als Symbol zu nehmen, da es damals üblich war, alles auf diese heilige Zahl zu beziehen.) Hier sei die Farbenskala des Cennini in aller Kürze verzeichnet und auf die bezüglichen Noten der Ilg'schen Ausgabe verwiesen:

Schwarze Farben (C. 37):
1. Schwarze Kreide (pietra negra).
2. Aus gebrannten Weinreben bereitetes Schwarz (Rebenschwarz).
3. Kernschwarz, aus Mandelschalen und Pfirsichkernen.
4. Russschwarz (Lampenschwarz).

Rote Farben:
5. Sinopia (C. 38), natürl. rotes Eisenoxyd (armen. Bolus).
6. Cinabrese (C. 39) aus der hellsten Sorte der Sinopia bereitet, dient mit Weiss gemischt zur Carnation; diese Farbe dürfte unserem hellen Caput mortuum entsprechen.
7. Zinnober (C. 40), aus Schwefel und Quecksilber künstlich bereitet.

(Cennini hält es für zu weitläufig, Rezepte davon anzugeben und gibt den Rat, die Farbe einfach um Geld bei „dem Apotheker" zu kaufen (ebenso C. 44 vom Lack), eine Praxis, die wir Maler längst auf alle unsere Farben ausgedehnt haben; Cennini gibt aber die Erkennungszeichen der echten und verfälschten an, ist uns also in dieser Beziehung voraus, denn es ist sehr fraglich, ob wir heute diese Kenntnis haben.)

8. Minium (C. 41), Mennige.
9. Amatito (C. 42), Blutstein, vermutlich unser Englischrot, caput mortuum.
10. Drachenblut (C. 43), Harz v. Pterocarpus draco.
11. Lackrot (C. 44). Bekannt waren zu jener Zeit Carmin aus Kermes (Grana, coccus ilicis), Verzinolack aus Brasilholz (jetzt Venezianerrot genannt), Lack aus gefärbter Scherwolle durch Extrahieren des Farbstoffes bereitet, und Gummilack.

Gelbe Farben.
12. Licht Ocker und dunkel Ocker (C. 45).
13. Giallarino (C. 46), vermutlich Neapelgelb.
13. Orpimento, Auripigment (C. 47), gelbes Schwefelarsenik.
15. Risalgallo (C. 48), Realgar, Rauschgelb, rotes Schwefelarsenik.
    Vor dieser Farbe, die wenig in Gebrauch ist, warnt Cennini; „seine Gesellschaft ist nicht erspriesslich."
16. Zafferano (C. 49), Safrangelb aus den Blüten von Crocus sativus.
17. Arzika (C. 50), gelber Lack, aus Wau, reseda luteola bereitet, unser Schüttgelb, stil de grain.

Grüne Farben.
18. Verdeterra (C. 51), Grüne Erde.
19. Verde azurro (C. 52), Berggrün (kohlensaures Kupfer).

Mischfarben zu Grün:

20. Aus Auripigment und Indigo (C. 53).
21. Aus Azzurro della Magna, Bergblau und Giallarino, Neapelgelb (C. 54).
22. Aus Azzurro oltramarino (echt Ultramarin) und Auripigment (C. 55).
23. Verderame (C. 56), Grünspan.
24. Mischfarbe aus Grünerde und Weiss i. e. Bleiweiss für Tafelgemälde, Kalk für Wände (C. 57).

Weisse Farben:

25. Bianco-Sangiovanni (C. 58), Kalkweiss, altgelöschter (kohlensaurer) Kalk.
26. Biacca (C. 59), Bleiweiss.

Blaue Farben:

27. Azzurro della Magna (C. 60), Bergblau, Kupferlasur.
28. Blaue Farbe aus Indigo und Bleiweiss, oder Kalk für Mauern (C. 61).
29. Azzurro oltramarino (C. 62), echter Ultramarin aus Lapis lazuli.

C. 63—66 lehren Pinsel aus Eichhörnchenhaar und Schweinsborsten zu bereiten.

2. Malerei auf Mauern.

Nach diesen Vorbereitungsarbeiten beginnen die Kapitel, welche die Arbeit auf Mauern sowohl a fresco, als auch a secco beschreiben (C. 67—102):

C. 67. „Vor allem beginne mit der Arbeit auf der Mauer, ich werde dich hiezu mit den Regeln bekannt machen, welche man dabei Schritt für Schritt einzuhalten hat. Wenn du auf der Mauer arbeiten willst, was die angenehmste und schönste Arbeit ist, so nimm zuerst Kalk und Kiessand, das eine wie das andere gut gesiebt. Wenn der Kalk recht fett und feucht ist, so verlangt er zwei Teile Sand, der dritte ist der Kalk selber. Knete ihn tüchtig mit Wasser ab, und zwar so viel, dass er dir fünfzehn bis zwanzig Tage ausreicht."

Der Kalkmörtel soll einige Tage stehen bleiben, so dass „das Feuer daraus entweicht", um ein Springen des Ueberzuges (intonaco) zu verhüten. Der erste Bewurf wird in zwei Lagen auf die gut eingenässte Mauer aufgetragen (berappt) und darauf geachtet, dass er eben und auch etwas rauh sei. Wenn dann der Bewurf trocken ist, so wird je nach der Scene oder Figur die Zeichnung mit Kohle entworfen, zuerst aber die Einteilung mit dem Quadratnetz gemacht, indem

„Du zuerst mit dem Faden die Mitte deiner Fläche aufsuchst, mit einem anderen bestimme die Horizontale. Jener Faden, welcher durch die Mitte geht, um die Horizontale zu treffen, soll am unteren Ende ein Blei tragen. Und hierauf setze einen grossen Zirkel, mit der einen Spitze auf diesen Faden und beschreibe einen Halbkreis nach unten, dann setze den Zirkel auf das Kreuz, welches in der Mitte sich bildet, und beschreibe einen anderen Halbkreis nach oben, und du wirst auf der rechten Seite an dem Punkte, wo diese Linien sich schneiden, ein kleines Kreuzchen finden, dann mache es ebenso auf der Linken, dass die Linie beider Kreuzchen gemeinschaftlich sei und du wirst sie horizontal finden."

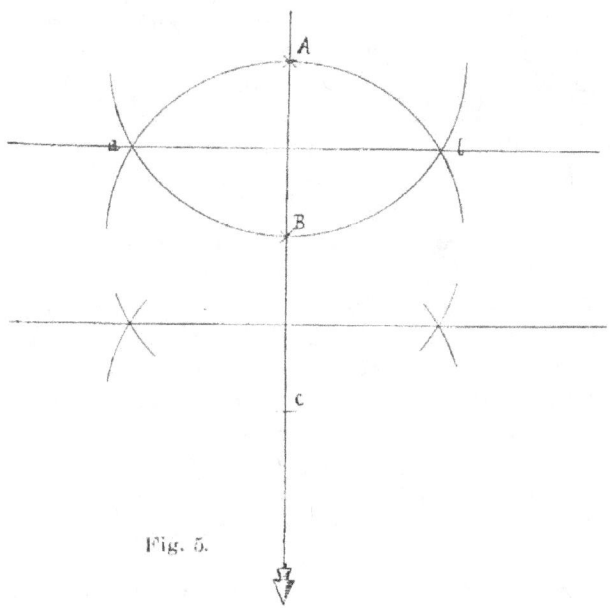

Fig. 5.

Die Angabe ist, so verwirrend auch die Diktion zu sein scheint, sehr einfach;

die erste Aufgabe ist zunächst durch Bestimmung der Horizontalen und Vertikalen den Umfang des projektierten Gemäldes festzustellen. Man vergegenwärtige sich, dass der Maler auf dem Gerüste der Kirche hoch oben unter dem Gewölbe steht, also keinen Anhaltspunkt für die horizontalen Linien hat, und auch die Wasserwaage nicht verwenden kann; er teilt sich die Fläche durch einen Faden in zwei Teile, setzt an dem gefundenen Mittel einen Faden **mit dem Senkblei** an und erhält dadurch die Vertikale; auf diese setzt er (Fig. 5) mit dem Zirkel bei A ein, beschreibt einen Halbkreis nach unten und schneidet natürlich bei B die Vertikale; er setzt dann bei B den Zirkel an und beschreibt den Halbkreis nach aufwärts; so kommen Kreuzungspunkte a und b zum Vorschein. Die Linie durch a b gezogen ist die gesuchte Horizontale. Mit der Vertikalen und dieser Linie kann er dann sein Quadratnetz auftragen, wie er will; eventuell kann er auch an den Seiten die gleiche Prozedur vornehmen, oder die Zirkelschläge bei C weiter fortsetzen. Die Weite der Zirkelöffnung richtet sich nach der Grösse des Entwurfes, welche ihm als Vorlage dient. Diese Stelle wird von den gelehrten Herausgebern übereinstimmend als „ganz unklar" und „ausnehmend dunkel" bezeichnet; das einzige, was mir aber dabei unverständlich scheint, ist, dass dieselben sich nicht die kleine Mühe gaben, mit dem Zirkel in der Hand diese einfache Konstruktion zu versuchen!

In das aufgetragene Netz wird dann die Zeichnung nach der kleinen Handskizze mit Kohle eingezeichnet und fertig komponiert, indem die Striche mit ein wenig mit Wasser flüssig gemachten Ockers vorgezeichnet und mit getemperter Sinopia (d. h. mit Eigelb angerührt) die Aufzeichnung vollendet wird. Man sieht im Campo Santo zu Pisa an einem Bilde (Krönung Mariae), bei welchem der bemalte Intonaco abgefallen ist, noch genau diese mit roter Farbe gemachte Aufzeichnung und die Einteilung des Netzes, ebenso in roter Farbe. Es frägt sich nun, welchem Zwecke diese im Detail durchgeführte Aufzeichnung gedient haben sollte, da doch beim Legen des eigentlichen Malgrundes von der Zeichnung nichts mehr sichtbar war und durch neuerliches Aufzeichnen „nach der Ordnung wieder die Fäden gerichtet und gemessen" werden sollten? Die Ansichten darüber sind sehr verschieden.

Vasari ist der Meinung, dass „diese Art einigen alten Meistern als Karton diente, um sie in den Stand zu setzen, mit **grösserer Geschwindigkeit** zu malen, denn nachdem sie ihre ganze Arbeit auf dem arricciato (dem Rauhbewurf) leicht markiert hatten, zeichneten sie nach einer kleinen Zeichnung alles, was sie zu malen beabsichtigten und vergrösserten dieselbe, wie sie es bedurften" (Leben des Simone Memmi). Darnach könnte doch kaum eine Beschleunigung der Arbeit eingetreten sein, denn sie mussten dann doch erst die Handzeichnung verkleinern, um dieselbe dann nocheinmal zu vergrössern.

Morrona (Pisa illustr. II p. 224) beschäftigt sich auch mit der Frage, deren von Vasari gegebene Erklärung ihm nicht wahrscheinlich scheint; er ist der Ansicht, dass „die Maler die Konturen mit Rot umzogen, und dann von dieser Zeichnung Pausen abnahmen, welche den von Vasari erwähnten Karton bildeten. Dieser wurde dann auf den aus Kalk und feinem Sand bestehenden Intonaco aufgetragen und stimmte mit der unten befindlichen Zeichnung überein, und wenn dies nicht überall der Fall war, so mag diese Veränderung vom Maler auf dem Karton oder der Wand selbst vorgenommen worden sein."

Förster, der bekannte Kenner frühmittelalterlicher Wandmalerei (Beiträge zur neueren Kunstgesch., Leipzig 1835, p. 218) schliesst sich insoferne an Morrona's Ansicht an, als auch er die Uebertragung der Zeichnung auf durchsichtiges Pauspapier annimmt, „obschon Cennini es nicht angibt, da sie sich des durchsichtigen Papieres, das sie kannten, auf ähnliche Weise bedienten, wie wir es thun".

Nehmen wir vorerst Morrona's Ansicht als möglich an, so spricht dafür, dass Cennini (C. 23—26) verschiedene Angaben über durchscheinendes Papier (carta lucida) gibt, „um die Konturen von dem **Papier, der Tafel oder der Mauer** wohl zu erfassen, welche sauber abzunehmen sind", es wird aber bei der Mauermalerei nichts davon gesagt, dass derartige Pausen verwendet werden, wie es in der Hermeneia (§ 1) ausführlich geschieht. In C. 141 erfahren wir allerdings vom Durchstechen der Pausen für Ornamente auf Goldgewändern, die sich öfters wiederholen, und wie aus dem mit Oel getränkten Pauspapier zu diesem Zwecke taugliche **Patronen** zu fertigen sind. Für die Wandmalerei angewendet, müssen wir vorerst daran denken, dass Papier in so grossen Stücken nur durch Aneinanderkleben hergestellt werden konnte und es sehr kostspielig war, lebensgrosse Kompositionen auf Papier aufzutragen. Es bliebe nur die Möglichkeit übrig, dass die Maler ein Stück durchsichtiges Papier öfters benützten. Derartige Klügeleien haben aber keinen Wert, da wir uns einfach nach Cennini's Wortlaut zu richten haben, welcher besagt, dass die Zeichnung eben zweimal zu machen ist; offenbar war ihm kein anderes Verfahren bekannt. Die späteren Kartons wurden aber in Stücke geschnitten und die Konturen mit einem stumpfen Stil in den weichen Bewurf eingedrückt. Nun liesse sich allerdings annehmen, dass bei Cennini's Art wenigstens teilweise die Zeichnung durch die eigentliche Malschichte durchschimmern könnte, falls die Kalkschichte sehr dünn und mit sehr wenig Sand gemischt, wie dies auch thatsächlich in ganz nassem Zustande der Fall ist. Aber da die zweite Schichte mit der gleichen Tünche von zwei Teilen Sand und einem Teil Kalk (della calcina predetta), welche wie eine Salbe sei, doch nicht genügend durchscheinend sein dürfte, so bleibt uns nichts anderes übrig, als den alten Malern wirklich die grosse Mühe einer doppelten Arbeit zuzumuten, zu welcher ja schliesslich Hände genug zur Verfügung waren. Es scheint mir sogar, dass sich Cennini's Vorgang noch lange Zeit später erhalten hat, in Fällen, welche der bekannte Jesuitenmaler Pozzo (geb. zu Trient 1642, gest. 1709) als solche bezeichnet, bei denen Kartons überhaupt wegen der Wölbung der Mauer, bei Kuppeln und Nischenbogen nicht anbringbar sind. Er sagt: „An grossen Gewölben und Kuppeln ist das Netz zur Vergrösserung der Zeichnung zu gebrauchen, besonders wo der Karton durch die Wölbung nicht anwendbar ist, oder bei unregelmässigen Flächen, um eine perspektivische Architektur gerade oder aufrecht zu machen. Die kleine Zeichnung wird zuerst in Quadrate geteilt, entsprechend den grösseren Quadraten auf der Mauer. So viel Quadrate als der Maler in einem Tage zu malen gedenkt, werden mit Intonaco beworfen, dann das Netz neuerdings auf diesem frischen Bewurf markiert und dieses hat ihm zur Zeichnung der Konturen als Richtschnur zu dienen. Das unbemalt Gebliebene wird abgeschnitten etc."

Diese Art ist demnach mit der Cennini's ganz übereinstimmend; die doppelte Aufzeichnung des Netzes ist hier notwendig, weil bei gewölbten Flächen der Karton nicht eben ausgebreitet werden kann.

Es steht aber diese erste Aufzeichnung auf den Rauhbewurf noch in innigstem Zusammenhang mit der Technik der Mosaicisten, welche, wie bereits mehrfach erwähnt, auf das stückweise Auftragen der feuchten Kittmasse (marmoratum), auf tageweises Arbeiten und auf die doppelte Vorzeichnung angewiesen waren, da nach dem Erhärten der Kittmasse nicht weitergearbeitet werden konnte. Ich habe auf diesen Umstand und die sich daraus ergebenden Schlüsse bereits (Beiträge II p. 60 u. oben p. 84) hingewiesen, und die Ansicht ausgesprochen, dass sich die reine Freskotechnik aus der Mosaiktechnik entwickelt haben könnte, deren Ursprung deshalb später anzusetzen wäre. Eine Bestätigung dieser Ansicht finde ich in Försters citierten Beiträgen zur neueren Kunstgeschichte p. 214. Ueber das technische Verfahren bei den Mauergemälden des XIV. Jhs. sagt er: „Soweit meine Erfahrungen reichen, wurde von Giotto und in seiner Schule um 1350 nur auf trockenem Grund gemalt; um diese Zeit hat man angefangen, ins Nasse zu malen, jedoch ohne auf diese Weise vollenden zu können und von da an hat man, indem man immer kleinere Stücke auf einmal zu malen sich vornahm, und in Erfahrung gebracht, dass, wenn die Farbe eine Zeit lang angezogen, man weiter arbeiten könnte, den Uebergang zur wirklichen Freskomalerei gefunden".

Auch der Umstand, dass Cennini eigentlich sehr kleine Partien an einem Tage zu arbeiten sich vornimmt, z. B. nur den Kopf eines Heiligen oder einer Heiligen, spricht dafür, dass die Mosaiktradition hier noch nachwirkt; darüber können wir uns schon deshalb nicht verwundern, weil von Giotto auch dessen hervorragende Geschicklichkeit bezüglich des Mosaik ganz besonders überliefert ist (Ghiberti, Vasari).

Dass von Giotto bei Fertigstellung des a fresco Begonnenen der nachfolgenden Temperamalerei ein grosses Feld eingeräumt wurde, geht aus mehreren Stellen der Cennini'schen Angaben hervor. So beschreibt er in C. 4 die Reihenfolge der Arbeit auf der Mauer, dass dieselbe zu bestehen habe: in dem Befeuchten der Mauer, dem Mörtelanwerfen, dem Verreiben, Glätten, Zeichnen, auf dem Nassen malen, auf dem Trockenen vollenden, mit Tempera bemalen, Auszieren und Vollenden. In C. 77 bedeutet er, dass jegliche in Fresko begonnene Arbeit mit Tempera übergangen und zu Ende geführt werde; ebenso bemerkt er in C. 71, dass, wenn irgend ein Gewand auf dem Trockenen zu machen übrig bleibt, diese Arbeit nach den Regeln des folgenden Kapitels, nämlich a secco zu geschehen habe.[9]) Wir sehen also hier ein in allen Punkten mit Tempera übermaltes Fresko, während beim Buonfresko der späteren Maler der Hochrenaissance ein Uebergehen des a fresco Gemalten möglichst vermieden wird. Vasari warnt an vielen Stellen direkt vor jeder Retouche.

Von der Mischung der Farben zur Carnation für Mauermalerei (C. 67) ist schon bemerkt worden, dass die byzantinische Art, aus dem dunkelgrünen Grund heraus zu arbeiten, hier beibehalten ist; das Verdaccio (Bazzèo) entspricht demselben Zwecke wie der Proplasmus; die letztere Farbe ist aber dunkler, weil die Weisse des reinen, nur mit Werg gemengten Kalkes beim Auftrocknen stärker hervortritt als beim mit Sand gemischten Bewurf des Cennini.

Die coloristische Aufgabe, welche dem Durchschimmern des Grün-Schwarz bei der Carnation zufällt, darf nicht unterschätzt werden; es werden zwei Zwecke damit erreicht, erstens ein Zusammenhalt des Tones, welcher bei Fresko, dessen Wirkung beim Arbeiten nicht gut vorauszusehen, nötig ist, und dann die leichtere Erzielung des Ueberganges zum Schatten, indem die Lichter gegen diesen hin nur abzuschwächen sind. (Ueber die Fleischfarben vergl. noch im vorigen Abschnitte p. 89). Anschliessend an Cennini's Angaben, ein altes Gesicht zu malen, und die Art Haare und Bärte zu machen, finden sich noch (C. 70) die „Masse, welche der Körper des Menschen haben soll, wenn er vollkommen sein soll,[10])" und dann noch die Angaben, wie Gewänder a fresco gemalt werden (C. 71), bevor die allgemeine Retouche und Fertigstellung mit Tempera zu geschehen hat. In der Arbeitsfolge fügen sich aber hier noch die auf die plastischen Heiligenscheine u. dergl. bezüglichen Arbeiten (C. 126, 130) ein, die auf dem Freskogrund zu geschehen haben. Cennini führt diese Kapitel jedoch erst bei den Vergoldungstechniken an, und gibt vorerst in C. 72 die Anweisungen auf der Mauer in Secco, d. i. mit Tempera zu malen, welche Farben für Fresko tauglich und welche zu vermeiden sind. Von dem Temperabindemittel, welches zum Anmischen der Farben dient, erfahren wir zwei Arten, „eine besser als die andere".

Die erste ist: „Nimm das Klare und das Gelbe vom Ei, darunter gib einiges von den Wipfeln des Feigenbaumes abgeschnittene (alcune tagliature di cime di fico, d. h. die jungen Triebe), und rühre es gut untereinander. Dann gib in deine Gefässe von dieser Mischung, mässig, weder zu viel noch zu wenig, wie ein halb gewässerter Wein wäre".

Mit dieser selben Tempera werden auch alle die Stellen vorher eingesalbt, an welchen mit Tempera a secco zu malen ist.

„Ich ermahne dich", heisst es dort, „dass du anfangs, bevor du zu malen beginnest und ein Kleid mit Lack oder anderer Farbe machen willst, ehe du etwas anderes thust, einen gut gereinigten Schwamm nimmst; habe einen Eidotter samt dem Klaren zur Hand und gib dieselben in zwei

---

[9]) C. 4: Lavorare in muro bisogna, bagnare, smaltare, fregiare, pulire disegnare, colorire in fresco; trarre a fine in secco, temperare, adornare, finire in muro. C. 77: E nota, che ogni cosa che lavori in fresco vuole essere tratto a fine e rittoccato in secco con tempera. C 71: Quando hai fatto la tua figura, o storia, lascialo asciugare tanto, che in tutto sia ben risecca la calcina e i colori; e se in secco si rimane a fare nessun vestire, terrai questo modo.

[10]) Cennini rechnet wie im Athosbuch nach Gesichtslängen, d. h. vom Kinn zum Haaransatz ein Mass; Didron irrt, wenn er aus der Darstellung des Dionysios (p. 82 der Ausgabe von Schäfer) entnehmen will, dieser hätte Kopflängen gemeint, wodurch die Gestalt viel länger erschiene; nach der Beschreibung teilt Dionysios das Gesicht in drei Teile: Stirn, Nase und Kinn nebst Mund, dann noch die Haare ausserhalb des Masses eine Nasenlänge; das Mass des Dionysios ist demnach mit dem bei Cennini identisch. Die $8^{2}/_{3}$ Gesichtslängen für die ganze Grösse sind auch heute noch das allgemein giltige Schema. Das Gesicht verhält sich zum Kopf wie 3 : 4; wenn demnach zur Masseinheit der Kopf genommen würde, ergäbe sich fast $^{1}/_{4}$ der Gesamtlänge zu viel. Vergl. auch die Note zu C. 70 bei Ilg p. 163.

Schalen reinen Wassers gut gemengt; und mit diesem Schwamme, halb ausgedrückt, salbe diese Tempera über die ganze Fläche hin, die du in Secco zu malen hast, und auch mit Gold zu verzieren. Und dann gehe frei an's Malen, wie du willst".

Die Beigabe der Feigenmilch ist hier nicht besonders erwähnt, aber selbstverständlich, weil sich das Eiklar mit dem Wasser nicht ohne weiteres mischt; aus C. 90 erfahren wir jedoch den gleichen Vorgang zur Herstellung einer Unterschichte für Oelfarben auf der Mauer, um der Farbschichte eine festere Unterlage zu geben. Die mit Eiklar bereitete Tempera ist die stärkere, weshalb es Cennini nicht versäumt, vor zu viel derselben zu warnen, und bemerkt: "wenn du zu viel dieser Tempera geben würdest, so platzte die Farbe schnell und bärste auf der Mauer. Sei klug und praktisch".

"Die zweite Tempera besteht gänzlich aus Eigelb, und wisse, dass diese die allgemeine ist, auf der Mauer, Tafel und auf Eisen. Du kannst nicht zu viel davon geben, aber sei so klug, die Mitte zu halten".

Mit diesen zwei Arten von Eitempera werden die einzelnen, schon in Wasser geriebenen Farben, in dreierlei Mischungen, als Mittelton, Schatten und Licht in den Gefässen gemischt und zur Malerei verwendet. Was die Tempera mit Feigenmilch betrifft, so wurden oben deren charakteristische Eigenschaften bereits erwähnt; nach meinen Versuchen lässt sich mit derselben vortrefflich arbeiten und habe ich gefunden, dass ausser der schnellen Lösung des Eierklar und der Eigenschaft des Konservierens noch ein Vorteil dieser Tempera darin besteht, dass sie gegen Wasser nach dem Trocknen weniger empfindlich ist, als die Eitempera allein.

In 16 weiteren Kapiteln (C. 73—88) lehrt dann Cennini verschiedenerlei Gewänder, Gebirge, Bäume und Gebäude in Wandmalerei auszuführen, indem er genau angibt, wie diese Dinge a fresco angelegt und a secco fertig gemalt werden sollen.

Eigentümlich ist, dass Cennini hier gleich anschliessend von der Malerei mit Oelfarben spricht, und zwar mit direkter Bezugnahme auf den Gebrauch bei den Deutschen.

Er sagt C. 89: "Ehe ich weiter gehe, will ich dir anzeigen, wie man auf der Mauer, oder auf der Tafel in Oel malt, wie es vielfach die Deutschen in Gebrauch haben (lavorare d'olio in muro o in tavola, che l'usano molto i tedeschi); und auf ähnliche Art auf Eisen und Stein. Aber zunächst sprechen wir von der Mauermalerei (ma prima diren del muro)".

Es scheint demnach, dass die im Norden nach und nach für Wandmalerei aufgekommene Oeltechnik einen grossen Ruf genossen haben muss und ebenso charakteristisch für deutsche Wandmalerei gegolten hat, wie die „Golipharmpe", die Goldbeize der Hermeneia; und thatsächlich haben diese beiden auf die „deutsche Art" bezüglichen Notizen einen technischen Zusammenhang. Cennini bringt hier gleichzeitig mit der Oelmalerei die für Wandvergoldung so unentbehrlichen Oelbeizen, denn er beschreibt die Wandmalerei, und in der Reihenfolge der Arbeit hätte jetzt nach dem C. 4 das Verzieren und Ausschmücken (adornare) der Malerei zu folgen. Er beschreibt mithin die Oelmalerei, hat aber auch die Beizen im Auge, die ihm für seine Mauermalerei viel wichtiger sind. Schon im darauffolgenden Abschnitt (C. 91) wird die Bereitung des Oeles, das gekocht und mit Firnis gemischt werden soll, zu Beizen geschildert, während das zum Malen taugliche an der Sonne gebleicht wird. Acht weitere Kapitel (C. 95—102) sind ausschliesslich der Auszierung und Vergoldung der Heiligenscheine, Sterne aus Staniol etc. gewidmet, bei welchen die Beizen eine Hauptrolle spielen.

Die Malerei mit Oelfarben war mithin im Süden ebenso bekannt wie im Norden. Die Mischung von Farben mit dem Leinöl, welches in Florenz aufs beste und geeignetste zubereitet wurde (C. 92), geschah in gleicher Weise, wie wir es in der Hermeneia (§ 52) kennen gelernt, es werden die Farbmischungen ebenso vorher gemacht und auf Wänden mehreremale übereinander aufgesetzt, „damit die Farben dick erscheinen". Die Pinsel werden in Oelbehältern aufbewahrt, damit dieselben nicht eintrocknen, genau so, wie es die Hermeneia beschreibt. Ob Cennini die Oelfarben benützt, um an der a fresco begonnenen und a secco vollendeten Malerei auf der Mauer noch weiter zu arbeiten (finire in muro), ist aus seinen obigen Angaben nicht genau ersichtlich, wohl aber erfahren wir in C. 144, (Wie man auf der Mauer Sammt oder Leinwand, und Seide wie auf der Tafel nachbildet), dass er diese kombinierte Manier thatsächlich für bestimmte Dinge verwendet. Er sagt:

> „Wenn du einen Sammtstoff nachahmen willst, so mache das Gewand in Eitempera, mit welcher Farbe du willst; dann führe mit dem Pinsel von Eichhörnchenhaar das Flaumige aus, welches der Sammt hat, mit Oelfarbe".

Wir ersehen daraus, dass bei Cennini die Technik der Tafelmalerei auch in diesem Detail auf die Wand übertragen ist, denn im vorangehenden Kapitel (C. 143) bringt er verschiedene Varianten von Gewändern, die mit Eitempera angelegt und mit Oelfarbe überlasiert werden. Die Oelfarbe dient demnach zur Verstärkung der Temperafarbe, und ebenso wie die Oelbeize zur Vollendungsarbeit auf der Mauer; in einem Falle (C. 98) sehen wir sogar das mit Leinöl geriebene Verderame (Kupfergrün) auf Zinnfolie in derselben Art verwendet, wie in der Lucida-Malerei des Lucca-Ms. und des Theophilus; es dient zur Verzierung der Einfassung auf der Mauer, und dasselbe Grün mit Oel gemischt erscheint auch als Schlussfarbe über Seccomalerei auf der Mauer in C. 150. „In Secco kannst du über den ganzen Grund Verderame mit Oel angemacht, ausbreiten", heisst es daselbst und erinnere ich nur an einzelne hervorragende Wandgemälde, bei welchen dies der Fall ist: In dem Fresko der Geburt des Johannes von Ghirlandajo in St. Maria Novella (Florenz), die grosse Wandfläche hinter dem Bett; an dem Wandbilde des Papstes Sixtus IV. von Melozzo da Forli (Vatikan) die den Raum rückwärts abschliessende Fensterwand (im ersten Falle belebt das tiefe saftige Grün die grosse im Schatten befindliche, sonst monotone Wand, im zweiten dient es als coloristischer Gegensatz zu dem vielen Rot der geistlichen Gewänder).

Mit den Beizen werden nicht nur Flächen, sondern auch die zierlichen Vergoldungen der Ornamente gemacht, indem man dieselben mit dem Pinsel vorzeichnet und dann das Blattgold darauf legt.[11])

3. Tafelmalerei des Cennini.
(C. 103—156.)

Das Malen auf der Tafel bildet bei Cennini den Prüfstein für die gesamte Kunst. Sie sollte zuerst gelernt sein:

> „Denn sei wohl bedacht, dass derjenige, welcher zuerst auf der Wand und dann auf der Mauer zu malen gelernt hätte, kein so vollendeter Meister in der Kunst würde, als wenn er von dem Studium auf der Tafel zur Wandmalerei vorgeschritten ist". (C. 103.) Diese Kunst bedarf aber langer Studien und Mühen. „Wisse, dass es nicht geschwind gehen wird, dies zu erlernen. Fürs erste wird es zum geringsten ein Jahr dauern, das Zeichnen auf dem Täfelchen einzuüben; dann mit dem Meister in der Werkstätte zu stehen, bis du alle die Zweige gelernt, welche unserer Kunst angehören. Dann mit der Bereitung der Farben anzufangen, das Kochen des Leimes zu lernen,

---

[11]) Interessante reizvolle Details mit Beizenvergoldung sind an den berühmten Wandbildern des Benozzo Gozzoli in der Kapelle des Palazzo Riccardi (Florenz) zu sehen: alle die Ornamente der Brokatgewänder, des Samm- und Sattelzeuges, die Glorienscheine an den musizierenden Engelsfiguren, welche diese herrlichen Bilder so berückend machen, sind mit der Beize ausgeführt. Den grossen Wert, den Gozzoli deshalb auf die Goldblätter legt, ersehen wir aus seinen Briefen an Pietro de Medici; so schreibt er, Florenz, 23. Sept. 1459: „Mein Hochzuverehrender! Es ist jemand zu mir gekommen, ich glaube, es ist ein Bekannter Eures Pier Francesko, der 7500 Stücke feinen Goldes hat: es ist aus Genua und dort gearbeitet und grösser als unseres um etwas mehr als die Hülfte, er verlangt sechszehn Grossi (Groschen) für 100 Stück. Ich glaube aber, er wird sie für 4 Lire geben, denn er ist sehr Kaufmann. Ich habe mir überlegt, dass Ihr ein Viertel der Kosten und mehr dabei sparen könnt; wollt Ihr es also, so lasset es mir sagen. Ueberdies meint jener, er könne Euch davon besorgen, soviel Ihr haben wollt. Das Gold ist gut mit Beize aufgesetzt zu werden, so dass ich kein anderes wünsche" (Künstlerbriefe von Guhl-Rosenberg, Berlin 1880, Nr. 18). Die Kosten für Gold und Ultramarin hatte, wenn es nicht ausdrücklich anders im Vertrage bestimmt war, der Besteller zu tragen.

Gyps zu mahlen, das Verfahren, mit Gyps grundieren zu lernen, ihn zu Reliefs zu bereiten, und zu schaben, zu vergolden, gut verzieren zu können, — durch sechs Jahre hindurch. Und dann zum praktischen Versuchen im Malen, Ornamentieren mittelst Beizen, Goldgewänder machen, in der Wandmalerei sich üben, andere sechs Jahre, immer zu zeichnen und weder an Fest- noch an Werktagen abzulassen" (C. 104).

In seinen folgenden Anweisungen geht Cennini wieder ganz systematisch der Arbeitsfolge nach, genau so wie er es bei der Wandmalerei gethan; zuerst werden alle Arten von Leimen (C. 105—112), Kleister, Kitt, Fisch-, Schnitzel- und Käseleim behandelt, wie man die Tafel zurichten soll, wie alle Unebenheiten ausgeglichen und ausgekittet und das Holz mit Leim getränkt werden soll (C. 113).

Im Verfolg der weiteren Arbeiten des Grundierens wird hervorgehoben, dass „die Oberfläche nicht allzusehr geglättet werde", also eine gewisse Rauhigkeit habe. Es folgt dann eingehend die Art, die Holztafel mit Leinwand zu überziehen (C. 114) und zwar über die ganze Fläche; ein solches Vorgehen dient zweierlei Zwecken, erstens verhindert es das Reissen des Grundes, im Falle das Holz (Pappel-, Linden- oder Weidenholz) sich werfen sollte und zweitens dient die Leinwand als Unterlage für die erste Schichte von grobem Gyps (gesso grosso), welcher sich sonst leicht ablösen würde (vgl. Versuchskollekt. Nr. 66, bei welchem die einzelnen Schichten gezeigt werden).

Das Ueberziehen der Holztafel mit Leinwand ist schon bei den Aegyptern im Gebrauch, durch das ganze Mittelalter üblich gewesen, und bei den meisten schadhaft gewordenen Stellen alter Bilder oder Altäre zu beobachten; ich fand solche Beispiele sowohl in Italien, als auch an nordischen Bildern der früheren Zeit (s. p. 97).

Durch die Nässe des Leimes stehen nach dem Aufspannen der Leinwand die Flachsfasern vielfach in die Höhe und deshalb ist angeordnet, vor der Operation des Vergypsens diese Unebenheiten mit der Eisenraspel zu beseitigen (C. 115).

„Dann nimm groben Gyps, nämlich solchen von Volterra,[12]) welcher gereinigt und wie Mehl gesiebt ist. Gib davon in ein Schälchen voll auf den Porphirstein und verreibe ihn tüchtig mit jenem Leime (Spiechileim, Knochen- und Hautleim C. 109) durch die Kraft deiner Hände wie die Farben. Nun sammle es mit dem Hölzchen (Holzspachtel), bringe es auf die Fläche der Tafel und fahre mit einem gleichmässigen und genügend grossen Stabe über die ganze Fläche hin, indem du sie damit bedeckst, und wo du mit diesem Holze etwas anbringen kannst, thue es".

Der Gyps soll warm sein, wenn mit demselben auch noch die Zieraten, Simse und Blattschmuck der Umrahmung zu übergehen sind, und bediene man sich dazu eines weichen Borstenpinsels. Nach drei Tagen erfolgt das Abschaben in den Vertiefungen des Schnitzwerkes mit den „Raffietten" (Eisenraspel).[13])

Zunächst hat dann das Vergypsen mit feinem Gyps (C. 116) zu geschehen:
„Dieser Gyps (gesso sottile) ist von dem nämlichen (groben), aber gut ein Monat lang gereinigt und in einem Kübel feucht gehalten. Frische ihn alle Tage mit Wasser auf, dass er gelöscht werde, jegliche Hitze entweiche und er weich wird wie Seide. Schütte dann das Wasser weg, mache Brötchen daraus und lasse sie trocknen. Und von diesem Gyps verkaufen die Apotheker uns Malern. Man wendet diesen Gyps an, um Gold aufzusetzen, Reliefs zu machen und andere Dinge".

Es ist der nämliche Gyps und die gleiche Bereitungsweise, welche das Athosbuch in § 5 lehrt. Ebenso wie damals kann man denselben auch heute beim Droguisten kaufen und zwar unter dem Namen künstliche Bologneser Kreide, Flug-

---

[12]) In Volterra, Provinz Pisa, findet sich Gyps in allen Varietäten von schmutzig, hellgelb bis zum reinsten weissen Alabaster. Vergl. Jervis, Tesori sotteranei dell' Italia. Rom 1889, Bd. IV, p. 321 (Nr. 1151).

[13]) Zur Arbeit des Malers gehörte stets noch die Vergoldung des mit dem Bilde zusammenhängenden geschnitzten Rahmens. Die Raffiette entsprechen unseren heutigen Repariereisen, mit welchen unsere Vergolder die Vertiefungen und Verzierungen ausarbeiten.

kreide.¹⁴) Mit diesem Gyps wird die eigentliche Malfläche zubereitet, indem man guten Hautleim (Kölner Leim) in Wasser weicht, in gewöhnlicher Weise siedet und durch ein Sieb passieren lässt. Noch warm schüttet man in denselben nach und nach von dem Gyps, den man „wie Käse schneidet" oder auf einem kleinen Reibeisen zerreibt, so viel als der Leim aufsaugen kann. Die Art und Weise, wie dann der Gyps durch Einstellen des Gefässes in ein anderes mit warmem Wasser warm gehalten wurde, damit der Leim nicht stockt, und wie man mit demselben bis zu 8 Schichten übereinander aufgetragen hat, ist bei Cennini ausführlich beschrieben. Die Praxis lehrt übrigens bald das richtige Verhältnis des Gypses zum Leime und die beim Auftragen anzuwendende Geschicklichkeit, von welcher das Gelingen des Ganzen zunächst abhängt. Wie überall, gilt auch hier: Uebung macht den Meister.

Für kleinere Stücke genügen zwei bis drei Schichten des feinen Gypses, ohne den groben. Die Leinwandschichte kann hier eventuell entbehrt werden.

Nach dem Grundieren, „welches in einem Tage geschehen, und, wenn nötig, um die erforderlichen Lagen zu geben, in der Nacht fortgesetzt werden kann", folgt das Schaben der Tafel (C. 120), wenn dieselbe ohne Einfluss der Sonne mindestens zwei Tage und zwei Nächte getrocknet ist. Zum Schaben bedient sich Cennini des breiten Messers (Raffietto), eine Arbeit, die durch Bimstein und Glaspapier heutzutage ebensogut bewerkstelligt werden kann; nur gebe man acht, gleichmässiges und verschieden feines Korn zu nehmen. Die Tafel (oder das Blattwerk) kann dann noch mit einem nassen, gut ausgerungenen Leinenfleck leicht gewaschen werden, so dass sie „wie Elfenbein" hergerichtet erscheint, und ist dann zur weiteren Arbeit bereit (C. 121).

Im nächsten Kapitel wird dann gelehrt, wie man auf der Tafel die Aufzeichnung mittelst Kohle, event. für sehr feine Sachen mit dem Silberstift zu machen, aufs feinste die Konturen mit verdünnter Tinte und einem feinen Pinsel von Eichhörnchenhaar nachzufahren und wo nötig, zu verschärfen hat; die Kohlenstriche werden mit dem Federbart entfernt und mit der nämlichen Tinte die Schatten und Faltenzüge angetuscht. „Und so wird dir eine schöne Zeichnung bleiben, welche jedermann in deine Werke wird verliebt machen".

Nach diesen Vorarbeiten, welche eine sorgfältige Vorzeichnung der ganzen Darstellung des Bildes voraussetzen, folgen die Arbeiten, welche zur Vergoldung gehören, denn die Vergoldung hat stets zu geschehen, bevor zur eigentlichen Malerei geschritten wird; dies gilt als erste Regel und liegt im Wesen der Vergoldung. Die Vergoldung ist auch die Grundlage für die gesamte mittelalterliche Technik der Malerei, denn sie erfordert die aufmerksamste Behandlung und alles was weiter an dem Gemälde zu geschehen hat, ist der Vergoldung untergeordnet. Die altitalienischen Maler waren ihre eigenen Vergolder; diese Kunst gehörte zu ihrem Beruf. In späteren Zeiten haben sich die Maler naturgemäss die Arbeit vereinfacht und nur ihre Tafeln für die Vergoldung vorbereitet.¹⁵) Mit der Vergoldung im Zusammenhang steht eben der Grund und deshalb musste auf diesen besonderes Augenmerk verwendet werden.

„Die Vergoldung ist eine Kunst, die wert ist, gelernt zu werden," sagt der berühmte zeitgenössische englische Künstler Walter Crane, welcher die Kunst der Renaissance zu schätzen gelernt hat. Ohne die Verschiedenheit der Vergoldungsarten zu kennen, sind die alten Techniken überhaupt nicht richtig zu verstehen. Deshalb muss näher auf dieselben eingegangen werden.

---

¹⁴) Obwohl der Artikel sehr gesucht ist, sollen in Deutschland sich nur zwei Orte an der Produktion desselben beteiligen, München und Königsberg. Die Vergolder benützen statt dessen jetzt vielfach Chinakreide (china clay), Caolin, Pfeifenton oder Neuburger Kreide, welche je nach ihrem Fundorte verschiedene Eigenschaften zeigen. Worin der Unterschied der Plastibilität der diversen Kreidenarten besteht, ist bis jetzt wissenschaftlich nicht festgestellt.

¹⁵) So wissen wir aus Dürers Briefen an Heller, dass er sich der Beihilfe des Vergolders bediente; er schreibt „Und hab' sie (die Tafel) zu einem Zubereiter gethan, der hat sie geweisst, gefärbet und wird sie die ander Wochen vergulden", und zwar ist da nicht das Ueberziehen mit Gold über die ganze Tafel zu verstehen, sondern nur für jene Partien, die sich aus der Zeichnung ergeben; im Dreifaltigkeitsbild z. B. die reichen Goldgewänder, Kronen etc.

a. Vergoldungstechnik im allgemeinen.

Dreierlei Arten von Vergoldung für Malerei werden unterschieden:

1. Die **Glanzvergoldung**, bei welcher die Oberfläche mittelst des Brunirsteins (Achat, oder Zahn) geglättet wird.

2. die **Oel- oder Mattvergoldung**, bei welcher ein derartiges Glätten nicht möglich ist; beiden gemeinsam ist die Verwendung von Blattmetall, d. h. von aufs äusserste fein geschlagenem Metall (Gold oder Silber) und die subtile Vorbereitung des Grundes, auf welchem vergoldet werden soll.

3. Die Anwendung von Gold oder Silber in **Pulverform**, entweder durch feines Verreiben der Metallblättchen oder durch Lösung des Metalles durch sogen. Amalgamierung edler oder unedler Metalle (aurum musivum, argentum musivum, Mussiv-Metall). Diese letztere Art diente stets nur zur Verwendung mit dem Pinsel, bei Miniatur und Goldschrift mit der Feder. Die grosse Reihe von Rezepten für die letztere, welche die alten Quellen bieten, gehören zumeist für diese dritte Art.

Eigentliche Vergoldungen sind aber nur die zwei ersten Arten, welche hier im Hinblick auf die alten Techniken erörtert werden sollen.

Ursprünglich hat jede Vergoldung und Versilberung den Zweck verfolgt, einem Gegenstande den Anschein zu geben, als ob er ganz und gar von Gold, resp. von Silber wäre, man hat auch auf jeden Gegenstand, ob er aus Holz, Stein, Eisen, Bronze etc. bestehe, das Gold in ganz dünner Schichte aufzusetzen sich bemüht. Die Verwendung des Feuers, um Blattmetall auf einen weniger kostbaren Untergrund zu befestigen, ist so alt als die Goldschmiedekunst selbst; die Anzahl der bezüglichen Rezepte ist Legion; der Papyrus Leiden, die Bücher der griechischen Alchemisten bis herauf zu den Kunstbüchlein des XVII. und XVIII. Jhs. befassen sich ausführlich mit dieser Kunst. Uns hat aber diese Art der Vergoldung (Feuervergoldung) nicht weiter zu beschäftigen, sondern nur diejenige, welche in Verbindung mit Malerei auf Holztafeln oder Bildwerken verwendet wurde.

Plinius weist schon darauf hin, dass Gegenstände, die nicht im Feuer vergoldet werden können, wie Marmor oder Holz auf der Leucophoron genannten Unterlage mittelst des Eies vergoldet werden (XXXIII, 64; Beiträge II. p. 57).

Aetius spricht vom trocknenden Nussöl, das den Vergoldern und Enkausten gute Dienste leistet (loc. cit. p. 19 und 59), wir haben also hier quellenschriftliche Nachweise von dem Bekanntsein des Unterschiedes der beiden Vergoldungsarten zur römischen Zeit. An zahlreichen Funden der hellenistischen Epoche Aegyptens, aus dem Fayûm und der Hawâra sehen wir sowohl Glanz- als auch Mattgold angewendet; auch die dritte Art, das Gold mit dem Pinsel aufzutragen, unterstüzt die beiden anderen Manieren.

Im Kapitel über die Neuerwerbungen des ägyptischen Museums zu Berlin (Beitr. II p. 52) wurde bereits erörtert, dass die plastisch erhöhten Partien mancher Bilder (reicher Hals- und Kopfschmuck, Armreife, Ringe) auf einer Unterlage von Kreide und Leim mittelst des Pinsels aufgetragen wurden und derartige Verzierung ebenso an zahlreichen Mumiensärgen und Mumienmasken der späteren Zeit figuriert. In dieser Art der Ausschmückung der Gegenstände aus Holz oder auf Leinwand ist der Ursprung der byzantinischen Vergoldungsmethoden zu erblicken, welche sich bis in die spätere Renaissancezeit und nach dem gotischen Norden ausbreitete.

Der **Unterschied der Vergoldungsarten** lässt sich übrigens leicht quellenschriftlich weiter verfolgen. Das Lucca-Ms., ebenso die Mapp. clav. unterscheiden zwischen der Vergoldung von Innenwerk und Aussenarbeit; für das erstere dient die Glanzvergoldung, für die zweite die Oelbeize, besonders bei Dingen, die ins Freie gestellt oder getragen wurden (87, operatio externiture, s. oben p. 15).

Liber sacerdotum (111) kennt die Vergoldung auf Gypsgrund mit Kirschgummi oder Leim, also Glanzvergoldung. Heraclius macht ebenfalls genau Unterschiede zwischen der Glanzvergoldung (C. XLI) und der Oelbeize (XXI Auripetrum), welch letztere ihm auch als Ueberzug über unechtes Metall dient, wie es die byzantinischen Anweisungen und die Pictura translucida des Theophilus übereinstimmend anführen.

Theophilus' Angaben über Goldmalerei sind überaus deutlich, er verwendet zur Buchmalerei das Gold in Staubform für die feinen Züge am Rande der Bücher,

Buchstaben und Blätter, die Ausschmückung der Kleider und sonstige Ornamente (C. XXXII), lehrt das Blattgold zu schlagen (XXIII), die Glanzvergoldung mit Eiklar (XXIV); die gefärbte Oelbeize dient ihm zur Goldfärbung von Zinn (XXVI); dieselbe Goldfarbe (pictura aureola) ist endlich im Athosbuche als die Hauptart der Vergoldung, „bei den Deutschen Golipharmpe genannt", bezeichnet, wie dies bereits mehrfach erwähnt wurde; im Strassburger Ms. erscheint die nämliche „goldvarwe" wiederholt neben der Glanzvergoldung und dem Assis (13 und 14). Der Assiso, welcher in der Miniaturmalerei eine grosse Rolle spielt, ist im Neapeler Codex gleichlautend beschrieben und angewendet.

Bei Cennini finden wir nun alle diese verschiedenen Vergoldungsarten für jeden einzelnen Fall erläutert, so dass kein Zweifel übrig bleibt, in welcher Weise die eine oder die andere Art angebracht werden soll; es wird deshalb im Folgenden von Vorteil sein, die drei Arten der Vergoldungen stets auseinander zu halten.

Das allerwichtigste bei der Vergoldung ist die richtige Bereitung des Grundes; je besser geeignet der Grund, desto besser fällt auch die Vergoldung aus. Bei der Glanzvergoldung sind ganz besondere Vorteile und Vorsichtsmassregeln zu beachten, die derjenige aus den alten Anweisungen leicht herausfinden wird, der sich nur einigermassen mit der Vergoldertechnik zu befassen Gelegenheit hatte.[16]

Zu diesen Vorbereitungsarbeiten gehören neben der Zubereitung der Holztafel und der zu vergoldenden Teile, wie es oben geschildert worden (Leimen, Ueberziehen mit Leinwand, Grundieren mit gesso grosso und gesso sottile, Schleifen), nach der Aufzeichnung noch die Herstellung aller Ornamente, sowohl der **erhöhten Heiligenscheine, Blumen und Schmuckteile, entweder mit Hilfe des Pinsels** (C. 124), oder die Anbringung von Reliefs mittelst der Formen (C. 125); hieher gehört noch die Art Reliefs von der **Steinform**, durch Eindrücken von Zinnfolie und Ausfüllen der Abdrücke mit Gyps (C. 128) zu machen, wie es auf manchen alten Bildern in den Uffizien, selbst noch bei Bildern des Pinturicchio (Vatikan), am schönsten jedoch auf Werken Vivarini's, und der frühen Venezianer zu sehen ist.[17]

Das Vertiefen der Ornamente mit dem Raffietto (Repariereisen) hat ebenfalls noch im Vorbereitungsstadium zu geschehen. Für Glanzvergoldung sind ruhige Flächen geeigneter, dieselben erscheinen nach dem Brunieren tief dunkel, so dass alle mit der Rosetta oder Stampa (Punzen) gemachten Zierraten hell darauf erscheinen; für Oel- oder Mattvergoldung ist jede ornamentierte, erhabene oder vertiefte Fläche gleich geeignet, ein Glätten derselben aber nicht thunlich.

Cennini folgt in seinen Anweisungen für Vergoldung (C. 123—143) genau der Ordnung der Arbeit; auch die eingeschobenen, der Mauervergoldung gewidmeten Kapitel (C. 126, 130) haben hier folgerichtig ihren Platz gefunden, weil es sich um Vorbereitungsarbeit handelt. Bezüglich der Vergoldung der Tafelbilder versäumt es Cennini nicht, die Konturen mit der Nadel zu vertiefen, an den Stellen nämlich, wo die Vergoldung an die Malerei stösst, um die Zeichnung nicht zu verlieren, wenn die Glanzvergoldung über die Konturen übergreifen sollte. Er vereinfacht aber die Arbeit, indem er **nicht die ganze Fläche vergoldet**, wie die byzantinischen Maler (§ 13 der Hermeneia).

---

[16] Welche Menge von Arbeit und Umsicht nötig ist, um eine Vergoldung nach allen Regeln vollständig zu beendigen, kann man aus der Zusammenstellung ersehen, die sich in Watin, L'Art du Peintre, Dorenr. Vernisseur, Paris 1753, verzeichnet findet. Danach bestehen die Arbeiten des Vergoldens aus folgenden 17 Operationen: 1. Encoller, 2. Appreter de blanc, 3. Reboucher et Peau-de-chienner, 4. Poncer et adoucir, 5. Reparer, 6. Degraissir, 7. Presler, 8. Jaunir, 9. Egrainer, 10. Concher d'assiete, 11. Frotter, 12. Dorer, 13. Brunir, 14. Matter, 15. Ramender, 16. Vermeilloner. 17. Repasser.

[17] Vergl. m. Versuchskollektion Nr. 69—71 (Fig. 6) nach Jacobello, Crivelli, Zeitbloom und Nr. 41 nach einem byzant. Vorbild. Durch den engen Anschluss der englischen Praeraphaeliten, auch bezüglich der Technik, an die Kunst des Quattrocento, ist die Manier, mit dem Pinsel erhöhte Ornamente und Verzierungen auf Bildern und für kunstgewerbliche Zwecke zu verwenden, jenseits des Kanals unter der Bezeichnung „Gesso Painting" wieder in Aufschwung gekommen. Vielen Besuchern der Münchener Jahresausstellung 1894 wird ein Bild von Burne Jones, Perseus und die Graeen, in Erinnerung sein, bei welchem die Gewänder der Frauen in Glanz vergoldet, die Rüstung des Perseus in Glanz versilbert waren. Vergl. den interessanten Artikel von Walter Crane in Bd. I, p. 45 der englischen Zeitschrift „The Studio" 1893.

C. 131 und 132 lehrt das Ueberziehen der zu vergoldenden Stellen der Tafel mit dem roten Bolus (nebst Eierklar), welche Mischung auch heute noch (mit geringen Varianten) zum gleichen Zwecke dient. Der jetzt in Handel erhältliche Bolus (sogen. französ. Boliment) ist in seiner Zusammensetzung dem von damals sehr ähnlich, er enthält nebst dem Bolus noch Fett oder Seife, denn eine gewisse Fettigkeit ist wegen der Gefahr des Springens nötig. Bei der byzantinischen Manier ist diese Fettigkeit bereits im Grunde enthalten; Cennini erkennt auch diese Notwendigkeit, indem er sagt (C. 111): „Gyps, welcher Gold halten soll, erfordert Fette", aber es scheint, dass ihm die Fettigkeit des feinen armenischen Bolus genügt, denn er gibt keine besonderen Anweisungen (vgl. Hermeneia § 10—12).

Das Wesentliche des Glanzes beim Bolusgrund ist das Bindemittel von Eiklar, welches durch Glätten glänzend wird. Die älteren Maler verwandten zum gleichen Zwecke statt des roten Bolus die grüne Erde, welche von Natur aus fett ist (C. 133), aber bei sehr fein geschlagenem Golde wirkt der rote Grund noch hindurch und steigert die Wirkung des Goldes.[18]

Heute wird vielfach graues Boliment zur Glanzvergoldung genommen, ein Beweis, dass die Farbe desselben von nebensächlicher Bedeutung ist; die mittelalterliche Kunst kennt aber ausschliesslich den roten Bolusgrund für Goldunterlage.

Mit dem Bolusüberzug sind die Vorarbeiten bis zum eigentlichen Auflegen des Blattmetalls beendet; es folgen die weiteren Arbeiten zum Auflegen und zum Glätten selbst (C. 134—138). Das Blattmetall spielt natürlich dabei die Hauptrolle; es soll gleichmässig fein geschlagen sein; zur Glanzvergoldung dient das stärkere, wovon man 100 Stück aus einem Dukaten herstellte, während für Mattgold (mit den Beizen aufzusetzen) 145 Stück geschlagen wurden (C. 139)[19], das letztere war also um die Hälfte dünner; Cennini empfiehlt übrigens bei besonders schönen Malereien die Lagen zwei- und dreimal zu geben.

Das Handwerkzeug zur Vergoldung, welches Cennini beschreibt, ist das gleiche, wie es heute noch im Gebrauch ist, nämlich das sogen. Vergolderkissen, ein ebenes Brett in Ziegelgrösse, darauf feines Leder gespannt und der Zwischenraum mit ein wenig Scherwolle ausgefüllt. Auf dieses Kissen schiebt man vorsichtig ein Stück Blattgold, ohne es mit dem Finger zu berühren, breitet es durch geschicktes Anblasen eben aus (das erfordert ein wenig Uebung!) und schneidet mit einem besonderen Messer das Gold in Stückchen, wie man sie braucht. Mit einem sogen. „Anschiesser", dessen lange Pinselhaare nebeneinander zwischen zwei Kartenblätter gereiht sind, und den man leicht an den Haaren oder der Backe abstreift (wodurch das Anhaften des feinen Metallblättchens bewirkt wird), nimmt man nun sachte das Gold Stückchen für Stückchen und legt es auf die vorher mit verdünntem Eierklar oder mit Wasser gemischtem Branntwein eingefeuchtete Stelle. Die Uebung allein lehrt am besten, wie zu verfahren ist, und wie das Aufdrücken mit dem Wollenstückchen, das Anhauchen, Abkehren des nicht haftenden Goldes, das Glätten, zu geschehen hat. Schliesslich dienen Rosetta und Punzen verschiedener Form dazu, um die Ränder der Heiligenscheine zu verzieren und die glänzende Goldfläche zu beleben (C. 140). „Diese Manier ist eine der schönsten Techniken, die wir besitzen", sagt Cennini, und viele Bilder der Zeit beweisen, dass er Recht hat. Man betrachte Bilder von Filippo Memmi, Fra Beato Angelico, Lorenzo Monaco u. a.! Auch werden noch die überaus reichen Gold- und Brokatgewänder, sowie alle Goldarbeit (C. 141—144) fertig gemacht, bevor man zur Malerei selbst übergeht. Ein wahres Schatzkästlein solcher Brokatgewänder, welche teils mit Hilfe von Pausen, durch Ausheben des Grundes und Vertiefen mit der Rosetta hergestellt werden, sieht man auf dem Bilde der Anbetung der Könige von Gentile da Fabriano (Florenz, Academia), auf den

---

[18] Vergl. m. Versuche Nr. 47 auf Terra verde-Vergoldung, und Nr. 49, 59, 70 Glanzvergoldung auf Bolusgrund. Zu bemerken ist noch, dass die tiefrote Farbe des Bolus in späterer Zeit (Bolusmaler) als Stimmgabel für das Colorit gute Dienste geleistet hat.

[19] Vasari bekam 435 Stück von 3 Dukaten, also soviel wie Cennini. Heute werden 1200 Blättchen aus der gleichen Quantität geschlagen. Uebrigens sind derartige Vergleiche ungenau, weil es auf die Grösse der einzelnen Blättchen zunächst ankommt, wie aus dem bereits citierten Brief des Gozzoli zu ersehen ist: s. oben p. 106.

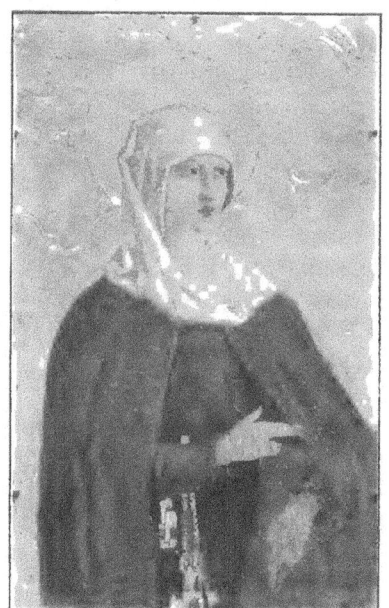
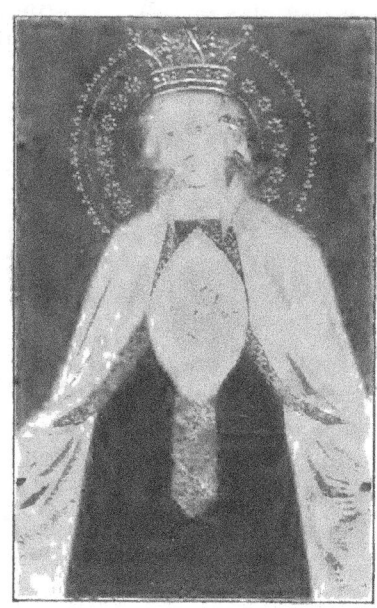
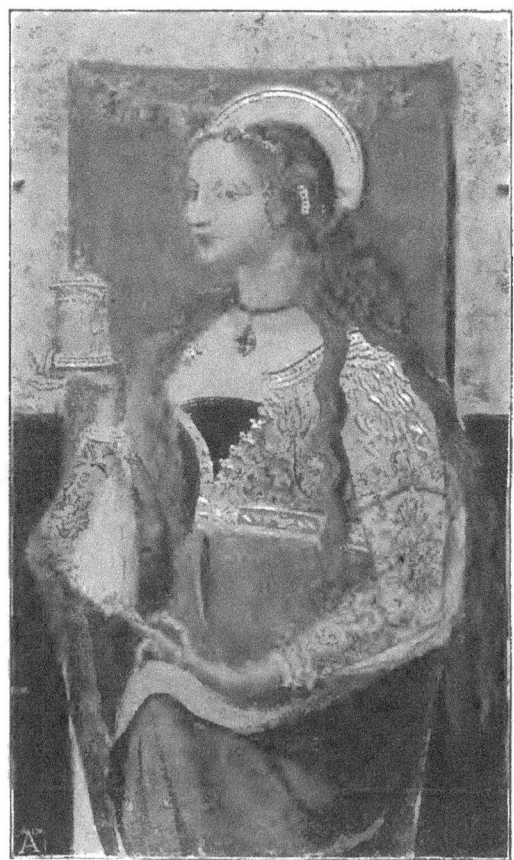

Fig. 6. Vergoldungsarten des XV. Jh.
(Versuchs-Koll. Nr. 69—71.)

genannten Bildern von Lorenzo, Fra Beato Angelico und vieler anderer in der Galerie der Uffizien (Florenz). Versuche nach Cennini's Angaben hatten das beste Resultat; die Variationen sind natürlich unbegrenzt; als Bindemittel für die Arbeit auf Glanzgold dient hier Eigelb; bei schillernden Gewändern auf Gold oder Silber werden Oelfarben mit Lacken oder Grünspan verwendet.

In der späteren geläuterten Zeit der Frührenaissance des Ghirlandajo (1449—1494) oder Botticelli (1447—1510) kommen alle diese stark ans Byzantinische erinnernden reichen Goldausziernngen ganz ab, das Gold wird auch vom Hintergrund verbannt, um der Landschaft zu weichen; es dient dann nur mehr für Heiligenscheine und wird zu Saumverzierungen mit der Beize aufgetragen; nichtsdestoweniger hat sich diese Art von Gold- und Silbergewändern im Kunstgewerbe bis auf den heutigen Tag erhalten. Die allzu bunten und vielfach roh gefertigten, aus Holz geschnitzten Mohren, die in Venedig bis zum Ueberdruss in allen Kaufläden zu sehen sind, zeigen dieselbe Technik, die Cennini als besonders köstlich beschreibt, und welche auch in der sog. Staffiermalerei, zur Ausschmückung der Schnitzereien durch das ganze Mittelalter in Anwendung geblieben ist.

Die zweite Art der Vergoldung mittelst der Beizen (frz. mordants, engl. seize) wendet Cennini dort an, wo die Glanzvergoldung ungeeignet ist; bei kleineren, mit dem Model gearbeiteten Ornamenten und den mit dem Pinsel gefertigten Erhöhungen auf der Tafel. (C. 124, 125.)

Zur Vergoldung derselben dient ausschliesslich die Oelvergoldung (C. 151). Das Verfahren ist ganz einfach: Die Gegenstände, d. h. der zu vergoldende Teil wird so vorbereitet, wie bei der Glanzvergoldung, erhält ebenso seine Ueberzüge mit Bolusgrund, und wenn der Untergrund Mauerwerk oder Stein ist, eine Lage von Oel. Die Beize, deren Bereitung aus gekochten Oelen und Firnissen mehrfach in den Quellen genannt wurde, wird über den zu vergoldenden Teil gestrichen und soweit trocknen gelassen, dass die Oberfläche gerade noch ein wenig klebrig ist; darauf folgt das Auflegen der Goldblätter, die mit weicher Wolle oder geeignetem gestutzten Haarpinsel fest gedrückt werden. Nach dem völligen Trocknen entfernt man das Ueberstehende und das Ganze ist fertig. Ein leichter Ueberstrich von dünnem Leimwasser wird vielfach angebracht, um das nicht genügend haftende Gold zu befestigen. Von einer Beschleunigung der Arbeit durch Grünspanbeigabe zur Beize berichtet Cennini in C. 152; von einer Knoblauchbeize, die wir in der Hermeneia kennen gelernt, handelt C. 153; dieselbe dient hier für Tafel, Eisen oder Wände, wenn ein Firnis noch darüber gelegt werden kann.

In Bezug auf die Vergoldungsarten ist noch zu bemerken, dass alle Glanzvergoldung vor der Malerei zu geschehen hat, während die Beizenvergoldung nach der Fertigstellung der Malerei anzubringen ist. Demnach sind die Kapitel über die Oelvergoldung nach den die Tempera-Malerei behandelnden Kapiteln angeführt.

b. Malerei mit Tempera.

Der eigentlichen Malerei mit Tempera von Ei, dem bevorzugten Bindemittel des Quattrocento, sind bei Cennini nur 6 Kapitel (145—150) gewidmet. Nachdem die umständlichen Vergoldungsarbeiten vollendet sind, gelangt der Maler endlich zum Malen selbst, welche, wie unser Autor sagt, „Sache eines feinen Mannes ist und mit Sammt am Leibe betrieben werden kann, nach Belieben".

Die Tafelmalerei ist genau so beschaffen wie die Malerei a secco auf Wänden nur mit folgenden Ausnahmen:

„Erstens sind die Gewänder und Häuser (Hintergrund) stets früher als die Gesichter zu malen, zweitens sind die Farben stets mit gleicher Menge von Eigelb zu vermengen, und drittens sollen die Farben feiner und besser gerieben und (flüssig) wie Wasser sein".

Die Gewänder werden, wie auf der Mauer, mit dem tiefen Mittelton begonnen, und die Lichter und Halbschatten aufgetragen, indem immer sanft gegen den Rand zu verwaschen wird, und zwar mit Tempera von Eigelb. Für Carnation ist die Untertuschung von zwei Lagen der grünen Erde (Verdeterra), mit etwas Bleiweiss gemischt, vorgeschrieben. Die hellen Fleischtöne werden dann mit Zinnober, statt des Cinabrese auf der Mauer, gemischt und als dunklerer Uebergang wird das Verdaccio (s. oben p. 104) gebraucht; doch nicht „so sehr, dass du den Schatten (mit Verdaccio) zu sehr überdeckest", auch ist darauf zu achten, dass bis zu einem gewissen Grade „das Grün, welches dem Fleischton zu grunde liegt, ein wenig durchscheinend sei".

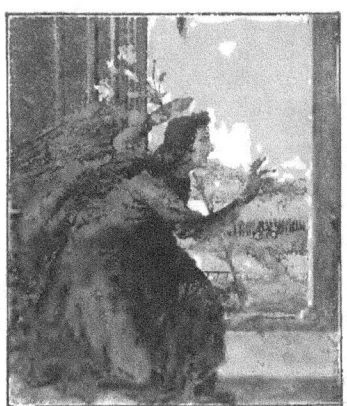 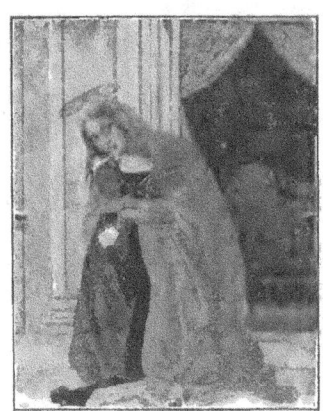

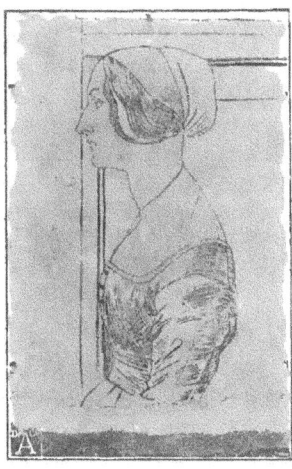 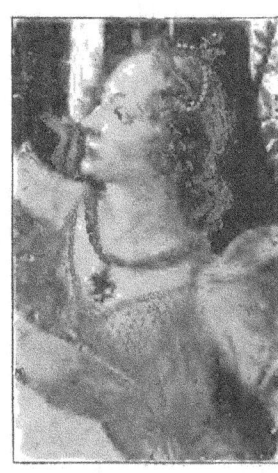 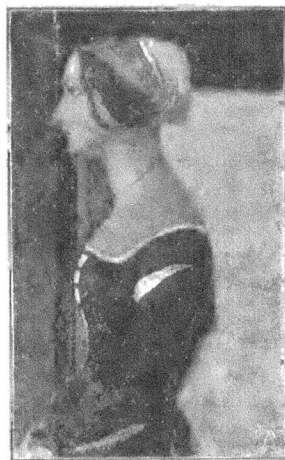

Fig. 7. Versuche in Temperatechnik nach Cennini's Trattato.
(Nr. 64—68 der Versuchs-Kollekt.)

In der That kann man an allen Bildern dieser Zeit das Grünliche in den Schatten durchschimmern sehen (vgl. auch m. Versuche Nr. 67 und 68).

Bezüglich des Eidotters wählt Cennini für Carnation den hellen Dotter der Stadthenne,[20] denn bei dem oftmaligen Uebergehen und Verwaschen des Fleisches, das „auf der Tafel ein häufigeres Grundieren als auf der Mauer erfordert," könnte die gelbe Farbe des Dotters sich unangenehm bemerkbar machen. Dieses häufigere Grundieren auf der Tafel gegenüber der Wand kommt daher, weil auf der Wand

---

[20] Die Farbe des Eidotters ist bedingt durch die Nahrung der Hennen; die Stadthennen, welche gleichmässige Körnerfrucht, Hafer, Hirse u. dergl. erhalten, haben helleren Dotter als die Landhennen, welche sich frei auf Wiesen und Feldern bewegen und allerlei Gewürm, Insekten etc. auflesen; aus diesem Grunde sind die Dotter von Enten stets dunkler gefärbt.

schon eine Freskogrundierung vorhanden ist, auf der Tafel aber die Weisse des Grundes durch die dünneren Farblagen durchscheint. Coloristisch genommen, hat Cennini durch diese Manier die Möglichkeit, auf der Mauer zweimal in allen Abstufungen die Carnation herauszuarbeiten, auf der Tafel bietet sich ihm hiezu nur einmal Gelegenheit; hingegen ist er sich sehr wohl bewusst, dass er durch das Hinsetzen eines möglichst leuchtenden Rot (Lack) eine Stimmgabel für das Weiterarbeiten hat, und das Malen des Fleisches dadurch erheblich erleichtert wird. Rot als Kontrast wird auch das Fleisch weniger monoton erscheinen lassen, und zwingt den Maler, in dem grünlichen Mittelton alle Abstufungen durchzuführen, die eine gute Modellierung erheischt.

Cennini gibt auch weiters an, wie allerlei Gattungen von Gewändern, azurne, goldene und purpurne zu machen sind (C. 146), auf welche Weise Haar und Bärte, verwundete Menschen und die Wunde (C. 149), und wie schliesslich allerlei Dinge, „Gewässer, ein Fluss mit oder ohne Fische auf der Tafel oder der Mauer" gemalt werden. Es wird hier, wie schon oben angedeutet wurde, nach der Tempera noch die Oelfarbe zu Hilfe genommen, um die letzten Effekte zu erzielen (s. p. 106). Zu diesen letzten Effekten gehören noch die schon besprochenen Vergoldungen mit der Beize, welche mit dem Pinsel aufzutragen sind, und auf welche dann das Blattgold aufgelegt wird.[21]

Das Gemälde wäre damit vollständig beendigt, bis auf den Firnis, der schliesslich und zwar möglichst lange nach der Fertigstellung aufzutragen ist (C. 155).

Ueber die Art des Firnisses lässt uns Cennini im Unklaren; zweifellos war es ein Oelfirnis, der vernice liquida, der althergebrachte, aus in Leinöl gelöstem Sandaraca (Gummiharz des Juniperus communis, oder der Thuja articulata) bestehend, wie es Merrifield (Cenn. p. 158) und ebenso Eastlake (I. p. 241) annehmen. Cennini bereitet sich diesen Firnis entweder nicht selbst, da er die Bereitungsart nicht angibt, oder die Anweisung ist verloren gegangen. Er sagt nur: „Nimm den flüssigsten, hellsten und reinsten Firnis, welchen du finden kannst", und lehrt nach der alten Tradition die Tafel, sowie den Firnis in der Sonne zu erwärmen und das Firnissen, an windstillen und staubfreien Plätzen vorzunehmen. Zweck des in die Sonnestellens des Gemäldes vor dem Firnissen ist, die Feuchtigkeit, mit welcher die Oberfläche stets mehr oder weniger beschlagen ist, durch Verdunsten zu verringern, weil diese Feuchtigkeit in der Folge dem Firnisüberzug schaden könnte und ein Trübwerden befördert. Die Wirkung des Firnisses besteht in einem Herausholen der sogen. eingeschlagenen Stellen; Cennini sagt auch an der citierten Stelle:

„Der Firnis ist eine starke Flüssigkeit und auf die Farben wirkend und will in allem Gehorsam, ohne eine andere Mischung zu dulden; und augenblicklich, sobald du ihn über deine Arbeit ausbreitest, verliert jede Farbe von ihrer Kraft und muss dem Firnis gehorchen, und es ist keine Möglichkeit mehr, mit ihrer Tempera sie auszufrischen".

Darin liegt auch die Schwierigkeit des Temperamalens mit Eigelb, dass der Maler die Wirkung des Firnisses nicht genügend voraussehen kann, und der Hauptunterschied gegenüber der nordischen Art des Theophilus, welcher zwischendurch firnissen konnte. Dem Maler war es deshalb doch sehr wünschenswert, wenigstens durch ein anderes Mittel in die Lage versetzt zu werden, die Wirkung vorher zu ersehen, und Cennini beschreibt ein derartiges Mittel (C. 156), wie in kurzer Zeit ein Gemälde gefirnisst scheinen kann, ohne es de facto zu sein; er benützt dazu den Eierklarfirnis [22] aus geschlagenem und abgetropftem Eierklar und bestreicht damit besonders die Fleisch-

---

[21] Von Temperamalern in der Manier, die Cennini beschreibt, seien die folgenden erwähnt, welche in der Galerie der Uffizien zu Florenz mit hervorragenden Werken vertreten sind: Giotto 1266—1337; Simone Martini 1285—1344; Lippo Memmi 1357; Andrea Orgagna 1308—1368; Agnolo Gaddi 1333—1396; Niccolo di Piero Gerini 1368—1415; Bicci di Lorenzo 1350—1427; Lorenzo Monaco 1370—1425; Gentile da Fabriano 1370—1450; Beato Angelico 1387—1455; Domenico Veneziano 1408—1461; Zanobi Strozzi 1412—1468; Benozzo Gozzoli 1420—1498; Ghirlandajo 1449—1494; Botticelli 1447—1510.

[22] Der nämliche Firnis ist auch im Strassburger Ms. und in Boltzens Illuminierbuch (Hausfirnis) mit Beimischung von etwas Gummi arab. genannt.

partien. Durch eine solche Firnisprobe bietet sich ihm die Gelegenheit, die Wirkung des Gemalten zu ermessen, um Aenderungen noch mit Tempera vorzunehmen und dadurch sich vor Enttäuschungen beim Firnissen mit vernice liquida zu sichern.

Bemerkt sei noch, dass der fette Firnis nicht über die Glanzvergoldung zu kommen hat, da sonst deren Hauptreiz verloren geht und zwecklos würde.

Die Miniaturmalerei, über welche Cennini in den nachfolgenden Kapiteln (C. 157—161) des genaueren berichtet, steht in allen Punkten mit den bezüglichen Angaben des Neapeler Codex, von welchem noch des näheren zu handeln sein wird, überein; auch mit anderen Quellen, dem Bologneser Ms., dem Strassburger Ms. etc. stehen diese Anweisungen in vollstem Einklang. Er schildert die Arten des Assis, um Gold auf Pergament oder Papier zu setzen, für die Stellen, die poliert werden sollen, und beschreibt die Porporino genannte Goldfarbe, welche auf die bekannte Art durch Amalgamierung von Zinn, Quecksilber usw. bereitet wird. Cennini warnt davor, diese falsche Goldfarbe mit einem echten Goldgrund in Berührung zu bringen, denn das Quecksilber verdirbt den Goldgrund, und „wenn es ein Grund wäre, der von hier bis Rom reichte".

Das Bindemittel für Miniaturmalerei ist auch hier das allgemein gebräuchliche, aus Eierklar und Gummi arabicum bestehende; als Farbstoffe dienen alle auch auf der Tafel üblichen, nämlich die Körperfarben und ausserdem die körperlosen „Tüchleinfarben" (pezzuole).

Die eigentlichen, die drei Malarten: Wandmalerei, Tafelmalerei und Miniatur behandelnden Kapitel haben hier ein Ende; der Ottobonianische Codex schliesst auch damit ab, während die von Malanesi herausgegebenen Abschriften noch eine weitere Reihe von Kapiteln (162—178) enthalten, die wie ein Appendix allerlei Rezepte für kunstgewerbliche Arbeiten bringen und zu jener Zeit teilweise in das Arbeitsgebiet des Malers gehörten. Die Kapitel behandeln des Malen auf Geweben aller Art, Standarten, Baldachine für Turniere und Lustgefechte zu fertigen (C. 168, 169), die Ausschmückung von Truhen und Kästen, bei welchen auch plastische Ornamente zur Anwendung gelangen (C. 170). Es folgen noch die Arbeit für Glasmalerei (171), Musierung auf Glas, eine Technik, die sich später sehr ausbreitete und in der sogen. Eglomisémalerei (Hinterglasmalerei) eine gewisse Berühmtheit erlangte und heute noch bei Glasschildern (Wappen) vielfach angewendet wird; auch die Arbeit, mit dem Model auf Tuch zu malen (C. 173), zeigt die primitiven Anfänge einer grossen Industrie der Zukunft, den Druck von Mustern, die sich wiederholen, unseren heutigen Cattundruck. Eine Neuerung rein technischer Art enthält auch das nächste Kapitel (174) insoferne, als hier beim Belegen einer Steinfigur mit geglättetem Golde die innige Mischung von Firnis mit Eigelb (Emulsion) zur Anwendung gelangt, ein sehr interessantes Kapitel, auf welches später noch einmal besonders aufmerksam gemacht werden soll (bei der Van Eyck-Technik). Andere Angaben über die Weise gegen Feuchtigkeit der Wände, auf welchen gemalt werden soll, Abhilfe zu schaffen (C. 175, 176), die Verdeterra-Ausschmückung offener Hallen und Gemächer oder von Tafeln, die gefirnisst werden können (C. 177, 178), Schminken und Heilwässer für den Teint der Frauen (C. 180, 181), über Abformen und Anfertigung von Gussformen, Modellieren von Siegeln und Münzen (C. 182—189) schliessen diese Kapitelserie ab. Der Techniker wird in ihnen eine wahre Fundgrube von Anregung erblicken und viele technische Details daraus kennen lernen, die ihm das Verständnis mancher alter Manieren erleichtern. Das Kunstgewerbe des Mittelalters, das in innigster Fühlung mit der Kunst selbst stand, verdankt zum grossen Teil seine unbestrittene Grösse dem Handinhandgehen der Künste und Gewerbe; wir sehen dies auch in Cennini's Trattato, denn der mittelalterliche Künstler war vielfach sein eigener Architekt, Bildhauer, Vergolder und Farbenfabrikant.

Hat Cennini in dem Trattato sein Hauptaugenmerk auf das „goldene Handwerk" gelegt, so ermangelt er dennoch nicht der richtigen Worte, wenn er in Begeisterung über seine Kunst spricht. Sein eindringliches Ermahnen, als „höchste Meisterin der Kunst die Natur zu betrachten" (C. 28), zeigt, worin das Streben und der Kernpunkt der neuerwachenden Zeit bestand, während die frühere byzantinische Kunstweise in der Nachahmung der starren dogmatischen Form ihr höchstes Ziel erblickte.

„In seinen Grenzen, soweit es sein schlicht-beschränktes Streben gestattet, zeigt sich eine feinere Natur in dem Lehrling Agnolo's, denn er gehört zu der besseren Klasse der Lernlustigen, von deren beträchtlicher Menge er selber uns berichtet, dass die Mehrzahl „des Gewinnes wegen" und „aus Armut und Not des Lebens" zum Pinsel greife, „aber es sind über alle diese zu rühmen, welche aus Liebe und edelm Sinn zu genannter Kunst streben" (C. 2). Und in den folgenden Kapiteln hält er diesen edleren Kunstjüngern eine kurze Anrede, die uns sehr an einige verwandte Stellen des Theophilus erinnert" (Ilg, Einleitung p. XIII). Wenn ich zum Schluss hier im Hinblick auf das **wahrhaft beneidenswerte Können** Cennini's und seiner Zeitgenossen einen Wunsch aussprechen darf, so ist es der, dass auch wir in der Lage wären, uns über alle die nötigen handwerklichen Fertigkeiten unserer Kunst schon in der Schulzeit unterrichten zu können, wie es zu jenen Zeiten und noch in der Zeit der Renaissance geschehen ist. Dadurch würde manches Werk nicht nur gewissenhafter begonnen, sondern auch in jeder Beziehung besser vollendet werden können, denn **Kunst kommt nun einmal von Können!**

III. Bologneser Ms.

Neben der Hermeneia und Cennini's Trattato müssen andere Quellen für Technik ganz und gar in den Hintergrund treten; immerhin hat eine Rezeptensammlung Anspruch auf unser Interesse, die, wie Le Begue's Schriften für den nördlichen Teil von Mitteleuropa, ein Kompendium für Techniken aller Art für die südlichen Kunstzentren bedeutet.

Das Bologn. Ms.[1]) mit seinen 392 Kapiteln überragt noch Le Begue's Kompilation an Reichhaltigkeit, aber während Le Begue seine Schriften so aneinander reiht, wie sie ihm zur Verfügung stehen, sind im Bologneser Ms. die Rezeptenserien nach Gegenständen geordnet. Nur einmal ist eine Bemerkung zu finden, wonach der Schreiber sein Wissen einem Meister Jakobus von Tholeto (Toledo) verdankte.[2])

Alle Umstände sprechen dafür, dass das Ms. nicht jünger ist, als höchstens die Mitte des XV. Jhs. (Merrif. p. 326) und dies führt uns dazu, einen kurzen Vergleich des Inhalts mit dem etwa gleichzeitigen Trattato des Cennini anzustellen. Aber Cennini's Buch ist eine geordnete Abhandlung, während das Bologneser Ms. eine Rezeptensammlung ist und zwar eine solche, die nicht die besten Rezepte allein erwähnt, sondern einfach alle, die erreichbar waren, zu enthalten scheint.

Die Einteilung der 7 Hauptkapitel in die einzelnen Farben, deren Erzeugung aufs genaueste beschrieben wird, zeigt, dass der Schreiber die Farbenfabrikation verstanden und auch betrieben hat. Das erste Kapitel ist dem gesuchten und kostbaren Ultramarin gewidmet, deren Herstellung in einzelnen Klöstern mit besonderer Sorgfalt geübt wurde.[3]) In 26 Kapiteln wird das umständliche Verfahren beschrieben, wie aus dem Lapis lazuli der blaue Farbstoff bereitet, indem mittelst des sogen. Pastilles, aus Harz, Wachs, Oel bestehend, die aufs feinste gestossene Steinmasse durch wiederholtes Schlämmen und Waschen in Lauge zu Pulver verrieben wird. Ein zweites Kapitel (Rez. 27—59) ist den anderen natürlichen blauen Farben (Azzurro della Magna des Cennini, Azzurro Spagnolo und di Lombardia) gewidmet; es folgt ein Kapitel, blaue Pflanzenfarbstoffe zu erzeugen, die zur Miniaturmalerei dienen, darunter auch Indigo, Waid etc. (60—81).

---

[1]) Abgedruckt bei Merrif., Orig.-Treat. Vol. II. p. 340—600 unter d. Titel „Segreti per Colori"; die Orig.-Handschrift befindet sich in der Bibliothek des Klosters S. Salvatore in Bologna, Nr. 165.

[2]) Zur Zeit war ein spanisches Kloster in Bologna; die Kirche S. Maria Maddalena und ein Hospital zum St. Onofrio waren für Spanier im Jahre 1343 erbaut worden; s. Merrif. p. 328, Note.

[3]) So erinnert Benozzo Gozzoli in einem Briefe (Florenz v. 11. Sept. 1459) den Herzog Pietro de Medici daran, nach Venedig wegen des Azurs zu schicken; dieser Bitte scheint aber der Herzog nicht entsprochen zu haben, denn am 23. Sept. schreibt Benozzo, dass er für das gesandte Geld den Azur bei den „Ingiesuati" besorgte, die Unze um drei schwere Gulden (mithin 6 Skudi = 27 Mark für die Unze). Die Ingesuati waren seit Ende des XIV. Jhs. in Florenz ansässig und durch mannigfache Kunstfertigkeiten berühmt; so bereiteten sie Farben und namentlich einen vortrefflichen Ultramarin, wie Vasari in der Lebensbeschreibung des Pietro Perugino berichtet (vergl. Guhl, Künstlerbriefe, I. Aufl., p. 44).

Ein IV. Kapitel behandelt die grünen Farben, sowohl metallischen Ursprungs (Kupfergrün) als auch alle Arten grüner Pflanzenfarben, aus Wegedorn, Lilien, Veilchen oder Boeksdorn (82—109); es folgen die roten und violetten Lackfarben in einem besonderen V. Kapitel, deren Erzeugung 30 Rezepte gewidmet sind (110—139); wir finden die roten Farbstoffe, Kermes, Verzino (Brasilholz), Gummilack, sowie die in Tüchern (pezette) bewahrten „Kardinalrot und Carmoisin" genau beschrieben. Kapitel VI enthält eine lange Reihe von Anweisungen für Gold, Goldschrift, die künstliche Goldfarbe Porporina (aurum musivum) durch Amalgamierung zu bereiten; die verschiedenen Arten von Assisa und die Goldbeizen für Glanzgold (141—178), darunter befindet sich eine Manier deutschen Ursprungs (secondo l'uso thodesco, Nr. 173), bei welcher die Goldblätter mit Hilfe von mit Safran gefärbtem Eierklar auf ein Assis gelegt werden, überdies ein Assis für Mauer (177), welches wie auf Holz oder Pergament gelegt und geglättet werden kann.

Das VII. Kapitel setzt zunächst die Farbenrezepte fort; es werden beschrieben Zinnober, Bleiweiss und verschiedene Mischfarben aus diesen (für Carnation), Minium, gelber Lack aus Wau bereitet, dann noch Mischungen von Blau, Grün und Rosa für Miniaturmalerei usw. Mit einem male hört aber die bis hierher befolgte Ordnung auf und in grossen Unterteilungen bringt das Kapitel (Rez. 179—322) zwischen Einschiebungen für Malerei und Firnisse ganze Serien von Rezepten für andere Kunsttechniken, für die Erzeugung von künstlichen Steinen und Bernstein, Perlen und Korallen (238—261), Glasfarben (265—273), Mosaik (274—283), Email für Gefässe und Majolica (283—317).

Ein VIII. und letztes Kapitel (323—392) enthält noch Färberezepte für Felle, Leder, Seide, Tuch etc. und schliesslich noch einige Kitte und Leime zum Giessen von Formen u. dergl.

Für uns ist nunmehr die Frage wichtig, in welchen Beziehungen diese Anweisungen zur Kunsttechnik der Frührenaissance, wie sie Cennini beschreibt, stehen, eine Frage, die wohl wichtig genug ist, weil wir in den Rezepten des VII. Kapitels einen spanischen Künstler aus Toledo als Autorität und jedenfalls als Autor des dem Copisten vorgelegenen Originales genannt sehen. Andererseits müssten sich auch die Spuren deutlich zeigen, die auf arabischen Einfluss sich zurückführen liessen, wenn uns ein ähnliches Rezeptenwerk rein spanischen Ursprungs zugänglich wäre. Der Liber sacerdotum bietet hierin wohl einigen Anstoss; wir haben (p. 59) bereits auf Punkte hingewiesen, bei welchen es den Anschein hat, dass einzelne Techniken durch die Mauren über Spanien nach Europa gelangt sein könnten, und haben den Eierschalenkalk, aqua de ovis für Vergoldung erwähnt, welche uns zuerst im Lib. sacerd. entgentraten und dann sich in späteren Quellen wiederfanden.

Niello, Corduanleder[4]) sind gewiss arabischen Ursprungs, ebenso die vielfachen Rezepte, künstliche Perlen, Korallen und Edelsteine zu erzeugen, welche das Bologneser Ms. in ganzen Serien bringt. Ausserdem dürfen wir nicht vergessen, dass die künstliche Destillation (Alkohol) eine arabische Errungenschaft des X. Jhs. ist, die auf die alchemistischen Verfahrungsarten ungeheuren Einfluss im Abendlande nahm, auch der Destillierkolben (alembic) ist eine arabische Erfindung.[5]).

Am anschaulichsten können wir diesen Einfluss bemerken, wenn wir ein spezielles Detail, das uns nahe liegt und für uns von Bedeutung ist, z. B. das Leinöl, in den Kreis der Betrachtung ziehen.

Das Leinöl sehen wir im Lucca-Ms., in Mapp. clav. und bei Theophilus stets pur oder mit Beimischung von Harzen verwendet. Trockenmittel sind diesen „griechischen" Quellen ganz unbekannt. Im dritten Buch des Heraclius, das arabische Techniken (Corduanleder, Niello, Borax) kennt, bringt schon ein Rezept für Leinöl (XXIX), wodurch dieses gereinigt und schneller trocknend gemacht wird (durch Kalk

---

[4]) Cordova wurde i. J. 711 von den Mauren erobert und 759 von Abdurrahman zur königlichen Hauptstadt gewählt. Von dieser Zeit an ist Cordova der Zentralpunkt für Künste, Industrie und Wissenschaft und blieb es bis zum Ende der maurischen Herrschaft in Spanien (i. J. 1236).

[5]) Vergl. Berthelot, Chimie au moyen âge, Tom. I, p. 61 und in demselben Werke den Artikel über die Destillation im Altertum.

und Bleiweiss). Die Segreti per Colori des Bologn. Ms., ebenfalls arabischen Ursprungs, führen die Behandlungsweisen des Leinöles noch weiter aus, und scheint es, dass der Meister Jakobus von Toledo mehrere Arten gekannt hat.

In Nr. 201 wird ein Leinöl erwähnt, das mit Eierklar bereitet wird (oleo seminis lini et cum clara ovi preparata), um eine „schöne, prächtige Rosafarbe" anzureiben, zu der Lack und Grana genommen werden. Das Eierklar hat hier den Zweck, die schleimigen Teile des Oeles zu entfernen.

Nr. 204 sind Oel von Aloe, Leinöl und vernice liquida in gleicher Menge in der Wärme vereinigt, um einen Firnis über Miniaturen zu bilden; eine Zusammenstellung und eine Anwendung, die in nordischen oder italienischen Quellen sich nirgends vorfindet.

Nr. 205 bringt die Anweisung, Leinöl, und zwar in nasser Pressung zu gewinnen, 206 die Art, vernice liquida zu bereiten, worüber wir bei Cennini vergebens um Aufschluss suchen, obwohl er öfters den Namen nennt (C. 91, 155, 174); hier ist genau das Verhältnis angegeben, und zwar besteht derselbe aus zwei Teilen Sandarac (gomma de gineparo, Juniperus) und einem Teil Leinöl (oder etwas mehr, wenn nötig) eine halbe Stunde miteinander gekocht.

Diese beiden Angaben sind nicht auffallend, sie decken sich wohl mit den altbekannten byzantinischen Methoden; neu ist aber die folgende, in Nr. 207 beschriebene (vernice liquida).

Sie besteht in einer ganz merkwürdigen Art, das Oel durch Kochen mit Alaunstein, Mennige (Vermilion) und Weihrauch, durch Ueberlaufenlassen des Schaumes und Anzünden des Uebergelaufenen mittelst brennenden Strohs in einen Firnis zu verwandeln.

Eine zweite Art des vernice liquida beschreibt Nr. 262 desselben Ms., wobei zwei Pfund Leinöl und zwei Pfund gemeines Oel (olis cumune, Olivenöl?) bis zur Hälfte eingekocht, dann mit 30—40 Stücken Knoblauch auf scharfem Feuer unter Beifügung von etwas Alaunstein gesotten werden. Wenn eine Hühnerfeder, in die siedende Masse getaucht, sofort verbrennt, dann ist es fertig. Schliesslich wird noch ein Pfund gestossenen Sandaracs nach und nach hinzugegeben, und unter fortwährendem Umrühren erkalten gelassen; vor dem Erkalten sollen noch das Klare von sechs Eiern, die in bekannter Art geschlagen seien, hinzu gegeben und das ganze einen Tag in die Sonne gestellt werden.

Alle diese letzteren Operationen sind den nördlichen und südlichen Kunstweisen bis dahin fremd gewesen, wohl aber spricht sich der spanische Ursprung darin deutlich aus, dass sowohl Pacheco als auch Palomino die Knoblauchzugabe für trocknende Oele empfehlen, wobei der erstere (Tratato p. 404) hinzusetzt, dass das Oel solange gekocht werde, bis der Knoblauch gebrannt und geröstet ist.[6]

Es sind das lauter Methoden und Versuche, das Leinöl trocknender zu machen, welche je nach den Orten verschieden waren. Hier ist es klar ersichtlich, dass wir spanisch-maurische Quellen vor uns haben; Knoblauch kennt zwar auch die Hermeneia und Cennini als Goldbeize, aber zum Trocknendermachen des Oeles ist es beiden unbekannt, ebensowenig wie die Reinigung desselben durch Eierklar.

Keinerlei Anlehnung an schon bekannte Arten des Mittelalters zeigen zwei Rezepte (210, 211) zur Bemalung von Leinen, Tuch oder Seide.

Das erstere lehrt sal armoniaco mit sale gemmo und sal nitrio zu lösen und dann zu destillieren, wobei der Ausdruck „alambichare" aus dem arabischen Worte alembich (für Destillierkolben) gebraucht ist.

Das zweite Rezept zu gleichem Zwecke bringt den Alaunstein mit Lauge und Safran in Verbindung, welche zusammen bis zu einem Drittel der Menge eingekocht werden, ein Verfahren, das wir in keinem der anderen Quellen kennen gelernt haben.

Andere Rezepte decken sich wieder mit den alten oft genannten, so z. B. die Bereitung von Gesso sottile (213) mit der Hermeneia; die Art Eierklar zu schlagen, die Mischung mit frischen Feigentrieben, Zinnober zum Schreiben zu präparieren und wenn nötig, mit Ohrenschmalz zu verbessern (224), lernen wir ähnlich im Neapeler

---

[6] Merrif. Introd. p. CCXXXVII.

Codex kennen, auch die übrigen Angaben für Miniaturmalerei (225—235) stimmen mit der längst bekannten Art, mit Gummi arabicum oder Eierklar als Bindemittel zu malen, überein, die wir übrigens, vom Papyrus Leyden angefangen, überall in gleicher Weise in Ausübung gesehen haben; nur Auripigment wird mit Eigelb angemischt (228), eine Besonderheit, welche uns in Heraclius C. XXXII des III. Buches schon auffallen musste.

Was die Wandmalerei betrifft, so sind die Angaben höchst mangelhaft. Ausser zwei Rezepten für Mauervergoldung (152 und 171) sind es nur ganz wenige Stellen, die auf dieselbe anspielen. Hauptsächlich Nr. 236, wie Erdfarben für Mauer oder auf Kalk verwendet werden. Darnach sind es nur zwei Arten, die erste mit dem ganzen Ei, welches mit klein geschnittenen Feigenzweigen flüssig gemacht wird (Cennini's Tempera), die zweite mit sehr starkem Gummiwasser, worunter vermutlich Tragantgummi zu verstehen ist, welcher in späterer Zeit ausschliesslich für Retouchen auf Fresken angewendet wurde.

Die beiden Artikel über Wandvergoldung enthalten aber noch einige neue Details, die zu notieren mir nicht unwichtig scheint.

Nr. 152 gibt eine Beize (mordante) für die Mauer, bestehend aus Knochenmehl, Pergamentleim, die miteinander gerieben, und nach dem Trockenwerden mit Leinöl dick angemacht werden, dazu kommt noch ein wenig vernice liquida und Safran als Färbesubstanz. Diese Beize wird auf die Mauer aufgetragen und vor der Vergoldung 5—6 Tage trocknen gelassen.

Nr. 171. Eine Beize, um Gold auf jeden Untergrund anzubringen, auf Figuren aus Stein, Holz, auf Gyps, Leinwand oder Mauer. Man nimmt Bleiglätte, Grünspan, und ein wenig Ocker mit Leinöl und vernice liquida angerieben und vergoldet in der gewöhnlichen Art.

Die erste Beize ist bemerkenswert, weil darin das Knochenmehl in der Unterlage für Vergoldung figuriert und das nämliche als Ingredienz zum Trocknendermachen für Oele und Beizen im Strassburger Ms. (wisses gebeines das gebrannt si; alt gebrent wis bein) genannt ist; die zweite ist dadurch von Interesse, weil darin die Bleiglätte, das Haupttrockenmittel der späteren Zeit, das bis herauf zur Gegenwart vielfach verwendet wurde, zum ersten Male zum gleichen Zwecke auf der Bildfläche erscheint.[7]

Auch der Grünspan, den Cennini im Kapitel 151 nebst Bleiweiss als Trockenmittel für Beize kennt, beansprucht unser Interesse, denn obwohl schon damals viele Gegner dieses Trockenmittels waren (vgl. C. 152 des Cennini), haben sich die Metalloxyde und deren Salze (Kupfervitriol, Zinkvitriol, Bleizucker) in der Folgezeit als Haupttrockenmittel behauptet.

Es kann hier nicht unsere Aufgabe sein, zu untersuchen, welche von den Methoden für die Praxis die rationellen waren,[8] denn uns interessierte der geschichtliche Vorgang, wie sich die Methoden ausbreiteten und welchen Weg wir dabei verfolgen konnten. Zu konstatieren war vor allem der Einfluss der arabisch-maurischen Kultur, der sich ungeheuer schnell im übrigen Europa manifestierte. Welche Bedeutung so umfassende Veränderungen in den technischen Operationen für die weitere Ausgestaltung der gewerblichen und künstlerischen Produktion haben mussten, wird einem jeden klar sein, wenn wir bedenken, bis zu welchem Grade der Vollendung die maurischen Kunstfertigkeiten in ihren Metallarbeiten, Glas- und Majolica-Gefässen, in Stuckarbeit, sowie in der Erzeugung der Färberei und Weberei gelangt waren. Mit der Vervollkommnung der technischen Mittel werden wir aber auch stets eine Steigerung der künstlerischen Thätigkeit in Verbindung bringen können.

---

[7] Ueber Bleiglätte (lithargirium) als Trockenmittel vergl. Merrif. loc. cit.
[8] In einem späteren Hefte wird darüber zusammenhängend zu berichten sein.

IV. Der Neapeler Codex für Miniaturmalerei.

Bei der grossen Wichtigkeit, welche im Mittelalter den Schreiberkünsten und in Verbindung mit diesen der Miniaturmalerei beigemessen wurde, kann es nicht verwundern, dass gerade über die Miniaturmalerei besonders zahlreiche Aufzeichnungen sich erhalten haben. Dies ist schon aus dem Grunde sehr natürlich, weil der Schreiber und Miniaturmaler öfters in einer Person vereinigt war, und sowohl durch Kenntnis, als auch durch die Gelegenheit zum Niederschreiben der technischen Erfahrung veranlasst worden sein konnte, während andere Techniker, z. B. der Bildhauer oder Metallarbeiter u. dergl. meist nicht die genügende Bildung besassen. Die klösterliche Ruhe und Zurückgezogenheit mögen auch das Ihrige dazu beigetragen haben, und nicht zum mindesten das Verlangen, die durch ein ganzes Lebensalter geübten Fertigkeiten einem nachfolgenden Bruder oder Novizen zu vermachen. Im Bürgerstand gingen die Traditionen ohne weiteres vom Vater auf den Sohn, oder vom Meister auf die Gesellen über, ein Aufschreiben von Anweisungen war hier deshalb entbehrlicher.

Eine der wichtigsten und interessantesten dieser Aufschreibungen für Miniaturmalerei ist uns in dem Neapeler Codex aus dem XIV. Jh. erhalten.[1]) Durch seine kurze Fassung als fertig abgeschlossenes Lehrbuch über Miniaturmalerei und nicht als Rezeptensammlung gewinnt dieses Ms. eine eminente Bedeutung, weil diese Aufschreibungen für uns eine vorteilhafte Handhabe bieten, um bei der Feststellung der mittelalterlichen Techniken aus dem Konglomerat von Anweisungen und Rezepten der übrigen Quellen diejenigen herauszuschälen, welche sich nur auf Miniaturmalerei beziehen; der Neapeler Codex hat dadurch als eine Art Schlüssel für die übrigen Mss. dienen können, ebenso, wie durch die genaue Kenntnis der Vergoldungsarten es möglich war, alle bezüglichen Angaben, die in einer Quellenschrift enthalten sind, für sich zu betrachten. Ist aber einmal alles für Miniatur und Vergoldung genau bekannt, so fügen sich die übrigen Angaben für Wand- und Tafelmalerei von selbst aneinander. Wir werden auf diese Weise mehrfach Gelegenheit haben, auf den Neapeler Codex hinweisen zu müssen.

Da der Neapeler Codex in der deutschen Fachlitteratur fast ganz unbekannt ist (die Ausgabe erschien erst nach denjenigen von Cennini und Theophilus), sei im Folgenden ein Auszug daraus gebracht, wobei die wichtigeren Kapitel möglichst wortgetreu übersetzt sind.

Aus der Vorrede des Herausgebers des Neapeler Codex, Demetrio Salazaro, entnehmen wir, dass bereits 1872 der italienische Kunstschriftsteller A. Caravita[2]) auf das Vorhandensein dieses interessanten Manuskriptes in der Museumsbibliothek zu Neapel aufmerksam machte und bei dem berechtigten Aufsehen, welches diese

---

[1]) Demetrio Salazaro, L'arte della miniatura nel secolo XIV, Napoli 1877, Libreria Detken et Rocholl.

[2]) Caravita publicierte, unter anderem ein Werk über die Manuscripte und Künste aus den Archiven des Monte Cassino „I codici e le arte a Montecassino, 1869—70" und war damit beschäftigt auch die Schätze der Bibliothek in Neapel zu inventarisieren; er starb jedoch und diese Arbeit blieb unvollendet.

Nachricht hervorrief, auch Notizen darüber in einzelne Fachjournale Eingang fanden. Aber erst 1877 erfolgte die Ausgabe des Originaltextes in italienischer und französischer Uebersetzung nebst Noten des Salazaro. Ueber das Ms. selbst lassen wir den Herausgeber hier näheren Bericht erstatten:

„Es ist ein kleiner Band in Oktav, bezeichnet XII. E. 27, und enthält eine geringe Anzahl von Blättern mit kleinen abgerundeten gotischen Schriftzeichen; die verblassten Buchstaben (lettere d'inchiostro sbiadito) sind eng aneinandergereiht, so dass ihre Entzifferung schwierig ist. Der Codex gehört dem XIV. Jh. an und ist eine Copie eines anderen Manuskriptes; Beweis dafür ist die Regelmässigkeit und die Vollendung der Schrift, die geringe Zahl der Abbreviaturen, etliche Worte, welche der Copist falsch gelesen hat und einige, welche er ungeschrieben liess. Die Copie war auch nicht ganz vollendet, denn es fehlen die Initialen der Kapitel und der Name des Autors auf dem Titelblatte, welche wohl eine andere Hand machen, resp. verzieren sollte, wie es in den Copierstuben zu jener Zeit Sitte war.

„Was den Autor betrifft, dessen Name am Anfang der Copie weggelassen ist, und der nach der Schreibweise Neapolitaner gewesen zu sein scheint, so lebte er gewiss im XIV. Jh. und nicht vor dem Ende des vorhergehenden, weil er die Autorität des Albertus Magnus[3]) erwähnt, also ein Jahrhundert vor Cennini (geb. 1372), welcher seinen Trattato über die Malerei erst im XV. Jh. verfasst haben dürfte".

„Der Anonymus des Codex von Neapel schrieb ein schlechtes Latein, und oft haben die Worte vom Lateinischen nur die Endungen. Die zahlreichen Fehler, welche sich im Buche finden, dürften jedoch eher dem Copisten als dem Autor zur Last gelegt werden. Es scheint, dass unser Autor sich vorgenommen hat, eine andere Abhandlung über die Miniaturmalerei von einem uns unbekannten Schreiber zu widerlegen; wir ziehen diesen Schluss aus den Worten: Sine aliqua attestatione, caritative tamen,[4]) wobei er auf andere Bücher über Miniaturmalerei anspielen dürfte, welche vor ihm geschrieben, zweifellos verloren gegangen sind, oder sich noch verborgen in irgend einer Bibliothek befinden. Des weiteren verspricht er in Rubrica IX. am Ende seines Werkes noch die Manier zu beschreiben, wie Ultramarin aus Lapis lazuli zu bereiten ist, diese Anleitung findet sich aber nicht vor, und könnten wir nicht behaupten, ob dieser Mangel dem Autor, der sein Werk nicht vollendete, oder dem Copisten, der es nicht zu Ende übertragen hat, zugeschrieben werden soll".

So weit der Herausgeber Salazaro; ich lasse nunmehr den Auszug aus dessen Edition des Neapeler Codex hier folgen:

Proemium.

In nomine Sanctae et Individue Trinitatis. Amen.

„Ohne jede andere Begründung, sondern nur aus Nächstenliebe will ich die Dinge beschreiben, welche sich auf die Kunst der Miniatur-

---

[3]) Albertus Magnus wurde um das Jahr 1193 zu Lauingen in Schwaben geboren. Er machte seine ersten Studien in Pavia. Pater Giordano, sein bevorzugter Lehrer, überredete ihn, in den Orden der Dominikaner einzutreten. Albert ging dann nach Paris, wo er Dank der Studien, die er in Italien gemacht, Aristoteles interpretierte. Weiters wirkte er hauptsächlich in Deutschland und schrieb viele Werke, welche in der Ausgabe des Pietro Jammi in Fabricii Bibl. lat. med. et infer. aetatis angeführt sind, unter anderem vol. 5, eine Arbeit über Mineralien und Vegetabilien, auf welche, wie es scheint, unser Anonymus Bezug nimmt. (Rubrica IX über Ultramarin).

[4]) Ich kann mich mit dieser Ansicht des Herausgebers Salazaro doch nicht völlig anschliessen. S. übersetzt sowohl italienisch als auch französisch attestatione mit contestatione (contestation) Streit, Leugnen, während attestatione eigentlich Beglaubigung, Bescheinigung bedeutet; ohne Philologe zu sein fällt mir überdies bei dieser Stelle auf, dass sich die italienische Uebersetzung des Textes mit der französischen nicht deckt. S. übersetzt den Passus ins Italienische: non mica per contestazione, ma per amore intendo scrivere und französisch: sans aucun esprit de contestation, mais dans le but d'être utile. Mir will aus den Worten der Einleitung vielmehr das Gegentheil von Streitsucht bemerkbar scheinen und möchte ich eher übersetzen: „ohne jede andere Begründung, sondern nur aus Nächstenliebe u. s. w." Wenn der Anonymus mit diesen Worten auf andere Autoren angespielt haben sollte, so mag er vielleicht damit gemeint haben, dass andere Autoren eine umständlichere Begründung ihren Werken vorauszuschicken pflegten, wie z. B. ein späterer Autor, Boltz von Rufach (1562), welcher ebenfalls über Miniaturmalerei schrieb, sich quasi bei seinen Collegen deshalb entschuldigt.

malerei sowohl beim Gebrauch mit der Feder, als auch mit dem Pinsel beziehen; und obwohl in früherer Zeit schon viele in ihren Schriften den gleichen Gegenstand behandelten, will ich nichtsdestoweniger denselben Weg beschreiten und in Kürze alles angeben; damit die Gelehrten in ihren ohne Zweifel besseren Anschauungen bestärkt werden und die Anfänger, welche diese Kunst ohne Schwierigkeit und schnell erlernen wollen, in die Lage kommen, diese selbst ausführen zu können, gebe ich die folgende Darstellung von den Farben und deren Mischungen, lauter Dinge, welche bereits versucht und erprobt sind."

Der Autor beginnt sodann mit der Aufzählung der Farben nach Plinius, gibt ihre Einteilung in natürliche und künstliche, woraus man sieht, wie gross die Autorität des römischen Schriftstellers in mittelalterlicher Zeit gewesen ist; Plinius wurde von den Malern so hoch geschätzt, wie etwa Galenus von den Medizinern (vgl. Heraclius B. III. C. L. LII, LIV, mit Citaten aus Plinius etc.).

„Nach Plinius gibt es drei Hauptfarben, Schwarz, Weiss und Rot; alle anderen Farben stehen zwischen diesen, wie es in den Büchern aller Philosophen[5]) ausgeführt ist. Die Farben, welche zum Illuminieren nötig sind, sind acht: Schwarz, Weiss, Rot, Gelb, Azur, Violett, Rosa und Grün; einige dieser Farben sind natürliche, andere künstliche.

Natürliche sind: Ultramarin (azurium ultramarinum), Kupferlasur (Azurium de Alemannia), der schwarze natürliche Stein, rote Erde (vulgariter dicta macra[6]), grüne Erde, von grünblauer Farbe, Gelb aus Gelb-Erde (Ocker), Auripigment, Safran oder Gold.

Künstliche Farben sind: Schwarz aus Weinreben oder anderen Hölzern, Russ von Wachskerzen, Oel oder Talg, welcher an Gefässen sich ansetzt und gesammelt wird; roter Zinnober (aus Schwefel und Quecksilber erzeugt), Minium, auch Stoppium genannt; Bleiweiss (cerusa) und ein Weiss aus gebrannten Knochen von Tieren; Gelb aus Curcumawurzeln, oder aus der Pflanze Follonum (?) mit Bleiweiss, Porporina oder aurum musicum [sic] und Giallulino (Neapelgelb); Blau aus Tournesolpflanze (torna ad solem), aus welcher auch Violett bereitet wird; Grün aus Kupfer, aus Wegedorn (Schlehe, prugnamerole genannt) und aus blauen Lilien."

Rubrica I. (De bictuminibus ad ponendum aurum.)
Von den Bindemitteln zum Goldauflegen.
Zum Goldauflegen dienen Leim von Hirschgeweih oder Pergament, oder von Fischen und ähnliche.[7])

Rubr. II. (De aquis cum quibus temperantur colores ad ponendum in carta).
Von den Temperaturwassern für Pergamentmalerei.
Die Flüssigkeiten sind: das Weisse und das Gelbe vom Ei, Gummi arabicum und Tragantum in reinem Quellwasser aufgelöst; Honig und Zuckercandis sind zu ihrem Süsserwerden (ad dulcificandum) nötig.[8])

---

[5]) Gemeint sind: Xenophanes, Aristoteles, die drei Grundfarben annahmen; Pythagoras und seine Schüler Timaeus, Locrus, Empedocles, Democritus, Theophrastus, die vier Grundfarben nachzuweisen sich bestrebten. Vergl. Magnus, die geschichtl. Entwicklung des Farbensinnes, Leipzig 1877 p. 8—19.

[6]) Macra soll im neapol. Dialekt soviel wie Rötel (Sinopisrot der Alten) bedeuten; dieselbe Bezeichnung findet sich auch am Schluss von Mapp. clav., dort ist auf der letzten Seite zu lesen:
        Cinnabarin i. e. Vermilio.
        Jarin i. e. flos eris.
        Psimithii i. e. flos plumbi.
        Magra i. e. Sinopodem, vel Bolus Armeniacus.
Almagre de Levante an Stelle von Zinnober bei Fresko zu nehmen, ist angegeben bei Pacheco p. 366; vergl. auch Merrif., Hist. of Freskopainting C. I.

[7]) Leim von Hirschgeweih, Theoph. l. C. XVIII., Cennini unbekannt; von Fischen ebenda C. XXXVIII., Cennini C. 108.

[8]) Unter Süsserwerden ist die Eigenschaft des Honigs und des Zuckers zu verstehen, das Bindemittel länger praktikabel zu erhalten, da dadurch die Trocknung aufgehalten wird.

Rubr. III. (De coloribus artificialis et commodo fiuntur et primo de nigro.) Von den künstlichen Farben, ihrer Erzeugungsweise und zuerst vom Schwarz.

„Es gibt wol verschiedene, allgemein gilt aber als bestes das Schwarz von Weinreben (sarmentorum vitum), man brennt sie, und bevor sie zur Asche werden, giesst man Wasser darauf. Auch das Russschwarz, indem man unter ein glasiertes Geschirr oder Messinggefäss eine Kerze stellt und den Russ, der sich bildet, sammelt, ist gut." [9])

Rubr. IV. (De Albo.)
Vom Weiss.

Nur eines ist gut, das Bleiweiss, das Weiss von gebrannten Knochen ist nicht gut, weil es nicht genug deckt (quod nimis est pastosum). Die Darstellung wird nicht angegeben, denn „es weiss jeder, dass es aus Blei gemacht wird und wo man es genugsam haben kann".

Rubr. V. (De rubeo colore arteficiale.)
Von der künstlichen roten Farbe.

„Zinnober und Minium (oder Stuppium) sind Farben, die überall zu haben sind, ich weiss auch nicht, wie sie gemacht werden." [10])

Rubr. VI. (De Glauco.)
Vom Gelb.

„Künstliche gelbe Farbe [11]) wird verschiedentlich erzeugt. Zuerst, wie bereits erwähnt, aus den Wurzeln der Curcuma oder herba rocchia. Man macht sie so: Nimm Curcumawurzeln 1 Unze, gut und fein mit dem Messer geschnitten, gib sie in eine Pinte (Peneta, ital. Massgefäss, etwas weniger als 1 Liter) mit Wasser und füge eine Drachme Alaun hinzu; gib das alles in ein glasiertes Gefäss; lasse die Wurzeln einen Tag und eine Nacht sich lösen, und wenn die Flüssigkeit gut gelb geworden ist, füge noch eine Unze fein geriebene Cerusa hinzu, rühre mit dem Stäbchen, setze es einige Zeit ans Feuer, immer umrührend, damit kein Schaum entsteht. Filtriere dann durch ein leinenes Tuch in ein nicht glasiertes Gefäss. Lasse die Farbe sich setzen, giesse das Wasser vorsichtig ab, lasse die Farbe trocknen und bewahre sie zum Gebrauch".

„Aehnlich wird das Gelb aus Wau (herba tinctorium) bereitet: Nimm die Pflanze, schneide sie in kleine Stückchen, gib sie in Wasser mit ziemlich starker Lauge und trachte, dass das Wasser der Lauge reichlich darüber ist. Lasse einige Zeit kochen. Wenn du eine handvoll Farbe hast, so gib in die Kochung 1½ Unzen Bleiweiss (Cerusa). Bevor du die Cerusa dazu gibst, pulverisiere eine Unze Alaun, und lasse es mit dem obigen Absud kochen; wenn es genug gelöst ist, füge nach und nach die Cerusa bei, immer mit dem Stäbchen rührend, bis die Substanzen gut vereinigt sind. Filtriere dann durch ein feines Leinen in ein unglasiertes Geschirr und lasse sich setzen; giesse das Wasser ab, schütte reines darauf, und wenn sich die Farbe gesetzt hat, wiederhole dies; lasse trocknen und bewahre die Farbe.

Auf dieselbe Weise kann auch Safran mit Cerusa gemischt werden und merke, wenn es nicht genug Farbe hat, gib mehr Safran, und wenn es weniger gefärbt sein soll, gib mehr Cerusa hinzu."

---

[9]) Cennini C. 37.

[10]) In dieser Beziehung sehen wir schon im XIV. Jh. die gleichen Grundsätze wie heute: von Bleiweiss ist es dem Schreiber noch bekannt, wie dasselbe bereitet wird, aber bei Zinnober und Minium wird es ihm schon schwerer: er geht einfach zum Händler; Pflanzenfarbstoffe bereitet sich aber, wie wir sehen werden, der Anonymus selbst. Vergl. Cennini C. 40 vom Zinnober, den man um sein Geld bei den Apothekern bekommt: dieselben Angaben C. 44, vom Lack.

[11]) Von gelben Pflanzenlacken kennt Cennini nur Arzika (C. 50): es ist der gelbe Lack aus Reseda luteola (gelb. Färbekraut), unser Wau (Bologn. Ms. No. 194). Herba rocchia hält Salazaro fälschlich für rubia tinctorium, rubia ist aber Krapp. Das Gelb des zweiten Rez. aus Herba tinctorium scheint, der Bereitungsart zufolge, dem obigen Waulack zu gleichen. Vergl. Bersch, Mineral- u. Lackfarben, p. 458, aus curcuma longa bereiteter Lack, p. 461.

Rubr. VII. (De purpureo colore.)

Von (Purpur i. e.) Porporina-Farbe.

„Es gibt noch eine künstliche gelbe Farbe, welche Aurum musicum oder Porporina genannt wird. Man macht sie aus Zinn und Quecksilber, je gleiche Teile, die am Feuer zusammengeschmolzen, hernach mit Essig und ein wenig Salz verrieben und dann mit reinem Wasser gewaschen werden. Die Masse wird dann mit Schwefel und armen. Salz (sal armoniari) zusammengerieben, bis alles schwarz erscheint. In einem gut verkitteten Gefäss erwärme das ganze an gedecktem Feuer, immer mehr, neun Stunden lang, das Gefäss habe einen leichten Ziegel als Deckung; man sieht dann zuerst schwarzen und dann weissen, endlich gemischten Rauch. Führe in das Gefäss ein reines trockenes Stäbchen ein, ohne die Feuchtigkeit zu berühren, erhitze immer mehr, bis man an dem Stäbchen goldfarbige Flimmer bemerkt, dann ist die Sache fertig. Sobald der Topf abgekühlt ist, zerbrich ihn und sammle die Goldfarbe." [12]

Rubr. VIII. (De Glauco colore naturale.)

Von der natürlichen gelben Farbe.

„In der Natur findet sich, musst du wissen, feines Gold, gelbe Erde, Safran und Auripigment." [13]

Rubr. IX. (De Azurio sive celesti colore naturale et arteficiali.)

Vom natürlichen und künstlichen Azur oder Himmelblau.

„Das beste Blau ist Ultramarin, aus Lapis lazuli bereitet, dessen Bereitung ich am Ende dieses Buches angeben werde (sic in Ms.); ein anderes wird aus einem Steine in Deutschland gemacht. Man bereitet auch eines aus Silberblech nach Angabe des Albertus Magnus, ein anderes derberes (grossum) aus Indigo und Bleiweiss. Man macht es auch aus Tournesol, doch ändert sich diese Farbe in einem Jahre in Violett. [14]"

Es folgt genaue Bereitungsart des Tournesolblau:

„Sammle die Früchte der Pflanze, welche von der Hälfte des Monates Juli bis zum halben Monat September am besten sind, d. h. die Kapseln, welche dreieckig und von drei Körnern gebildet sind. Sammle sie bei feuchtem Wetter, ohne den Stengel, an dem sie wachsen. Gib sie in eine gebrauchte reine Leinwand, mache daraus einen Sack; drehe diesen mit den Händen, bis die Leinwand mit dem Saft ganz getränkt ist, ohne die Früchte zu zerbrechen; drücke den in dem Leinen enthaltenen Saft in einen glasierten Topf und presse neue Fruchtkapseln aus, bis du genug hast. Nimm dann andere alte reine Leinenstücke, und tränke sie ein- oder zweimal in frischer Kalkmilch, wasche sie sorgfältig ein- oder zweimal in reinem Wasser und lasse trocknen. Wenn sie trocken sind, gib sie in den Topf mit dem Pflanzensaft und lasse sie, bis sie ganz voll gesogen sind, einen Tag und eine Nacht darin. Wähle dann einen dunklen feuchten Platz, im Keller z. B., wo weder Regen, noch Sonne oder Wind hinzukommt. Gib Gartenerde in einen Topf und begiesse diese reichlich mit dem Urin eines Weintrinkers. Mache dann über den Topf ein Gitter aus Stäbchen oder Aesten, derart, dass die mit dem Saft getränkten Leinenstücke von der Ausdünstung des Urins betroffen werden, ohne denselben zu berühren, dadurch würden sie verdorben. Lasse sie da etwa 3—4 Tage, bis sie trocken sind. Breite

---

[12] Porporina oder Mussivgold, Cennini C. 159; Bologn. Ms. No. 141—145; siehe auch Boltz, Illuminirbuch, Aurum museum und argentum musicum (recte musivum), p. 14—17, sowie die anderen Kunstbüchlein; Ilg, Noten zu C. 159 des Cennini.

[13] Gold galt stets als gelbe Farbe bei den Miniaturisten; unter gelber Erde ist Ocker gemeint.

[14] Ultramarin in einem bes. Artikel zu beschreiben, ist, wie oben erwähnt im Ms. unterlassen. Ueber Ultramarin und Azzurro della Magna siehe die erschöpfende Note bei Ilg, Cennini p. 156; Blau aus Silber, vergl. Mapp. cl., jüngerer Teil No. II, (p. 26); Erzeugung des Tournesolblau aus Krebskraut ist hier beschrieben. Boltz, Blaw Tornisol ist Blau aus Heidelbeeren, p. 33. Auffallenderweise ist im Bologn. Ms., welches No. 60—64 blaue Pflanzenfarbstoffe aufzählt, das Tournesolblau nicht aufgenommen. Vergl. Strassb. Ms. 31 u. 32.

die Leinenstückchen in Bücher oder in einem Kästchen aus, oder hebe sie in einem verschlossenen Glase nebst etwas ungelöschtem Kalk an einem trockenen Platze auf."

(NB. Die Beigabe des ungelöschten Kalkes bezweckt hier die Abhaltung der Feuchtigkeit.)

Rubr. X. (De viride colore.)
Von grüner Farbe.

„Natürliche grüne Farben, deren sich die Maler im Allgemeinen bedienen, sind grüne Erde (terra viridis) und grüner Azur (viride azurium, Kupfergrün, Berggrün). Andere werden aus Substanzen bereitet, welche sich erst verändern, wie aus dem Kupfer das Grün entsteht. Auch aus Schwarzdorn (Heidelbeer), welcher in der Campagna von Rom wächst und prugnamerole genannt wird. Drittens zeigt sich diese Eigenschaft in den blauen Lilien, Iris genannt, welche sich auf künstlichem Wege in grüne Farbe verändern." (Folgt genaue Beschreibung des Liliengrün und des Schwarzdorngrün,[15]) welche Farben in Pezetten (petiis lini) aufbewahrt oder als Saft (suco) in einer Glasflasche bewahrt werden.) „Mit diesem Safte kannst du grün schreiben, es ist ausgezeichnet; auch wenn du Azurro de Alemannia damit reiben willst, gibt es ein schönes Grün, auch mit Giallolino mischt man es oder mit Cerusa, zum Malen und Färben der Papierblätter.[16]) Die Schattierung macht man mit Liliengrün, das mit Wasser und Eierklar aus den Leinenstücken extrahiert wird, ebenso kannst du mit dem Safte des Schwarzdorn selbst schattieren, oder mit dem grün gewordenen Blau, nachdem man es vorsichtig mit Gummiwasser oder Eierklar gemischt hat.

Ein anderes Grün wird mit Auripigment und gutem Indigo bereitet; aber Auripigment ist nicht gut auf Pergament, den es reduciert Cerusa, Minium und Kupfergrün durch seine Ausdünstung in ihre ursprünglichen Metalle; deshalb habe ich mir nicht die Mühe gegeben, deren Bereitungsart zu notieren".

Rubr. XI. (De colore Rosaceo alias dicto Rosecta.)
Von Rosafarbe, die Rosecta heisst.

„Diese Farbe wird allgemein verwendet, nicht nur zu Gewändern und Blumen, sondern auch zur Füllung der Buchstaben; zur Schattierung kann die ohne Körper (d. h. die flüssige Lackfarbe) bei Blumen und Buchstaben angewendet werden."

(Folgt genaue Beschreibung der körperhaften (d. h. deckfarbigen) Rosecta aus Brasilholz, indem der Farbstoff mittels Lauge extrahiert und mit Alaun präcipitiert wird; fein gestossener und geriebener weisser Marmor dient dazu, der Farbe Körper zu geben.)

„Man kann auch zur Verschönerung der Farbe Kermeskörner (grana tinctorium) beimischen, damit die Farbe mehr Haltbarkeit habe; das Verfahren ist das gleiche; die schöne Farbe ist jedoch Brasil allein ohne Beimischung von Grana; mache es übrigens wie du magst.

Statt des Marmors kannst du, um der Farbe Körper zu geben, auch gestossene Eierschalen zugeben:

„Diese werden eine Nacht in starken Essig gelegt, die Häutchen entfernt, dann in Wasser gewaschen und auf dem Porphirstein fein gerieben; filtriere dann das Pulver zwei- oder dreimal durch feines Leinen. Lasse an der Luft trocknen, aber nicht an der Sonne; hebe es dir auf, wie ich dir sagte, es ist vortrefflich."[17])

---

[15]) Bologn. Ms. No. 89, 93, 102, aus Rhamnus (Saftgrün); No. 92 Liliengrün. Grüne Lackfarben i. e. Saftgrün, aus Lilienblüten, Kornblumen, Mohn, Hollunder- und Kreuzbeeren s. die zahlreiche Angaben bei Boltz und den übrigen Kunstbüchlein, Kröcker's Mahler, der curiöse Mahler (1712), Kunst- und Werkschul; Hochheimer, chem. Farbenlehre (1797), p. 160; Hoffmann, Farbenkunde (1798), p. 80; Bersch, Fabrikat. der Mineral- u. Lackfarben (1893), p. 536.
[16]) Vergl. Cennini C. 16, vom Grünfärben der Papierblätter.
[17]) Ueber Brasilholz, Verzino vergl. Cennini C. 161 und Noten (Ilg), p. 175; heute unter dem Namen Venezianer oder Kugellack im Handel. Ueber Eierschalenweiss vergl. Lib. Sacerdotum oben p. 59.

Rubr. XII. (De colore Brasilii liquido et sine corpore ad faciendum umbraturam.)
Von flüssiger und körperloser Brasilienfarbe zum Schattieren.

„Nimm das erwähnte Holz (Brasil), soviel du magst, zerkleinere es, wie oben gesagt wurde, füge Grana hinzu, wenn du willst, oder auch nicht, nimm einfach Brasil allein in einem glasierten Gefäss. Bedecke es mit geschlagenem, d. h. mit einem Meerschwamme bereiteten Eierklar, sodass der Saft das Brasil gut bedecke, dessen Farbe durch die Erweichung gut ausgezogen wird und lasse es so zwei bis drei Tage stehen. Nimm hernach ein wenig süssen Alaun oder Alaunstein (alumine zuccarino vel de rocha), auf eine halbe Unze Brasil 2—3 Bohnen gross, löse ihn in Gummiwasser und mische ihn dem Brasil und Eierklar bei, lasse alles einen Tag stehen. Filtriere dann durch ein Leinen in einen glasierten Topf mit besonders breitem Boden und lasse trocknen, (einige lassen auf dem Porphirstein trocknen, damit es schneller geht) und stelle es bei Seite. Willst du es gebrauchen, nimm eine Quantität in ein emailliertes Gefäss oder eine Muschel und löse es mit reinem Wasser auf; hernach füge noch ein wenig Honigwasser bei, so wenig als du mit der Pinselspitze fassen kannst, damit die Farbe beim Trocknen nicht abspringt. Ist dir die Farbe, welche mit Wasser gemischt ist, nicht glänzend genug, so füge Eierklar oder Gummiwasser bei, das erstere ist aber besser; gib acht, dass du nicht zu viel Honig nimmst, denn das verdirbt die Farbe; trachte auch, dass die Farbe nicht zu viel Tempera habe (temperamento), denn das schädigt andere Farben, deshalb wendet man den Honig an, wie es alle Fachleute (experti) wissen. Ich schreibe dies hinzu, um es jenen ins Gedächtnis zu rufen, die oft ohne Umsicht arbeiten.

Den Lack (alaccha) behandle ich nicht, ich lasse ihn den Malern.[18]"

Rubr. XIII. (De Assisa ad ponendum aurum in carta.)
Von der Assisa, um Gold auf Pergament zu setzen.

„Die Assisa, um Gold aufzusetzen, wird auf vielfache Art gemacht. Doch gebe ich eine erprobte und gute Anweisung: Nimm gebrannten und sorgfältig bereiteten Gyps (gessum coctum et curatum), welchen die Maler auf Bildern benützen, nämlich den feineren, soviel du magst, dazu $1/4$ Teil vom besten armenischen Bol, reibe dies sorgfältig bis zur grössten Feinheit auf dem Steine und lasse es trocknen; nimm davon einen Teil (und bewahre den anderen auf); reibe Hirseleim oder Pergamentleim dazu und füge etwas Honig bei, soviel als zum Süsswerden (dulcificare, versüssen) nötig ist. Trachte weder zu viel noch zu wenig von dem Honig beizumischen, sondern derart, dass, wenn du eine Quantität auf die Zunge bringst, du kaum den Geschmack des Süssen habest. Und wisse, dass für ein kleines Gefäss, wie es die Maler haben, zwei Messerspitzen genügen, mehr würde die Masse verderben. Ist es gut gerieben, so gib es in ein glasiertes Gefäss, schütte Wasser darauf, so dass es bedeckt ist, ohne sich mit der Masse zu vermengen. Vor dem Gebrauche schütte das Wasser ab und gib acht, die Materie nicht zu vermischen, und jedesmal, wenn du Assisa legen willst, versuche auf einem besonderen Blatte, ob es gut ist und trocknet: lege etwas davon auf und versuche, ob es sich gut glätten lässt. Merke: wenn es zu viel Tempera oder zu viel Honig enthielte, so verbessere mit etwas gewöhnlichem Wasser in dem Gefäss; es wird desto besser, wenn es einige Zeit steht und schütte das Wasser dann sorgsam ab. Ist aber stärkere Tempera nötig, gib etwas Leim oder Zucker oder Honig nach Bedarf

---

[18] Die durchsichtige körperlose Farbe hat hier denselben Zweck wie die „durschinig verwen" des Strassb. Ms. Alumen de roccha ist Alaunstein, Alunit, aus welchem nach dem Brennen Alaun gewonnen wird (Quenstedt, Hdb. d. Mineralogie, Tübingen 1855, p. 448). Alumen zuccarinum (gezuckerter Alaun) kam schon mit Rosenwasser und Eiweiss dick eingekocht in den Handel für Färber, Illuminierer, Maler und Vergolder, ausserdem brauchten ihn die Gerber (Heyd, Geschichte des Levantehandels, Bd. II Anh. I). Unter Lack „für Maler" ist erstens der Carminlack aus Kermes (Grana) und dann Krapplack aus der Krappwurzel (rubia tinctorium) zu verstehen: vergl. Noten zu C. 44 bei Ilg. Cennini p. 149.

hinzu. In diesen Dingen gilt mehr die Erfahrung, als die geschriebene Anleitung; ich erspare mir deshalb ein Weiteres. Dem Wissenden genügt das Wenige." [19])

Rubr. XIV. (De modo utendi ea.)

Von der Art, dieselbe zu benützen.

„Sobald die Buchstaben usw. aufgezeichnet sind, müssen die Stellen, auf welchen man Gold aufsetzen will, erst mit Leim bestrichen werden. Erweiche ein kleines Stück Hirschleim oder Fischleim im Munde, bis es weich wird und streiche die Stellen gut damit ein, das Blatt (Pergament) wird für die Assisa empfänglicher. Manche geben über die ganze Malerei vorher eine Lage Leim; das ist aber nicht nötig, wenn das Pergament rauh ist. Man kann dasselbe weicher machen mit Leim und Honigwasser. Nimm dann die Assisa mit Wolle oder besser mit einem besonderen Pinsel und gib eine Lage davon; wenn diese fast trocken ist, gib eine zweite und wiederhole dies zwei- oder dreimal und sorge dafür, dass der Grund weder zu dünn noch zu dick ist, sondern entsprechend. Ist das trocken, so schabe mit einem scharfen Messer und reinige mit der Hasenpfote. Nimm dann geschlagenes oder mit dem Federbrech bereitetes Eierklar, wie es die Maler haben; wenn alles ganz zu Schaum geworden, giesse Wasser zu, oder guten weissen Wein, oder ein wenig Lauge (lixivio), oder ohne etwas; entferne den Schaum von der Oberfläche und die untere Flüssigkeit ist gut. Ueberstreiche damit sorgfältig den Assisagrund. Schneide das Gold in Stücke und drücke dieselben auf den Grund, wenn nötig mit Wolle, an. Sobald es so trocken ist, um den Glättstein zu ertragen, glätte mit dem Zahn oder dem Amethyste, wie die Maler die Bilder auf Buxbaum oder anderem Holze vergolden. Man kann auch Linieren ziehen und punktieren (lineare aut granectare). Fehlerhafte Stellen bessere mit Eiklar aus und drücke mit der Wolle die Stelle fest. Sobald alles geglättet ist, reinige mit der Hasenpfote und glätte die fehlenden Stellen, bis alles gut ist.

Es gibt noch andere Methoden, aber diese ist bei den Miniaturisten die gebräuchlichste." [20])

Rubr. XV. (De aquis seu Bictuminibus ad artem illuminandi necessariis et primo de aqua colla.

Von den zur Illuminierkunst nötigen Wassern oder Bindemitteln, und erstlich vom Leimwasser.

„Leim von Hirschgeweih oder von gutem hellen Pergament, wird mit warmem Wasser aufgelöst. Wenn der Leim gleich zwischen den Fingern klebt, ist er zu stark, wenn erst beim zweiten- und drittenmal, dann ist er gut; wenn du ihn flüssig haben willst, giesse Wasser hinzu und lasse ihn stehen, nach einigen Tagen wird er ohne Wärme flüssig und wenn er anfängt, zu „schnecken," dann ist er gut. Ausch Fischleim löst sich gut, braucht aber mehr Wasser als der erste. Pergamentleim oder der vom Hirschhorn mischen sich gut mit Essig und sobald die Auflösung gemacht, schütte den Essig ab, gib Wasser hinzu und mische, wie ich dir sage." [21])

---

[19]) Vergl. Cennini 157, 158; „fundament" des Strassb. Ms. (13—14); St. Audemar No. 190—195, Bologn. Ms. No. 173, 177; Hermeneia § 27; ein Assis-Recept ital. Ursprungs, das sehr vorzüglich sich verarbeiten lässt, gebe ich hier nach Mitteilung des Herrn Pfarrer Seder (München): Man nehme feine Kreide (Bologneser-Kreide oder weissen Bolus), reibe dazu Zinnober mit Fischgalle und etwas Leim zusammen; vor dem Gebrauch erweiche man die feste Masse über Nacht in schwachem Weingeist und trage sie mit dem Pinsel auf.

[20]) Ueber Assis-Vergoldung und die übrigen Arten verweise ich auf die betreff. Abschnitte bei Cennini und bei Miniaturmalerei.

[21]) Ueber die Mischung des Essigs zum Leim vergl. Strassb. Ms. 68; die Zersetzung des Leimes („schneckend" werden) macht denselben weicher d. h. seine Bindekraft wird verringert, was hier bei der Miniaturmalerei beabsichtigt ist.

Rubr. XVI. (De clara ovorum et quomodo praeparatur.)
Vom Eierklar, und wie es bereitet wird.

„Das Klare von Hühner-Eiern wird am besten so gemacht: Nimm frische Eier, eines, zwei oder mehr, je nachdem du nötig hast, schlage sie vorsichtig auf, trenne das Weisse von dem Gelben, ohne sie zu vermischen, entferne den „Hahn" (gallaturam) aus ihnen, und schütte es in eine gläserne Schüssel. Am besten mit einem neuen Meerschwamme, oder wenn du keinen hättest, mit einem gut ausgewaschenen, den du mit der Hand zusammen quetschest, lasse dann das ganze Eierklar in den Schwamm sich einsaugen und sorge dafür, dass der Schwamm so gross ist, um die ganze Menge in sich aufzunehmen. Hernach drücke so lange die Masse in der Schale aus und nimm sie wieder mit dem Schwamme auf, bis es schaumig wird und wie reines Wasser abläuft; damit wird gearbeitet. Und wenn du es längere Zeit konservieren willst, ohne dass es riecht und in Fäulnis gerät, so gib es in eine Glasflasche mit etwas rotem Realgar (risalgallo), ungefähr eine Bohne gross oder höchstens zwei, ein wenig Campher, oder zwei Gewürznelken, damit erhält es sich.

Wenn du Gold mit Ei auflegen willst, dann schlage es zu Schaum mit dem Federbrecher oder gespaltenem Schilfrohr, wie es oben gesagt ist."[22]

Rubr. XVII. (De aqua Gumme arabice.)
Von Gummi-arab.-Wasser.

„Gummi arabicum stosse und lasse ihn mit Wasser eine Nacht und einen Tag stehen; auf gelindem Kohlenfeuer erwärme denselben, bis er gut zergeht und filtriere ihn durch ein Leinenfilter; ebenso wird Gummi tragantum gemacht, der jedoch nicht so gut ist."

Rubr. XVIII. (De aqua mellis vel zucchari.)
Von Honig- oder Zuckerwasser.

„Dieses ist zum Mischen des Leimes oder Eiweiss sehr wichtig; nimm Honig, so rein und hell wie möglich, koche ihn in einem breiten Gefäss, auf schwachem Feuer; entferne den Schaum, bis es ganz klar ist; dann erst gib Wasser hinzu und lasse aufschäumen. Gib etwas Eierklar mit Wasser hinzu, wie es die Apotheker machen; ganz wenig Honig genügt. Lasse den Honig nebst dem Eierklar kochen, bis das Wasser fast verdampft ist und filtriere in eine Flasche. Ebenso bereite die Zuckertempera.

Man kann sich die Arbeit auch ersparen, und Zucker oder Honig mit oder ohne Wasser verwenden, es ist aber besser, die Flüssigkeit ist klar; Candiszucker ist besser als gewöhnlicher."

Rubr. XIX. (De coloribus quomodo debent moleri et invecem misceri ac in pergameno poni.)
Wie man die Farben reiben und anmischen soll, um sie auf Pergament zu setzen.

„Kohlenschwarz oder natürliches muss mit Wasser auf dem Porphir oder einem anderen harten Stein gerieben werden, bis es fein ist; wenn die Farbe sich gesetzt hat, wird das Wasser mit Vorsicht abgeschüttet und neues hinzu gegossen; durch diese ausgezeichnete und einfache Methode hält sich die Farbe so lange du willst; so werden alle Farben, die Körper haben, gerieben, ausser Kupfergrün (viride es), das mit Essig gerieben oder mit dem Saft der blauen Lilien, oder von Schwarzdornbeeren und mit Eierklar gemischt wird. Andere reiben es mit dem Saft der Raute und ein wenig Safran und verdünnen mit Eigelb.

Alle anderen Farben werden so gerieben und aufbewahrt, wie bereits geschildert worden. Merke, dass du den Ultramarin mit dem Finger in einem kleinen Gefäss oder Horn mit einem der „Wasser" mischen kannst;

---

[22] Zur Bereitung des Eiklar vergl. noch Anonymus Bernensis, Heraclius (nasse Leinenfilter) C. XXXI. und die Lösung des Eiklar durch die jungen Feigentriebe (Cennini, Vasari). Bologn. Ms. No. 226 nimmt nur zerschnittene Feigenstöckchen.

ist er nicht fein genug, so reibe ihn auf einem glatten Stein. Den Ultramarin reibe mit ¹/₄ oder weniger armenischen Salz (sal armoniac, Salmiak), dann mit Wassser oder etwas leichter Lauge. Dann wasche ihn mit Wasser so lange, bis es rein abläuft und der Ultramarin ohne salzige Teile bleibt.

Azurro de Alamannia, welcher fett und schlecht ist, kannst du auf folgende Weise verbessern: Reibe ihn zuerst mit dickem Gummiwasser, dann in einem Gefäss mit reinem Wasser mehreremale. Du magst ihn auch wie den Ultramarin behandeln und durch ein Leinen durchseihen, aber das Blau verliert viel von seiner Farbe; trockne es und presse es aus. Um mit dem Pinsel verwendet zu werden, ist es mit Gummi zu temperieren; einige Tropfen Eierklar fügen etliche hinzu; handle nach deiner Erfahrung. Zur Buchstabenfüllung nehmen manche drei Teile Gummiwasser und einen Teil Eiweiss, nebst einem Körnchen Zucker.

Um mit Ultramarin zu florieren[23] (ad florizandum), mische es mit Eierklar, etwas Zucker oder Honig, oder mit Gummiwasser und Eierklar, wenn nötig, füge Zucker, auch Candis oder Honig bei. Wenn der Zinnober trocken wird, verfahre wie immer, giesse Wasser zu, lasse erweichen und rühre mit dem Stäbchen um; wenn das Eiweiss zäh wird, giesse einige Tropfen Lauge zu, je nach Bedarf, dann läuft es gleich, denn die Lauge löst die Zähigkeit des Eierklar."[24]

Rubr. XX. (De modo operandi colores.)
Von der Art, die Farben zu bereiten.

„Willst du Blumen mit Tournesol oder Pezzuola machen (torna ad solem vel alias peczola), gib soviel du willst, in eine Muschel und löse es mit gut geschlagenem Eierklar; drücke den Saft nicht aus, sondern lasse die erweichten Stückchen in der Muschel, wie man die Baumwolle im Tintenfass mit Tinte lässt; wenn es trocken wird, verdünne mit Wasser oder mit Eierklar und Wasser vermischt.[25]"

Rubr. XXI. (Ad florizandum de Azurio de Alamannia.)
Um mit Azur de Alamannia zu florieren.

„Reibe dieses mit Eierklar, in welchem ein wenig Tournesol oder Pezzuola aufgelöst ist und male wie mit Ultramarin. Unreinem Azurium de Alamannia gib etwas Cerusa bei, mische es auch mit Eiweiss, in welchem ein wenig helle Pezzuola oder violette gemischt ist und verfahre, wie ich dir gezeigt habe."

Rubr. XXII (Ad florizandum Cinabrium.)
Um Zinnober zu florieren.

„Reibe Zinnober auf dem Stein mit ziemlich starker Lauge (lixivio competenter forti), giesse reichlich Wasser zu und filtriere; das Zurückgebliebene reibe nochmals. Einige fügen beim Reiben etwas Stoppium (i. e. Minium), etwa ein Achtel hinzu und bereiten es wie den Zinnober. Temperiere mit Eierklar und wenn es schaumig wird, füge Ohrenschmalz hinzu und es wird gleich gut. Das ist ein Geheimnis!

Auch Blau, besonders Ultramarin und Zinnober so präpariert, sind zum Florieren sehr vorzüglich. Reibe diese vorerst mit Gummi oder Eierklar auf dem Porphir, nebst etwas Zucker oder Candis, lasse auf dem Steine trocknen und bewahre diesen vor Staub. Mische hernach von neuem das Blau oder

---

[23] Für florizare finde ich keinen passenden deutschen Ausdruck; auszieren wäre vielleicht die richtige Bezeichnung; Strassb. Ms. hat übrigens das Wort ins Deutsche übernommen, deshalb behalte ich dasselbe bei; vergl. „Dis buchlin lert wie man all varwen temperieren sol ze malen und ouch ze florieren . . . ." (49 m. Ed.)

[24] Ein interessantes Kapitel, nach welchem allein man schon vollkommenen Einblick in die Miniaturtechnik gewinnen kann; dem Ms. eigentümlich ist die Anwendung von Lauge (lixivio) zur Lösung des Eiklar; beim Zinnober mag ein solcher Ueberschuss von Alcali ohne Einfluss sein, doch wäre ein zu viel wegen der weisslichen Farbe beim Trocknen vom Uebel; eine ähnliche Reihe von genauern Details zur Mischung von Farben zur Miniaturmalerei ist gegeben in Bologn. Ms. No. 224—235.

[25] Vergl. Cennini C. 161; peczola soviel wie pezzuola, ital. Pezzette od. Tüchleinfarben des Strassb. Ms.

den Zinnober mit Eierklar und einigen Tropfen Lauge und gib es in ein Horn zum Schreiben. Dies ist die beste Art, auch um die Buchstaben auszufüllen (pro faciendis corporibus licterarum)."[26]

Rubr. XXIII. (Ad faciendum corpora licterarum de Cinabrio.)
Um die Buchstaben mit Zinnober auszufüllen.

„Nimm vom besten Zinnober, reibe ihn trocken mit Sorgfalt, mische Eierklar hinzu und wenn er ganz fein gerieben ist, lasse ihn auf dem Steine trocknen; temperiere ihn mit neuem Eierklar und wenn er gut erweicht ist, gib ihn in ein Horn, füge etwas Ohrenschmalz hinzu und ganz wenig Honig; dadurch wird der Zinnober sich vom Papier nicht ablösen. Merke, durch zu viel Honig wird er schlecht und löst sich ab; sorge auch, dass im Eierklar stets etwas Realgar oder etwas anderes zum Konservieren enthalten ist."

Rubr. XXIV. (De coloribus ad illuminandum cum pinzello.)
Um Farben mit dem Pinsel zu illuminieren.

Merke: „Wenn die Farben fein mit Wasser gerieben und gut getrocknet sind, kannst du sie mit Gummiwasser anmischen, sie in ihrem Topfe lassen, oder wenn sie eingetrocknet sind, sie von neuem auf dem Steine oder mit dem Finger in den Töpfchen aufrühren, so sind sie noch besser."

Rubr. XXV. (Ad temperandum Cerusam causa profilandi folia et alia opera pinzelle).
Um Bleiweiss zum Zwecke der Profilierung des Blattwerkes und zur Pinselarbeit zu temperieren.

„Nimm Weiss, das in Wasser gerieben und dann getrocknet ist; reibe es mit Gummi arabicum und Wasser auf dem Steine, lasse es trocknen und bewahre es. Zum Gebrauch gib es in ein Gefäss, lasse es in Wasser erweichen, so wird es gut. Um auf farbigem Grunde Linien und Blumen zu machen, mische etwas Weniges von der Farbe des Untergrundes zu dem Weiss, es wird so schöner; für jede Farbe habe ein eigenes Gefäss; ist dir dies zu umständlich, arbeite mit Weiss allein.[27]"

Rubr. XXVI. (De Croco.)
Vom Safran.

„Safran wird stets mit Eierklar gerieben und wenn es trocknet, von neuem mit frischem Eiklar, das klar wie ein Krystall ist. Um es auf dunklen Buchstaben oder auf roten als Lichter mit dem Pinsel anzubringen, gib genügend Eierklar hinzu, so dass die Farbe fein sei und wie goldig erscheine. Wenn zu viel Eierklar dabei wäre, verdünne einfach mit Wasser.

Merke, dass Neapelgelb, Curcumagelb und Färber-Robbia[28] immer mit gewöhnlichem Wasser in ihren Gefässen bedeckt sind, auch gelber Ocker erhält sich besser in lauterem Wasser als in den präparierten Flüssigkeiten; das thue jeder nach seiner Erfahrung."

Rubr. XXVII. (Ad faciendum scribendum cum Cinabrio.)
Um Zinnobertinte zu bereiten.

„Nimm Zinnober, der fein auf dem Stein gerieben und vermische ihn mit Eierklar, das mittelst des Schwammes flüssig gemacht ist."

Rubr. XXVIII. (Ad faciendum primam investituram cum pinzello.)
Um die erste Farblage mit dem Pinsel zu geben.

„Um die erste Anlage mit dem Pinsel zu geben, wisse, dass Blau oder Rosa (rosecta) mit Weiss gemischt werden. Zinnober, Minium, aurum

---

[26] Das „Geheimnis", mit Ohrenschmalz gewisse Farben zu verbessern, finde ich wieder im Bologn. Ms. No. 66, 160 und 162 erwähnt; No. 66 ist es bei Azurro zum Schreiben angewendet, in 160 dient es für Assiso zur Vergoldung (nebst Leim und Zucker), 162, um mit diesem Assiso Konturen zu ziehen; vergl. auch die folgende Rubr.

[27] Eine vortreffliche Art, die Lichter in Uebereinstimmung mit dem Untergrund zu bringen, welche man bei allen guten Miniaturen des XIV. u. XV. Jh. beobachten kann: wo die Härte der Lichter uns unangenehm berührt, ist nach dem obigen Rec. nichts anderes als Lässigkeit die Ursache.

[28] Robbia der Färber scheint identisch mit Herba rocchia in Rubrica XI, da es sich hier auch nur um gelbe Farbstoffe handelt, ist jedenfalls ebenso Waulack darunter zu verstehen.

musicum (sic), Neapelgelb verwendet man direkt, obwohl man sie auch (mit Weiss) mischen kann, aber sie machen ohne dasselbe mehr Wirkung. Das Veride (Kupfergrün) kann man mit Neapelgelb mischen, ebenso jedes andere Grün. Bewahre jede Mischung in einem besonderen Gefäss und reibe dieselben, wenn sie getrocknet sind mit Wasser oder wenn nötig, mit der flüssigen Tempera an, oder mit der Zuhilfenahme des Fingers.

Willst du Bisso, d. i. violette Farbe machen, so nimm in Violett verwandeltes Tournesol, erweiche es mit Eierklar oder Gummi, mische es mit Weiss und arbeite auf der ersten Farblage mit Pezzuola, bis dir die Arbeit genügt; man arbeitet auch auf andere Art in Violett: mische nämlich Blau mit Weiss und schattiere mit durchsichtiger oder körperhafter Rosecta, auch mit etwas Indigo und Weiss und Rosecta ist es gut. Alle mit Weiss gemischten Farben müssen zum Schluss mit puren Farben ohne Weiss schattiert werden. Den Azur kann man gegen die Schatten mit durchsichtiger Rosecta verstärken und dieses Rosa, ohne Körper, ist der allgemeine Schatten aller Farben, wie das Pezzuola für das Violett. Aurum musicum schattiert man mit Safran und Brasilrot, ebenso das Giallolino (Neapelgelb). Um Aschfarbe zu machen (criseum vel cinericum), nimm Schwarz, Weiss und Gelb, soll es ein wenig ins Rötliche gehen, gib etwas Rot dazu."

(Nota modum incarnandi facies et alia membra.)

Bemerkung über die Art der Gesichtsfarbe und anderer Glieder.

„Alle Stellen für Gesichter und Fleisch sind mit grüner Erde und viel Weiss anzulegen, so dass das Grün ein wenig vorherrscht. Dann wird mit „Teretta", aus Gelb, Schwarz, Indigo und Rot bereitet, die Form schattiert und alles übergangen, wo es nötig ist; die Farbe sei gut fliessend. Dann gib die Reliefs mit Weiss und ein wenig Grün oder erhelle die Stellen, die erhöht sind, wie es die Maler machen. Dann nimm Rot mit etwas Weiss und färbe die Stellen, die farbig sein sollen; von derselben Farbe streiche leicht auch über die Schatten und zeichne mit Rot; mit hellerem Ton übergehe dann das Fleisch mit flüssiger Farbe, aber bestimmter im Licht als im Schatten. Wenn die Figuren sehr klein sind, beachte nur die höchsten Teile. Wenn du willst, gib noch mehr Relief mit reinem Weiss, mache das Weisse und das Schwarze im Auge, mache die Profilaturen, wo es nötig ist, mit Rot und Schwarz nebst etwas Gelb gemischt, oder mit etwas Indigo oder Schwarz, wie es dir bekannt ist."

Rubr. XXIX. (Ad illustrandum colores post opationem eorum.)

Um den Farben nach ihrer Fertigstellung Glanz zu geben.

„Um den Farben im Schatten oder im Ganzen Glanz zu geben, mache es so: Nimm gleiche Teile Gummi-arabicum-Wasser und mit dem Schwamm gelöstes Eierklar, mische diese in einem Glase und lasse es trocknen. Zum Gebrauch löse etwas davon in reinem Wasser und füge, um den Glanz zu vermehren, etwas Eierklar hinzu. Ist es aufgelöst, so füge mit dem Pinsel etwas Honig bei, weder zu viel noch zu wenig. Damit überstreiche das Gemalte; versuche zuvor, ob es gut ist; wenn es sich beim Trocknen ablöst, ist zu wenig Honig darin; trocknet es nicht und haftet es am Finger, so ist zu viel Honig darin."

Rubr. XXX. (Ad ponendum aurum cum mordente qui accipit aurum per se ipsum.)

Um Gold mit einer Beize aufzusetzen, welche das Gold durch sich selbst annimmt.

„Nimm fein gestossenes Sal amoniac[29]), lasse es in einem Glasgefäss erweichen, filtriere es und füge etwas gestossenen Candiszucker bei, dann mische ein oder zwei Tropfen Gummi arabicum dazu. Zeichne mit der Feder oder dem Pinsel, was du willst, und wenn es fast trocken ist, setze das Gold auf und reinige mit der Wolle.

---

[29]) Eine gleiche Angabe zu ähnlichem Zwecke findet sich in No. 195 des St. Audemar Ms. (Merrif. p. 157).

Man kann auch mit folgender Flüssigkeit vergolden: Nimm grüne Pezette (petias virides) mit Saft von blauen Lilien gefärbt, wie oben erwähnt (die vom selben Jahre sind die besten), löse sie in der genannten Flüssigkeit und lasse 2—3 Tage stehen. Die Flüssigkeit wird sehr klebrig und damit schreibe, was du willst; lasse es trocknen und erwärme die Fläche mit deinem Atem und setze Gold oder Silber auf, drücke es leicht an, glätte aber nicht mit dem Zahne, weil es leicht verdirbt, sondern reibe es leicht mit der Wolle."

Rubr. XXXI. (Regula singularis ad faciendum Gummam optimam pro illuminatione licterarum tam cum pinzello, quam cum penna.)

Einfache Regel, um guten Gummi für Illuminieren der Buchstaben, sowohl mit dem Pinsel als auch mit der Feder zu bereiten.

„Zuerst präpariere Eierklar mit dem Schwamme und Gummiwasser, wie bereits gesagt; dann mache Honigwasser und löse darin Candiszucker auf, soviel als geht. Nimm gleiche Teile Gummiwasser und Eierklar und füge ebensoviel oder etwas weniger vom Honig mit Zucker hinzu; lasse es ruhen und klären; mit diesem Wasser haben alle Farben guten Effekt; es ist besser, wenn weniger Honig genommen wird, weil es sonst nicht trocknet, ist aber zu wenig, so springt es ab.

Mit dieser Flüssigkeit kannst du auch gut Gold und Silber auf Papier aufsetzen: Nimm drei Teile feinen Malergyps, einen Teil armenischen Bolus und reibe diese auf dem Porphir. Befeuchte mit der obigen Flüssigkeit und reibe so lange, bis du eine dem Zinnober ähnliche Substanz erhältst; lasse auf dem Steine, in der Sonne trocknen, sammle dies mit dem Messer und hebe es trocken auf. Zum Gebrauch nimm ein wenig davon, gib es in ein Glas mit Wasser, dass es damit bedeckt ist und lasse es erweichen; schütte das Wasser dann ab, so dass die Masse feucht bleibe; reibe sie neuerdings, thue sie in ein Horn und schreibe damit wie mit Zinnober. Wenn das Geschriebene zu trocknen beginnt, erwärme es mit deinem Atem, lege Gold oder Silber auf, drücke mit dem Brunirstein darüber hin und poliere über der Holzplatte (tabulam) und mache wie du weisst, dass es am besten wird."

Mit „Deo Gratias. Amen." endet das Ms.

Bei aller Kürze und Schlichtheit ist der Neapeler Codex ein vollständiges Kompendium für die Miniaturmalerei jener Zeit. Die Art und Weise, wie sie hier beschrieben ist, steht mit den anderen bekannten Quellen, des Alcherius und St. Audemar, sowie den bezüglichen Teilen des Bologneser Ms. im grossen Ganzen in vollster Uebereinstimmung; wie hier die norditalienische Art, ist beim Neapeler Codex die mittel- oder süditalienische mehr ausgesprochen. Es ergibt sich eine Gleichheit der lombardischen Art der Mailänder Quelle des Le Begue, auch mit den ersten Teilen des Strassburger Ms., und damit die gleiche Tradition für Miniaturmalerei in allen damaligen Kunstcentren.

Als eine der besten Quellen des Südens hat uns der Neapeler Codex bei dem bereits behandelten Athosbuch gute Dienste geleistet, denn mit Hilfe dieses Ms. für Miniaturmalerei waren wir im stande, manche Anweisung als speziell für die Miniaturmalerei geeignet zu erkennen.

Ein genauerer Einblick in die Technik der Miniaturmalerei hat aber auch für uns Moderne den Vorteil, bei Anfertigung von Diplomen, welche fast ausschliesslich auf Pergament angefertigt werden, sich aus den obigen Anweisungen Rat zu holen. Als Vorläufer der heutigen Aquarellmalerei wird die alte Miniaturtechnik auch allgemein von Interesse sein.

III. Teil.

Mittelalterliche Quellen des Nordens

aus dem XIV. und XV. Jahrhundert

insbesondere

das Strassburger Ms.

I. Le Begue's Schriften.[1]

Die Erstarkung des Bürgertums in den grossen Städten, der Handelsverkehr, der sich im XIV. Jh. schon nach allen Teilen ausdehnte, nicht minder die Pflege von Künsten und Wissenschaft an den kunstsinnigen Höfen der italienischen Fürsten und Republiken von Venedig oder Genua, hatte auf die ehedem nur in den Klöstern geübten Fertigkeiten der Malerei befreiend gewirkt. Ein fortwährender Austausch von Künstlern fand an den grossen Kunstcentren von Frankreich und der Lombardei statt.

Aus den ehemaligen Klosterschulen, in welchen die Kunst der Buchmalerei gelehrt wurde, bildeten sich die Enlumineurs, Illuminierer, zu einem selbständigen Gewerbe, das im XIII. Jh. schon mit besonderen Privilegien ausgestattet wurde. Zwischen den Büchermalern und den Tafelmalern stellte sich mit der Zeit sogar eine entschiedene Unterscheidung heraus, so dass die einen mit den anderen nicht viel Uebereinstimmung hatten. Es würde Aufgabe einer kunstgeschichtlichen Untersuchung sein, auf die Ursachen aufmerksam zu machen, wodurch diese Scheidung in zwei getrennte Gewerbe bedingt war.

Für uns ist diese Trennung in den Quellenschriften selbst von grosser Bedeutung; sie trat uns zum ersten Male mit aller Kraft im Neapeler Codex entgegen und ist auch dem grossen kompilatorischen Werke des Le Begue eigen; aber Le Begue selbst ist nicht Miniaturmaler von Beruf, sondern nur Liebhaber der Künste gewesen, so dass in seinen Zusätzen noch alle Techniken Berücksichtigung fanden.

Infolgedessen bringt das Werk Le Begue's das gesamte maltechnische Wissen des XIV. Jhs. zum Ausdruck. Le Begue (der Stotterer) war Licentiat der Rechte und Notar der Münzmeister von Paris; er sammelte die Rezepte, wo er sie fand, von befreundeten Malern, welche auf ihren Fahrten nach Italien, England und Deutschland, von Genossen mit neuen Kenntnissen bereichert, heimkehrten. Er selbst meint (Rec. 303 a), dass er eigentlich des Schreibens ungewohnt sei, doch scheint ihn ein besonderes Interesse veranlasst zu haben, sich einer so umständlichen Arbeit, wie es das Copieren von langen Rezeptenreihen ist, zu unterziehen. Das Verdienst der Mrs. Merrifield, diese umfangreiche Rezeptensammlung der Pariser Bibliothek (Nr. 6741), welche grösstenteils heute nur mehr retrospektiven Wert besitzt, nochmals copiert und übersetzt zu haben, scheint Le Begue's Verdienst nicht nur gleich zu sein, sondern noch um einen guten Teil zu überragen.

In diesen Schriften sind enthalten:

1. **Tabula de vocabilis synonymis**, ein Vokabularium nebst Erklärung der in der Malerei gebräuchlichen gleichartigen Bezeichnungen für Farbenbereitung und Technik, welche für die Kenntnis der alten Ausdrücke von unschätzbarem Werte sind; ohne diese vergleichenden Erläuterungen, welche oft lateinische, griechische und altfränkische Worte nebeneinander geben, wäre für uns vieles über alte Technik nicht verständlich.

---

[1] Abgedruckt bei Merrifield, Original-Treatises Vol. I. p. 1—321.

2. **Alia Tabula licet imperfecta et sine initio**, ein unvollständiger Index, von Buchstabe Qu bis W, sowie von A. Diese Tabelle scheint ein Teil des Inhaltsverzeichnisses zu sein, welches Le Begue anfertigte; die beigesetzten Nummern korrespondieren nämlich auch mit den Nummern der von Le Begue am Schluss hinzugefügten Rezepte, der grösste Teil fehlt also. Der zweite Index war für alle die Metallarbeit betreffenden Dinge projektiert, ist aber, ausser Buchstabe A, nicht weitergeführt. Eine Nummer (365) zeigt übrigens, dass das Ms. ursprünglich noch ausgedehnter gewesen sein muss, denn die jetzige Fassung endigt mit 352.

3. **Experimenta de coloribus**. Diese 47 Anweisungen der Experimenta sind, wie Le Begue am Schlusse angibt, nach einem Manuskript (des Alcherius) copiert, welches einer „Handschrift des Pater Dionysius vom Orden der Diener der Sta. Maria, welcher in Mailand „del sacho" genannt wird, entnommen ist und „in Janua" im Monat Juni 1409 geschrieben wurde."

Der Inhalt behandelt ausschliesslich die Bereitung von Farbenpigmenten und zwar von Azur und Blau (8 Anweis.), dann rote Lacke (7 Anweis.), Gold- und Silberschrift (10 Rez.), Tinten und allerlei Färberezepte.

4. **Experimenta diversa alia quam de coloribus** (verschiedene Versuche, die sich nicht auf Farben beziehen), mit Angaben über allerlei Arten für Löten und Schmelzen von Metallen, vom griechischen Feuer, von Kitten, vom Färben der Stoffe, teilweise englischer Provenienz, welchen sich wieder Farbrezepte anschliessen (71 Rez.). Die erste Reihe der Rezepte (47—88) ist, wie eine Notiz besagt, gleichfalls dem obigen Traktat des Servitenbruders Dionysius entnommen; ebenda erfahren wir, dass eine Reihe der folgenden Rezepte (89—99) von einem flandrischen Kunststicker Theodorich (Theodoricum de flandria), der im Dienste des Herzogs von Mailand (Gian Galeazzo, † 1402) stand, von England nach Mailand gelangte; diese Rezepte sind in französischer Sprache abgefasst und geben verschiedene Andeutungen darüber, auf welche Art und Weise damals in England Stoffe gefärbt wurden.

Die folgenden Artikel (100—110) sind wieder italienischen Ursprungs, denn Le Begue bemerkt, dass er dieser Sprache unkundig, sich die Rezepte ins Lateinische übersetzen liess (p. 91); die Rezepte für Malerei (Farbenbereitung und Vergoldung) sind hier fortgesetzt, besonders ausführlich die Erzeugung des kostbaren Azur aus dem Lazurstein (Lapis lazuli) mit Hilfe des „Pastilles" beschrieben, auf dessen Darstellung eine ganz besondere Sorgfalt verwendet wurde (Rez. 111—118). Eine Notiz besagt, dass das Rezept 117 von „einem vortrefflichen venezianischen Maler Michelino de Vesucio stamme." Aus einer anderen Bemerkung (p. 105) entnehmen wir noch, dass „Meister Johannes", ein Normanne, welcher sich bei Meister Petrus von Verona lange Zeit aufgehalten und dort die Bereitung des Azurium ultramarinum erlernte, „mir dem Schreiber **Johannes Alcherius zu Paris**" das Verfahren anvertraute, welches dieser im nächsten Abschnitte (Nr. 118) ausführlich beschreibt. In Alcherius lernen wir demnach den Copisten des genannten Traktates von Pater Dionysius kennen.

5. **Das Buch des Theophilus**, „des bewunderungswürdigen und gelehrtesten Meisters aller Malerkünste" (admirabilis et doctissimi magistri de omni scientia picturae artis.)

(Nota: Le Begue hat nur das erste Buch, das von Malerei handelt, copiert; da dasselbe schon von Hendrie nach dem gleichen Pariser Ms. ediert worden, ist von Merrifield der Abdruck hier unterlassen; Rezepte 119—149 der Le Begue'schen Nummerierung; s. oben p. 41 ff.).

6. **Liber Magistri Pietro de Sancto Audemaro de coloribus faciendis**. Das Buch des Meisters Peter von St. Audemar über Farbenbereitung, eine Sammlung von Rezepten (Nr. 150—209), welche französischen Ursprungs ist. Viele Bezeichnungen deuten auf Nordfrankreich hin, wie der lateinische Name für Rouen, Rotomagnus, oder Warancia für Krapp (garance); auch englische Ausdrücke finden sich, dieselben, welche wir schon in Mapp. clav. verzeichnet haben (gremispect in einem Rezept, Nr. 201, ein Grün auf „normannische" Art zu bereiten; in 199 wird Gaisblatt „auf englisch" galetrice genannt). Der Autor hat mehrere Rezepte aus Mapp. clav. (s. p. 23) entnommen, auch wiederholen sich einige im I. B. des Theophilus. Nach

Eastlake (Materials I p. 45) ist das Ms. nicht jünger als vom Ende des XIII. oder Anfang des XIV. Jhs.

Inhaltlich bringt es eine Reihe von Rezepten zur Bereitung von Farben: Grün aus Kupfer und Pflanzen, Weiss aus Blei, Schwarz aus Kohle, und Blau von Silber, Kupfer und Blumen. Rote Farben sind künstlicher Zinnober, rotes Blei, welches Minium und Sandarac (?) genannt wird, und ein Lack aus Epheublüten. Der einzige gelbe Farbstoff ist Auripigment. Die Bindemittel sind auf der trockenen Mauer Ei oder Gummi, in Büchern Gummi oder Ei; auf Holz Oel, woraus der frühe Gebrauch des Oeles auch in Frankreich hervorgeht; zu bemerken wäre noch die Mischung von Folium mit Käseleim für Pergamentmalerei (Nr. 162) und die Bereitung desselben (163); die Mischung von Lazur hat mit Gaismilch, Frauenmilch (sic!)[2] oder Eierklar (167) zu geschehen, mit Ei(gelb) auch auf der Mauer, während es auf Holz „wie alle Farben mit Oel" gerieben werden (168); Ei für Wandmalerei, welches Theophilus nur einmal bei Azur nennt, ist hier für andere Farben auch im Gebrauch, so in Nr. 172 für Russschwarz zur Wandmalerei, Minium dagegen erhält für die Mauer Gummitempera, für Holz Oel (176); ob unter Gummitempera für Mauer vielleicht Gummi Traganthum zu verstehen ist, kann aus den Rezepten nicht ersehen werden, ist aber sehr wahrscheinlich, weil in späterer Zeit nur diese Art des Gummi für Retouchen bei Freskomalerei genannt ist (s. oben p. 121).

Die Goldbeize ist die gleiche wie bei Heraclius, nämlich Auripetrum; ausserdem dient Galle (Nr. 203) zum Färben der Zinnfolie, Myrrhe und Aloe, nebst Oelfirnissen in gleicher Art für Pictura translucida wie bei den früheren Mss. zum Ersatz des teuren Goldes.

Die Bereitung verschiedener Tinten, Bindemittel und Vergoldungen ist hier ähnlich beschrieben, wie in den gleichzeitigen mehrfach genannten Quellenschriften.

7. Die drei Bücher des „sehr gelehrten Mannes" Heraclius, von den Farben und Künsten der Römer, im ganzen 79 Kapitel, welche bereits oben besprochen wurden (p. 30 ff.).

8. De coloribus ad pingendum. Die Kapitel über Malerfarben, welche Joh. Alcherius im Jahre 1398 von einem flämischen Maler Jakob Cona, der in Paris wohnte, erhalten hatte, und welche sehr ausführliche Anweisungen für Vergoldung und Farbenbereitung enthalten (Nr. 290—297).

Daran anschliessend:

9. Andere Kapitel desselben Johannes Alcherius, über Farben für Illuminierer, welche er von Antonio de Compendio, dem Buchmaler in Paris und Meister Alberto Porzello aus Mailand erhielt; im Jahre 1398 schrieb er diese Anweisungen nieder, dieselben wurden später, im Jahre 1477, von demselben Johannes, nachdem er über ein Jahr in der Lombardei, speziell in Bologna geweilt, an vielfachen Stellen verbessert (p. 281).

Den Antonio de Compendio nennt er „einen alten Mann, welcher, wie er sagte, während seines ganzen Lebens diese Rezepte selbst bereitete". Dieselben behandeln wieder Vergoldung auf Pergament, Papier etc., rote und grüne Farben, welche Körper haben, sowie solche, die flüssig sind (Lacke) und Tinten zum Schreiben (Nr. 297 bis 303).

Endlich sind

10. Andere Rezepte in lateinischer und französischer Sprache geschrieben von Meister Johannes, genannt Le Begue, Licentiat der Rechte und Generalmagister der kgl. Münze zu Paris, „der vorliegendes Werk, vielmehr die in diesem Bande gesammelten Kapitel eigenhändig niederschrieb im Jahre des Herrn 1431 und in seinem 63sten Lebensjahre." Es sind Anweisungen verschiedener Art, wobei am merkwürdigsten jedenfalls erscheint, dass viele Angaben des Theophilus sich hier wiederholt finden, woraus geschlossen werden kann, dass dieselbe Tradition in Frankreich bis ins XV. Jh. sich gleich erhalten haben musste. (Nr. 303a—352).

---

[2] Sollte Mrs. Merrifield bei Uebersetzung von „cum lacte mulieris" mit „Frauenmilch" nicht das Ungeheuerliche dieser Mischung aufgefallen sein? Mir will es vielmehr scheinen als ob ein Schreibfehler des Copisten vorliegt und hier Mauleselmilch (mulus) gemeint sein müsste. Der Gebrauch von Geismilch oder der Milch anderer Thiere für Freskomalerei dauert übrigens noch bis in die spätere Zeit fort.

Auf die hochinteressanten und wichtigen Details einzugehen, ist bei der Fülle des Materiales hier nicht möglich und würde den Umfang des vorliegenden Heftes um ein erhebliches vergrössern; es kann deshalb nur auf einzelnes aufmerksam gemacht werden, was sich speziell auf die Technik der Malerei bezieht; die Erzeugungsweise der Farben muss hier unberücksichtigt bleiben, obwohl die Farbenpigmente einen wesentlichen Faktor für Malerei bilden.

Einzelne Rez. allgemeiner Art, die von denjenigen der vorausgehenden Rezeptensammlungen bei Le Begue teils abweichen, teils sich anschliessen, seien hier vermerkt, speziell solche, welche Bindemittel behandeln:

„(306) Wie alle Farben gemischt werden. Alle Farben sollen mit Gummiharz (gomme de pin ou de sapin) gemischt werden, mit Ausnahme von Minium und Bleiweiss, welche mit Eiklar zu temperieren sind. Alle Grün sind mit Leim (glux) zu mischen mit Ausnahme von Spanisch-Grün, das mit Essig zu temperieren ist."

Die doppelte Bezeichnung für ein und dasselbe Harz und dessen Beimischung zu den Farben, im Gegensatze zu Eiklar lässt auf eine Verstümmelung des dem Le Begue vorgelegenen Rez. schliessen.[3]) Im übrigen deckt sich das Rez. mit Theoph. C. XXVII. für Tafelmalerei.

(308). „Eine Farbe zu machen, welche alle andern, ausgenommen Auripigment, Sinopis und Safran hell, leuchtend und glänzend macht und welche „Clare" genannt wird. Lasse Gummi arabicum in einem reinen Geschirr in reinem Wasser sich auflösen, und mit diesem temperiere deine Farben oder reibe sie damit an und lasse sie so feucht ein oder zwei Tage stehen. Wenn du die Arbeit beschleunigen willst, stelle es auf heisse Asche."

Das Rezept mag hauptsächlich für Miniaturmalerei gehören, denn die darauffolgenden Rez. beziehen sich darauf.

Eine Anweisung für Wandmalerei, welche mit der des Theophilus sehr übereinstimmt, ist:

(315). „Um Wände zu bemalen. Nimm ein wenig Kalk mit Oeker, um grössere Brillanz zu haben, oder mische ihn mit einfachem Rot oder mit Prasin oder mit einer Farbe Poseh (posce) genannt, welche aus Oeker, Grün und Fleischfarbe (membrayne) bereitet wird, oder nimm eine Farbe, welche aus Sinopis (sinople), Oeker, Kalk und Posce etc. gemischt wird; und Mauern sollten eher feucht als auf andere Art bemalt werden, weil sich die Farben besser miteinander verbinden und fester werden. Und alle Farben für Wände sollen mit Kalk gemischt werden."

(Vergl. Theoph. C. XV., welcher Gewänder auf der Mauer in ähnlicher Weise „auch des Glanzes wegen" mit Oeker oder Rot etc. unterlegt. An alten Wandgemälden des XV. Jh. sieht man oft eine solche allgemeine Unterlage von rötlicher oder gelbroter Farbe, z. B. in Runkelstein, St. Veitsdom in Prag etc.; bezügl. Prasinus, Poseh etc. siehe oben p. 46.)

Von Fleischmalen, Carnation, handelt Nr. 317 (Charnure dymages se fait ainsi), jedenfalls für Tafelmalerei, denn es wird in die Grundfarbe Laek genommen; im übrigen stimmt die Art mit der des Theophilus überein. Wir finden die gleichen Ausdrücke für Farbmischungen „lumine, excedre od. cedre" in Nr. 344 und 345 wieder, wo die gleichen Anwendungen für Carnation gegeben sind; hierin hat sich die Tradition demnach durch mehr als zwei Jahrhunderte erhalten („veneda", Nr. 330.)

Die in Heraclius beschriebene Methode, das Oel zur Malerei zu bereiten (C. XXIX. siehe p. 38), finden wir in kleiner Variation hier wieder.

(319). „Willst du Oel zur Mischung mit den Farben bereiten, so nimm lebenden Kalk (d. h. ungelöschten) und gleiche Mengen von Bleiweiss und Oel, stelle das an die Sonne und lasse es unberührt einen Monat stehen, oder länger, es wird dann besser. Schütte das Oel durch ein Sieb und

---

[3]) Pinus Picea L., das Abete der Italiener, aus welchem das Olio di Abezzo (Terpentinbalsam) bereitet und zu Firnissen verwendet wurde, kann hier nicht gemeint sein.

bewahre es. Mit diesem Oele mische alle Farben sowohl einzeln als ihre Mischungen."

Bei Heraclius wird ein oftmaliges Umrühren dem Ruhigstehenlassen vorgezogen.

In Nr. 325 ist das Yaue conosite beschrieben, welches wir schon mehrfach erwähnt haben (p. 18, 80). Es ist das einzige Rez. der nordischen mittelalterlichen Quellen, welches bis zum XV. Jh. von der Existenz des in Lauge gelösten Wachses (des punischen Wachses) Kunde gibt. Dieses Rez. zeigt aber, dass die Jahrhunderte nicht vermocht haben, eine Technik ganz in Vergessenheit zu bringen. Die Aehnlichkeit mit dem Rez. der Glanzfarbe der Hermeneia, sowie die bekannte Thatsache, dass im XII.—XIV. Jh. die „Greci" diese Technik noch vielfach in Italien ausübten,[4] führen zu dem Schlusse, dass dieses „altbekannte Wasser" durch norditalienische Vermittlung zu Le Begue's Kenntnis gelangte. Die Darstellung dieses Bindemittels ist die folgende: Man bereitet sich vorerst aus Kalk, Asche und reinem Wasser eine kräftige Lauge. Von diesem Laugenwasser, das gut sich setzen gelassen wird und durch ein Sieb gelaufen ist, nehme man 4 Pfund, erwärme dasselbe, gebe dazu 2 Unzen weisses Wachs und lasse das mit dem Wasser sieden; dann nehme man 1½ Unzen Fischleim, welcher in Wasser erweicht worden, und füge ihn dem Wasser nebst dem Wachs zu; mit diesem zugleich lasse man noch 1—1½ Unzen Mastix sieden und überzeuge sich, mit Hilfe einer Messerklinge, ob es fertig ist. Ist es wie ein Leim, dann ist es gut. Man seihe das Wasser noch heiss durch ein Leinen, lasse es erkalten und bewahre es gut. Mit diesem Wasser mag man alle Arten von Farben temperieren.[5]

Die gleiche Anweisung für Firnisbereitung, welche Theophilus (C. XXI. Vernition) gibt, finden wir hier (Nr. 341) wiederholt, unter dem Namen, „vernix liquide"; die Bestandteile sind wie dort zwei Teile Leinöl (Hanfsamenöl oder Nussöl) zu einem Teil Bernsteinharz (glasse aromatique), welche miteinander gekocht werden sollen. Das Firnissen geschieht hier nicht mit dem Pinsel, sondern mit den Fingern, „denn wolltest du mit dem Pinsel firnissen, so wäre es zu dick und würde nicht trocknen."

Bindemittel für Farben, die sich von den bereits bekannten unterscheiden, sind noch in Nr. 346 und 347 genannt; das erstere aus einer Pflanzenwurzel „stipatum", die mit Fleischstückchen gekocht eine „gelantina" bildet, das zweite ist ein glutinöses „Wasser", welches entsteht, wenn Leinsamen über Tag und Nacht in Wasser gelegen sind. Bemerkenswert ist, dass diese beiden Angaben in lateinischer Sprache gegeben sind, während die übrigen französisch abgefasst sind.

Von Bindemitteln, die wir im alten Lucca-Ms. schon kennen lernten, sind im Ms. des St. Audemar noch genannt, der Käseleim (163), der Fischleim (196), Leim von Fellen (186), auch die Vergoldungsarten sind die gleichen, selbst die Vergolderbeize mit Knoblauch, südlichen Ursprungs (vgl. Cennini C. 153; Hermeneia § 28) hat den Weg nach Norden gefunden (Nr. 106 der Experimenta de coloribus). Die Glanzvergoldung ist äusserst genau beschrieben in Nr. 190—195 des St. Audemar Ms., und wir erfahren auch von einem Verfahren auf Wänden mittelst eines Assis als Unterlage zu vergolden, so dass Glanzgold auch auf Wänden anbringbar ist (Nr. 190, Quomodo in muro vel in pergameno ponitur aurum), indem Gyps (3 T.) mit Braunrot (1 T.) aufs feinste verrieben und mit gutem Leim vermischt, in 3—4 Schichten aufgestrichen und geglättet wird. Genaue Angaben über Glanzvergoldung finden wir in Alcherius (de coloribus diversis etc.) Nr. 291, denen die Angaben über Mattvergoldung in einem besonderen Kapitel Nr. 292 gegenüber stehen.

Le Begue's Schriften sind, wie wir gesehen, ein Kompendium der mittelalterlichen Technik der Malerei in Frankreich; durch seine Beziehungen zu italienischen Malern, Miniaturisten in erster Linie, ist in dieser Rezeptensammlung auch die italienische, besonders die lombardische Malart genau verfolgbar. Theophilus und Heraclius vertreten das nord-westliche und mittlere Europa und aus ihren Schriften ersehen wir die Entwicklung der Oelmalerei bis ins XIV. Jh. Le Begue war, wie schon eingangs erwähnt wurde, nicht Maler von Fach, aber es ist aus seiner Vorliebe für Miniaturtechnik

---

[4] Vergl. die Untersuchungen des Dr. Branchi in Morrona, Pisa illustr. s. oben p. 96.
[5] M. Beiträge II. p. 21 Note.

zu schliessen, dass er dieser Malweise nicht unkundig gewesen. Aus seinen Zusätzen glaube ich sogar eine entschiedene Bevorzugung für Miniaturmalerei entnehmen zu sollen, denn die Angaben für Oelmalerei sind nur in einem einzigen Rezept für gewöhnlichen roten Oelanstrich konzentriert (Nr. 335, Si vou voulez rougir tables ou autres choses). „Nimm Leinöl, Hanfsamenöl oder Nussöl und mische damit Minium oder Zinnober ohne Wasser auf einem Steine; mit einem Pinsel bemale (en luminez), was du rot haben willst".

So unbedeutend an sich diese Notiz ist, so scheint sie mir doch wert, daran eine Bemerkung zu knüpfen: Im Strassburger Ms. sind genau dieselben Oelsorten, in ganz genau derselben Reihenfolge für Oelfarben genannt (linsamen oli oder hanfsamen oli oder alt nus oli), dem Le Begue muss demnach die im genannten Ms. beschriebene Art der Oelmalerei wohl bekannt gewesen sein; er als Enlumineur hat aber selbst geringes Interesse für Oelmalerei, deshalb geht er nur kurz darüber hinweg und werden wir im nächsten Abschnitt das Gleiche von Boltz nachweisen können. Es folgt aber daraus, dass die drei Arten der Oele schon zur Zeit des Le Begue im Jahre 1431 allgemein bekannt gewesen sein mussten, und da wir denselben Angaben in Paris und am Rhein begegnen, wird dieser Umstand für uns bei Beurteilung der Altersfrage des Strassburger Ms. nicht gleichgültig sein dürfen.

II. Das Strassburger Manuskript, die älteste deutsche Quelle für Maltechnik.

Ein verloren gegangenes Gut wieder zu stande zu bringen, hat immer einen gewissen Reiz; umso grösser ist aber die Freude, etwas wieder zu erlangen, von dessen Vernichtung wir bestimmte Kunde hatten. Ein solcher Fall trifft bei unserer Handschrift zu, welche durch den Brand der Bibliothek von Strassburg, in deren Besitz das Ms. sich befand, unwiederbringlich vernichtet worden ist.

Durch mehrfache Hinweise in der Fachlitteratur war es bekannt, dass in der genannten Bibliothek vor dem grossen Brande im Jahre 1870 sich eine Handschrift befand, welche als das älteste in deutscher Sprache geschriebene Malerbuch für die Geschichte der Maltechnik von besonderer Bedeutung sein musste. Eastlake, der verdienstvolle Autor der Materials for a History of Oil Painting brachte einige Teile der Handschrift zum Abdruck (p. 126—140), die in hohem Masse unser Interesse erregen; er gibt auch die Signatur des Ms. (A. VI. Nr. 19) an und scheint es aus einer Bemerkung hervorzugehen, dass das Ms. dem Frankfurter Kunstgelehrten Passavant vorgelegen und von diesem in das XV. Jh. verwiesen wurde (p. 105). Auch Ilg erwähnt in seinem Exkurs über die Oelmalerei (Heraclius Ed. p. 171) mehrfach dieses Manuskript, wobei er Eastlake als Quelle citiert.

Bei der grossen Wichtigkeit, welche einer derartigen Quellenschrift innewohnt, war es umso bedauerlicher, dass durch die Vernichtung des Ms. jede Möglichkeit, genaueren Einblick in dasselbe zu nehmen, ausgeschlossen erscheinen musste. Die Anfragen, die ich an die Direktion der Bibliothek richtete, in der Hoffnung, dass vielleicht das gesuchte Ms. gerettet, oder zur Zeit des Brandes in einem andern Archiv aufbewahrt worden sein könnte, waren ganz erfolglos, denn weder an der Universitäts-Bibliothek noch an der von dieser getrennten Stadtbibliothek hatte man irgend eine Kenntnis von dem Vorhandensein einer derartigen Schrift; „das von Ratgeber auf Seite 52 seines Buches: die handschriftlichen Schätze der früheren Strassburger Stadtbibliothek, Gütersloh 1876, angeführte Ordnungsbuch der Strassburger Schilterzunft (Malerzunft) vom Jahre 1456, wäre, falls es auf der Bibliothek gewesen, jedenfalls mitverbrannt, und überdies sei es wenig wahrscheinlich, dass Maleranweisungen in einer Zunftordnung enthalten sein könnten." Eigentümlicherweise zählt auch der ältere gedruckte Katalog von Hänel[1] unter den Handschriften der Strassburger Bibliothek keine derartige auf, es sei denn, dass das p. 470 bezeichnete: „Ein Buch zusammengetragen aus vielen probierten Künsten und Erfahrungen aus einem Zeughaus samt aller Munition, fol." diese Maleranweisungen enthalten hätte; vielleicht ist aber unter den weiter angeführten „Eilf neuen Handschriften ohne Wert" die gesuchte mit inbegriffen.

So hatte es den Anschein, dass alle Hoffnungen, das begehrte Ms., selbst nur die Spuren davon wieder zu finden, erfolglos bleiben sollten, wenn nicht durch die

---

[1] Haenel Gust.: Catalogi Librorum Manuscriptorum qui in Bibliothecis Galliae, Helvetiae, Belgii, Britanniae M., Hispaniae, Lusitaniae asservantur, nunc primum editi a Dre G. Haenel. Lipsiae 1830.

Thatsache, dass dem Autor der „Materials" eine Copie der Handschrift vorgelegen sein musste, Grund zu neuer Zuversicht vorhanden gewesen wäre. In seiner Vorrede sagt nämlich Eastlake (p. VIII.): „The author is indebted to Mr Lewis Gruner for procuring him a copy of a valuable Ms of the fifteenth century, which is preserved in the Public Library at Strassburg." Dieser Hinweis bedeutete doch die Möglichkeit in den Besitz wenigstens der Copie gelangen zu können, wenn man sich an die Erben des 1865 gestorbenen Eigentümers wenden würde. Aber wie wenig muss eine solche Aussicht Wert besitzen, wenn man bedenkt, dass seit dessen Tode ein Menschenalter verflossen war und es nicht wahrscheinlich ist, dass der schriftliche Nachlass eines Mannes so lange beisammen bleibt.

Wie oft ein Zufall eine längst aufgegebene Idee wieder von neuen anregt, so war es auch hier. Eines Tages fiel mir in einem Kalendarium von Geburts- und Todestagen berühmter Schriftsteller und Künstler der Name Eastlake's auf, nebst der Notiz, dass derselbe die Stelle eines Direktors der Royal Akademy und der National Gallery zu London bekleidete. Sollte Eastlake vielleicht, so folgerte ich, einem der beiden Institute die Copie des Ms. vermacht haben, dann müsste sich dieselbe in deren Bibliothek noch vorfinden und lohnte es sich wohl eine bezügliche Anfrage zu wagen. Zwei gleichlautende Anfragen wurden an die beiden Institute abgesandt und schon nach wenigen Tagen hatte ich die Freude, zu ersehen, dass der Schritt von Erfolg begleitet war. **Die Copie hat sich im Besitz der National-Gallery-Bibliothek vorgefunden!** Deren Direktor Mr. Edward J. Poynter machte mir in liebenswürdigster Weise Mitteilung davon und benachrichtigte mich, dass der Anfertigung einer Abschrift kein Hindernis entgegenstehe. Für dieses freundliche Entgegenkommen bin ich demselben zum grössten Dank verpflichtet.

Auf diese Weise in den Besitz einer Abschrift des verbrannten Ms. gelangt, dessen Verlust für die Kenntnis der mittelalterlichen Maltechnik sehr bedauerlich wäre, kann ich darangehen, den Inhalt genauer zu besprechen, als es bisher der Fall gewesen und durch Abdruck der für die Maltechnik so wichtigen Teile, diese hervorragende Quelle der Vergessenheit entreissen.

Was das Alter betrifft, so wurde bereits die Ansicht des Kunstgelehrten Parsavant erwähnt, dass das Ms. ins XV. Jh. zu setzen sei; Eastlake hält es für bedeutend älter und glaubt an der Aehnlichkeit der daselbst beschriebenen Malweisen mit der frühesten englischen des XIV. Jhs. für die Zeit der Entstehung den Anfang oder Mitte dieses Jahrhunderts annehmen zu können. Dieser Ansicht schliesst sich Ilg im Excurs über die Oelmalerei (Heraclius, p. 171) gelegentlich der Aufzählung der ältesten Beweise für das Auftreten der Oelmalerei an und sagt: „Diese Periode des lebhafteren Betriebes (um 1350) der neuen Technik bezeichnet auch eine theoretische Unterweisung, das älteste Werk dieser Art in deutscher Zunge; es gehört der Strassburger Bibl. an und enthält unter Anderem eine Vorschrift, alle Farben mit Oel zu temperieren etc.", wobei Eastlake als Quelle citiert wird. Nach der Meinung eines Fachmannes, des Herrn Dr. Panzer, Docenten der Münchener Universität, welcher die Freundlichkeit hatte in die Copie Einsicht zu nehmen, ist die Schreib- und Ausdrucksweise des Ms. wahrscheinlich dem Anfang des XV. Jhs. angehörig, eher vielleicht älter als jünger, so dass man nicht fehlgehen wird, den Uebergang des XIV. zum XV. Jh. als Entstehungszeit anzunehmen; die Gegend des Schreibers ist Elsass, und hat sich beim Vergleich der einzelnen Teile ergeben, dass ein und dieselbe Hand dabei thätig war.

Ueber den Inhalt seien hier einige Bemerkungen eingefügt, die bezwecken, das Verständnis des maltechnischen Inhaltes zu erleichtern.

1. Inhalt des Strassburger Ms.

Die Serie von Rezepten des Strassburger Ms. zerfällt in drei Teile. Der erste trägt die Ueberschrift: „Dis ist von varwen die mich lert meister Heinrich von lübegge." Es sind 15 Rezepte, welche die Bereitung von Farben zur Malerei und Anweisungen für Vergoldung enthalten. Ein zweiter Teil von 16—48 mit der Ueberschrift: „Dis lehrt mich Meister Andres von Colmar", setzt diese Rezepte mit grösserer Ausführlichkeit und Genauigkeit fort. Es sind darin zu finden Anweisungen für Gold- und Silberschrift nebst den dazugehörigen „Temperaturen" für „tüchlin varwen", auf „Pariser und lombardische Art" bereitet, wie Pergament durchscheinend zu machen, verschiedene schwarze Tinten „zu brieffen geschriffte" u. s. w. Einige Rezepte folgen darauf, welche die Bereitung von „gut seiffen" lehren, dann wie Horn zu giessen und weich zu machen sei, Anweisungen für Schönheitsmittel, „um ein gut stimm gewinnen", Wunderspiegel zu fertigen u. dergl. Auch wird noch der Inhalt weiterer Artikel „wie man solle machen gut helfenbein, ein wasser der tugend und ein trank der tugend, zwei wasser die luter sind als ein brun" usw. angegeben, woraus zu schliessen ist, dass dem Schreiber ein anderes Ms. als Vorbild vorgelegen haben muss, und zwar scheint es, dass das Vorbild der ersten Teile lateinisch abgefasst war, denn er bringt an einer Stelle (36) einen ganzen Satz in lateinischen Worten und übersetzt dann einfach weiter; an einer anderen Stelle (44) spricht er von „lazur, als man über mer macht", womit wohl Ultramarinblau gemeint ist und setzt gleich darauf noch das lateinische calcem mortum (gelöschter Kalk) in der Sprache der Vorlage hinzu.

Der dritte und interessanteste Teil, in seiner Hauptsache bereits von Eastlake veröffentlicht, ist durch seinen Inhalt eine der wichtigsten Quellen für Maltechnik geworden, weil darin die grosse Verbreitung des Oeles für die Malerei in der Zeit vor den Van Eycks ohne allen Zweifel festgestellt werden konnte. Allerlei Angaben Firnisse zu bereiten, Oele lauter und klar zu machen, sowie Trockenmittel (Siccativ) finden sich unter den Rezepten erwähnt. Die Einleitung zu diesem dritten Teil (49—90) kündigt an: „Dis büchlin lert wie man all varwen temperieren sol ze molen und ouch ze florieren nach lampenschen sitten"[2]. Daraus ist zu ersehen, dass es dem Schreiber um Anweisungen sowohl für Maler als auch für Miniaturisten zu thun ist; diese zwei Malarten, nämlich die Malerei von Wand- und Tafelbildern, wozu auch die Bemalung von Schnitzwerk gerechnet wurde und die Buchmalerei, waren schon frühzeitig nebeneinander selbständig einhergegangen; hier hören wir, dass die lombardische Manier die tonangebende in Deutschland gewesen sein muss und dass die Maler des XIV. u. XV. Jhs. sich nach dieser richteten. Sie ist übrigens identisch mit der in einem venetianischen Ms. kurz erwähnten (Eastlake p. 127 Note), mit der des Cennini (C. 10) und der gleichen im Neapeler Codex beschriebenen Miniaturtechnik.

Nach dem Ms. des St. Audemar, dem Montpellier Ms.[3] und anderen gleichzeitigen Quellen zu schliessen, ist die Pariser Manier mit der italienisch-lombardischen in grösster Uebereinstimmung. Im Alcherius Ms. (Nr. 291 des Le Begue) sehen wir Bologna und Paris (Bononiae et Parisiis) nebeneinander gestellt, so dass absolut keine Grundlage für Eastlake's Ansicht gefunden werden kann, die „lampenschen sitten" mit „Londoner Praxis" zu identifizieren. Dass aber dieselbe Art auch in England im XIV. Jh. verbreitet war und bei der Ausschmückung der St. Stephens

---

[2] Aus dem Ausdruck „lampenschen sitten" schliesst Eastlake auf eine besondere „London practice" und eine Londoner Malerschule, die sich im Mittelalter hervorgethan habe; auch eine andere Stelle nenne diese Manier, in Zusammenstellung mit Paris, u. z. am Schluss v. 32: „dies varwe heisset ze paris und ze lampten vor misal und hie im-land tüchlin blau . . ." und könne dies gar nicht anders zu verstehen sein als Paris und London! Noch ein drittes Mal sei darunter London zu verstehen, wenn es heisst (53): „Wiltu schön violvarw machen so nim lamptschen endich und zwirent als vil prisilien roter varw etc." Unter lampenschen Sitten (richtiger wäre lamptschen zu schreiben) sind aber hier keine anderen als die im XIV. Jh. verbreiteten lombardischen zu verstehen, die Eastlake aus Patriotismus in „londonsche" umwandelt. Eastlake irrt hier ebenso, wie er oben „blau vor misal" mit „blau für Missalen" (blue for missals) übersetzt (p. 128), denn blau vor misal ist nichts anderes als fornisal oder Tournesol, die Purpurfarbe für Miniaturisten (vergl. Boltz von Rufach, p. 33, Blaw Tornisal und das folgende Tüchlein Blaw, wo die nemliche Bereitungsart angegeben). Dass „lamptscher endich" lombardischer Indigo bedeuten könnte, will Eastlake durchaus nicht zugeben, obwohl er die Stelle bei Boltz vom Lampartischen Endich (p. 35, Ed. v. J. 1562, Fft. a. Mayn) citiert, in welcher es heisst: „Von Endich sollt ich vielferley arten schreiben | aber ich wil mich allein zu den gewissen halten, den man nennet Lampartischen Endich | den findet man in den Apotecken . . ." Ueberdies ging im XIV. Jh. der Handelsweg von Indien nach Europa ausschliesslich über das mittelländische Meer, Venedig und Genua, so dass lombardischer Indigo auf diesen Ursprung hindeutet, während ein „Londoner Indigo", der im XIV. Jh. direkt aus der Levante nach England importiert wurde, wie Eastlake (p. 120) annimmt, auf einem Irrtum beruhen muss.

[3] Eastlake, p. 127, Note.

Chapel sowie der painted chambers in Westminster dieselben Techniken verwendet wurden, wie sie im Strassburger Ms. beschrieben sind, darüber kann kein Zweifel herrschen.

Das Strassb. Ms. beschreibt also nach „lombardischen sitten", wie die Farben zu temperieren sind und zwar mit „zwei edli guti wasser", die aus Gummi arabicum und Gummi cerasi (Kirschgummi) in Wasser gelöst bestehen; dazu kommt noch „ein klein muschal vol honges in das wasser und ein eigerschal vol essichs" (eine kleine Muschel voll Honig und eine Eierschale voll Essig). Es folgen dann noch 18 Rezepte, verschiedene „durchscheinende" Farben mit den obigen zwei Arten von Gummiwassern, welchen noch mitunter ein paar Tropfen Eidotter beizumischen sind, zu bereiten, Angaben von „schöner fein blau tinten ze schreiben und ouch ze malen", zu deren Temperatur auch weisses Myrrhenharz und Traganthgummi genommen werden kann, von verschiedenen Haarfarben für alte und junge Leute, von Farben zu Gewändern und anderen Dingen.

Diese Kapitelreihe schliesst dann mit der Bemerkung: (68) „Nu habe ich redelich und merkelichen wol gelert (wie) man alle varwen tpieren sol nach kriegeschem (griechischen) sitten mit zwein wasser und wie man die varwen undereinander machen sol und wie man uff iede varwe schetwen (schattieren) sol die ganze wahrheit". Auch Eastlake fällt es auf, dass der Schreiber hier die nämliche Manier mit „griechisch" bezeichnet, welche zuerst die lombardische (also italienische) genannt ist (oder die London'sche des Eastlake), woraus entweder auf einen Irrtum oder auf die Gleichheit der beiden Techniken geschlossen werden muss. Nehmen wir das zweite als wahrscheinlich an, so findet diese Annahme darin ihre Unterstützung, dass Theophilus auch von „griechischen Mischungen der Farben" (Praefatio p. 9, Ed. Ilg) spricht, und Theophilus gleichfalls dieselben Gummiarten zur Tempera erwähnt.

Das Strassb. Ms. kündigt aber gleich darauf eine weitere Technik mit Leimfarben an, die zwar Theophilus nicht nennt, die aber doch zur „griechischen" Manier gezählt werden darf. Es heisst ebenda: „Nun will ich leren, wie man alle varwen mit lim tpiere sol uff holtz oder uff muren oder uff tüchern". Nach der nun folgenden Beschreibung wird der Leim aus Pergamentschnitzel durch Sieden bereitet und mit Essig und Honig gemischt; alle früher genannten Farben können damit getempert werden und zum Schluss „mag man auch alle (Farben) wol über strichen mit vernis, so werdent si glantz und mag inen niemer kein wasser noch regen geschaden das si ir varwe noch ir glantz nüt verlierent".

Obgleich der tierische Leim als Bindemittel altbekannt war, ist diese Art von Leimmalerei mit darauffolgendem Firnissen in den früheren Mss. nicht besonders erwähnt. Die Aehnlichkeit mit der bei Theophilus kennen gelernten Methode des Malens mit Gummitempera und nachherigem Firnissen muss hier vor allem konstatiert werden und vergleiche man überdies in Mapp. clav. (C. 98) die Stelle vom griechischen Leim (colla graeca) und das in Verbindung damit stehende oleum cicinum (p. 25).

Es folgen dann die so wichtigen Kapitel (69 u. ff.) über Oel und Oelfarben, „wie man alle oule varwen tpiere sol" und wie das Oel dazu bereitet wird. Man nehme, so wird ausgeführt, Leinsamenöl oder Hanfsamenöl oder altes Nussöl, soviel man will, lege darein weissgebranntes Knochenmehl, ebensoviel Bimstein und lasse dies mit dem Oel sieden, entferne den Schaum und füge während des Erkaltens auf 1 Maass Oel zwei Loth Galitzenstein[4]) hinzu. Das Oel seihe man durch

---

[4]) Galitzenstein oder weisser Vitriol ist schwefelsaures Zinkoxyd (Zinkvitriol). Es möge hier gleich erwähnt werden, dass Eastlake diesem Trockenmittel, dem Zinkvitriol, das Geheimnis der Van Eyck'schen Neuerung zuzuschreiben geneigt ist und dass seine Ansicht heute als endgiltige und richtige Lösung von neueren Kunstforschern adoptiert wurde. Es ist aber evident, dass darin kaum eine so epochemachende Neuerung erkannt werden kann, da dieses Mittel den Malern der Rheinlande schon am Ende des XIV. Jhs. bekannt gewesen sein muss, wie wir aus dem Strassb. Ms. ersehen; da Eastlake selbst das Alter des Ms. fast ein Jahrhundert vor Van Eyck's Erfindung festsetzt, so ist seine Schlussfolgerung von vorneherein eine problematische.

Ueber die vermeintlichen vortrefflichen Eigenschaften des Zinkvitriols als Trockenmittel vergl. George Field's bekanntes Buch: Chromatographie (Deutsche Ausg. Weimar 1836) p. 258, wo es heisst: „Gegen ihn (den Zinkvitriol) lassen sich noch mehr Einwendungen erheben

ein Tuch und stelle es vier Tage lang an die Sonne. So wird das Oel dick und auch klar „und dis öli das trocknet gar bald und macht alle varwe schön luter und ouch glantz und umb dis öli wüssent nüt alle moler und von der guti dis olis so heisset es oleum preciosum."

Was die Bereitung des Oeles betrifft, so wird man sich der Manier des Heraclius (C. XXIX) erinnern, bei welcher Kalk und Bleiweis zum Trocknendermachen genommen wird. Hier haben wir eine offenbare Neuerung resp. Verbesserung zu verzeichnen; Knochenmehl und Bimstein dienen zur Aufnahme der schleimigen, trüben Teile, zur Läuterung des Oeles, während dem Galitzenstein die trocknende Eigenschaft zufällt. Das Bleichen des Oeles an der Sonne ist beiden Autoren gemeinsam. Diese Art, Oele auf die oben beschriebene Art zu bereiten, ist dem Norden eigentümlich, denn die im Bologn. Ms. verzeichneten Methoden (mit Eierklar, Alaun, Weihrauch, Knoblauch, p. 120) sind davon ziemlich verschieden.

Wir erfahren aus dem folgenden Kapitel, wie und welche Farben mit Oel angemischt werden können, dass man unter jede Farbe etwas Firnis reiben solle, dass auch die Beimischung von ein wenig „wises wolgebrentes beines oder enwenig wisses galicen steines" die Farben bald und gut trocknend mache (71). Farbenmischungen untereinander, zu Fleischfarbe, Haarfarbe und Mönchsgewand (72—75), wie man schön und glänzend vergolden und versilbern soll, mit Hilfe der „goldvarwe" (Beize), welcher die obigen Oele zur Grundlage dienen (Oelvergoldung, 76—78), bilden den Inhalt der erwähnten Kapitel. Weiters wird gelehrt „gut virnis machen von drierley materien do usser ieder materie sonderlich ein gut edler virnis" (79), und zwar ist der erste Firnis identisch mit dem Gummi fornis des Theophilus (C. XXI), denn auch hier wird vernis glas (glassa) in gleicher Manier zum Firnis genommen wie im zweiten Absatz des genannten Kapitels. Der zweite Firnis „der luter und glantz ist als ein cristalle" wird ähnlich dem ersten bereitet, doch wird ein Pfund „Gloriat" (i. e. Terpentin) zu zwei Pfund Oel nebst dem obigen Firnis (Bernstein oder Mastix) genommen. Zu einem dritten Firnis wird Hanföl mit gebranntem Bein eingekocht, abgeschäumt und an der Sonne stehen gelassen, mit Mastixpulver oder „Terpentinum" in der Wärme vereinigt, bis die Mischung sich vollzogen hat. Aus diesen beiden Anweisungen wird man entnehmen, dass zu Anfang des XV. Jhs. in die älteren Firnisrezepte ein neuer Bestandteil eingeführt ist; alle Anzeichen sprechen dafür, dass mit Gloriat nicht der Terpentinbalsam sondern das aus diesem gewonnene Destillat, das Terpentinöl gemeint ist, denn die Destillation war damals bekannt, und in dem Rezepte hätte die Beigabe so grosser Mengen von Terpentinbalsam zum Oelfirnis den Zwecken desselben sehr schlecht entsprochen, weil der Terpentinbalsam bekanntlich sehr schwer trocknet und klebrig bleibt.[5])

---

als gegen den Bleizucker, denn er verändert nicht nur die Farbe des Firnisses, sondern beeinträchtigt auch die Elastizität und Dauerhaftigkeit des Oeles" . . . .; er ist eines der stärksten und wirksamsten trocknenden Mittel, denn er nimmt, wenn er in gehöriger Quantität angewendet wird, sowohl aus dem Oele, als aus dem Gummi und Terpentine alle wässerigen Teile auf; seine adstringierende und absorbierende Kraft ist so gross, dass, wenn Wasser mit dem Firnisse vermengt worden, er dasselbe an sich und mit sich zu Boden zieht. Er verbindet sich nie mit dem Oele, wie dies mit den Bleioxyden der Fall ist.

Ganz entgegengesetzt urteilt Buchheister (Leipz. Drog. Ztg. 1889, p. 147); er stellt fest, dass die hellen Zinksiccative „so gut wie gar keine trocknende Kraft besitzen" und „die Anwendung von Zinksalzen (Zinkvitriol etc.) zur Bereitung von Siccativen und Firnissen überflüssig, weil zu wenig wirksam", sei.

[5]) Dass Gloriat, Glorien = Terpentin ist, kann aus Boltz (Illuminierbuch, p. 9), welcher dasselbe Rez. wiederholt, ersehen werden; auch findet sich am Ende eines Heidelberger Ms. (Nr. 638) des XV. Jhs. am Schlusse des Bandes, p. 166 ff. eine Zusammenstellung von Bezeichnungen, darunter Terpentine = gloriant. Nicht minder beweisend ist die Stelle, welche ich Zedler's Universal-Lexikon v. J. 1744, T. 42, entnehme. Dort findet sich unter Glorenth mit der Bezugnahme auf Terpenthin das Folgende: „Dieses Oell ist gantz subtil, wie ein Geist, klar und helle wie Brunnen-Wasser. Es muss mit frischem Brunnenwasser noch einmahl rectificieret werden, so wird es helle und klar als ein Crystall..." Das Destillat des Terpentinbalsam (Terpentinöl) war schon im VIII. Jh. bekannt. Marcus Graecus gibt ein Recept in seinem Liber ignium: Rp. terebinthinam et destilla per alambicum (Destillierkolben) aquam ardentem, quam impones cue applicatur candela et ardebit ipsa. Wann jedoch dieses Destillationsprodukt zuerst in der Malerei Verwendung fand, ist unbestimmt. Nach Eastlake, p. 247, ist unter weissem Firnis (vernisium album), in Rechnungen vom Ende des XIII. Jhs. erwähnt, Terpentinharz zu verstehen. Wahrscheinlich ist damit aber ein Terpentinfirnis gemeint, denn die Oelfirnisse sind alle mehr oder weniger gelb und braun.

Nach den Firnisrezepten folgen noch Rezepte für Malerei und andere Dinge, darunter der Eierklarfirnis (85), der auch zur Tempera dienen kann und den wir bei Boltz wiederfinden (p. 6, „wirt genannt Haussfürniss"), dann weitere Beizen für Vergoldung (87, 88) und schliesslich folgt eine Aufzählung einzelner Rezepte, die der Kompilator nicht weiter ausführt, ein sicherer Beweis, dass dem Schreiber ein anderes Ms. als Vorlage gedient haben muss.

2. Vergleich mit anderen Quellen.

Nach dieser kurzen Inhaltsangabe müssen wir uns die Frage nach dem Ursprung des Ms. stellen. Dass der Schreiber aus anderen Quellen geschöpft hat, wurde bereits erwähnt, aber welches sind diese Quellen gewesen? Dem Inhalt der ersten zwei Teile nach zu schliessen, könnten die lateinisch geschriebenen Mss. des St. Audemar, des Alcherius oder einige Stellen des jüngeren Teiles von Mapp. clav. als Vorlage gedient haben, vielleicht könnten nur einzelne Rezepte aus diesen entnommen sein, wie z. B. die für Seifenbereitung aus Mapp.; wenn man aber die Rezeptenreihen genauer mit den bekannten alten Schriftquellen vergleicht, so wird man trotz der inhaltlichen, aus der Sache selbst sich ergebenden Gleichheiten nirgends eine volle Uebereinstimmung herausfinden können. Der Schreiber, der offenbar selbst ausübender Maler gewesen ist, hat aus seiner lateinischen Quelle frei übersetzt und Rezepte weggelassen, die ihm nebensächlich erschienen sind.

Dass er aus den Schriften des Heraclius geschöpft hat, ist kaum wahrscheinlich, auch die Schedula des Theophilus diente ihm nicht als Vorlage, denn es fehlen vollständig die charakteristischen Bezeichnungen, wie Menesch, Posch, Exedra für Fleischfarbe usw. Uebereinstimmend mit Theophilus ist nur die Bezeichnung des Firnis vernis glas mit Gummi fornis, quod Romane glassa dicitur (C. XXI, II. Abs.), was wohl dadurch erklärlich ist, dass die beiden Autoren einer gleichen Gegend Deutschlands angehörten; Theophilus, der Westphale, aus der Gegend von Paderborn und der eingangs genannte Heinrich von Lübegge sind Landsleute. Mit Theophilus stimmt übrigens, wie bereits erwähnt, die Art des Malens mit Tempera und darauffolgenden Firnissens überein, ein Beweis, dass diese Technik durch mindestens zwei Jahrhunderte Tradition geblieben ist.

Immerhin wäre es der Mühe wert, in alten Quellen nach Rezeptenreihen zu suchen, welche dem Strassb. Ms. als Vorlage gedient haben konnten.

Solche Reihenfolgen wie z. B.

(48) Jetzt folgen einige Artikel
  wie man solle machen gut fin helfenbein,
    ein Wasser der tugend und ein trank der tugend, zwei wasser die luter sind als ein brun und wenn man sie under einander tut so werdent sie als geleyti milch,
    wie man die fliegen alle wol bringen kann in einen Kreis, die in dem huse sind.

Oder

(83) Folgt ein Artikel
  wie man pappir machen sol noch besser den es an im selber ist,
  wie man alles gestein schön und glantz bolieren kann,
  wie man gestein weich machen kann,
  wie man einen agstein macht,
  wie man andren klugen agstein sol machen,
  wie man schön fin helfenbein machen sol.

(89) Es folgt hier nun
  wie man sol silber und gold uff legen,
  wie man gold ufflegen sol an allen grund,
  wie man gut assis machen soll zu golde und zu silber,
  wie man sol uff bernet schön erhaben gold machen, uff was materien man gold und silber legen mag.

(90) Es folgt
  wie man brun rotte varwe machen um mit ze verwen uff leder und uff linin,

wie man schon violvarw verwen kann garn und linis und ouch uff leder,

wie man schon fin grün bekommt,

wie man sol horn weich machen etc.

müssten sich doch irgendwo wieder nachweisen lassen.

Da sich aber in keiner der zugänglichen lateinischen Quellen diese selben Reihen wiederfinden, muss angenommen werden, dass zum mindesten dem letzten, III. Teil eine deutsche Urschrift zu grunde gelegen ist. Diese Urschrift scheint verloren gegangen zu sein, oder befindet sich noch irgendwo verborgen in einer Bücherei.[6])

Viel sicherer können wir beweisen, dass die Rezepte des Strassburger Ms. (od. der Urschrift, in der Folgezeit wieder selbst als Vorbild gedient haben, und von Hand zu Hand gehend, fortwährend durch Zusätze bereichert, den Grundstock für Boltzen's Illuminierbuch abgegeben haben, und zwar finden wir bei Boltzen nur jene Teile wieder, welche für seine Illuminierzwecke geeignet erscheinen; denn nur diese haben für ihn Interesse. Es sei deshalb hier in Kürze darauf näher eingegangen.

Das Illuminierbuch des Boltz von Rufach, neben dem Augsburger „Kunstbuchlin" (1535) das älteste in deutscher Sprache gedruckte Werk, das Maleranweisungen enthält, erschien zu Frankfurt a. Main i. J. 1562, etwa 150 Jahre später als das Strassb. Ms. entstanden sein kann, und doch finden sich bei Boltz ganze Reihen der Rezepte wieder, welche dem Strassb. Ms. entsprechen, und durch vielfache neue Rezepte noch vermehrt sind. Auch die ganze Anordnung der beiden Werke hat viel Gleichartiges.

Das Strassb. Ms. (hier kommt zunächst der III. Teil in Betracht) beginnt mit den Gummiwassern und zählt deren zwei auf, bei Boltz sind daraus schon sechs „Temperaturwasser" geworden. Inhaltlich sind aber alle Gummi- und Leimarten in beiden Büchern enthalten, sowohl Gummi arab., Gummi cerasi, Pergamentleim und Eierklar, auch Myrrhenharz und Tragantgummi sind genannt.

Die Anordnung der Farben, mit Zinnober beginnend (Boltz p. 9 ff.) ist von Strassb. Ms. abweichend, bei Boltz natürlich mehr geordnet, wie es einer für den den Druck bestimmten Schrift geziemt. Die Angaben für Oelmalerei hat Boltz einfach weggelassen, weil er als Illuminierer sich nicht damit befasste, dafür folgt er aber in der Angabe der Fleischfarben (libvarwe) vollständig unserem Ms. in der gleichen Reihenfolge. 74 des Strassb. Ms.: wil du ein schön libvar machen zu jungen lüten ist fast wörtlich in „Kindlein farb zu machen" (Boltz p. 39 u. ff.) wiederholt; es folgt

---

[6]) In dem Katalog der altdeutschen Heidelberger Handschriften von Bartsch (Heidelberg 1887) findet sich ein Ms.: Pal. germ. 638 pap. XV. Jh. das in seiner Inhaltsangabe eine gewisse Aehnlichkeit mit dem Strassb. Ms. zeigt. Es handelt von Bereitung verschiedener Wasser zu technischen Zwecken, von Seifen, von „wassern der tugend" u. s. w.: etliche Notizen sind datiert v. J. 1438. Nach diesen Angaben schien es, als ob hier für unser Ms. etwa ein Quellennachweis zu finden möglich wäre; ich konnte aber nach Durchsicht der mir durch die Bibliothekdirektion übersandten Handschrift, auch hierin die Reihen der Rezepte nicht wiederfinden, denn das Buch enthält mit wenigen Ausnahmen medizinische Anweisungen. Gleich das erste Rez. von den zwei Wassern, die man untereinanderschüttet und schneeweiss werden, hat Aehnlichkeit mit der zweiten Anweisung von 48 des Strassb. Ms. Verschiedene von den „Wassern" sind offenbar für Metallarbeit bestimmt. Ein Rez. (5a) lehrt „golt wachsen zu machen" mit Taubenmist, starkem Essig und Gold, so dass aus, 100 Drachmen 1000 des Goldes werden. Es folgt ein „Goldgrund": wildu einen gutten golt grund machen so nym kryd vnd hönig oder zucker gandel vnd verrieb dz uff einem stein vndereinander gar klein vnd wen es zu dick sey so tue zucker gandel in Wasser und ruer es damit und was damit geschriben mag da mit schrib es dann leg dz golt uff." Dieses Rez. hat mit den gleichen des Strassb. Ms. viel Uebereinstimmung; die „Seiffen", die das Heidelberger Ms. beschreibt, sind in der Fassung ähnlich aber nicht wörtlich gleich. Die „Tugendwasser" beziehen sich wieder auf medizinische Dinge, die für uns kein weiteres Interesse haben. Das erste (27a) beschreibt die tugend, d. h. soviel wie die innewohnende Kraft der Natterhaut und darauf folgen wieder die zwei „edlen wissen luteren wasser, dy grob tugend habend"; als Curiosum lasse ich den Anfang hier folgen: Diss zw(ei) noch geschribne lutter (lautere) wasser als ein prunne (Brunnen) vnd wan mans temperiert vndereinander so werdend sy sne wiss (schneeweiss) vnd dyselben zwey wasser habend manigerley tugend; die erst tugend ist wer sich da mit westreicht der unsawber ist an dem leib der wiert gesunt vnd wolt er velt siech werden er genist etc. (das Wasser besteht aus Salz, Weinstein und Salmiak). Vergl. auch über die „Jungfernmilch" im Abschnitt über die Van Eycktechnik.

„ein ander libvarw zu braunen lüten; ein ander zu alten lüten; ein tötlich livarw machen zu crucifixen und zu erbermhertzigkeit, in gleicher Reihenfolge, nur mit neuen Mischungen vermehrt; gleich darauf in beiden Schriften die Angaben zur Haarfarbe für blonde, rote, braune und graue Haare und schliesslich ebenso die Farbe „zu mönchen und zu anderen geistliche lüten gewande (bei Boltz: Schwartz Kutten, Mönchs rockfarb).

Sind diese Reihenfolgen schon übereinstimmend gleich, so ist das weitere abermals ein Beweis, dass Boltz das Strassb. Ms. benutzt hat: in beiden Werken folgen gleich darauf die Anweisungen für Vergoldung; Boltz bringt als Illuminierer nur das Argentum musicum in mehreren Rezepten (p. 47 ff.), das Strassb. Ms. die Goldvarwe, resp. die Beizenvergoldung für Tafelmalerei. Die Firnisse des Strassb. Ms. (79 u. fl.) sind von Boltzen einfach übernommen, obwohl er als Miniaturist nur beschränkten Gebrauch „auf Pergament oder Leder" machen kann (p. 7). Es sind dieselben Materien von „lin olis, hanf olis oder alt nus oli" und Mastix, die miteinander zusammengeschmolzen werden; der „Fürniss auff ein andere Gattung" entspricht fast wörtlich dem (81) des Ms.; auch der dritte „Fürniss auff ein ander gattung" ist mit (80) identisch. Der eigentliche Illuminiererfirnis „Fürniss auff Papyr vnd Pergament wirt genannt Haussfirniss" (p. 5 verso) ist im Strassburger Ms. unter 85 und 86 beschrieben.

Ein weiterer Beweis, dass Boltzen der dritte Teil des Strassb. Ms. vorgelegen, ist noch darin zu erblicken, dass er aus den folgenden Kapiteln 87 und 88 unseres Ms., welche von Vergolderbeizen handeln, nur summarische Auszüge macht und (p. 12) einfach die sechs Arten „Goldgrundt Gummi" aufzählt, deren Anwendung für ihn als Illuminierer von geringem Interesse sein mussten. Es sei hier übrigens bemerkt, dass diese Goldgrundgummi als farbige Beize über „silber, zin oder bli" zu stehen haben, „das wirt schön vin gold", also eigentlich mit dem Auripetrum des Heraclius, den farbigen Beizen des Lucca Ms. und der Mapp. clav. in technischer Uebereinstimmung stehen; einige dieser Gummi sind goldbraun, wie Aloe, Galbanum. Die komplizierten Mischungen der Pictura lucida (p. 15) haben sich hier bis zum Strassb. Ms. weiter erhalten.

Haben wir aus dem obigen ersehen, wie das Strassb. Ms. durch Tradition und fortgesetzte Zuthaten ein Teil von Boltzens Illuminierbuch geworden ist, der nur diejenigen Rez. aufgenommen hat, die für seinen Kunstzweig wertvoll erscheinen, so wird uns das folgende doch in einiges Erstaunen versetzen: Die Rezepte für Oelmalerei des Strassb. Ms. sind die Grundlagen, ja sogar die Hauptquelle des Kapitels über Oelmalerei des um so viel später entstandenen Buches „Kunst- und Werkschul" geworden!

Dieser merkwürdige Umstand scheint mir sogar das allerwichtigste Ergebnis der obigen Untersuchung zu sein, denn wir sehen daran deutlich und klar, dass dem Kompilator von Kunst- und Werkschul, der selbst kein ausübender Maler war, sich J. K. Chymiae ac aliarum Artium cultore (ed. 1707, Nürnberg bei Joh. Ziegers) nennt, keine anderen Quellen für Oelmalerei zur Verfügung standen und in dem Wenigen, was er ausserdem über Oele und Oelfarben bringt, mit keinem Worte auf eine inzwischen aufgekommene neue holländische Malart hinweist. Auch im Strassb. Ms. ist nirgends eine Bemerkung zu finden, dass die technischen Rezepte von holländischen Malern abstammen, denn zur Zeit der Entstehung des Ms. war von der Eyck'schen Technik keine Nachricht nach dem Rhein gelangt; aus dem Sammelwerke des Nürnbergers ergibt sich aber ausserdem, dass überhaupt seit der Van Eyck'schen Neuerung nirgends etwas über die Oeltechnik aufgezeichnet oder wenn auch, von niemandem veröffentlicht wurde; in dieser Beziehung muss konstatiert werden, dass es den Malern thatsächlich gelungen zu sein scheint, das „grosse Geheimnis" zu bewahren, mit dem die Brüder Van Eyck um die Mitte des XV. Jhs. hervorgetreten sind, denn sonst hätte Kunst- und Werkschul doch etwas davon enthalten müssen.

Es sei hier in Kürze der Nachweis geführt, wie die Oelfarben-Rezepte des Strassb. Ms. in die Kunst- und Werkschul Aufnahme fanden:

Strassb. Ms. (69), „Wie man alle ouli varwen tpieren sol" entspricht fast wörtlich Kap. I von den Oelfarben (Kunst- und Werkschul p. 714); der zweite Absatz hat sogar mit diesen überhaupt nichts zu thun, ist jedoch genau nach (68) abgeschrieben.

Kap. 2 (auf eine andere Art, p. 715) wiederholt ganz ohne Zweck den ersten schon gebrachten Teil von (69), fügt den weggelassenen Rest hinzu und ist durch (70) erweitert; es ist das jenes Kapitel von dem oleum praetiosum genannten Oel, mit Galitzenstein als Trockenmittel.

Es folgt Kap. 3, genau dem (71) des Strassb. Ms. entprechend. Von den übrigen 29 Kapiteln in Kunst- und Werkschul ist zu bemerken, dass 16 davon sich überhaupt nicht mit der Technik der Oelmalerei befassen, sondern von Tünchen und Weissen der Mauern, von Kalk zu Mauerwerk, von Gypsmauern, und Reinigen von Oelbildern handeln, die restierenden Angaben über Reinigen der Oele, Pinsel putzen, Glanzfirnis und andere Trockenmittel aber, mit einer einzigen Ausnahme, nichts besonders Neuartiges für Oelmalerei enthalten. Da später noch auf diesen interessanten Punkt zurückzukommen sein wird, möge das Wenige vorerst genügen.

Farben und Technik des Strassb. Ms.

Das eigentlich Technische des Ms. zerfällt in drei Arten, in Miniaturmalerei auf Pergament oder Papier, Tafelmalerei mit Leimfarben und in die Oelmalerei.

Die Bindemittel zum Anreiben der Farbenpigmente für Miniaturmalerei sind von denen des Theophilus, Heraclius und des Anonymus Bernensis, um nur die Quellen des Nordens zu nennen, ganz unbedeutend verschieden. Strassb. Ms. gibt dabei die Anweisung, die deckenden Farben stets mit etwas Eidotter zu verrühren und dann Gummi oder Eierklar zuzumischen; Heraclius mischt nur Auripigment damit (C. XXXII), Theophilus nur auf Wänden den Azur (C. XV.). Als Behältnis für Farben, welche auch zum Schreiben dienen, nennt das Ms. Hörnchen (hörnelin) und wird beim Anmachen der Farben darauf geachtet, dass die Farbe gut „aus der Feder" laufe.

Als „Fundament" für Glanzgoldunterlage (Assis) dient die „creta pellicaria, das ist die die kürsner hant" (13 u. 14), unsere sogen. Kollerkreide (weisser Bolus oder Pfeifenthon) mit Fischleim und Gummiwasser als Bindemittel; Farbenbeigabe ist Zinnober oder Safran. Gegen das Springen des Grundes ist Honig, zur besseren Erhaltung Salmiak hinzugegeben.

Um auf Glanzgold zu „florieren", werden zwei Angaben gemacht (17 u. 18); für Goldschrift (19) und Silberschrift (20) dient Mussivmetall (aurum musicum, argentum mus.), das aber der Autor nicht selbst bereitet, sondern einfach in der „appotek" besorgt. Der Apotheker fängt jetzt an, in der Farbentechnik eine Rolle zu spielen, während die Mönche des XII.—XIV. Jhs. sich noch alles selbst bereiten mussten; der bürgerliche Maler, welcher mit seiner Malerei seinen Lebensunterhalt bestreiten musste, konnte nicht mehr so viel Zeit für alle Detailarbeit aufwenden.

Vom Meister „Andres von Colmar" erfährt der Autor noch ein „wasser" (23), das ausser Gummi arab. noch weisse Myrrhe in Wasser gelöst enthält. Die Art, Eierklar flüssig zu machen (24), ist identisch mit der Angabe des Heraclius (C. XXXI), nämlich durch Pressen durch nasse Leinen (badslein); zur Konservierung des leicht in Fäulnis übergehenden Bindemittels dient hier Essig und Salmiak (sal armoniac.).

Die Farbenbereitung für Miniaturmalerei nimmt, wie in allen ähnlichen Ms., einen besonderen Raum ein; hier (25—29) erfahren wir Näheres über die wertvollen „Tüchleinfarben (tüchlin varwe):" aus Tournesol, von Blumen „di an den morgent gewunnen sint vor mitten tag", „violvarw tüchlin" aus roten Kornblumen, aus Heidelbeersaft, „roselin varw" aus Presilien (Brasil) Holz, „paris rot" aus lacca (grana, Coccus). Noch genauere Anweisungen, um Tournesol (Folium des Theoph.) nach „lamptschen sitten", also auf lombardische Art zu bereiten (31 und 32), und „ze paris vnd ze lampten formisal vnd hie im land tüchlin blau" heisst, sind offenbar direkt auf dortigen Ursprung zurückzuführen.[7]

Die Art des Gebrauchs der Tüchleinfarben und die Gewinnung des Farbstoffs aus den Farbpflanzen und Hölzern, ist von der heutigen Darstellung der Lackfarben nicht sehr verschieden (s. Bersch, die Fabrikation der Mineral- und Lackfarben p. 451 ff.).

---

[7]) Ueber Pezette, Tüchleinfarben vergl. Bologn. Ms. p. 406, 422, 426, 438. 442 bei Merrif.; pezette bei Cennini C. 10, 12, 161 u. Note zu C. 10 in Ilg's Edition p. 143.

Der Pflanzenfarbstoff wird mittels Laugen extrahiert und durch Alaun praecipitiert (niedergeschlagen), eine Art, wie sie der III. Teil des Ms. mehrfach erwähnt.

Ursprünglich wurden die Farbenlacke auf die Leinenstückchen (pezette) durch mehrfaches Eintauchen derselben in die Farbenbrühe befestigt, vor dem Gebrauch der Farbstoff wieder aufgelöst, und waren allgemein in Benützung; später kam immer mehr die im letzten Teil des Ms. gelehrte Art „ze molen und auch ze florieren nach lamptschen sitten" auf, bei welcher die Lackfarben nicht mehr in Pezetten aufbewahrt, sondern in flüssigem Zustand erhalten wurden, oder durch Niederschlagen des Farbstoffes mittelst Alaun und Eintrocknen in einen zähen Teig verwandelt wurden, wie es unsere Saftfarben sind.[8]) Unser Ms. nennt diese Art durchscheinende Farben, durschinig varwe (51), durschinig rot (52), gelwe durschinig varwe (56 und 57), durschinig harvarwe (59).

Die letztere Art der Farbenbereitung bedeutet demnach eine Vereinfachung der Manipulation, weil die in den Leinenstücken angesammelte Farbenmenge nicht erst wieder aufgelöst zu werden brauchte, wie vorher.

Der Gebrauch der Pezette dauert übrigens noch sehr lange fort, trotzdem die Tüchleinfarben ganz ausser Gebrauch kamen; sie dienten als Schminkläppchen (Tournesolläppchen) für Schauspieler etc. Der Verfasser hat sogar derartige Pezette in zwei Farben (himmelblau und rosa) noch in einem lange bestehenden Droguengeschäft käuflich erhalten und vielfache Versuche damit gemacht, die mit den Angaben des Strassb. Ms. und anderer Quellen übereinstimmen. Sie sind heute kein Handelsartikel mehr.

Auch die farbigen Tinten sind zu diesen Saftfarben zu rechnen. Durch das Mittel den gelösten Farbstoff durch Alaun in einen dichten, körperhaften zu verwandeln, fanden diese Lackfarben auch in der Tafelmalerei Eingang, obwohl viele derselben vergänglicher Natur sind. Das Ms. (68) sagt, dass man mit Leim alle, auch die vorgenannten Farben temperieren könne, sowohl uff holtz, oder uff muren, oder uff tüchern, während die Oelfarben nach den Angaben des Ms. (70) beschränkt sind auf Zinnober, Minium, Parisrot, Brasilrot, Lichtblau, Lazur, Indigo, Schwarz, Auripigment, Rauschgelb, Ocker, Braunrot, Spangrün, Grün und Bleiweiss, weil dieses Pigmentfarben, d. h. Farbenpulver sind, die mit Oel sich anreiben lassen; Parisrot und Brasilrot sind Lackfarben, deren in Wasser lösliche Farbsubstanz durch Alaun niedergeschlagen ist.

Violblau, Tournesol, Lackmus, Safran oder farbige Tinten konnten deshalb nicht mit Oel gemischt werden.

Ueber die Leimfarben, mit welchen auf Holz, Mauer und Leinwand gemalt werden soll, wurde bereits oben gesprochen. Wir haben hier eine Technik vor uns, die in keinem der früheren Mss. in dieser Weise beschrieben ist. Es fehlt hier allerdings eine genaue Angabe, auf welche Art der zu bemalende Grund vorzubereiten ist. Heraclius gibt in dieser Beziehung viel deutlichere Angaben, auch lässt sich aus dem Strassb. Ms. nicht schliessen, ob ein oder mehreremale in derselben Art übermalt werden könnte, wie wir es bei Theophilus gesehen, und als Kriterium für die nordische Technik festgestellt haben.

Nach angestellten Versuchen zu schliessen, lässt sich jedoch konstatieren, dass sich bei dieser Essig-Leimfarbe das nämliche Verfahren mit Erfolg ausführen lässt. Ich verweise hier übrigens noch auf die bei Heraclius beschriebene Technik unserer heutigen Art zu Maserieren, welche auf der nämlichen Grundlage beruht (p. 37).

Details über Grundierung für die Oelmalerei fehlen in dem Ms. vollständig;[9]) während wir bei Theophilus und Heraclius derartige Angaben mehrfach

---

[8]) Im Augsburger „Kunstbuchlin" (v. J. 1535) p. XII finden sich mehrfache Anweisungen, die auf diese Manier des Strassb. Ms. hinweisen; z. B. für blaue Farben: „Incorporir reine kreyden mit dem safft der schwarzen Holderbern, durch ein tuch ausgetruckt, geuss ein wenig Alaunwasser daran, lass es eyntrucknen, vnd behalts biss du seyn bedarffest. Auff dise weyse magst du auch farb machen von den blauen Kornblumen; auch magstu Holderbersafft, attigber safft mit alaun temperirn . . . Item Heydebern, Maulbern mit Alaun wolgesotten" etc.; für grüne Farben: Schwartze Kreytzberlin mit Alaun bereitet, ebenso für gelbe und rote Farben (Presilgenholz).

[9]) Vergleiche den Anhang zu diesem Abschnitte, über einschlägige Anweisungen des Münchener Lib. illuministarius.

notiert sehen, lässt uns der Autor des Strassb. Ms. hierin in Stich. Nur einmal (78) im Kapitel für Vergoldung mit Goldvarwe (Beize, mordant) erfahren wir, dass ein Leimgrund als Unterlage gedient haben muss, welchen die Technik der Vergoldung von jeher gekannt hat; es heisst dort: „Willst du auf Holtz oder auf Tuch oder auf Zendel vergolden, so überstreiche das Holz zuvor mit frischem Leime, zweimal oder dreimal, damit das Holz (durchtränkt) werde, und bei den anderen gleichfalls, und wenn der Leim trocken wird auf dem Holz, oder auf Tuch oder auf dem Leinen, so streich die Goldfarbe über den Leim mit einem weichen Pinsel etc." Wir haben also hier eine Leimgrundierung; aus einer weiteren Notiz hören wir noch von Oel- überstrich:

„Hier merk, Eisen, Blei und alle anderen harten Geschneide und Bein, und ähnliche harte Dinge, die verlangen es nicht, dass man sie vorher mit Leim überstreiche, wie alles Holz und Tuch, aber **auf Steinen und auf Mauern**, die sol man vorher mit Oel tränken, ehe man die Gold- farbe aufstreichet und gleicherweise, wie es oben gelehrt, so sol man auch andere Dinge vergolden."

Obwohl es nicht deutlich ausgesprochen ist, sehen wir aus den obigen Angaben doch, dass zwei Arten von Untergrund in Gebrauch waren, nämlich Leimgrund für Holz, Tuch oder Leinen, Oelgrund für Stein, Mauerwerk etc., woraus wir schon eine bestimmte Grundlage für die Technik uns bilden können. Ob zu diesen Grundierungen noch Farben (wie Bleiweiss bei Heraclius für Oelfarbe, Gyps zum Leim bei Theoph.) genommen werden sollen, ist aus dem Ms. nicht ersichtlich, bei der Fortdauer der Tradition aber sehr wahrscheinlich.

Ueber die Farbenmischungen, die in 73—75 zu allen möglichen Dingen, Ge- wänder, Fleischfarbe, Haarfarbe etc. beschrieben sind, wäre zum Schluss noch zu bemerken, dass wir derartige Zusammenstellungen ähnlich schon bei Theophilus und Heraclius gefunden haben. Die Maler von damals mischten ihre Farben niemals auf der Palette wie wir, sondern in den Farbentöpfchen selbst, wie es heute unsere An- streicher zu machen pflegen. Ueberdies haben wir zu bedenken, dass die ganze Thätigkeit von damals mehr einen handwerksmässigen Charakter hat, und die Gesellen einen grossen Teil der Arbeit ausführen mussten.

Bei grösseren Gruppen von holzgeschnitzten Figuren oder Dingen, die sich wiederholten, war eine vorherige Vermischung der Farben sehr angezeigt, ja wir sehen in späteren Werken, z. B. bei Boltz, dem „curiösen Maler", in Kunst- und Werkschul usw. die Anweisungen nach dieser Richtung hin noch viel mehr ausgebreitet; dort finden sich für jedes Tier, für jede Pflanze, genaue Angaben der Farbenmischung, so dass uns eine derartige Erleichterung des Arbeiters nicht besonders in Erstaunen setzt; bei den Miniaturmalern, welche die vorliegenden Evangelarien etc. genau copieren mussten, mag eine so detaillierte Angabe von Farbenmischungen sogar sehr erwünscht gewesen sein.

Ueber das Ms. und dessen Inhalt ist weiter nichts hinzuzufügen; der Text spricht in seiner natürlichen naiven Sprache selbst. Einige notwendige Erklärungen sind in den Anmerkungen gegeben und ist mit Ausnahme einiger, dem Copisten zur Last fallender Schreibfehler, die korrigiert worden sind, nichts verändert. Für die Durchsicht des textlichen Teiles, die Herr Dr. Panzer zu besorgen die besondere Güte hatte, erlaube ich mir auch an dieser Stelle meinen ergebensten Dank auszusprechen.

Die Kapitel, welche nicht von Malerei handeln, sind fortgelassen, resp. nur deren Aufschriften gegeben.

Text des Strassburger Ms.
(Nach der im Besitze der National-Gallery-Bibliothek befindlichen Copie des i. J. 1870 verbrannten Originales.)

(I. Teil.)

(1) „Dis ist von varwen, die mich lert meister Heinrich von lübegge.[1]) Wiltu lazur machen, so legs uff einen stein und nimm den tutter[2]) von einem eye und rib es recht wohl und tu enwenig wassers darzu, ist das getrucknet uff dem stein, so tu es in ein muschal[3]) und flösse es recht wol also dünne mit wasser, untz[4]) es schön wirt und nim den gumi und rib es uff einen stein und temperer es mit wasser und tu es in das horn[5]) und ouch den lazur und enwenig honges[6]) so gat es gern von der federn, so hastu schön fin lazur.

(2) Kom, wiltu grün machen, so nim enwenig gumi arab. und rib das uff einen stein und tp[7]) das mit essich und nim spangrün[8]) und rib es underenander und (gib) darunder geweichten saffran, der in essich geweicht si.

(3) Wiltu zinober tempereren ze incorpiereren,[9]) so rib den zinober mit Wasser und tu des tutters usz dem eye darzu, und so du es wol geribest, so nim eyger clor und temperer es damit.

(4) Wiltu lazur flössen, so nim kalk und las den über nacht stan und schüt den das wasser hübschlichen oben abe und tu daz under den lazur und darnach nim lougen die tribet den kalk us — und tu darnach wasser daran und la daz stan über nacht, daz das wasser dar uss gang.[10])

(5) Wiltu zinober tempereren ze florirende,[11]) so nim den zinober und rib in trocken recht wol und nim dan enwenig wassers und enwenig saffrans und rib es aber dann als vor[12]) und nim 2 troph. tutters und rib daz do mit und tu es dann in das horn und t p e r es dann mit eyger clor und die materie la dick.

---

[1]) Lübbecke, jetzt Kreisstadt des preuss. Reg.-Bez. Minden, am Wiesengebirge, erhielt 1279 Stadtrecht (vielleicht die Hansestadt Lübeck?).

[2]) Dotter.

[3]) Muschel, zum Farbenanreiben vielfach benützt; vergl. das Kapitel über die Miniaturmalerei.

[4]) bis.

[5]) Horn (hornelin), als Farbenbehälter gebraucht.

[6]) Honig.

[7]) Abkürzung für „temperiere".

[8]) Grünspan, essigsaures Kupferoxyd, dessen Bereitung zur Malerfarbe (s. auch Bersch p. 337) in allen alten Ms. erwähnt ist.

[9]) Corpus, der Körper für die grossen Initialen bei Manuscriptmalerei.

[10]) Der Sinn der Anweisung ist nicht klar; der lazur soll durch die Aetzlauge nur gereinigt werden; flössen soviel wie schlemmen; vergl. bei (6).

[11]) florieren soviel wie illuminieren.

[12]) ebenso wie zuvor.

Nim zinober und enwenig erden[13]) und enwenig saffrans und 6 troph. tutters und rib daz recht wohl mit eyger clor und t p e r es mit eyger clor.

(6) So du lazur kouffen wilt, so nim der recht brun sı, darnach so du in tpereren wilt so rib in recht wol mit eigern tuttern und purgiers mit lougen und lasse es wol gesitzen, und schütte daz oben ab in ein ander horn und schüt es als wol dick uff und ab, untz daz es luter werd und las es truknen wol, und tu es den in ein seklin und gehaltz,[14]) wie lang du wilt, und wenn du opiereren[15]) wilt damitte, so tu es in ein horn und tper es mit starkem gumi und 2 troph. tutters von einem eige und lass es gestan einen tag und wellest du denne so tu enwenig rouselin[16]) darunder, hest du gern brun blau.[17])

(7) Dis ist die floritur des lazures. Nim daz ab dem lazur ist kommen[18]) und tu es in ein hörnelin und tu dar zu enwenig rouselin und 1 troph. tuttern und la die materie dik und opier damit so du wilt und tper es mit gumi.

(8) Dis ist ein gele varwe von opiment.[19]) Nim zu dem ersten opiment, und rib es recht wol truken und nim dar zu eiger tutter und enwenig saffrans, und rib es recht wol und tu es dann in ein hörnelin und opier damit und tper es mit eyger clor.

(9) Wiltu machen roselin von grund uff so nim ein lot geschabz brisilholtz[20]) nnd 1 loth alan[21]) und rib den als wol als mel und als vil criden[22]) als des alantz und rib auch die laug und leg jegliches ze einem huffelin und nim ein glas und bespreng das mit einwenig alant und darnach mit also vil criden und denne dar uff als vil prisil holtzes und schütte dar uff wol geschlagen eiger clor das[23]) — es denn übergange und lasse es dann stan 8 Tag und truke es durch ein tuch recht wol in den criden stein und lass es derren in einer wermi[24]) und nim die materie und tu si gehalten in ein sekelin,[25]) und so du opiereren wilt, so tper es mit wasser.

(10) Wiltu lazur tpieren daz es klein und vin us der federn gat, so nim zu dem ersten des lazurs als vil du wilt und rib das uff einen stein mit starkem gummi wasser und mit eigers tutter untz das es nüt uff dem stein crostele[26]) und tu es zemol in ein zinie[27]) schüssel und güsse starke heisse louge dar über und zerrib das lazur unter die lougen gar wol und lass es ein willin[28]) stan untz[29]) das es zu boden sitzet und güs daz oberste oben abe in ein ander schüssel und güss es den in die erster schüssel aber der heissen lougen und tu im ze glicherwise als (vor) und tu das 3 stunt oder 4 stunt[30]) untz das die lougen luter[31]) wird und von dem wasser luter gange und darnach so güss luter wasser uff die lazur und las es gesitzen und

---

[13]) Vielleicht roter Ocker (Rötel).
[14]) behalte es, hebe es auf.
[15]) operieren.
[16]) Rosafarbe s. b. (9).
[17]) Brun blau wird hier ein violett genannt; ähnlich in einem deutschen Ms. des XV. Jhs. der Heidelberger Bibliothek (Pal. germ. 676): veielett (violett) machen so misch plawb vnd prawn vnd weiss vnderainander . . . .
[18]) d. h. was bei der Bereitung des Lazur übrig geblieben ist, im vorigen Absatz (6).
[19]) Gelbe Farbe, Auripigment, Schwefelarsenik.
[20]) Brasilienholz, Rotholz, ital. verzino, Santelholz (Caesalpina Sappan).
[21]) Alaun.
[22]) Kreide.
[23]) Hier fehlt etwas im Ms.; aus ähnlichen Anweisungen bei Boltz geht hervor, dass die Mischung stark zu kochen hat.
[24]) Wärme.
[25]) Säckchen.
[26]) grieselt.
[27]) zinnerne.
[28]) ein Weilchen.
[29]) bis.
[30]) 3 mal oder 4 mal.
[31]) lauter, klar.

sige das wasser genou von dem lazur, so ist das lazur klein und wol bereit.³²)

(11) Wiltu schön und vin grün temperieren, so nim vin spangrün als vil du wilt und rib daz gar wol mit essich darinne gumi arab. zergangen si und also gros wassers von winstein³³) als ein erwis,³⁴) do von wirt daz grün satt und glantz und (nim) drie troph. eiger tutter und zwen blumen saffrans, dis rib alles under enander daz es us (der fedren) gerne gange.

(12) Wiltu schön ruberik³⁵) machen. Nim zinober als vil du wilt und rib den zinober uff einen reinen stein mit wasser gar wol und wenn du es geribest, daz es gar rot si, truken si uff dem stein, so nim 3 troph. des tutters uff dem stein und nim den des andern wassers, daz us dem eiger clor ist gemacht und nim des uff den stein als das die varwe wol nass werde und rib es dar nach uff dem stein als³⁶) under enander und (tu) daz von dem stein in ein rein horn, und rur es mit einem reinen höltzelin under enander und versuche es mit einer fedren: gat es nit us der fedren so ist die tint ze dik, so sol man me³⁷) klares usser dem glas tun in das horn und sol es aber ruren und versuehen bis daz es recht wird, als du die fedren in das horn tust, als dik soltu es ruren.

(13) Wiltu machen ein gut fundament dar uff man silber und golt leit,³⁸) daz es schön und glanz werde. Nim zu dem ersten cretam pelliearie,³⁹) das ist die die kürsener hant, diese criden sol man also bereiten, man sol nemen hecht schuppen und hecht gebein von dem houpt und das sol man under enander sieden in einer überlazurt kachlen als lang bis das der drittel in gesiede,⁴⁰) dar nach sol man (die) brüge sigen⁴¹) durch ein linine tuch und rib die vorgen criden mit der visch brüge und tu es denne in ein musehal und lasse es denn hert werden, und wenne du wilt ein fundament machen ze gold, so nim der vorgen eriden, die bereit si als gros als ein haselnus und rib die gar wol uff einen stein mit dem wasser das von dem eiger clor si gemacht und rib darunder ouch als gros zinobers als ein erwis und salis armoniac. ouch als ein erwis und 3 blumen saffrans, das rib gar wol alles under enander uff einen stein und tu es von dem in ein muschal, dis soltu tempiereren in der diki als ein ruberik, dis hört zu vin golde, ze glicherwise mag man silber daruff legen also⁴²) daz der saffran nit darunder komme, und dis sol man nass uff legen.⁴³)

(14) Wiltu machen ein gut fundament gold und silber uff zu legen truken. So nim ze glicherwise als vil eriden als vor und rib daz ze glicherwise als das erst und tu dar under zinober als gros als ein erwis, salis armoniak ouch als vil, und 2 troph. honges und rib das alles gar wol under enander mit dem wasser das uss dem eiger clor ist gemacht und tpier es under enander in der diki als ein ruberik und tu es darnach in ein rein muschal und merk wo du daz wilt uff schriben so sol man es vorhin under enander wol

---

³²) Die Art des Schlemmens des Lazursteins in Lauge ist beschrieben im Bologn. Ms. Nr. 3 (Merrif. p. 344); es ist die Manier ohne das sog. Pastill, welche bei Ultramarinum almaneum od. ispaneum, oder der Lombardei zur Anwendung kommt. Unter Ultramarin. almaneum, od. citramarinum ist jedenfalls Kupferlasur zu verstehen, welches vielfach mit Lapis lazuli verwechselt wurde. Vergl. Merrif. p. CXCVI; s. auch (4) u. (6) des Ms.

³³) Weinstein.
³⁴) Erbsengross.
³⁵) Rubriken, Kapitelüberschriften sind in alten Mss. meist rot.
³⁶) alles.
³⁷) mehr.
³⁸) legt.
³⁹) Kollerkreide, weisser Bolus.
⁴⁰) bis zum Drittel eingesotten.
⁴¹) die Brühe durchseihen.
⁴²) also = nur; für Silber ist der Safran unangebracht.
⁴³) Das Metall soll hier aufgelegt werden, solange der Grund, „das Fundament", nass ist, im Gegensatz zu dem nächsten Kap.; der Salmiak dient zur Konservierung des Eierklar.

ruren und sol man daz berment⁴⁴) vorhin wol purnieren,⁴⁵) da wo man die gold varwe uff strichen wil, so sol man si blos uff strichen und gar gelich.⁴⁶)

(15) Dis ist ein assis⁴⁷) silber und gold truken uff ze legende. Nim heideschen Ziegel⁴⁸) den die goldsmit hant, und enwenig kolen und rib das wol und 1 troph. honges oder zwen darzu und tpier daz mit lim von husen blatern gesotten und leg gold daruff troken.

(II. Teil.)

(16) Dis lert mich Meister Andres von Colmar.⁴⁹) So du wilt einen grund machen ze übergülden, so nim criden und stosse die, und leg sie in ein schüsselin und la si dar inne zwene tag und schüt den das wasser oben ab und nim die criden und rib si uff einen reinen stein und mache lim dar us und leg si uff ein schindelen⁵⁰) und la si truknen. So du denne ubergülden wilt, so nim zwen teil criden und den dritteil sal armoniak, so er iemer wissest⁵¹) mag sin und schabe von einer zechen huse blatern als gros als ein linsin und ein vil wenig honges und tu das dar under und tper das alles mit wasser.

(17) Wiltu uff vin gold florieren, das es recht zierlich stat, als das ein gold uff das ander wer gefloriret. Nim in der apoteke gumi arab. als gros als zwo erwis und zerschnid das zu kleinen stükelin, und güs wissen essich dar über in ein muschal und la das stan über nacht ze weichen und seige den essich oben abe und nim das gewerkt⁵²) gummi arab. und tu es uff einen reinen stein und rib es enklein und tpers in der diki als ein ruberik mit itelm wasser und tu es dar nach in die muschal und florier damit in gold daz stat gar zierlich und wol.

(18) Nim eines salmen gallen oder eines lachsen galle und strich die galle uff ein muschale und tu ein troph. essichs dar under und florir damit uff gold, das dritte so nim verger von metz⁵³) und rib das uff einen stein mit enwenig wassers de gumi arab. daz hienach verschriben stat, daz soltu verhelen.⁵⁴)

(19) Wiltu goldin geschrifft machen. Nim in der appotek aurum musicum, und rib das mit wasser uff einen reinen stein gar wol und nim des wassers de gumi arab. ein teil und den andern teil gemeines Wassers, und zertrib die zwei wasser mit dem finger under enander in einen reinen muschal und das triben⁵⁵) aurum muscatum (!) in die muschal und getrib es under enander in der diki als ein ruberik. Und schrib damit was du wilt, und las das truken werden und purnier das senfteclichen mit einem glatten zan von einem wolf, so wirt die geschrifft schön und glantz gold werden.

(20) Wellent ir silbrin geschrift haben. (Nement) musicum⁵⁶) argenteum und ribent das mit wasser gar wol und klein und so es wol geriben werde, so tunt es von dem steine in ein grosse muschal und güs die muschal vol wassers und rur es mit einem finger wol under enander und las es den enklein zu boden sitzen und güs den des obersten wassers dar ab von der muschale,

---

⁴⁴) Pergament.
⁴⁵) bruniern, glätten.
⁴⁶) gleichmässig.
⁴⁷) Assiso, die Unterlage für Vergoldung.
⁴⁸) Vermutlich Trippelerde (terra tripolitana) aus Tripolis.
⁴⁹) Kolmar, Stadt im Oberelsass, in einer Schenkungsurkunde Kaiser Ludwig des Frommen 823 zuerst genannt; seit 1226 freie Reichsstadt. (Kolmar in Posen wurde erst 1435 gegründet, kann demnach hier kaum gemeint sein.)
⁵⁰) Holzbrett.
⁵¹) der weisseste, der zu haben ist.
⁵²) das so zubereitete Gummi arab.
⁵³) Ocker von Metz, eine geschätzte Sorte.
⁵⁴) verheimlichen.
⁵⁵) geriebene.
⁵⁶) margantan argenteam in Ms.

und tu aber me wassers darin und menge es under enander und las es aber enwenig gesitzen, und güs des obersten wassers aber darab, bis es luter werde und nim den des wassers des gumi arab. ein teil und des andern teil gemeins wassers, und müsche die zwei wasser ze sammen, und tpiers damit ze glicherwise in der diki als ein ruberik und schrib domit was du wilt, und las das truken werden und purnier es mit einem glatten wolf zan, so wirt die geschrift schön und glantz silbervar.

(21) Dis ist das dritte wie man gold und silber schribet us der fedren. Nim in der Appentegen punicem romanum[57]) und rib das uff einen reinen stein gar klein und wol mit wasser, und nim dis wassers in dem ersten glas de gumi arab. ein teil und also vil brunnen wassers und tpier es under enander in der diki als ein ruberik und schrib was du wilt und wenne daz gar wol truken ist so nim vin gold und rib daz uff die geschrift senfteclich bis daz die geschrift über al geverwt[58]) si worden; dar nach so nim des wolfes zan und übervar die geschrift ouch senfteclich überal bis daz es schön und glantz werde. Wiltu das silbervarw machen, so übervar die geschrift mit silber, und darnach ouch mit dem zan, so wirt si schön und glantz.

(22) Wiltu aber gold und silber schriben us der federn, so nim 20 blätter von golde oder vier u. zwanzig zu dem meisten und leg die bletter alle nebent enander uff den stein und nim saltz und übersaltz die bletter überal, darnach so nim starken wissen essich und über spreng die bletter und las es ein wil also liegen und rib es darnach gar wol und tpiers mit dem gumi arab. und ein teil gemeines wassers und rib es denne mit einen zan das golde.[59])

(23) Wie man ein wasser machet, damit man alle varwen sol tempiereren. Nim in der Apeteke ein specie heisset gumi arab. ein lot oder als vil du vilt und leg das in ein linin tuch und winde das ze sammen und blewe[60]) das bis das es ze bulver werde in dem tuch, darnach so tu das bulver us dem tuch in ein überlazurt kachlin, die rein si und güs dar über schön wassers das eins fingers dik darüber gang und las daz also stan über nacht bis das es weich wirt, und zertrib es mit einem finger gar wol under enander und leg dazu ein settit[61]) wisser mirren,[62]) die luter si und las das ouch in dem wasser stan und zergan und zich es dann durch ein linin tüchlin und dis wasser sol als dik sin als öli.

(24) Nim das clor von 3 eigern in ein rein schüsselin und klopf das eiger clor mit einem löffel bis es dünne werde und nim einen schönen badslein[63]) und ring das clor dar durch ze v. malen bis das es nümma schümi, darnach nim gumi arab. ein settit und leg das in den eiger clor und las es zergan, und nim darnoch ein gefügen löfel vol essichs und zertrib das unter das clor und leg darnoch in das clor als gros salis armonic. als ein erwis, dis wasser tu besunder[64]) in ein glas ouch wolbehalten, bis man sin bedarff.

(25) Wellent ir schön fin tüchlin varwe machen, so nim in den ersten 8 tagen nach pfingsten 7 (hant) voll[65]) korn blumen, die an dem morgent gewunnen sint vor mitten tag und brich die blumen oben ab in ein rein geschirr und stosse die blumen oben ab in ein reinen mürsel gar wol bis das si werdent als ein müs, dar nach leg si in ein rein zwilch tuch und ring das safft dur

---

[57]) Röm. Bimsstein.
[58]) gefärbt.
[59]) Eine Anweisung, welche sich fast in allen alten Quellen wiederfindet; Theoph. I. B. Kap. XXXVII, 4. Abs.; Heraclius III. B. C. XVII.
[60]) schlagen, durchbleuen.
[61]) settit od. settil, der halbe od. Viertelteil eines Lotes.
[62]) Myrrhenharz ist zum Teil in Wasser löslich.
[63]) Starkes leinenes Tuch; das Verfahren ist das gleiche wie bei Heraclius C. XXXI.
[64]) besonders, für sich.
[65]) Ich ergänze handvoll nach (32).

das tuch gar wol in ein überlazurt kachlen und nim ein settit salis armoniaci und leg es in die varwe so zerget es zehant,[66] darnach da nim ein schön wol gewesehen tuch von einem alten sleiger[67] oder von einem alten tischlachen und stos der tüchlin in die varwe als das tuch die varwe alle an sich zieche, als das die tücher weder ze nas noch ze dür werdent und süd[68] die varwe untz das si überal habent emphangen und darnach sol man die tücher nebent enander henken in einen reinen garten an den wint und las si wol truken werden, do noch an dem andren morgent so soltu aber der blumen frisch gewinnen als vil als vor und solt si aber oben ab brechen und aber stossen ze müs als vor und durch das zwilch tuch ringen in die (schüssel?) und nim denn gumi arab. das gar luter si, das vor gewerchen si mit (?), und das gumi sol man zertriben mit einem finger under enander und müsch das zertriben gumi under die blumen und rur es mit dem holtz under enander und nim alumen glaciei[69] ein settit klein zertriben ze bulver und leg das bulver in das vorgn. safft, und rur es wol under enander bis daz das alumen zergangen si, da noch so nim die vorgn. geverwten tücher und truk si zu dem andren mol in die varwe und las si in der varwe bis si die varwe genot an sich ziechent, und wol geverwt sin, dar noch so henk die tücher aber uff an den wint und lass si gar wol truken werden, dar noch so wind die tücher in ein schön papier und leg das gehalten in ein rein new schindelladen[70] und setz es enbor in den lufft, das es nüt feuchte habe.

(26) Wiltu violvarw tüchlin machen, so nim aber in der selben zit rot korn blumen als vil du wilt und brich die bletter von den blumen und stosse sie gar wol und ring das safft dur ein rein linin tuch in ein überlazurt kachelin, und nim alume glaciei ein settit ist der blumen vil, ist ir aber lützel so nim dester minder und doch merke hie, werde der blumen ein quertelin,[71] so gehort denn ein settit dar in alans, wer aber der blumen nüt also vil so lege nüt not dar an und ob das settit alans genot dar in keme, dar noch so tu die tücher in die varwe und verwe si über al, noch henke die tücher uff an den wint und las si wol truken werden, und nim der blumen als vil als vor und stosse die blumen und truke das safft aber dar us durch das tuch und stosse die tücher aber an daz safft, daz si aber wol geverwt werden über al und zertrib aber in dem safft gummi arab. und henke denn die tücher an den wint und la si wol truken werdent und winde die tücher in pappier, dis heisset violvarw tüchlin.[72]

(27) Wiltu machen brun blau-tüchlin varw. Nim heidelber so si[73], ze dem ersten uff gant ein schüssel vol und tu die ber in ein new hefelin und tu das hefelin wol bedeckt in die erden bis under den hals und la si also stan acht tag bis das si[74], (stosse si) wol in einem reinen mürsel und tu si in einen reinen nüwen hafen und güs das hefelin vol wassers also das des wassers ein quertelin si zu einer schüssel vol ber und rur die ber und das

---

[66] alsbald, sogleich.
[67] Schleier, dünnes Gewebe.
[68] siede.
[69] Alaun in Krystallen.
[70] Holzkästchen.
[71] Quertelin, ¹/₄ Teil einer Mass.
[72] Welche Blume unter „rot kornblumen" zu verstehen ist, mag schwer zu entscheiden sein; der Klatschmohn (Papaver rhoeas) gibt eine blaue Saftfarbe (Hoffmann, Farbenkunde für Mahler, Erlangen 1798, p. 80), wenn die Blätter zerquetscht mit ein paar Tropfen Potaschenlösung vermischt werden. Zu Violettfarbe nimmt Boltz, p. 25, Presilgen (Brasil); das Rez. ist in (31) wiederholt, violvarw tüchlin aus „grossen schönen roten blumen" zu bereiten; in (53) wird violvarw aus Indigo und Brasilrot gemischt, (66) aus Heidelbeersaft; vergl. auch den Excurs über die Verwendung frischer Pflanzensäfte in der mittelalterlichen Miniaturmalerei von Ilg (Heraclius, p. 99).
[73] Verdorbene Stelle, Boltz, p. 33, nimmt „Heidelbeer, die wol zeitig seind", laugt dieselben in Kalk etc.
[74] Verdorbene Stelle, resp. Lücke.

wasser wol under enander und nim salis armon. 1 settit und also vil aluns glaciei und setz das hefelin zu dem füer und las es senfteclichen erwallen, das es nüt überlöffe; wenne es blos erwallet, so heb es von dem füer und las es überschlachen, dar noch nim sal aro[75]) und alun glaciei iegliches ein settit und leg das in die varwe in den hafen und las da in zergan und la die varwe in dem hafen wol kalt werden, dar nach so güs die varwe in dem hafen in ein rein zwilch tuch und ring die varwe durch das tuch in ein überlazurt kacheln, so blibent die hülschen und die kernen in dem tuch, (das safft) gat in die kachlen, dar noch so nim schön wiss tuch und einen alten sleiger oder von einem alten tischlachen[76]) und stoss die tücher in die varwe, das si wol geverwt werdent und henke die tücher do noch uff an den wint und las si wol truken werden und tu si du weist wol war.[77])

(28) Wiltu roselin varw machen schön und fin die uff silber und uff gold durluchtig[78]) ist. Nim persilien holtz ein lot oder zwei das wol klein geschaben si und nim eichen eschen oder buchin und der zweiger ein[79]) und mach ein lougen die da luter und rein si, nim ein überlazurt kachlen vol lougen und setz es uff ein glut und las die lougen heis werden als das man ein finger kum[80]) darin haben mag und leg das vorgn. holtz in die heissen lougen und truk das holtz under mit einem höltzelin und ze hant so wirt die laug rot als einer schöner ros und las also ein wil stan, so ziechet (die) lauge die (varwe) alle ze mal an sich us dem holtz, dar noch so nim alun glaciei ein settit wol klein (ze) bulver zerriben und sege das bulver über das holtz in die varwe und rur es mit einem holtz wol under enander und seche es den als dur ein lini tuch in ein rein überlazurt kachlen und las das also stan über nacht bis das die röti zu boden sitzet und das wasser das obenan swebet das güs hüpschlich oben ab bis uff das dik, das kechelin da die diki varwe rine ist das setz uff den offen und las es also stan bis daz die varwe dürre si, so tu si us dem kechelin in ein blattern[81]) behalten bis man ir bedarff, were aber der varwe vil drei lot oder vier oder ein vierling[82]) wenne denn die varwe bereit wirt und gesigen ist durch das tuch, so sol man si güssen in ein sekelin, das sekelin sol dik sin geweben daz man kum dadur gesicht und sol sin undenan spiccig und obenan wit mit einen reiff obenan und solt den sak vorhin netzen und wider ringen und den die vorgn. varwe alle in den sak giessen und ein kechelin darunder setzen und das zu dem ersten us dem sack trüphet das ist enwenig rot; wand es us dem sak luter trophet, so güs die varw in dem kechelin under in den sak und henk den sak uff an einen nagel und setze die kachelen under den sak und la den sak über nacht hangen bis daz das wasser alles us getrüffet und wenne der sak nüt me trüphet so nim ein glat bret oder einen ziegel und wende den sak uff daz bret oder uff den ziegelstein und setz die varwe an den luft drie tag oder vier untz si dürre werde, dar noch tu si gehalten in ein bletern bis man ir bedarf, dis heisset fin roselin varwe.[83])

(29) Wellent ir machen schön fin paris rot. Nim zu dem ersten und mach ein loug us weid eschen und nim einer specie die heisset lagga[84]) damit man

---

[75]) aro, Abkürz. f. armoniaco.
[76]) Tischleinen.
[77]) Heidelbeerblau ist jetzt ausser Gebrauch, die Römer verwendeten die Farbe zur Mischung von Purpurfarbe, vergl. Blümner I., p. 214 ff., unter Vaccinum.
[78]) durchleuchtend.
[79]) eines der beiden, d. h. Eichen- oder Buchenasche.
[80]) kaum.
[81]) Blase.
[82]) Viertel eines Pfundes.
[83]) Vergl. (9, 52, 53).
[84]) Lacca, Grana, Farbstoff von Coccus ilicis (Schildlaus). Carminlack.

das louck⁸⁵) verwet, dis sol man zerstossen ze kleinen bulver, von dem lagga in die heissen lougen reren⁸⁶) und sol das under enander ruren und las es also stan ze beissende⁸⁷) über nacht, an dem morgent sol man die varwe zu dem füer setzen und sol si ruren on underlas und sol sieden halb als lang als man vische siedet, und sol den 1 settit aluns glaciei in die varwe tun und sol es wol ruren bis daz es zergat, dar noch hab die varwe von dem füre und lasse si überslachen und siche die varwe durch ein rein tuch das zwifalteg⁸⁸) sig und ring die varwe us in die überlazurt kachlen und nim den alun der gar klein ze bulver si zertriben und rer das bulver langsam in die varwe und rur es als mit einem löffel bis das der alun in der varwe wol zergangen si, hie merke ein worzeichen, wenn die varwe dikelecht wirt als ein warm win und doch schön rot do mit ist, so sol man nüt me aluns dar in reren, wenne die varwe dünne ist als wasser so sol man des aluns mehr dar in tun und under enander ruren, bis das die varwe schön dik werde; darnach so güs die varwe al ze mal in einen sak der geformt si als der sak zu der röselin varwe und las den sak also hangen ze trieffen über nacht bis nüt me us dem sak trüfft und was rus us dem sak trüffet das ist als liecht rot win, das sol man enweg⁸⁹) giessen, aber das in dem sak belibet das ist wie win rot varwe; den sak sol man umb wenden und die varwe uff einen stein tun und mit dem messer die varwe ab dem sak schaben und tun denne die varwe an den wind und las si wol dür werden und tu si denn wol rein behalten bis man ir bedarff.

(30) Wiltu bermit schön vin durlüchtig machen weler varwe du wilt als ein glas, so nim des lutersten megdenbermenten⁹⁰) das man do vindet und wesche das bermit in kalter lougen gar wol bis das die loug luter und clor von dem bermit gang, dar no so wesehe es in lutern wasser so ist das bermit luter und clor worden; dar nach so ring daz wasser us dem bermit. Wiltu nu daz bermit schön fin grün machen das man da dur sicht was man wil als dur ein schön glas, so nim spangrün als vil du wilt und rib das gar wol mit essich und müsche da under des grünen da mit die sekler leder verwent⁹¹) und disü zwei temperer under enander, das es weder ze dik noch ze dünne si, dar nach so nim das geweschen bermit und netz das bermit in der varwe ze beiden siten und las es also ligen in der varwe ein nacht, dar noch so swenke das bermit in kalten wasser und spanne das berment uff ein ram und las es wol truken werden, darnach so nim luter virnies das usser mastikel⁹²) gemachet sy und mit dem selben virnis (bestrich) das berment zu beiden siten bis es glantz wirt, darnach so setz es in eine heisse sunne und las das bermit wol truken werden, dar nach so schnid das bermit glich us der ramen und mach drü stük oder 4 als breit als du es haben wilt und leg dos bermit in ein buch oder in ein presse das es sehlicht belibe.

(31) Wellent ir violvarw tüchlin machen, das ouch gar nütz ist zu vil dingen, zu dem ersten sol man frü an dem morgen vor mitten tag gewinnen der grossen schönen roten blumen⁹³) als vil man wil und sol man die bletter alle abe brechen, anders es verhende die varwe⁹⁴) wenn man si alle abgebrichet so sol man si stossen in einen reinen stein oder in einen reinen mürsel und ringe den die varwe gar genot us und durch ein zwilchin tuch

---

⁸⁵) Locken, eine geringere Sorte der Wolle.
⁸⁶) schütten.
⁸⁷) zum beizen.
⁸⁸) zweifältig.
⁸⁹) hinweg (im Ms. steht enwenig).
⁹⁰) Jungfernpergament wird die feinste Sorte genannt; vergl. Boltz, p. 62, Perg. mit mancherley varb durchscheinig zu machen.
⁹¹) Boltz nimmt Saftgrün (succus sambuci) dazu.
⁹²) Mastix.
⁹³) Vielleicht die Pfingstrose (Paeonia officinalis), vergl. Hochheimer, chem. Farbenlehre, Leipz. 1797, p. 160.
⁹⁴) sonst würde es die Farbe schlechtmachen.

und enphahent⁹⁵) die varwe in ein überlazurt kachlen und nement aber als gros aluns als ein haselnus ze bulver zeriben uff einen stein und reret den alun in die varwe und rurent es wol under enander bis der alun in der varwe zergangen si und denn nement aber rein wol gewesehen linin tücher und trenkent die wol in der varwe zu beiden siten und das si ouch die varwe alle gar in sich nement und ouch niit trieffend, und henkent ouch den die tücher uff an den wind und lant si wol truken werden und trenkent die tücher zu dem andren mol aber in der varwe und lond si aber dar noch wol truken werden und nement schönen wol geverwten win wol uff ein mos und legent in den roten win ein lot luters gumis und das gumi lant einen halben tag ligen in den roten win zu weichen und zertribet das gumi gar wol under den roten win und netzent die geverwten tücher ze hindrest⁹⁶) mit dem roten win und des wines sol niit me sin, wand blos als vil das die tücher (nass werdent), underuff (tund) an den wint und lant si gar wol truken werden und tund⁹⁷) si denn wol rein behalten in ein schindellad untz das man ir bedarf und so hast violvarw tüchlin var(w).

(32) Wellent ir schön fin tüchlin blau var(w) machen nach lampten sitten⁹⁸) damit man schön blau verwet und auch garn und ist ouch gut zu vil dingen und blauen buchstaben und uff silber statz als ein fin gesmeltz.⁹⁹) In der zit acht tag nach phingsten so soll man an dem morgent frü uff stan so die sunne erst uff gat, das man den do si¹⁰⁰) do die blumen stant und sol gewinnen — 17 — hantvol der blumen, die vor dem mitten tag, wan nach dem mitten tag sint si niit gut — und süllen 3 menschen¹⁰¹) oder 4 oben ab brechen in ein rein bekin oder in ein schön ka(cheln) und so das geschicht so sol man sie stossen in einen mürsel stein gar wol untz das die blumen ze mus werdent und nas genug und dornoch so nement ein rein zwilchin tuch und netzent das vorhin enwenig mit Wasser und ringent das wasser wider us dem tuche und legent das genetzet tuch in die gestossenen blumen und als gros genot us mit 2 reinen seken, untz nut me varwe dar us gange und emphahent die varwen in ein rein überlazurt kacheln und nement aber me der gestossenen blumen in das tuch und ringentz aber us als vor und tund die varwe alle ze samme in ein rein geschirre und wenne das alles geschicht so schetz,¹⁰²) ist der varwe ein halbe mos oder etwas minder so nement ein settit aluns und ouch ein settit sal armoniac und stossent die zwei ze bulver und rerent das bulver in die varwe untz das es alles wol zergangen ist in der varwe und tribent denn die varwe in zwen teil gelich in zwei rein geschirr also das in einem geschirr glich als vil si als in dem andren und nement rein alti tücher linin, die vorhin gar wol gebuchet¹⁰³) und wiss geweschen sint und stossent die tücher in die varwe und windet si, das die tücher dur nas werdent das si zu beiden siten wol und gelich geverwt sint und ouch die varw gar in gangen si, und die tücher nüt entrüffent und so henkent die geverwten tücher uff an den wind an ein seil oder an einen steken und land si als

---

⁹⁵) fange sie auf.
⁹⁶) zuletzt.
⁹⁷) tut.
⁹⁸) Lombardische Art, siehe oben p. 145.
⁹⁹) Email oder Schmelz.
¹⁰⁰) dass man bei Sonnenaufgang schon dort sei.
¹⁰¹) Verdorbene Stelle; in der Copie steht monschen, ich nehme Menschen, weil die Arbeit Eile bedingt, um aus dem abgemähten Kraut die Blumen zu pflücken. Hier werden die Blüthen der Pflanze (Crozophora tinctoria, Färbercroton, Croton tinctorium, Krebskraut) gesammelt, während andere Anweisungen die Früchte zur Farbenbereitung nehmen. Neapel. Cod. Rubr. IX nimmt die Fruchtkapseln, welche dreiköpfig und mehrsamig sind. Die Pflanze, welche französisch Tournesol, in Montpellier, wo dieselbe besonders angebaut wird, „maurelle" heisst, gehört in die Familie der Euphorbiaceen. Theophilus und St. Audemar nennen die Farbe folium; vergl. Merrif. p. CLXXXIX, s. oben p. 126.
¹⁰²) schätze ab.
¹⁰³) gebuchet = ausgelaugt.

wol troken werden, und stossent denn die selben geverwten tücher noch einest in die andere varwe untz das sie die varwe an sich gewinnent gar das der varwe nüt me belibe und henkent denn die geverwten tücher aber uff an den wint und land sie hangen untz das si gar wol troken werdent und also sigent si — zwurent geverwt. Und do noch so heissent aber an dem morgent blumen gewinnen vor mitten tag als vor so vil das die tücher noch einest mügent nas werdent und tund den hindresten blumen mit stosse und mit us truken als den vordresten und tund 1 lot luters gumi in den hindresten varwe, aber das gumi sol vorhin in enwenig wassers geweichet sin und mit einem finger wol zertriben sin und denn sol man das gumi giessen in die dritte hindresten varwe und sol die geverwten tücher zu dem dritten mol in die varwe stossen, das si aber die varwe alle an sich nement, das der varwe nüt me si, und die tücher ze beiden siten wol geverwt sin mit der hindresten varwe und denne so sint die tücher wol geverwt und hand ouch varwe genug und blibent also lang zit schön und ouch stette und fin; (man) sol si aber uff henken an den wint zwene tage und nacht untz das si gar wol trukent werdent und also sind si gar wol bereit und die blauen tücher sol man in pappir winden und sol si legen in ein rein schindellad und sol die laden setzen und behalten enbor uff einen schafft do mit vil rotes aber ander besser gesmak [104]) und also kan man sü so gar behalten frisch und schon, das ir varwe niemer verwandlet und dis varwe heisset ze paris und ze lampten vor misal und hie im land tüchlin blau und ist liep und wert . . . . [105])

(33) Wiltu blauen faden verwen, nim heidelber und truk das safft dar us und tu es in ein suber schüssel und las es enwenig wallen und nim den zu einer mass safftes ein halb ei gros alun und als vil kupher foulen [106]) und ouch als vil weid eschen oder enwenig me und zerstoss die und den alant wol und wirff es denne alles in das safft und güss enwenig essichs darzu und rur es wol und tu den faden darin und las in wol erwallen, so gewinst du schönen und hast geverwten faden, wiltu aber das er liecht werde so nim der kupher foulen dester me.

(34) Wiltu schwartz tinten zu brieffen geschriffte. Nim gallas romanas [107]) zween teil das dritteil vitrioli [108]) das ist (l)ongstein, das vierde teil gumi arab. wiltu aber die tinten über all mal swartz machen, so nim das fünfte teil der schärfen [109]) die sol man alles ze bulver klein stossen und sol das bulver in einen hafen tun und lourindenwasser dar zu, das sol man lan sieden als lang als vische und sol man es nüt lassen überlouffen und tu darzu ein gleslin vol essichs und hab die tinten von dem für und rur si untz das si kalt werde und las ein hut darüber wachsen so schimelt si nüt fürbas, hie merki: ist die vorgn. materie 1 phunt gewesen so hort des vorgn. lourinden wassers 1 vierling darzu, Item zu einem halben phunt mosse. Wiltu machen tinten von substaneie. Nim substaneie [110]) als gros als zwei hennen eiger und $1/2$ mos wines und 1 zekel [111]) bermentz und süd das in einem nüwen hafen untz das es wol zergangen si und nim denn atrament als gros als ein boum nus und bronne das in einem füre und rib es denn in einer schüssel und schüt es denn in die tinten und rur es under enander und achte daz es siede und nüt übergange; so si denne gesüdet so rur es untz das si kalt wirt, so wirt si ze mol gut.

---

[104]) Die Tücher mögen mit den anderen roten aufbewahrt werden, aber au einem trockenen Ort, wo gute Luft sei, weil die Feuchtigkeit schädlich für dieselben ist.
[105]) S. oben p. 152.
[106]) Kupferfeile.
[107]) Galläpfel.
[108]) Eisenvitriol.
[109]) des Vitrioles.
[110]) Saftgrün s. (60).
[111]) seckel, kl. Säckchen mit Pergamentschnitzeln, aus welchen ein guter Leim bereitet wurde.

(35) Wiltu gut blaw varw machen, nim den blumen von dem korn, du weist wol wenn und derre die senfteclich und rib es denne mit gutem wine und las es denn truknen und nim den enwenig ganffer[112]) und halb als vil salis armon. und rib es ouch dar under so hastu uff silber oder wa du wilt gut blau als vin lazur und tper es denn mit gumi oder mit wasser von eiger clor.

(NB. Hier beginnen die Kapitel (36—48), die mit Malerei nichts zu schaffen haben, ausgenommen (44); dieselben füllen 12 Seiten der mir vorliegenden Copie. Nur die Ueberschriften sind hier verzeichnet.)

(36) Wiltu aber gut tinten machen,
(So der Titel; der Inhalt handelt von Seifenbereitung nach latein. Quelle.)

(37) Wiltu aber gut seiffen machen.

(38) Item,

(39) Wiltu wissen, wie man horn güst als bli,

(40) Wiltu es verwen,

(41) Wiltu aber horn giessen und weich machen das man drus druket was man wil,

(42) [Fehlstelle] .... Ist er schuldig, so wird der spiegel ze hant bleich (Zauberspiegel?).

(43) Wiltu machen ein wasser und wen man es in ein ampel tut und ein spiegel (Wunderspiegel?).

(44) Wiltu machen fin lazur als man über mer macht[113]) so lasse dir machen ein silbrin büchse und nim denn calcem mortuum der wol gebrant si und rib in gar klein und tu das in win essichs, der gut si und der essich sol zwurent wol gesaltzen sin und versuch es uff der zunge, dar noch güs den essich uff den kalk und mache es als dik als ein mus und nim das selb und tu es in die büchse und vermach die büchse wol mit (?) an der stat do die büchse ze samen gat und setz si in einen mist und las si dar stan 4 wuchen, do noch nim si har us und tu die varwe in ein bekin und las si truknen an der sunne. Wiltu machen gut lazur nim den allerbesten win als vil du wilt und leg dar in enwenig alunes das der alun dar in zergange und tu denn den selben win uff ungelöschten kalk und mache dar us ein louge und güs die louge in ein drifaltig sekelin und ouch enwenig esche da inne si und lasse das louffen in ein bekin[114]) das tu als lang untz es beginne blawen, so nim denn geschaben persilie und den alun, der so geweschen ist, die du in den win hest geleit und leg es denn in ein louge und las es darin liegen über nacht und nim es denn des morgentz wider herus und henk es aber über das bekin und tu das lang untz das dich dunke das es sin genug habe, so rur es und trenke es mit lougen zwurent oder dri stunt, so wirt es gut lazur.

(45) Wer sin hant oder sin füsse oder sin hut welle wiss machen (Schönheitsmittel u. dergl.).

(46) Wiltu ein gut stimm gewinnen .... (desgleichen).

(47) Wiltu schön lang har machen ... (wie oben).

(48) Jetzt folgen einige artikel wie man solle machen gut fin helfenbein, ein wasser der tugend[115]) und ein trank der tugend, zwei wasser di luter sind als ein brun und wenn man si under enander tut, so werdent si als geleyti milch, wie man die fliegen alle wol bringen kan in einen kreis die in dem huse sind (sic!).

---

[112]) Kampher.

[113]) „Als man über mer macht", ultramarinum; die Bereitung entspricht aber nicht dem Ultramarin aus Lapis lazuli, welches Ultramarin genannt wurde, im Gegensatz zu citramarinum, dem einheimischen Lasurstein. Die Anweisung hier ähnelt vielmehr dem Lazorio, Kap. II der jüngeren Mapp. clav. einerseits, und den entsprechenden des Lib. sacerd. (p. 27).

[114]) Die Anweisung ist nur verständlich, wenn unter „bekin" ein kupfernes Becken gemeint ist.

[115]) Vergl. Note p. 149.

(III. Teil.)

(49) Dis büchlin lert wie man all varwen tempieren sol ze molen und ouch ze florieren nach lamptenschen sitten und ouch von allen dursehinigen varwen rot blau und wi man durschinig bernit sol machen luter als ein glas. Es lert ouch machen drier leige gold grunde und lert ouch drier leige vernis machen, und zu dem ersten 2 wasser damit man alle varwe tempiereren mag und ist dies das erst gumi wasser.

(50) Wiltu machen zwei edli guti wasser do mit man alle varwen schön und fin tempiereren mag, so nim zu dem ersten zwei teil gumi arab. und das dritteil gumi cerasi[116]) und leg disi zwei gumi in ein schön schüsseln und güs schön wasser oben über das gumi daz das wasser über das gumi gang eines vingers hoch und las das also stan ze weichen wol uff einen halben tag, so ist das gumi in dem wasser wol weich worden und zertrib die gumi wol under, das es wol under enander gemischet si und getempert und tu in ein klein muschal vol honges in das wasser und ein eiger schal vol essichs und dieses sol man gar wol under enander triben und müschen und sige dis wasser durch ein rein tüchlin und tu dis wasser in ein rein glas behalten, bis das man sin bedarff; dis wasser sol sin in der der diki als öli. so ist im recht gut und slicht.

hie depinge colores (sie in Ms.).

(51) Hie vachent an[117]) die durschinigen varwen, wie man die bereiten sol und zu dem ersten wie man zweierley grün machen sol. Nim vin spangrün als vil du vilt und rib das in einen stein gar wol mit essich und rib als gros win steines dar runter als ein erwis und auch drie troph eiger totter oder so vil honges und tp. das alles wol under enander mit itelm essich weder ze dick noch ze dünne und tu das in ein küphrin geschir und leg luter gumi arab. dar in ein halb bounnus[118]) und las das in der grünen varwe wol weich werden und zertrib das gumi wol under die grünen varwe, so hast du edel vin durschinig grün varwe. Wiltu aber der selben varwe ein teil verwandeln zu schöner loup[119]) varwe so müsch zwei blümelin saffrantz oder me under die grünen varw, so wirt es schön und loupvar grün.

(52) Wiltu schön vin durschinig rot machen, des liecht und satt si so nim persilien holtz ein halb lot, das vorhin klein geschaben si und leg das in ein rein glasiert geschirr und nim ein wenig luter longen und mach die longen heis bei dem für und güs die longen heis über das persilien holtz und tu ouch enwenig harnes dar in und rür das holtz alles under enander und nim als gros aluns als ein gros haselnus und rib das (ze bulver[120]) und tu das selbe bulver in die longen zu dem holtz und rür es alles wol under enander — so — ziechet die longe und der harne und der alun die rötin aus dem holtz die es geleisten mag[121]) und wirt die longen schön fin ro als ein schöner roter rose. Dis varwe sol man behalten rein bedecket untzt man ir bedarff, wenn du nu dieser varwe wellest bruchen ze schriben oder ze molen, so güs die roten varwen in ein rein muschale und leg das gumi in die varwe und lasse es in der varwe zergan und rür es under enander mit einem finger und strich die varwe uff gelich mit einem bensel, so wirt die varwe schön und vin durschinig rosvar rot und ouch glantz und dise rote varwe mag man ouch us der vedren schriben. Wiltu nu die selben roten varwe wandelen zu schöner purpur varwe, so überstrich die rote varwe mit einem bensel mit starkem longen oder mit kalkwasser oder mit gebrenntem wine, so verwandelt sich die rote varwe bald zu schöner purpur,

---

[116]) Fälschlich cerusa im Ms.; G. cerasi = Kirschgummi (Theoph. XXVII).
[117]) Hier fangen an.
[118]) Baumnuss.
[119]) Laub, Blätter.
[120]) zinober in Ms.
[121]) soviel darin ist.

die ist gar noch violvarw und stet under allen andern varwen zierlich und wol.

(53) Wiltu schön violvarw machen, so nim lamptschen endich und zwürent als vil prisilien roter varwe und müsche dar under ein muschal vol starker lougen oder kalkwasser und rür das underenander und leg luter gumi in die varwe und wo du das uff wis ding strichest das wirt schön glantz.

(54) Wiltu aber ein ander violvarw machen, so nim violvarw tüchlin varwe und leg des tüchlins als vil du wilt in ein muschal und güs enwenig gumi wassers oder clares dar über und netz es wol und lasse es enwenig weich werden und ring denn die varwe genot us, weder ze dick noch ze dünne und schrib oder mol oder florier do mit.

(55) Wiltu schön purpur machen zu gewendelin oder zu veldunge [122]) in buchstaben oder zu blumen und zu dingen so nim liecht lazur und müsch das unter enwenig rouselin varwe und ouch enwenig bliwis und tp. das wol under enander weder ze dick noch ze dünne als die andren varwen, so hast du schön purpur.

(56) Hie wil ich leren, wie man gelwe durschinig varwe temperieren sol, nim saffrantz als vil du wilt und bind den in ein rein linin tüchlin und leg das in ein schön muschalen und güs gumi wasser dar under und las ein wenig weich werden in dem gumi wasser und truke denne die varwe us und ist die varwe ze stark und ze rot so tu me wassers von gumi dar in und zertrib es under enander mit einem finger bis das die gelbe varwe lichter wirt und doch wiltu die gelbe varwe gerne also satt han, so tu nüt me gumi wassers dar in und luog [123]) wie dir die varwe gevalle an setti und an der liechti und las sie also belieben unvermischt so hast du durschinig gelb varwe satt liecht noch allen dinen willen.

(57) Wiltu aber ein schön durschinig gel varwe machen uff alle wissi ding die als schön sind als oppriment so nim der rinden von erbsellen holtze [125]) und tu si in ein rein hefelin und güs schön luter wasser daran und las das wol den dritteil einsieden und behalt die varwe in ein rein glas untz du ir bedarffst. So du dise varwe wilt bruchen so güs enwenig us dem glas in ein muschal und leg enwenig luters gumis dar in und las in der varwe zergan und rur die varwe under enander mit einem finger und wo uff die varwe wirt gestrichen oder geschriben so ist si schön durschinig liecht gel varwe.

(58) Wiltu erbsell gel varwe machen so nim zu dem ersten ... (der Rest fehlt in im Manuskript).

(59) Jetz wird gesagt wie man durschinig harvarwe machen sol jungen lüten ... (Fortsetzung bei 60 a.)

(59a) Zu dem ersten wie man sol zinober tpiereren ze schriben und ouch ze florieren, so nim zinober als vil du wilt der vorhin wol geriben si und leg den zinober uff einen reinen rib stein und güs des vorgn. gumi wassers uff den stein uff die varwe das si wol (nass) und tu dri troph' eiger tutter dar under und rib es enwenig under enander und tus von dem stein in ein rein horn, ob du da mit wilt schriben, ist es ze dik so güs me eiger clor dar an und rür die rote tinten wol under enander, als dik man die fedren oder den bensel in die rote varwe tunket, so wirt die tinte gelich schön rot getempt; wenn man aber die tint nüt vor hin ruret so vallet [126]) die varwe ze boden und wird die geschrift nüt schön rot als obe man die varwe het wol under enander wol geruret. Wiltu aber die ruberik über die mass röter und finer und glantzer, so nim in der appotegen als gros

---

[122]) Füllungen.
[123]) lug, sieh zu.
[124]) Sättigung.
[125]) Gelbholz, von verschiedenen Wurzeln, der Berberitze (Berberis vulgaris), Curcuma (curcuma vulgaris), Quercitron; Bersch p. 461. Dasselbe Rez. bei Boltz p. 28. Erbselengelb.
[126]) fällt.

alœ opaticum ¹²⁷) als ein bone und tu das in die rote tinte; disi kunst ist heimlich.

(60) Wiltu schön vin blau tinten tpier ze schriben und ouch ze malen, so nim liecht blau lazur 1 lot oder ½ oder minder oder me und leg das lazur in ein gros muschel und güs des vorgn. gumi wassers enwenig daran und rur es mit einem finger gar wol under enander und güs aber me gumi wassers daran und leg als gros wisser mirren dar in als ein bon oder als vil gumi tragantum und las das in der blauen varwe wol weich werden und zertrib es denn wol unter enander und tu es in das horn so du do mit wilt schriben und rure es wol under enander und tunke die fedren dar in und get sie schön und gern us der fedren so ist es recht. Safft grün. Item in dem herbst so der win zittig ist so vindet man ber veil wechelber oder tintenber ¹²⁸). Der beren nim wie vil du wilt einen becher vol oder me und solt die ber zertruken und zerbrechen in einem reinem geschirre und das safft wol us den beren ringen dur ein stark linin tuch und tu das safft in ein reinen nüwen hafen und güs wol uff ein halb mos wassers dar in und las das erwallen ane gluot, wenne es wol erwallen ist so tu zwei lot aluns in die varwe und las erwallen mit dem alun und las denn die varwe wol kalt werden und güs die varwe in ein rindes blottern uff an den wint so wirt die varwe hert und dürre in der blottern und ouch truken genug in einen monot und wird ze glicherwise als substantie ¹²⁹) do man tinten us südet und also mag man die varwe troken und hert behalten wie lang man wil, des disc varwe krafft niemer verlürt in disen weg und wenn man dieser varwe bruchen wil zu schriben oder zu andren dingen als do vor ist geseit . . . (hier setzt offenbar 59 nach einer Fehlstelle fort:)

(60a) so nim das gumi darin und strich das über das har so wirt es schönlicht brun har varwe. Wiltu aber brun har varwen zu jungen lüten so nim gelütertes ruswasser und leg gumi dar in und strich des über des har so wird es schönlicht brun har varwe. Wiltu aber es noch brüner so strich die varwe noch einest an, wiltu aber har varw so misch persilien rot unter enander und mache das glantz mit gumi, das wirt schön rot har varwe. Wiltu aber ein ander frömde har varwe so nim 2 teil rusvarw und das dritteil persilien varw oder violvarw tüchlin varw und ouch enwenig safft grüns dar under und tp. das alles under enander und mach das glantz mit gumi, das wirt gar ein frömde har varwe. Wilt du grau har varwe machen zu alten lüten so nim gar liecht blau har varw und tp. die gar stark mit gumi wasser, daz sie glantz werde und strich die varwe luter und dünner über das har so ist grau harvarwe schön durschinig und ouch glantz und und dis sint die durschinigen varwe alle gar und nüt me.

(61) Wiltu gelütert rus machen, so nim des klebringen ruses knolle ¹³⁰) als vil du wilt und leg die in lougen und las sie sieden des dritteil und las den hafen also sten bedcket, so fallent die feces davon alle ze boden und ist das oberste wasser schön vin (schwarz) varwe war uff mans stricht und wenn du derselben varwen wilt bruchen, so güs der varwen us dem hafen wie vil du wilt und tu gumi dar in, das die varwe glantz werde und strich si war uff du wilt oder schetwe domit gewand oder stein gebirge denn sü ist gut zu vil dingen an ze strichen und ze mengerley schetwen.

(62) Wer grün und gel under enander mischet das wirt loub var, liecht grüne varwe dar uff man sol schetwen mit endich. Nim 2 teil persilien varwe oder paris rot und müsch dar under en wenig bliwis und gar enwenig mi-

---

¹²⁷) Aloe hepatica, einer der sechs Goldgrundtgummi bei Boltz, p. 12.
¹²⁸) Zur Bereitung des Saftgrün, auch Blasengrün gen., dienen die Beeren von Weg- oder Kreuzdorn (Rhamnus alaternus) und der Rainbeere, Amselbeere (R. catharica).
¹²⁹) S. oben bei (34).
¹³⁰) Nach Boltz, p. 37, sollen die Russknollen einem Rauchfang entnommen sein, in welchem nicht zuviel Tannenholz gebrannt worden, sondern allerlei anderes Holz.

nien oder zinobers und tp. des under enander mit gumi wasser und strich das an zu gewande und dar uff sol man schetwen mit paris rot oder mit sattem lazur oder mit tüchlin blau.

(63) Wiltu liecht rouselin varw machen zu gewande oder zu blumen und zu rosen, so nim persilien als vil du wilt und müsche da under minder denn als das dritteil bliwis und daruff sol man schetwen mit paris rot oder mit endich oder mit tüchlin blo. Nim liecht blau und halb als viel rouselin varwe und enwenig bliwis [131]) und tp. das alles wol under enander mit gumi wasser, daruff sol man schetwen mit paris rot oder mit sattem roselin oder mit endich oder mit tüchli blaue oder mit violvar tüchel. Item nim liecht blau lazur und müsche dar under violvar tüchel und enwenig bliwis und daruff sol man schetwen mit endich oder mit heidelber safft varw, uff liecht blaue varwe schetwen mit endich oder mit tüchli blo oder mit tüchel, uff satt blau soll man schetwen mit endich oder mit sattem paris rot.

(64) Wiltu schön gold blumen machen. Item nim zwei teil geriben opiment und müsche under den dritteil schöner minien darunder und tp. das als die andren varwen mit paris rot oder mit gelüterten rus getemp. uff itelm liecht gelwe varwe mag man schetwen mit satten saffran und des stat ouch wol zu gewande. Item nim zwei teil schönes vergers [132]) und minder den das dritteil schöne minie und tp. das als die andren varwen und schetwe dar uff mit gelütertem rus oder mit paris rot.

(65) Wiltu schön grün varwe machen zu gewande. So nim lazur eschen [133]) und tp. das mit safft grün ist es ze satte ro müsch bliwis oder geriben criden dar under und tp. das als die andren varwe, das ist liecht grün und dar uff sol man schetwen mit safftgrün. Wiltu aber ein ander viner varwe machen grüner, so nim gar schöner liecht blau lazur 2 teil und müsche minder den das dritteil bliwis dar under und güs das in safftgrün das es weder ze dik noch ze dünne si und strich das an zu gewande oder zu boumen oder zu grase oder zu gebirge und dar uff sol man schetwen mit safftgrün oder mit persil oder mit satter roselin varwe. Item wiltu aber ein schön grün machen zu gewande und zu boume und zu grase und zu gebirge nim enwenig grüns der blattern [134]) und lege si in ein rein geschirr und güs luter wasser dar über und las es enwenig weichen so zergat die varwe und hast schön fin safft grün und tp. das weder ze dick noch ze dünne, so wirt (es) recht zu allen dingen.

(66) Wiltu violvar machen oder blau damit man ouch vil dinges zu bringet mit malen und mit schetwen und ist ouch gut mit ze verwen mengerley uff leder und uff bennent und garn linis und wüllis [135]) und side und zendal, dise varwe behalt man ouch wol über ein jar frisch und gut, so nim heidelbeer so si gar wol zitig sind und stosse die ber und zerbrich si gar wol und ring den safft gar wol us dur lin stark [136]) und tu das safft in ein reinen nüwen hafen oder in ein kessel und las die varwe wallen und tu ouch ein lot aluns darin oder anderthalb lot zu dem meisten und also ist dise varwe wol bereit zu behalten über jar das man ir bedarff ze verwen oder zu andren dingen als da vor is geseit und also ist es schön violvarw.

(67) Wiltu si aber blau haben, so nim dragantum [137]) oder kupfer wasser oder alumen viridum und ist als eis [138]) und des vorgn. steines rib und tu sin ein lot oder me darin, so wirt es schön blau und wenn du garn und linin

---

[131]) oeli wis in Ms.
[132]) Ocker.
[133]) Eschblau, Ultramarinasche; Boltz, p. 32, nennt es „ein edel köstlichs Blaw .... es wirt gar selten in hoch Teutschen landen gefunden".
[134]) Die Blasen dienten zur Aufbewahrung des Saftgrün, vergl. bei (60).
[135]) Wolle.
[136]) kräftig durch Leinwand, oder durch starke Leinwand?
[137]) Sic in Ms.; wahrscheinlich ist attramentum gemeint.
[138]) Eisenvitriol, der „wie Eis" aussieht.

tuch wilt verwen so nim der varwen als vil du ir bedarfft ze verwen und tu ein löfel vol oulis in die varwe und sol das öli gar wol zertriben mit einem löfel untz das öli wol gemischet wirt under die varwe, und mach die varwe siedendig heis und tu den die varwe in die varwe [!] das das garn wol genetz werde und so enphat es die varwe wol und gat nüt me abe und also tu man ouch allen varwen. [139])

(68) Nu han ich redelich und merkelichen wol gelert (wie) man alle varwen tpieren sol nach kriegeschem [140]) sitten mit zwein wasser und wie man die varwen under enander machen sol und wie man uff iede varwe schetwen sol die gantze warheit. Nun wil ich leren wie man alle varwen mit lim tpiere sol uff holtz oder uff muren [141]) oder uff tüchern. Und zu dem ersten wie man den lim dar zu bereiten sol, das er lange wert und nüt ful [142]) wirt und ouch nüt übel smeket wirt. Nim bermit schaben und wesche die vorhin schön mit wasser und süde dar under ein lutern lim weder ze stark noch ze krank [143]) und wenn der lim ze hant gesotten ist so tu ein schüssel vol essichs darin und las das wol erwallen und tu in denn ab von dem für und sige in durch ein tuch in ein schön geschirr und setz ihn do er kül habe, so belibet er lang frische und gut. Ist der lim gestanden als ein galrein [144]) und was varwen du wilt tpier. so nim limes als vil du wilt und ouch als vil wassers als des limes si und müsche den lim und las das wasser under enander und ouch vil honges darunder und werme das enwenig und zertrib das honig gar wol under den lim und do mit sol man allen varwen tpier. weder ze dik noch ze dünne als die andren varwen von den ich vor han geseit, und dis varwen mag man ouch alle wol überstrichen mit vernis so werdent si glantz und mag inen niemer kein wasser noch regen geschaden, das si ir varwe noch ir glantz nüt verlierent.

(69) Wie man alle oule varwen tpiere sol. Nu wil ich ouch hie leren wie man alle varwen mit oli tpier. sol bas und meisterlich denn ander moler und zu dem ersten wie man das oli dar zu bereiten sol das es luter und clor werde und dester gern bald troken werde. Wie man das öli zu den farwen bereiten sol. Man sol nemen linsamen öli oder hanfsamen oli oder alt nus oli als vil man wil und leg dar in alt gebrent wis bein und ouch als vil bimses und las das in dem öli erwallen und wirf den schum abe von dem öli und setz es ab von dem füre und las es wol erkulen und ist des ölis ein mos so leg zwei lot galitzen stein dar in in das öli und so zergat er in dem öli und wirt gar luter und ouch klar und dar nach so sige das öli durch ein rein lin tüchlin in ein rein bekin und setz das bekin mit dem öli an die sunne 4 tag, so wirt das öli dik und ouch luter als ein schön cristall und dis öli das troknet gar bald und macht alle varwe schön luter und ouch glantz und umb dis oli wüssent nüt alle moler und von der guti dis olis so heisset es oleum preciosum, wand 1 lot ist wol eines schillings wert und mit olin sol man alle varwen riben und ouch tpier. alle varwen in der diki riben und ouch. tpier als ein haber bri [145]) der weder ze dik noch ze dünne si.

(70) Dis sint die varwen die man mit öli tpier. sol zu dem ersten zinobers, minien, paris rot, röselin rot, liecht blau, lazur, endich und ouch swartz, opiment gel, rüschelecht, [146]) verger, antlit [147]) brunrot, spangrün, endich, grün und ouch bliwis.

---

[139]) Die Anweisung gibt eine Beize für Stoffmalerei, welche die Maler von damals auch ausübten; mussten sie doch für Tourniere und Feste die Fahnen und Gewänder der Ritter bemalen und verzieren.
[140]) Vergl. p. 146.
[141]) Mauern.
[142]) verfaule.
[143]) schwach.
[144]) Gallerte.
[145]) halber bri in Ms.; ich lese haber bri, Hafermus.
[146]) Rauschgelb, Realgar.
[147]) Fleischfarbe.

(71) Dis sint die oli varwen und nüt me — hie merke dis varwen sol man alle gar wol riben mit dem oli und ze jüngest [148]) so sol man under ieglich varwe drie troph. virnis riben und tu denn iedie varw sunder in ein rein geschirr und werke do mit was du wilt und wele varw du wilt liechter haben, wenn si an ir selber sint, dar under sol tu bliwis wol müschen so werdent die varwen liechter und uff die liechten varwen sol man mit den satten varwen schetwen und sol si mit bliwis verliechten und verhörwen da es sin bedarff, under alle diese vorgn. varwe mag man enwenig wises wolgebrentes beines riben oder enwenig wises galicen steines als gros als eine bone umb das die varwe gern und wol troken werdent.

(72) Alle varwen lant sich under enander mischen en allen, oppiment gel und rüsch gel die lident nüt spangrün noch minien noch bliwis noch rus, wo diser varwen enwenig keme under oppiment gel, so verdürbe die gelwe varwe bald und aber endich oder liecht blau lazur lat sich wol müschen under das oppiment gel, das es da von nüt verdürbet und wirt schön zu gewande zu grase und zu gebirge. Nim liecht blau und müsch dar under enwenig bliwis und schetwe dar uff mit endich oder mit paris rot. Nim liecht blau und halb als vil paris rot und noch minder bliwis und tp. das wol under enander und schetwe dar uff mit paris rot oder mit endich, uff itelm zinober sol man schetwen mit paris rot oder mit satten rouselin und minie. Item nim zinober und enwenig paris rot und noch minder bliwis das es weder ze liecht noch ze sat werde und schetwe dar uff mit zinober und die grund vesti [149]) schetwe mit paris rot. Item nim spangrün und müsch dar under enwenig bliwis weder ze liecht und ze satt und schetwe daruff mit sattem spangrün und die grund vesti mit endich.

(73) Wiltu ein hüpsche varwe ze grünen gewande so nim realgar das ist glich als rüsch gel und heisset ouch müsgift [150]) das sol man riben und tpieren mit öli als die andren varwen und schetwe dar uff mit spangrün oder mit liecht blau oder mit endich oder mit zinober oder mit paris rot und (dise) schetwunge [151]) stand alle zierlich uff der obigen varwe. Item nim paris rot oder enwenig zinobers oder minie und müsche dar under bliwis das es wol liecht werde und schetwe daruff mit spangrün oder mit liecht blau oder mit endich. Item nim spangrün und halb als vil liecht blau und noch minder bliwis und müsch das alles wol under enander und ist es ze satt so tu me bliwis dar under und schetwe daruff mit endich oder mit paris rot oder mit sattem violvarw.

(74) Item wil du ein schön libvar [152]) machen zu jungen lüten so nim enwenig zinobers ouch als vil minie und aller meist paris rot und müsche dar under das merteil bliwis und tpier das alles under enander, das die libvar weder ze rot noch ze bleich si und ist si ze rot so müsche me bliwis dar in untz das ir recht wirt; dar uff sol man schetwen mit zinober do enwenig vergers und minie under gemüschet, und schetwe die antlit und hende und do das bild nakent si, man sol die ougen und nasen uff strichen und die hende mit antlit brun rot do enwenig ruses under gemischet si und sterlini [153]) in die ougen sol man mit endich an strichen do enwenig spangrüns under gemischet si. Aber ein ander libvarw zu braunen lüten, so nim roten gebrenten verger und ein wenig minien und dristund [154]) als vil bliwis und tp. das wol under enander weder ze liecht noch ze satt und schetwe daruff mit brunrot do enwenig ruses si darunder getempt. und die wangen sol man rüsinieren mit zinober do enwenig persil rot under gemischet si. Aber

---

[148]) zuletzt.
[149]) den Grund der Gewänder.
[150]) Mäusegift.
[151]) Schattierungen.
[152]) Fleischfarbe.
[153]) Augensterne.
[154]) dreimal.

ein ander libvar zu alten lüten, so nim minien und verger glich und enwenig lazureschen und aller meist bliwis und tp. das alles wol under enander weder ze liecht noch ze satt und dar uff sol man schetwen mit verger do enwenig brunrot under getempt. si und also mag man die schetwunge verwandlen das ein antlit anders wirt geschetwet denn das ander, das si nüt alle glich sigent gestalt[155]) mit einer schetwunge. Wiltu ein totlich libvar machen zu crucifixen und zur erbermhertzigkeit, so nim zwei teil lazureschen und das dritteil vergers und enwenig minien und rib darunder das merteil bliwis weder ze satt noch ze liecht und schetwe dar uff mit verger do enwenig russ und endich under gemischet si oder mit itelm russ und strich die verger[156]) und die nasen und die hände und was nakent si, das strich us mit rus do enwenig endich under gemischet si oder enwenig brunrottes. Und dis sint die müschunge aller varwen und ouch die schetwunge alle gar, die do zu den varwen von recht hörent. Hie merkent alle dise vorgn. varwen die (sol) man verlüchten und ouch verhöhen mit bliwis, die gewant die antlit wo es notdurftig ist. Item wiltu schön harvarwe machen zu iungen lüten so nim itel verger mit öli getempt. und müsch darunder enwenig bliwis und schetwe das har mit satten stein verger und strich das har us mit brun rot do enwenig rus oder endich under getempt. si. Item aber zu roter harvarwe so nim verger und enwenig brun rot und noch minder bliwis und das schetwe mit itelm russ do enwenig brun rot under gemischet si und (strich) ouch das har us mit der selben varwe. Wiltu graue harvarwe machen so nim lazur eschen und müsche darunder enwenig endich und bliwis, das es nüt ze satt werde und schetwe uff die har varwe mit rus do enwenig endich under si, und strich die louke[157]) des hares us mit brun rot do russ under gemischet si. Wiltu aber ein rechti brunhar varwe machen, so nim satt stein verger[158]) und müsch dar under enwenig rus und tp. das alles wol under enander und strich die louken us mit brun rot do schwartz oder endich under gemischet si.

(75) Wie man graue varwe und ouch ander gemenget varwe tpieren sol zu mönchen[159]) und zu andern geistlichen lüten gewande. Item zu dem ersten nim swartz und enwenig endich under und müsch enwenig bliwis darunder, das es wol liecht werde und daruff sol tu schetwen mit endich do enwenig swartzes under gemischet si und das wirt schön graue zu gewande und kappen.[160]) Aber ein ander schön gemenget (varwe) zu kappen und zu andren geistlichen gewande, so nim enwenig swartz und enwenig paris rot und enwenig endich und das merteil bliwis und das temp. wol under enander und schetwe daruff mit endich do paris rot under gemischet si. Aber ein ander varwe, so nim verger und enwenig endich und rus und das merteil bliwis und tp. das wol under enander und schetwe dar uff mit itelm rus oder mit endich. Nim verger und brunrot und enwenig paris rot und enwenig bliwis und tp. das wol under enander und schetwe daruff mit paris rot do enwenig swartz und enwenig endich under getempert si.

(76) Hie wil ich leren wie man kürzenlich und ouch gar nützlich alle dinge vergülden und versilbern sol schön und ouch glantz und zu dem ersten wie man sol machen ein edel gold[161]) varwe dar uff man gold und silber leit troken schön vin und glantz und das gold und das silber niemer ab gat weder von wasser noch von win und war uff du dise gold varwe strichest, es sey isen[162]) oder stahel oder zin oder bli oder stein oder bein und andere

---

[155]) gleich gestaltet seien.
[156]) Sic in Ms.; vielleicht kerper, Körper.
[157]) Locke.
[158]) Dunkel Ocker.
[159]) Mönchskutten.
[160]) i. e. Mantel mit Kaputze.
[161]) glas in Ms.: event. glas = glassa, also Firnisfarbe.
[162]) Eisen.

alle gesmide oder tuch oder zendal und sus[163]) ander alle ding do man dise varwe uff strichet.

(77) Nim zwei teil vergers und das dritteil bol armenici und das vierde teil minien und rib das alles wol under enander uff einen ribstein mit lin öli und rib es ouch gar wol weder ze dik noch ze dünne als die andren öli varwen und rib ouch als gros wisses gebeines, das gebrent si dar under als ein halb boum nus und ouch ein glas kechelin[164]) vol der varwen und ouch als vil galicen steines als des beines is gesin und wenn dis alles wol geriben ist, so rib ze hindrest in die varwen ein halb muschal vol virnis in die varwe und zertrib den virnis gar wol under die varwe und tu die varwe von dem stein gar in ein rein überlazurt kachlin und nim phlecklin[165]) von einer blattern und schnid das phlecklin sinwel das es recht kome über das kechelin und bestrich das phlecklin zu einer sitten gar wol mit öli und das phlecklin leg oben an uff die varwe so hast du ein edel gut gold varwe dar uff man gold und silber leit das es sinen schin und sin glantz niemer verlürt, das phlecklin sol man alle wegen sunder über die varwe legen so wachset kein hut[166]) über die gold varwe und also sol tu allen andern öli varwen tun so belibent si lang lind und werdent nüt balde hert.

(78) Hie lere ich wie man uff dise goldvarwe vergülden sol, zu dem ersten wiltu uff holtz oder uff tuch oder uff zendel vergülden so überstrich das holtz vorhin mit frischem lime zwürent oder dristund, das das holtz getränkt werde und tu den anderen ouch also und wenn der lim truken wird uff dem holtz oder uff dem tuch oder uff dem lein so strich die gold varw über den lym mit einem weichen bürste bensel und strich die varwe glich und dünne uff und las die gold varwe troken werden und ouch nüt ze gar und griff mit dem finger uff die varwe und ist die varwe troken und ouch glantz und hafftet dir der finger enwenig in der varwe so ist si in rechter mos[167]) ze vergülden, so schnide din gold oder din silber und lege das ordenlich uff noch enander wo die varwe si und truke des gold senfticlichen nider mit boumwollen uff die varwe untz das es alles gar verleit[168]) wirt mit golde oder mit silber und dar nach so ribe das gold überall mit wulle so vart das gold abe wo die varwe nit enist[169]). Und belibet das gold vast wo dis varwe hingestrichen wird. Hie merk isen zin bli und alle andri herti gesmide und bein und söliche[170]) herti ding, die bedarfent nüt das man si vorhin mit lym überstriche wenn allein holtz und tuch, aber uff steinen und uff muren die sol man vor mit öli trenken e man die goldvar uff strichet und zu glicherwise als hie vor gelert ist, also sol man ouch andri ding übergülden[171]).

(79) Hie wil ich leren gut virnis machen von drierley materien do usser ieder materie sonderlich ein gut edler virnis. Zu dem ersten nim des gemeinen vernis glas ein phunt gewogen oder mastik ein lib. und stosse der eins weders du wilt in einen reinen mürsel ze bulver und nim darzu drie phunt lin ölis oder hanfölis oder alt nus öli und las das süden in einem reinen kesselin und schum das öli und hüt vor allen dingen, das es nüt überlouffe und wen das erwallen ist und geschumet ist, so rer das vernis bulver langsam nach einander in das heis öli so zergat das bulver in dem ölin und wenn das bulver gar zergangen ist, so las den virnis sieden gar senfteclich mit kleiner hitze und rur den vernis ie ze stunt[172]) das es nüt an brünne

---

[163]) sus = sonst.
[164]) glasierter Topf.
[165]) Kl. Stück.
[166]) Haut.
[167]) richtige Zeit.
[168]) bedeckt.
[169]) Der Vergolder nennt das „abkehren".
[170]) solche.
[171]) Das beschriebene Verfahren ist die Oel- oder Mattvergoldung.
[172]) allemal (jedesmal, wenn es notwendig ist).

und wenne du sichest das der vernis gerotet¹⁷³) dikelicht werden als zerlossen honig so nim ein troph. des virnis uff ein messer (lömel¹⁷⁴) und las den troph enwenig kalt werden und griff mit einem finger uff den troph, züch den finger langsam uff und lat der virnis ein federnlin¹⁷⁵) mit dem finger uff ziehen so ist der vernis und ouch wol gesotten und lat er aber das fademes nüt, so süde in bas untz er den faden wol gewinnet und stell in von dem füre und las in erkülen und seich denn den vernis dur ein stark linin tüchlin und ringe den vernis gar dur das tuch in ein rein glazürt hafen und behelt den vernis wol bedeket untz man sin bedarff so hastu edelen luteren vernis den besten.

(80) Wiltu aber ein andren guten virnis machen der luter und glantz ist als ein cristalle so nim gloriat¹⁷⁶) in der appenteken 1 phunt und zwürent als vil ölis und las das ouch under enander sieden und tu in mit allen dingen als dem ersten¹⁷⁷) und wenne er ouch einen faden gewinnet als der erste so ist er ouch genug gesotten und ist ouch gerecht.

(81) Nim alt hanf öli und mach es heis und schun es und nim (bimses¹⁷⁸) und als vil gebrentes beines eines alten knorren¹⁷⁹) und leg es dar in und süd es under enander und schum es recht wol und setz es zwen tag an ein sunnen. Wiltu in aber stark, so nim vier lot mastik und stos es ze bulver oder 6 lot terpentuum und wenn das öli siedendig heisse si, so soltu es dar in reren und rur es vast untz es gerat . . . . ¹⁸⁰) zech werden als ein faden: also ist es bereit.

(82) Wiltu durschinig bermit machen, so nim ein mitel¹⁸¹) bermit hut und wesch si us (in) luterm wasser oder in andrin wassern untz das nüt me trüb davon gang und streiffe es denn durch die hend. Wiltu es denn grün haben so nim spangrün und rib es mit starkem essich und tu es in ein kuphrin geschirr und las es über nacht stan und seig das oben ab in ein ander geschirr das ouch kuphrin si und tu das dristund oder vierstund¹⁸²) und nim denn das berment und leg es dar in ein klein weile und spann es denn an ein ramen und überstrich es mit virnis so ist es bereit¹⁸³).

(83) Wiltu spangrün machen oder tpier. so nim spangrün und rib denn den mit starkem essich und stoss es ze hüffelin und wenn es troken wirt so güs essich dar uff und das als dik untz das es satt genug werde.

(84) Folgt ein artikel wie man pappier machen sol noch besser den es an im selber ist; sodann wirt gesagt wie man alles gestein schön und glanz bolieren kann, wie man gestein weich machen kann das man si schnidet, wie man agstein¹⁸⁴) macht der alle ding tut als ein ander agstein, wie man ein andren klugen agstein sol machen, wie man schön fin helfenbein machen sol das glanz ist und das schöner und wisser ist denn alles helfenbein.

(85) Wiltu machen einen virnis damit man alle ding virnisse sol die schön und glantz und fest belibent, so nim 2 eiger clor oder 3 als vil du wilt und klopphe die clor wol und wirff den schun abe, darnach (nim) ein lot gumi arab. das luter si und 1 lot gumi amigdalar. oder cerasar.¹⁸⁵) das ist besser; das luter diser 2 gumi sol man under enander riben und sol si legen in das vorgn.

---

¹⁷³) anfängt.
¹⁷⁴) Messerklinge, vergl. die Parallelstelle bei Theoph. XXI.
¹⁷⁵) Fädchen.
¹⁷⁶) Terpentin oder Terpentinöl? s. oben p. 147.
¹⁷⁷) mit allen Dingen wie zuvor, d. h. mit Mastix oder Bernsteinpulver zusammen sieden; so ergänzt Boltz, p. 8 dieses gleiche Rezept mit „Mastix und gebrennt Bein".
¹⁷⁸) Lücke in Ms.; ich ergänze mit Bimsstein, nach (69) von der Bereitung des Oeles.
¹⁷⁹) Knochen.
¹⁸⁰) bis es anfängt zäh zu werden.
¹⁸¹) mittelstark.
¹⁸²) drei- oder viermal.
¹⁸³) Vergl. auch (30), Boltz, p. 62.
¹⁸⁴) ag(et)stein bedeutet gew. Bernstein oder Magnetstein.
¹⁸⁵) Benzoe (Gummi amygdal. = gemandelter Gummi); G. cerasar. = Kirschbaumgummi.

eiger clor und las es über nacht stan ze weich, und zertrib es wol under enander und müsche dar under en muschal vol honges, das sol man alles under enander wol zertriben und gehalt es in ein glas wol bedeken bis man sin bedarff. Was varwe man mit disem vernis überstrichet, die wirt glantz schön luter ewenklich[186]); diser virnis sol in der diki sin als ein zerlossen honig und trukenet ouch balde.

(86) Wiltu aber varwen temperieren so tu ein eiger schal vol essichs darunder und so es ze dike si, müsche es mit luterm wasser und tu es in ein glas und sich es vorhin durch ein tuch.

(87) Wiltu vin gold varwe machen die von keiner flüchtigkeit niemer ab gat und ist gut uff isen uff stahel uff zin uff bli uff alle ding, so nim zwei teil vergers und das dritteil minien und das vierde teil bolum armenum und als vil wisses gebrentes beines und als ein haselnus galicensteines, die varwe sol man under enander riben und linsat öli und 5 troph virnis und truk das dur ein tüchlin gar wol und wenn du si uffstrichest, so las si troken werden das sie enwenig fücht si und sol denn in der diki sin als honig: die ist die beste gold varwe die sin mag.

Ein ander gold varwe, so nim Aleo paticum und Opoponacum[187]) beider glich als vil du wilt und leg das in ein überlazurt kechelin und güs luter essich dar über eines fingers dik und las das ein tag und ein nacht stan und güs denn das obreste safft oben ab uff ein rib stein und tu dar under als ein haselnus gumi armoniacum und als ein erwis bol armenici und ein muschal vol honges und rib das wol under enander und in der diki als ein zerlossen honig und tp. des mit itelm gumi wasser und müsch darunder vier troph speichel: also ist si bereit.

(88) Wiltu aber ein ander gold varwe machen damit man mag silber zin bli vergülden — wo man si dar über strichet so schinet si als vin gold — dise varwe mache alsus: zu dem ersten nim aber virnis glas (oder mastik als vil)[188]) und stos das zu bulver und ruters durch ein sib und ein phunt ölis und las das öli vorhin erwallen und schum es und rer das vernis bulver langsam in das heiss öli und rur es under enander untz das vernis glas wol zergangen si und las es denn wol senfteclich süden ane grosse hitze und rur es je bi der wile, das es nüt anbrunne und wenne es gerotet dikilecht werden, so nim 4 lot pic. goetum (?) oder als vil aleo atustrinum (?) oder als vil aleo tabellinum (?), weders du do nimst 4 lot zu 4 phunt virnis das verwet den virnis das es schön gold varw wirt und diser dreyer eins soltu nemen und solt es zu kleinen stükelin zerslagen und leg das in den virnis und rur es wol under enander, untz das die varwe wol unter dem virnis zergangen si und dar nach so versuch die gold varwe ze glicherwise als den vernis und siech ob es einen (faden) lot uff ziechen: so ist si wol gesotten und ist ouch gut und gerecht an allen dingen und dise varwe gilt 1 lot 3 . . . und dise varwe sol man rein behalten als den virnis und was man mit diser varwe überstrichet es si silber zin oder bli das wirt schön vin gold var; das sol man an der sunne lan wol troken werden, so ist es schön clor und ouch glantz und mag im kein wasser nüt geschaden.

---

[186]) ewiglich.

[187]) Die Worte sind im Ms. gänzlich verdorben; offenbar werden einige der von Boltz, p. 12 genannten 6 Goldtgrundtgummi gemeint sein; diese sind Gummi Serapinum, Armoniacum, Galbanum, Opoponacum, Aleopaticum, Asa fetida; sic in Ms.: also epaticum, also titacloncem. Nach König's Waarenlexikon (München 1897) sind diese Gummi-Harze gelb oder bräunlich gefärbt, jetzt wenig in Anwendung:
1) G. Serapinum, der erhärtete Milchsaft des Steckenkrautes (Ferula persica).
2) G. Ammoniacum, Gummiharz der Dorema.
3) G. Galbanum, Galbangummi (Ferula galbaniflua), Persien.
4) G. Opoponacum aus der syrischen Pflanze Pastinaca Opopon.
5) Aloe hepatica.
6) Asa foetida, stinkender Asand oder Teufelsdreck (Ferula asa foetida), Persien.

[188]) Sic in Ms.

(89) Es folgt hier nun wie man sol silber und gold uff legen trocken und nas und was die aller besten sin uff berment uff pappier uff aller tafelen ee., wie man guld ufflegen sol an allen grund; wie man ein gut assis machen sol zu golde und zu silber das niemer geschrindet noch gebriebet; wie man sol uff bermet schön erhaben gold machen; uff was materien man gold vnd silber legen mag. Aber ein sehön roteleeht varwe die vil (sehöner) noch ist geschaffen als persilien varw, man findet ein krut an vil stetten in etlichen garten und das selbe krut het vil rotter bletter und sint in oueh die stengel rot und heisset blut krut [189]) und der des selbes krutes etwie vil gewinnet und so es wol zitig ist, das ist so es all ze mal itel rot ist die bletter und oueh die stengel und so ist es an dem besten und het vil schöner roter varwe und die bletter sol man alle ab dem stengel brechen und sol si wol stossen und sol das rot saft ouch dur ein tueh gar us ringen und ouch gebulwerten alun dar in reren und reine wissi tüehlin in die varwe truken zwürent nach enander und tu in aller der wis als dem violvar und das ist ouch sehön und vin.

(90) Es folgt: wie man brun rotte varwe machen (sol) um mit ze verwen uff leder und uff linin ee.; wie man sehön violvarw verwen kann garn und linis und onch uff leder; wie man sehön vin grün bekommt um ze verwen; wie man sol horn weich machen das man dar us würket was man wil und ouch giesset in ein ieglieh form und es wider hert wirdet als vor.

---

[189]) Welche Pflanze der Autor meint ist fraglich; vielleicht Krapp, obwohl dessen Farbstoff in der Wurzel der Rubia tinctoria enthalten ist.

Capitel Index zum Strassb. Ms.

I. Theil: Dis ist von varwen, die mich lert Heinrich von lübegge.

1. Lazur machen.
2. Grün machen.
3. Zinober tempereren.
4. Lazur flössen.
5. Zinober tempereren ze floriren.
6. Lazur tempereren.
7. Floritur des lazures.
8. Gele varwe von opiment.
9. Roselin von grund uff.
10. Lazur tpieren, daz es us der fedren gat.
11. Vin grün temp.
12. Ruberik machen (zinober).
13. Fundament daruff man silber und golt leit.
14. Item (trucken uff ze legen).
15. Assis (mit heideschen Ziegel).

II. Theil: Dis lert mich Meister Andres von Colmar.

16. Grund machen ze übergülden.
17. Uff vin gold floriren.
18. Item (mit Fischgallen).
19. Guldin geschrifft.
20. Silbrin geschrifft.
21. Dritte art von gold und silberschrift.
22. Item.
23. Wasser, alle varwen zu temp.
24. Item (ein ander wasser).
25. Tüchlein varwe machen.
26. Violvarw tüchlin machen.
27. Brunblau tüchlin varw.
28. Roselin varw machen.
29. Schön fin parisrot.
30. Bermit durlüchtig machen.
31. Violvarw tüchlin.
32. Tüchlin blau (nach lampten sitten).
33. Blauen Faden verwen.
34. Schwartz tinten.
35. Blaw varw (aus Kornblumen).
36—43. Seifen, Horn giessen u. färben, Zauberspiegel etc.
44. Fin lazur als man über mer macht.
45—48. Schönheitsmittel etc.

III. Theil.

49. Dis büchlin lert etc.
50. Zwei edli guti wasser (zum temperieren).
51. Durschinig varwen, grün.
52. Durschinig rot machen.
53. Violvarw machen.
54. Ander violvarw.
55. Schön purpur zu gewendelin.
56. Gelwe durschinig varwe temp.
57. Schön durschinig gel varwe machen.
58. Erbsel gel varwe.
59. Durschinig harvarwe machen.
59a. Zinober tp. ze schriben und florieren.
60. Blau tinten tp.
60a. Fortsetzung von 59. (harvarwen).
61. Gelütert rus machen.
62. Liecht grüne varw (Mischungen).
63. Liecht rouselin varw.
64. Schön gold blumen machen.
65. Schön grün varwe machen.
66. Violvarw machen.
67. Wiltu si aber blau habn.
68. Wie man alle varwen mit lim tp. sol.
69. Wie man alle oule varwen tp. sol.
70. Item. (Anzahl der Farben.)
71. Item. (Mischung der Farben.)
72. Item.
73. Varwe ze grünen gewande.
74. Libvarw machen.
75. Graue varwe.
76. Alle dinge vergülden und versilbern.
77. Item (goldvarwe).
78. Uff dise goldvarwe vergülden.
79. Gut virnis machen.
80. Andren guten virnis machen.
81. Item.
82. Durschinig bermit machen.
83. Spangrün machen oder tp.
84. Folgt ein artikel, pappir etc.
85. Virnis damit man alle ding virnisse.
86. (Damit) varwen temperieren.
87. Vin gold varwe machen.
88. Ander gold varwe.
89. Es folgt wie man sol silber und gold uff-legen u. s. w.
90. Item (Angaben von Ueberschriften).

III. Note zu einigen deutschen Mss. aus dem XV. Jh. über Maltechnik.

Wer sich die Mühe geben würde, in den alten Rezepten-Büchern Umschau zu halten, würde manches finden, was über das Technische des Strassb. Ms. weiteren Aufschluss geben könnte. Bei dem wenigen, was mir in der Absicht, die gleichzeitigen Quellen für das Ms. nachzuweisen, in dieser Richtung zu vergleichen möglich war, habe ich eine grosse Menge von interessanten Details gefunden, die hier anzufügen, sehr verlockend wäre, aber den Umfang des Heftes über Gebühr vergrössern würde.

Von dem Heidelberger Ms. Nr. 295 (Pal. germ. 638) ist bereits oben in der Note (p. 149) einiges erwähnt.

Ein zweites Ms. der gleichen Bibliothek Nr. 309 (Pal. germ. 676) enthält von p. 55—62 incl. eine Reihe von Rezepten und Anweisungen für Malerei, die mehrfache Anklänge an das Strassb. Ms. zeigen. Die Handschrift ist einem Bande, der die Schwäbische Chronik, Kochrezepte und anderes enthält, beigebunden. Anfang und Ende fehlen; p. 55 beginnt: .. „in ein schisselin vnd tu es denn in ein creiden, die ein grüblein hab so zeucht die greid das wasser an sich vnd beleibt das lauter brawn" usw. Es handelt sich um eine Farbenbereitung aus Pflanzensäften. Auch weitere Rezepte behandeln dasselbe Thema, die Pflanzenfarbstoffe mit Alaun zu bereiten und mit Eierklar zu temperieren; dann sind Angaben, wie man harvarb, leibvarb machen sol, den Goldgrund (assis), Musiergrund bereiten, Gold- und Silberschrift, Anweisungen, die inhaltlich mit den gleichen des Strassb. Ms. übereinstimmen; einzelne sind sogar fast wörtlich gleich, so z. B. p. 60: „Wiltu machen ein rösslin von grund uff", das mit Rez. 9 des Strassb. Ms. identisch ist. Die Angaben über Goldgrund und Musieren sind hier noch vielartiger als im Strassb. Ms., einzelne deuten auf noch ältere Tradition und Zusammenhang mit anderen Quellen (vgl. Lib. sacerd. p. 59 Note 2).

Zum Anreiben der Farben wird ein „clares leimlin aus hausen plaasen" genommen, was auf ältere Anweisungen des XII. und XIII. Jhs. hinweist. Die Sorgfalt auf die Gold- und Musiergründe, für Planirgold, von „assis der nit schrint" drückt sich schon darin aus, dass auf den wenigen Blättern 14 Angaben darüber gegeben sind. Alle Angaben sind den ersten beiden Teilen des Strassb. Ms. mehr verwandt als dem dritten; es sind ausschliesslich Rezepte des Illuminierers, denn weder Oelfarbe noch Goldfarbe ist genannt. Der Knoblauchsaft zur Vergoldung, der in den byzantinischen Rezepten eine Rolle spielt, ist hier nebst anderen Gummiarten erwähnt, die schon in Mappae clavicula vorkommen.[1]

---

[1] In anderen Mss. der Heidelberger Bibliothek sind nach Bartsch (d. altdeutsch. Hds. d. Universit.-Bibl. Heidelb. 1887) noch Rezepte für Farben und Malerei enthalten:
- 116. Pal. germ. 211. Rossarzeneibuch XV. Jh.
  - p. 37c bis 42a Farbenrezepte.
- 117. Pal. germ. 212. XVI. Jh.
  - p. 79b Farbenrezepte.
- 277. Pal. germ. 558. XV. Jh.
  - p. 148b bis 151a von Bereitung der Farben.
- 290. Pal. germ. 620. XV. Jh.
  - p. 56a bis 74a Bereitung von Farben und vom Färben.
  - p. 104a (andere Hand) Bereitung von Farben.

— 178 —

In der Münchener Bibliothek sind zwei Handschriften des XV. Jhs., die aus dem Kloster Tegernsee stammen, besonders nennenswert. Die eine, Liber illuministarius (cod. germ. 821) auf Papier in klein 8º, enthält auf 250 doppelseitig geschriebenen Seiten eine Unmenge von Rezepten und Anweisungen für Buchmalerei und Malen überhaupt, teils in lateinischer, teils in deutscher Sprache. Die Schrift wechselt sehr oft und scheint eine ganze Reihe von Schreibern Eintragungen gemacht zu haben; erst zum Schluss finden sich zeitliche Angaben; p. 206 datiert eine Anweisung 1503 von Wolfgang. p. 228a ist ein Goldgrund von Joh. Höflin von Augsburg 1508 angegeben.

Das Ms. ist nicht unbekannt; Rockinger (Zum bayerischen Schriftwesen des Mittelalters, München 1872) hat vielfache Anweisungen daraus entnommen. Ein Kapitel (p. 139. Theophilus in breviloquio diversarum artium) hat Ilg (Theophilus Ed. p. 370) zum Abdruck gebracht.

Inhaltlich haben für uns die deutsch geschriebenen Anweisungen deshalb mehr Interesse, weil wir unser Strassb. Ms. stets im Auge haben, mit dem wir die Rezepte vergleichen wollten, und thatsächlich sind hier vielfache Wiederholungen, Zusätze und Ergänzungen, aber nirgends dieselben Reihenfolgen zu finden.

Schon die losen Blätter, die vorne in dem Bande liegen, enthalten, eng geschrieben eine Reihe von Anweisungen für Fundamente, Assis, uff golt florieren, und zu musieren. Angaben, die sich in endlosen Reihen, immer wieder variiert und vermehrt, in allen Partien des Buches, deutsch und lateinisch finden.

Fast wörtlich sind manche Rezepte denen des Strassb. Ms. gleich, es haben demnach beide Mss. vermutlich aus gleicher Quelle geschöpft; einige seien hier herausgehoben:

p. 18a—19. Rosel varb auf golt (Str. Ms. 28).

p. 21. de aqua. Gummi arab. wird in ein leinen Tuch gelegt, zu Pulver geschlagen und mit „ain settich weiss mirrhe dy lauter sey" gemischt (Str. Ms. 23).

de alia: Geschlagenes Eierklar mit Essig und dazu „sal armon. als ein erbis" (Str. Ms. 24).

p. 22—23. Blaue und grüne Tinten (Str. Ms. 11).

p. 26. Ruberikfarbe von Zinnober (Str. Ms. 12).

p. 27a. Parisrot (Str. Ms. 29).

p. 31a. Veyol varb, aus Blättern der korn plumen (Str. Ms. 26); p. 32 praun blabe tüchl varb, aus heidelper (Str. Ms. 27).

Durchleichtig golt varb (p. 20), harvarb (p. 25), Tinten und manches andere ist dem Strassb. Ms. sehr verwandt, das „wasser der tugend" erscheint hier jedoch unter dem Titel „Jungfernmilch" (lac virginum quomodo fit, p. 35).

Ein Rezept (p. 33) ist deshalb interessant, weil es die Angaben Cennini's (C. 8) von den mit Pergament bespannten Täfelchen, auf welchen mit Stifen von Blei, Zinn, Kupfer oder Silber gezeichnet wird, in lat. Version bringt.

Es folgen dann allerlei Rezepte für Metallarbeit, Löten und Schmelzen, eine eigene Abhandlung über Mathematik (p. 60—87, Algorismus de integris) und dann werden die Anweisungen für Malerei wieder fortgesetzt.

Es werden Farbmischungen für Fleisch der Lebenden und Toten, Stein, Wasser, Bäume beschrieben, dazwischen finden sich immer wieder neue Rezepte für Gold- und Silberfundamente, z. B. p. 89 „Grunt für Gold: Crida (Kreide) trita 1 lot, polu. armen. 1 quentit, zucker Candi, 1 quent. fel bovinum (Ochsengalle), Bitumen clarum (i. e. Fischleim)" dann Verschiedenes über Farben, farbiges Wachs zu machen, Tinten usw.

Bis hierher unterscheidet sich die Handschrift inhaltlich durch nichts von anderen ähnlichen; aber mit p. 100—110a tritt eine andere Hand, ein anderes Konzept auf, von dem vorigen ganz und gar verschieden. der Rezeptenstil wird mit

---

311. Pal. germ. 678. XV. Jh.
   p. 27a Goltfar schrifft.
   p. 48a ut schribas aurum de penna (lat.).

Farbenrezepte aus einem Ms. des XII. od. XIII. Jh. v. St. Peter in Salzburg sind beschrieben von Westenrieder, Beiträge z. vaterländ. Historie VI. p. 204 u. 205; Günthner, Geschichte der literar. Anstalten in Bayern I. p. 398 u. 399.

einem Mal verlassen und aus den Anweisungen wird ein Lehrbuch, das, so wenig es auch enthält, doch an Cennini's Trattato erinnert, auch inhaltlich; denn es werden Verzierungsarten (mit Staniol und dem Model) beschrieben, die ausser bei Cennini nirgends sich finden.

Angaben, Tafel und Leinwand zuzubereiten, die wir im Strassb. Ms. vergebens suchten, sind hier mit aller Ausführlichkeit gegeben, so dass es wie eine Ergänzung des Strassb. Ms. erscheint und deshalb hier zum Abdruck gebracht werden soll:

Lib. illuministarius (cod. germ. 821, Tegernsee attinet p. 100—108).

Item zu vergulden auff holtz.

Nym die tafel oder das pild oder was du sonst von holtz vergülden wilt vnd lueg ob es nest (Aeste) hab oder pech clumsen. Die scherst her auss vnd leym ander holtz hinein. Darnach wo es klayne grübleich (Grübchen) hab oder clumsen, die fül auss also: Nim loe von einem leder vnd misch ein wenig mel (Mehl) darein vnd ruers an mit ainem sauber holtz leim (weiss leim) vnd thue darnach ein wenig varben leim darein, und fül die gruebel vnd dy clumpsel do mit aus vnd las trucken werden.

Item den varb leim mach also: Nim die abschnitz von einem per(gament)ler und leg die in einem häffen wol halbu (halbvoll) vnd geuss in vol wasser vnd lass in sieden pis im erweichen hand ein stund. Darnach seich in durch ein sak oder durch ein tuch oder lass in sten en halbe ora vnd schaim in dann oben ab mit einem sak. Darnach lass in aber en halbe ora sten vnd geuss den das guet ab vnd behald das vnd nutz, vnd wen er als lang staend, das er anhueb (anfängt) ze faulln, so sewd (siede) in mer so wird er wider frisch.

Darnach vergült also.

Item nim das bereit holtz es sey was es dann sey vnd leimtrenks zwe malen oder mer vnd tu das also: Nim den varb leim vnd mach in gar heyss vnd das holtz mach auch warme vnd streuch dann den leim an mit der handt oder mit den pensel vnd thue das behendt albegen (allerwärts). Darnach las das wol trucken werden, darnach streich den leim aber an nit als hais als zu dem ersten vnd lass es aber (mals) trucknen vnd das thue als offt pis das holtz ein wenig gleissend werd vnd den leym mach albeg ein wenig kalter. Darnach nim kreydn vnd reib sy nit varb leim gar wol vnd nim ein grossen tegel vnd thue die kreydn dar ein und geuss vil leim wasser daran, dass es gar ein düns (dünnes) weis ward vnd der tegl mit dem wasser sol albegen (stets) in einem warmen wasser sten. Darnach trag das weyss auf zu dem ersten mit der handt. Darnach nim ein porst (Borsten) pensel, der sawber sey vnd oben wol zugesniten, das er kain har lass vnd stoss den in das weyss, vnd nim nit vil in den pensel vnd dupplir auf der der tafel hin und her da mit, vnd das thue albegen behendt vnd wenn du das ganz über weist hast zu dem ersten, so lass es darnach drucken von im selber vnd sol nit ganz hert werden sondern nur kaum drucken; auch sol dy stadt (Werkstätte), dadrin du das druckent nit zehais sein, sunder nur ein wenig warm. Darnach nim der geriben creydn vnd thue im wenig in das erst weyss vnd mach es dicker ein wenig, vnd trag das auf vnd lass es drucken werden als vor, vnd der ze sex malen nur das du das weyss albeg dicker machest, also das es zu dem lezsten chaum (kaum) durch den pensel gang, auch albegn trag man das auff mit dem pensel vnd nit mit der handt, nuer (nur) des ersten mals vnd zu den lezsten lass das gar wol abdrucken vnd schab es dann, das es eben werd mit ander schab, trucken oder mit einen wolschneydind messer. Darnach roib es mit schafftlhalm gar subtil vnd nit lang an jeder stat. Darnach nim praunrott vnd reib das mit wasser gar wol, wann (i. e. denn) man mag das nit zefast reiben vnd temperirs an mit wasser vnd gar mit einem trucken leinöl. Darnach nim ein padschwam vnd netz in gar wol vnd truck das wasser wol wider auss vnd nim denn ein wenig praunrot an den padschwam vnd trags damit auf an die stat, dadran du dan vergulden wild, das das weyss ein rodt werdt, wann (aber) du solt das gar dinn auftragn vnd an ainer stat als vil als an der andern vnd lass darnach truckn werden und reibs wol zu dem ersten mit der hand, vnd merk das die hand nit smalzig noch kottig seyn, darnach mit einem saubern leinen tuech, zu dem wetz in (wetze ihn) mit dem zan mach das gleissend vnd merk, dass du nit ze lang an ein statt polirest, dass der grundt nit ze heiss werd, sundern planir ein weil an einer stat darnach an der andern, darnach an der an dritten vnd far darnach wider an die ersten statt; also tu im auch mit dem schafftlhalm. Darnach nim ein saubers häffel vnd geuss ein trupfen (Tropfen) wassers dadrein vnd als vil varb leim als ein halber (die Hälfte). Dann den lass vor zergen (zergehen) vnd schut in in das Wasser vnd nim ain . . . .[2]) als man da zach wein mit mar machst vnd ruers es als lang pis es sich wol vermisch vnd bedarff das wasser nit warme. Darnach seich es durch en tuech vnd streich es den auf zwir mit einem grossen har pensel das es wol nass werd vnd scheuss das gold darauf ab dem papier vnd plas (blase) es hin und lass truckn gar wol vnd planirs dann mit ainen zand (Zahn) vnd wo es flecket ist so streich das obgenant wasser nur ain wenig darauf vnd trag das golt auf mit der paumwol vnd wen es trucken sey so palirs.

Item den silber grundt tu auch also in aller mass nur das pulment von den praunrot lass unterwegen, vnd wen du den grund geriben hast mit dem schafftelhalm, reib es dan mit dem tuch und palirs mit dem zand vnd netz mit dem wasser und trag das silber auf, als das golt.

Item wenn (du) ein teil an ein tafel vergulden wildt vnd den andern nit so reiss[3]) voraus und trag den das praunrot darnach auff.

Von dem stanniol.

Nym das stanniol vnd e du das stempfs (stampfest) so beraitt ain weyss also: reib kreyden, vnd pech dadrein als vil das man das wol darauss smek vnd reib das in leimwasser vnd mach das gar dick vnd tu das in ein tegl vnd leg ein nass tüchlin dadrüber das es nit hart wird, und nim dann den model der auss geraist sey, vnd nim das staniol als vil du wilt vnd legs auf den model vnd schmer das gulden ein (schmier es gut ein) vnd über fars mit einem nassen padswam, darnach mach ein puschel aus werck (Werg) vnd netz das gar wol vnd nyms bei ainem zipfel vnd heb es auf das stanniol vnd schlag auf das werck mit ein klein schlegl das das stanniol wol in den model kom vnd wenn du das werck auf hebst, so greiff mit ainen vinger auf das stanniol, das du das mit aufzüchst vnd wenn du ain tail geschlagn hast oder gar was auf dem model gewesen ist, so nim denn ein messer und das obgenant weyss vnd trags mit dem messer auf vnd far mit dem messer schön darüber her, dass das weyss nur in die raisel (Vertiefungen) kom. Darnach greiff mit einem messer zwischen das model und das stanniol und heus (blase) gar schön dadrauf vnd las es drucknen. Und wildu mer haben so mach sein mer pis tu sein genug hast und wiltu aber das überziehen mit golt (Gold), so tu das also: mach ein air klar also, nim das weis vnd den totter vnd schütt es in ein schüssel und tper. es mit einem holtz gar wol, dass es sich wol vermisch. Darnach streich es auf das stanniol das sol vor dir ligen vnd streich es als dick auf, das es nit herab mag gerinnen vnd scheuss denn zwischt golt (Rauschgold, unechtes Blattmetall) darein wo es geschlagen sei vnd ob es die feldung (Füllung) auch trifft das schad nit vnd wen dasselbig drucken wird, so trag die feldung auf.[4])

---

[2]) Lücke im Ms.; es handelt sich um eine Vergoldung, vielleicht ist Eierklar hier einzuschalten?

[3]) mach die Zeichnung.

[4]) Vergl. Cennini C. 128: Wie man Reliefs von einer Steinform abnimmt und wozu es gut ist auf Wand und Tafel. Nach einer Notiz bei Rockinger p. 208 (II. 42) waren solche Model aus Messing hergestellt; im Jahre 1499 wurden für Benediktbeuern 17 „messing illuminier mödl" für 10 Pfg. gekauft.

Item die feldung auf das stanniol magstu machen von leim varb oder von öl varb. Item zu roter veldung nim zinober vnd öl, zu plab (blau) nim ein grün plab oder lasur vnd tempirs mit öl, zu praun feldung nim ein tunkels rössl vnd leim wasser, zu grün nim spangrün vnd öl vnd reibs den gar wol vnd mach in gut dünn, so wirt es etwas durchsichtig.

Also nutz das stanniol.

Item auf tafel oder pild oder auf tuch dy mit leim varb gemacht sey oder noch plass (blass) sein, so leimtrenks oder die tafel dreystund (dreimal) vnd die tafel oder pild. die geweist sey, die bedarfst du nit leimtrenken. Darnach nim holtz lein vnd streich in an das stanniol vnd kleib es dann an oder mach ein kleystern von mel vnd darein ein pulver von pech als vil, dass man das wol smek vnd misch das untereinander mit einem holzlein vnd streich dann an das stanniol vnd kleib es dann an, wo du wild oder auf pild die geweist sind oder an meir (mäuer) oder an tüchern oder was mit öl gemacht ist, kleib es also an. Nim die golt varb vnd streichs an das stanniol und kleibs darnach an vnd merk für ain gemeinsame regl: wo du die golt varb oder ander fuerniss varb oder öl varb auf tregst oder ankleibst, so öl trencks vorhin mit öl vnd die meir vnd eysen trencks mit Baissen öl (Beitzenöl), etlich machent zu dem stanniol ein ander zeug auf die meir (Mauer) vnd also: nim kalich (Kalk) vnd reib den mit öl vnd mit firniss vnd streychs (streich es) an das stanniol vnd kleib es dann an die maur.

Von der golt varb.

Nim oger als ein welschen nuss, minium vnd spangrün jedlich als ein hasel nuss vnd reibs mit leinöl ab gar dick darnach mach es dünner mit fürniss.

Item wenn du dy goldvarb genug hast, wildu sy lenger behalten, so thue sy in ein scherbl (Geschirr) vnd geuss wasser darrauf, dy andern öl varb macht man auch also.

Wie man musir auf öl varb.

Item wildu musiren oder ain Diadem oder ain illuminatio machen mit golt oder mit silber auf öl varb so tu das also: Item wenn dy öl varb getruckent ist vnd du ihm vergulden wilt an die selben stat (Stelle) so stupp (stäube) das gemacht sey aus weissen venedigischen glas vnd gestossen in einem mörser vnd in ein tüchlein gemacht vnd durch das selbig sol man das auf stren (aufstreuen). Darnach was du vergulden wild oder musiren, das streich aus mit golt varb, wildu aber musiren so mach sy ganz dünn. Darnach trag das gold auf vnd wen es trucken werd, so kehr das stupp wider aber, etlich musiren an das stupp.[5] Ein ander grunt zu musiren. Nim minium vnd reib die vnder öl, darnach wenn dyn öl varb vor (zuvor) wol trucken ist worden durch zwen tag, so musire denn mit die minie vnd lass ein wenig trucken vnd leg das gold dann auf.

Item wenn du die tafel virneust hast, wildu (musiren) so mach ein patrondl (Patrone) aus pergamen vnd schneid darin ein plümel, rösel oder stern vnd wenn der furniss über druckent ist doch ein halben tag, so druck das golt durch dyn patron auf die leysten (Leiste) oder wo du hin wilt.

Auf meir (Mauer) vnd auf eysen vergild man also: Nim haiss öl vnd trenck die mauer oder das eysen doch zwirt (zweimal) vnd trag denn die gold varb auf vnd lass sy ein tag über trucken vnd druck denn das golt oder silber daran mit ain paumwoll.

Von den sternen.

Item wildu sterne auf meir oder tafel machen, die mit leimfarb angestrichen sind, so mach die stern aus papier mit golt überzogen oder aus stanniol

---

[5]) Das Bestäuben mit Firnispulver (glas = glassa, Bernstein) hat den Zweck, die mit Oelfarben bedeckten Stellen zu schützen, damit die Goldblätter nicht daran haften, sondern nur an jenen Stellen, welche mit goldvarb (Beize) bestrichen sind.

vnd wenn du die stern hast ausgestochen mit stern eysen so fass einen an die nadel mit den guldnen oben vnd streich an den holz leym daran vnd clebs sie dann schön an, wildu aber die stern erhaben, so schneid dann einen von einen spitz pis in den andern nit gar durch vnd streich den leim daran vnd cleibs nur mit den spützl (Spitze d. h. Rand) daran.

Item wildu ein tuchs als ain himel oder sunst ains vergülden, das magstu mit der golt varb zu wegen pringen oder mit einem leym der sauber sey vnd ein hönig darunder, denn (als wie) ein holz leim sei.

Item auf schlecht holtz das geweist ist oder auf pild zu der illumine tu im als auf dem ersten vnd öltrenks albegn (allwegen) zu der golt farb.

Wie man papir vergilt.

Wildu papir vergulden so reib creyden vnd ein wenig oger darein vnd gar ein wenig praunrott vnd reib das durch einand mit leym wasser vnd trag auf also: nim ein schön glatten stain den laim für dich (den Leim vor dich gestellt) vnd netz in gar wol und nim ein pogn papir vnd leg in auf den stain vnd nezt in das nichts drucken daran pleib, darnach überstreich in allen mit der obgenannt varb, darnach streich ein fleckl als prait als ain golt tafel ist, zu den ander mal vnd leg denn das golt darein vnd das tu, pis du gar vergultz vnd lass das drucken werden vnd palirs dann, etlich nement die schlechten varb vnd streichent auf das drucken papier vnd nutzent des stains nit und tragent denn das gold darein als oben, zu dem silber grundt nim lautter creyden.

Item wildu ain clains seydens tuchlein vergulden so nim ein leimel vnd misch hönig darein vnd las vol under einand zergan vnd streich auf vnd leg das gold behend daran so wirt es sichtig (sichtbar) an paydn seytten.

Item die tafel vnd pild zu öl farben, dy leim trencks II (mal) vnd weyss IV (mal) als oben vnd schab sy dann eben.

Item zu den leimvarben mach sy auch also.

Item dy quadranten (quadri, Leinwandbilder?) leimtrencks als lang pis sy ein wenig gleissen vnd über weyss mit der kreyden IV (mal) oder mer, darnach dich dünck vnd darnach zwirt mit pley weyss das mach auch also (wie) die kreydn vnd lass denn wol trucken und schab sy dann eben vnd nütz sy dann wie du wilt.

Item wenn du ein pild hast vergult, wildu denn das golt praun machen, so nym paris rot vnd reibs mit öl gar lang vnd wol vnd streichs dann darauf.

Zu rott nim zinober, zu blab nim ein geringen lasur, zu grün nim spangrün vnd reib sy al mit öl an.

Item auf ain tafel, die ain teil vergult ist vnd der ander (teil) wirt mit öl varben, so öl trencks denselben tail und nym:

Von den öl farben.

Item all die mit safft haben, lassen sich vnder öl anreibn vnd solt sy all besunder reibn zu den malen vnd auf der (e)schin tafel sol man sy erst mischen. Die öl farb mach domit mach also.

Item etlich öl farb drucken nit gern vnd wildu, so machstu im also: Nym allaun vnd lass in zergan auf ein glut als lang pis sich das wasser gar verzert, vnd den scham (Schaum) behalt vnd (rühre) in vnder dy öl varb, wenn du sy reibst auf dem stain.

Von die tücher schtercken.

Item ein grobs tuch zu stercken, also nym mel vnd koch das an mit holzleim vnd sterck do mit vnd lass es drucken darnach weissens, wildu dann mit ölfarb darauf malen so öltrencks. Item ist es aber ain klains härens tuch so leim trencks mit ainem dünnen holtz leim vnd waissen darnach oder waissen allein vnd leim trencks nit.

Item meir vnd wend weyss mit kalich, den mach an mit leim wasser.

Wildu ein holz oder ein coupet oder sunst etwas schöngrün värben, so leimtrenck es vorhin, das es ain wenig gleissend werd, darnach trag auf ein grün wasser varb. Und wenn sy drucken sey so öl trenck sy vnd trag dann öl farb dadrauf und lass dan drucken I oder II tag vnd ferniss denn.

Item etlich tpren dy wasser farb nement pleygel vnd zu der öl farb lautter spangrün.

Item den andren als plab, rott, thue auch also.

Diese Anweisungen sind in vieler Beziehung von Interesse. Die Technik, auf Holz zu malen, steht mit dem Strassb. Ms. in Einklang, besonders was das Malen mit Leimfarben (68 des Ms.) betrifft.

In der letzten Anweisung des Münchener Codex ist die Reihenfolge der Arbeit zuerst die Leimtränke des Holzes, dann folgt die Wasserfarbe, die dann mit Oel getränkt und auf welche mit Oelfarben weiter gemalt wird, zum Schluss die Firnislage. Die Anweisung ergänzt in vieler Beziehung das Strassb. Ms; dort wird die Leimfarbe gleich gefirnisst, hier kommt noch die Oelfarbe dazwischen vor dem Firnis.

In unserem Münchener Codex folgen auf die obigen Anweisungen noch Anweisungen um Pergament durchsichtig zu machen, lat. Rez. Wachs zu färben und von anderer Hand geschriebene Anweisungen von allerlei Farben.

Die Firnisrezepte, die im ersten Teil ganz gefehlt haben, stellen sich jetzt in vielen Varianten ein und zwar sind es zumeist solche, die dem Vernition des Theophilus verwandt sind.

p. 113a Viernyss zu machen: Rp. 4 lot leynöll, 1 lot vernys glas, das ist gelber agtstein (Bernstein) und 1 l. mastyks vnd thu dan das vürneyss glas vnder den mastiks in ein hafen und thu darauf das leinöl vnd lass seyden langsam . . . .

p. 119a wird ein „guten fürnes zu machen" beschrieben, zu welchen 2 Pfund „venedigisch glas" zu Pulver gestossen in 3 Pfund lauterem Leinöl heiss gelöst werden.

p. 120 ebenso ein fürnes aus I lib. fürnesglas und III lib. Leinöl, der in der von Theoph. C. XXI. 2. Teil beschriebenen Art bereitet wird.

In den weiteren Abschnitten mehren sich die mit dem Strassb. Ms. übereinstimmenden Anweisungen, sowohl die gleichen Angaben für die Bereitung von Farben, Goldschrift und Gummiwasser, als auch die Rez. für Goldgrund und goldvarbe finden sich wieder, manche darunter fast wörtlich, so z. B.:

p. 128 ein wasser damit man all varb sol tpieren (Strassb. Ms. 50).

p. 128a vernys domit du all varb vürnist das schön und glantz (Strassb. Ms. 84).

p. 129 vein durchleuchting grün (Strassb. Ms. 51).

p. 130 Gold oder silber truckens aufzulegen (Strassb. Ms. 14) und andere mehr.

Auch das Goldvarb-Rez. (Strassb. Ms. 87), zu welchem als Trockenmittel „wisses gebranntes beines" (weyss geprannts weins) und ein „haselnus galicen steines (gleyssendes staines) nebst Leinöl genommen wird, ist hier p. 131 wiederholt.

In einem späteren Rezepte, das auf p. 205a sich mit Firnisbereitung befasst, finden wir die Methoden des Bologn. Ms., das Kochen mit Alaunstein (Nr. 207) und die noch in neueren Büchern erwähnte Kochung mit „hausprot" angewendet.

Es findet sich loc. cit. ein Rez. um Firnis zu machen aus firnes glas und Oel (in gleicher Weise wie Theophilus) und dessen Bereitungsart:

„Thue das öll in ain kessel vnd thue IIII snitten hausprot darein vnd I lot alaun vnd lass das öll sieden piz das prott prawn wirdt, so schütt das öll in das glaz und rür es wol untereinand und lass es dann auf(wallen) vnd wonn du sain genug hast so schütt das öll aus dem kessl vnd thue den firnes darein vnd lass in wol sieden vnd seich in dann durch einen leynen sack . . . . . es ist gewönlich, das man dar zu nimbt 4 lb. glas vnd 8 lb. öll."

Aehnlich haben wir den Knoblauch nebst Alaun im Bologn. Ms. (Nr. 262) dazu verwendet gesehen (s. oben p. 120). Die Methoden breiten sich auch bis nach Deutschland aus und sind in alten Rezeptenbüchern aufgenommen.

Wie der Alaun, kommt auch das Bleioxyd (Minium) schon zur Trocknung des Oeles in Gebrauch, was schon dadurch interessant ist, weil die Bleipräparate (Bleiglätte, Bleizucker) durch Jahrhunderte die hauptsächlichsten Trockenmittel geblieben sind:

p. 164a des Münchener Ms. bringt diesbezügl. ein halb lateinisch und halb deutsch geschriebenes Rezept über Oelmalerei, das in Uebersetzung lautet:

„Oelmalerei macht man so: die Farben, welche in Oel gerieben und in Wasser aufbewahrt werden, sind: Ockergelb, Berggrün, Pariserrot; Bleiweiss, Bleigelb, Zinnober, Minium, Blau, Kesselbraun, Braunrot, Schwarz, Violett.

Ockergelb, Grün, Pariserrot, Schwarz, Violett auf Leder (zu verwenden).
1. Item Mauern oder Holz werden mit Oel getränkt, in welches man Minium wegen des Trocknens gibt,
2. (damit) werden sie gemischt und nach deren Vermischung
3. sollen alle Farben gleichmässig einmal aufgetragen werden, damit sie leuchten; willst du sie heller haben, nimm Lazulin mit Bleiweiss gemischt, ebenso alle anderen Farben und lasse sie trocknen". [6]

Die spätere Uebung, Oelfarben unter Wasser aufzubewahren, damit sie nicht eintrocknen, ist hier, wie vorher p. 181 genannt; das Tränken der Mauer mit Oel ist aus dem Strassb. Ms. (78) zu ersehen (v. p. 153).

In einem anderen Ms. der Münchener Bibliothek (Nr. 822, De temperatione colorum) findet sich p. 69a die gleiche Verwendung von Zwiebel zum Reinigen der Oele zur Beize „vor goldin vnd vor silbrin" wie im Bologn. Ms. und Lib. illum.

Die Rezepte sind hier teils latein, teils deutsch, sie wiederholen die bekannten immer wiederkehrenden Fundamente, assis, Goldschriftrezepte, Farben und Tinten, es ist aber nur weniges darunter, was besonderer Erwähnung wert wäre. Die Rezepte finden sich auf p. 64—73 und p. 91—102. Ausser dem schon genannten Rezept ist noch bemerkenswert, dass ein Bindemittel von Fischleim neben Gummi und Eierklar genannt ist, woraus auf ein höheres Alter des Ms. zu schliessen wäre. Das Bindemittel führt den Namen Bitumen (wie im Neapeler Ms.).

„Si vis facere bonum bitumen: Nym die pain (Gräten) von hechten oder von anderley grossen visch vnd seud die gar wol in wasser und sewd (seihe) das noch (durch) ain lain (leinen) vnd thu darin von einem hawsen plattern (Hausenblase) als gross als IIII oder V welsch nuss darnach tu den laim, als in anderm leym vin seyt."

Aus Lib. illuminist. seien hier noch einige Rezepte angereiht, welche sich im letzten Teil des Ms. finden und einen Kaplan aus Trient zum Urheber haben. Die Einzeichnungen beweisen den regen Verkehr der kunstliebenden Tegernseer Mönche mit dem Süden, und geben auch ein Bild der Sorgfalt, mit welcher ganz besonders die Goldgründe für Miniaturmalerei behandelt zu werden pflegten.

Sehr einfach ist der Assisgrund auf p. 204a:

Wild machen ain gold oder silber grundt, so nym ain kreiden als ½ pon (Bohne), vnd kandi (Kandis) als j arbes (Erbse), mit gumi wasser abgeriben.

Ein ausführliches Rezept findet sich auf p. 228 und 228a aus dem Jahre 1508 unter der Ueberschrift: ain grunt zum vergulden.

Recipe kreyden die miltesten (weichste) so du haben magst, die reib mit lautterem wasser auffs aller reinest. dann so thu darundter polum armeni (armen. Bolus) den pesten, das ist der, so du jnn an die zungen hebst vnd er pald vnd vast an sich zeucht. den selben reib dann auffs

---

[6]) Pictura olear. sic fit: colores, quae in oleo tergantur ac conservantur in aqua Ogergel perkgrün parisrot; pleibeis, pleigel, cinab., minien, blab, kesselpraun, praunrot, niger, violet; Ogergel grün parisrot niger violet cum pelle.
1. Item muros vel lignum maditantur cum oleo, que horum fit minium propter exsiccationem.
2. Conjecturantur, post conjecturationem
3. omnes colores debent depingi similiter prima vice, ut lucident, si flavum volueris habere tunc Recipe lazulin cum pleibeis mixtum, sic de aliis coloribus et permitte siccari.

rainest vnder die kreyden, vnd das die kreyden vom polus gleich ain farb gewinn wie des papier darein man das gold legt (ebenso wie heutzutage!) darnach reib darunder zuckercandid, das du der suess am grunt wol befindest, vnd stoss jnn dann ju ein muschel; vnd so du jnn nutzen wild, so nym mundleim der ans pergamen gesotten ist, vnd temperier jnn. probier also: streich jnn an; vnd so er trucken ist, so schab jnn, wann er gewundten spen (gerundete Späne) gibt, so ist er gerecht. wil er springen, wends mit zucker; jst er ze schwach, wends mit dem leim; vnd kan nit felen. doch streich jnn anfangs nit zum dickesten an, sonnder das er bedeck. vnd fleisz dich gleichs anstrichs (gleichmässiger Dicke). nit am ain endt mer dann am anderen. vnd lasz jnn wol trucken werden.

Der „mundleim" wird ausser aus Pergamentschnitzeln auch aus Fischblasen bereitet, wie die Anweisung des Kaplans Joh. Burger von Trient auf p. 208 a zeigt:

Den mundleym mach also. Nym hawsen plater (Hausenblase) als vil du wild, hat kain masz auff (sich), vnd zerreisz zu klain drümer. legs in ein wasser vnd lasz waiken III, IV oder V tag. darnach nntz er wol gewaickt ist. vnd wasch die plater wol ausz vil wasser bisz die drümer lauter vnd weisz werden. so thu es in ein überglasürts hafeli, vnd gewsz (giesse) wasser darzu als es not sey. vnd secz (setze) auff ein guete gluet, vnd lasz ein well thuen nit zu vast, so nymbs herab. doch mach vorhin ein Gabeli subtil, vnd vmb gibs mit harflachs. vnd gewsz dardurch (als man dan dem wachs thuet) jn ein geschir, schüssel oder multerlj, vnd lasz es sten als ein sulcz. darnach schneid herausz lang oder kurcz, dick oder dün, leisten. vnd leg es auff ein stro, vnd lasz dorn (dörren) an dem lufft, vnd nit an der sun, wan es zergieng wieder.

Ein Recept gleicher Herkunft „zu der veldung ein goltgrunt ze machen" lautet auf p. 207 wie folgt:

Nym kolennische kreyden als vil du wild, vnd reib jr ein teil vast klein. darnach mach zeltel daraus, als dy maler thund, vnd lasz sy trucken werden auff einem pappier. darnach nym dij zeltel, vnd prenn sy in haisser gluet, das sy glüen. so lisch sy von stund in einem hönig in einer schüssel oder ander geschirr, vnd schab des swarcz darnach vnnd vnsawbers davon, vnd reibs mit schlechtem wasser gleich darauff, aber rainist. vnd mach zeltel daraus wie zuvor, vnd lass trucken werden. darnach mach nach dem gewicht also: nym II lot der gepranten kreyden, I lot polliarmenicum des gueten herten vnd reib die zway stuck wol ab nach dem vnd es dunckt genueg sein. darnach nym gummj serapini, dy vindt man in der appotecken, den achttisten tail von einem halben quintel, vnd wirffs zöttel weisz darejnn. vnd reib die drew wol durcheinander, wann es ist zäch. wann nu das vast klain vnd rein geriben ist, so nym dann ein halb quintel zuckercandi darjnn, vnd reibs aber wol für vnd für durcheinander, vnd nym darzu kain wasser mer bisz es fest geriben sey vnd dick werden wil. so mach knöllily, vnd trückens wie vor. so ist der goltgrund berait.

Auf p. 204 a stossen wir unter der Ueberschrift „vergulden auf papir oder pergamen" auf folgende Anweisung:

An dem ersten so oberstreichs mit saffran wasser des mit gumi an sey gemacht. vnd dann den goltgrundt solt du darauf legen, vnd darnach das golt oder silber nas darauf gelegt. vnd wann trucken wirdt, so wischs es vnd pranirs (brunier es) ab.

Auf p. 207 a — 208 a findet sich folgende Einzeichnung des erwähnten Kaplans:

Wenn du wild den Goltgrund aliter machen, so nym mundleym der ausz hawsen plater gemacht ist ein achtisten tail von einem halben quintel, vnd lasz jn waiken jn schlechten wasser bisz er gar gewaickt ist. so thue das selb wasser dar von, vnd gewsz j quintel lauter wasser darüber ju ein glasurts tegelj. vnd secz es auff ein gluet lind.

doch das er nit seud. so zergat der leym jm tegelj. vnd rüers mit einem hölczli durcheinander vnd hab vorhin j quintel des goltgrunts berait auff dem reibstain ein wenig troken zerknüscht. vnd gewsz des warm leim wassers darauff halben tail, vnd zertreibs gar woll auff dem stain. auch nym or smalez (Ohrenschmalz) darzu ein wenig, so plätert er nit. (ist auch gut zu der rubricken, wenn sy plätert.) vnd thue es in ein pleyes hörnlj, vnd geusz dan ain andern teil des leymwassers darjnn, vnd rüer es wol durcheinander in dem hörnlj. doch halts warm in der ain haut in der faust. darnach lasz steen j stund oder zwo, so erkalts. darnach erwarmbs wider by dem fewr oder in der warm faust, vnd streichs auff lind vnd wider aynist nachenander, und lasz trücken. wenn es dann trucken ist, so leg in ein feuchtigkeit, als in keller vnd hab ein gueten schiferstain, der ist der pest. oder sünst ein glatten stain darunter dem plat vnd hoch iez (hauche jetzt) mit dem atem darauff j oder ij oder iij, darnach vnd du sichst feucht ze sein. vnd schabs mit einem scharffen messer oder scharsach das grob herab i oder ij, darnach vnd sich gepürt (wann practica wird dich wol lern). vnd leg das golt mit einem subtilen schneyczerlj (Abschnitzel) von ror gemacht darauff, vnd druck es gemächlj in grunt bisz es vach. darnach gleich darauff pollier es vein wol mit einem rosz zand (Rosszahn) mit der praitte (Breite), der ist der pest darzu.

Vielleicht darf hier noch zweier allgemeiner Regeln gedacht werden, die sich in einer Aufzeichnung vom Jahre 1508 auf p. 228a finden:

Nota, ein jeder jlluminist hüet sich vor der sonnen vnd vor haissen stuben mit grunt vnd mit farben. Nota der grunt sol nicht gleissen nach dem schaben; vnd zum schaben soltu ein ebens wol schneidens (schneidendes) messer haben on all scharrten, dann das clainest schärttel merkt man jm grundt.

(Die letzten Rezepte finden sich abgedruckt bei Rockinger, II. p. 33 ff.)

So liesse sich auch aus anderen Manuskripten manches wichtige Detail entnehmen, das für die Geschichte der Technik interessant wäre. Es möge hier dies wenige genügen, denn es würde den Leser nur ermüden. Andererseits sind auch die Schwierigkeiten paläographischer Natur vielfach derart, dass nur Fachmänner dieselben zu überwinden im stande wären. Vielleicht unterzieht sich einer oder der andere Forscher einer solchen keineswegs dankbaren Aufgabe. Für uns hat es sich aber ganz deutlich herausgestellt, wie innig verbunden die verschiedenen Werkstätten in technischen Dingen waren, und wie weit verzweigt das technische Können im XV. Jh. gewesen sein muss.

Anhang:

Die sechs Temperaturwasser des Boltz von Rufach.

Das Interesse für alte Malweisen, welches neuerdings wieder zu wachsen beginnt, veranlasst mich, hier noch die Rezepte für Miniaturmalerei anzureihen, welche durch Boltz veröffentlicht wurden; dieselben finden sich abgedruckt p. 3 u. ff. der Ausgabe Frankfurt a. M. 1562; dann in Kunst- und Werkschul, Nürnberg 1707, p. 905; curiöse Mahler, Dresden und Leipzig, bey Christ. Miethen 1712, p. 275).

Die erste Gattung.

„Wenn du das erste und beste Temperatur-Wasser wilt machen, so thue ihm also: Nimm ein Loth Gummi Arabici, und einer halben Baum-Nuss gross Gummi-Traganti, thue solches in ein sauber Geschirr oder neues Häflein, geuss lauter Brunn-Wasser darüber zweyer zwerg finger hoch. Lass es also zugedeckt stehen vier Tage lang, dass es wohl erweiche."

„Darnach nimm ein sauber Höltzlein, und rühr es wol durcheinander, setze es zu einem kleinen Glütlein, lass es erhitzen, aber nicht sieden. Rührs ohne unterlass, dass die Klotzen wol zergehen, thu es vom Feuer, lass es erkalten. Nimms und streich es durch ein sauber leinen Tuch, schütte dann wieder lauter Wasser daran, dass es dünne werde als Baumöhl. Geuss es in ein sauber Glass, das vermach oben wohl zu vor Staub. Nimm und mache ein Holtzbrechin, wie man den Wein bricht, und brichs damit alle Tage im Glass, so offt du magst, damit die Matery wohl durch einander verjähren, denn Ursach der Gummi-Traganti schwimmet gar gerne empor, ehe denn er recht verfaulet und veraltet, denn je älter er in dieser Temperatur ist, je besser er wird. Wenn du denn merkest, dass die Temperatur noch stark und kleberig ist, so thue allewege mehr lauter Wasser daran. Wenn es denn gar eraltet, so wird es lauter, und sitzet der Tragant zu Boden. Mit diesem Wasser hab ich meine Farben gar licht und schön behalten. Denn die Gummi Arabici machen für sich allein die Farben tunkel und trüb. Darmit temperir deine Farben, und so sie dir etwan eintrucknen, so mache sie an mit einem lauteren Wasser, sie werden sonst von Tragant zu feist. Ob du aber vermerktest, dass die Farbe mit der Zeit niet wol hafften wolte, alsdenn so giess wieder diese Temperatur daran, so behältestu schöne Farben."

Die Ander.

„Nimm Permentleim, der weiss und licht ist, den findet man bey den Permentern. Leg einer halben Nuss gross ungefähr in lauter Brunnwasser, thue daran vier Tropfen geleutert Honig, lass es also stehen und weichen einen Tag und Nacht. Darnach thue es in ein sauber kleines Häflein, setze es zum Feuer, lass es sittlich erhitzigen, aber nicht sieden, giess ziemlich Wasser daran, denn der Permentleim ist gar schützig, rühr es wohl und viel durcheinander mit einem Stecklein, dass es wol zergehe, setze es vom Feuer, lass es erkalten, seihe es durch ein Tuch, in ein sauber Glas, thue ein wenig Rosenwasser daran, und wenn du es brauchen wilt, und gestanden ist, so hebe das in ein warm Wasser, so lange biss die Temperatur zergehet, denn so brauchs zu diesen nachverzeichneten Farben, die mögen den Gummi Arabicum nicht wol dulden, denn sie blehen sich darob, und gehen nicht von statt, nemlich, Minien, Bleygelb, Parisroth, Rauschgelb, Auripigmentum, Lac, oder Bergrün, sollen mit Permentleim temperirt werden gar dünn, oder allein mit Eyerklar."

Die Dritte.

„Gummi Arabicum nimm, der schön und lauter ist, zwei Theil, und Gummi Cerasorum, das ist Kirschbäumen Hartz, den dritten Theil, giess sauber Brunnen-Wasser darüber zween zwerch Finger hoch, lass ein Tag und Nacht stehen. Darnach setz es zu einem Glutlein, lass es sittlich erwärmen, aber nicht sieden. Rühre es stetig durch einander mit einem Stöcklein. Wenn es wohl heiss ist, so hebe es ab, und geuss einer Bonen gross geleutert Honig daran, und ein wenig Rosenwasser. Wenn es denn kalt ist worden, so seihe es durch ein rein leinen Tuch, meht zu dück noch zu dünn, nach dem Augenmass, thue es in ein Gütterlein und brauchs."

Die Vierdte.

„Gummi Arabicum nimm ein Loth, und zwei Quintlein Gummi Amygdalorum, das ist Mandelbaum Hartz, geuss darüber lauter Brunnenwasser, lass es stehen vier Tage. Darnach erwärme es sittlich bey einer Glut, dass sie nicht siede. Rühre es stetig mit einem sauberen Stöcklein. Seihe es durch ein Tuch in ein Glass, giess eine Nussschale voll Rosswasser darein, und vermache es wol, und brauch also davon."

Die fünffte Gattung, genandt Albumen.

„Nimm dass Weisse von zweyen Eyern, und thue den Vogel draus, und nimm eine lange Gänss-Feder, spalte den Kengel in viere, dass es werde wie ein Weinbrech, genss das Eyerklar in einen Becher, und brichs mit der Federbreche, biss dass es gar eitel Schaum wird, und keine Feuchte mehr am Boden sey, lass es denn also stehen einen Tag und Nacht. Darnach nimm das Wasser vom Schaum, und geuss es über lautern reinen Gummi Arabicum ein halb Loth, thue dazu einer Bonen gross geleuterten Honig, giesse einen Löffel voll Rosswasser daran, oder weiss Gilgenwasser. Das behält das Wasser vor Gestanck. Behalte diss Wasser in einem saubern Glass wohl vermacht, dass kein Staub darein komme. Rühre es aber mit einem Stöcklein vorhin, ehe du es in das Glass thust, dass die Klotzen wohl zergehen."

Die sechste Gattung.

Temperatur-Wasser zu allen Farben, dass sie schön und stet bleiben.

„Nimm zwey Loth Gummi Arabicum, ein Loth Gummi Cerasorum, und ein Quintlein Bitumen (i. e. Fischleim, s. oben p. 184) und ein Quintlein weisse Myrrha, die lauter sey. Diese vier Stück zerstoss, und geuss darüber ein Viertel einer Mass Wassers. Lass es also weichen, biss es wohl zergehet, rühre es allemahl wol durcheinander, thue darunter zwo Eyerschalen voll weissen Essig, setze es zu einer Kohl, lass sittlich erwallen. Hebe es ab und lass es erkalten, seihe es durch ein rein Tuch in ein Glass, temperire damit was du wilt."

IV. Teil.

Ueberblick über die Maltechniken

der romanisch-gotischen Periode

bis zur

Neuerung der Van Eyck.

Ueberblick über die nordischen Techniken.

(Romanische und gotische Periode.)

Der Zusammenhang technischer Traditionen, von den älteren Kulturcentren ausgehend, lässt sich, so lückenhaft auch die Quellen und Ueberreste sein mögen, doch bis zu einem gewissen Grade feststellen; auch der Weg, den technische Neuerungen genommen haben, ist verfolgbar, wenn die Quellen nebeneinander gehalten werden. So haben wir die altgriechischen und römischen Verfahren in dem Papyrus Leyden aus dem III. Jh. unserer Zeitrechnung wiedergefunden; einzelne dieser Verfahren sind, durch Tradition weitergetragen, in die Schriften der griechischen Alchimisten des V. bis VI. Jhs. übergegangen und werden sich in der Prunkepoche der römischen und byzantinischen Kaiser nur vervollkommnet haben. Ein Teil dieser Rezepte findet sich im Lucca Ms. wieder, dessen byzantinischer Ursprung nicht zu leugnen ist; wir haben gesehen, wie diese Rezeptensammlung in einer Handschrift des XII. Jhs., der Mappae clavicula Aufnahme gefunden hat. Auf diese Weise konnte festgestellt werden, dass die technische Ueberlieferung sich dem Wege der grossen Kulturentwicklung angeschlossen hat, welche vom Südosten ausgehend, sich über das mittlere Europa zur Zeit Karls des Grossen machtvoll ausbreitete. Die romanische Epoche der Kultur in Gallien und den nördlichen Ländern sehen wir auf byzantinischen Grundlagen aufgebaut.

Während durch den Bilderstreit die Entwicklung im Süden ins Stocken geriet, ging die Ausbreitung der technischen Kenntnisse für Malerei während der karolingischen Zeit ungemein schnell nach Norden und Nordwesten vor sich, wobei die Technik zweifellos selbständig immer grössere Fortschritte machte. Nicht nur Karl der Grosse, sondern auch die Bischöfe und Klöster wetteiferten in der glanzvollen Ausschmückung der profanen und kirchlichen Bauten mit Figuren und Ornamenten, und die von Byzanz herangezogenen Künstler wurden zu Gründern von Schulen für die Künste. Einzelne literarische Denkmäler geben uns Kunde davon.

So sagt Bunn, der unter dem Namen Candidus die Thaten seines Abtes Aeigil im Kloster Fulda (818–822) besungen, bescheiden von sich, dass er mit geringem Können in der Abtei der Klosterkirche auf dem dunkelblauen Grunde verschiedene Gestalten gemalt habe (II, 17, 135) und der prachtliebende Abt des Klosters Fontanelle, Ansegis (823), liess die von ihm aufgeführten Neubauten, besonders das Refektorium und Dormitorium mit Malereien ausstatten, deren Schöpfer wohl fränkischer Abkunft war, nämlich Maladulfus von Cambray, welchen die Klosterannalen einen ausgezeichneten Maler nennen. Auch die unter dem Abte Grimald in St. Gallen in der Abtwohnung und der Kapelle des hl. Othmar ausgeführten Wandbilder, von welchen uns die erhaltenen sogenannten Tituli, metrische Inschriften, Kunde geben, sind durch Mönche ausgeführt worden, welche man aus dem benachbarten Kloster Reichenau berief.

In den Klöstern zu Rheims, Tour, Metz, wetteiferten die Mönche in Ausübung der für „gottgefällig" gehaltenen Kunst des Bücherschreibens und viele geistliche Würdenträger, Bischöfe und Aebte wurden zu eigentlichen Förderern der Kunst.

Hadamar von Fulda (927—950) verwendete einen wesentlichen Teil der Klostereinkünfte zu künstlerischen Zwecken und machte die Heranziehung künstlerischen Nachwuchses zu einer steten Angelegenheit der Klosterleitung. Aehnliche Ziele verfolgte Bardo, als er im dritten Jahrzehnt des elften Jahrhunderts zum Abte des Klosters Werden berufen wurde. Der Abt des lothringischen Klosters Gorze, Johannes (um 933) war in fast allen Künsten erfahren. St. Gallen besass unter der Regierung des Abtes Purchard Insassen, die in jedem Zweig der Wissenschaften und Künste tüchtig waren, so Notker, der Dichter, Arzt und Maler war und Chunibert; und im benachbarten Kloster Reichenau wurde Witigomo (985—997) bis zur Verschwendung durch seinen Eifer fortgerissen. Hinter den Klöstern blieben die Verwalter der Bistümer nicht zurück; Aribo von Mainz, Gebhard von Konstanz, Thietmar von Merseburg, Meinwerck von Paderborn und vor allem Bernward von Hildesheim, sind typische Zeugen dafür. So berichtet Thangmar, der Lehrer und Biograph des letzteren: „Auch war keine Kunst, die er nicht versuchte, wenn er sie auch nicht bis zur Vollkommenheit sich aneignen konnte. Nicht nur in unserem Münster (Hildesheim), sondern an verschiedenen Orten richtete er Schreibstuben ein, so dass er eine reichhaltige Büchersammlung sowohl göttlicher als philosophischer Schriften zusammenbrachte. Die Malerei aber und die Skulptur und die Kunst, in Metallen zu arbeiten und edle Steine zu fassen, und alles, was er nur Feines in dergleichen Künsten ausdenken konnte, liess er niemals vernachlässigen. Er führte auch talentvolle, vorzüglich begabte Knaben mit sich an den Hof oder auf längere Reisen und trieb sie an, sich in allem dem zu üben, was irgend einer Kunst als das würdigste sich darbot. Ausserdem beschäftigte er sich mit musivischen Arbeiten zum Schmuck der Fussböden und verfertigte auch Dachziegel nach eigener Erfindung ohne irgend eine Anweisung". (Janitschek, Gesch. d. deutschen Mal.)

Es würde für uns natürlich von grösstem Interesse sein, Malereien aus jener Zeit zum Vergleich heranziehen zu können, insbesonders Wand- und Tafelgemälde, bei deren Betrachtung uns vieles klarer würde. Da aber Denkmäler der Malerei des X. bis XII. Jhs. nur in höchst spärlicher Anzahl und nicht mit Sicherheit nachgewiesen werden können, so werden wir uns mit den wenigen literarischen Nachrichten begnügen müssen, die uns die besprochenen Quellenschriften über Maltechnik (Lucca-Ms, Mapp. clav. und Theoph. etc.) bieten.

Die malerische Thätigkeit breitet sich aber immer weiter aus; neben der Miniatur-, Tafelmalerei und der auf Wänden, zu welch' letzterer die romanische Architektur mit ihren breiten Wandflächen Gelegenheit geboten hatte, nimmt die Bemalung von Stein einen besonderen Raum ein; dazu mag die reiche Innendekoration der Kirchen gotischen Stiles mit den farbigen und vergoldeten Architekturgliedern den Anlass gegeben haben. Auch bildliche Darstellungen aus Stein und Holz, überreich mit Gold und Farben geschmückt, zieren die Altäre und Wände. Durch diese Vielseitigkeit der Anwendung wird es auch erklärlich, dass z. B. in dem III. Buch des Heraclius eine so stattliche Reihe von Bindemitteln und Verfahrungsarten verzeichnet ist, über deren Zweck wir im ersten Moment uns schwer orientieren konnten.

I. Miniaturmalerei.

Wenden wir uns zunächst der älteren Miniaturmalerei zu, so ist uns ausser literarischen Quellen und Nachrichten, die für die Folgezeit reichlich fliessen, zur Kenntnis derselben in den zahlreich erhaltenen Miniaturen Gelegenheit geboten, uns über diese Art der Malerei Rechenschaft zu geben.

Janitschek gibt folgende Darstellung: „Die Technik war die altchristlicher Handschriften; die Vollbilder der auf reiche Ausstattung berechneten Handschriften wurden in Deckfarben ausgeführt, nachdem man die Formenumrisse in meist hellrötlicher, seltener schwarzer Farbe mit dem Pinsel vorgezeichnet hatte. Die Malführung war so, dass die Lokalfarbe über die ganze ihr bestimmte Fläche gestrichen wurde. Darauf setzte man dann Lichter und Schatten. Oft verfuhr man dabei sehr derb und gefühllos. Alle vorspringenden Stellen, wie Nasenrücken, Augenrücken, Augenlider, Fingerrücken, erhielten grell weisse Tupfen und Striche, die entsprechenden Schatten wurden in einem dunklen Grün angegeben, feinere Uebergänge fehlen allerdings nicht allgemein, wie dies das goldene Buch (Codex Aureus) in Trier und in noch höherem Maasse Karls Evangeliar in der Schatzkammer zu Wien beweisen. In der Gewandung wurde das Motiv mit dicken schwarzen Strichen in die Lokalfarben hineingezeichnet; eigentümlich ist die Vorliebe der späteren Zeit dieser Periode für die Goldschraffierung der Gewänder; man wird sie mit der Vorliebe für die Goldschrift in der Kalligraphie in Zusammenhang bringen und beide aus dem bewussten Streben nach glänzender prächtiger Wirkung erklären können. Die Oberfläche der Farbe ist stark glänzend."

Ob ein starker Leimgehalt der Farbe eigen war, oder ob ein Firnis über die ganze Fläche des Bildes gezogen wurde, wie Janitschek (p. 24) glaubt, muss nach den quellenschriftlichen Nachrichten über Miniaturmalerei in Frage gestellt werden. Wohl aber ist dieser Glanz eine Folge des Gummi- und Eierklarbindemittels; in einzelnen Fällen wird sogar noch die alte byzantinische Art, mit in Lauge gelöstem Wachs zu

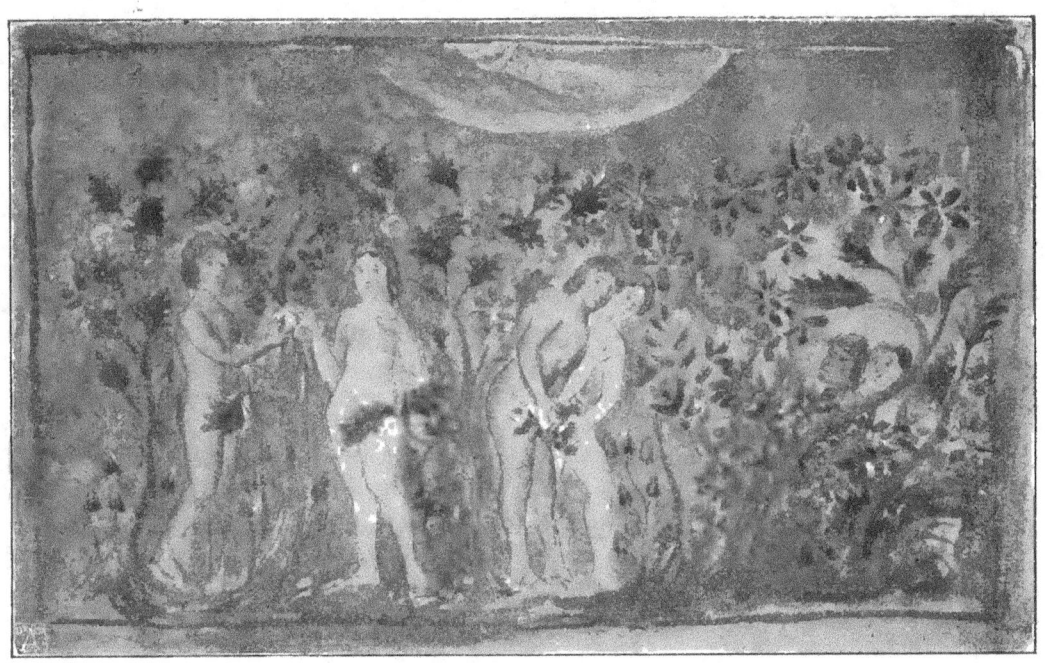

Fig. 8. Miniatur des Genesis Ms. (IV. bis V. Jh.) auf Purpur-Pergament.
Nach d. Original der Wiener Hofbibliothek.

malen, in Anwendung gekommen sein; denn, wie Versuche zeigten, liess sich der oft dickliche Auftrag und der Glanz mit derartiger Farbe (Glanzfarbe des Athosbuches § 37) sehr leicht erzielen.[1]

„Schon die karolingische Zeit kennt neben der Malerei mit Deckfarben eine andere Technik, die weit einfacher in ihren Mitteln ist: sie laviert die Federzeichnung mit ganz dünnflüssiger Wasserfarbe ohne weitere Bezeichnung von Licht und Schatten. Auch die reine uncolorierte Zeichnung kommt vor und ebenso eine Verbindung von Deckfarben und Laviertechnik; es ist aber evident, dass die letztere meist auf eine unbeholfenere Hand in geringwertigeren Handschriften hinweist. Die vornehmen, unmittelbar unter dem Einflusse des Hofes stehenden Schreibstuben bevorzugten die deckfarbige Manier mit reicheren Gold- und Silberzieraten."

Ueber die Art der technischen Ausführung haben wir in den besprochenen Quellenschriften so umfassende Belehrung gefunden, dass darüber absolut kein Zweifel aufkommen kann. Wir haben auch aus diesen Quellen zur Genüge konstatieren können, dass in Bezug auf diese Malart, mehr als bei allen anderen, eine grosse Uebereinstimmung in räumlicher und auch in zeitlicher Beziehung herrschte. Dieselbe Kunst-

---

[1] vergl. m. Versuchskollekt. No. 51 nach der Miniatur der Dioskorides Hds. der Wr. Hofbibliothek; s. Bucher, Gesch. d. techn. Künste, p. 171.

weise, welche im Neapeler Codex des XIV. Jhs. und den Schriften des Athosbuches und des Cennini beschrieben ist, finden wir wieder im Norden, in Frankreich, das nach dem Sturz der Staufer ein unwiderstehliches Uebergewicht gewinnt, dessen Sitte und Sprache von England bis Neapel herrscht und sich bis nach Böhmen und Ungarn erstreckt.[2] Die Gleichheit dieser südlichen Art mit der norditalienischen Quelle des Alcherius, St. Audemar und dem Strassburger Ms. in Bezug auf Miniaturtechnik ist evident. Die „sitten von Paris und lampten", von Frankreich und der Lombardei stimmen bis auf kleine Varianten vollkommen überein, es herrschte somit die gleiche Tradition in allen damaligen Kulturcentren. Wir haben auch konstatieren können, dass die älteste deutsch geschriebene Quelle, das Strassb. Ms. und das erste in deutscher Sprache gedruckte Buch des Valentin Boltz Uebereinstimmungen zeigen, die auf eine direkte Entlehnung des letzteren aus dem Strassb. Codex führten. Es hat sich somit die Technik der Miniaturmalerei durch die Jahrhunderte gleich erhalten.

Diese Gleichartigkeit liegt zunächst im Grundmaterial und in der längst ausgebildeten sicheren Technik der Farbenbereitung. Auf Grundlage der Quellen, ganz besonders der so einfach und klar geschriebenen Anweisungen des Neapeler Codex wird jeder, der Lust und die geeigneten Fähigkeiten hat, in die Lage versetzt sein, sich die nötigen Kunstgriffe für Miniaturmalerei anzueignen. Es seien deshalb nur wenige Direktiven gegeben.

Das Material, auf welchem gemalt wurde, ist die tierische Haut, das Pergament und später auch das Papier.[3] Unter Pergament versteht man eine eigentümlich bereitete Tierhaut, die keine Gerbung erhalten hat, sich daher beim Kochen mit Wasser in Leim (Pergamentleim) verwandelt. Die zur Darstellung des Pergaments bestimmten Felle (von jungen Kälbern, Ziegen oder aus der Aasseite gespaltenen Schaflleders) werden eingeweicht, gereinigt, in Kalkgruben eingeäschert, enthaart, gewaschen, auf dem Schabebaum bearbeitet, dann noch dünn geschabt, gekreidet, oder mit Bimsstein abgerieben; die feinste Sorte, aus Häuten totgeborner Lämmer bereitet, heisst Jungfernpergament. Die Erfindung, die tierische Haut (Membrana) zu Schreibzwecken zu verwenden, ist uralt; nach Herodot schrieben die Jonier auf ungegerbten Hammel- oder Ziegenfellen, auch verstand man es, die Häute in grosser Feinheit herzustellen; wie Flavius Josephus erzählt, konnte Ptolemaios Philadelphos die Feinheit des Pergamentes nicht genug bewundern, auf welches der Pentateuch geschrieben war, den ihm der Hohepriester Elasar zuschickte. Ausser dem hellen, weissen Pergament, das, wie es scheint, von Pergamon als vorzüglichster Handelsartikel in andere Städte ausgeführt wurde, gab man ihm zu Schreibzwecken oft eine violette oder Purpurfarbe. Der Leydener Papyrus enthält derartige Anweisungen. Um gefärbte Pergamente zu machen, gibt das Lucca Ms. (31, De Pergamina) folgende Angabe: „Man lege die Häute 3 Tage in Kalk, breite sie auf einem Gestell aus, schabe sie von beiden Seiten mit dem Schabeisen und lasse trocknen, hierauf schneide man sie, wie man mag und färbe sie mit Farben." Genauere Rezepte, die Häute mit allerlei Farben zu färben, finden sich im gleichen Ms. (11—20) und zwar waren dunkle (Purpur, Porphir, Pandius) Farben, die mittelst der Alaunbeize aufgetragen wurden, am meisten geschätzt, auf diesen wurden auch die kostbaren Goldschriften ausgeführt. Die ältesten Bibelhandschriften sind auf dunkelm Purpurpergament mit Gold oder Silber geschrieben; die oben erwähnte Bibelhandschrift soll der gleichen Quelle zufolge auch mit goldenen Buchstaben geschrieben gewesen sein.[4] Es ist dies die älteste Nachricht über mit Goldbuchstaben gefertigte Manuskripte, doch zeigen spätere Exemplare in den grossen Bibliotheken zu Paris, Wien und München, auch die berühmte Bibelübersetzung des Ulfilas, dass sich diese Manier lange erhalten hat. Bemerkt sei übrigens, dass die schwarze Färbung, welche diese Mss. heute zeigen, nicht der urspünglichen Farbe entspricht. Die Farbstoffe, die dazu genommen wurden, sind ausser dem Muschelpurpur alle nicht haltbar und gehen mit der Zeit in Schwarz über, ganz besonders der Farbstoff der Anchusawurzel, welcher in drei Rezepten des Papyrus Leyden und in den

---

[2] Wattenbach, das Schriftwesen im Mittelalter, Leipzig 1875, p. 319.
[3] ibid. über Pergament p. 93; Papier p. 114 ff.; Schreibwerkzeuge p. 182; Tinte p. 193.
[4] Jos. Ant. XII. 2, 10 . . . . τῶν διφθερῶν, αἷς ἐγγεγραμμένους εἶχον τοὺς νόμους χρυσοῖς γράμμασι.

Purpurfärberezepten des Pseudodemokrit (Berthelot, Origines de l'alchimie, p. 357) nebst anderen unechten Farbstoffen (lichen marinus, Lakmus) genannt ist; überdies bewirken die Vitriolbeizen, die zum Dunkelfärben in Gebrauch waren, eine Entfärbung der Pflanzenfarbstoffe. Das berühmte Genesis-Ms. aus dem IV.—V. Jh. der Wiener Hofbibliothek, dessen Pergamentblätter vielleicht mit Purpur (Tournesol) der Miniaturisten gefärbt ist, zeigt heute noch einen rötlichen ins Bräunliche spielenden Farbton.[5]) (Fig. 8.)

Zahlreich sind die Rezepte, welche über die Bereitung verschiedener Tinten handeln; Russ, Gallusäpfel, Kupfervitriol (kalkanthum, attramentum) nebst Gummi geben die Ingredienzien ab. Der Schreiber des Manuskriptes und der Maler waren vielfach in einer Person vereinigt, es kam aber später zumeist vor, dass die

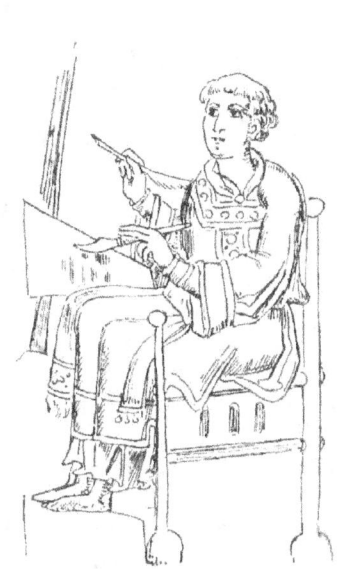

Fig. 9. Schreiber, nach einer deutschen Miniatur des XI. Jh.

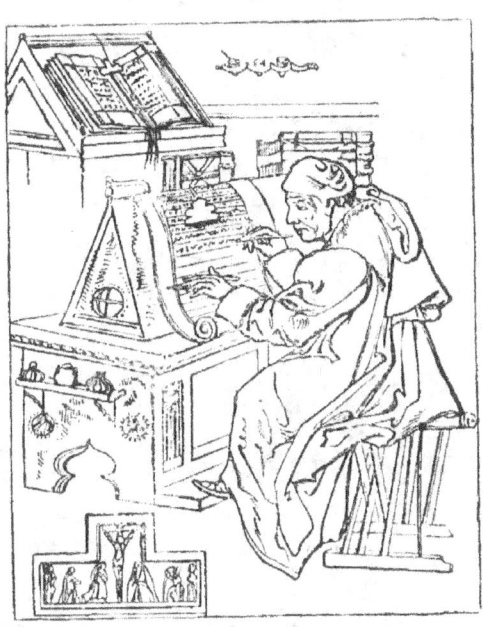

Fig. 10. Schreiber, nach einer französ. Miniatur des XV. Jh.

Schreiber erst ihre Arbeit vollendeten und die Maler die Initialen und Miniaturen anfertigten. Diese Zweiteilung der Arbeit sehen wir in den vielfachen Abbildungen alter Miniaturhandschriften. So sehen wir in Fig. 9 einen Schreiber; derselbe hat auf seinen Knieen ein Pult, eine Kielfeder in der rechten Hand, in der linken hält er den Scalper, ein Messer zum Schneiden der Feder und zum Glätten der rauhen Stellen des Pergamentes[6]). Die schwarze oder farbige Tinte (rot für Rubriken, Gold oder Silber) wurde in kleinen Hörnchen (hornelin) aufbewahrt; diese wurden an der Wand befestigt, wie die Darstellung (Fig. 10) zeigt, welche aus einem Ms. der Bibliothek zu Paris (nach Merrifield) entnommen ist.

In diesem Punkte waren das Handwerkszeug des Schreibers und des Malers gleich. Zur Aufbewahrung und zum Gebrauch der Farben dienten schon von alters

---

[5]) vergl. Nr. 50 m. Versuchskollekt.; eine farbige Abbildung findet sich in der Genesisausgabe von W. v. Hartel u. Wickoff, Wien 1895.

[6]) Die Abbildung ist dem Werke von Hefner-Alteneck, Trachten, Kunstwerke und Gerätschaften, Fft 1879—88 B. I. Taf. 58 entnommen, nach einer Miniatur des XI. Jh. aus dem Kloster Altenzell (Leipzig. Bibliothek); weitere Darstellungen finden sich noch B. II. Taf. 75, ein Schreiber in Mönchstracht (1120—1200) ähnlich dem vorigen; ein Horn mit Farbe ist am Tisch befestigt; B. V. Taf. 324 nach einer franz. Miniatur des XV. Jh. der Münchener Staatsbibliothek, welche die Dichterin Christine Pisan in ihrem Gemache schreibend darstellt, in der Rechten die Feder, in der Linken das Messer haltend, dann auch bei Lacroix, Sciences et lettres au Moyen âge p. 91.

her die Muscheln (muschal des Strassb. Ms.), wie dies auf den ältesten Darstellungen von Malern und Malerwerkstätten ebenso wie aus alten Schriftquellen ersichtlich ist[7]. Meiner Ansicht nach ist die als Palette gedeutete ovale kleine Fläche auf der bekannten pompejanischen Darstellung einer vor einer Herme sitzenden Malerin (Nr. 1443 des Helbig'schen Buches) nichts anderes als eine Muschel zum Mischen der Farben und Abstreifen des Pinsels; ebenso sind auf dem (inzwischen verloren gegangenen) Bilde des Pygmaienateliers die Farben in solchen Muscheln auf dem neben dem Maler befindlichen kleinen Schemel ausgebreitet. Ganz dasselbe finde ich bei dem Maler wieder, der auf einer Miniatur des Dioskorides Ms. aus dem IV. Jh. (Wiener Hofbibliothek) die Mandragorawurzel (Alraun) malt und dabei ebenso die Farbmuschel auf einem kleinen Brettchen vor sich stehen hat; in seiner Linken hält er gleichfalls eine etwas grössere Muschel; man ersieht übrigens aus der wagrechten Handhaltung deutlich, dass es keine Palette, sondern ein Gegenstand ist, in dem sich Flüssigkeit befinden muss. Muscheln befinden sich auch auf dem Titelbild zu Boltz' Illuminierbuch, welches ich hier (Fig. 11) gebe. Diese sehr einfachen und leicht erhältlichen Muscheln sind eigentlich das praktischeste Behältnis, weil sie stets einen tieferen Teil für Farbe und einen flacheren zum Abstreifen resp. Zuspitzen des Pinsels haben. Bis auf den heutigen Tag haben sich deshalb Muscheln zu diesem Zwecke, besonders für Gold- und Silberfarbe, erhalten.

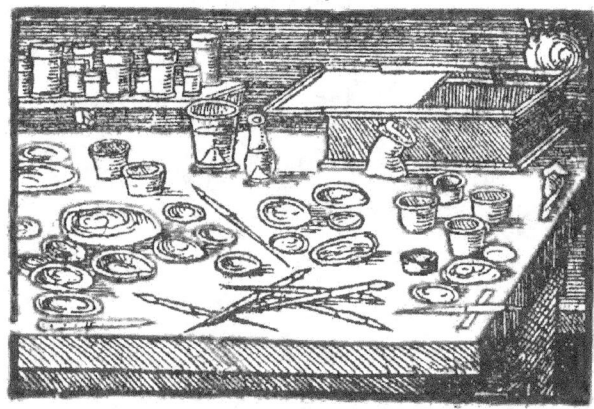

Fig. 11. Titelblatt von Boltzen's Illuminierbuch.

Zum Handwerkszeug des Miniaturisten gehört ausser den Pinseln von Marder- und Eichhörnchenhaar verschiedener Grösse noch ein Täfelchen aus hartem Holz, welches unter die glänzend zu machenden Stellen der Vergoldung zu legen ist, um das Gold zu glätten, und der Brunier- oder Glättstein aus Achat, oder ein Eberzahn und dergl.

Der Neapeler Codex (Rubr. XXXI) erwähnt ein solches Täfelchen; auch an den hier gegebenen beiden Darstellungen von Malern des Hardehauser Evangeliars des XII. Jh. (Cassel. Landesbibliothek) ist es zu erkennen (Fig. 12). Auf beiden Bildern sind Kästchen zu sehen, deren weit herausstehender Deckelrand dazu dient, um als Unterlage beim Brunieren unter das Pergamentblatt geschoben zu werden.

Die Reihenfolge, in welcher die Malerei auf Pergament auszuführen war, ist aus der nur teilweise fertigen Prachthandschrift des Wilhelm von Oranse aus dem XIV. Jh. (Cassel. Landesbibliothek) in höchst belehrender Weise zu ersehen. Bei dieser Handschrift sind die Miniaturen in verschiedenen Stadien der

---

[7] Nach Martianus (lib. XVII) werden die als Mischgefässe dienenden Muscheln (conchae) bei Legaten im Testamente eines Malers zum Handwerkszeug des letzteren gehörig angeführt. (Pictoris instrumento legato, cerae, colores, similiaque horum legato cedunt: item peniculi, cauteria et conchae).

Arbeit unterbrochen; bis zum Blatt 35 sind die Bilder ganz fertig, von 35—56 sind dieselben in den einzelnen Stadien der Arbeit unvollendet geblieben, schliesslich sehen wir nur den freigelassenen Raum mit dem Silberstift eingerändert.

Es sei hier gleich bemerkt, dass in dieser Handschrift bei Anfertigung des Bilderschmuckes zwei Künstler thätig gewesen sein müssen, ein Umstand, auf den meines Wissens noch nicht Rücksicht genommen wurde. Die Miniaturen vom Anfang des Codex bis zu Blatt 29 sind von einem nicht nur ungeschickteren Künstler, sondern auch in einem ganz anderen Charakter ausgeführt, als die folgenden. Am deutlichsten lässt sich dies an der Auszierung des Hintergrundes erkennen, die in der ersten Bilderreihe nur mit ängstlicher Ornamentierung der mit Farbe gemalten Fläche

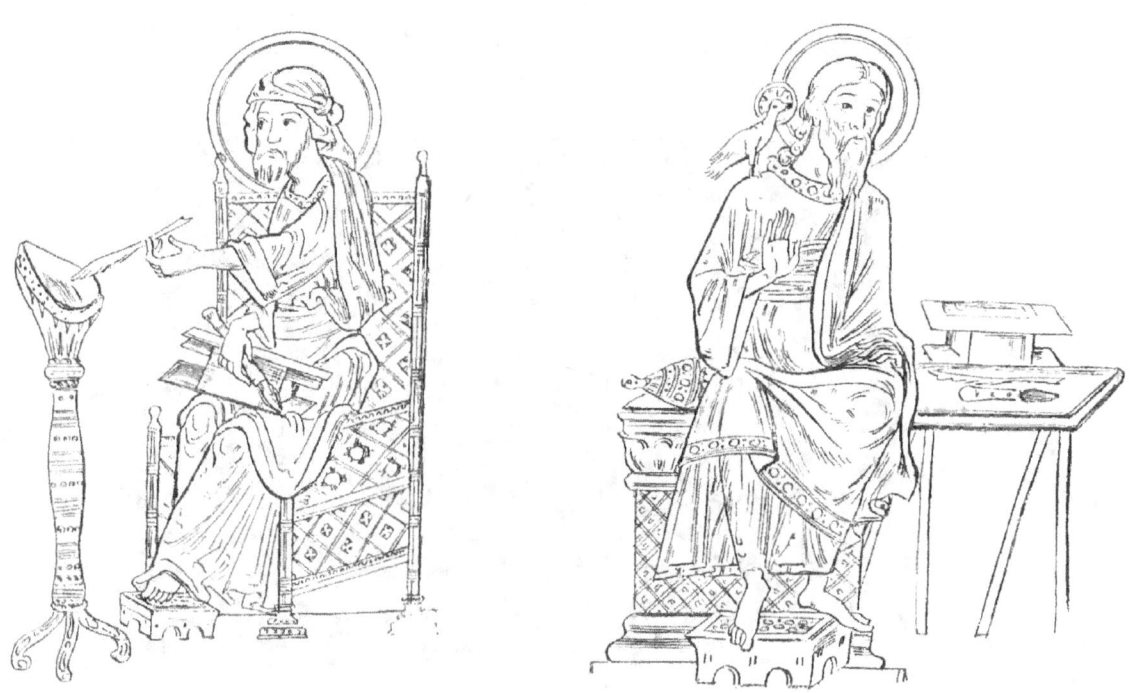

Fig. 12. Malergeräthe nach Miniaturen des Hardehauser Evangeliars (XII. Jh.).
(Casseler Landesbibliothek.)

ausgeführt wurde, während der zweite Künstler hiebei grosses Geschick in Anbringung des Glanzgoldes und „musierter" Verzierungen zeigt. Ausserdem ist die Art, Fleisch zu malen und zu modellieren, bei dem zweiten auffallend besser; während der erste über harte Kontureinrandung nicht hinwegkommt, ist des zweiten Manier sehr weich und präzis zugleich. Nach den Beobachtungen, die ich bei genauer Einsicht dieser Miniaturhandschrift gewonnen habe, bestand die Technik des Malens auf Pergament, nachdem die Plätze mittelst des Lineals festgestellt waren, in den folgenden Arbeiten:

1. Aufzeichnung der Komposition mit dem Silberstift, mit welchem auch die ersten Linien der Umrandung gezogen waren. Der Silberstift gestattet durch seine überaus feinen, anfangs kaum sichtbaren Linien, dass der Maler über die Komposition leichter ins reine kommen konnte; Misslungenes dürfte mit Brotkrumen entfernt worden sein[8].

2. Es folgt die Auszeichnung des Entwurfes mit der Feder und Tinte (Encausto), wobei schon eingehend die Faltenmotive markiert, die Locken des Haares und andere Details festgestellt erscheinen; die Köpfe und Hände zeigen nur die äussere Kontur (Fig. 13).

---

[8]) Ueber Silberstiftzeichnen findet man Näheres im Kapitel über Cennini p. 99; von unvollendeten resp. angefangenen Miniaturen berichet auch Wattenbach, p. 315, Note 4.

3. Nach dieser Aufzeichnung wird die Vergoldungsarbeit in allen Details fertiggestellt; dazu gehört das Einstreichen des Grundes mit Leim, um den Assis besser haftend zu machen und die Legung des Assis an allen jenen Stellen, welche Glanzvergoldung (Glanzversilberung ist seltener) haben sollen (vergl. Neapeler Codex, Strassb. Ms., Cennini etc.); diese Assisunterlage wird dann glatt gemacht, durch Schaben mit dem Messer oder dergl. und dann mit verdünntem Eierklar oder nur Wasser (später mit aqua vitae, gezuckertem Weingeist) oder sehr dünnem Pergament-Leim angefeuchtet und mit Blattgold belegt; wenn dann diese Lage getrocknet ist und der Grund es erlaubt, folgt die Glättung mit dem Brunierstein aus Achat oder einem glatten Zahn; auch die Auszierung des Goldes durch Punzieren (granectare) und durch Linienziehen (lineare) hat jetzt am besten zu geschehen. In diesem Zustande befinden sich mehrere angefangene Miniaturen der genannten Handschrift; nur der äussere Rand ist mit leichter Farbe angelegt.

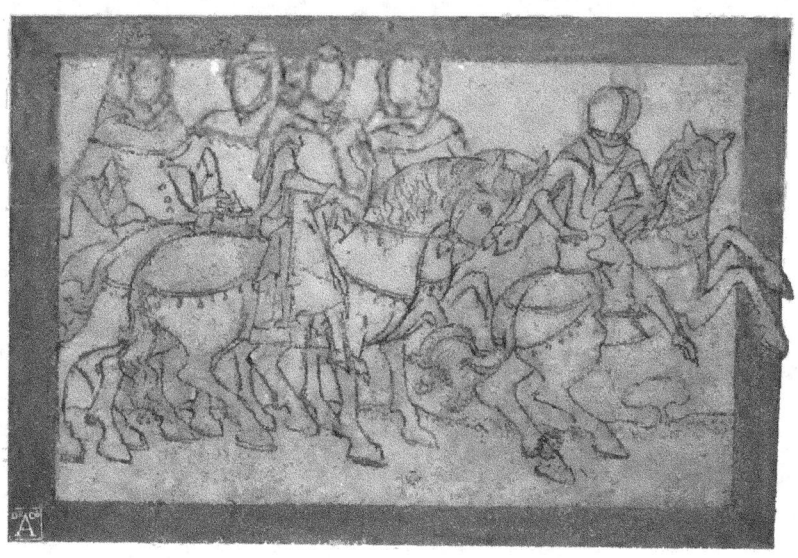

Fig. 13. Angefangene Miniatur nach der Wilh. v. Oranse Handschrift. (Casseler Landesbibliothek.) (2. Stadium der Arbeit.)

4. Das nächste Stadium (Fig. 14) der Arbeit besteht in der allgemeinen Anlage der Gewänder in hellen Lokaltönen, die hier meist nur mit zwei oder drei Farben ausgeführt sind, auch das Fleisch ist in einzelnen Fällen hell grundiert. Die Kronen der Könige, Rüstungen oder Teile, welche goldig sein sollen (aber nicht glänzend) sind mit Blattgold belegt, erhalten erst später die Zeichnung der Zacken oder Verzierungen mit schwarzer Farbe.

5. Ausmalung. Nach diesen Vorarbeiten wird jeder einzelne Teil fertig gemalt, indem auf den schon vorhandenen Mittelton, ein kräftigerer Mittelton stets mit Weiss gemischt, dann noch tiefere Schatten und hellere Lichter aufgesetzt werden. Zum Schluss werden noch die Konturen schärfer umzogen, mit Schwarz und mit Weiss die letzte Vollendung gegeben. In dem Prachtkodex des Wilh. v. Oranse sind die Grundfarben zumeist in drei Farben gegeben, und zwar mit dem Tüchleinblau (deckfarbig Himmelblau) dem violvarb Tüchlein (dunkelrosa) und mit Zinnober. Bei der Uebermalung mit den meist mit Bleiweiss gemischten Farben, sind alle vorher mit der Feder gezogenen Konturen vollkommen gedeckt und nirgends sichtbar.

6. Zu den Schlussarbeiten gehören noch die in der oben erwähnten Goldanlage zu fertigenden Verzierungen mit Schwarz oder Rot und die mit flüssiger Gold oder- Silberfarbe auszuführenden zierlichen Ornamente der Gewänder und der Umrahmung, die stets mit der Feder gemacht werden,

weil der Pinsel so scharfe Details nicht zu geben im stande ist[9]). Nach dem Neapeler Codex wird am Schluss auch noch an satter wirkenden Stellen ein Ueberzug von Gummi-Eierklar-Bindemittel gegeben. (Rubr. XXIX.)

In der hier gegebenen Arbeitsfolge sind wohl die meisten der besseren Miniaturen ausgeführt worden; im Fleischmalen zeigt sich natürlich am allerersten der Unterschied der künstlerischen Fähigkeit, nicht minder in dem Wurf der Anordnung der kompositionelle Wert der Darstellung. Gute Ornamente liessen sich von geschickten und geübteren Malern leicht in handwerksmässiger Art herstellen.

Das Bindemittel für Miniaturmalerei bereitete man sich am besten in einer der bei Boltz, im Neapeler Codex oder im Strassb. Ms. verzeichneten Arten. Dabei ist hauptsächlich die Prozedur zum Flüssigmachen des Eierklars zu bemerken. Nasse Leinenfilter (Heraclius C. XXXI) zu diesem Zwecke zu gebrauchen, scheint mir die umständlichste Art. Anonymus Bernensis (im Anhang zur Theophil. Ausgabe v. Ilg) verwirft das durch Filter gepresste Bindemittel, weil „es von der

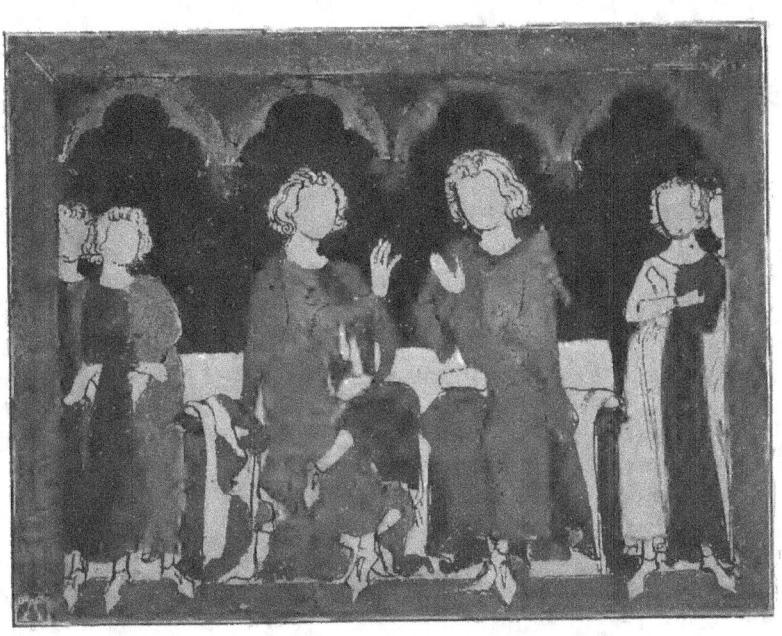

Fig. 14. Miniatur der Oranse Handschrift.
(3. u. 4. Stadium der Arbeit.)

Hand desjenigen, der es durchpresst, Schmutz annimmt" (pag. 382 loc. cit) und benützt nur die zu Schaum geschlagene und abgetropfte Eikläre.

Sehr rasch läst sich in der Manier des Neapeler Codex durch mehrmaliges Aufsaugen und wieder Auspressen des frischen Eiklars in einem neuen, reinen Schwamm das Bindemittel bereiten, das sofort zur Arbeit bereit ist, während beim Abtropfenlassen des Schaumes stets eine längere Zeit (etwa über Nacht) vergeht, bis man die Flüssigkeit benützen kann.

Der erwähnte Anonymus Bernensis nimmt für den Fall, dass das Pergament nicht gut und fleckig ist, noch Eigelb zu Hilfe, tränkt damit das Gemalte und gibt, da dieses matt auftrocknet, nachher einen Ueberstrich mit Eiklartemperatur, um Glanz zu erzielen. Bezüglich des Eidotters deckt sich dieser Autor mit dem Strassb. Ms., in welchem die Beimischung von einigen Tropfen Eidotters bei den meisten Farben angeordnet ist.

Honig oder Kandiszucker sind notwendige Zugaben zum Bindemittel, um das Reissen und Abblättern des sehr leicht brüchig werdenden Eiklars und auch

---

[9]) Vergleiche meine Versuchskollekt. No. 52, 53, 54 u. 55, welche die Arbeitsfolge zeigen.

mancher Gummiarten (Kirschgummi) unter allen Umständen zu verhüten. Bemerkenswert ist, dass der Fisch- oder Hausenblasenleim sich als Bindemittel im Norden länger erhalten hat als im Süden; Strassb. Ms. erwähnt denselben ebenso wie das Ms. des XV. Jh. der Münchener Bibliothek (Nr. 822; s. pag. 184). Auch weichen einzelne Rez. des Strassb. Ms. (23 und 24) so sehr von der allgemeinen Regel ab, dass die Annahme berechtigt ist, diese Temperaturen hätten nicht nur zur Miniatur, sondern auch zur Tafelmalerei gedient.

Konservierungsmittel, um das leicht in Fäulnis übergehende organische Bindemittel (Eiklar) für längere Zeit zu erhalten, oder den üblen Geruch zu verdecken, sind in den meisten Angaben enthalten; sehr geeignet fand ich zu diesem Zwecke den Kampher, welchen der Neap. Cod. erwähnt; mit einem Stückchen Kampher, einfach in die Eikläre gelegt, hat sich dieselbe schon zwei Jahre lang vollkommen gut erhalten. Das Strassb. Ms. nimmt stets zum Eierklar Essig, auch Salmiak, Boltz Rosen- oder Lilienwasser, Gewürznelken und Realgar des Neap. Ms. Anonymus Bernensis nennt kein Konservierungsmittel, allerdings ist nur ein Bruchstück des Ms. erhalten. Auch Lauge dient in einzelnen Fällen (Neap. Cod. XIV, XIX) zur Lösung resp. Konservierung des Eiklars.

Gefirnist wurden Miniaturmalereien in Büchern niemals, es ist in keinem Ms. davon die Rede. Zum Glänzendermachen von Malereien auf Pergament und Leder diente der bei Boltz genannte und bereits erwähnte „Haussfirnis", der aus Eiklar und Gummiwasser nebst Honig besteht und sich mit der gleichen Angabe des Neap. Cod. deckt. Mit Oelfirnis wurden Gegenstände, die mit Leder überzogen waren z. B. Kästchen überstrichen, die dadurch gegen Feuchtigkeit geschützt wurden. **Diese Manier ist aber nichts anderes als die ältere allgemeine Technik des Theophilus**[10]). Eine solche Malerei auf Pergament, gefirnist, ist in Nr. 56 m. Kollekt. von Versuchen zu sehen (vergl. oben Technik des Theoph. C. XXVII, Heraclius C. XXIV pag. 39 u. 52).

Das Auffallendste an alten Miniaturen des XIII.—XV. Jhs. sind die mit grösster Sorgfalt ausgeführten Gold- oder Musiergründe (Assiso, Fundamente), von welchen in den Anweisungen mehrfach die Rede war. Die Grundlage der meisten dieser Anweisungen ist Kreide, welche mit armen. Bolus rot gefärbt, nebst Leim zu einem dicken Brei angerührt wurde; diesem Brei ist noch Kandiszucker oder Honig hinzuzufügen, damit der „grunt nit schrint", d. h. sich nicht abblättert oder brüchig wird. Im Athosbuch sahen wir einem derartigen Assisgrund noch eine Quantität in Wasser gelöster Seife beigemengt. Solche Beigaben haben durch ihre hygroskopische Eigenschaft den Zweck, auf die Dauer dem Goldgrunde eine gewisse Biegsamkeit zu geben.

Man wird in der Annahme kaum fehlgehen, diese Goldauszierungen in Miniaturen auf byzantinische Einflüsse zurückzuführen; die in der Tafelmalerei eingebürgerte Art der Vergoldung des Hintergrundes, der Nimben und anderen Beiwerkes, ist hier auf die Pergamentfläche mit allen notwendigen Konsequenzen übertragen. Es könnte sich vom kunsthistorischen Standpunkte nunmehr darum handeln, zu untersuchen, wann derartige Gold- oder Musiergründe aufgekommen sein könnten. Bei älteren byzantinischen Miniaturen, wie solche im Dioskorides und dem Genesis Ms. der Wiener Hofbibliothek sich finden, sehen wir noch keine Goldgründe; die Goldfarbe ist hier stets flüssig aus der Feder als Staffierung angewendet. Auch Miniaturmalereien aus der karolingischen und ottonischen Zeit, wie solche in der Cimeliensammlung der Münchener Bibliothek aufbewahrt sind, weisen diese Verzierungsmanier auf. Wohl sind schon ganze Stellen vergoldet, wobei eine rote Unterlage sichtlich benützt wurde, auch sind gewisse Stellen glänzend gemacht, aber ein eigentlicher Goldgrund ist hier noch nicht vorhanden. Man erkennt einen solchen sehr leicht,

---

[10]) Die von Baron v. Pereira wieder ins Leben gerufene Tempera fusst auch auf diesem Prinzip. Nur scheint es mir, dass er im Punkte der Zeit zu weit zurückgegangen ist, wenn er seine Temperaart mit der Technik der Renaissance identifiziert. Mit Gummi, Leim und Albumen etc. haben die nordischen Künstler nur bis zum XV. Jh. gemalt, und war das Prinzip dasjenige, welches wir bei Theophilus kennen gelernt haben. Boltzens Temperaturwasser zur Grundlage der Technik für Tafelgemälde zu nehmen, ist schon deshalb falsch, weil Boltzens Anweisungen ausschliesslich für Illuminierer gelten.

wenn man das Pergamentblatt gegen das Licht hält und von der Rückseite durch das beleuchtete Blatt hindurch schaut. Die Stellen, welche Goldgrund tragen, erscheinen undurchsichtig, während alle übrigen Partien mehr oder weniger das Licht durchscheinen lassen.

Es ist mir nicht bekannt, auch lässt sich dies nach Abbildungen nicht ersehen, ob die angelsächsischen, die irischen und altfränkischen Miniaturisten schon den Goldgrund benützten, ich hatte auch noch nicht Gelegenheit, die Pariser Handschrift des Gregor von Nazianz und andere Prachtcodices des IX. und X. Jhs. daraufhin zu untersuchen, und bin deshalb nur auf die Vermutungen angewiesen, welche die Quellenschriften gestatten. Dass Theophilus den Assisgrund nicht kennt, wurde bereits (p. 54) bemerkt; er trägt das Gold in Pulverform mit einem Bindemittel von Hausenblase oder anderem Leim (C. XXXVIII) auf eine rote Unterlage auf und glättet nach dem Trocknen mit dem Zahn.

In späteren Anweisungen, dem III. Buch des Heraclius (XLI, XLII), dem Alchorius Ms. (291 und 292 des Le Begue) und in den ältesten deutschen Aufzeichnungen tritt schon die neue Manier des Assisgrundes mit Kreidebeimischung neben die frühere Art. Wir erkennen diese Unterscheidung in der Bezeichnung des „nassen und trockenen Goldauflegens". Das nasse Verfahren ist das ältere, von Theophilus beschriebene, bei welchem das Goldpulver mit Bindemittel angemischt wird, während unter „truken uff zu legen" das Blattgold gemeint sein mag (vergl. Strassb. Ms. 13 und 14). Der Neapeler Codex (Rubr. XIII und XIV) gibt überhaupt nur mehr die letztere Methode als „von den Miniaturisten gebräuchlichste" an, und dieselbe erhält sich auch in der Folgezeit des XV. und XVI. Jhs.

Es erübrigt uns hier noch ein paar Bemerkungen über das M u s i e r e n oder F l o r i e r e n a u f G o l d selbst anzufügen. Unter dieser Bezeichnung (muosen, müsen, muosieren) ist eigentlich eine musivische, also eine in Mosaik eingelegte Verzierung zu verstehen. Die mittelalterliche Maltechnik scheint darunter eine Art der Goldverzierung zu verstehen, welche im Auftragen feinerer Goldzierate auf Goldgrund bestand. So sehen wir im Strassb. Ms. (17) eine Anweisung „uff vin gold florieren, das recht zierlich stat, als das ein gold uff das ander wer geflorieret" u. z. wird dies durch nichts weiter erreicht, als dass mit einem dick angerührten Gummiwasser die Zeichnung auf schon vorhandenes (jedenfalls mattes) Gold aufgetragen wird. Die Stellen sind dann glänzender als die Umgebung, erscheinen demnach dunkler als der Untergrund. In gleicher Weise sehen wir (Strassb. Ms. 18) eine weitere Angabe, um auf Gold zu florieren (mit Fischgalle; s. p. 157), welche als „Geheimnis" bezeichnet wird.

Es handelt sich demnach hier um ein durchsichtiges Medium, welches das unterliegende Gold durchscheinen lässt, gleichzeitig aber die Flächen belebt und feinere Ornamentation zulässt.

Uebereinstimmend damit ist eine Anweisung, die ich dem bereits kurz erwähnten Heidelberger Ms. (309, Pal germ. 676. Pap. XV. Jh.) entnehme. Nach einigen Angaben über Assisgrund, welcher in seiner Zusammensetzung dem allgemeinen ähnlich ist (Kreide, Bolus und Zinnober; Bleiweiss, Bolus, Zinnober) finden wir pag. 60a ein Rezept für „ain musirgrund", dessen Anleitung mit dem obigen „florieren" des Strassb. identisch ist. Unter „Musieren" und „Florieren" sind demnach dieselben technischen Operationen zu verstehen. Es heisst daselbst: „a i n m u s i r g r u n d".

> Item gummi armoniacum oder ganfer oder seraphin (g. serapinum) oder lauter mastix oder welschen verger (ital. Ocker) dise ding sind alle durchschawig (durchscheinend) off gold, jeglicher stuk nym ains welhes du wilt, vnd reib des als gross als ain pon gar wol mit ain wenig wassers vnd zwen tropfen ayrclar vnd mach es weder ze dünn noch ze dick vnd musier daruff was du wilt mit dem pensel so ist es gar schon so es truknet.

Auch andere Rezepte des gleichen Ms. bedienen sich für Musiergründe der obenerwähnten „Goldgrundgummi" des Boltz (s. p. 174 Note); mitunter wird statt „musirgrund" der Ausdruck „planirgrund" gebraucht.

Wir finden pag. 62 folgende Anweisung:

> Item wiltu auf gold das da geplaniert ist etwas fremdes m u s i r e n das es scheint ze gleicherweis als ain gold uff das ander gemacht wer. So nym campher vnd mastix die geleutert sey, reib sy uff ainen stain gar wol

underainander vnd tu das in ain rain muschelin vnd temper das weder ze
dick noch ze dünn, das es auss dem pensel gang vnd mach uff vein gold
was du wilt so scheind es recht als vein gold.

Item ze gleicherweiss sol man nemen sal armoniacum mit wasser und
damit musiren uff silber vnd wenn das trucken wirt so scheint es als silber.

(Die Kampherbeigabe bezweckt hier vermutlich die Konservierung des Eiklarbindemittels.)

Bezüglich des Musierens sei noch auf die Stelle des Lib. illuminist. (s. o. p. 181) hingewiesen, „wie man musir auf ölvarb", wobei es sich um Goldverzierungen auf Oelfarbengrund handelt; mittelst gestossenen Firnispulvers und Goldbeize unter Zuhilfenahme von Patronen wird hier die Musierung ausgeführt, indem die mit Goldbeize bestrichenen Stellen mit Blattgold belegt werden und das lose aufgestreute Pulver wieder abgewischt wird.

II. Wandmalerei.

Wie in der Buchmalerei so war auch im Kirchenbau selbst reiche Dekoration und bildlicher Schmuck in Aufnahme gekommen. Die aus der altchristlichen Basilika mit ihrem Mosaikschmucke entstandene romanische Form erforderte in Apsis und Oberwänden des Mittelschiffes malerische Zierde, wie sie uns in den erhaltenen Wandmalereien der St. Georgskirche zu Oberzell in der Reichenau (aufgenommen v. Fr. Beer herausgegeben von Fr. Kraus, Freiburg i. B. 1884) entgegentreten. Zwischen ornamentalen Bändern und mit Medaillons geschmückten Archivolten breiten sich die Szenen aus der Heiligenlegende in überlebensgrossen Figuren aus [10]).

„Die Technik der Wandbilder ist eine sehr sorgfältige. Den Untergrund verputzte man mit gelbem Sand und rieb ihn glatt. Darauf wurden die Figuren zunächst gezeichnet und die Umrisse mit einem kräftigen Braun nachgezogen. Dann trug man die Farben auf, jedoch wahrscheinlich nicht auf den ganz trockenen Grund, sondern wie Theophilus in seinem kunsttechnischen Handbuch lehrt, auf durch Besprengen angefeuchteter Mauer, da so die mit etwas Kalk versetzten Farben besser hafteten. Hierauf erfolgte die Modellierung der Fleischteile und Gewandung mit breiten Strichen, letztere der Färbung der Gewandung entsprechend und endlich wurde das ganze durch Aufsetzen mehr oder minder kräftiger weisser Lichter vollendet. Von einer eigentlichen Flächenmodellierung durch Halbtöne oder gar Lasuren kann natürlich keine Rede sein."

Die Beurteilung der Technik auf alten Wandgemälden ist ungemein schwer, denn in den meisten Fällen machen vielfache spätere Uebermalungen, oder die Zerstörung der Farben durch die Mauerfeuchtigkeit (Salpeter) die Untersuchung des ursprünglichen Zustandes unmöglich. Relativ am günstigsten sind die Fälle, wo die Malerei durch spätere Uebertünchung eigentlich vor einem vorzeitigen Verfall geschützt wurden. Es spricht sogar für die Solidität derartiger Malereien, dass dieselben trotz dieses Vandalismus sich so widerstandsfähig gezeigt haben, wie diejenigen in der Reichenau. Auch die chemischen Untersuchungen, die an verschiedenen Orten angestellt wurden, können uns wenig sichere Aufschlüsse über die Maltechnik geben, weil es sich chemisch nie feststellen lassen kann, in welcher Reihenfolge die Malerei ausgeführt wurde; es würde auch chemisch ganz gleich sein, ob ein Stück Mauerwerk mit Kalkfarben aufs Trockene oder al fresko bemalt worden ist, da die chemischen Bestandteile (Kalk) in beiden identisch sind. Ausserdem wäre jede solche Untersuch-

---

[10]) Diese Wandgemälde wurden erst vor wenigen Jahren durch den Pfarrverweser Feederle unter der Tünche entdeckt. Doch sind die Fleischtheile sowohl im jüngsten Gericht als auch in der Kreuzigung jetzt infolge chemischer Zersetzung der Farbe (Bleiweiss!) schwarz geworden. Janitschek l. cit. p. 58.

Der Wandmalerei des XII. u. XIII. Jahrhunderts in Deutschland gehören noch an: Die Wandmalereien der Unterkirche zu Schwarzrheindorf bei Bonn (Abbildungen in Aus'm Werth, Wandmalereien in den Rheinlanden); im Kapitelsaal der Abtei zu Brauweiler bei Köln, in der Taufkapelle von St. Gereon zu Köln, Wandmalereien in Westfalen. (J. Aldenkirchen, die mittelalterliche Kunst in Soest, Bonn 1875); im Dom zu Münster, in der sog. Capella sub claustro der Liebfrauenkirche zu Halberstadt; der zum Teil erneuerte Bildercyklus des Domes zu Braunschweig, die zwölf Wandbilder aus dem Kloster Rebdorf bei Eichstädt (jetzt im Nationalmuseum, München), das hervorragende Wandgemälde (Thronende Maria) im Nonnenkloster zu Gurk in Kärnten u. a. m.

ung nur für den einzelnen Fall, und da nur für das spezielle Stück Farbe massgebend, nachdem uns die Quellenschriften darüber unterrichten, dass einzelne Farben mit anderem Bindemittel aufgetragen wurden, und auch verschieden in verschiedenen Gegenden, z. B. Azur bei Theophilus mit Eigelb, bei Dionysius vom Berge Athos mit Kleienabsud. Die Chemiker sind sich darüber ganz klar, dass „so sicher auch durch die heutigen Methoden die Natur der unorganischen Bestandteile bis in die kleinsten Mengen festgestellt werden kann, es aber grösserer Quantitäten als etwa abgeschabte Teile eines Bildes bedürfte, um die Natur der organischen Bestandteile, wie sie die Bindemittel bieten, umsomehr wenn ihrer mehrere vorhanden sind, mit Sicherheit festzustellen. In manchen Fällen würde dazu wohl kaum das ganze Material eines Gemäldes ausreichen". So äusserte sich Chemiker Dr. Borucki in den Techn. Mitt. f. Malerei v. 1. Okt. 1894. Ausserdem ist noch zu bedenken, welche Veränderungen chemischer Natur die auf lange Zeitdauer ausgesetzten Wandmalereien unterworfen sein können. Ein Stück Wandmalerei etwa aus dem XVI. Jh., welches ich von einer defekten Kirchhofsmauer in Tirol abnahm und einem tüchtigen Chemiker, Dr. G. Buchner hier, zur Untersuchung übergab, zeigte z. B. organische Bestandteile in genau derselben Menge, wie ein unbemaltes Stück von Mauerwerk seines Laboratoriumsgebäudes; ein anderes von derselben Malerei auf der Kirchhofsmauer entnommenes Stück, effervescierte aber nicht einmal beim Beträufeln mit Salzsäure, was unbedingt hätte stattfinden müssen, wenn Kalk in der Farbe vorhanden gewesen wäre. Diese Tiroler Fresken sind bekanntlich von einer unverwüstlichen Festigkeit und wird auf deren Malweise in einem späteren Hefte ausführlicher zurückzukommen sein. Es sei hier nur auf das unsichere hingewiesen, welches vielen chemischen Untersuchungen dadurch anhaftet, dass stets nur einzelne Stückchen zur Analyse kommen können. Unter diesen Umständen bleiben uns doch nur die Quellenschriften und etliche empirische Regeln übrig, um die Technik einer Zeit zu prüfen und durch Analogien mit anderen ähnlichen Stücken oder durch Versuche festzustellen.

Zu diesen empirischen Regeln gehört erstlich das Beträufeln mit Salzsäure, um festzustellen, ob sich Kalk in den Farben oder im Bewurfe findet, dann zweitens das Bestreichen mit Schwefeläther, welcher die Eigenschaft hat, alle Oele oder Harze zu lösen, Leime und Gummi jedoch nicht angreift. Dem Verfasser wurde vor einiger Zeit Gelegenheit gegeben, eine derartige empirische Probe an zwei Stücken vorzunehmen, die von gleichfalls unter der Tünche aufgefundenen Wandmalereien stammten.

Der Kunsthistoriker Dr. P. Weber (Stuttgart) unterrichtete mich davon, dass ihm bei den im J. 1892 wieder entdeckten Wandgemälden einer kleinen romanischen Kirche zu Burgfelden (Ober-Amt Balingen, Württemberg), die höchst wahrscheinlich zwischen 1061 und 1071 von Reichenauer Mönchen hergestellt worden seien, ein noch jetzt sichtbarer eigentümlicher Glanz aufgefallen sei, von dem es ungewiss war, ob derselbe vom geglätteten Unterputze oder vom Bindemittel des Farbenmateriales stammte.

Eine chemische Untersuchung, die bald nach der Aufdeckung der Malereien in Stuttgart gemacht und in der deutschen Bauzeitung v. Jahre 1894 pag. 11 und 12 veröffentlicht wurde, ergab folgendes Resultat: Es wurde festgestellt, „dass der Putz in einer Hitze (d. h. ohne Unterbrechung) 6 mm stark aus beinahe reinem, nur ganz wenig Thon haltenden kohlensaurem Kalk in Verbindung mit feinstem Tuffsand, ohne Gypszusatz hergestellt war und zwar nicht mit Hilfe von Lehrpunkten, Lehrstreifen und der Richtscheit, sondern freihändig mit der Kelle abgezogen, so dass er eine ziemlich unebene, aber wie durch eine Art von Schliff fein geglättete und matt glänzende Oberfläche zeigt, auf welche in Temperamanier der Maler seine Bilder zeichnete. Die Widerstandsfähigkeit dieser Putzfläche wurde wahrscheinlich noch dadurch erhöht, dass sie, nachdem die Gemälde in Temperamanier aufgezeichnet waren, mit einer Wachslösung angestrichen wurde".

Es fragte sich nunmehr darum, ob im XI. Jh. eine derartige Technik bekannt gewesen ist; diese Frage musste vor allem deshalb verneint werden, weil die Auflösung des Wachses in Terpentinöl damals unbekannt resp. nirgends beschrieben steht; wohl aber konnte festgestellt werden, dass nach dem Lucca Ms. und Mapp. clav. noch Wachsmalerei auf Wänden bis ins XIII. Jh. geübt und es leicht möglich wäre, dass das öfters citierte Rezept des Le Begue (Nr. 325) hier in Anwendung gekommen sei.

Der Glanz konnte aber auch von einem anderen Bindemittel herstammen, denn die Temperamalereien, die mit dem ganzen Ei (Eigelb und Eiklar) hergestellt werden, haben auch einen gewissen matten Glanz, besonders wenn der Unterputz gut geglättet ist.

Ein mir zugesandtes Stück des Untergrundes zeigte auf sehr porösem Kalkstein einen dichten Verputz, wie der in der obigen Untersuchung beschriebene; Glanz war an diesem Stücke keiner zu bemerken. Die gelbe Ockerfarbe, die den ganzen Grund bedeckte, brauste beim Beträufeln mit Salzsäure sofort auf, ein Beweis, dass Kalk im Verputz enthalten war; die Farbe löste sich aber nicht in Schwefeläther, ebensowenig die noch auf demselben Stücke aufgetragene dunklere Ockerfarbe und die schwarzen Streifen, woraus hervorgeht, dass kein Wachs, kein Oel und kein Harz in der Farbe enthalten sein konnte, sondern Leim, Ei oder eine Gummiart. Thatsächlich wurden diese Farben, das Schwarz ganz leicht, weniger leicht die dunkle und am schwersten die gelbe Grundfarbe von einfachem Wasser aufgelöst. Dieses Stück stammte vom Sockel und hatte es den Anschein, dass der gelbe Grund entweder sehr bald nach der Fertigstellung des Mauerwerkes oder aber vielleicht mit Milch angerührt aufgestrichen war.

Ein zweites Stück Bewurf mit roter Farbe von der Zone der Figuren entnommen, zeigte mehr Oberflächenglanz; Schwefeläther löste auch diese Farbe nicht. Aber der Versuch, eine Wachsseife, die mit Leimfarbe gemischt worden, durch Schwefeläther zu lösen, zeigte je nach der Menge des zugesetzten Leimes eine geringere Lösbarkeit des Wachses. Wenn demnach die genauere chemische Analyse des Stuttgarter Laboratoriums zur Annahme gelangt ist, dass der Glanz durch Wachs erzielt worden sei, so kann als wahrscheinlich angenommen werden, dass dasselbe der Farbmasse schon beigemengt war, denn die Auflösung des Wachses in Terpentinöl ist im XI.—XII. Jh. nirgends beschrieben.

Merkwürdig sind in Burgfelden noch die cylindrischen hohlen Thongefässe, welche hinter dem Malgrund in regelmässigen Abständen in die Mauer eingesetzt sind, wie es scheint, um den Malverputz zu tragen, weniger um denselben zu entfeuchten, wie andere Erklärer meinen[11]).

In derselben Nummer der Bauzeitung (1894 Nr. 2) finden sich Abbildungen dieser Thoncylinder und geht aus deren Anordnung in drei waagrecht übereinander befindlichen Lagen mit gleichen Zwischenräumen, in Bezug der Höhe hervor, dass es offenbar die Rüstlöcher gewesen sind, die auf diese Weise mit den Thongefässen ausgefüllt und diese letzteren mit der Bodenseite nach aussen, zu dem Zwecke angebracht waren, um möglichst schnell die Höhlungen auszufüllen. Die Höhe des Zwischenraumes zwischen den einzelnen Lagen der Thoncylinder entspricht übrigens der noch heute üblichen normalen Rüsthöhe, denn die kleine Kirche wurde, wie es noch vielfach geschieht, „von innen nach aussen" gebaut, so dass die Rüstbalken mit der Höhe des Gebäudes gelegt wurden; beim Abrüsten muss dann naturgemäss die oberste Rüstung zuerst entfernt werden, und um die Löcher, die da bleiben zu vermachen, dienten diese Thoncylinder. Derartige Thoncylinder wurden übrigens in mittelalterlichen Bauten zur Erleichterung der Kreuzgewölbe vielfach verwendet, wie man glaubte, um die Resonanzfähigkeit zu erhöhen, nicht allein in Deutschland, sondern auch in Italien; Morelli (Notizie d'opere di disegno p. 41) erwähnt, dass „irdene Geschirre unter der Dachung der Kirche S. Ercolino und S. Martino in Mailand angebracht wurden, um die Gewölbe vor dem Einfluss der Feuchtigkeit zu schützen", zweifellos sind aber dieselben zur Erleichterung der Gewölbe eingefügt worden. Der gebrannte Thon hat überdies das Gute, die Bewurfmasse sehr fest an sich haftend zu machen und auch durch den nach hinten befindlichen Luftraum zur Trocknung beizutragen, so dass für die alsbaldige Bemalung keine Verzögerung nötig erscheint.

Von glattem und glänzenden Bewurf, der als eine Art Nachklang der römischen Art der Wandbereitung angesehen werden könnte, sind in Deutschland keine

---

[11]) vergl. Dr. P. Weber, die Wandgemälde zu Burgfelden, Darmstadt 1896, p. 67.

Beispiele bekannt geworden, wie wir es an einzelnen Stellen Norditaliens mitunter finden [12]).

„Das gotische Bausystem mit seiner Tendenz, die schweren Mauermassen aufzulösen, die Wände zu durchbrechen, die Zwischenräume der tragenden Pfeiler mit breiten Fenstern auszufüllen, entzog der Malerei die breiten Wandflächen und entzog infolge steigender Vorliebe für reiche und kunstvoller ausgestattete Gewölbeformen ihr auch bald die Gewölbekappen, welche ihr ausser den Wandflächen der romanische Stil zur Verfügung gestellt hatte. Bald war sie im wesentlichen auf die Verzierung architektonischer Glieder beschränkt."

Zu den ältesten Denkmalen frühgotischer Wandmalereien gehören die seither durch Abbruch zu Grunde gegangenen Wandgemälde der Deutschordenskirche zu Ramersdorf im Siebengebirge [13]), von welchen Pausen und Aquarellkopien im Berliner Kupferstichkabinet aufbewahrt sind; dann die noch erhaltenen (für gewöhnlich nicht sichtbaren) Malereien an den Chorschranken des Kölner Domes, welche um das Jahr 1322 entstanden sein werden. Die Darstellungen sind zwischen gotischer Umrahmung und in Arkaden eingeteilte Wandfelder eingefügt; hierher gehören die unter der Tünche gefundenen Reste in der Abteikirche St. Peter und Paul zu Weissenburg im Elsass, die halberloschenen Malereien im Glockenturm der Kirche Rosenweiler bei Rosheim (jüngstes Gericht), in der Dominikanerkirche zu Gebweiler der Kopf des hl. Christophorus, unter welchem der Name des Künstlers zu lesen war: Dis : Machte : Werlin : zun : Burne. [14])

Erwähnt seien noch die gleichfalls unter der Tünche aufgefundenen Malereien im unteren Teil des Turmes der Kirche in Niederzwehren (Hessen); die Darstellung besteht in einzelnen heiligen Figuren in gotischer Umrahmung, welche sich über dem kleinen (plastischen) Tabernakel bis zur Höhe der Wand aufbaut. Die Mittelfigur ist der hl. Christophorus. Der Kreuzwölbung entlang zieht sich ein ziemlich roh in Rot und Blau gehaltenes Rankenwerk.

Der erste Bewurf der Steinmauer ist sehr fest, aber die darüber befindliche Malschichte mit ihrem Gemisch von Kalk, Lehm und Strohsplittern ist so morsch und weich, wie die meisten auch jetzt noch gebräuchlichen Bewürfe der Gegend. Die Malerei scheint mit Kalkfarbe aufgetragen zu sein, doch sind durch die mehrfache spätere Uebertünchung und deren Abnahme manche Teile, besonders die Köpfe, vernichtet worden.

In gleicher Technik und auf noch schlechterem Verputz (gelber Lehmmörtel) erscheinen einige Bilder in der Burg zu Marburg a. d. Lahn ausgeführt, die sich in zwei Nischen der ehemaligen Kapelle finden.

---

[12]) Herr Architekt G. Seidl (München) teilte mir mit, dass er in S. Zeno zu Verona Steinpfeiler mit glänzend glattem Bewurf gesehen habe, die bemalt waren. Morelli (p. 46 des citierten Werkes) erwähnt nach Cesarino Wandgemälde im Schlosse zu Pavia, die „so glatt und glänzend sind, dass man sein Gesicht darin spiegelnd sieht" und spricht von alten Gemälden im erzbischöfl. Hof und in S. Guan de Conco zu Mailand, „welche bis zum heutigen Tage glänzen wie Spiegel"; er behauptet, dass dieselben von der Hand alter Meister herrühren.

[13]) Die hier folgenden Notizen entnehme ich dem Werke von Aus'm Werth, Malereien des christ. Mittelalters in den Rheinlanden, Leipzig 1879, p. 21: Bei allen Heiligen war der Nimbus vergoldet; die Sterne an den Deckengemälden und viele schwarze und violett schillernde Verzierungen auf den roten Gewändern zeigen Spuren von metallischer Substanz und waren vielleicht versilbert. Alle Figuren waren mit Rot gezeichnet und zeigte sich zuweilen mehrfache Ueberzeichnung, so dass da, wo die anderen Farben verschwunden waren, die richtige Form oft schwer heraus zu finden war. Die Bilder und Uebermalung der Säulen und Rippen etc. war in Temperamalerei ausgeführt.

Die Flächen der Kirche und der Chöre, worauf die Bilder gemalt waren, bestehen aus einem glatten, feingeschliffenen Stuck; dagegen ist der Verputz an den Spitzbogenfenstern und den kleinen Chören, im Mittelchor 2—3 Fuss (resp. 4—5) von unten herauf und an den Kirchenwänden herum rauh und grobsandig. Der obere Theil der Rundbogenfenster besteht aus dem glatten und feinen Verputz und sind auch die auf dem unteren rauhen Teil herablaufenden Arabesken darauf nachgemalt. Die herrschenden Farben sind: Rot, Blau und Gelb. Grün kommt seltener vor. Die Figuren im Kircheninnern sind meist auf blauen Grund, die in den Fensternischen farbig auf weissen Grund gestellt. (Aufzeichnungen des Malers Hohe, welcher diese Bilder aufdeckte und abzeichnete 1845.)

[14]) Janitschek, Geschichte der deutschen Malerei p. 193.

Besser erhalten sind die Wandmalereien in der Krypta des Baseler Münsters (veröffentlicht von A. Bernoulli in den Mitteilungen der histor. und antiquar. Gesellschaft zu Basel. Neue Folge I. Basel, 1878.).

Zu den hervorragendsten Wandmalereien dieser Art gehören aber die **Gemälde der Burg Runkelstein** bei Bozen in Tirol, „ein köstliches Denkmal, das über die Art malerischer Ausstattung des Wohnhauses willkommenste Aufklärung gibt." Sie entstanden im letzten Jahrzehnt des XIV. Jh. auf Geheiss des Niklas Vintler, dessen Wappen wiederholt erscheint.

Technisch bemerkenswert ist, dass bei manchen der Bilder ein Grund von roter Farbe, selbst unter Blau angebracht erscheint; sehr deutlich sicht man dies bei der linken Partie der freien Galerie mit den Bildern von Helden und Liebespaaren. Die Aufzeichnung selbst ist, soweit es nicht nachherige Restaurierungen sind, meist mit gleicher roter Farbe aufgetragen. Freskomalereien im späteren Sinne sind hier nicht vorhanden, wohl aber eine Temperamanier auf mit Kalkfarbe vorgestrichener Wandfläche. Italienischer Einfluss in der Verdeterra-Dekoration des Tanzsaales mit der Legende von Tristan und Jsolde sowie in der unteren offenen Halle ist unverkennbar.

„Eine Erklärung dafür, dass in den Runkelsteiner Bildern frühere mit späterer Zeit sich zu vereinigen scheint, liegt wohl in der umfassenden Restauration, welche im Auftrage Maximilians I. durch den Brixener Maler Friedrich Lebenbacher von 1506 bis 1508 ausgeführt wurde. Auf die ursprüngliche Durchführung lassen die Reste der Bilder aus der Wigaloisdichtung in der unteren Halle einen Schluss ziehen. Diese sind in schwarzer Umrisszeichnung auf grünem Grund ausgeführt. Lebenbacher schuf dann um so mehr aus sich heraus, wo er erloschene Züge fand. Dazu suchte er die malerische Wirkung zu erhöhen, indem er die feinen alten Umrisse mit grösserer Kraft nachzog und wirkungsvolle Lichter aufsetzte. Die roten Fleischtöne in einzelnen Tristansbildern gehören einer noch späteren Restauration an." (Janitschek, p. 199).

Die Art, auf Wänden zu malen, wie sie Theophilus beschreibt, hat sich traditionell durch die ganze gotische Periode erhalten; es war stets dieselbe, mit Kalkfarben auf angefeuchtete Mauer zu malen und dann nach dem Trocknen mit anderen Bindemitteln die kostbaren Azure und Lacke mit Ei, sowie die Vergoldungen mit der Oelbeize anzubringen. Die allgemeine rötliche Farb-Unterlage, welche bei Vergoldungen nötig ist, bei Fleisch dann durch Grün (Prasinus) ersetzt wurde, ist für Malerei auf Mauer eine grosse Erleichterung, denn ein Grundton wird der malerischen Zusammenstimmung des Bildes nur förderlich sein können, während ohne einen solchen allgemeinen Grund die stark ins Helle auftrocknenden Kalkfarben sonst sehr leicht an Tiefe und Klarheit verlieren. Alle späteren Freskomaler haben an diesem Prinzipe festgehalten.

Mit Theophilus (C. XV) stimmt auch noch Le Begue's Angabe (Nr. 315, p. 140 dieses Heftes) überein; die Tradition hat sich somit bis ins XV. Jh. erhalten; neben dieser Kalkfarbenmalerei treten noch für trockene Mauer einzelne Manieren auf, die St. Audemar besonders beschreibt; wir haben gesehen (p. 139), dass er z. B. Minium (Mennig) **auf Wänden** mit Gummiwasser mischt und dass er Lazur auch mit Maultier- oder Gaismilch anrührt, offenbar für Mauermalerei.

Aber schon frühzeitig bricht sich die **Oelfarbe für die Malerei auf Mauer** Bahn und erscheint zur Ausschmückung bei Bemalung von Steinfiguren in Profan- und Kirchenbauten. Aus dem Beginn des XIII. Jh. datieren bereits sichere Nachrichten, welche den Gebrauch von Oelfarben bei der Mauermalerei bezeugen; das kann auch nicht Wunder nehmen, da ja die Mss. des Theophilus und Heraclius die Oelmalerei ausführlich genug beschreiben. Aus dem nordwestlichen Teile Europas, aus England, stammen die ältesten derartigen Nachrichten, von welchen hier einige erwähnt seien.

Nach Walpole (Anecdotes of Painting in England 1762. IV. I. p. 6) wurden unter Heinrich III. die Gemächer der Königin in Westminster mit Oelfarben ausgemalt:

1239 erlässt der König eine Geldanweisung für Oel, Sandaraca und Farben.

In den Rechnungen für Malerarbeiten in der Camera regis findet sich die Ausgabe für einen Wagen Kohlen, offenbar zum Kochen oder Trocknen des gleichzeitig mit 16 Gallonen verzeichneten Oeles (1274—77). Von 1277—1297 gibt Walpole eine weitere Reihe von Werken in Oel an:

1289 erfolgte eine Ausbesserung der painted chamber unter Eduard I., zu welchem Zwecke Bleiweiss, Oel, Firnis verbraucht wurden, desgleichen 1292.

Solche Beweise für die Ausbreitung der Oelmalerei im Norden Europas lassen sich im nächsten Jahrhundert in noch grösserer Zahl erbringen, woraus man die stetige Ausdehnung dieser Technik erkennen wird.

1325 erscheinen unter den Rechnungen der Kathedrale zu Ely in England Ausgaben für Oel, womit die Statuen und Figuren auf den Säulen bemalt wurden.

Von 1336 datiert eine ähnliche Rechnung für im ganzen 48 Flaschen Oel für Malerei und Firnisbereitung. 1339 und 1341 „für Mischung von Farben."

Die Rechnungsauszüge für die Ausschmückung der St. Stephans-Chapel aus den Jahren 1352 und 1353 bringen grosse Quantitäten von Oel, einmal 19, dann 8 Flaschen Maleröl (oleum pictorum), einmal sogar „70 Flaschen dieses Oeles zur Bemalung derselben Kapelle." Die Bezeichnung „Maleröl" zeigt, dass das gewöhnliche Oel schon einer bestimmten Operation unterzogen gewesen sein muss, denn auch der dafür gezahlte Preis ist mitunter mehr als dreimal so gross, als der für das gewöhnliche in den früheren Rechnungen. Entweder war es gereinigtes, oder zu Firnis eingekochtes Oel, welches den höheren Preis und seine Eigenschaft als „Maleröl" rechtfertigt. Aus Heraclius haben wir derartige Prozeduren zur Reinigung des Oeles ersehen können.[15])

Wie im Norden, so häufen sich auch im Süden Beweise auf Beweise für Bemalung von Wänden, Säulen und Statuen mit der Oelfarbe. Zunächst müssen wir annehmen, dass es Leinöl gewesen ist, denn Versuche, welche ein Zeitgenosse des Giotto, der Florentiner Giorgio d'Aquila bei der Ausschmückung einer Kapelle in Pinerolo mit Nussöl machte, scheinen von keinem günstigen Erfolg gewesen zu sein; denn „das Oel hatte den Erwartungen nicht entsprochen" (quia (oleum) non erat sufficiens in pingendo capellam; Vernozza, giornale Pisano 1794). Bei der Bemalung der Jakobskapelle in Pistoja wird ausdrücklich Leinsamenöl angegeben (Ciampi, Notizie inedite della Sacrestia Pistojese, Firenze 1810, p. 146).

Die grosse Menge des verbrauchten Oeles in den englischen Rechnungen kommt daher, dass die Wände und das Steinmaterial mit Oel getränkt wurden und mehrfache Schichten übereinander gestrichen werden mussten, wie aus dem Kap. XXV des Heraclius hervorgeht. Darin liegt aber auch die Hauptursache des baldigen Verderbens der Malerei, so dass von allen diesen Malereien nichts auf uns gekommen sein kann.

Man vergleiche, was Pettenkofer (Ueber Oelfarbe und Konservierung der Gemälde-Gallerien, Braunschweig 1870, p. 10 und folg.) über die Dauerhaftigkeit der Oelfarbe sagt, und man wird finden, dass die Erhaltung von Oelmalereien ohne fortgesetzte Restaurierung ganz unmöglich ist. Oelfarbe aber auf Wänden geht unter allen Umständen zu Grunde, weil das Oel nach dem vollständigen Trocknen seinen molekularen Zusammenhang verliert. „Jedermann ist bekannt, dass im Freien keine Oelfarbe länger als einige Jahre aushält, gleichviel ob sie auf Holz oder Eisen oder Glas aufgestrichen ist; sie lässt sich zuletzt immer als Pulver abreiben . . . ." „Oelanstriche im Freien, aber unter Dach, halten ungleich länger, wenn auch sonst die Luft von allen Seiten freien Zutritt hat . . . Aber auch in geschlossenen Räumen, in Sälen und Zimmern verlieren die Oelanstriche allmählich ihren molekularen Zusammenhang und zwar ganz aus denselben Ursachen wie in der freien Luft, wo es nur schneller geht, in dem Maasse, als im Freien die Einflüsse häufiger wirken und stärker sind." „Der Untergang der Oelgemälde ist daher nur eine Frage der Zeit, wenn nichts geschieht oder geschehen kann, diese Einflüsse der Atmosphäre zu beseitigen oder sie unschädlich zu machen." (p. 11).

Soweit als unsere Quellennachrichten zurückreichen, ist nirgends etwas darüber zu erfahren, aber doch anzunehmen, dass die mit Oel bemalten Wandflächen im XIII. und XIV. Jahrhundert gefirnist wurden, denn dieser Firnis würde wohl für einige Zeit

---

[15]) vergl. Eastlacke, Materials p. 49 u. ff.

dem Uebelstand des Verfalls der Oelmalerei Einhalt thun; aber „nach einiger Zeit wird ein gefirnisstes Oelgemälde wieder trüb, denn der Firnis stirbt (nach Umständen bälder oder später) wieder ab, verändert sich, wird schimmlig, taub, blind oder wie man sonst die Erscheinung nennt", welche Pettenkofer schon bei Tafelgemälden so drastisch schildert; um wie viel schneller müssen erst Gemälde zu Grunde gehen, die auf stets mehr oder minder porösen und deshalb feuchten Wänden mit Oelfarbe gemalt wurden!

Aus den eben auseinandergesetzten Ursachen, die in der Natur des Materials liegen, werden wir kaum ein Wand-Oelgemälde aus dem XIII.—XV. Jahrh. irgendwo mit Bestimmtheit nachweisen können, obschon die Schriftquellen zahlreiche Nachrichten darüber enthalten.

Will man die Technik der Wandmalerei in den mittelalterlichen Epochen zusammenfassen, so ergibt sich nach den obigen Ausführungen etwa folgendes Schema.

Vom IX.—XI. Jahrhundert herrscht noch die Wachsmalerei vor (Lucca Ms., Mapp. clav.)

Das XII. Jh. und die Folgezeit bis zum XV. Jh. kennt die Malerei auf der befeuchteten Wand mit Farben, die mit Kalk gemischt sind, wobei einzelne Farben und Zierate mit Ei oder Tempera gemalt wurden. (Theoph., Le Begue).

Gleichzeitig tritt vom XIII. Jahrhundert an die Oelmalerei zuerst für Steinfiguren (die im Freien zu stehen kommen), dann auch auf Wänden in den Vordergrund, um alsbald im Norden Europas sich vollkommener auszubilden. (Heraclius, Die Rechnungen von Westminster und St. Stephans-Chapel in Ely.)

Das Strassburger Ms. (XIV.—XV. Jh.) führt noch die Malerei mit Leimfarben „uff muren" an und erwähnt ganz besonders (78) die Oeltränke „uff steinen und uff muren die sol man vor mit öli trenken", ehe man die Vergoldung aufstreicht; dasselbe ist in dem Münchener Codex des XV. Jh. vorgeschrieben.

In direkter Folge der Oelvergoldung, welche wir schon aus der Notiz des Actius (VI. Jh.) nachgewiesen haben und welche, wie sich aus der Natur der Sache selbst ergibt, vor allem auf Stein und Mauerwerk angebracht war, muss ursprünglich die Oelmalerei selbst sich herausgebildet haben. Die Oelvergoldung und die aus der Enkaustik entwickelte Harzölmalerei der byzantinischen Translucida-Technik sind meiner Meinung nach die grundlegenden Faktoren für die Oelmalerei der mittelalterlichen Epochen geworden[16]).

III. Tafelmalerei.

In den obigen Ausführungen wurde die Oelmalerei nur in Bezug auf die Technik auf Mauern oder Stein in Betracht gezogen. Dieselben Gründe, die der Oelfarbe die Wandflächen eroberten, waren selbstverständlich auch massgebend bei den Tafelbildern. Aber auch bei diesen mussten sich dieselben Uebelstände einstellen, so dass wir heute auch kaum mehr sichere Oelgemälde aus dem XIII. und XIV. Jahrhundert nachweisen könnten, da solche, wenn sie überhaupt noch vorhanden sind, bis zur Unkenntlichkeit verdorben sein müssen.

Viel besser ist es mit jenen Tafelbildern bestellt, die in einer der Techniken gemalt sind, die wir bei Theophilus kennen gelernt haben und die herrschende bis ins XV. Jahrhundert (neben der Oelmalerei) gewesen sein muss, nämlich die Kirschgummi-Eiklar-Technik mit darauffolgendem Firnisüberzug.

Durch vielfache vergleichende Proben, die in dieser Technik ausgeführt wurden (Fig. 15) und durch das Studium noch erhaltener Gemälde der ältesten Perioden konnte die vollkommenste Uebereinstimmung der mitteleuropäischen Schulen, wie der kölnischen, westphälischen, der Prager und der niederbayerischen des XIV. Jahrhunderts konstatiert werden.

Tafel-Gemälde aus der Zeit vom Ende des XIII. bis zum Ende des XIV. Jahrhunderts sind verhältnismässig nicht selten, es ist nur schwer unter diesen genau zu bestimmen, welche mit Oelfarbe und welche mit der gefirnissten Gummitempera gemalt sein könnten. Interessante Beispiele für diese letztere finden sich in der Ge-

---

[16]) s. m. Beiträge II. p. 58 u. 59.

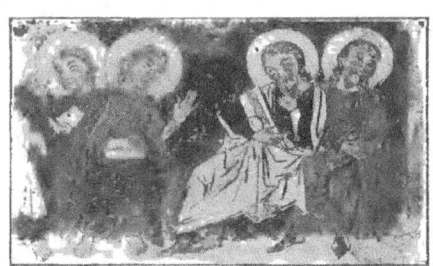
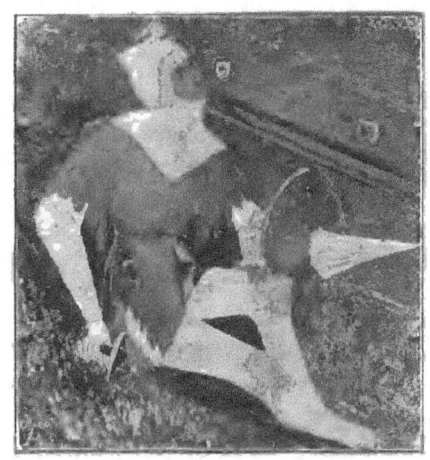
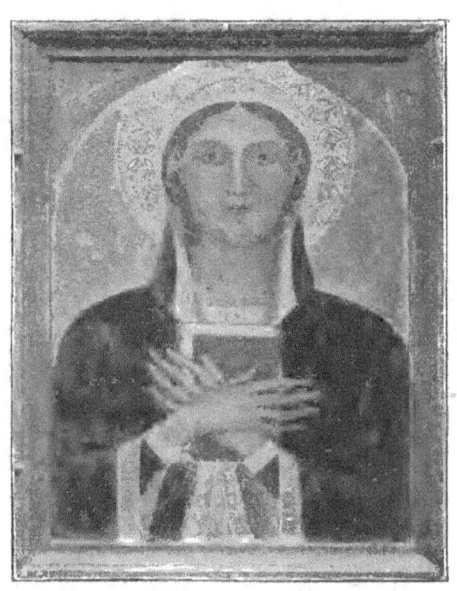
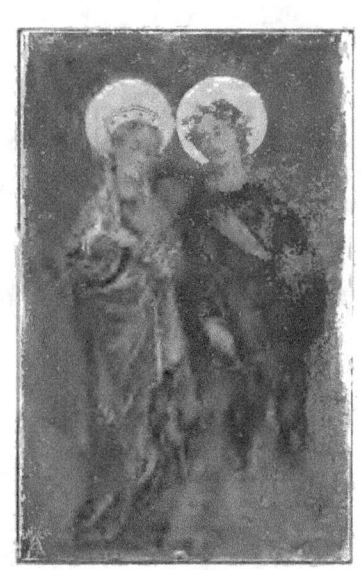
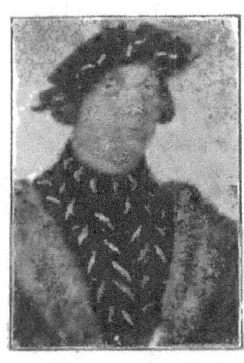
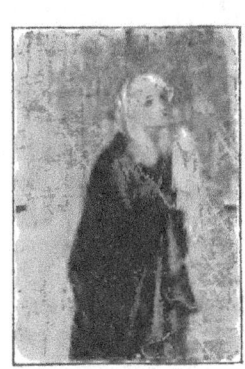
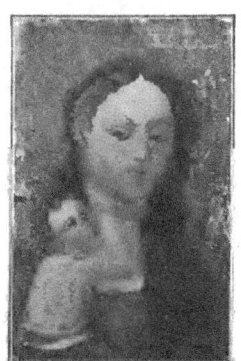

Fig. 15. Malproben in der nordischen Technik des XIII. und XIV. Jh.
(Versuchs-Kollekt. Nr. 57—60 79 62 und 63.)

mäldesammlung des Rudolphinum in Prag (altböhm. Meister, Theodorich von Prag); im Nationalmuseum zu München (Flügelaltar aus dem Schlosse Pähl in Oberbayern (1380—1420), 4 Tafeln eines Altars in gleicher Technik Nr. 244—247); hauptsächlich bietet das Kölner Museum Wallraf-Richartz Gelegenheit, die Technik kennen zu lernen. Die Madonna (Nr. 6), dem Meister Wilhelm zugeschrieben, muss in dieser Art gemalt sein. Dabei ist zu bemerken, dass Bilder auch in gemischter Technik, d. h. teils in Gummitempera, teils mit Oelfarben gemalt wurden, was sich in deren ungleichen Erhaltung ausspricht. Das Fleisch der Wilhelmschen Madonna und des Kindes ist ungemein hell und klar, dagegen zeigt die blaue Draperie um den Kopf Sprünge und Krusten; noch auffallender ist dies an dem bräunlichroten Gewand zu sehen, welches sich im Laufe der Zeit sehr geändert haben muss; ursprünglich wird die Farbe viel satter und leuchtender gewesen sein, so dass ich nicht anstehe zu erklären, dieser Teil des Bildes sei mit dem Farbstoff Folium (Tournesol, Purpur der Miniaturmaler, Theoph. C. XL.) gemalt. Die Sprünge im Gewand und besonders in der Blume (Wicke) sprechen deutlich für die Verwendung des Bernsteinfirnisses (Vernition).

Auch Nr. 8 (auf Leinwand gemalt), zeigt die Qualitäten der Gummitempera, ebenso Nr. 12 aus Meister Wilhelms Schule. Am allerreinsten und deutlichsten findet sich die Technik ausgesprochen in den vorzüglichen Bildern der Passion (Nr. 24, 25, 26, Meister Wilhelms Schule), welche sich in jeder Beziehung der Miniaturtechnik anschliessen; die tiefe und klare blaue Farbe des Himmels, mit den goldleuchtenden Sternen, die durchsichtigen Rosa und Grün der Draperie und vor allem das zarte Weiss der wallenden Gewänder zeigen den Charakter von gefirnisster Gummi- und Eiklartempera am treffendsten.

In holländischen und belgischen Gallerien ist von Bildern dieser Zeit, welche für das Studium gerade der vor Van Eyck'schen Periode von grösster Wichtigkeit wären, überaus wenig zu finden. Einzelne wären zu nennen: Im Museum zu Brüssel eine Madonna mit Kind (ohne Nummer), welche noch byzant. Anklänge zeigt (Goldornament auf der Schulter), und in der Technik sehr an die des Meister Wilhelm erinnert; die Färbung des Fleisches ist frisch und leuchtend, sehr weich modelliert, nur durch bräunliche Konturen umrändert. Im Museum von Antwerpen: Nr. 516, Krönung der Maria; vielleicht ist dieses Bild zum grössten Teil mit Oelfarben gemalt, jedenfalls das Ornament des Teppichs mit roter Lackfarbe auf Vergoldung; Stil des XIV. Jh. In Amsterdam: Nr. 525. Gedächtnistafel der Herren von Montfort, im Charakter der Kölner Passionsbilder, mit gleicher Behandlung des Hintergrundes, was sich noch erkennen lässt, obwohl das Gemälde „voor de deerde mael verlicht (1770)" wurde. Nr. 528. 18 Darstellungen der Heiligenlegende auf einer Tafel, wie sie in gotischer Zeit häufig gemalt wurden; die Gypsschichte ist hier auffallend dick und an gesprungenen Stellen sieht man die darunter aufgespannte Leinwand durch. Malereien mit Oelfarbe in der von Theophilus bezeichneten Art sind wenige erhalten; sie sind meist sehr nachgedunkelt. Eines der umfangreichsten Gemälde sind die beiden rückwärtigen Flügel des grossen Altares im Hauptschiff des Kölner Domes. Der Grund ist Vergoldung auf Leinwand (oder Leder?); die das Gemälde in viele Felder einteilende gotische Architektur ist mit Oelfarbe über dem Goldgrund gemalt; viele Ornamente der Gewänder scheinen in der Pictura translucida (Theoph. XXIX) ausgeführt; Stil des XIV Jh.

Was die Reihenfolge der Arbeiten für Tafelmalerei betrifft, so schliesst sie sich eng an die Vergoldungstechnik an, die bei jedem Gemälde zuerst anzubringen war. Der wichtigste Moment ist wie eigentlich bei jeder Malerei, der Untergrund, auf welchen gemalt werden soll. Während der byzantinische und frühitalienische Grund für Tafelgemälde aus gelöschtem Gyps (gesso sottile) besteht, sehen wir im Norden stets die Kreide als Material genannt; schon Theophilus nimmt neben dem gebrannten Gyps die Kreide mit Leim angemacht (C. XIX) zur Grundierung von Leder und Holz; das Strassburger Ms. (13) präcisiert wie Theoph. diese Kreide als identisch mit der Kürschnerkreide (creta pellicaria), der sogen. Kollerkreide, mit welcher die Lederkoller geweisst wurden. Solche mit Leim angemachte weisse Kreide (weisser Bolus, Pfeifenthon), welche reichlich in der Rheingegend gefunden wird, dient zum „fundament dar uff man silber und golt leit daz es schön und glantz werde." Sie eignet sich ebenso wohl für die Glanzvergoldung, zum Assis für Miniaturmalerei, als auch um mit „Goldvarwe" Gold aufzulegen. Die Kreiden haben aber die bekannte Eigenschaft, Oele gierig aufzusaugen und diese Eigenschaft musste naturgemäss bei der nordischen Technik von Einfluss sein.[17]

Durch vergleichende Versuche hat sich herausgestellt, dass der fette, byzantinische Grund (§ 6 der Hermeneia), welcher aus Gyps, Leim, Leinöl und Seife bestand, für die Gummi-Eiklar-Tempera sich nicht eignet, weil derselbe zu fest und nicht genug aufsaugend ist; die mit Vernition, dem Oelfirnis des Theophilus, bestrichene Malerei trocknet zwar bald an der Sonne, aber die weitere Uebermalung mit der Gummitempera erhält leicht Sprünge, wie es Nr. 63 der Versuche zeigt. Auf dem weissen Bolusgrund sind diese Gefahren nicht zu befürchten, wie es auf Nr. 62 welches in gleicher Technik nach dem Detail des Pähler Altares ausgeführt ist, ersichtlich ist.[18] Bei diesem Original des National-Museums (München) kann man auch auffallend deutlich die Aufzeichnung mit der Nadel bemerken, welche genau so in byzantinischer und frühitalienischer Art in den Quellen beschrieben wird.

Diese Aufzeichnung mit der Nadel, welche nach der Vorzeichnung mit Kohle zu geschehen hatte, ist für die weitere Vergoldung unentbehrlich. Es ist an geeigneter Stelle schon davon die Rede gewesen (p. 110). Die Tradition ist hierin sich überall gleich geblieben, denn ohne diese Aufzeichnung mit der Nadel würden die Konturen durch die nun folgende Vergolderarbeit erheblich beschädigt werden, weil das Gold nicht haarscharf angesetzt werden kann; so treten aber die in den Grund vertieften Konturen überall deutlich unter dem Golde hervor, am allerdeutlichsten, wenn der Goldgrund geglättet worden ist. (Nr. 59 der Versuche). Dabei wird, wie die meisten Anweisungen besagen, der rote Bolus (Bol. armenic.) über die zu vergoldenden Stellen mehrfach aufgetragen, um mit seiner roten Farbe die Wirkung des Goldes zu erhöhen; grüne Erde zum gleichen Zwecke erwähnt zwar Cennini, aber es ist mir kein älteres Werk bekannt, bei welchem der grüne Grund bei Gold sichtbar ist, während der rote Bolus-Grund an Stellen durchblickt, wo die Vergoldung ein wenig abgeschürft ist.

Als Ersatz für die Vergoldung haben wir die Zinnfolie zu nennen, welche entweder als Silber für Rüstungen stehen bleiben kann, oder mit farbiger Beize, der Goldfarbe überstrichen wurde. Die „goldvarw" des Strassburger Ms. ist auch nichts

---

[17] Man macht sich einen solchen Grund sehr einfach auf folgende Weise: Guter sog. Kölner Leim, der über Nacht in Wasser geweicht ist, wird gesotten und durch ein Sieb gegeben; die Stärke des Leimes sei derart, dass er im Erkalten leicht stockt. Im lauwarmen Zustande giesse man eine Quantität in ein reines Geschirr und lasse die weisse Boluskreide bei langsamem partieweisen Einreitern sich mit dem Leime vereinigen ohne mit irgend einem Instrumente nachzuhelfen, da sonst leicht Luftblasen sich bilden. Ist eine genügende Menge der Kreide eingesickert, dann rühre man langsam mit kurzem Pinsel die Masse zusammen. Um das zu schnelle Erstarren zu verhindern ist es angezeigt, das Geschirr in ein zweites mit heissem Wasser zu stellen. Die Holztafeln sind zuerst mit heissem Leimwasser vorzustreichen, auch ist bei schwachem oder glattem Holz ein Aufleimen von dünner Leinwand sehr am Platze, eventuell von beiden Seiten, um ein Werfen des Holzes zu vermeiden. Ist diese Leimschichte gut getrocknet, dann kann die Grundierung mit der weissen Kreide in mehreren (4—8) Schichten nacheinander, am besten an einem Tage, erfolgen, da es nicht nötig ist auf das vollständige Trocknen zu warten; im Gegenteil durch das Auftragen der Schichtungen auf das Halbnasse entsteht eine fester mit einander verbundene Grundierung. Die Uebung wird hier bald das Rechte herausfinden. Man glaube übrigens nicht, durch dickere und weniger Schichten die Arbeit beschleunigen zu können; denn dicke Lagen der Grundierung lassen sich sehr schwer so gleichmässig auftragen als dünnere. Das nachher erfolgende Abschleifen mit Bimsstein ist bei den dünneren Schichtungen bedeutend leichter und schneller ausführbar. Dieses Abschleifen hat nach dem vollständigen Trocknen des Grundes nach etwa 2—3 Tagen zu geschehen. Das Bimsstein- oder auch Glaspapierpulver kann man schliesslich durch Ueberfahren mit einem in Wasser getauchten und ausgepressten Stück Leinen oder Schwamm entfernen. Wenn bei dem Versuch, hernach mit der Feder auf dem fertigen Grund zu zeichnen, die Tinte oder Tusche fliesst, so ist der Grund nicht fest genug geleimt, man verbessere den Uebelstand nach Bedarf durch einen leichten Leimüberstrich. Durch Abreiben mit feinem Glaspapier erhält man eine fast glänzende Oberfläche.

[18] m. Versuchskollekt. No. 57—63; Anhang I.

anderes, als die wörtliche Uebersetzung von aureola oder pictura translucida des Theophilus, welche die Zinnfolie zur Grundlage hat. Ein sehr geeignetes Vorbild für die Verwendung der Zinnfolie zur Auszierung fand ich im Museum Rudolphinum zu Prag an einem Bilde eines böhmischen Meisters aus der Zeit des Theodorich von Prag, von welchem ein Detail (Wächter am Grabe Christi, Nr. 58 d. Versuche) in der Abbildung gegeben ist. Die Zinnfolie ist ausgeschnitten, mit Leim aufgeklebt, geglättet und Teile der Rüstung, das Panzerhemd und die Knieschienen mit dem Achatstift punziert und eingezeichnet; einzelne Details sind mit Safran, und Oelfirniss „goldfarbig" gemacht.

Im Dresdener Museum der Altertumsgesellschaft ist ein ganz besonders hervorragendes Beispiel dieser Art vorhanden: ein St. Georg mit dem Drachen; die ganze Rüstung des Heiligen besteht aus Zinnfolie und ist reich mit Punzierung geziert.

Die nicht vergoldeten oder anderweitig verzierten Teile werden in weiterem Verfolg der Arbeit mit den Farben, wie es bei Theophilus (p. 51) beschrieben wurde, in drei aufeinanderfolgenden Schichten, zwischendurch mit Firnislagen weiter und fertig gemalt.

Auch auf Leinwand lässt sich dieselbe Manier ausführen, wenn dieselbe mit dem weissen Bolus-Grund versehen worden, natürlich nur bei Stücken, die nicht gerollt werden durften, denn sonst würde ein solcher Grund leicht rissig werden (zur Abhilfe dagegen mag wohl ein Honigzusatz dienen, wie es bei dem Assis für Pergament üblich war).

Die Uebereinstimmung der altkölnischen und westphälischen Malweise des XIV. Jahrh. mit der gleichzeitigen der böhmischen und der niederbayerischen Meister ist nicht zu verkennen.

Von dem Aufschwung, welchen am Ende des XIV. Jahrhunderts die Tafelmalerei nahm, ist keine Gegend Deutschlands ausgeschlossen; für die Entwicklung sind aber doch nur die Städte von Bedeutung gewesen: Prag, Nürnberg und Köln.

Gleich nach seiner Ankunft in Böhmen — 1333 — hatte Karl IV. dort seine reiche Bauthätigkeit begonnen. Für die malerische Ausschmückung seiner Schlösser und Kirchen war eine Schar von Künstlern thätig, die aus aller Herren Länder nach Böhmen gerufen oder freiwillig gekommen war. So konnte sich anfangs 1348 eine Bruderschaft bilden, welche, wenngleich nicht ausschliesslich aus Malern bestehend, doch in der Mehrheit von solchen gebildet wurde. Zwei Namen treten aus der Künstlerschar kräftig hervor: Nikolaus Wurmser von Strassburg und Meister Theodorich, der wohl aus Prag selbst herstammte. Beide Künstler erhielten von Karl IV. besondere Vergünstigungen. Nik. Wurmser erhielt für seinen Hof in Morin und alle seine Güter freies Verfügungsrecht, dann volle Steuerfreiheit, das gleiche auch Theodorich im Jahre 1367, mit dem ausdrücklichen Hinweis auf die kunstreiche und feierliche Malerei, mit welcher er die königliche Kapelle auf Karlstein geschmückt habe. Neben diesen beiden waren noch italienische Künstler giottesker Richtung und der Sienesischen thätig, so Thomas von Mutina und ein anderer, der sich unter Simone Martini's Einfluss gebildet haben mag. Diesen werden die umfangreichen aber sehr verfallenen Wandmalereien der Marienkapelle zugeschrieben, während die Tafelmalereien der überaus prächtigen Kreuzkapelle von Meister Theodorich herrühren.

Bei diesen Gemälden kann man, wie bei keinen anderen der Zeit, die Vorliebe für prächtige Auszierung der Vergoldung und das grosse Gewicht, das auf solche Ausstattung gelegt wurde, ersehen. Theodorich kann gar nicht genug solcher meist plastischer mit dem Model gemachter Ornamente anbringen; sie bedecken den ganzen Hintergrund, die Goldgewänder und gehen oft vom Bild aus auf den Rahmen über, wie es das Gemälde Theodorichs, hl. Augustinus, in der Wiener kais. Gallerie zeigt. (Abgebildet bei Janitschek, deutsche Kunstgeschichte p. 203).

Die gleiche Bestrebung der überreichen Auszierung mit Goldornamentik ist wohl unter byzantinischen Einflüssen auch auf das Gebiet der Wandmalerei übertragen worden. Ausser den wenigen im Kölner Dommuseum aufbewahrten Bruchstücken derartiger Malerei sind mir bis jetzt nur zwei Beispiele bekannt geworden: die herrliche Wenzelskapelle im St. Veitsdom zu Prag mit ihrer an Märchen erinnernden Auszierung mit (Halb-)Edelsteinen und der reizvollen Vergoldung der Wandverkleidung, und die Kapellen der Burg Karlstein bei Prag. Dieselben stammen von gleicher Hand und zeigen einen verschwenderischen Reichtum in der Art der Wanddekoration, wie sie vergebens in italienischen Kirchen gesucht wird. Man muss diese Räume gesehen haben, um sich einen Begriff davon zu machen, zu welch vornehmer feierlicher Wirkung hier die Verbindung der Malerei mit der Wandvergoldung gesteigert erscheint. Allerdings machen auch die grossen geschliffenen Stücke von Amethysten, Granaten, Caareolen u. s. w., die ohne bestimmte Ordnung in die Wand eingefügt sind, einen überreichen, fast barbarischen Eindruck.

Die Technik der Kapellen ist das interessanteste, was man in dieser Beziehung sehen kann. Die Figuren in tiefen, satten Farben, die in der Goldumrahmung stehen, scheinen vielfach mit Oelfarben übermalt zu sein, nur einzelne, wie die drei Frauen am Grabe und die Auferstehung zeigen noch die ursprüngliche Ausführung. Das Gewand in der Figur des Christus in dem Auferstehungsbild (an der Wand hinter dem Altar) ist am besten erhalten; die weisse Farbe ist eigentümlich glänzend, als ob sie auf Silberfolie gemalt wäre, sie könnte auch mit Gummitempera gefertigt worden sein. An abgesprungenen Stellen des anderen Bildes, an derselben Wand links, sieht man deutlich die rote Farbe durch, welche die Grundlage unter der Malerei und der Vergoldung bildet, für die letztere auch notwendig war (Strassb. Ms. 77). Die plastischen, wenig erhöhten Verzierungen des Goldhintergrundes sind nicht stückweise aufgeklebt, wie man vermuten könnte, und wie es heute die Stuckarbeiter machen würden, sondern mit dem Model auf einen passenden weichen Grund eingedrückt; nach dem jetzt mürbe gewordenen gelbfarbigen Materiale zu schliessen, mag es einer der Assisgründe sein, welcher auf die Wandfläche ganz dick aufgestrichen wurde und so lange modellierfähig blieb, um die gewünschte Ornamentierung vorzunehmen. Die Nimben sind stärker erhaben und ebenso mit dem Model ausgeziert; an einzelnen Stellen waren noch kostbare Steine mittelst Schiffspech angebracht, was man jetzt nur noch an leeren Vertiefungen erkennen kann.

Cennini erwähnt (C. 124) eine derartige Auszierung mit Glassteinen auf der Tafel; von den Reliefarbeiten für Mauerwerk, die er in den folgenden Kapiteln (125—130) erwähnt, passt aber nur eine auf die Technik der Wenzelskapelle; er bildet auf der Mauer die feineren Reliefs mit dem Pinsel, oder giesst die Model mit Gyps aus und befestigt die Formen mit Leim oder Schiffspech; am ehesten wäre es denkbar, dass die Art des C. 129, den Assis mit vernice liquida und Mehl zu bereiten, hier zur Anwendung kam.[19])

In diesen Untergrund werden die plastischen, ungemein zierlichen Verzierungen, welche die Figuren einrahmen, mit dem Model eingedrückt; zwischen den in die Wand eingefügten Edelsteinen laufen auch noch ornamentierte Bandstreifen; alles ist mit Beize vergoldet. Ganz ähnlich sind die Wände der Kreuz- und der kleinen Marienkapelle auf Karlstein ausgeführt, hier nur weniger gut erhalten. Die dort befindlichen, teilweise sehr verfallenen Wandmalereien, die Darstellung der Apokalypse, die drei Portraits Karls IV. mit seiner Frau und seinem Sohne, von den erwähnten Malern gefertigt, stehen technisch den Runkelsteiner Fresken sehr nahe, d. h. sie scheinen in gleicher Weise mit Kalkfarben untermalt und mit Tempera fertig gemalt zu sein.

Im engsten Zusammenhang mit den nordischen Techniken für Malerei, stehen auch die für kunstgewerbliche Zwecke, insbesondere die Bemalung und die Vollendungsarbeiten für geschnitzte Bildwerke aus Holz und Stein, welche in Verbindung

---

[19]) Ad hoc angestellte Versuche haben ergeben, dass ein solcher Untergrund dazu sehr geeignet war. Derartige Auszierungen mit dem Model sieht man noch vielfach auf Bildern und Bildwerken (geschnitzten Altären und Figuren) z. B. auf der Umrahmung des berühmten Soester Antipendiums der kgl. Gemäldegallerie zu Berlin (abgeb. bei Janitschek p. 162). Es gehört übrigens eine gewisse Uebung dazu, zu beurteilen, ob, wie in der Prager Wenzelskapelle der Model allein, oder die Manier der geschlagenen Zinnfolie (Cennini C. 128; Lib. illumist. p. 180 dieses Heftes) zur Anwendung kam. Sicher lässt sich dies nur dann feststellen, wenn man die Ansätze des Ornamentes genau verfolgt und sich vergegenwärtigt, wie es sich fortsetzt und aneinander passt. Eine der schönsten derartigen Auszierungen ist auf dem Gemälde der Geburt der Lieversberg'schen Passion (Pinakothek zu München) zu sehen; hier ist der Goldbrokat des Wandteppichs ein Meisterstück dieser Art. (vergl. meine Versuche No. 70 nach einem Bilde des Jacobello).

mit der gotischen Architektur grosser Pflege sich erfreuten. Die reich bemalte und vergoldete Plastik der Gotik hat im südlichen byzantinischen Reiche keine Parallele, weil die griechische Kirche jede plastische Darstellung verboten hatte; um so reicher entwickelte sich dieser Kunstzweig im Norden. Die Innenräume der gotischen Kapellen und Kirchen erhielten schon durch die Glasfenster einen reichen farbigen Schmuck; wir müssen uns aber ausserdem auch noch das Innere überreich mit Gold und Farben geschmückt vergegenwärtigen; denn, wenn an der Aussenseite schon der Reichtum an Figuren, Fensterkreuzen und Rosen, an Fialen und Wimpergen so gross war, so konnte eine Steigerung im Innern nur durch Farbe und Vergoldung erzielt werden. Eine solche Steigerung im Innern der Kirchen war aber unter allen Umständen in der Gotik intendiert, wie wir dies in der Ste. Chapelle zu Paris und anderen noch erhaltenen Monumenten sehen.

Die Arbeit des Ausstaffierens der Holzschnitzereien, wie diese Art später noch genannt ist (Staffiermaler oder Fassmaler[20]), folgt im Prinzip vollständig derjenigen des Malers. Auf die Leimtränke wird der Ueberzug mit feinem Gyps resp. mit der

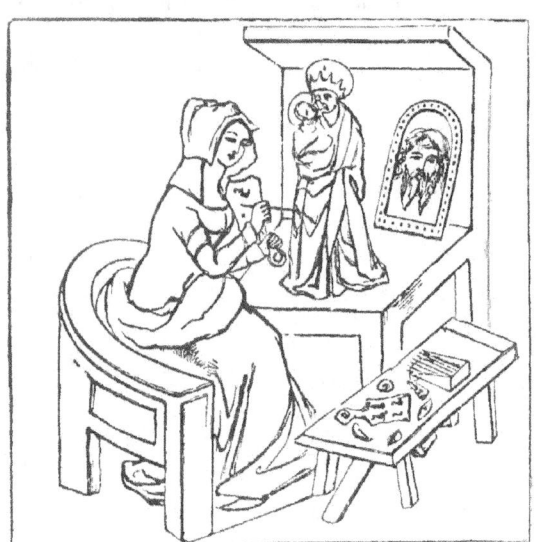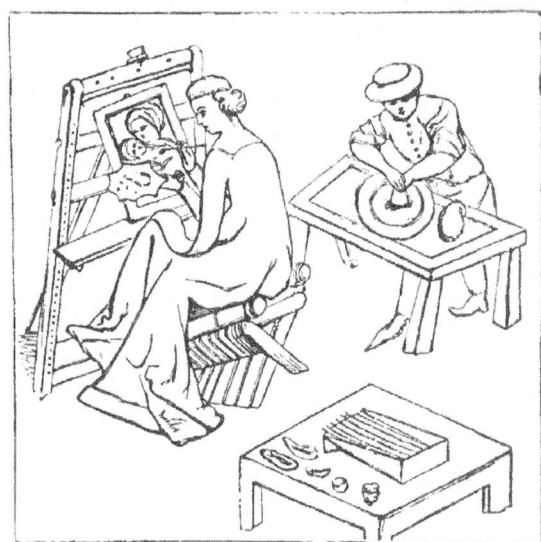

Fig. 16. Malerwerkstätten nach französischen Miniaturen des XV. Jh.

weissen Boluskreide, welche im Norden in besonders guter Qualität gefunden wurde (vielfach auf Leinwandunterschichten aufgetragen), die Oberflächen geglättet, die Ornamentierung durch Erhöhung oder auf andere Art (durch Repariereisen) vertieft, der rote Grund, der Auftrag der Goldblätter usw. in genau derselben Ordnung ausgeführt, wie es die Maler auch bewerkstelligten. Die beiden Gewerbe waren ja ursprünglich miteinander verbunden.

Die hier gegebenen Illustrationen (Fig. 16) zeigen solche Werkstätten nach französischen Miniaturen des XV. Jhs. Wir sehen eine Malerin beschäftigt, in dem einen Falle eine Statue zu bemalen, in dem zweiten, ein Gemälde zu verzieren. Sie bedient sich dabei einer Art Tafel mit Handhabe, von der es nicht sicher ist, ob es ein Vergolderkissen oder eine Palette ist. Offenbar sind es Oelfarben, die sie gebraucht, denn die zahlreichen Pinsel befinden sich in einem schräg gestellten Behältnis. Aus dem § 53 des Athosbuches erfahren wir, dass bei der Oelmalerei jede Farbe ihren besonderen Pinsel haben soll, und dass diese Pinsel in Oelbehältern vor Austrocknen bewahrt wurden; die Pinsel wurden auch in messingenen Behältnissen mit Oel gereinigt. (loc. cit.).

[20]) Der Ausdruck Fassmaler, Fassmalerei hat seinen Ursprung von dem Verbum „fassen", soviel wie einfassen; man spricht ebenso von Fassung der Edelsteine.

Die Farben sehen wir auch hier in Muscheln, teilweise in Näpfchen auf dem niedrigen Tischchen (tavolezza, tabloche) ausgebreitet.

Zur Ausschmückung von Steinfiguren diente ausschliesslich die Oelfarbe und zur Vergoldung waren hier die Oelbeizen (Goldfarbe, mordents) im Gebrauch. Doch kommt hierbei schon eine Mischfarbe in Aufschwung, welche später eine grosse Rolle zu spielen berufen ist, nämlich die Emulsion von Oel mit Gummi oder Eigelb, welche wir als Vergolberbeize im Lucca Ms. und Mapp. clav. kennen gelernt haben, (p. 14) und die sich in einer bemerkenswerten Variante für Steinvergoldung bei Cennini Cap. 174 erwähnt findet.

In diesem Ueberblick über die nordischen Techniken der Malerei und der verwandten Kunstzweige sind wir an dem Punkte angelangt, wo die epochemachende Neuerung, welche die Brüder Van Eyck um die Mitte des XV. Jhs. zu Urhebern haben sollte, in der nordischen Malerei zur Geltung kam. Bei der Ungenauigkeit der Quellen über deren „Erfindung" und der grossen Wichtigkeit, welche derselben schon von den Zeitgenossen beigemessen wurde, hat sich die Notwendigkeit herausgestellt, die Frage der Van Eycktechnik ganz besonders zu behandeln, und ist in dem folgenden V. Teile der Versuch gemacht, die Lösung der vielumstrittenen Frage in der sog. Oeltempera zu finden.

IV. Ueberblick über die Entwicklung der Maltechnik im Süden.

Wie im Norden, so können wir auch im Süden von Europa, namentlich in Italien, von dem Zeitpunkte an, wo sich byzantinische Einflüsse geltend machten, an der Hand des Quellenmateriales mit ziemlicher Gewissheit alle jene Phasen verfolgen, die die technischen Fertigkeiten im Laufe der Zeit durchgemacht haben. Von Byzanz aus wurde die Mosaikdekoration nach Italien verpflanzt und herrschte dort vom VI.—XII. Jh. als hervorragendste Art, die Wände der Kirchen und profaner Gebäude zu schmücken (St. Vitale und St. Apollinare nuova zu Ravenna; SS. Cosma e Damiano zu Rom; S. Aquilino zu Mailand, und manche andere bis zur Markuskirche in Venedig, Capella Palatina in Palermo u. s. w.)

Aber auch von ganz früher Wandmalerei sind noch einzelne Nachrichten und Ueberreste erhalten. „So ist im Paulus Diacrus verzeichnet, dass die Königin Teudelinde (Gemahlin des Autharis) im VI. Jh. die Heldenthaten der ersten lombardischen Könige an den Wänden der Basilika zu Monza malen liess. Andere Malereien der gleichen Epoche sind in Pavia zu sehen; die Kirche St. Nazar zu Verona besitzt in den Unterräumen Gemälde, von welchen Maffei spricht und die bis ins VI.—VII. Jh. hinaufreichen. Im Jahre 817 liess Papst Pascal I. unter dem Porticus der Sta. Cäcilia-Kirche zu Rom eine Reihe von Wandbildern aus dem Leben der Heiligen von griechischen Malern ausführen; aus der gleichen Schule stammen die Figuren des Christus und der Maria in der alten Kirche St. Maria Trastevere in Rom, die grosse Madonna in St. Maria della Scala in Mailand, welche beim Abbruch der Kirche nach Sta. Fidele transferiert wurde, die Malereien der unterirdischen Kirche der Kathedrale von Aquileia[20]." Ueberdies finden sich in der unterirdischen Kirche von St. Clemente in Rom bemerkenswerte Wandmalereien, welche von Kunstforschern in das XI. Jh. gesetzt werden.

In diesen frühesten Werken der Malerei in Italien zeigt sich die Ausbreitung der griechisch-byzantinischen Kunst, welche wir bis ins XII. und XIII. Jh. ausschliesslich dort herrschen sehen. Wir haben bei Besprechung der Hermeneia und von Cennini's Trattato wiederholt Gelegenheit gehabt, auf den Ursprung der italienischen und deren Abhängigkeit von der byzantinischen Kunst und Technik hinzuweisen, so dass wir uns in dem folgenden, um die allzu vielen Wiederholungen zu vermeiden, möglichst kurz fassen können.

Bezüglich der technischen Details bei Ausführung der Wandmalereien in den Epochen während der Völkerwanderung und den ihr folgenden grossen Umwälzungen

---

[20]) Lacroix, Les Arts au moyen âge, Paris 1869, p. 278; vergl. auch Burckhardt, Cicerone II. 3. Abth. p. 508—511, über die ältesten Malereien in Italien und deren Zusammenhang mit den Mosaiken.

im Süden Europas sind wir nur auf Vermutungen angewiesen. Inwieferne sich die Tradition der antiken Arten der Stuccobemalung erhalten hat und welche Uebergänge von diesen zum Stucco lustro der Italiener zu verzeichnen sind, lässt sich kaum mit Gewissheit feststellen. Aeusserst spärlich sind die Nachrichten hierüber, denn, wie dies schon erwähnt wurde (p. 9), hat sich die Stuccotechnik ausschliesslich in den Werkstätten fortgebildet; sie war keine mönchische Beschäftigung und dadurch ist es erklärlich, dass keinerlei Aufzeichnungen über dieselbe erhalten sind.

Ein Hauptmoment der alten Wanddekoration ist, wie es Plinius und Vitruv bekanntlich beschreiben, der „wie ein Spiegel glänzende" Bewurf, auf welchen gemalt wurde. Die glänzenden Flächen sollten nach Vitruv's Beschreibung (De archit. VII, 3) durch Auftrag verschieden feiner Kalk- und Marmormörtel hergestellt werden, indem dann die „Farben mit dem letzten Auftrag gleichzeitig" geglättet resp. poliert wurden. Es handelt sich nunmehr hier zu erörtern, ob und wie lange sich eine derartige Uebung, wie sie die vielbewunderten Gemälde in Pompeji und Rom noch heute zeigen, erhalten haben kann. In dieser Hinsicht ist es nun interessant, auf einige Stellen aufmerksam zu machen, welche sich bei Morelli (Notizie d'opere di disegno, Bassano 1800, p. 43 und 46) finden. Er bemerkt daselbst: „Die Bilder im Schlosse zu Pavia an den Wänden sind von der Hand des Pisano (Giunta Pisano lebte Anfang des XIII. Jhr.); sie sind so glatt und glänzend, dass, wie Cesarino schreibt, man sein Gesicht darin spiegeln sieht." Desgleichen wird berichtet: „Die alten Freskogemälde im erzbischöflichen Hof zu Mailand und in St. Zuan de Conca, welche bis zum heutigen Tage erhalten sind, glänzen wie Spiegel und sind von der Hand alter Meister." Aus diesen Nachrichten könnte man schliessen, dass thatsächlich noch eine Tradition, glänzend glatte Bewürfe für Malerei herzustellen, sich bis ins XIII. Jh. in Italien erhalten hat. Diese Erwägung findet durch eine Stelle bei Leon Battista Alberti (De re aedificatoria, vollendet im Jahre 1452, gedruckt zu Florenz 1485), der als Bindeglied zwischen der älteren und der wiedererwachenden Kunst der Renaissance bezeichnet wird, eine sehr bemerkenswerte Bestätigung. Alberti berichtet über den Stucco der „Alten" (Lib. VI. c. IX) folgendes: „Wenn die letzte Schichte von reinem Weiss (Kalk) gut gerieben wird, glänzt dieselbe wie ein Spiegel, und wenn, sobald dieselbe beinahe trocken ist, ein Ueberstrich von Wachs und Mastix, mit wenig Oel flüssig gemacht, gegeben, und die so bestrichene Wand mit in einer Wärmpfanne angezündeten Kohlen oder mit einem Eisen erwärmt wird, so dass der Ueberstrich eingesogen wird, dann wird sie glänzend sein, wie Marmor; ich habe durch Erfahrung gefunden, dass ein solcher Intonaco niemals gesprungen ist, wenn bei der Anfertigung im Moment, wo sich kleine Sprünge zu zeigen beginnen, dieselben mit Zweigbündeln der wilden Pappel oder von wildem Ginster gerieben werden. Aber wenn in den Hundstagen oder an heissen Plätzen der Intonaco zu legen ist, zerkleinere aufs feinste alte Taue (Werg) und mische es dem Intonaco bei. Ueberdies wird er aufs feinste poliert, wenn du ein wenig weisse Seife darauf thust, die in lauem Wasser aufgelöst ist; aber nur wenig, denn wenn du es zu fettig machst, wird er (i. e. der Intonaco) matt.

Es wurde schon oben (p. 83) bei Besprechung der byzantinischen Wandmalerei und der bei dieser befolgten Methode der Wandbereitung auf diese Gleichheit in Anwendung des Werges (Wergkalk, § 57 der Hermeneia) hingewiesen, woraus wir auf eine technische Tradition schliessen könnten, die von Byzanz aus nach Italien ging. Aber die Angaben des Alberti erinnern andererseits wieder in so auffälliger Weise an Vitruv's Angaben (VII 9, 3) und selbst an Plinius' gleichlautende Anweisungen (XXXIII 40, 122), dass man zur Erkenntnis gelangen müsste, Alberti's „Intonaco der Alten" habe sich in direkter Uebung so lange erhalten. Selbst die grosse Zahl der vorgeschriebenen Mörtel- und Marmorschichten (bei Vitruv 6, bei Plinius 5) findet sich bei Alberti erwähnt, denn er berichtet (loc. cit) er habe ältere Beispiele gesehen, welche sogar neun Schichten über einander zeigten!

Hier kann nicht der Platz sein, die Frage des Zusammenhanges der antiken Stucco-Bereitung mit dem Intonaco der frühitalienischen Perioden des genaueren zu erörtern, soviel ist aber gewiss, dass zwischen dem antiken glänzenden Stucco, dem von Alberti beschriebenen und dem italienischen Stucco lustro unleugbare Verwandtschaft herrscht[21]). Die oben nach Morelli erwähnten „Fresken, welche wie ein Spiegel glänzen", erlangen durch diesen Nachweis eine grosse Wahrscheinlichkeit. Das Glätten des Bewurfes wird übrigens auch in § 59 der Hermeneia (Wie man skizzieren muss, wenn man auf Mauern arbeitet, s. o. p. 85) gefordert, um den unebenen Wergkalk zur Malerei vorzubereiten und dadurch einen Freskogrund zu erhalten. Ein Glänzendwerden ist aber dabei weder bezweckt, noch durch die Kalkfarbenmalerei möglich.

Was die Beziehungen anlangt, die sich dann noch zwischen der Freskomalerei des byzantinischen Mönches und den Angaben des Cennini aus den Quellen ergeben haben, so sei hier auf die betreffenden Stellen dieses Heftes (p. 83; p. 102 ff) hingewiesen und hervorgehoben, dass im XIV. Jh. die Freskotechnik nur die Grundlage für eine weitere Ausführung der Malerei in Tempera gebildet haben wird und die reine Buonfreskotechnik erst als eine Errungenschaft der späteren Zeit anzusehen ist[22]).

Ein Schema für die Wandmalerei in Betreff der technischen Ausführung lässt sich für den Süden noch schwerer sicher stellen als für den Norden (p. 208). Die Tradition der antiken Malerei erfährt hier durch die Mosaikdekoration eine erhebliche Unterbrechung, welche wohl Jahrhunderte angedauert hat.

Was die „Greci" im XII. Jh. nach Italien verpflanzten, war aber nicht mehr in irgend einer Verbindung mit dem Altertum, sondern ihre Malart zeigt schon im Grunde (Strohkalk und Wergkalk) ein vollständiges Abweichen vom althergebrachten Marmorputz, und ein Sichanpassen an die Forderungen des Kuppelbaues, vor allem was die Leichtigkeit des verwendeten Materiales betrifft (s. o p. 84).

Wie die Technik der Wandmalerei war auch die Tafelmalerei Italiens im XII. und XIII. Jh. ganz und gar in Abhängigkeit von der byzantinischen geraten, denn alle mittelalterlichen Maltechniken haben ihren Ursprung in der byzantinischen; diese selbst war aus der spätrömischen entstanden und hatte sich durch die Vorliebe für Pracht und Reichtum bei der Darstellung der Heiligenbilder nach der kunstgewerblichen Seite hin so sehr entwickelt, dass Bilder oft mehr aus Edelmetallen und kostbaren Steinen bestanden, als aus Malerei. Stift-Mosaik und Email werden vorherrschend. Altbyzantinische Madonnenbilder zeigen dies deutlich; Gewänder und Hintergrund sind gleissendes Gold, ciseliert und getrieben, reich mit Edelsteinen besetzt. Auf Vergoldung wurde das Hauptgewicht gelegt, und so sehen wir auch die technischen Anweisungen der ältesten Quellen darauf angelegt. Das Lucca Ms. (IX. Jh.) enthält ausser Rezepten für Färbung von Pergament, Glasmosaik und Farben genaue Angaben für Vergoldungen.

In den Zeiten des Verfalles und der Pietisterei, welche dem Ende des oströmischen Reiches vorangehen, steht die gesamte Kunst im Dienste der Religion und des Kultus; der Reichtum der Bildausführung hält mit der hohen Stellung und der Frömmigkeit des Stifters gleichen Schritt. Wunderkräftige Heiligenbilder zumal werden mit Schmuck beladen, die gemalten Kronen durch echte ersetzt und ein goldfarbiges Gewand mit einem wirklichen aus getriebenem Golde bedeckt. Nichts ist von der Malerei mehr sichtbar als die Köpfe und Hände und diese erscheinen neben all dem Glitzern schon dunkel, infolge der jahrelangen Aufbewahrung in Heiligenschreinen (Tryptichen) und Schränken, ganz nachgedunkelt aus. Handwerksmässig wurde das vom Konzil zu Nicaea dogmatisierte Schema immer wiederholt; zu dieser Zeit wurden Bilder auch mit einer Farbe, die Glanzfarbe hiess (§ 37 der Hermeneia) gemalt; auf den Gewändern werden die Lichter und Faltenzüge mit flüssiger Goldfarbe erhöht, Hintergrund und Nimben reich vergoldet (§ 50). Da sich mit dieser Glanzfarbe nur schwer modellieren lässt (s. p. 80), konnten Fleischteile, Köpfe und Hände in anderer

---

[21]) Ueber die Frage, ob Stucco lustro eine antike Technik ist, vergl. m. Artikel: Stucco lustro und verwandte Dekorationsmethoden, in der Zeitschrift „Kunstgewerbegehilfe", Jahrg. 1895—96 No. 6 u. ff. p. 257.

[22]) Auch Eastlake (I. p. 142) hat die gleiche Ansicht von dem späteren Beginne der reinen Freskotechnik (not in use till close of fourteenth century, Index II p. 418). Eastlake bezieht sich hiebei auf Wilson, Report on Freskopainting in Second Report of the Commissioners on the Fine Arts, p. 49.

Technik ausgeführt werden, und wir haben gesehen, dass das betreffende Rezept über Oelmalerei der Hermeneia (§ 53) schon in der Bezeichnung „Naturale" es ausdrückt, dass Fleischteile damit gemalt wurden; zudem folgt dieses Rezept unmittelbar auf die „Angabe der Verhältnisse des menschlichen Körpers" (§ 52), welche Dionysius in seiner Vorrede mit demselben Worte νατουράλε bezeichnet.

Während nun die aus Wachs, Lauge und Leim bestehende Glanzfarbe (die noch aus dem Altertume herübergenommene Wachstempera) sich dauernd frisch erhalten kann, sind die mit Naturalefarbe (Nussöl oder Leinöl) gemalten Fleischteile alle nachgedunkelt; wie viele sog. „schwarze Madonnen" gibt es nicht in den verschiedenen Wallfahrtskirchen und Klöstern! Da die ganze Technik nur auf Prunk und glanzvolle Aeusserlichkeit angelegt war, konnte es nicht fehlen, dass für echtes Gold alle Art Ersatz gesucht wurde; man malte dabei auf Silber oder Zinnfolie, die vergoldet oder nur mit gelbem „Goldfirniss" überstrichen war. Die Anweisungen der Confectio Lucidae und De lucide ad lucidas des Lucca Ms., sowie die Pictura aureola sive translucida des späteren Theophilus (C. XXIX) weisen darauf hin, nicht minder manche der noch erhaltenen altbyzantinischen Altäre und Heiligenbilder des Museo Kircheriano oder des Museo christiano des Vatikan (s. o. p. 16).

Neben dieser Malart, bei welcher Wachs, Oele und Oelfirnisse im Gebrauch waren, scheint noch die altrömische Eitempera für Tafel- und Miniaturmalerei immer verbreitet gewesen zu sein; selbst auf Tuch malten die Byzantiner mit Eibindemitteln (§ 27). Von diesen Eibindemitteln sind in der Folgezeit zwei Arten zu unterscheiden, 1. die mit Eigelb für Wandmalerei oder grössere Tafelbilder und 2. die aus Eiklar bestehende für Miniatur und kleinere Tafelgemälde; natürlich gab es unter diesen wieder verschiedene Variationen.

In Italien, wohin die „griechischen" Künstler zunächst kamen und dort Schule machten, erkannten wir in den ältesten Bildern des Giunta Pisano, Cimabue bis Giotto die byzantinischen Malweisen alle wieder. Im Vergleich mit der Hermeneia des griechischen Dionysius fehlt aber im Trattato des Cennini, wie wir p. 96 nachgewiesen haben, vollständig die Malerei mit der Glanzfarbe; die pictura aureola ist auf ein Minimum, nämlich die Verzierung von Einfassungen (Kap. 97 und 98) verschwunden, und die Eitempera wird allgemein auf Tafel und Mauer verwendet. Die Malerei mit Oelfarben wird nicht allein für Fleischteile, sondern auch noch zu verschiedenen Lasuren und Gewändern gebraucht. (Kap. 144.) Will man also die Bemerkung des Cennini: „Giotto wandelte die Malerkunst vom Griechischen ins Italienische" (remoto l'arte dal greco al latino) nur vom Standpunkte der Technik betrachten, so kann er damit nur gemeint haben, dass die rein äusserlichen Techniken, welche keine Naturwahrheit und realistische Durchführung zuliessen, nämlich die Glanzfarbe, der Glanzfirnis und die wirklichen Goldgewänder von Giotto vermieden wurden, denn sämtliche anderen Techniken haben sich in dem Trattato erhalten.

Besehen wir uns die eigentliche Technik des Malens dieser Zeit (Frührenaissance) genauer, so ist es die Malerei a tempera mit Eigelb und der vielbesprochenen Feigenmilch, welche einer besonderen Charakteristik bedurfte, um den Unterschied zwischen der byzantinischen und der italienischen Malart kennen zu lernen. Schon die Zubereitung des Malgrundes zeigte gegenüber der byzantinischen grossen Unterschied; dieser war viel fetter und weniger aufsaugend (p. 97).

Was das Malen selbst anbelangt, so ist über diesen Punkt in den betreffenden Abschnitten genügend die Rede gewesen, ich kann deshalb diesen kurzen Ueberblick über die Technik des Südens mit dem Hinweis auf die bereits besprochenen Quellen des Lucca Ms., des Athosbuches und des Cennini schliessen, wo auch über die Vergoldungsweise, die als Grundlage der mittelalterlichen Maltechnik anzusehen ist, das Nötige zu finden ist.

Haben sich bezüglich der Wandmalerei und der Tafelmalerei grosse Unterschiede zwischen dem Norden und dem Süden feststellen lassen, so sehen wir andererseits eine grosse Uebereinstimmung hinsichtlich der Miniaturmalerei. Die Gründe dieser Gleichheit liegen wohl im Materiale selbst, welches hier weniger von den klimatischen Umständen abhängig war, als bei der Wand- und Tafelmalerei.

V. Teil.

Die Oeltempera.

Ein Versuch zur Lösung der Frage

von der

„Erfindung der Oelmalerei"

durch die Brüder Van Eyck.

I. Vorbemerkung.[1])

Vasari's Erzählung von der Erfindung der Oelmalerei durch die Brüder Hubert und Jan Van Eyck wurde zwei und einhalb Jahrhunderte von der civilisierten Welt als richtig hingenommen; nach dieser Erzählung, welche gleichlautend von dem niederländischen Kunstschreiber Van Mander in seinem Schilder-Boeck (Harlem 1604) und von allen späteren Autoren wiederholt wird, hätten die Brüder Van Eyck die Welt mit einer „neuen Art der Oelmalerei", in welcher ihre berühmten Werke gemalt waren, in Erstaunen und Begeisterung versetzt; durch ihre Erfindung sollte sich der Umschwung in der Technik des Bildermalens vollzogen haben, und alle Verdienste um die Fortschritte der Oelmalerei als solche wurden unbestritten den beiden Eyck zugeschrieben.

Seit mehr als 100 Jahren bemüht sich nunmehr die Kunsthistorik, dieses Verdienst den Brüdern Van Eyck wieder abzusprechen, wobei es natürlich an herben Vorwürfen gegen Vasari und seine Abschreiber nicht fehlen konnte: Vasari, dessen Vite de piu eccellenti architetti, pittori etc. im Jahre 1550 erschienen, und der selbst zur Malerzunft gehörte, hätte sich doch besser instruieren können, bevor er der Mitwelt ein Märchen zum besten gab; er hätte doch wissen müssen, dass lange vor Van Eyck mit Oelfarben in Italien selbst, in Griechenland, Deutschland und England gemalt wurde, ja er hätte sich etwas eingehender mit älteren Büchern über Malerei wie z. B. dem des Cennini beschäftigen sollen, bevor er diese „Erfindung der Oelmalerei" erfand. Was ist nicht alles schon behauptet und bestritten worden, seit Lessing in der Abhandlung „Ueber das Alter der Oelmalerei" (1774) diese Frage aufs Tapet brachte! Welche Reihe von hervorragenden Kunstforschern hat sich seither bemüht, entweder teilweise, oder ganz dem Vasari Unrecht zu geben, nachdem so unumstössliche Beweise gegen ihn vorlagen!

Aus der Handschrift des Mönches Theophilus war bereits der Gebrauch von Oelfarbe zur Malerei im frühen Mittelalter ersichtlich; Raspe, welcher die Handschrift des Heraclius in der Bibliothek von Cambridge entdeckte, warf den ersten Stein gegen Vasari; und nachdem die Handschrift des Cennino Cennini in der vatican. Bibliothek aufgefunden, die Hermeneia des Dionysios bekannt geworden, wurde es Allen klar, dass die ganze Geschichte von der Erfindung der Oelmalerei durch Van Eyck ein Märchen sei, welches der „Kunstschwätzer von Arezzo" der Nachwelt aufgebunden!

Die hier folgende Studie will versuchen, das den Brüdern Van Eyck gebührende und so sehr bestrittene Verdienst auf Grundlage der geschichtlichen und naturgemässen Entwicklung der Maltechnik in Verbindung mit vorgenommenen Proben wiederzuerobern und dabei die Richtigkeit von Vasari's Erzählung, trotz alledem, was gegen dieselbe vorgebracht worden ist, zu bekräftigen. Es wird sich sogar aus den hier folgenden Erörterungen der gewiss merkwürdige Umstand ergeben, dass im

---

[1]) Ein kurzer Bericht über das hier folgende Thema erschien in Lützow's Zeitschrift für bildende Kunst, Neue Folge Bd. VI Heft 8 und 9, 1895.

Texte des Vasari die von Van Eyck erfundene „neue Art" von Oelmalerei vollkommen treffend geschildert ist.

Keine andere Technik war bis jetzt in grössere Dunkelheit gehüllt, wie die des Van Eyck, und diese wiederzufinden ist das Ziel aller Maltechniker und Farbenchemiker.

Die Frage, ob wirklich nur durch die einfache Verwendung von Oelen, selbst wenn diese noch so gereinigt oder mit allerlei Mitteln schneller oder langsamer trocknend gemacht sind, die wunderbaren Effekte der altholländischen oder altkölnischen Meister des XV.—XVI. Jh. erzielt werden könnten, ist bislang trotz aller Bemühungen nicht gelöst worden, denn hier stehen sich die Ansichten diametral gegenüber; die **Van Eycktechnik ist bis jetzt das schwierigste Problem und das grösste Rätsel der gesamten Maltechnik geblieben.**

Was für Mittel ständen uns nun aber zur Verfügung, um dieses Rätsel zu lösen? Vielleicht die Quellenschriften und die kunstgeschichtlich festgestellten Thatsachen? Es wird aber jedem, der sich einigermassen mit diesem Teil der Quellen befasst hat, bekannt sein, dass diese uns gerade hier im Stiche lassen oder Verwirrung angerichtet haben, denn die Quellen haben zur Genüge bewiesen, dass die Anwendung des Oeles als Bindemittel zur Zeit der Van Eyck längst keine neue Erfindung gewesen ist. Oder die chemischen Untersuchungen? Diese müssten doch das Rätsel zu lösen im stande sein! Aber auch die chemischen Untersuchungen werden im besten Falle nur für die untersuchten Objekte massgebend sein können und es müssten sehr viele gleichartige angestellt werden, um das Resultat verallgemeinern zu können. Die Ansicht des Chemikers Dr. Borucki ist (p. 203) bereits erwähnt worden, nach welcher es zweifelhaft ist, ob selbst die bemalte Fläche eines ganzen Bildes hinreichen würde, um eine resultatvolle Untersuchung anzustellen. Wer würde aber zu diesem Zweck wohl ein Bild von Dürer, Holbein, Van Eyck, Kranach oder selbst eines Meisters zweiten Ranges opfern?

Chemische Untersuchungen an alten Bildern sind schon vielfach gemacht worden und haben auch zur Kenntniss der Technik sehr viel beigetragen; ich erinnere nur an diejenigen von Dr. Branchi, welche über die Technik des Giunta Pisano und seiner Zeit Aufschluss geben (s. oben p. 96), die den Gebrauch des Wachses in der Zeit von Giotto nachgewiesen haben. Eine chemische Analyse wurde an einem Gemälde des Thomas von Mutina (blühte Mitte des XIV. Jh.) gemacht und ergab, dass dasselbe mit feinstem Gummi und Ei gemalt war. Dieses Gemälde wurde für ein Oelgemälde gehalten (vergl. Fiorillo, Geschichte der Malerei in Italien, T. II p. 243). Ein anderes Bild desselben Thomas von Mutina zeigte bei der chemischen Analyse entgegengesetzte Resultate, es schien nämlich nur mit Oelfarbe gemalt zu sein. Schon aus diesem einen Fall, wo zwei Bilder des nämlichen Malers ganz divergierende Resultate ergaben, ersieht man, wie ungewiss es wäre, Schlüsse für das Allgemeine zu ziehen.

Cicognara (Istoria della scultura T. II p. 333) bezweifelt, dass eine chemische Analyse alter Bilder zu dem Resultate führen könnte, ob es in Oel gemalt sei oder nicht, weil „auf einem Bilde, welches in Tempera gemalt, aber mit Oel gefirnist ist, das Oel in die metallischen Farben ebenso tief eindringe, als ob das Bild damit gemalt wäre". Er irrt darin; wenn sich nämlich bei der Analyse ausser dem Farbstoff nur noch Oelstoff findet, so geht daraus hervor, dass ein solches Gemälde ganz mit Oel gemalt ist; findet sich ausserdem noch Leim oder Eistoff, so beweist dieses, dass das Oel teilweise, zum Lasieren oder Firnissen, angewendet ist. Es ergibt sich aber noch ein anderer Fall, wenn nämlich der Eistoff mit dem Oele als Emulsion, oder Gummi mit Oel in gleicher Art gemischt war, dann wird die chemische Untersuchung vielleicht die einzelnen Ingredienzien erkennen können, aber unmöglich daraus entnehmen, in welcher Art und in welcher Reihenfolge dieselben verwendet worden sind. Schon bei Bildern, welche in der von Theophilus beschriebenen Art gemalt sind, wo drei Schichtungen von Kirschgummitempera von ebenso vielen Oelfirnislagen durchdrungen sind, würden durch die chemische Analyse auf die Technik, d. i. die Aufeinanderfolge von Operationen, nur sehr ungewisse Schlüsse gezogen werden können, noch weniger bei Bildern der späteren kölnischen oder holländischen Schule, die wahrscheinlich in komplizierterer Technik (Emulsion) gemalt wurden.

Es bleiben also nur noch die Versuche übrig, die zu Vergleichen mit den alten Werken herangezogen werden könnten und auch hier wäre das Ergebnis noch abzuwarten, weil kein Mensch es erleben dürfte, die vergleichenden Versuche durch so lange Zeitperioden beobachten zu können, als es nötig wäre, um die Dauerhaftigkeit in gleichem Umfang nachzuweisen.

Die Ursache, warum man die Lösung der Frage bis jetzt nur von **einer einzigen Seite** aus versucht hat, beruht wie mir scheint auf einem Trugschluss. Es wurde immer behauptet, dass die Van Eyck die Oelmalerei erfunden hätten (eine Behauptung, die jedoch als irrig von den Kunsthistorikern erkannt ist) und weil die **Bilder der Van Eyck, Memling, Holbein, Dürer etc., „die mit Oelfarben gemalt seien", sich so gut erhalten hätten**, müsste die Lösung der Frage in der Bereitungsart des Oeles gesucht werden. Aber wer kann von diesen Bildern mit Bestimmtheit nachweisen, dass sie **überhaupt mit Oelfarben in unserem Sinne gemalt sind?**

Man müsste wahrlich keine Augen haben, um nicht zu bemerken, dass die Bilder des XV. und XVI. Jhs. einen ganz anderen Farbcharakter haben, welcher sich mit einem Male mit dem Ende dieser Periode ändert, und dass die auffallende Klarheit und Durchsichtigkeit alter Bilder dann im nächsten Jh. einer schweren, dunkleren Gesamthaltung weicht.

Die im Folgenden versuchte Erklärung der Van Eycktechnik geht von einem anderen als dem üblichen Gesichtspunkte und zwar von der **historischen und naturgemässen Entwicklung der Technik** aus, und stellt vorerst fest:

1. Da die Quellenschriften den **ununterbrochenen** Gebrauch der Oele (besonders des Leinöles) durch die Jahrhunderte ergeben haben, die Van Eyck aber nach übereinstimmenden Quellen eine gewiss bedeutende Neuerung eingeführt haben mussten, wie es ihre Bilder und die ihrer Nachfolger unzweideutig beweisen, so muss ihre Erfindung in **etwas anderem bestanden haben**, als in der allgemein bekannten Mischung von Oelen mit den Farben.
2. Da die historischen Daten darin übereinstimmen, dass die Neuerungen der Van Eyck sich ganz speziell auf Oelmalerei bezogen hätten, so muss **innerhalb dieser Malart** sich die Umwälzung in solchem Masse vollzogen haben, dass von einem **neuen System** die Rede sein kann.
3. Ein neues Malsystem bezieht sich dann auch nicht allein auf das Farbenbindemittel, sondern auf die gesamte Arbeitsführung, die Grundierung, Untermalung, das Fertigmalen und Firnissen.

Um nun ganz genau feststellen zu können, welche technischen Neuerungen die Van Eyck zum Staunen ihrer Mitwelt erfunden und eingeführt haben, sei nachdrücklich hingewiesen auf die Abschnitte über die Maltechnik der Byzantiner (Athosbuch), der Frührenaissance (Cennini), sowie die nordischen Techniken von Theophilus bis zum Strassburger Ms. und die Entwicklung der Maltechnik, wie sie sich aus den besprochenen Quellenschriften **unumstösslich** ergeben hat; denn nur auf **diesem Fundamente** können wir weiter bauen und durch die Vergleichung des reichen Quellenmaterials zur Erkenntnis kommen, welche technischen Fertigkeiten den Malern der Zeit vor Van Eyck bekannt und sowohl im Süden als im Norden verbreitet waren. Daraus wird sich dann erst feststellen lassen, welche Neuerungen möglich waren und wahrscheinlich eingetreten sind.

II. Ansichten über die Technik der Van Eyck.

Im Verlaufe der Darstellung der Maltechnik bei den Italienern des XV. Jhs. (p. 99) haben wir bereits den Punkt berührt, dass Nachrichten von einer besonderen Art von Oelmalerei aus dem Norden nach Italien gelangten. Cennini (C. 89) berichtet von Malerei mit Oelfarben auf der Tafel oder Mauer, „wie dies vorzüglich die Deutschen im Gebrauch haben."

Es ist in Erwägung gezogen worden, dass sich die Technik der Malerei im Norden, Frankreich, den Niederlanden oder Deutschland, in einer anderen Weise entwickelt haben könnte als in Italien. Allem Anscheine nach war es die Miniaturmalerei, an welche sich die Tafelmalerei in jenen Gegenden angeschlossen haben wird.

Diese letztere Technik war im Norden, wie wir gesehen haben, schon frühzeitig in hohem Grade entwickelt, jedenfalls auch hier infolge des allmächtigen byzantinischen Einflusses während der karolingischen Periode.

In Frankreich sahen wir im XIII. Jh. ausgebreiteten Gebrauch der Kunstfertigkeiten aller Art, und in Flandern, sowie in der Rheingegend ganze Centren für Kunstthätigkeit erstehen.

Gerade in der ersten Hälfte des XIII. Jhs. muss die Kunst am Niederrhein besonders in Blüte gestanden sein, wie aus der Stelle des Wolfram von Eschenbach hervorgeht, worin die Maler von Köln und Mastricht gleichsam sprichwörtlich als die besten von Deutschland gepriesen werden (Parcival III, 1296).

In den Abschnitten über die Technik des Heracl., Theoph., sowie des Strassb. Ms., wurde wiederholt und ausführlich auf die charakteristischen Merkmale der Malweisen des Nordens, auf die eigentümliche Art der Malerei mit Kirschgummitempera und darauffolgendem Firnissen, sowie auf die parallel gehende Manier des Strassb. Ms. mit Leimtempera (nebst Honig und Essig) aufmerksam gemacht und hervorgehoben, dass die Vorteile dieser Malart darin bestanden, dass der Maler mehrere Male seine Arbeit durch das Ueberstreichen des Firnisses in voller Wirkung sehen und durch nochmaliges Malen das Fehlerhafte ergänzen und vollenden konnte.

Der Unterschied zwischen dieser nordischen und der altitalienischen Tempera wird sofort klar werden, wenn hinzugefügt wird, dass mit der italienischen Feigenmilchtempera, welche im Norden das Jahr hindurch kaum zu beschaffen ist, nicht weiter übermalt werden kann, sobald die Malerei eine Firnislage erhalten hat. Die italienischen Maler der Cennini'schen Zeit mussten sich bis zum Fertigmalen der Eitempera bedienen, ohne vorher firnissen zu können. Sie konnten allerdings beim Fertigmalen auch noch die Oelfarben (zu Gewändern und Lasuren) anwenden, während man es im Norden in der Hand hatte, zwischen den Firnislagen sich (noch dreimal) der Gummitempera oder der Oelfarben zu bedienen.

Dieser prinzipielle Unterschied konnte durch die genauen Angaben bei Theophilus und Le Begue, sowie durch systematische Versuche festgestellt werden, und ist besonders darauf hingewiesen worden, weil dies alles für die weitere Entwicklung von grossem Belang ist.

Die ölgefirnisste Gummitempera, welche Theophilus neben die Malerei mit in Oel geriebenen Farben setzt, mussten wir als die Technik der vor Van Eyckschen Neuerung erkennen; in dieser Technik haben die ältesten Kölner, westphälischen und flandrischen Maler, deren Namen uns nur unsicher erhalten sind, gearbeitet. Von den Vorzügen dieser Malart wurde bereits gesprochen; die Nachteile sind: 1. Die Notwendigkeit des Trocknenlassens in der Sonne, sobald eine Farbschichte gemalt und mit Oelfirnis überstrichen war; 2. der geringe Widerstand gegen Feuchtigkeit, bevor diese Firnislage aufgetragen war. Immerhin war das Verfahren umständlich und lästig genug, da im Norden die Temperaturverhältnisse unverlässig sind und oft Tage lang auf Sonnenschein gewartet werden muss (wie es auch mir bei den Versuchen erging!). Ersatz der Sonnenwärme durch „gelindes Herdfeuer" im Winter hat wieder das Unzuträgliche zur Folge, dass auf der halbfeuchten Oberfläche Staub und Russ sich ablagern kann, was für fein ausgeführte Bilder nicht zu wünschen ist; ausserdem wirft sich das Holz bei dieser Gelegenheit und wird leicht Risse bekommen.

Wie von selbst, drängt sich hier die Beobachtung auf, dass gerade diese Uebelstände es sind, die nach Vasari's Erzählung den Eycks direkte Veranlassung gaben, ihre vielbesprochene „Erfindung" zu machen! Und welche Mittel sollten sie dazu ersonnen haben? Die Farben mit Leinöl oder Nussöl zu mischen, war ja längst bekannt, ebenso verschiedene Arten, die Oele zu reinigen und schneller trocknend zu machen; ja selbst die Oelfirnisse, Vernice liquida und Vernition kannte man und mischte Farben damit zur Pictura translucida und zu Lasuren; Beizen (mordants) für Vergoldung waren im Norden allgemein in Verwendung; auch durch Siccative (Zinkvitriol, Galitzenstein) die Oele trocknender zu machen (Strassb. Ms.) und selbst destillierte Oele waren damals bekannt, denn der „weisse Firnis von Brügge", welchen die Rechnungen von Ely aus dem Jahre 1350 erwähnen, kann nur ein mit Terpentinöl bereiteter Firnis gewesen sein (s. oben p. 147).

Was war es demnach, das die Van Eyck eigentlich in dieser Beziehung hätten erfinden können? Worin bestand ihr „Geheimnis"? Darüber gehen die Ansichten vielfach auseinander.

Ilg (Excurs über die Oelmalerei, p. 183) gibt eine grosse Reihe derartiger Meinungen, von denen hier einige erwähnt seien: Es sei das Harz gewesen, welches dem Oele beigemischt wird, so Merrifield, nach welcher Harze, in Leinöl gelöst und zu einem Firnis verarbeitet, das Bindemittel abgaben (Cenn. pref. p. XXI); nach Hendrie (Theoph. praef. p. XXXII) ist es Ambrafirnis gewesen, worüber auch Eastlake und Merrifield einig sind. Merimé (de la peinture à l'huile, Paris 1830) meint nicht bloss, die Bereitung eines vortrefflichen Trockenmittels (Siccativ) sei Van Eyck's Verdienst, sondern die Neuerung habe in dem Vermengen der Farben mit dem Firnis während des Vermahlens bestanden.

Aehnliches vermutet Mottez (Cennini pref. XXVII): Van Eyck soll die Oelmalerei zwar nicht erfunden haben, wohl aber einen oder mehrere Firnisse, deren geheimnisvolle Komposition mit ihm verloren ging.

Wieder andere suchen die Lösung der Frage zu ergründen, indem sie annehmen, dass eine Verbesserung der Oele in der genannten Technik den Umschwung herbeigeführt habe. So die Milanesi: Van Eyck habe das zähe Oel hell und durchsichtig gemacht, namentlich aber schnelles Trocknen desselben erzielt. Dagegen meint Secco-Suardi di Bergamo (Memorie sulla scoperta.... del dipingere ad olio, Milano 1858), dass keineswegs die Verwendung rasch trocknender, wohl aber ganz reiner und ungemischter Oele die Aufgabe gelöst habe. Gerade das Gegenteil behauptet Ch. Blanc (Hist. des peintres, p. 4), in dem Gebrauch des naturreinen Oeles beruhe dessen Mangelhaftigkeit für die Malerei. Lessing (Vom Alter der Oelmalerei) sieht die Neuerung im Ersetzen des alten Leinöls durch Mohn- und Nuss-Oel.

Die meisten der neueren Kunstforscher schliessen sich der Ansicht des Tambroni (pref. p. LI) und Waagen (p. 130) an, ebenso Rumohr (Kunstbl. 1821, Nr. 45), dass die Van Eyck nicht die Erfinder, sondern die Verbesserer der Oeltechnik gewesen; „es sei das glücklich herausgefundene Verhältnis im Gebrauche von Deck- und Lasurfarben, dem Malen auf weissem Kreidegrunde mit sehr sorgfältig gereinigtem Oel und der höchst genauen Prüfung und Bereitung der Farben gewesen, und dass durch die Vernachlässigung jener einzelnen Stücke, das kreidige Aussehen, das Nachdunkeln und die übrigen Mängel der späteren Oelmalerei zuzuschreiben sind". In verwandtem Sinne denken Raspe, Em. David, Morelli und Lanzi, welcher von perfetto modo spricht. Speziell wurde es als Van Eyck's Verdienst hervorgehoben, dass er „die Farben pastos aufzusetzen verstand, nicht mehr in Schichten und ohne auf das Trocknen des Oeles warten zu müssen. Darin stecke das Wunder mehr als in dem Geheimrezepte von neuen Firnissen und Leimen" (Harzen, Kunstbl. 1851).

Vasari's Worte deuteten an, dass Van Eyck's Oelfarben schon das Trockenmittel in sich hatten, sonst hätte er die Firnisse nicht im Schatten trocknen lassen können. Eastlake (p. 130, 136 etc.) sucht demnach in der Anwendung solcher Essicative das Geheimnis und glaubt, dass das Zinkvitriol (Sulphat des Zinks) Eyck's Trockenmittel war. In Schriften des 15. Jahrhunderts werde es erwähnt, Sebastiano del Piombo, der Zögling des Bellini, habe es benützt und Antonello da Messina sei es gewesen, welcher dem damaligen Venedig diese Neuerung überbrachte. Das Marciana Ms. (1503—1527) lehrt dieses Zinkvitriol dem Leinöl beibringen, um die Trockenkraft zu erhöhen, als Vergolderbeize für Glas, wie berichtigend hier hinzugefügt werden muss [2]).

Soweit wären wir also mit soviel Mühe und fortgesetztem Forschen gelangt! Und darin sollte ein Beweis mehr zu erblicken sein, weil ein venetianisches Rezept jener Zeit für Vergoldung von Gläsern bestimmt, dasselbe Trockenmittel anwendet! Was für Dekoration von Glas nötig und angebracht ist, sollte für die vollkommenste Malerei der Van Eyck geeignet sein? Bei aller Bewunderung für die Arbeit und Mühe, welche sich Eastlake gegeben, das würde er uns Malern nie verständlich machen können, dass die Van Eyck, Memling, Roger van der Weyden, Dürer oder Holbein mit einem derartigen Mittel gemalt hätten. Von allen Auslegungen erscheint mir gerade diese, welche „die Frage endgiltig lösen" soll, die unwahrscheinlichste. Ein Trockenöl mit Bernsteinfirnis angemacht, sollte das Bindemittel gewesen sein, um die minutiösesten Details „infinitamente bene" auszuführen? Ein Bindemittel, welches im Pinsel zäh wird! Nur auf dem entgegengesetzten Wege lässt sich eine derartig feine Durchführung der Malerei möglich machen, wenn nämlich das Bindemittel auf das alleräusserste Mass verdünnt ist [3]), dann lassen sich so feine Lasuren erzielen, aber nicht mit einem Vergolderfirnis (Mordant), wie es das Eastlake'sche Bindemittel ist! Eastlake's Argumentation fusst, wie erwähnt, darauf, dass nach Vasari's Erzählung Van Eyck einen im Schatten trocknenden Firnis suchte; da Eastlake diesen Firnis (vernice liquida) als eine Mischung von Bernsteinharz mit gekochtem Leinöl nachweist, welcher nur an der Sonne getrocknet werden konnte, so musste noch ein besonderes Trockenmittel dazu genommen werden, um das Trocknen im Schatten zu ermöglichen, und dieses Mittel wäre dann Zinkvitriol gewesen. Dabei befindet sich Eastlake auf dem falschen Pfade, die vielfachen Firnisrezepte auch für Malrezepte zu halten, so dass es ihm schliesslich passiert, eine Vergolderbeize für das Van Eyck'sche Bindemittel zu erklären [4])!

---

[2]) Marciana Ms. Nr. 339 (Merrifield II. p. 621) „Mordente per porre oro in vetro ex fratre vinitiano provato". Die Beize besteht aus Mastix, 1 Unze; Zinkvitriol (Coperosa) 1 Unze; Vernice in Körnern 1 Unze; gebranntem Alaunstein ½ Unze. Alles wird gepulvert, gut gereinigter Leinölfirnis damit verrieben und mit demselben Oele „wie laufende Tinte" verdünnt. Da aber schon das Strassb. Ms. vom Anfang des XV. Jh. dieses Trockenmittel (Galizenstein) kennt, erscheint es mehr als zweifelhaft, dass die Maler der Zeit in diesem Siccativ eine epochemachende Neuerung gesehen haben könnten. Weiters ist nach dem citierten Rezept des Marciana Ms. die Malerei in nicht zu starker Sonne zu trocknen vorgeschrieben, also trifft Eastlake's Annahme auch in diesem Punkte nicht zu (s. p. 146).

[3]) Heinr. Ludwig, einer der besten Kenner alter Techniken, hat vom gleichen Standpunkte aus, zur Verbesserung der modernen Oeltechnik, das Mischen der Oelfarben mit Petroleum in Vorschlag gebracht. Vergl. dessen Lehrbuch der Oelmalerei, Leipzig, 1893.

[4]) Auffallenderweise wissen weder Vasari, Lomazzo, Armenino, noch Borghini etwas davon, dass Zinkvitriol als Trockenmittel zum Oel genommen wurde. Trockenmittel kennen sie überhaupt nicht für Malerei, sondern nur für Beizen zur Vergoldung. (Merrif. p. CCXLIV). Erst spätere Autoren, Pacheco, Palomino u. de Piles erwähnen für schwer trocknende Farben die Bleiglätte; den venetianischen Priester des erwähnten Rez. einfach mit Seb. del Piombo zu identifizieren und daraus weittragende Schlüsse zu ziehen, liegt keine Veranlassung vor; vergl. die Note loc. cit.

Ilg (Excurs p. 186), der sich Eastlake's Anschauungen in Bezug auf das Technische der Van Eyck'schen Neuerung anschliesst, wirft noch die Frage auf, „ob man überhaupt so zweifellos recht gethan hat, den grossen Sieg der Oeltechnik auf materielle Weise allein, durch Verbesserungen und neue Erfindungen im Bereich der handwerklichen Manipulationen zu erklären"; er findet in Knackfuss (deutsche Kunstgeschichte I p. 469) einen Gesinnungsgenossen; dieser kommt zu dem Ergebnis, dass „das wahre Geheimnis der Eyck'schen Malerei nicht auf der handwerklichen Seite, sondern in dem künstlerischen Stile und der Gabe der Auffassung, in ihrem wunderbaren Realismus, in der Wiedergabe der unscheinbarsten Dinge des täglichen Lebens, der Wiesen und Fluren, welche in perspektivischer Ferne alles fünfzig römische Meilen entfernt zeigten, gelegen sei."

Knackfuss schreibt diese Errungenschaften einfach den besseren Eigenschaften der Oelfarbe gegenüber der Temperamalerei zu, „wenn man den Nachteilen des Oeles (Nachdunkeln etc.) in so vollkommener Weise, wie es jene Zeit zu begegnen wusste." Aber worin diese vollkommenere Weise bestanden habe, erfahren wir nicht.

So führt uns die Frage doch immer wieder auf das rein technische Gebiet und hier sei noch die Ansicht des leider so früh verstorbenen Kunstforschers Janitschek angeführt, die wieder der vorigen ganz entgegengesetzt ist. Er sagt p. 224 seiner Kunstgeschichte: „Man darf es unbekümmert sagen, **nicht das Künstlerische im engeren Sinne wirkte so gewaltig auf die Zeit, sondern das Technische**, das es ermöglichte, die Naturdinge in so packender Wahrheit im Abbilde festzuhalten. Nur diese Seite der künstlerischen Schöpfungen der Niederländer war es, die selbst die Italiener, die doch wahrlich an gestaltungsgewaltigen Künstlern keinen Mangel hatten, mächtig ergriff."

Eine weitere Reihe von Kunstforschern ist im Hinblick auf Theophilus der Ansicht, dass wohl lange vor Van Eyck mit Oelfarben gemalt worden sei, aber das Unvollkommene derselben wäre die Ursache gewesen, dass die Oeltechnik „zeitweise vergessen und dann erst wieder von Van Eyck entdeckt worden sei; im übrigen wurde die Oelfarbe nur zu Anstrichen und roher Zimmermalerei, niemals aber für Tafelgemälde gebraucht". Es ist wohl nicht nötig, auf das Irrige dieser Ansicht hinzuweisen, nachdem uns die Quellenschriften des Heraclius, Le Begue und das Strassb. Ms. die **ununterbrochene** Uebung in der genannten Technik zeigen und ein **Vergessen** einer Technik, die dann erst plötzlich ausserordentliche Vorzüge aufweisen sollte, zu den Unwahrscheinlichkeiten gehört. In der erst kürzlich (Leipzig 1896) erschienenen Kunstgeschichte des verdienstvollen Springer findet sich (B. IV p. 18) die älteste Annahme wiederholt, wonach dem Van Eyck die Erfindung der Oelmalerei ohne Umschweife zugestanden wird. Es heisst daselbst:

„Die Sitte, die Farben mit Oel zu mischen, war zwar längst z. B. bei Bemalung von Skulpturen in Uebung; die herrschende Technik der Tafelmalerei war aber ein schichtenweises Auftragen von Farben auf die Bildfläche, so dass man die Untermalung erst trocknen liess, ehe man die feineren Lichter und Schatten; die Halbtöne aufsetzte. Die Farben wurden mit harzigen Stoffen, auch mit Feigenmilch oder Honig verrieben, für jeden einzelnen Ton fertig gemischt auf die Tafel mit feinem Pinsel aufgetragen. Jetzt aber wurden die mit Oel verriebenen Farben flüssig aufgesetzt, die Töne auf der Tafel selbst ineinander verschmolzen und dadurch eine ungleich feinere Abstufung der Töne und zugleich eine grosse Durchsichtigkeit des Colorits, die Möglichkeit der Abrundung, des Ineinanderfliessens der Farben, wie in der Natur erreicht."

Diese lange Reihe sich immer widerlegender Ansichten kann ich nicht abschliessen, ohne die allerneueste zu erwähnen; man wird daraus ersehen können, dass nichts entfernt genug liegt, um nicht zur Lösung der vielumstrittenen Frage herbeigezogen zu werden. In der sonst sehr gelehrten Publikation von F. G. Cremer (Studien zur Geschichte der Oelfarbentechnik, Düsseldorf 1895) wird der Unterschied zwischen dem zur Pressung des Oeles verwendeten gereiften und nicht gereiften Leinsamen festgestellt und schliesslich als zweifellos erkannt, dass Van Eyck nicht das Nussöl aus den Walnüssen, welches seit Plinius und Dioskorides als trocknendes

Oel bekannt war, sondern das Oel der Candlenuss (Lackbaum- oder Bankulnuss), welche „in Indien, auf Java und den Molukken, vornehmlich aber auf den Südseeinseln gedeihe", als Bindemittel verwendet und damit so vortreffliche Erfolge erzielt hätte!

Aus dem Obigen ist ersichtlich, dass alle Versuche zur Wiederherstellung der Van Eycktechnik immer das Oel- und Firnisbindemittel im Auge haben, nicht aber das Malsystem, um das es sich hier doch vor allem handeln müsste.

III. Die Oeltempera und Vasari's Bericht über die „Erfindung" der Van Eyck.

Bevor ich daran gehe, meine eigenen Ansichten auf Grundlage der Quellenschriften auseinanderzusetzen, möge zuvor noch im Punkte der Technik eine allgemeine Bemerkung eingefügt werden:

Durch den nur auf die moderne Oeltechnik Rücksicht nehmenden Studiengang unserer Kunstakademien sind wir Maler (ich spreche aus Erfahrung!) völlig im Dunkeln über andere Techniken und mancher Tüncherlehrling würde uns darin beschämen können.

Was Tempera heisst, wissen wir nur vom Hörensagen und aus der Kunstgeschichte, welche lehrt, dass es Ei, Gummi, Honig, Feigenmilch oder dergl. gewesen.[5] Es ist deshalb den meisten Kollegen und auch Kunsthistorikern völlig unbekannt, dass es auch eine Tempera gibt, die durch innige Mischung von fetten Oelen mit Ei oder Gummi als Emulsion bereitet[6] werden kann. Diese innige Vermischung von Oel mit einem anderen Körper bewirkt vor allem eine ungeheuer feine Verteilung der Oeltcilchen und die Folge davon ist, dass solche Oele mit Wasser mischbar sind, sie werden dadurch zur Tempera, zur sog. Oeltempera. Auf zwei Arten lässt sich dies leicht erreichen; erstens, wenn die Oele aufs innigste mit Eigelb vermischt werden, die Ei-Oeltempera, oder wenn zu diesem Zwecke pulverisierte Gummiarten verwendet werden, die Gummi-Oeltempera.

Im Verfolge der vorliegenden Arbeit, welche die Entwicklungsgeschichte der Maltechnik von den ältesten Zeiten an behandeln soll, war ich nun auch bestrebt, den ersten Spuren dieser Temperaarten in den Quellen nachzuforschen.

---

[5] Ebensowenig wissen unsere Kunstakademiker von Freskotechnik. Man klagt fortwährend über den Verfall der grossen monumentalen Kunst, vergisst aber, dass wir nicht einmal das rein Technische derselben zu bewältigen gelernt haben. So konnte deshalb in München eine Stiftung für Freskomalerei schon jahrelang nicht verliehen werden, weil sich keine jüngeren Kräfte fanden, die Fresko zu malen im stande sind.

[6] Die Emulsion ist eine mechanische (nicht chemische) innige Vereinigung eines Fettes mit einer gummiartigen, zähen, wassergelösten Substanz; bei Milch z. B. des Butterfettes mit Caseïn (Käsestoff). Das Eigelb enthält einen gummiartigen Körper, das Vitellin zu etwa 15 % und ca. 21 % fettes trocknendes Oel, das Eieröl, in Emulsion; das Vitellin hat aber eine so grosse Emulsionskraft, dass es ausser dem im Dotter enthaltenen Oele noch eine Menge eines anderen Oeles zu binden vermag, welche dem Gewichte des ganzen Eidotters etwa gleich ist. Oelemulsionen werden auch aus 2 Teilen fettem Oel und 1 Teil pulverisierten arabischen Gummi bereitet, indem man letzteres mit dem Oel übergiesst, allmählich „nach den Regeln der Kunst" (Pharmakopoe) verreibt und mit 17 Teilen Wasser verdünnt. Harzemulsionen werden bereitet, indem man die Harze mit Wasser unter Zusatz von Eigelb anreibt oder indem man dieselben in Spiritus löst und die erhaltene Tinktur mit Wasser mischt. Zu technischen Zwecken unterscheidet man noch die sog. Emulsinen, welche durch Vermittlung von Seifen, fein verteiltes Fett oder Oel enthalten und beim Mischen mit Wasser milchartige Flüssigkeiten (Emulsionen) geben (Meyers Konversationslexicon, 1890 Bd. V. p. 611); vergl. die Rezepte im letzten Abschnitt.

Diese Nachforschung hatte das Ergebnis, dass beide Arten der Oeltempera in den älteren Quellen nachgewiesen werden konnten, und zwar zunächst nur als Bindemittel für Vergoldung.

Die Gummi-Oel-Tempera ist genannt:

1. Im Lucca Ms. (IX. Jh.) in 85. De Diferentia exaurationes, und zwar in der Stelle:

    „Desgleichen (dient zur Vergoldung): Leinöl 1 Drachme, gelöster Gummi ./. 1, Safran soviel als nötig ist. Mische alles zusammen mit Wasser und lasse es kochen" (s. p. 14).

2. In Mapp. clavic. (XIII. Jh.) Cap. CXII, wo das obige Rez. wiederholt wird (s. oben p. 24).

3. Im Lucca Ms. (113. De tinctio petalorum), in welchem Rez. gleicherweise die Emulsion vom Gummi, Leinöl und Wasser, nebst Crocus und Auripigment als Färbesubstanz, zum Ueberzug der Zinnfolie genommen wird (s. o. p. 15).

4 u. 5. In Mapp. clavic., CXVI. u. CCXVIII., sind diese Angaben zweimal wiederholt (s. oben p. 15).

Zur Erzielung der Verbindung des Oeles mit dem in Wasser gelösten Gummi wird in beiden Rezepten die Wärme benützt.

Die Emulsion von Gummi mit Leinöl ist aus diesen fünf Rezepten zu ersehen; die weiteren zeigen die Kenntnis der Emulsionskraft des Eidotters bei den Italienern des XIV. Jhs. u. z.:

6. In Cennini's Trattato (C. 174, Eine Steinfigur mit geglättetem Gold zu belegen) findet sich ein Rezept, welches in mancher Beziehung interessant ist. Zunächst weil die sonst für Stein übliche Oelvergoldung hier vermieden und ein Ersatz gesucht wird; dann, weil Cennini sagt, dass „die Manier neu und nicht sehr in Uebung ist, aber weil sie mir wohlgefällt, werde ich dir nun etwas zeigen;" daraus folgt, dass Cennini, der wahrlich in technischen Dingen wohlbewandert war, Wert auf diese neue Art legte.

Wir erfahren, wie der Stein zur Glanzvergoldung vorzubereiten ist, indem zuerst derselbe mit gewöhnlichem Leim bestrichen wird; darauf folgt eine Lage von fein gesiebter Kohle, mit gekochtem Leinöl nebst einem Drittel Vernice liquida, wie zu Beizen geeignet, heiss angemacht; „dann nimm", so heisst es weiter, „ein wenig von dem besagten Bindemittel[7] und gib darein, wenn es die Quantität eines Bechers wäre, einen Dotter. Mische es gut zusammen, da es warm ist. Mit dem Schwamm tauche in diese Tempera (questa tempera) und reibe und frottiere über jeden Ort, wo die Beize mit der Kohle aufgesetzt wird."

Cennini gibt die Erklärung, warum er vorher die Beize aufsetzt, um die mit Gyps zu vermischenden weiteren Lagen desselben „Leimes," zu welchem, je nach der Quantität zwei oder drei Dotter genommen werden, vor der im Steine befindlichen Feuchtigkeit zu schützen. Es folgen dann, ähnlich wie beim Grundieren der Tafelbilder, noch einige dünne Lagen von feinem oder Vergolder-Gyps (gesso sottile o da oro) mit dem nämlichen Temperaleim (la medesina colla tempera, colla distemperata) und das sonst übliche Schaben und Vergolden auf Bolusgrund. Cennini scheint ganz spezielles Gewicht auf diese Manier zu legen, denn er fügt hinzu: „und diese Sache ist ein so wichtiger Teil der Kunst (cosi real parte di questa arte), als es in der Welt sein kann." Sollte Cennini schon geahnt haben, welche Rolle diese

---

[7] della colla predetta, im ital. Text (Edit. Milanesi); „von dem erwärmten Leime" cheint ein Versehen des deutschen Uebersetzers zu sein (Edit. Ilg. p. 129 unten)

neue Mischtechnik in der Folge spielen könnte? Schliesslich empfiehlt Cennini die fertige Vergoldung, wenn nötig, zu firnissen[8]).

7. **Noch eine weitere Verwendung des mit Oelfirnis zu mischenden Eidotters** beschreibt Cennini in C. 179, wieder nicht zur Malerei, sondern zur Schminke! Wir lesen im genannten Kapitel:

Von der Art, ein geschminktes Männer- oder Frauenantlitz zu machen und wieder zu reinigen:

„Du kannst diese Farben mit Eitempera herstellen oder zu kräftigerer Wirkung mit Oel oder flüssigem Firnis, welches die beste Tempera ist, die es gibt. Aber wie willst du nun das Gesicht von dieser Farbe oder eigentlich von den Bindemitteln (tempere) wieder reinigen? Nimm Eidotter und reibe denselben allmählich auf dem Gesichte und verstreiche ihn mit der Hand. Dann nimm warmes, mit Kleien gekochtes Wasser und wasche damit das Gesicht." Die Operation wird solange wiederholt, bis das Oel oder der Oelfirnis vom Gesichte abgewaschen ist. Der Eidotter dient hier demnach zur Lösung des Oeles und gibt aufs deutlichste den Vorgang der Emulsion, d. h. des langsamen Verreibens des Eidotters mit dem Oel und die Mischbarkeit (hier das Abwaschen) mit Wasser.

Wir haben demnach die zwei Arten der Lösbarkeit des Oeles durch die Emulgierung in den Quellen selbst hier vor uns. Der Einwand, dass zu jener Zeit die Emulsion überhaupt nicht bekannt war, fällt demnach von vorneherein weg. Die Gummi-Oel-Emulsion ist im Norden von Europa zur Vergoldung verwendet, die Ei-Oel-Emulsion im Süden zur Vergoldung und zu anderen technischen Zwecken. In fast allen Fällen wird die Wärme zur leichten Herstellung der Mischung genommen.

In einem besonderen Rezepte für Glasbemalung tritt uns diese Emulsionsart zum ersten Male in direkter Beziehung zur Malerei entgegen und zwar in einem Rezepte in dem ältesten Teile des Marciana Ms. (Eastlake I p. 225), welches lautet: „Toy torli de ove e vernixe liquida egualmente e icorpora molto ben isieme e de questa tale cola darai p. copertura como el penelo, la qual colla non teme aqua ne cossa che sia." (Nimm Eigelb und „vernice liquida" in gleicher Menge und vermische sie sehr gut miteinander und von diesem Bindemittel gib den Ueberzug mit dem Pinsel; dasselbe schützt vor Wasser und was es auch sei.) Dass sich dieses Rezept in einem Venetianischen Ms. fand, in der Stadt, in welcher Antonello da Messina nach seinem Aufenthalt in Flandern gelebt, und ganz genau dasselbe Emulsionsrezept von Baldovinetti[9]) nach Vasari's Bericht angewendet wurde, führt direkt dazu die Stelle, in welcher derselbe von Van Eyck's Neuerung in technischer Beziehung spricht, genauer zu vergleichen. Es sei deshalb hier näher darauf eingegangen:

---

[8]) In der deutschen Uebersetzung von Ilg kommt der Unterschied des Bindemittels nicht genügend zur Geltung; man vergleiche die italienische Ausgabe von Milanesi p. 129: Mit colla, Leim wird in altitalienischen Schriften jedes Bindemittels bezeichnet.

[9]) Siehe die folgende Note 10. Man vergleiche auch, was Burckhardt (Cicerone p. 566) von Baldovinetti (1427-1499) und seiner Mischtechnik berichtet. Burckhardt fällt es sogar auf, dass die beiden Pollajuoli besonders der jüngere Piero sich Baldovinetti's Kunstrichtung mehr anschliessen als an Castagno, dessen Schüler er war. Castagno hatte aber nach Vasari's Bericht die neue Technik durch Domenico's Zwischenhand direkt von Antonello erhalten. Baldovinetti's Mischtechnik und die Costagno's sind demnach sehr nahe verwandt und ist diese Gleichheit durch Burckhardt's Zeugnis bestätigt. Auf vollständig falscher Fährte befindet sich Eastlake (p. 225 Note), der im Anschluss an das Rec. des Marciana Ms., und im Hinblick auf Baldovinetti's Versuche glaubt, die Beigabe des öligen Bindemittels zum Eigelb bezweckte, die Trocknung aufzuhalten und dadurch die Eitempera geschmeidiger zu machen. Er sagt: „The yolk of egg contains a small portion of oil, but not enough to arrest the drying of the substance; to increase the oily ingredient was therefore an obvious remedy. The method of Baldovinetti was not perhaps the only attempt to combine oily and glutinous materials, so as render tempera more manageable, for this, according to Vasari, was the great object." Die Emulsion beschleunigt vielmehr die Trockenfähigkeit der öligen Substanzen.

Vasari erzählt nämlich an der bekannten Stelle über Van Eyck's Erfindung (Leben des Antonello da Messina, 1. Ed. 1550, p. 379 ff.) von verschiedenen Versuchen, die gemacht wurden, Baldovinetti, Pesello und Andere hätten sich darin grosse Mühe gegeben und im Leben des Baldovinetti begegnet uns das erwähnte Emulsionstempera-Rezept, von dem Vasari erzählt, es wäre bei zu starkem Auftrag auf der Mauer rissig geworden:

> „Baldovinetti untermalte a fresco und vollendete nachher a secco, bereitete seine Farben mit dem Gelben vom Ei mit Vernice liquida vermischt, heiss bereitet. Er gedachte durch diese Tempera die Malerei gegen Feuchtigkeit zu schützen, aber sie war so stark, dass an Stellen, wo sie zu sehr angehäuft war, die Malerei absprang und so blieb er enttäuscht, während er ein seltenes und überaus schönes Geheimnis gefunden zu haben glaubte." [10]

Vasari berichtet allerdings hier nur von misslungenen Versuchen, wir ersehen jedoch, schon aus der Anführung von Baldovinetti's Mischtechnik in direkter Bezugnahme auf Van Eyck's Erfindung, deutlich, nach welcher Richtung hin sich die Versuche bewegt haben müssen, dass es also die verschiedenen Arten von Oeltempera waren, welche bei den damaligen Malern Gegenstand „zahlreicher Versuche und Diskussionen" bildete. Ja, es will mir sogar scheinen, als ob er durch die Anreihung der Lebensbeschreibung Baldovinetti's an die des Antonello auch äusserlich eine Beziehung zwischen der Technik desselben mit der Van Eyck's andeuten wollte!

Vasari erzählt (loc. cit.) unter Hinweis auf die ältere Malerei mit Tempera, welche von Cimabue, Giotto bis zu Antonello geübt wurde, wie folgt:

> „Man beharrte bei dieser Methode, obwohl die Künstler erkannten, dass den Temperamalereien eine gewisse Weichheit und Frische fehle, welche geeignet wäre, den Zeichnungen mehr Anmut, dem Colorit mehr Reiz zu verleihen, wobei sie auch die Leichtigkeit vermissten, die Farben ineinander zu vertreiben, indem es bis dahin gewöhnlich war, mit der Spitze des Pinsels zu schraffieren. Obwohl Viele Experimente in der Absicht einer solchen Verbesserung gemacht hatten, erfand Niemand eine zufriedenstellende Manier, weder bei Anwendung von Vernice liquida noch mit anderen Arten von Farben, die mit Tempera gemischt wurden."

Vergleicht man die bezügliche Notiz im Leben des Antonello der ersten Ausgabe (1550) des Vasari mit der zweiten (1568), so ergibt sich ein auffallender Umstand; Vasari änderte das „altra sorte di olii mescolati nella tempera" in „altre sorte di colori mescolati nelle tempere". Was sollte ihn veranlasst haben, den Satz „ne con vernice liquida ne con altre sorte di olii mescolati nella tempera", „weder mit Vernice liquida, noch mit einer anderen Art von Oelen, welche mit der Tempera gemischt waren", zu verändern, und: „ne usando vernice liquida o altre sorti di colori mescolati nelle tempere", „weder der Gebrauch von Vernice liquida oder andere Arten von Farben, welche mit Temperas (plural!) gemischt werden" dafür zu setzen? Nach Eastlake (I p. 203, Anmerkung) hätte er damit die Absicht verfolgt, dem Joh. van Eyck, die aktuelle Erfindung der Oelmalerei zuzuschreiben. Dies war aber doch eine altbekannte Sache, ebenso wie das Mischen von Farben mit verschiedenen Temperabindemitteln (colori mescolati nelle tempere)! Er musste doch einen anderen Grund dazu gehabt haben, und es scheint mir der folgende zu sein: Die Satzperiode schliesst durch das erstere „weder" (mit Ver-

---

[10] Vasari im Leben des Baldovinetti: „abbozzò a fresco, e poi finì a secco, temperando i colori con rosso d'uovo mescolato con vernice liquida, fatta a fuoco. La quale tempera pensò, che dovesse le pitture difendere dall'acqua, ma ella fu di maniera forte, che dove ella fu data troppo gagliarda, si è in molti luoghi l'opera scrostata, e così, dove egli si pensò aver trovato un raro, e bellissimo segreto, rimase della sua opinione ingannata." Die „heisse" Bereitungsart der Emulsion haben wir bei Cennini gesehen (C. 174); die Bereitung auf kaltem Wege war ihm demnach nicht bekannt. Auch scheint Baldovinetti die Verdünnung nicht genügend vorgenommen zu haben. Immerhin ist es wichtig auf diese „heisse" Emulsionsart in Verbindung mit Eyck's Erfindung bei Vasari aufmerksam zu machen.

nice liquida), auch das folgende „noch" (mit einer anderen Art von Oelen) von den verbesserten Malarten, die in betracht kommen könnten, aus. Da aber gerade in dieser Art eine Neuerung zu erkennen ist, wie aus der weiteren Erklärung der Van Eyck'schen Technik gefolgert werden muss, so mochte Vasari in der II. Ausgabe diese Veränderung vorgenommen haben; dazu kommt noch die Bezeichnung: altra sorte di olii mescolati nella tempera, eine andere Art (singular!) die Oele mit der Tempera (singular!) zu mischen, als welche damals allgemein Eigelb verwendet wurde (Cennini C. 72); jene Mischung war damals neu, wie die Versuche des Baldovinetti zeigen, und kann nichts anderes als die Oeltempera, die Emulsion, darunter verstanden werden. Auch die Veränderung von den Worten „olii mescolati nella tempera" in „colori mescolati nelle tempere" kann nur in diesem Hinblick Sinn haben.

Hören wir Vasari weiter:

„Unter denen, die vergebens diese und ähnliche Methoden der Tempera versuchten, war Alesso Baldovinetti, Pesello und viele andere; aber ihre Werke zeigten nicht den angenehmen Effekt und die Verbesserungen, die sie suchten; selbst wenn die Künstler an eigenen Werken (Wandmalereien) mit Erfolg thätig waren, so konnten sie doch den Arbeiten auf Holz nicht die Festigkeit geben, welche die auf der Wand ausgeführten hatten. Sie konnten mit diesen Methoden die Bilder nicht gegen Nässe unempfindlich machen, so dass dieselben ohne Gefahr für die Farben gewaschen werden konnten, ausserdem war die Oberfläche nicht fest genug, um zufälligen Erschütterungen zu trotzen, wenn damit hantiert wurde. Darüber wurde oft fruchtlos gestritten, wenn Künstler zusammenkamen; dieselben Einwände wurden auch von bedeutenden Künstlern ausser Italien, Frankreich, Deutschland und anderwärts gemacht."

„Unter solchen Umständen trug es sich zu, dass Giovanni von Brügge, kunstbeflissen in Flandern, wo er wegen seiner grossen Geschicklichkeit sehr geschätzt war, Versuche mit verschiedenen Arten von Farben machte, und da er sich auf Alchemie verstand, verschiedene Oele für die Bereitung von Firnissen und anderen Dingen präparierte, Versuche, wie sie erfindungsreiche Männer wie er gewöhnlich machen."

I. Ausgabe: „e cercava di trovare diverse sorti di colori, dilettandosi forte della archemia, e stillando (für destillare) continovamente olii per far vernici e varie sorti di cose." II. Ausg.: „Si mise ... a provare diversi sorti di colori, e come quello che si dilettava dell' archemia, a far di molti olii, per far vernici, ed altre cose."

Vasari änderte „stillare" der ersten Ausgabe, wie Eastlake (loc. cit. p. 204 Anmerkg.) glaubt, weil das Destillieren von fetten Oelen (fixed oils) zu Vasari's Zeit wohl bekannt war, aber ganz entgegengesetzt zu Van Eyck's Art gewesen, eine Anschauung, die ohne weiteres geteilt werden kann, wenn es sich um die Technik des Malens handeln soll; aber bei Bereitung von Firnissen mit essentiellen Oelen (Terpentin, Weingeist, Spiköl u. dergl.) müsste doch darauf Rücksicht genommen werden, wann dieselben in die Malerei jener Zeit zuerst eingeführt wurden. Ich komme darauf noch zurück; vorläufig ist aber daran festzuhalten, dass Vasari die Destillation in keine Verbindung mit Van Eyck's Erfindung bringen will und deshalb das Wort stillando umänderte. Ausserdem ist es ganz unerfindlich, warum Vasari hier diese Veränderung vorgenommen haben sollte, wenn die Destillation von ätherischen Oelen ein wesentliches Ding der Van Eyck'schen Erfindung gewesen wäre. Im Gegenteile, Vasari gibt unzweifelhaft im weiteren Verlauf der Erzählung kund, dass Leinöl und Nussöl, also fette Oele in die Mischung des Bindemittels traten.

Lassen wir zunächst noch Vasari das Wort:

„Bei Gelegenheit eines mühevoll ausgeführten Bildes auf Holz, welches er (Van Eyck) mit besonderer Sorgfalt vollendete und zum Trocknen des Firnisses, wie es üblich war, in die Sonne stellte, sprangen die Fugen entzwei, sei es durch die zu grosse Hitze, oder weil das Brett nicht gut zusammengefügt oder das Holz nicht genügend gelagert war."

(I. Ed.: „Le volse dare la vernice al sole, come si costuma alle tavole." II. Ed.: „Le diede la vernice, e la mise a seccarsi al sole, come si costuma.") Der Unterschied zwischen der ersten und zweiten Ausgabe ist sehr gering. Vasari wollte möglichst genau sein und sagt: er gab den Firnis darauf, während in der ersten Ausgabe nur die Absicht dazu ausgedrückt ist. Unter allen Umständen ist es klar, dass es üblich war, die Bilder in der Sonne zu firnissen und den Firnis auch trocken werden zu lassen; wir müssen daraus die von Theophilus beschriebene Technik wiedererkennen und den Prozess des Temperamalens, wie er dort geschildert ist, nämlich das, auch dreimal zu wiederholende Malen mit Tempera und Ueberfirnissen in der Sonne.

Vasari berichtet dann:

„Als Giovanni den Schaden sah, welchen die Sonnenhitze an seinem Bilde verursacht hatte, beschloss er zu irgend einem Mittel Zuflucht zu nehmen, um dieselbe Ursache ein zweites Mal bei seinem Werke zu vermeiden, und da er nicht weniger unzufrieden mit dem Firnis war, als mit dem Prozess des Temperamalens, begann er über eine Art der Präparation des Firnisses nachzudenken, welcher im Schatten trocknen sollte, um das in die Sonne Stellen der Bilder zu vermeiden. Nachdem er nun viele Dinge versucht hatte, sowohl **allein als auch miteinder gemischt**, fand er schliesslich, dass **Leinöl und Nussöl** unter allen, welche er daraufhin geprüft hatte, viel trocknender waren, als die übrigen. Diese also mit anderen seiner Mischungen (misture) zusammengekocht, gaben ihm den **Firnis**, nach welchem er, wie auch alle anderen Maler der Welt lange gefahndet hatten. Nachdem er noch Erfahrungen mit vielen anderen Dingen gemacht, sah er, dass das Mischen der Farben mit **diesen Sorten von Oelen ihnen ein sehr starkes Bindemittel gab (tempera molto forte), das nach dem Trocknen Wasser keineswegs zu fürchten hatte, es machte die Farbe so fest, dass es (der Malerei) von selbst Glanz verlieh, ohne gefirnist zu sein. Und was ihm noch wunderbarer erschien, war, dass sich die einzelnen Farbschichten unendlich besser verbinden liessen, als bei Tempera**[11])".

Dass hier zwei Dinge als Van Eyck's Erfindung genannt sind, welche dann in ihrer Verbindung sein neues Bindemittel ausmachten, wurde mehrfach dahin erklärt, dass Vasari nicht recht auszudrücken verstand, was er eigentlich gemeint hat; war es der Firnis, den „alle Welt" suchte und den er fand, oder das Bindemittel aus Leinöl und Nussöl? Aus dem „stillando" der ersten Ausgabe, welches sich nur auf Firnisse bezieht, könnte man fast zur Annahme gelangen, Van Eyck auch die Einführung der Essenzfirnisse zuzuschreiben; diese trocknen nämlich im Schatten und ihre Erzeugungsweise muss doch einem Manne, der sich mit Alchemie befasste, unbedingt bekannt gewesen sein [12]). Andererseits wird durch die Veränderung in der zweiten Auflage und auch an obiger Stelle deutlich hervorgehoben,

---

[11]) „Onde poi che ebbi molte cose sperimentate, e pure, e mescolate insieme, alla fine trovò, che l'olio di Seme di Lino e quello delle Noci, fra tante che n 'haveva provati, erano piu, seccativi di tutti gl'altri. Questi dunque, bolliti con altre sue misture gli fecero la vernice, che egli, anzi tutti i pittori del mondo havevano lungamente desiderato. Dopo fatto sperienza di molte altre cose, vide che il mescolare i colori con queste sorti di olii dava loro una tempera molto forte; e che secca non solo non temeva l' aqua altrimenti, e accendeva il colore tanto forte, che gli dava lustro da per se senza vernice. Et quello che piu gli parve mirabile fu che si univa meglio che la tempera infinitamente."

[12]) Nach Berthelot (La chimie au moyen Age, Paris 1843 I. p. 61) ist die trockene Destillation bereits im X. sec. bekannt gewesen. Nr. 212 der Mappae clavicula lehrt Alkohol zu bereiten. Aetherische Oele aus Pflanzen zu extrahieren wurde seit dem XIII. Jh. bekannt. Raymund Lull (1255—1315) spricht in seinen Experimentis von der Destillation vieler Pflanzen

dass der Firnis aus Oelen gekocht (bolliti) und nicht destilliert wurde. Die essentiellen Oele (Terpentinöl) in Verbindung mit den fetten Oelen als Bindemittel des Van Eyck zu erklären, kann schon aus dem Grunde nicht richtig sein, weil aus den Texten das gerade Gegenteil ersichtlich ist. Vasari sieht eben darin das Neue und Merkwürdige, dass die neue Malerei **mit den alten bekannten Oelen**, dem Leinöl und Nussöl bewerkstelligt worden ist.

Dass der erwähnte „weisse Firnis aus Brügge" (Ilg, Excurs p. 171) ein Essenzfirniss, d. h. mit Terpentinöl bereitet war, darüber kann kein Zweifel sein. Aber dieser „weisse Firnis", der **so lange vor Van Eyck** Exportartikel ist, kann eben deshalb nicht als epochemachende Neuheit angesehen werden. Bei den „altre sue misture" kann man vielleicht an die damals bekannten und verwendeten Mittel zum Reinigen und Bleichen der Oele denken. (Kalk und Knochenasche, Alaun, Bimsstein, Galitzenstein etc.) Doch scheint mir trotz aller Bedenken eines klar zu sein, dass es sich hier um die **Oeltempera, die Emulsion** handeln muss; er versuchte, heisst es nämlich, „**alles sowohl pur als auch miteinander gemischt**," **also die damals allgemeinen Ei- und Gummitemperas auch mit den Firnissen und Oelen zusammenvermischt, da musste er ja, „ein Mann, der sich auf Alchemie so sehr verstand", ein so findiger Kopf, darauf kommen, dass sich Eigelb oder Gummi mit fetten Oelen emulgiert!** Da musste er ja die Entdeckung machen, dass das Mischen von Farben mit **solchen Arten von Oelen** (questi sorti di olii) nämlich den emulgierten, den Farben **eine sehr starke Tempera gab, und dass diese Tempera getrocknet, Wasser nicht zu fürchten hatte**, erkannte er nach den ersten Proben bald. Wenn an dieser Stelle Oelfarbe nach unserer heutigen Weise gemeint wäre, hätte diese ganze Bemerkung doch gar keinen Sinn, denn **auf trockene Oelfarbe wirkt Wasser ohnehin nicht!** Es kann also nur ein wassermischbares Bindemittel, eine Tempera, damit gemeint sein. Man vergleiche damit das Rezept des Marciana Ms.: la qual colla non teme aqua ne cossa che sia, und wird finden, dass hier ebenso diese Eigenschaft besonders hervorgehoben wird, **obwohl es ein wassermischbares** Bindemittel ist, und weil andere Temperaarten, **wenn sie auch ganz trocken sind, doch vom Wasser aufgelöst** werden. Darin bestand eben für Van Eyck der grosse Wert dieser Tempera und seine Ueberraschung und Freude war deshalb so gross, **weil er diese besondere Eigentümlichkeit nicht erwartet hatte**, nach seinen bitteren Erfahrungen mit früheren Temperamitteln auch nicht erwarten konnte! Das Uebermalen mit **derselben** Tempera, wie es üblich war, konnte ohne weiteres geschehen, weil die Farbe schon an sich „so fest war und Glanz hatte, ohne gefirnisst zu sein", wobei sich überdies die Verbindung der Farblagen noch besser als sonst, „infinitamente meglio", ja unendlich besser erzielen liess, **sogar bevor die Malerei ganz trocken war.** [13])

Dieser kleine aber sehr wichtige Umstand ist aus van Mander's Beschreibung zu ersehen. Wenn auch von den Gegnern des Vasari auf den „Nachschwätzer" Van Mander noch so viele Pfeile des Spottes abgeschnellt werden, so macht sein „Schilderboeck" doch Anspruch auf genaueste Beachtung, weil er im Centrum der niederländischen Kunst sich bewegte und **gerade deshalb als Landsmann nicht Unwahrheiten**

---

mit Wasser und gibt an, es gehe hier bei stärkerem Erhitzen ein Oel über; das bei der Destillation von Rosmarin übergehende solle man Aufbewahren. Ausführlicher handelt von dieser Bereitung Arnoldus Villenovus (1235—1312) in seinem Tractat de vinis (vergl. Kopp, Geschichte der Chemie, T. IV, p. 391 ff.).

[13]) Wenn diese Schlüsse richtig sind, so musste auch der **erste Versuch** mit einer solchen Mischung schon einige Aufklärung ermöglichen. Die „Immixtura" von vernice liquida (gekochtes Leinöl und Bernsteinfirnis) mit Eigelb ergab das Bindemittel zum ersten Versuch und wurde mit Wasser vermischt, dem Farbenpulver beigegeben. Die ziemlich komplizierte Ornamentik einer gotischen Architektur nach einem Bilde von Van Eyck liess sich ohne Schwierigkeit damit malen; Korrekturen und öfteres Uebermalen waren leicht ausführbar. Der erste Versuch war so gelungen, als es nur irgend möglich war. Nach einiger Zeit fand ich zu meinem Erstaunen, dass die Tempera so fest geworden war, dass sie sich mit Wasser nicht wegwaschen liess. Die Farbe liess sich ebenso gut dünn als auch ganz pastos verwenden. (Zur Konservierung des Bindemittels wurde etwas Spiköl beigefügt.)

als Thatsachen aufstellen durfte; die Tradition konnte doch nach den 150 Jahren seit Joh. van Eyck's vermutlichem Tode (1445) nicht so ganz vergessen gewesen sein, umsomehr als dessen Nachfolgern Memling, Roger van der Weyden, Lucas von Leyden etc. auch von den Zeitgenossen mit grösster Bewunderung entgegen gekommen war, ja die Grossväter der Generation des van Mander mussten doch in ihrer Jugendzeit noch direkte Berührung mit diesen berühmten Meistern gehabt haben. Wenn also van Mander, wie in vielen Dingen, auch in der Erzählung von Van Eyck's Erfindung „nachschreibt", so hätte er es sich niemals einfallen lassen dürfen, dies zu thun, wenn inhaltlich nur das Geringste dagegen einzuwenden gewesen wäre. Wie wichtig seine Einleitung: „Den Grondt der Edel vry Schilderconst" für das Verständnis der Technik seiner Zeit und der vorausgehenden ist, wird sich in der Folge zeigen. Blicken wir vorerst auf die van Mander'sche „Nacherzählung", welche sich völlig an Vasari anschliesst; auch hier ist von dem Firnis die Rede, welchen Van Eyck aus Leinsamenöl oder Nussöl mit einigen anderen Substanzen gekocht, gefunden hätte; darauf folgt, seinem Vorbilde entsprechend:

„Van Eyck fand nach vielem weiteren Suchen, dass die Farben gemengt mit solchen Oelen hier sich sehr gut temperieren liessen, und sehr hart trockneten und wenn getrocknet, das Wasser gut vortragen mochten, dass die Oele die Farben auch viel lebhafter machten und von selbst Glanz hatten, ohne gefirnisst zu sein. Und dasjenige, was ihn noch mehr verwunderte und behagte, war, dass er fand, dass hier sich die Farbe besser also mit dem Oele vertreiben und verarbeiten liess, als mit der Ei- oder Leimtempera und nicht so getrocknet zu sein bedurfte.[14]

Diese letzte Bemerkung fehlt bei Vasari, ist aber in der Introduzione C. XXI erwähnt; die Van Eyck'sche Oelfarbe konnte demnach übermalt werden, wenn dieselbe auch nicht so getrocknet war als bei der früheren Art. Eine fast nebensächliche Bemerkung, aber doch von grösster Bedeutung! Das ist ja der ganze Jammer unserer modernen Oeltechnik, dass wir nie genug lang unsere Malerei trocknen lassen und fortwährend Nachdunkeln und Rissigwerden befürchten müssen, wenn auf das Halbnasse gemalt wird; Van Mander sagt gerade das Gegenteil von Van Eyck's Technik! Die Bilder der altflandrischen und Kölner Schule sind aber trotz 400jährigen Alters viel besser erhalten, als es die modernen in ebensovielen Jahrzehnten oft sind! Schon aus diesem Grunde müssten wir zur Einsicht gelangen, die altflandrische und auch die niederdeutsche, selbst die fränkische Schule hätte nach einem anderen System garbeitet, als wir bisher angenommen haben. So unbedeutend, wie erwähnt, die Van Mander'sche Schlussbemerkung ist, so war dieselbe doch wieder Veranlassung zu Versuchen, die ein merkwürdiges Ergebnis für die „Disciplina di fiandra" hatten: Wurde nämlich die mit solchen, d. h. emulgirten Oelen gefertigte Malerei matt, wie es jede Tempera wird, so konnte sehr bald schon eine dünne Oel- oder Firnisschicht aufgetragen werden, ohne Gefahr für die Malerei und auf diese noch nasse Oel- oder Firnislage liess sich gleich wieder mit derselben Oeltempera weiter malen! Die Malerei verband sich mit der unteren Farbschichte „unendlich besser" als es bei der Malerei nach Theophilus selbst im gut getrockneten Zustand möglich war und die Anzahl der Uebermalungen war nicht begrenzt! Darin steckt also der Kernpunkt der ganzen Technik, das ist das Neue, die bellissima inventione, die Disciplina di fiandra! Darin liegen die grossen Verbesserungen, die als das Verdienst des Van Eyck zu erkennen sind und lange Zeit hindurch ein „Geheimnis" blieben.

---

[14] Van Mander, het leven von Jan en Hubrecht van Eyck | gebroeders | en Schilders van Maeseyck (Schilderboeck p. 199) ... deese dan siedende (Leinöl und Nussöl) met eenighe ander stoffen, die hy daer by dede | maeckt den besten vernis van der Weerelt. En also sulcke werckende wacker gheesten | verder en verder soeckende | nae volcomenheyt trachten | bevont hy met veel ondersoeckens | dat de verwe gemengelt met sulcke olyen haer seer wel liet temperen | en wel hardt drooghe | en drooge wesende | het water wel verdraghen mocht | dat d' oly ook de verwen veel levender maeckten | en van selfs een blinkenheyt deden hebben | sonder datmense verniste. En t'gene dat hem noch meer verwonderde en behaeghde | was dat hy bevandt | dat haer de verwe beter aldus met de Oly liet verdryven en verwercken | dan met de vochticheyt van Ey oft lym | en niet en hoefde so ghetrocken de zyn gedaen.

Lassen wir Vasari weiter berichten:

„Giovanni arbeitete in seiner neuen Art viele Bilder, welche von den Künstlern sehr bewundert wurden; diese wussten nicht, wie er seine Bilder so vollendet machen konnte; sie mussten nur das Verdienst anerkennen, während andere, mit Neid erfüllt, auf ihn blickten, umsomehr, als er eine Zeit lang niemand gestattete, ihm bei der Arbeit zuzuschauen; auch willigte er nicht darein, irgend jemand das Geheimnis mitzuteilen. Aber als er alt wurde, erwies er seinem Schüler Ruggeri (Roger) die Gunst, ihn darin zu unterweisen". Roger teilt das Geheimnis Hans (Memling) mit und anderen . . . . „Ungeachtet dessen, und obwohl Kaufleute zu ihrem eigenen Vorteile derartige Kunstwerke (d. h. so gemalte) an Herrscher und hervorragende Persönlichkeiten versandten, fand diese Kunst doch nicht den Weg nach auswärts und obschon die so versandten Bilder den **starken Geruch hatten, welchen die Mischung (immixtura) der Farben mit den Oelen ihnen gab**, insbesonders wenn sie neu waren, so dass es möglich schien, die Ingredienzien zu erkennen, so war die Entdeckung doch viele Jahre nicht gemacht."

Diese Charakteristik des Bindemittels, welches einen **scharfen starken Geruch** (odore acuto) im frischen Zustand hatte und von der Vermischung der Farben mit den Oelen herrühren sollte, ist sehr eigentümlich. Mischungen von Farben mit Leinöl oder Nussöl haben keinen scharfen Geruch und das Ranzigwerden des Oeles kann damit kaum gemeint sein, denn dies war bei dünnem Auftrag ohnehin nicht eingetreten: es führt die Andeutung des Vasari vielmehr direkt darauf, dass es die Emulsion von organischem Bindemittel mit Oel gewesen sein muss, denn dieses geht bald in Fäulnis über und muss durch eine starke und scharf riechende Beigabe konserviert werden; auch der Ausdruck „immixtura" (innige Vermischung) spricht dafür, ja die Emulsion kann gar nicht besser bezeichnet werden, als es hier geschieht. Aber was für „stark riechende" Essenz[15]) kann dazu verwendet worden sein? Darüber fand sich nur eine einzige Andeutung bei Giv. Paolo Lomazzo (Idea del Tempio della Pittura, Milano 1590), einem Zeitgenossen des Vasari. Er sagt C. 21 p. 71, über die verschiedenen Arten zu malen sprechend, für Oelmalerei bedient man sich der Mischung der Farben mit „oglio di noce et di spica et d'altre cose," also Nussöl und Spiköl und „anderen Sachen," welche letzteren er verschweigt.

Diese Andeutung veranlasste mich bei den ersten Versuchen des Spiköles (Lavendelöl), welches einen intensiven, aber angenehmen Geruch hat, zu bedienen, wodurch der widerliche Geruch der Ei-Oelemulsion beseitigt und gleichzeitig ein gutes Konservierungsmittel für das Bindemittel gefunden war. Was die „altre cose" betrifft, so ist es schwer, daraus klug zu werden; wenn aber einmal das System der emulgierten Oele in das Bereich der Betrachtung aufgenommen ist, so sind die Variationen so zahlreich und die Zubereitung eine so verschiedene, dass jeder einzelne Maler sie für seine speziellen Zwecke und nach seinem eigenen Gutdünken anfertigen konnte.[16])

Kehren wir nun wieder zum Texte des Vasari zurück: Derselbe berichtet von dem Gemälde, welches in den Besitz des König Alfons I. von Neapel gelangte und

---

[15]) Stark riechende Substanzen zur Konservierung für Bindemittel, welche leicht in Zersetzung übergehen, finden sich auch bei der Miniaturtechnik mehrfach im Gebrauch; Eierklar wird schon nach einigen Tagen „stark" und stinkend, feiner Leim, einzelne Gummiarten werden bald schimmelig, insbesondere wenn solche den Oelen in Emulsion beigemischt sind. Boltz von Rufach (Illuminierbuch) setzt seinen „Temperaturwassern" stets Rosenwasser oder Lilienwasser zu, „das schützt das Wasser vor Gestank". Das Neapeler Ms. für Miniaturmalerei nennt zum gleichen Zweck Realgar (rot. Schwefelarsenik), Gewürznelken oder Kampfer, welch' letzterer für diesen Zweck sehr gut ist und auch heute vielfach von Vergoldern, Buchbindern verwendet wird. Das Strassb. Ms. erwähnt zum gleichen Zweck Salmiak.

[16]) Vergl. die Rezepte am Schlusse dieses Abschnittes. Es würde eine im höchsten Grade dankenswerte Aufgabe einer **maltechnischen Versuchsstation** sein, genauere Versuche mit den verschiedenen Emulsionen von Oelen anzustellen, denn wenn die Emulsion als Bindemittel für Malzwecke in Betracht gezogen wird, ist eine ganz ungeheure Zahl von Variationen denkbar und es wäre wichtig herauszufinden, welche davon hiefür am geeignetsten sind.

dort von „allen Künstlern des Königreiches" bewundert wurde. Antonello da Messina sah es dort und war von der „Lebhaftigkeit der Farben, der Schönheit und Harmonie des Gemäldes" so begeistert, dass er sich nach Flandern aufmachte, um „diese Art in Oel zu malen" (la maniera di quel lavorare) kennen zu lernen. Das technische Rätsel, „dass das Gemälde in Oel gemalt war, solcher Art, dass es abgewaschen werden konnte, und dass die Oberfläche gegen Erschütterung (und Sprünge) durchaus sicher war," brachte ihn auf den Gedanken. Eine derart feine Detailausführung hatte man mit der damals in Italien üblichen Oelmalerei oder der Ei-Tempera mit Oellasuren nicht für möglich gehalten; ein „Geheimnis" musste dahinter stecken und um dieses zu erfahren, machte Antonello die Fahrt nach Flandern.

„In Brügge angelangt, liess er es sich angelegen sein, die Freundschaft von Giovanni zu erlangen, indem er ihm viele Zeichnungen vorlegte, die im italienischen Stile angefertigt waren und andere Dinge, so dass Giovanni in Erwiderung für diese Aufmerksamkeiten und auch weil er sich altern fühlte, darein willigte, dass Antonello seine Methode der Oelmalerei (l'ordine del suo colorito) sehen sollte. Der letztere verliess infolgedessen Flandern nicht, bis er vollständig diese Art zu malen (fino che ebbe appreso eccelemente quel colorire) gelernt hatte, der Inbegriff seiner Wünsche".

Giovanni starb und Antonello verliess Flandern, um in seine Heimat zurückzukehren und Italien ein so kostbares Geheimnis zu überbringen. Nach einem kurzen Aufenthalt in seiner Vaterstadt Messina, begab er sich nach Venedig, wo er mit Freuden aufgenommen wurde; er malte dort verschiedene Bilder in Oel „nach der von Flandern gebrachten Art (nella maniera a olio, che egli di Fiandra aveva portato)", welche von den Venetianer Adeligen sehr geschätzt waren.

Waagen (Ueber Hubert und Jan van Eyck, Breslau 1822, p. 92 ff.) macht schon auf diese Stellen aufmerksam und bemerkt, dass nicht das Oel als Bindemittel das Neuartige war, sondern die eigentümliche Art und Weise, es zu verwenden.

Durch Vasari's Bezugnahme auf Baldovinetti's Versuche und an der Hand anderer quellenschriftlichen Beweise, sind wir folgerichtig auf die eigenartige Mischung von Oelen mit anderen Temperamitteln gelangt.

Was Vasari von Van Eyck's Neuerung wusste, hat sich bei kritischer Beleuchtung als genügend ergeben, um darin die „Mischung der Oele mit der Tempera" als Emulsion, d. i. Oeltempera zu erkennen; er spricht von der „immixtura" und dem scharfen Geruch (odore acuto), der durch die Beigabe eines notwendigen Konservierungsmittels entsteht, er weiss davon, dass das Mischen der Farben mit „solchen Arten" von Oelen den Farben eine sehr starke Tempera zu geben im stande ist; die Versuche mit dieser Temperaart haben ergeben, dass Vasari richtig berichtet, dass die Malerei „Wasser nicht zu fürchten hatte," auch wenn sie nicht gefirnisst war und „von selbst Glanz hatte," denn der Firnis ist in dem Temperabindemittel bereits enthalten. Ebenso hat es sich als zutreffend herausgestellt, dass sich die Farben mit der neuartigen Mischung unendlich besser verarbeiten liessen, als mit der früher üblichen Ei- oder Leimtempera.

In der Introduzione C. XXI beschreibt Vasari noch einmal die „bellissima inventione" des Van Eyck, welche von Antonello nach Venedig gebracht wurde. Domenico Veneziano gewann das Geheimnis von ihm und führte es in Florenz ein. Von Andrea del Castagno, welcher dasselbe anderen Meistern mitteilte, bis Pietro Perugino, Lionardo und Raffael hätte diese Manier immer neue Fortschritte gemacht und sich so vervollkommnet, dass „dieselbe zu der hohen Schönheit gelangte", welche die Bilder jener Blütezeit auszeichnen.

„Diese Manier der Farbengebung macht die Farben noch leuchtender; es ist nichts weiter nötig als Fleiss und Liebe (zur Ausarbeitung), denn das darin enthaltene Oel macht das Colorit weicher, milder und zarter, und erleichtert die Verbindung und duftige Malweise mehr als die anderen und besonders wenn aufs Nasse gemalt wird, mischen und vereinigen sich die Töne einer zum anderen viel leichter. Im ganzen geben die Künstler in dieser Art ihren Figuren die schönste Anmut, Lebhaftigkeit und Kraft, so dass sie oft wie plastisch aus dem Gemälde herauszutreten scheinen; hauptsächlich, wenn dieselben in vollendeter und schöner Art erfunden und gezeichnet sind." Um dies zu bewerkstelligen, werden die mit Gyps überzogenen Tafeln oder (Leinwand-) Bilder geschliffen, glatt gemacht und darüber mit sehr weichem Leime 4—5 Lagen gegeben: „die Farben werden dann mit Nussöl oder Leinsamenöl gerieben (obwohl das Nussöl besser ist, da es weniger nachgilbt) und so angerieben mit diesen Oelen, d. i. ihrer Tempera, ist nichts weiter nötig, als sie mit dem Pinsel aufzustreichen."[17])

Auch hier findet sich die Bezeichnung der Oeltempera ganz deutlich; questi olii, che é la tempera loro, wörtlich genommen, spricht es aus, dass hier die Emulsion dieser Oele gemeint sein muss. Wollte man diesen Passus so nehmen, dass Tempera Bindemittel überhaupt heisst, so müsste der Satz in Plurali konstruiert sein und heissen: questi olii, chi sono le tempere loro, aber che é bedeutet hier soviel als „das heisst", demnach: „diese Oele, resp. die aus ihnen bereitete Tempera". Ob nun die von Vasari so beschriebene Tempera noch zu seiner Zeit in Verwendung war, oder im Laufe der Zeit verbessert oder verändert wurde, ist aus seinem Berichte nicht genau ersichtlich. Es wird noch Gelegenheit geben, darauf zurückzukommen.

---

[17]) Vasari, Introduzione C. XXI. „Questa maniera di colorire accende piu i colori; ne altro bisogna, che diligenca et amore, perche l'olio in se reca il colorito piu morbido, piu dolce et delicato, et di unione, et sfumata maniera piu facile che li altri, et mentre che frescho si lavora, i colori si mescolano, et si uniscono l'uno con l'altro piu facilmente. Et in somma li artifici danno in questo medo bellissima grazia et vivacita et gagliardezza alle figure loro, talmente che spesso ci fanno parere di rilievo le loro figure, et che elle eschino de la tavola".
„. . . . vanno poi macinando i colori con olio di noci, o di seme di lino (benche il noce é meglio perche ingialla meno) et cosi macinati con questi olii, che é la tempera loro, non bisogno altro quanto a essi, che distengergli col' penello".

IV. Weitere Nachrichten über die Van Eyck-Technik.

Aus dem Texte des Vasari haben wir zu beweisen versucht, dass Van Eyck's epochemachende Erfindung darin bestanden haben mag, dass er die schon vor ihm für Vergoldung und dergl. gekannte Manier, schwer trocknende Oele und Oelfirnisse durch die Emulsion wassermischbar und dadurch schnell trocknend zu machen, für Malzwecke verwendete. Es wäre aber ein Irrtum, diese Technik deshalb eine Aquarelltechnik zu nennen, denn **das Wesen der emulgierten Oele bleibt doch immer das darin enthaltene Oel.** Auch ist diese Malart nicht mit Tempera gleichzustellen, denn **alle anderen Temperabindemittel** sind nach dem Trocknen wieder durch Wasser auflösbar, während die **Oeltempera**, vermöge ihres Oelgehaltes gegen Wasser nach dem Trocknen unempfindlich ist. Diese Tempera-Art hält die Mitte zwischen den vordem bekannten Arten der wassermischbaren Bindemittel (Ei, Leim, Gummi) und der Oelmalerei, sie vereinigt die Vorzüge beider, mit Wasser mischbar, also schnell trocknend zu sein und dann wieder so fest zu werden, wie Oelfarbe. In diesem Sinne ist die neue Manier, wie wir sahen, auch von Vasari beschrieben. Van Eyck ist nicht der Erfinder einer neuen Art: „**der Oelmalerei**", sondern einer „**neuen Art der Oelmalerei**"!

Vasari drückt sich wie folgt aus (Introduzione C. XXI): „Es war eine herrliche Erfindung und grosse Erleichterung für die Malerkunst die Art der Oelmalerei, welche in Flandern Giovanni von Brügge zuerst erfand (fu una bellissima inventione e una gran' commodità all' arte della pittura, il trovare il colorito à olio, di che fu primo inventore in Fiandra Giovanni da Bruggia) . . . . welche dann von Antonello bis Perugino, Leonardo und Rafael auf die hohe Stufe der Vollendung gebracht wurde."

Vasari schrieb Mitte des XVI. Jahrh., etwa 60--70 Jahre, nachdem Antonello das „wertvolle Geheimnis" seinen Landsleuten überbrachte, und man sollte meinen, in den gleichzeitigen Druckschriften doch mehr als unbestimmte Andeutungen darüber anzutreffen. Ausser bei Vasari finden sich direkte Bezugnahmen auf die „neue Art" sehr spärlich; Berichte von Zeitgenossen aus dem XV. Jahrh. sind darüber entweder ungenau oder sie gestehen es selbst ein, nicht genügend informiert zu sein. Immerhin mag es wichtig sein, die hauptsächlichsten hier zu citieren:

Facius (schrieb 1455) berichtet (de vir. illustrib. p. 46) von Giovanni, „er habe Vieles über die eigentümliche Beschaffenheit der Farben erfunden und die Kunst der Malerei bereichert, indem er aus den Ueberlieferungen des Plinius und anderer gelernt hätte." [18] Man ersieht daraus, wie unklare Vorstellungen er darüber hatte; allerdings lebte er zu einer Zeit, in welcher man in Italien nur vom Hörensagen über Van Eyck's Neuerung etwas wissen konnte.

---

[18] Facius (de vir. illustrib. p. 46): Johannes Gallicus, litterarum non nihil doctus, Geometriae praesertim, et earum artium, quae ad picturae ornamentum accederent, putatusque ob eam rem multa de colorum proprietatibus invenisse, quae ab antiquis tradita ex Plinii et aliorum auctorum lectione didicerat.

Aus gleicher Ursache ist das Zeugnis des Filarete (Bibl. Magliabec. libro XXIV, dei colori e della composizione de storie), von geringem Belang; wir erfahren zwar von einer „neuen Art" Oelmalerei, aber wie es zur genaueren Erklärung kommt, schweigt er, entweder aus Unkenntnis oder absichtlich, um das „Geheimnis" nicht zu verraten. Die Stelle findet sich im Ms. am Ende des obenbezeichneten Bandes und mag um 1464 geschrieben sein. (Eastlake II p. 66). Nach einer kurzen Beschreibung des Freskomalens und der Art, die Formen mit Licht und Schatten zu runden, fährt er fort:

„Und befolge dasselbe System in Tempera; auch in Oel magst du alle diese Farben verwenden, aber das ist eine andere Arbeit und eine andere Manier — eine Art, die schön ist für den, der dieselbe anzuwenden versteht. In Deutschland arbeitet man gut in dieser Art, insbesondere darunter Meister Johann von Brügge und Meister Roger, welche beide diese Oelfarben aufs vortrefflichste verwendeten. (Frage:) Sage mir, in welcher Weise man mit diesem Oele arbeitet, und was für Oel es ist; wenn es Leinsamenöl ist, ist es nicht zu dunkel? (Antwort:) Ja, aber das kann vermieden werden; die Methode kenne ich nicht, wenn sie nicht darin besteht, das Oel in ein Gefäss zu geben und es unberührt lange Zeit stehen zu lassen; es wird dadurch wirklich heller und manche sagen, es gäbe eine viel schnellere Methode. Lassen wir das. (Frage:) Und wie wird weitergearbeitet? (Antwort:) Ist der Gyps, mit welchem deine Tafel bereitet ist, oder der Mörtel (wenn du auf Mauer arbeitest) trocken, so gib ein Lage von Oelfarbe. Weiss ist gut dazu oder irgend eine andere Farbe, es hat keine Bedeutung, welche Farbe dazu genommen wird etc." [19]

Nicht viel mehr sagt uns Leon Battista Alberti († 1472). Seine Worte sind: Es gibt noch eine neue Erfindung, bei welcher alle Arten von Farben mit Leinöl angerieben, gegen alle Unbill der Witterung gesichert sind, vorausgesetzt die Wand, auf welcher gearbeitet wird, ist trocken und frei von Feuchtigkeit. [20]

Alberti scheint auch nicht mehr als die anderen und nur vom Hörensagen über die „neue Erfindung" zu wissen; zeitlich ist dies auch sehr erklärlich, da die wenigen Wissenden ihr „Geheimnis" mit grösstem Misstrauen bewahrten.

Von italienischen Nachrichten über die flandrische Manier, mit Oel zu malen, wäre noch das sichere Zeugnis Summonzio's in seinem Schreiben an Marcantonio Micheli in Venedig, 1524, zu erwähnen, in welchem er von Colantonio berichtet: „Seine Beschäftigung bestand in flandrischer Arbeit und im Colorieren nach der Art jenes Landes. Dem gab er sich dermassen hin, dass er nach Flandern gehen wollte, doch hielt ihn König Renée zurück, indem er ihm selbst die Praxis und die Mischung jener Farben zeigte".

In demselben Dokument wird Colantonio dem Antonello de Messina als Lehrer gegeben und erwähnt, dass dem genannten Renée die „Disciplina di Fiandra" bekannt war. (s. Lanzi, Scuola Neap. Ep. 1; Passavant, Kunstbl. 1843, Nr. 57.)

Mit dieser Nachricht steht die folgende in innigstem Zusammenhang:

Massimo Stanzioni (geb. 1585, † 1656), ein neapol. Bildhauer, berichtet nach alten Papieren über Kunstgeschichte (welchen?) also: „Das von Johann van

---

[19] Filarete, lib. XXIV: „... et cosi sea afare a tempera et anche aoglio sipossono mettere tutti questi colori ma questa e altra fatica et altro modo il quale e bello chi losa fare. Nellamagna silavora bene inquesta forma maxime dacquello maestro Giovanni da Bruggia et Maestro Ruggieri iquali anno adoperato optimamente questi colori aolio. dimmi inche modo silavora con questo olio e che olio e questo olio sie diseme dilino none egli molto obscuro. si maseglitoglie ilmodo nonso senon metillo intro una amoretta et lasciarvelo stare uno buono tempo eglisischinarisce vero e che dice chece elmodo affare piu presto. laesiamo andare, il lavorare come sifa. prima sulatua tavola ingesatta overamente inmuro che sia lacalcina vuole essere seccha et poi una mano di colore macinato aolio sella biacha e buona et anche fosse altro colore non monta niente che colore sisia ....".

[20] Leon. Baptist. Alberti Florentini, Libri de re aedificataria decem. Parrhisiis 1512, I. c. 9: „Novum inventum oleo linaceo colores quos velis inducere contra omnes aëris et coeli injurias eternos: modo siccus et minime uliginosus sit paries ubi inducantur".

Eyck dem König Alfons geschickte Bild von den drei Weisen wie man es nannte, erregte grosses Aufsehen, als der König es sah und es ihm als schöne Malerei aufgetischt wurde, doch schien es keine Neuigkeit wegen der Oelmalerei; dieses ist so wahr, da von Zingaro und Donzello einige Dinge wieder gemalt wurden, welche auf der Reise Schaden genommen hatten; dieselben machten aus den Köpfen zweier Weisen die Bildnisse von Alfons und seinem Sohn mit derselben Oelfarbe."[21])

Der Wert dieser anonymen Nachricht wird auch von Waagen angezweifelt, da nach Facius' Bericht gar kein solches Bild im Besitze des Königs war. Schon die eigentümlich wegwerfende Fassung ist bedenklich und gar das Uebermalen von Köpfen der beiden Weisen mit andern Portraits muss erstaunen; eines solchen Vandalismus können wir den königlichen Mäcen in Neapel nicht für fähig halten!

Derselbe Stanzioni, welcher so wenig respektvoll von Van Eyck's Gemälde spricht, bringt aber noch einige Details aus einer Quelle bei, die Vasari unbekannt gewesen sein muss. Er behauptet, dass zwar schon um 1300 in Neapel in Oel gemalt wurde,[22]) doch finde er (in der ungenannten Quelle) geschrieben, dass Antonello, dessen Vater Ingenieur gewesen und Joseph geheissen, mit demselben nach Flandern ging, nachdem er in der Schule des Colantonio del Fiore (welcher bereits mit Oelfarben gemalt hätte) gebildet, schon die Malerkunst innegehabt habe; daselbst habe ihn Johann von Brügge gelehrt, auf welche Weise man gut in Oel male (come bene si dipingeva ad olio), denn Johann sei darauf ausgegangen (s'impazzavo), Farben und Firnisse zu bereiten, die ihr frisches Aussehen behielten. In Italien wie in Flandern habe man Oelfarben bereitet, jedoch nicht verstanden, geschickt damit zu arbeiten, indem diese Malart für denjenigen, welcher die Behandlungsweise nicht kenne, ebenso grosse Schwierigkeit habe als die Freskomalerei für einen, der nicht damit umzugehen wisse.

Der Vergleich mit der Freskomalerei fällt hier zunächst auf, und muss doch in irgend einer Beziehung mit der „neuen Art" der Oelmalerei stehen, insbesonders wenn der Autor, wie wir gesehen, dieselbe gekannt zu haben scheint und sogar wegwerfend über dieselbe urteilte. Bei Fresko verändert sich der Farbton bekanntlich ins Hellere, und es gehört viele Uebung dazu, den richtigen Ton mischen und seine Wirkung nach dem Trocknen vorherberechnen zu können; bei den Versuchen, in Van Eyck'scher Technik fertig zu malen, d. h. zu übermalen, fand ich nun, dass sich auch da die Töne verändern, aber sie werden tiefer, dunkler, sie vereinigen sich mit dem Untergrund (sie „sinken" ein), wenn man nicht absichtlich hellere Lichter aufträgt! Sollte diese Eigentümlichkeit nicht in Zusammenhang stehen mit der obigen Stelle des Stanzioni?

Kann man aus Facius, Filarete und Alberti nur konstatieren, dass die Technik neuartig war, so ersehen wir aus Stanzioni schon eine Andeutung einer Charakteristik, welche durch die Versuche Sinn und Bedeutung gewann.

War die Ausbeute bei den italienischen Autoren äusserst spärlich, so finden wir in deutschen oder nordischen Quellen der Zeit absolut nichts, was uns über die Van Eyck'sche Technik aufklären könnte. Die politischen Verhältnisse, die Reformationswirren, in deren Folgen die Bilderstürme jedes Aufkeimen künstlerischer Regungen erstickten, mögen der Weiterverbreitung Hindernisse entgegengesetzt haben. Zeitlich war das älteste in deutscher Sprache geschriebene Strassburger Ms. der Van Eyckschen Erfindung vorausgegangen; das nächstfolgende Malbuch des Boltz ist etwa ein Jahrhundert nachher verfasst, und wir haben gesehen (p. 149), dass Boltz, der Illuminierer, sich um Oeltechnik nicht kümmerte, und nur die für ihn Interesse habenden

---

[21]) Von den Gemälden des Van Eyck, welche damals nach Neapel gelangt sind, ist jetzt nichts mehr vorhanden. Andere Tafeln aus der Schule des Van Eyck finden sich noch jetzt dort. Vergl. Schorn: Nachricht über einige Gemälde von altdeutschen und altneapolit. Meistern zu Neapel. Kunstblatt 1823 Nr. 39 ff.

[22]) Lorenzo Ghiberti (1378—1455) erwähnt in seiner Geschichte der Malerei in Italien, dass Giotto auch in Oel gemalt habe; desgl. gelten als italienische Oelmaler: Serafino Serafini, Modena, um 1385; Giorgio da Firenze, der 1314—1325 in Chambery, Borghetto und Pinerola malte; Lippo Dalmasio, von welchem Oelgemälde vom Jahre 1407 zu Bologna sein sollen und Colantonio in Neapel. Antonello da Messina, dessen Schüler, war demnach über die damalige Art der Oelmalerei so orientiert, um zu erkennen, dass Eyck's Methode der Oelmalerei eine völlig andere gewesen sein musste.

Rezepte in sein Werk aufgenommen hat. Wie die im Strassburger Ms. beschriebene Oeltechnik die Grundlage für das Sammelwerk „Kunst und Werkschul" geworden, ist oben bereits angeführt (p. 150); merkwürdigerweise ist aber doch ein Emulsionsrezept in dem Buch enthalten, und zwar wieder wie alle nordischen, eine Emulsion von Gummi und Oel.

Es findet sich dort auf Seite 716 (Ausgabe v. J. 1707):

„Nr. 27. Ein Gemählde dergestalten zu überziehen, als ob ein Glass darüber wäre.

Nimm venedischen Gummi oder Gummi arabicum, weiche den in frischen Brunnenwasser, lasse ihn darinnen zergehen, dass er aber dicke bleibet, und sich ziehen lässet wie ein Oel; alsdann nehme diesen Gummi, und des nechstfolgenden gesottenen Oeles, eines soviel als des andern, vermische diese beyde auf einer Politen (Reibschale) wol durcheinander, und überziehe damit das Gemälde fein gleich und subtil, darnach lasse es also trocknen, so wird es wie ein Glass darüber sein.

Nota. Der Fürniss so zu diesen Gemählden gebrauchet wird, muss mit Nuss-Oel überzogen werden.

Obgedachter Fürniss darzu. Nimm reiner Silberglett, und schönen Agtstein (Bernstein) eines soviel als des andern, zerstosse es klein, und giesse lautter Lein-Oel darüber, so du aber willst, dass die Farben schön bleiben, so nehme anstatt des Lein-Oels Nuss-Oel, zweimal ohngefähr so viel als die andern Materi, thue es in einem Hafen, setze es wohl verdeckt auf einen warmen Ofen, und rühre es mit einem Höltzlein des Tages einmal zwei oder drey (mal) um, lasse es drey oder vier Tage stehen, so wird es gantz gut werden."

Da der Kompilator von „Kunst und Werkschul" nicht ausübender Maler war, sind auch in dem obigen Rezept gewisse Unklarheiten enthalten, wie die Nota zeigt. Irgend eine Hinweisung auf Van Eyck's oder die holländische Malart findet sich in „Kunst und Werkschul" nirgends. Derartige Rezeptensammlungen sind ganz ohne Umsicht einfach aus vorhandenen Aufschreibungen aneinander gereiht.

Eine solche mir vorliegende Sammlung, betitelt: „Der curiöse Schreiber samt dem curiösen Maler, darinne von Oel- und Wasser-Farben, dieselben zu mischen, zu vertieffen und zu erhöhen, nebst unterschiedenen anderen Kuriositäten, die Farben zuzurichten, Dressden und Leipzig 1712 (bei Joh. Christ. Miethen)" hat z. B. alles, was Boltz bringt, übernommen, mit vielfachen Zusätzen vermehrt, aber man wird in dem ganzen 146 Seiten enthaltenden Abschnitt über die Oelfarben ganz vergebens darnach suchen, mit welchen Oelen und wie dieselben anzumachen sind! Man wird sogar in den Kapiteln über „Oehlfarben" und deren Zubereitung finden, dass viele der Farben mit Gummi oder Ei temperiert werden sollen!

Erstaunlich ist, dass selbst in Van Mander's umfassender Einleitung zu seinem Schilderboeck, nämlich in dem in Versen geschriebenen „Grondt der Edel vry Schilderconst" worin Gestalt, Art und Wesen der lernbegierigen Jugend in mehreren Teilen in gereimten Worten vorgetragen, nur geringfügige Andeutungen über Malerei mit Oelen und der speziellen Technik der Zeit zu finden sind. Das Buch erschien im Jahre 1604 in Harlem; seit Van Eyck's Tode waren demnach schon eineinhalb Jahrhunderte verflossen. Im Kapitel 12 vom Malen oder Colorieren (Van wel schilderen, oft colorieren) wird zum Schluss (Vers 43) nur einmal vom Nussöl gesprochen, das zum Anmachen von Smalte genommen werde und dass etliche zum gleichen Zwecke „Oele mit Praktiken gemacht" (Ghebruycken Oly, ghemackt mit Praktyken) verwenden. Ob darunter Trockenöle oder gereinigte oder am Ende gar emulgierte zu verstehen sind, das lässt sich nicht ersehen. Im weiteren Verfolg der Technik werden wir aber aus Van Mander's technischen Notizen doch noch manche wertvolle Details entnehmen, die sich auf die alte Manier beziehen.

Umsomehr gewinnt eine geschriebene Rezeptensammlung an Bedeutung, welche in Venedig, dem Aufenthaltsorte des Antonello nach seiner Rückkehr aus Flandern, gegen Ende des XV. oder Anfangs des XVI. Jhs. entstanden ist. In dem nämlichen Ms. der Marcus-Bibliothek (Secreti diversi, esistente nella Bibliotheka Marciana), das eine grosse Anzahl von allerlei Anweisungen für Glasfabrikation,

— 244 —

Stucco und Malerei enthäft, und welchem Eastlake das oben erwähnte Emulsionsrezept (p. 231) entnommen, findet sich unter den Anweisungen, welche Merrifield (II p. 608—640) daraus publizierte, noch eine für die Oelmalerei sehr merkwürdige Variation. Rp. 301 lehrt, wie man mit verschiedenen Oelfarben „a putrido" arbeitet. (Colori diversi per dipingere e lavori a olio a putrido etc.) Es sind darin so ziemlich alle damals in Gebrauch gewesenen Farben, sowohl Körperfarben als auch Lacke genannt, die so angewendet werden können. A putrido [23]) heisst wörtlich in Fäulnis oder Zersetzung geraten, und das wird nach demselben Rezept durch Eigelb erzielt! Denn es heisst am Schlusse des Rez.: „Die Tempera dieser Farben „a putrido" verfertigt, besteht aus gleichen Teilen Wasser und Eigelb und zwar etwas weniger als die Hälfte der Farbe selbst." (La tempera di questi colori fatti a putrido ./. (= ana) a acqua e el tuorlo del uuovo un poco manco che la meta del colore etc.) Rp. Nr. 328 zeigt an, dass man auch auf Glas „a putrido" malen kann. (Se vuoi dipigniere in sul vetro a putrido.) Wir hätten demnach unter „a putrido" die venetianische Bezeichnung für die Emulsion oder Oeltempera zu verstehen! In der That gehen alle Ei-Oel-Emulsionen sehr leicht in Fäulnis über und müssen durch besondere Mittel länger haltbar gemacht werden.

Diese ausser allem Zweifel stehenden Zeugnisse in einem venetianischen Rezeptenbuch, das nur für eigenen Gebrauch, vielleicht in einem Kloster entstanden ist (vergl. Merrifield II p. 603), geben erschöpfenden Aufschluss. Geschrieben in Venedig, der Stadt, in welcher Antonello sich nach seinem Aufenthalt in Flandern zuerst niedergelassen, gewinnt diese „a putrido" Malerei schlagende Beweiskraft, und die Annahme, dass diese neue Art der Oelmalerei in den gleichzeitigen Druckschriften absichtlich nicht genau beschrieben wurde, hat viel für sich.

Wir werden auch in der Annahme nicht fehl gehen, wenn wir den Mangel genauerer technischer Angaben in den Druckschriften der Zeit dem Umstande zuschreiben, dass die Maler sich doch scheuten, ihre technischen Geheimnisse und Kniffe durch Veröffentlichung im Buchdruck preiszugeben. „Geheimnisse" hatte fast jeder Maler und jede Werkstatt. Das Strassburger Ms. bringt ein Geheimrezept (18) „das soltu verhelen" und erwähnt schon von gewissen gereinigten Oelen „die wissent net olle maler"; das Ms. über die Miniaturmalerei in Neapel (XIV. sec.) nennt auch ein „Geheimnis" für bestimmte Fälle, wenn die Farbe nicht tauglich ist. Auch Dürer hat sein eigenes Rezept eines Firnisses, „den man sonst nit kan machen" [24]) und warum sollten denn die Maler nicht Ursache und Interesse daran gehabt haben, gerade ein Verfahren geheim zu halten, „nach dem alle Maler der ganzen Welt vergebens gesucht hatten," wie Vasari sagt? Das mag ja kleinlich und selbstsüchtig scheinen, aber es liegt in der Natur der Sache und von diesem allerdings engherzigen Standpunkte muss die schier unglaubliche Geschichte von der Ermordung des „wissenden" Kollegen Domenico durch Andrea del Castagno doch für denkbar und möglich gehalten werden. [25])

---

[23]) Merrifield (loc. cit.) meint, dass unter putrido das in Fäulnis übergegangene Eierklar gemeint sei, welches in gewissen Fällen für Vergoldung benützt wurde und citiert Nr. 298 des Ms. von le Begue. Hier ist aber Eigelb besonders genannt. Was hätte auch Eierklar mit Oelfarbe zu thun, welche sich nicht damit vermischen lässt? Ich lese a putrido und nicht o (oder), zufolge Rp. 328 und der Notiz am Ende des ersten Rezeptes (la tempera di questi colori fatti a putrido). Dem Leser dürfte es wohl aufgefallen sein, dass bei der Titelangabe des Rezeptes, sowie am Schlusse desselben „etc." steht. Um ganz sicher zu gehen, habe ich durch den Bibliothekar der Marciana, Herrn Conte Saranzo in Venedig diese Stellen der Merrifield'schen Ausgabe mit dem Originale vergleichen lassen; dabei wurde festgestellt, dass das genannte Rez. wörtlich richtig gegeben ist. Der Verfasser des Originales hat demnach das weitere, als keiner näheren Erklärung bedürftig, hinweggelassen!

[24]) Vergl. Dürer's Brief an Heller vom Jahre 1509 (Ausg. v. Dr. Fuhse pag. 51).

[25]) Nach Puccini's eingehenden Forschungen (Memoire istorico—critiche di Antonello degli Antony, pittore Messinese, 1809, Deutsch. Ausg. Kunstblatt 1826 Nr. 78 ff.) scheint es gewiss, dass Domenico Veneziano, welchem Antonello das Geheimnis der Oelmalerei mitteilte, im Jahre 1464 nicht mehr am Leben war; Puccini verbindet damit die Angabe Sandrarts (Acad. Pict p. 106) die Ermordung Domenico's sei geschehen, als Antonello 49 Jahre alt war.

Schliesslich, last but not the least, sei noch hervorgehoben, dass die Kenntnis der Alchemie von Seite des Johann van Eyck in der Erzählung des Vasari besonders erwähnt wird, und gerade die Bereitung von Emulsionen auch heute noch zu den speziellen Fertigkeiten der Apothekerzunft gehört; zur Bereitung solcher Mischungen ist die Kenntnis des genauen Verhältnisses nötig und eine gewisse Uebung, die erst angeeignet werden muss.

Es ist also in dem zünftigen Wesen der damaligen Zeit begründet, dass die Maler ein Interesse daran hatten, ihre technischen Erfahrungen nicht mehr zu verbreiten, als es in der Werkstatt von jeher üblich war. Durch die in der zweiten Hälfte des XV. Jhs. so schnell sich entwickelnde Buchdruckerkunst (1480 bestanden in Italien schon 40 Offizinen) war eine weite Verbreitung zu befürchten und es mag auf den Umstand hier aufmerksam gemacht werden, wie ungern noch die Kunstschreiber des XVI. Jhs. ihre Zunftgeheimnisse veröffentlicht haben; entschuldigt sich doch Boltz von Rufach [26]) deshalb besonders bei den Kollegen in seiner Vorrede; er sagt: „ich hab kein Zweiffel, es werden etlich missgünstige Künstler diese meine einfaltige anleitung in die Illuminierung sehr bekümmern | als ob in derhalben etwas abbruchs jrer narung daraufs folgen wirt | wie sich denn etlich gegen mir lassen hören | vn vermeinen man solte die ding nicht gemein machen | zur verkleinerung der Kunst. Denen vnd anderen gib ich zu antwort | das diss nicht angefangen | jemand dadurch zu verderben | oder zu verkleinern etc." Spätere Autoren sind vielleicht aus gleicher Ursache mit ihren technischen Notizen äusserst knapp; so Lomazzo (Idea del tempio della Pittura, 1590), wie wir oben gesehen haben. Für die Oelmalerei schreibt er die Mischung der Farben mit oglio di noce et di spica et „d'altre cose" vor, und verschweigt, was das für altre cose sind. Auch in seinem früher erschienenen Trattato dell'arte della Pittura (1585) bringt er Kap. V, „welche Farben sich für die einzelnen Arten von Malerei eignen" keine Andeutung, mit was für Oelen die Farben für Oelmalerei zu mischen sind. Anweisungen zum Reinigen der Oele, zur Bereitung des Firnisses, der Holztafeln, Leinwand etc., welche in den Manuskripten des XIV. Jahrh. so zahlreich und ausführlich sind, sucht man bei Lomazzo vergeblich. Ausserdem verbreiten sich die Malerbücher jener Zeit mehr nach der optischen, physikalischen oder ästhetischen Seite (Lionardo da Vinci); wir finden schon lange Abhandlungen über Licht- und Schattenwirkung, Luftperspektive, Proportionslehre des menschlichen oder tierischen Körpers, ausführliche Angaben, wie man Schlachten, Historien, Landschaften oder Allegorien etc. zu komponieren, und welche Motive aus der Legende oder Mythologie man bei Ausschmückung von Palästen anbringen könne. Andere wieder (Sicilio Araldo, Trattato dei Colori, Venetia 1565; Fulvio Pellegrino Morato, del Significato de colori, Vineggia 1547) ergehen sich in einer für uns ganz entferntliegenden „Bedeutung der Farben", welche auf den heutigen Leser den Eindruck von Geziertheit und Uebertreibung hinterlassen. Eine Ausnahme macht Armenino, welcher schon in dem Titel: De veri precetti (Ravenna 1587) es ausspricht, dass er keine Absicht hat, etwas als Zunftgeheimnis zu bewahren; in der That ersehen wir bei ihm viele wichtige Details über Bereitung von Farben und Firnissen.

Es verlohnt sich deshalb Armenino's Buch daraufhin etwas näher zu untersuchen:

Hieraus folgt, dass Antonello etwa 1414 geboren wäre. Wann er nach Flandern gegangen, lässt sich nur annäherungsweise ermitteln; dass es zu Alfons Zeit, welcher 1442 zur Herrschaft gelangte, geschehen, ergibt sich aus Vasari's Angabe. Setzt man Joh. van Eyck's Todesjahr auf 1445, weil 1) ein nach van Manders Angabe unvollendet gebliebenes Bild Johann's, zufolge einer handschriftl. Nachricht aus dem 15. Jh., im Jahre 1445 in der St. Martinskirche zu Ypern aufgehangen wurde (Passavant, Kunstbl. 1833) und 2) eine Urkunde im Archive zu Brügge vom Jahre 1445 der Witwe eines Joh. van Eyk erwähnt, so fällt Antonello's Fahrt nach Flandern ungefähr in sein 28. Jahr, wenn wir seinen Aufenthalt dort auf einige Jahre bemessen.

Ueber die chronolog. Frage seines Aufenthaltes in Venedig, vergl. Waagen, über Hub. und Jan van Eyck, p. 109 ff.

[26]) Boltz von Rufach, Illuminierbuch, künstlich alle Farben zu machen und zu bereiten. Allen Brieffmalern, sampt anderen solchen Künsten liebhabern nützlich und gut zu wissen. Vorhin im truck nie aussgangen. Frankfurt a. M. 1562.

Allgemein ist die Ansicht verbreitet, und so steht es auch in fast allen Kunstschriften und Lehrbüchern neuer und neuester Zeit, dass mit der von Van Eyck eingeführten verbesserten Oeltechnik jedes andere früher gebrauchte Bindemittel aufgegeben wurde, denn die Vorteile der Oelfarbe, den früheren Tempera-Arten gegenüber, waren so in die Augen fallende, dass von der Zeit an die Oelmalerei alle anderen Techniken in den Hintergrund gedrängt habe. Aus Armenino erfahren wir das Gegenteil! Die älteren Temperamanieren bespricht er (II B. Cap. VIII p. 119) als „noch vielfach verbreitet" und sagt von den hervorragendsten Meistern „wie Raffael, Michelangelo, Tizian, Corregio, habe er Dinge in den drei Arten (Fresko, Secco und Oel) gesehen, mit grösster Sorgfalt ausgeführt und von hervorragender Harmonie der Farben" (Cap. X. p. 130).

Im Kapitel über Oelmalerei (p. 122), welches in mancher Beziehung interessant ist, weil er das Anreiben der Azure und Rot mit Oelen vermieden wissen will, beschreibt er eine Imprimitur (Grundfarbe), welche aus einem ihm unbekannten, leuchtenden, aber nicht mit Oel angemachten Bindemittel besteht (con un non so di fiammegiante mediante), welches alle Farben, selbst die Azure und Rot nicht verändern „während das Oel, wie man aus Erfahrung weiss, alle Farben naturgemäss dunkler macht, diese durchaus verbleichen und um so hässlicher werden, je dunkler die darunter befindliche Imprimitur ist."

Ausser diesem „ihm unbekannten leuchtenden Bindemittel" beschreibt er die Methoden, welche von den hervorragendsten Malern noch angewendet werden, um ihre Arbeiten zu beschleunigen. Dazu dient — die Tempera, welche „verschiedene Praktiker sich mit allerlei „Wassern„ bereiten (con aque diverse compongino di più sorte colori), durch welche sie ihren Bildern viel Leben, Kraft und Klarheit verleihen; es sind grüne (herbe) Wasser (aqua verdi), Jungfernwasser (aqua di vergini), Liliensaft (sugo di gigli) darunter, nebst anderen, ebenfalls flüssigen Materien gemischt, womit sie ihre Farben zumeist fester haftend machen und dabei eine aussergewöhnliche Lebhaftigkeit erreichen" (le quali meschiano sovente con quei colori che li sono più adherenti, onde ricevano una vivezza sopra modo)!

Neben der Oeltechnik und zur Beschleunigung von grossen Arbeiten sehen wir hier eine Farbenart, deren Zusammensetzung Armenino verschweigt, oder umschreibt, die aber gewiss der Oeltechnik entgegensteht, und durch welche den Bildern eine über das gewöhnliche Mass hinausgehende Leuchtkraft (una vivezza sopra modo!) verliehen wird. Armenio sagt zwar viel, aber nicht genug. Was sind das für grüne, scharfe Wasser, mit Liliensaft oder Jungfernmilch und anderen flüssigen Materien vermischt?

Wir können nur vermuten, dass das herbe Wasser ein Konservierungsmittel bedeuten kann und dem „odore acuto", dem oben erwähnten scharfen Geruch (vergl. p. 237) entsprechen dürfte; Liliensaft erwähnt Boltz für seine Temperamittel zur Verbesserung des bald übelriechenden Eibindemittels und denke man an die „a putrido" Rezepte des Marciana Ms. Das Jungfernwasser [27] bedeutet aber nach den alten Rezepten eine Mischung von zwei Flüssigkeiten, die an sich klar, miteinander vereinigt, aber milchig werden, also unsere Emulsion, die aus klarer Gummilösung und klarem Oel bereitet, dann milchig weiss erscheint!

---

[27] Ueber Aqua virginum od. lac virginum vergl. ein Rez. im Lib. illuministarius (Cod. germ. 821. XV. sec. Münchener Bibliothek) p. 35 des Ms.; lac. virginum quomodo fit: zway wasser dy lautter seyn als ein prun (Brunnen) vnd wenn man sy vnderenand tempiert so werden sie schneweiss vnd dyselb zwe wasser haben manigley tugend etc. s. auch oben p. 149. Im Kunstbüchlin, Augspurg 1535 findet sich folgende Stelle pag. XXXIII: Aquam lac virginis zu machen; Litargirium, Essig zum ersten Wasser „glas gallen" zum zweiten ... so witt auch wasser darauss, die zway wasser misch ineinander, so wirt es weyss als milch, vnd haisst lac virginis. Neuerer Zeit versteht man unter „Jungfernmilch" eine Lösung von Benzoëharz, welche mit Wasser gemischt, milchig wird, also eine Harzemulsion.

V. Die „Disciplina di Fiandra" und die Technik des Malens mit Oeltempera.

Es entstehen nunmehr die weiteren Fragen, 1. wie wir uns die eigentliche Technik, d. h. das ganze System der Malerei des Van Eyck mit emulgierten Oelen, vom Grundieren des Brettes angefangen bis zum vollständigen Fertigmalen vorzustellen haben, 2. wie lange sich diese Technik erhalten hat, 3. welchen Veränderungen dieselbe in der Folge unterworfen war und aus welchen äusseren Gründen diese eingetreten sein mussten. Man könnte natürlich mit vollem Rechte den Einwand erheben, dass doch ein plötzliches Aufgeben einer Manier, „nach welcher die Maler der ganzen Welt gesucht", um neuerdings sich wieder der alten Oelmalerei zuzuwenden, einem Rückschritte gleich käme und muss ich diesem Einwande umsomehr begegnen, als durch denselben die mühevoll zu Tage geförderten Resultate in Frage gestellt würden. Wir werden aber im Folgenden sehen, dass die weitere Entwicklung der Maltechnik infolge der in der Oeltempera gelegenen Vorzüge und Nachteile ganz naturgemäss vom XV. durch das ganze XVI. Jh. von statten gegangen ist.

Da uns ausser den von Vasari gegebenen Details über das eigentliche Malen mit der Emulsion oder Oeltempera keine direkten Ueberlieferungen zur Verfügung stehen, so müssen wir uns über die Haupteigenschaften des Malmittels durch Versuche orientieren.

Zwei Hauptgruppen haben wir bereits genannt und in alten Quellen gefunden: Die eine, bei welcher Gummi und Oele emulgiert werden, und die zweite, bei welcher dem Eigelb die emulgierende Eigenschaft zufällt.

Alle Oele lassen sich auf beide Arten zur Emulsion verwenden, aber nicht nur die Oele, auch die Oelfirnisse, d. h. gekochte Oele und solche, welchen Harze beigemischt sind, werden auf die beschriebene Weise emulgiert und wassermischbar. Ausser den Oelen und Oelfirnissen eignen sich noch dazu die Harzbalsame.

Vasari erzählt, dass Van Eyck das Leinöl und Nussöl als besonders geeignet, weil am raschesten trocknend, fand, Baldovinetti's Versuche mit Vernice liquida und Eigelb zeigen die Emulsion des Harzfirnisses, ebenso die in Cennini's Tractat nachgewiesenen Stellen; die nordischen Emulsionsrezepte des Lucca Ms. und Mapp. clav. sind Gummi-Oel-Emulsionen; mit diesen Arten wurden die ersten Versuche gemacht. Man mag sich aber die Variationen vorstellen, welche möglich sind, wenn man

1. verschiedene Oele (Leinöl, Nussöl, Mohnöl, Ricinusöl etc.),
2. verschiedene Oelfirnisse (Leinölfirnis, Sandaracafirnis i. e. vernice liquida, Bernsteinfirnis, Copal etc.),
3. verschiedene Harzbalsame (venetian. Terpentin, Copaivabalsam)

entweder mit Eigelb oder mit Gummi emulgiert, jene innige Vermischung aus ihnen bereitet, welche nötig ist, und durch Mengung mit Wasser, „Jungfernmilch", „Lilienmilch", Essig oder anderen Flüssigkeiten, wie Armenino sagt, zum Bindemittel für Farben geeignet macht.

Stellen wir uns vor, dass nur je zwei der obigen Materien in Form von bereiteter Oel-Tempera miteinander gemischt seien, und von diesen Mischungen vielleicht in der Menge verschiedene Dosierung versucht wird, so ergibt sich eine so ungeheure Anzahl, dass es schwer sein dürfte, die besten herauszufinden. Die Versuche, welche der Verfasser in den letzten Jahren mit vielen der oben angeführten Arten machte, waren zahlreich genug, aber bis heute ist es ihm nicht möglich, mit aller Bestimmtheit zu sagen, welche die besten Resultate ergaben.[28]

Einige tiefgehende Unterschiede liessen sich konstatieren, die entweder in der Bereitungsart, in den Eigenschaften des Auftrocknens, in der Art des Verhaltens beim Uebermalen oder in den Konservierungsmitteln begründet sind. Es würde hier zu weit führen, auch alle die kleinen Varianten zu erwähnen.

Die Bereitungsart ist zweierlei; die alte Manier des Lucca Ms., Cennini und Baldovinetti bedienten sich der Wärme; doch hat sich diese Manier, wie Vasari schon mitteilt, bei der Eigelb-Emulsion als nachteilig erwiesen; von Baldovinetti und Cennini ist auch kein Verdünnungsmittel genannt, welches das zu starke Bindemittel auf das richtige Mass abgeschwächt haben würde.

Die Bereitung der Emulsion auf kaltem Wege ist die richtigere und auch bei den Apothekern[29] allein in Anwendung. Wie erwähnt hat Eigelb die Eigenschaft, ungefähr die gleiche Menge des Gewichtes von Oel zu emulgieren, Gummi arab. das doppelte. Ist die Mischung (inmixtura des Vasari) richtig gemacht, so wird noch eine Quantität von Wasser (oder Essig zur Konservierung des Eies) unter fortwährendem Umrühren zugefügt, welche dem doppelten der verwendeten Mengen entspricht, und beim Malen durch Wasser noch zu verdünnen ist. In Bezug auf das Farbenmaterial hat dieses Bindemittel demnach den Vorteil, in einer gleichen Menge kaum den vierten Teil von Oelen zu enthalten, als die gewöhnlichen Oelfarben, so dass ich kaum darauf hinzuweisen brauche, welcher Vorzug in Bezug auf die Erhaltung der Bilder darin bestehen muss!

Beim Malen selbst haben sich folgende Unterschiede der beiden auf kaltem Wege hergestellten Oeltempera-Arten ergeben. Die Gummi-Oeltempera wurde mit der Zeit so trocken, dass sie mit gleicher Tempera nicht glatt übergangen werden konnte, d. h. die Farbe perlte, der Untergrund nahm die neue Farbe nicht an; auf getrocknetem Oelgrunde wurde die neue Schichte nicht gut, auf etwas feuchterem Oelgrunde gar nicht angenommen, die Farbe „grillt" oder „kriecht", wie der Werkstättenausdruck heisst. Diese Uebelstände können übrigens durch die bekannten Mittel (Ochsengalle, Zwiebel, Speichel etc.) mehr oder weniger gut behoben werden.

Die Eigelb-Oeltempera hat dagegen für die Technik ausser dem ebensofesten Auftrocknen den Vorteil, dass die untere Farbe die obere stets annimmt, und dass selbst auf nicht getrocknetem Oeluntergrunde die Farbe glatt sich aufstreichen, vermalen und sich jedes noch so feine Detail ausführen lässt. Diese Eigenschaft der Oeltempera erwähnt die Notiz des Van Mander, dass man übermalen könne, ohne auf das völlige Trocknen warten zu müssen, und diese vorzügliche Eigenschaft war auch Veranlassung, bei den Versuchen immer wieder auf diese Art zurückzukommen. Nachteile sind bei dieser Manier die leichte Verderblichkeit des Eigelb mit der Zeit, ein Uebelstand, dem durch Spiköl, Essig, Salmiak oder andere Konservierungsmittel entgegengearbeitet werden kann.

Alle Farben lassen sich mit dem erwähnten Bindemittel anreiben, sowohl die Körperfarben als auch die Lack-, resp. Lasurfarben. Treten wir nunmehr der eigentlichen Technik des Malens mit Oeltempera näher, so ist dieselbe in

---

[28] Zwei befreundete Maler unterstützten mich in liebenswürdigster Weise in dem Bestreben, die vorteilhaftesten Mischungen zu finden; der eine, Landschaftsmaler Kubierschky versuchte ausschliesslich die Emulsionen mit Eigelb, der andere, Figurenmaler Landsinger, ein Schüler Böcklins, der schon durch diesen auf die alten Techniken hingewiesen, grosses Interesse an den Versuchen nahm, arbeitete mit den Gummi-Emulsionen; beide mit bestem Erfolge. Ueberdies der Maler Böhnke, welcher vortreffliche Copien nach alten Meistern durch Zugrundelegung der Emulsionstechnik anfertigte.
Vergl. meine Versuchskollektion Nr. 73 — 91.

[29] Nicht unerwähnt mag es bleiben, dass ein sehr sachkundiger Apotheker, E. Friedlein in Würzburg vor einigen Jahren auf die Emulsionstempera als Malmittel zuerst wieder aufmerksam machte und in einem Vortrage im Kunstgewerbehaus zu München (25. Febr. 1893) darüber aufklärend berichtete.

zweierlei Art ausführbar. 1. Man malt mit der Oeltempera auf der geweissten, geleimten Holztafel (Vergoldergrund), und übermalt mit der gleichen Tempera, bis zu Ende ohne vorherige Zwischenlagen von Oel oder Firnis; dabei bleibt die Malerei stets matt oder 2. man malt mit der Oeltempera auf geeignetem Grund und überstreicht jede Farbenlage nach dem Trocknen mit einer dünnen Zwischenschichte von Oel oder Firnis, durch welche die volle Tiefe und Klarheit bei jeder Farbschichte hervortritt, wenn die Farblage jedesmal wieder matt aufgetrocknet war.

Je fertiger die Untermalung gediehen und je dünner und weniger zahlreich die zwischengelegten Schichten von Oel oder Firnis sind, desto klarer und leuchtender wird das Bild werden; auch kommt es naturgemäss darauf an, aus welchen Materien die Zwischenschichten, Oele oder Harze (Essenz- oder Spiritusfirnis) bestehen, da Nussöl bekanntlich weniger nachdunkelt als Leinöl, auf welchem Untergrunde (weiss oder gefärbt) gemalt wird, auf die Dauer der Trocknung der einzelnen Schichten, und den Grad der Festigkeit des Bindemittels etc.

Durch die **Verschiedenheiten der Bereitungsart** der Emulsionstempera und die **Verschiedenheiten bei der Uebereinanderlage der Malschichten** ist schon bedingt, dass die alten Maler es vollkommen in der Hand hatten, für einzelne bestimmte Zwecke stärkere und schwächere Bindemittel (durch einfache Verdünnung mit Wasser) zu nehmen, durch weniger oder mehr Farbschichten, sowohl die wunderbare Transparenz der Farben, oder, wo es ihnen passend erschien, durch pastosen Auftrag die gewünschten Effekte zu erzielen. In der Eigenschaft des wassermischbaren Bindemittels liegt auch die Möglichkeit, die ungeheuer feinen Linien, Ornamente, Haare des Bartes u. dergl. auszuführen, die wir auf alten Gemälden stets mit der Frage auf den Lippen bewundern, wie denn eine derartige subtile Durchführung erreichbar ist.

Die Beobachtungen an alten Bildern des Van Eyck, Memling, der alten Kölner Meister des XV. Jhs. usw. haben ergeben, dass

1. auf einer weissen Grundierung die Zeichnung entweder mit der Feder oder auch mit dem Pinsel und schwarzer flüssiger Farbe (Wasserfarbe) aufgetragen ist;

2. dass an vielen Stellen ganz deutlich eine rötliche Grundfarbe durchschimmert, die über die Zeichnung gelegt worden sein muss.

Bei dem schon oben dargelegten Mangel jeder sicheren Ueberlieferung, werden auch die kleinsten Nachrichten darüber von Wert sein und das bereits konstatierte Material nicht nur bestätigen, sondern auch ergänzen helfen. Die Spuren, die eine so vielbewunderte Neuerung, wie die Van Eyck'sche hinterliess, können doch nicht ganz und gar verschwunden sein und wenn auch, wie bereits erwähnt, Van Mander sein Schilderboeck 150 Jahre später schrieb, so wäre es doch zu verwundern, wenn nicht einzelne Andeutungen sich darin fänden, die über die Technik der gepriesenen „älteren" Meister Aufschluss geben. Unsere Voraussetzung sollte auch nicht getäuscht werden.

Bei Durchsicht sowohl der italienischen Kunstschriften, als auch der niederländischen, begegnet uns häufig ein Ausdruck, der bezüglich der Oelmalerei auf eine Verschiedenheit hinweist, die zwischen der Untermalung und Uebermalung gemacht wird. Bei Vasari und Armenino ist es der „abbozzo", welcher auf den farbigen Grund, der Imprimatura (oder mestica) aufgetragen wird. Vasari mischt, wie wir gesehen haben, die Farben mit „solchen Oelen, d. h. ihrer Tempera," als welche wir die Oeltempera (Emulsion) erkennen mussten; diese Untermalung, abbozzo ist dann mit dem Schabmesser abzugleichen und vor dem Weitermalen mit Nussöl aufs dünnste zu überstreichen. Bei dem Niederländer Van Mander wird die erste Anlage mit einer Farbe gemacht, die „Dootverwe", Mattfarbe, heisst. Ist es nun nicht eigentümlich, dass bei „Oelfarben" ein derartiger Unterschied gemacht wird? Was sollte denn die Mattfarbe für eine Bedeutung haben, wenn wir unter der Oelmalerei des Van Eyck schon mit Firnis gemischte und mit Siccativ versetzte Oelfarben verstehen sollten? Haben wir nicht oben (p. 246) bei Armenino gesehen, welchen Wert zu seiner Zeit die hervorragendsten Künstler auf eine Untermalung mit diversen Temperaarten legten, „um ihren Farben eine aussergewöhnliche Leuchtkraft" zu verleihen?

Von Van Eyck ist sogar eine verbürgte Nachricht vorhanden, dass er mit „Dootverwe" fast fertig zu malen gewohnt war; Van Mander berichtet (p. 202 des

Schilderboeck) von einem **untermalten** Bilde des Van Eyck, das er im Hause seines Meisters gesehen: „Seine Untermalung (dootverwe) war sauberer und schärfer als die fertigen Werke anderer Meister und ich erinnere mich, dass ich ein kleines Portrait einer Frauensperson mit einer Landschaft dahinter gesehen habe, das nur untermalt (gedootverwet) war, dabei doch ausnehmend fein und glatt, und das war im Hause meines Meisters, Lucas de Heere zu Gent". [30])

Diese Dootverwe-Untermalung ist noch zu Van Mander's Zeiten im Gebrauch; er erwähnt derselben zum Unterschied von der schon sehr ausgebildeten Primamalerei mit Oel gemischten Farben, welche die ersten Meister anwendeten (Vers 4, C. 12. Stracx eerst op penneel te stellen, Meesters werck), während die weniger geübten Arbeitsgehilfen (werck-ghesellen) ihre Dinge erst in Mattfarbe fertig stellten (hun Dingen veerdich in doot-verwen stellen) und auch mit der gleichen Mattfarbe Fehler verbesserten (verbeteren met herdoot verwen), denn das Malen, ohne vorher die Kartons zu zeichnen, gelinge nicht jedem so leicht. In Vers 16 kommt Van Mander direkt auf das Verfahren der „alten" Meister zu sprechen; und, da er dann weiter (Vers 19) Dürer, Breughel, Lucas von Leyden gleichzeitig mit Johannes van Eyck als Beispiele von vollendetem Farbenauftrage nennt, gewinnen die wenigen Verse doppeltes Interesse, denn der Zusammenhang, der im XV. und XVI. Jh. zwischen der holländischen und der deutschen Manier in technischer Beziehung bestand, wird dabei festgestellt. Es heisst dort:

Vers 16: „Unsere Voreltern pflegten ihre Tafeln dicker als wir zu weissen und schabten sie so glatt als es nur ging, benutzten Kartons, die dann auf dies glatte ebene Weiss übertragen wurden, mit Hilfe von Kreiden oder Bleistift, mit dem der Karton von rückwärts eingestrichen worden."

Vers 17: „**Aber das schönste war, dass manche diese Zeichnung dann aufs feinste mit schwarzer Wasserfarbe (kool swart, al fyntgens ghewreven met water) übergingen und dann über das Ganze eine dünne Grundfarbe (primuersel) gaben, durch die man alles durchscheinen sah, und diese Grundfarbe ist fleischfarbig gewesen (het primuersel was carnatiachtich** [31]).

Aus der Marginal-Note ist zu entnehmen, dass diese „primuersel" eine Oelfarbe war, welche über den weissen Grund ganz dünn gestrichen wurde (Trocken hun dinghen op het wit, en primuerden daer olyachtig over). Auf diesen dünnen Ueberstrich von rötlicher Oelfarbe hätte man dann alles mit sonderlichem Fleiss angelegt und mit dünner Farblage aufs feinste fertig gemalt (Vers. 18).

Das sind alles sehr unwesentliche und fast selbstverständliche Dinge, sie bekommen aber Bedeutung, wenn man sie in Beziehung setzt zu Versuchen, die man mit der Oeltempera anstellt.

---

[30]) Eastlake pag. 395 ist der Ansicht, dass unter „dootverwe" Grau in Grau-Untermalung gemeint sein dürfte, also Chiaro-scuro; er verweist dabei auf das bekannte angefangene Bild des Van Eyck, St. Barbara in Antwerpen; dieses Gemälde zeigt nur mit hellblauer Farbe untermalten Himmel, ist aber im übrigen mit Silberstift äusserst fein durchgezeichnet. Die für Aussenseiten von Altären öfters angewendeten Chiaro-scurofiguren, nennt Dürer „steinfarben".

[31]) Het Schilderboeck; Einleitung C. 12:

Vers 16. „Ons moderne Voorders voor henen plochten
„Hun peneelen dicker als wy te witten,
„En schaefden also glat als wy wel mochten
„Ghebruyckten oock cartoenen, die sy brochten
„Op dit effen schoon wit, en ginghen sitten
„Dit doorttrecken soo met eenich besmitten
„Van achter ghewrewen, en trockent moykens
„Daer nae met krykens oft potloykens.

Vers 17. „Maer t' fraeyste war dit, dat sommighe namen
„Eenich fine-kool swart, al fyntgens ghewreven
„Met water, jae trocken, en diepen t'samen
„Hun dinghen seer vlytich naer haet betamen
„Dan hebbenser aerdich over ghegheven
„Een dunne primuersel, allwaer men even
„Wel alles mocht doorsien, ghestelt vordachtich.
„End, het primuersel was carnatiachtich.

1. Zunächst erhellt aus der Bemerkung Van Mander's, die Aufzeichnung mit „schwarzer Wasserfarbe" zu übergehen, dass der weisse dicke Grund nicht Oelfarbe sein konnte, weil auf dieser die Wasserfarbe nicht haftet, sondern ein mit Leim gefertigter Kreidegrund, der etwa unserem Vergoldergrund oder dem alten Assis gleichartig ist.
2. Dann folgt aus dem Ueberstrich mit dünner rötlicher Oelfarbe, dass diese den Zweck hat, erstens die mit Wasserfarbe gemachte Aufzeichnung zu festigen und gleichzeitig den weissen Grund dunkler zu färben; würde nämlich die rote Farbe mit Leim- oder anderer Wasserfarbe gegeben, so müsste sich die mit Wasserfarbe gemachte Zeichnung dadurch verwischen.

Auf die Aufzeichnung und den öligen Ueberzug (olyachtig primuersel) hat dann die Untermalung (Dootverwe) zu folgen, wie wir oben gesehen haben.

Bei Vasari sehen wir auch die dunkelrote oder bräunliche Oel-Imprimatura mit darauffolgender Grundierung (abbozzo) der Malerei, und da diese Farbenanlage mit Oeltempera zu bewerkstelligen war, wie oben gezeigt ist, so entspricht dies derselben Reihenfolge, wie Van Mander's Dootverwe-Untermalung auf die „olyachtig primuersel". Daraus ist zu folgern, dass die Oeltempera auf einen öligen Untergrund aufgetragen werden konnte. Die rote Farbe selbst wird uns nicht befremden können, weil diese als Unterschichte für Vergoldung (Bolus) längst im Gebrauch war und noch zu Dürer's Zeiten reiche Goldgewänder auf Goldgrund gemalt wurden.

Auf den coloristischen Zweck des roten Grundes für das weitere Malen braucht hier nicht näher eingegangen werden; jeder Maler weiss es, dass die Farben auf dunkler und warmer Unterlage ihren Farbencharakter besser zum Ausdruck bringen, die Malerei dabei körperhafter und realistischer wird, je pastoser die Lichter aufgesetzt werden müssen usw.

Das allerwichtigste der Van Eyck's Technik ist aber, dass bei dieser die Anzahl der Uebermalungen unbegrenzt war, während vor ihm nur ein dreimaliges Malen mit drei Zwischenschichten von Oelfirnis üblich war. Aus Dürer's Briefen an Jakob Heller wissen wir, dass er „4 oder 5 und 6mal zu untermalen" vor hat, und dass er nach diesen Unterschichten das Ganze „noch zweifach übermalt". In dem Brief (1508) über die Altarausführung heisst es (Briefwechsel, Ed. Dr. Lange und Dr. Fuhse, 1893 p. 48):

„Die Flügel seind auswendig von Steinfarben ausgemalt, aber noch nicht gefürneisst, und innen seind sie ganz untermalt, dass man darauf anfang auszumalen, und das Corpus (Mittelstück) hab ich mit gar grossem Fleiss entworfen mit langer Zeit, auch ist es mit zwei gar guten Farben unterstrichen, dass ich daran anfange zu untermalen. Das hab ich in Willen, so ich Euer Meinung verstehen wird (würde), etlich 4 oder 5 und 6 mal zu untermalen, von Reinigkeit und Beständigkeit wegen, wie auch des besten Ultramarin daron malen, das ich zu Wegen bringen kann".

Ein Jahr darauf (1509) schreibt Dürer, nachdem die Bilder fertig geworden, (loc. cit. p. 51):

„ich hab sie (die Tafel) mit grossem Fleiss gemalt, als Ihr sehen werdet. Ist auch mit den besten Farben gemacht, als ich sie hab mögen bekommen. Sie ist mit guter Ultramarin, unter-, über- und ausgemalt, etwa 5 oder 6 Mal. Und da sie schon ausgemacht war, hab ich sie dornach noch zwiefach übermalt, uf dass sie lange währe."

Wenn auch die „zwei gar guten Farben" der Grundierung sich vielleicht auf die Güte des Pigmentes beziehen, so bleibt doch immer noch die fünf- oder sechsmalige „Unter-, Ueber- und Ausmalung", auf welche noch zweimal gemalt wurde, also doch mindestens 8 Farbschichten! Und dabei zeigen alle, gerade seine besten Bilder, eine so merkwürdige Dünnheit der Farbe, dass es ganz undenkbar ist, dass acht Oelfarbenschichten in unserem heutigen Sinne darauf sich befinden könnten! Es ist wohl als sicher anzunehmen, dass er ebenso, wie den Hellerschen Altar, dessen Mittelstück leider verbrannte, auch andere grosse Arbeiten, wie das Dreifaltigkeitsbild der Wiener Galerie mit derselben Sorgsamkeit, auch so „unter-, über- und ausgemalt" haben wird. Technisch ist es aber ganz undenkbar, dass auf diesen oder ähnlichen Bildern acht Schichten von Oelfarben sich befinden und nur die Annahme, dass er ein bis auf jedes beliebige Maass verdünnbares Bindemittel, wie die Oeltempera zum Beispiel, benutzt hat, lässt es möglich erscheinen, dass 8 Farbschichten nebst 2 Grundfarben ohne Gefahr für das Nachdunkeln aufgetragen werden konnten.

Aus Dürer's Briefen wollen wir noch ein Detail hier anfügen, welches sich auf das Firnissen der fertigen Malerei bezieht; es heisst in dem nämlichen Brief weiter:

> „Und komme ich etwa über 1 Jahr, 2 oder 3 zu Euch, so müsst man die Tafel abheben, ob sie wol dürr wäre worden. So wollt ich sie von Neuem mit einem besonderen Furneis, den man sonst nit kann machen, auf ein neues überfirneissen, so wird sie aber 100 Jahr länger stehen dann vor. Lasst sie aber sonsten Niemand mehr furneissen, dann alle andern furneiss sind gelb und man würde Euch die Tafel verderben".

Wir kommen bei dieser Bemerkung Dürer's auf die schon oben (p. 233) berührte Frage zu sprechen, in welcher Beziehung die Stelle Vasari's von dem Firnis, den Van Eyck erfunden haben soll, mit dessen Neuerung steht. Dürer redet von einem besonderen neuen Fürniss, der nicht gelb ist; wahrscheinlich ist darunter ein Firnis zu verstehen, der nicht aus gekochten, sondern aus destillierten flüchtigen Oelen (Terpentinöl, Spicköl) bereitet wird. Diese Firnisse waren vor Van Eyck nicht unbekannt. Schon das Strassb. Ms. erwähnt einen Firnis aus Harzen, Oel und Terpentin, und es ist oben p. 147 nachgewiesen, dass darunter nicht der Terpentinbalsam zu verstehen ist. Neu war aber die Lösung der Harze in Alkohol (Weingeist), und Armenino erwähnt einen solchen Firnis als „von ganz besonders vorsichtigen" Malern verwendet. (C. IX. Firnis aus Benzoeharz und aqua vita.)[32]) Sollte Dürer vielleicht einen Weingeistfirnis gemeint haben?

Fassen wir das Obige über die Van Eycktechnik zusammen, um die eingangs dieses Abschnittes gestellten Fragen zu beantworten, so muss vorerst bemerkt werden, dass nichts schwerer ist, als über einen so subtilen Gegenstand in einer Druckschrift zu diskutieren, ohne gleich durch Versuche die Beweise vor Augen führen zu können, denn selbst noch so vortreffliche farbige Illustrationen könnten die hier nötigen Unterschiede nicht zur Anschauung bringen. Dass mit Hilfe der Oeltempera in der oben beschriebenen Art Bilder gefertigt werden können, die von Oelbildern absolut nicht unterscheidbar sind, wird jeder anerkennen, der die Versuchskollektion zu sehen Gelegenheit hatte, und wer in der Lage ist, selbst Versuche anzustellen, wird sich von der Richtigkeit meiner Behauptung leicht überzeugen können.

Drei Arten, mit Oeltempera zu malen, sind, wie mir scheint, an alten Bildern des XV. Jhs. zu unterscheiden:

I. Das Malen auf weissem, dick grundiertem Brett (Vergoldergrund) geschieht nur mit der Oeltempera, bis zum Fertigmalen.

II. Das Malen auf gleichem Grunde erfolgt auf einer mit dünner rötlicher Oelfarbe grundierten Unterlage mit Oeltempera und mehrfach zwischendurch gemachten Ueberstrichen von hellen durchsichtigen Oelen oder leichten Firnissen.

III. Die Arbeit wird in der ersten Manier begonnen und in der zweiten fortgesetzt; wie es scheint, ist auch Van Eyck dieser Malart gefolgt, denn auf manchen seiner Bilder in den Galerien zu Brüssel und Antwerpen ist für den aufmerksamen Beobachter ein öfteres Schwanken in technischer Beziehung, ein Tasten und Suchen, zu bemerken, so dass in seinen Bildern ein auffallend dunklerer Gesamtton herrscht, als in den Bildern seiner Schüler Memling, Roger van der Weyden und anderer. Diese waren technisch in der Beherrschung des neuen Materiales vielfach weiter als ihr Vorbild. Man beachte diesen Unterschied z. B. auf Bildern von Quentin Massys (1466—1530) der Galerie zu Antwerpen oder Memlings Ursulaschrein zu Brügge und Jan van Eycks Madonna mit Heiligen (Nr. 412, Antwerpen) oder den Genter Altarblättern (Gent, Berlin, Teile davon in Brüssel), und man wird finden, dass die

---

[32]) Das Paduaner Ms. (Ende des XVI Jhs.) bezeichnet in Nr. 94 einen Weingeist-Firnis mit dem Namen „alla fiamenga". Er wird bereitet aus 7 Unzen stärkest rectificiertem Weingeist, 2 Unzen Sandaraca und 2 Unzen „olio d' abezzo" (i. e. Terpentinbalsam). Sandarac wird gepulvert und zuerst mit dem Terpentin auf gelindem Feuer vereinigt, dann der Weingeist hinzugefügt (Merrif. II. p. 691).

Gemälde der Nachfolger viel heller, leichter und frischer im Colorit geblieben sind, als diejenigen von Van Eyck selbst.

Es ist ja ganz unmöglich, heute genau darüber ins Klare zu kommen, in welchen Umständen ein solcher Unterschied gelegen sein könnte, aber gewiss ist, dass die späteren manche Nachteile der Technik zu vermeiden gelernt haben; zu diesen Nachteilen gehört die Verwendung von Leinöl-Firnissen und das vielfache Ueberstreichen mit denselben als Zwischenschichte, weil das Nachdunkeln eine direkte unvermeidliche Folge davon ist. Deshalb wird das Nussöl stets als besser gepriesen und von Vasari, Armenino und Van Mander, Lomazzo etc. besonders hervorgehoben, „da es heller bleibt". Nicht zu vergessen ist aber noch, die im Gefolge der Neuerung sich kundgebende Aufmerksamkeit, welche zu den verbesserten Methoden, die Oele zu bleichen, führen musste.

Von Van Eyck's Tode bis Van Mander's Niederschrift sind etwa 150 Jahre vergangen, von Antonello's Rückkehr nach Italien bis Armenino 100 Jahre, und wie ereignisreich ist jene Zeit gewesen auf dem Gebiete der Kunst! Raffael, Leonardo, Tizian, Dürer, Holbein hatten gewirkt und wirkten noch lange in ihren Schülern; was für Wandlungen kann da eine Technik nicht schon durchgemacht haben! Antonello's holländische Technik, nach Italien verpflanzt, konnte bei dem ungemessenen Aufschwung der Kunst schon aus dem Grunde sich nicht gleich geblieben sein, weil der allgemeine Drang nach Fortschritt, die grossen gestellten Aufgaben eine Beschleunigung der Arbeit, eine vollständige Anspannung aller Kräfte erforderte, die sich bis in die kleinsten Dinge erstreckte.

In grossen Zügen wollen wir deshalb hier die aus der Van Eycktechnik entstandenen technischen Fortschritte überblicken.

1. Stufe:

Das in die Augen Springende der Van Eycktechnik, „der Witz" der ganzen Neuerung, liegt in dem oftmaligen Uebermalen mit Oeltempera (Emulsion), nachdem eine möglichst dünne Zwischenschichte von Oel oder Oelfirnis über die beim Auftrocknen matt gewordene Farblage gegeben worden. Bei Steigerung der coloristischen Wirkung kam man folgerichtig sogleich dazu, dem zum Ueberstrich verwendeten Medium eine Färbung zu geben, also gleichzeitig mit dem Auffrischen eine Lasurfarbe zu vereinigen. Diese Lasur konnte stehen bleiben oder mit Oeltempera, eventuell mit halbdeckender Oel-, resp. Firnisfarbe vollendet werden.

In dieser Stufe der Entwicklung hat zweifellos Bellini's Zeit in Venedig gearbeitet. Perugino, Pinturicchio, und die Meister vom Anfang des XVI. Jhs. haben durch oftmaliges Uebergehen der Fleischpartien mit dünnem Schwarz und Uebermalen der helleren Partien mit deckfarbiger Carnation, eine grosse Feinheit der Modellierung erzielt, aber auch durch das Stehenlassen der Farbe im Schatten die schweren Uebergänge zur Folge gehabt, die ihre Bilder jetzt zeigen.

2. Stufe:

Dass die Venezianer eine solche Technik, die direkt auf Farbenzauber ausgeht, sofort festhielten und weiter ausarbeiteten, kann nicht bezweifelt werden. Je geeigneter die Unterfläche mit der „Dootverwe" (abbozzo) für die Lasur vorbereitet ist, desto grössere Effekte werden sich erzielen lassen, und wird bei der grossen Uebung der damaligen Meister auch hierin jenes Mass innegehalten worden sein, welches ihre Werke so bewundernswert macht.

Wir haben in dieser zweiten Stufe der Van Eycktechnik schon das vollendete Farbenprinzip vor uns: Die matte Untermalung, welche eine glänzende Lasur erhält; diese nach Bedarf durch halbdeckende Farbe zu brechen, ist aber das Merkmal der höchsten Vollendung der Technik. Man könnte einwenden, dass sich dasselbe Prinzip auch mit dem gleichen Erfolge mit Oelfarben allein ausführen liesse, und dass die Venezianer es gewiss nicht anders gemacht hätten. Darin irrt man aber, denn es stehen zu viele Beweise dem entgegen, die darthun, dass wirklich die grössten Meister des XVI. Jhs., Tizian, Veronese etc., mit matter Farbe untermalt haben. Ich erinnere daran, dass unter Tempera, Leim, Ei etc. auch die „a putrido" Malerei des Marciana Ms. zu verstehen sein muss und dass Armenino die Temperamalerei als besonders geeignet nennt, um „grosse Arbeiten beschleunigen" zu können, und dabei Tizian namentlich erwähnt. Und wo hätten es die Maler nötiger gehabt, möglichst schnell von statten zu kommen als in Venedig, wo die grössten Aufgaben mit bewunderungswürdiger Leichtigkeit überwunden wurden, zum Vorteil der Werke! Man sehe z. B. die Veronesischen Bilder in der Academia oder an der Decke der Sala del Consiglio de' Dieci!

Zahlreich sind die Aeusserungen von Restauratoren, welche darin übereinstimmen, dass diese Meister mit Tempera untermalt haben:

Mérimée (De la peinture à l'huile, p. 249—251) vertritt diese Ansicht und hält es für zweifellos, dass auch in anderen Schulen diese selbe Methode des Malens geübt worden sei. Merrifield (p. CCCIX) berichtet, dass diese Praxis auch von Pietro Perugino, „welcher die flämische Methode der Oelmalerei zuerst in Perugia einführte", gekannt und ausgeübt wurde. Von Paolo Veronese sind genügende Beweise gegeben, dass er die blauen Himmel mit Tempera malte und nach der Versicherung der Restauratoren auch bei der Vollendungsarbeit diese Manier anwendete (loc. cit. CCCIII.). Die Technik wird so geschildert, dass die Untermalung (abbozzo, Dootverwe) dann mit Oelharzfarben übergangen wurde; von Tizian wird ein Wiederholen dieses Vorgehens sieben, acht und neunmal (also wie Dürer!) erzählt und dass er zwischendurch immer an der Sonne trocknen liess (Merrif. p. CCC u. Note).

Dass in einer Zeit so ausgebreiteten Kunstbetriebes innerhalb der Technik **Neuerungen und Vereinfachungen auftauchen mussten**, das ist ganz ausser Frage. Welcher Art diese waren, habe ich bereits bei der ersten Veröffentlichung (in Lützow's Zeitschrift, Neue Folge VI. Heft 9. 1895. p. 244) angedeutet.

„Durch die **Einführung von destillierten Oelen** (Terpentinöl) in die Malerei und den allgemeineren Gebrauch von Leinwand als Untergrund, welche naturgemäss keinen dicken Gyps- oder Kreidegrund erhalten durfte, durch das **abgekürzte Verfahren der Fapresto- und Bolusmaler** des nachfolgenden Jahrhunderts mussten wieder einschneidende Veränderungen in der Technik eintreten, welche als die Grundlage für die heutige Oeltechnik zu betrachten sein werden". Die Fapresto-Maler des XVII. Jhs. suchten eben das **auf einmal zu bewerkstelligen**, was vorher durch doppeltes Verfahren (Unter- und Uebermalung) erzielt wurde, sie **färbten schon den geleimten Grund**, tränkten ihn mit Oel und malten alla prima mit den mit Oel und Harz gemengten Farben, auch die **Oelgründe** werden jetzt allgemein. Sie fingen also schon damit an, womit die anderen nur vollendeten! Diese Neuerungen gingen diesmal von Italien aus, während in Holland zur Zeit, als die Umwandlung der Van Eycktechnik in eine reine Oelharzmalerei längst eingetreten war, die ältere Technik bei einzelnen Malern noch im Gebrauch geblieben sein mag. Wie liesse sich denn auch die äusserst feine und bis ins Detail durchgeführte Blumenmalerei erklären, wenn die Maler auf das Trocknen der ölfarbigen Untermalung warten sollten? Da wären ihnen die Blumen längst verwelkt gewesen, wenn ihnen nicht die Oeltempera die Möglichkeit geboten hätte, in **ununterbrochener Folge zu arbeiten**! Nur so können wir uns auch die grosse Produktivität aller jener Meister vorstellen, deren Werke „wie aus einem Gusse" gearbeitet scheinen.

Welchen Wert noch selbst die Künstler des XVII. Jhs. auf die Erleichterung durch die Tempera legten, ist aus einigen Notizen des De Mayerne zu ersehen, obwohl die Primatechnik mit Oelen, Harzen und Terpentinöl längst verbreitet war. In einem Gespräche mit Van Dyck, das der genannte Arzt wiedergibt, heisst es (p. 154 des Ms.; Eastlake p. 532): „Auf meine Bemerkung, dass die genannten Farben, der Azur und das Grün, mit Gummiwasser oder Fischleim a tempera aufgetragen und hernach gefirnisst, gleich gut sind, wie die mit Oel behandelten, sagte er mir, dass er in seinen Gemälden **sehr häufig diese Farben mit Gummiwasser auftrage** und nach dem Trocknen den Firnis darüber ziehe. Aber das Geheimnis bestehe darin, dass die Temperafarben (couleurs à détrempe) auf der öligen Unterschichte (l'imprimeure qui est à l'huile) haften und sich mit dieser verbinden. Dies geschieht am sichersten und dauerhaftesten, wenn man die Unterschichte mit Knoblauch oder Zwiebelsaft einreibt; wenn dieser Saft trocken ist, werden die Wasserfarben dann sicher festgehalten." An andererer Stelle spricht de Mayerne wieder von einer Imprimeure (imprimatura) von Tempera, welche Van Dyck versuchte (Ms. p. 16): London, 20. May 1633. „Die Grundierung (imprimeure) ist von der grössten Wichtigkeit. Sr. Antonio Van Dyck versuchte mit Fischleim (colle de poisson) zu grundieren, aber er sagte mir, dass die Arbeit sich abschäle und dass dieser Leim alle Farben in wenigen Tagen verderbe und demnach nichts tauge".

Mit wenigen Worten ist die letzte Frage, warum die Technik aufgegeben wurde, erledigt. Zum Teil hat sich schon aus dem vorher Erörterten ergeben, dass die Einführung der Primatechnik einerseits, die Leinwand als Untergrund andrerseits mit die Ursachen gewesen sind. Der Hauptgrund liegt aber darin, dass sich die mit **Emulsion angemischten Farben nicht lange halten und leicht verderben**; die Maler hatten demnach mehr Mühe mit dem Zubereiten, als bei den mit Oel- und Harzfirnissen geriebenen Farben. Hiezu kommt noch, dass diese Farbenart bei dem abgekürzten Verfahren auf Leinwand nicht zur Geltung kommt, weil, wie durch Versuche festgestellt werden konnte, sie den **weissen Vergoldergrund nicht gut entbehren kann**; ihr Hauptreiz liegt eben darin, dass in dünnen Schichten die Weisse des Grundes durchleuchtet und dadurch jener unbeschreibliche Farbenzauber entsteht, der sich als unveränderlich erwiesen hat; der Schmelz der Farbe wird durch die Zeit nicht getrübt, denn der weisse Bolus- oder Kreidegrund hat die Eigenschaft Oel gierig aufzusaugen, und ein Nachdunkeln der Farbenschichten dadurch zu verhüten.[33])

Ausserdem sind auch die Schwierigkeiten der Technik nicht zu unterschätzen, die in dem Zurückgehen des Tones bestehen, im Falle die Temperaschichte getrocknet und mit einem öligen oder harzigen Vehikel überzogen wird. Massimo Stanzioni hat diesen Umstand, wie oben des Näheren ausgeführt wurde, für besonders erwähnenswert erachtet und es mag deshalb hier nochmals darauf hingewiesen werden. Bei dem **weissen, dickeren Kreidegrund**, den die älteren Niederländer gebrauchten, und dessen Dicke Van Mander's Notiz besonders hervorhebt, entsteht bei dem Zurückgehen des Farbentones eine Art Durchleuchtung von unten, die bei dunkleren Untergründen, wie solche in späterer Zeit üblich war (grau, braun, grün, rot), naturgemäss nicht stattfinden kann, und nur durch eine viel dickere Untermalung zu parallisieren wäre. Deshalb ist der weisse Grund für diese Art der Oeltempera unentbehrlich, und eine sehr genaue Vorzeichnung aus gleicher Ursache die erste Bedingung, weil sich Veränderungen viel mühsamer bewerkstelligen lassen.

Ein weiterer Grund des Aufgebens der Oeltempera ist in dem Auftauchen von verbesserten Trockenmitteln für Oelfarbe zu ersehen, die aber auf die Erhaltung der Bilder eher nachteilig gewirkt haben.

Deshalb sehen wir im Zeitraum von wenigen Jahrzehnten, in welchen diese genannten Neuerungen allgemein geworden, den Farbencharakter wie mit einem Schlage geändert. Die mit Terpentin, Harzen und Trockenölen vermengten Farben boten den Künstlern ungleich grosse Erleichterungen und führten zur Virtuosität des Primamalens. Die subtilen Vorarbeiten, das Durchzeichnen aller Details vor der Malerei fällt weg und nur die eminenteste Sicherheit der Pinselführung ist das vorherrschende Prinzip in Bezug auf die Technik.

Es wird in den nächsten Heften noch Gelegenheit geben, auf diese Wandlungen der Technik im Laufe des XVI. und XVII. Jhs. näher einzugehen; es mögen deshalb vorläufig die obigen Andeutungen genügen. Dieselben Gründe, welche damals zum Aufgeben einer Technik Veranlassung gaben, dürften meiner Meinung nach auch

---

[33]) G. Hirth, dem gewiss ein Urteil in Bezug auf alte Techniken zugemutet werden darf, schreibt in der Einleitung zu seinem „Cicerone zur alten Pinakothek" über die nordischen Meister des Kreidegrundes, insbesondere von der Technik des Van Eyk und seiner Schule, dann von Dürer und den beiden Holbein, dass **sie die ersten Untermalungen mit Tempera ausgeführt und die Oeltechnik nur zur Vollendung benutzt hätten**. Hirth steht demnach in Uebereinstimmung mit den obigen Autoren, die der Tempera eine grosse Bedeutung für die Arbeitsfolge der Meister der Renaissance zuschreiben. Er spricht von dem Verfahren wie folgt: „Nachdem die Konturen des Bildes genau auf den weissen Kreidegrund gebracht waren, wurden die einzelnen Partien in ihren Lokaltönen mit den entsprechenden **Wasserfarben** (welches Bindemittel?) in gleichmässiger Anlage koloriert, aber sehr leicht und dünn angelegt, worauf dann, nachdem dieselben gut eingetrocknet waren, die Ausmodellierung der Lichter und Schatten und der feinen Details in **Oelfarben** erfolgte. Es war dies nicht nur eine Erleichterung, die eine raschere Vollendung ermöglichte, sondern auch die **Klarheit der Farbengebungen wurde erhöht**, da die ohne Oel ausgeführten lichten Untermalungen dem Nachdunkeln nicht so ausgesetzt sind."

heute vielfach massgebend sein und nur derjenige, welcher in der Art des XVI. Jhs. arbeiten will, wird zur Van Eyk-Technik zurückkehren und ihre Reize schätzen lernen.

Was die historische Seite betrifft, um die es sich in der vorliegenden Schrift vor allem handelte, so ist der Schluss berechtigt, dass die Brüder Van Eyck **die Neuerung und Umwälzung der Technik, welche in der Emulgierung von Oelen zu Malzwecken besteht, in die Malerei des XV. u. XVI. Jhs. eingeführt haben. Dieser Neuerung ist auch die besondere Eigentümlichkeit aller dieser Bilder und ihre besonders gute Erhaltung** zuzuschreiben. **Nicht das Mischen der Farben mit Oelen oder deren bessere Reinigung, sondern dass sie aus dem fetten, zähen Oel- und Firnis-Bindemittel ein wassermischbares, bis zu jedem gewünschten Grade verdünnbares Malmittel zu bereiten und in vortrefflichster Weise zu benützen lehrten, ist ihr von der damaligen Künstlerwelt unbestritten anerkanntes Verdienst!**

Reprint Publishing

Für Menschen, Die Auf Originale Stehen.

Bei diesem Buch handelt es sich um einen Faksimile-Nachdruck der Originalausgabe. Unter einem Faksimile versteht man die mit einem Original in Größe und Ausführung genau übereinstimmende Nachbildung als fotografische oder gescannte Reproduktion.

Faksimile-Ausgaben eröffnen uns die Möglichkeit, in die Bibliothek der geschichtlichen, kulturellen und wissenschaftlichen Vergangenheit der Menschheit einzutreten und neu zu entdecken.

Die Bücher der Faksimile-Edition können Gebrauchsspuren, Anmerkungen, Marginalien und andere Randbemerkungen aufweisen sowie fehlerhafte Seiten, die im Originalband enthalten sind. Diese Spuren der Vergangenheit verweisen auf die historische Reise, die das Buch zurückgelegt hat.

ISBN 978-3-95940-252-1

Faksimile-Nachdruck der Originalausgabe
Copyright © 2016 Reprint Publishing
Alle Rechte vorbehalten.

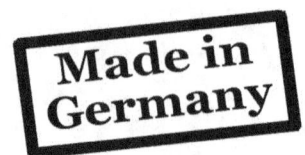

www.reprintpublishing.com

www.ingramcontent.com/pod-product-compliance
Lightning Source LLC
Chambersburg PA
CBHW082202220526
45470CB00010B/3019